LES MALADIES À PRIONS : PROBLÈMES ÉPISTÉMOLOGIQUES

ROBERT EKWA

LES MALADIES À PRIONS : PROBLÈMES ÉPISTÉMOLOGIQUES

Volume 2

Vache folle et raisonnements causals

L'Harmattan

Sur la couverture, Madame Nicole Becker, a interprété dans son dessin une photographie qui provient d'une collection d'images biomédicales réalisées par la fondation Wellcom Trust. Je lui en suis très reconnaissant. Cette photographie est celle d'un cerveau humain, obtenue au moyen de l'imagerie par résonance magnétique nucléaire.

5-7, rue de l'Ecole-Polytechnique, 75005 Paris

http://www.librairieharmattan.com
diffusion.harmattan@wanadoo.fr

ISBN : 978-2-336-30297-3
EAN : 9782336302973

À nos illustres anciens...

Ce volume, tout comme le premier, est dédié à nos illustres anciens, les savants de l'Égypte antique. À travers la multitude d'observations qu'ils ont tâché de recueillir, ils se sont également efforcés de scruter le fonctionnement du cerveau. Toutefois, parce que la source originelle de l'*analogie ontologique,* la base du raisonnement causal dans les sciences de la vie et de la santé, est Égypto-nubienne, à nouveau cela nous conduit à souligner que grâce à leur génie inventif, les anciens Égyptiens ne nous ont pas légué que des faits d'observation. Ils nous ont légué aussi la manière de raisonner, de relier les *faits*, notamment dans le champ du vivant, à travers un concept étroitement solidaire de la *conception ontologique* des *êtres* biologiques.

Jusqu'à la réception de la science par la Grèce antique, cette conception de l'*être* vivant qui rend compte de l'*incertitude* affectant la relation causale à l'intérieur du monde biologique réel, du fait de son *changement* qui n'est pas nécessairement visible par l'observateur, était la position scientifique dominante en philosophie naturelle, dans le déploiement des raisonnements visant à dévoiler le *lien* entre les phénomènes observés dans le champ du vivant. En examinant la difficulté rencontrée par les inférences sur l'ESB, à savoir le trouble neurodégénératif bovin, nous l'explicitons dans cet ouvrage. Vu ce qui précède, il n'est nul besoin de souligner que nous ne sommes pas l'inventeur de ce système de pensée. En revanche, à travers la grandeur, la dignité et la noblesse des préceptes que recèle cette *conception* des sciences de la vie et de la santé, nous appréhendons à quel point elle est *majestueuse*, ainsi que nous l'avons déjà proclamé dans la dédicace adressée à leurs inventeurs dans le volume 1. Au fond, c'est une conception qui ne concerne pas que les sciences du vivant. C'est vraisemblablement vers elle que chemine la science du futur ; celle qui articule les *faits* observables et le *réel* non observable ; celle qui a conscience du changement imprévisible ; celle qui perçoit le rapport dialectique entre l'infiniment grand et l'infiniment petit ; celle que poursuit désormais la physique des particules qui commence à admettre que l'on puisse concevoir l'existence d'une réalité invisible.

Cependant, cette *conception* de l'*être* vivant n'est pas simplement un guide pour le biologiste qui cherche à relier les phénomènes découlant du fonctionnement du vivant. À l'heure où certains envisagent de promouvoir un "humain augmenté", elle est surtout une source d'inspiration éthique, pour l'indispensable *perception* anticipée du monde biologique extérieur qui pourrait résulter des modifications du vivant par le biologiste, et devrait lui apporter plus de discernement. Alors, honneur à nos illustres anciens, aux savants de l'Égypte pharaonique africaine et nègre, qui ont élaboré la *conception ontologique du vivant* dont la vérité s'exprime désormais à travers l'*incertitude* sur la relation causale biologique attachée aux faits épidémiologiques des prions et des troubles qu'ils engendrent, mais probablement aussi de toutes les maladies émergentes que le *temps* livrera dans le futur !

SOMMAIRE

PRÉFACE.. 11

REMERCIEMENTS 15

AVERTISSEMENT 19

ABRÉVIATIONS... 23

INTRODUCTION GÉNÉRALE.. 25

Contexte d'occurrence de l'ESB........................... 25

Problématique du sujet.. 29

VOLUME 1

DIFFICULTÉ À NOMMER ET DÉFINIR LES MALADIES À PRIONS

Introduction de la première partie.......................... 35

Chap. 1 Comment nommer une "obscure maladie de mouton" ?... 39

Chap. 2 Que signifie le terme "maladies à prions" ?.................. 123

Chap. 3 Des "sarcocystes" à une "protéine seule" en passant par des "virus lents" : Évolution de la conceptualisation de la cause des troubles neurodégénératifs transmissibles........ 147

Chap. 4 Du concept de "la protéine seule" à la théorie du prion : Renversement de paradigme ?.. 229

CONCLUSION DE LA PREMIÈRE PARTIE.................. 282

BIBLIOGRAPHIE.. 287

SOURCE INTERNET... 313

INDEX NOMINUM... 323

LISTE DES FIGURES... 343

VOLUME 2

VACHE FOLLE ET RAISONNEMENTS CAUSALS

PRÉFACE ET REMERCIEMENTS................................. 11

ÉVALUATION DU RISQUE DE L'ESB POUR LA SANTÉ HUMAINE : PROBLÈME D'INFÉRENCES SUR L'ESB

Introduction de la deuxième partie........................ 17

Chap. 5 Soubassement empirique des inférences sur l'ESB.. 21

Chap. 6 De la prémisse d'un parallélisme entre la tremblante et l'ESB à l'inférence causale sur l'innocuité de l'ESB pour l'homme.. 39

Chap. 7 Tentatives pour accorder l'inférence inductive et la réalité de l'épizootie de l'ESB......................... 69

Chap. 8 Introduction de l'idée du changement de l'agent de l'ESB 91

Chap. 9 Émergence d'un *nv*MCJ, la forme humaine de la maladie de la vache folle : la ruine de l'inférence causale 137

ANALOGIE ET RAISONNEMENTS CAUSALS EN BIOLOGIE

Introduction de la troisième partie........................... 223

Chap. 10 Accumulation des faits et origines de l'idée erronée de la non-transmissibilité zoonique des ESST.......... 231

Chap. 11 De la fragilité de la logique inductive et de la valeur de l'*analogie* pour les inférences à l'intérieur d'une analyse causale du vivant.. 273

CONCLUSION GÉNÉRALE 335

BIBLIOGRAPHIE 357

SOURCES INTERNET.. 377

INDEX NOMINUM 387

LISTE DES FIGURES... 407

SOMMAIRE

PRÉFACE.. 11

REMERCIEMENTS 15

AVERTISSEMENT 19

ABRÉVIATIONS.. 23

INTRODUCTION GÉNÉRALE.. 25

Contexte d'occurrence de l'ESB........................... 25

Problématique du sujet.. 29

VOLUME 1

DIFFICULTÉ À NOMMER ET DÉFINIR LES MALADIES À PRIONS

Introduction de la première partie........................... 35

Chap. 1 Comment nommer une "obscure maladie de mouton" ?... 39

Chap. 2 Que signifie le terme "maladies à prions" ?................... 123

Chap. 3 Des "sarcocystes" à une "protéine seule" en passant par des "virus lents" : Évolution de la conceptualisation de la cause des troubles neurodégénératifs transmissibles........ 147

Chap. 4 Du concept de "la protéine seule" à la théorie du prion : Renversement de paradigme ?.. 229

CONCLUSION DE LA PREMIÈRE PARTIE.................. 282

BIBLIOGRAPHIE.. 287

SOURCE INTERNET.. 313

INDEX NOMINUM.. 323

LISTE DES FIGURES.. 343

VOLUME 2

VACHE FOLLE ET RAISONNEMENTS CAUSALS

PRÉFACE ET REMERCIEMENTS................................ 11

ÉVALUATION DU RISQUE DE L'ESB POUR LA SANTÉ HUMAINE : PROBLÈME D'INFÉRENCES SUR L'ESB

Introduction de la deuxième partie........................ 17

Chap. 5 Soubassement empirique des inférences sur l'ESB.. 21

Chap. 6 De la prémisse d'un parallélisme entre la tremblante et l'ESB à l'inférence causale sur l'innocuité de l'ESB pour l'homme.. 39

Chap. 7 Tentatives pour accorder l'inférence inductive et la réalité de l'épizootie de l'ESB.......................... 69

Chap. 8 Introduction de l'idée du changement de l'agent de l'ESB 91

Chap. 9 Émergence d'un *nv*MCJ, la forme humaine de la maladie de la vache folle : la ruine de l'inférence causale 137

ANALOGIE ET RAISONNEMENTS CAUSALS EN BIOLOGIE

Introduction de la troisième partie.......................... 223

Chap. 10 Accumulation des faits et origines de l'idée erronée de la non-transmissibilité zoonique des ESST.......... 231

Chap. 11 De la fragilité de la logique inductive et de la valeur de l'*analogie* pour les inférences à l'intérieur d'une analyse causale du vivant.. 273

CONCLUSION GÉNÉRALE 335

BIBLIOGRAPHIE 357

SOURCES INTERNET...................................... 377

INDEX NOMINUM 387

LISTE DES FIGURES...................................... 407

PRÉFACE ET REMERCIEMENTS

Avant que cet ouvrage ne soit édité, nous l'avons donné à lire à un certain nombre de personnes qui nous sont plus ou moins proches. Comme il fallait s'y attendre, leurs réactions furent naturellement diverses. Nous tenons à leur exprimer notre reconnaissance. Nous leur présentons nos sincères remerciements pour leurs réactions. La totalité de ces personnes se répartit dans quatre catégories. La première est constituée d'individus formés en sciences biologiques ou bien à la fois en biologie et en philosophie. D'aucuns nous ont prévenu que compte tenu de leurs activités d'expérimentateurs, il leur faudra du temps pour lire le manuscrit que nous leur avons confié.

Cependant, ils sont d'autant plus intéressés de le lire que certains *faits* qu'ils recueillent dans leurs laboratoires, résistent à rentrer dans les modèles conventionnels. Un représentant de cette catégorie est une amie biologiste, œuvrant à l'Institut Pasteur, pleinement avertie des problèmes de la complexité du vivant, et récemment passée de l'étude des pathogènes de type prions aux hantavirus responsables chez l'homme d'une forme atténuée de fièvre hémorragique associée à un syndrome soit rénal soit cardio-pulmonaire. Dans cette catégorie, un membre de l'Académie des sciences, philosophe de la biologie et de la médecine, familiarisé avec les problèmes épistémologiques posés par les prions, a réagi avec enthousiasme, soulignant la masse de détails dans une thèse qui traite un sujet ayant déjà sollicité sa réflexion.

La deuxième catégorie, réticente à la mise en cause de ses *a priori,* est constituée d'un public cultivé, mais éduqué dans la condescendance à l'égard du Noir entretenue par les préjugés et la vanité raciale professés par des historiens pourtant réputés sérieux, tel Fernand Braudel (1902—1985), dont l'œuvre a participé à la vaine tentative d'exclure les Noirs de la civilisation. La réticence s'est manifestée sur la question de l'*origine* du concept d'analogie ontologique, le type même de raisonnement approprié à l'analyse des faits biologiques, et dont la préconisation est parfaitement corroborée par des faits incontestables, liés aux prions et aux agents pathogènes émergents.

Face à l'évocation de l'Égypte pharaonique africaine et nègre en tant que *source* de cette préconisation, la réaction fut l'incrédulité et un vif rejet de ce *fait* historique. L'un des représentants de cette catégorie s'empressa de nous déclarer que Braudel a résolu la question du *lien inexistant* entre les anciens Égyptiens et les Africains Noirs. Il avait sans doute à l'esprit le tableau brossé par Braudel sur le mobilisme de l'histoire et les changements de l'Afrique, de "cette Afrique Noire [qui] a … raté ses rapports anciens avec l'Égypte et avec la Méditérranée"[1], conformément aux préjugés qui ont longtemps dominé l'égyptologie. Après lui avoir présenté les deux premiers tomes de l'œuvre inachevée de Martin Bernal sur cette question, il a dû

---

[1] F. Braudel, *Écrits sur l'Histoire*, (1969), tome I, p. 313.

reconnaître qu'il avait réagi un peu vite. Mais, grâce à ses critiques, nous avons enrichi le chapitre 11 avec l'exposition du profil des auteurs consultés par les contributeurs de l'article sur Eudoxe, qui nous a intéressé, dans l'*Encyclopædia Universalis* jugée par lui peu fiable en tant que référence.

La troisième catégorie est celle d'individus qui ne se sont pas accordés du temps pour lire et comprendre l'étude menée, avant de prendre position soit pour la condamner soit pour l'admettre. L'un des représentants de cette catégorie opta de gloser pour nier, non pas l'origine Égypto-nubienne de la conception ontologique du vivant, mais sa *justesse* et son *exactitude* sur la nature de l'*être* vivant, *complexe*, en devenir, et qui place le savant non pas face à une connaissance ferme de la causalité biologique, mais face à l'*incertitude* sur les liens causals dans le champ du vivant. Il prit appui sur les réflexions de Raymond Boudon, adepte de la « sociologie cognitive », pour qui la croyance "est une adhésion à des idées douteuses, fragiles ou fausses"[2]. Ainsi, tout en déclarant n'avoir pas encore lu notre thèse, il affirma néanmoins solennellement que l'énoncé de l'*exactitude* et la *justesse* de la conception Égypto-nubienne du vivant, est un *a priori* et que cela explique pourquoi cet énoncé n'est qu'une proclamation douteuse, fragile, voire carrément fausse. Mais, "l'*exactitude* et la *justesse* de la conception Égypto-nubienne du vivant", n'est pas un *a priori*. Au vu des *faits* attachés aux prions, c'est une conclusion qui s'impose désormais à l'interprète de la nature. Si l'on prend le temps de lire notre thèse, alors on s'aperçoit que cet énoncé est une conséquence d'une analyse philosophique rigoureuse des *faits* scientifiques irréfutables, recueillis dans le champ des prions, après un débat ayant divisé en deux la biologie des prions. On veut attirer l'attention sur les *a priori* qui, à juste titre, peuvent mener vers des croyances fausses.

En même temps, on fait péremptoirement une affirmation *a priori*. N'est-ce pas contradictoire ? Porter un jugement sur un objet de la science ou sur une *appréciation* de l'analyse scientifique de cet objet, exige que l'on commence par l'étudier soi-même. Sinon, il faudrait au moins avoir la patience de lire l'étude menée sur cet objet par d'autres. Tels sont les moyens de savoir si l'*appréciation* de cette étude par autrui est exacte, erronée ou exagérée. La philosophie des sciences est une discipline laborieuse. Sauf à vouloir tenir pour vraies des affirmations qui répugnent à la raison, on ne peut y entrer sans connaissances sur le sujet et sans fatigue. De la sorte, après avoir lu notre thèse, jamais Boudon lui-même ne soutiendrait l'affirmation téméraire notée plus haut. Car, s'il admet que la métaphysique est constitutive de l'activité scientifique et que la science ne peut se passer d'*a priori*, à travers l'hypothèse et la théorie[3], il est aussi averti de l'irréductibilité de la *complexité*[4] ; même si pour l'illuster, il s'appuie sur la sociologie et l'histoire.

---

[2] R. Boudon, *L'art de se persuader des idées douteuses, fragiles ou fausses*, (1990), p. 15.
[3] *Ibid.* R. Boudon, (1990), pp. 212-272.
[4] *Ibid.* R. Boudon, (1990), p. 244 sqq.

La quatrième catégorie est celle d'individus qui sont au fait des prions et des troubles qu'ils causent. Une grande figure de la biologie des prions incarne cette catégorie. Il s'agit de Robert Will, l'éminent savant britannique qui a évalué la preuve du *lien causal* entre l'ESB et sa forme humaine. Sur la base de l'ensemble des faits recueillis sur ces maladies, et au sujet de l'aptitude de la bio-médecine à *prédire* des maladies émergentes, nous avons eu avec lui, au cours de l'été 2012, un échange direct, à travers les problèmes épistémologiques soulevés par les prions. Considérant que seule une position scientifique sûre et bien établie peut prévaloir sur des interprétations reposant sur une pure spéculation, il eut la gentillesse de nous adresser en août 2012, un article de revue exposant sur le sujet, le plus récent avis du Comité scientifique de l'Agence Européenne pour la Sécurité Alimentaire (AESA). L'article mobilisa une douzaine de savants. La nature de l'agent de ces maladies transmissibles encore controversée y est discutée, ainsi que les critères permettant de juger la force d'un lien causal en épidémiologie. La diversité des souches d'agents transmissibles et les facteurs qui influencent leur capacité à traverser la barrière d'espèces y sont aussi discutés. Enfin, alors que l'on avait pensé initialement qu'il n'existe qu'une seule souche de prion bovin, l'article relève l'existence de trois souches bovines différentes, dont une seule est à l'origine de l'ESB épizootique. Les deux autres souches, de signatures moléculaires bien distinctes, seraient liées à l'ESB sporadique.

La conclusion de l'avis rendu par ces savants souligne de nombreuses *incertitudes* qui s'additionnent, lorsque l'on cherche à cerner au plus près les manisfestations biologiques ou pathologiques, attachées au fonctionnement de l'*être* vivant. Ainsi, une *incertitude* demeure sur la nature de l'agent des EST, sur l'efficacité relative de sa transmission d'une espèce à une autre, et sur le degré de confiance que l'on doit accorder à la reconnaissance d'un cas dans une situation où tous les aspects de la définition du cas ne sont pas remplis. "Ces incertitudes sont telles que même une comparaison entre les modèles épidémiologiques actuels des EST humaines et ceux des EST animales autres que la maladie de la vache folle n'apporte aucune information conclusive. Dès lors, il est impératif de poursuivre la surveillance systématique des troubles neurodégénératifs humains transmissibles et de continuer à améliorer la surveillance des EST animales … [Par ailleurs], on ne peut pas prédire si un agent d'une EST quelconque se transmettra à un nouvel hôte ni quelle sera l'étendue de la transmission, dans le cas où celle-ci survient"[5].

Telle est la conclusion d'une étude relancée conjointement par l'AESA et le Centre Européen pour la prévention et le contrôle des maladies. Elle n'a fait que renforcer la lumière que l'analyse philosophique exposée dans cet ouvrage projette sur l'approche causale de la biologie contemporaine des maladies à prions. *In fine*, il s'avère que l'*incertitude* s'impose à l'état de nos

[5] EFSA Panel on Biological Hazards, "Joint Scientific Opinion on any epidemiological or molecular association between TSEs in animals and human", (2011), p. 70.

connaissances du vivant, même les plus poussées. La vérité de cette position semble une nouveauté inattendue dans les sciences biologiques et médicales contemporaines parce que ces sciences n'en avaient pas eu une expérience directe, et se sont peu à peu ralliées à un point de vue mécaniste, simpliste, découlant des anciens Grecs et du tournant de la science au XVIIe siècle. Le problème de fond qu'il faut désormais résoudre est de savoir *pourquoi* dans le vivant toute approche visant à cerner les choses, à les capturer, pour mieux les comprendre et accessoirement agir sur elles, se heurte à l'*incertitude*.

Nous avons déjà commencé à le traiter dans le volume 1. Mais alors, nous n'avions pas encore analysé les *faits* relatifs à l'émergence du *nv*MCJ. Ayant pris en compte ces *faits* attachés aux prions, notre propre enquête s'est évertuée d'examiner les problèmes épistémologiques qu'ils soulèvent, et en particulier la raison pour laquelle l'*incertitude* leur est associée. C'est à une tentative de les résoudre que se consacre cet ouvrage, tant qu'il est question de comprendre l'origine et le sens profond de cette *incertitude.* L'effort qui sera accompli pour dégager la signification scientifique et philosophique de l'*analogie ontologique* sera réalisé dans cette visée. Quoi qu'il en soit, les expériences manifestes et les démonstrations sûres, déployées par les experts de l'AESA, dont l'avis publié en 2011 nous est parvenu grâce à Robert Will, montrent la valeur et la portée de la *conception ontologique*, ainsi que la place qu'il convient désormais de faire au raisonnement par *analogie ontologique*, en biologie et en médecine. C'est un point clef de la philosophie de la nature des entités biologiques causales qui se constitue au contact des prions. Une telle philosophie vient de la vérité des *faits*.

Car, la revue des expériences, des observations, des arguments mobilisés par des scientifiques hautement qualifiés sur le sujet, qui nous est parvenue après que nous ayons clos notre propre enquête sur les prions, se présente comme un *contrôle par les faits*, de la métaphysique qui accompagnera notre explication des processus se déroulant dans le vivant, lesquels sont à la base de l'*incertitude* constatée de façon irréfutable par les savants. Prenant appui sur un tel *contrôle* et sur la position à laquelle aboutit notre enquête, nous sommes à mesure d'affirmer dès à présent, qu'au cours de nos développements, loin d'engager le lecteur dans une philosophie *a priori*, nous sommes plutôt assuré de le placer face à une métaphysique encadrée par les *faits*, à partir de laquelle surgit une philosophie découlant de la nature même des *faits* consultés. Ainsi, à travers la conclusion formulée par les savants, et surtout à travers les *faits* dont elle porte le message, la *justesse* et l'*exactitude* de la conception Égypto-nubienne du vivant, explicitée dans ce volume 2, sont fermement démontrées, c'est-à-dire analysées, expliquées, contrôlées, prouvées. Cette conception de l'*être* vivant, élaborée en Égypte pharaonique africaine et nègre, n'est donc pas une vue de l'esprit, même si elle tient compte du *réel* métaphysique. Et si la vérité a pour fonction de montrer ce qui *est*, alors la *conception ontologique* indique au biologiste et au médecin ce qui *est* réel dans le vivant, qu'il soit visible ou invisible.

Deuxième Partie

ÉVALUATION DU RISQUE DE L'ESB POUR LA SANTÉ HUMAINE : PROBLÈME D'INFÉRENCES SUR L'ESB

INTRODUCTION DE LA DEUXIÈME PARTIE

"*Toute nature périssable, placée entre la naissance et la mort, n'offre d'elle-même qu'une image et une apparence dépourvues de netteté et de consistance. [...] Quand la raison recherche la clarté absolue en ce qui concerne chacun des êtres passibles et changeants, elle s'égare [...] sans pouvoir jamais rien appréhender de stable et de réellement existant. Car 'on ne peut entrer deux fois dans le même fleuve' selon Héraclite, et l'on ne peut pas non plus saisir deux fois dans le même état une réalité mortelle. Des changements vifs et rapides en dispersent les éléments puis les réunissent à nouveau ; ou plutôt, ce n'est pas à nouveau, ni plus tard, c'est simultanément qu'elle se constitue et se défait, apparait et disparait* [...]. *Aussi ne parvient-elle à l'existence dans son devenir qui jamais ne connait de repos ni d'arrêt.*"[6]

Plutarque (45 — 127).

En biologie moléculaire, les savants viennent à peine de sortir de la difficulté d'accès à la causalité spécifique des ESST. Tous les efforts accomplis à différentes périodes et dans divers contextes de la recherche causale des ESST que nous avons explorés depuis Sir John M'Fadyean (1843—1956) jusqu'à Stanley Prusiner, ont permis d'aboutir à la théorie du prion, en passant par différents concepts de l'agent causal des ESST et par maintes tentatives d'explication qui leur étaient associées. Cela montre bien toute la difficulté que représente l'accès à la causalité biologique.

Cela montre surtout l'enrichissement des sciences biologiques et biomédicales depuis leur *cadre ontologique fondamental*, ainsi que leur lente et progressive montée vers la causalité spécifique des prions, ces molécules biologiques d'un genre nouveau. Il a fallu plus d'un siècle de travaux expérimentaux et spéculatifs aux sciences du vivant pour établir la *cause* des troubles neurodégénératifs humains et animaux transmissibles. Celle-ci semble *être* une protéine seule nommée prion. À la fin du XXe siècle, les transmissions iatrogènes de la MCJ à des sujets jeunes semblent confirmer

[6] Plutarque, "Sur l'E de Delphes" in *Dialogues pythiques*, 392a-c.

cette *cause* des ESST. De plus, à l'intérieur du champ de la biomédecine humaine, dans le contexte de l'ESB apparue au Royaume-Uni, au regard des ES de la MCJ et des maladies apparentées, l'examen du statut du gène qui détermine le prion conduit à admettre qu'il *est* bien la cause des ESST.

Placé dans ce champ, nous avons estimé que nous sommes au plus près du *réel* biologique en ce qui concerne l'implication des prions dans la *cause* des ESST. Nous y avons suivi les *faits* attachés aux prions et qui montrent que ces derniers sont bel et bien la *cause* des troubles neurodégénératifs animaux et humains transmissibles. Nous avons alors observé qu'au-delà de résoudre les paradoxes de la causalité de ces agents étiologiques des ESST, les faits liés à l'analyse du gène et de la protéine prion sortent le concept du prion du domaine de la théorie et de la spéculation pour le faire entrer dans celui de l'empirie de la causalité biologique, d'un certain point de vue.

Même si, paradoxalement, nous concédons que la causalité ne se voit pas, mais s'infère. Actuellement, quasiment tous les savants admettent désormais que la protéine prion est la *cause* des ESST. Cela permet alors à la biologie moléculaire et à la biomédecine contemporaines d'affirmer le principe de causalité qui fonde la science, et selon lequel, tout d'abord il n'y a pas d'effet sans cause, puis enfin, chaque cause entraîne un effet.

C'est ce principe qui justifie le déterminisme scientifique que Claude Bernard (1813—1878) souligna dans son œuvre, appelant la transformation de la médecine classique en médecine expérimentale. Dès lors qu'une *cause* est connue, c'est sur la base de ce principe que la science s'engage à anticiper, à inférer, à tenter de prédire. Dans le champ de la biologie des maladies à prions, la tremblante est admise comme étant le prototype de cet ensemble de pathologies préalablement connues comme étant des ESST puis devenues des maladies à prions, avec la détermination de sa *cause moléculaire*. L'ESB qui a nouvellement émergé au Royaume-Uni et dont l'étiologie est étroitement liée à l'agent causal de la tremblante, fut alors l'occasion pour les biologistes moléculaires et les neuropathologistes de prédire le sort de la nouvelle maladie bovine.

Au cours de l'évolution de l'épizootie de l'ESB l'inquiétude grandissait dans le grand public sur la question de savoir si cet agent causal de la tremblante entré dans la vache pouvait changer pour *devenir* capable d'infecter l'homme. Tous les molécularistes, biologistes ou médecins, se sont divisés sur la question du sort de l'ESB. À partir des connaissances causales tirées de l'agent des ESST, certains savants ont inféré sur l'innocuité de l'ESB pour l'homme.

Pour ces savants, *en toute logique*, l'agent causal des ESST est connu. Il n'a jamais produit la moindre neuropathologie chez l'homme. Par conséquent, il devrait être inoffensif. D'autres biologistes au contraire ont considéré que les connaissances causales étaient vacuolaires, insuffisantes pour inférer de l'innocuité de la tremblante pour l'homme à l'innocuité l'ESB pour l'homme. Mais, en l'absence de *faits* apportant la preuve de la menace de l'ESB pour la santé humaine, l'inférence sur l'innocuité de l'ESB se présenta comme une pensée dominante adossée aux *faits* recueillis sur la tremblante. Connaissant la *cause* des ESST, sachant que cette classe de pathologies n'a jamais agi naturellement qu'à l'intérieur d'une espèce, c'est le *principe de causalité* se conjuguant avec la notion d'*analogie*, qui a conduit les biologistes à inférer sur la non-transmissibilité zoonique de l'ESB. Puis, contre toute attente, l'ESB est passée de la vache à l'homme.

De sorte que d'une non-transmissibilité putative des troubles neurodégénératifs animaux à l'homme, l'on est passé à une transmission zoonique de ces maladies. Dès lors, d'un problème de biologie moléculaire et de médecine vétérinaire, l'on est passé à un problème de biomédecine humaine, relatif à la causalité spécifique des ESST humaines, avec l'apparition de la forme humaine de la maladie bovine et les questions de *santé publique* qu'elle souleva. Quelle est la *signification* de ces changements attachés à la causalité spécifique des troubles neurodégénératifs transmissibles ? Pourquoi de tels changements ? Quels sont les savants qui ont cru en la stabilité du pouvoir causal de l'agent étiologique de la tremblante et ont accordé foi aux connaissances causales des maladies à prions ?

Quelle est la base empirique et théorique sur laquelle ils avaient fondé l'inférence ? Parce que l'épizootie a poursuivi son évolution, des faits s'accumulèrent en s'écartant de l'inférence. Quels sont ces faits ? À défaut de concilier les *faits* connus et l'inférence, comment dans ces conditions accorder les prévisions aux *faits* nouveaux ? Mais, si l'épizootie a évolué en s'écartant des prédictions, n'était-ce pas déjà un signe que l'agent qui en est la *cause* a changé ? Comment dans le cadre de la biologie des maladies à prions définir cet agent causal qui change ?

Avec ce questionnement, et à travers l'évolution de l'épizootie de l'ESB, nous sommes amené à examiner l'épistémologie de la biologie moléculaire et de la biomédecine contemporaines face à l'inférence sur l'innocuité de l'agent causal de l'ESB pour la santé humaine. Mais, puisqu'une inférence causale notamment, consiste en quelque sorte à transférer les vertus d'une *cause* d'un phénomène connu à un autre phénomène inconnu mais attendu, elle constitue dans le fond une opération *métaphysique*.

Dès lors, il n'y a pas à s'étonner que toutes ces questions qui résident au départ dans le champ de l'épistémologie de la biologie moléculaire et de la biomédecine contemporaines, se trouvent transportées *in fine* dans le champ de la *métaphysique*, où l'analyse du réel dépasse les faits observables par l'expérimentateur. Toutefois, dans cette deuxième partie de notre enquête scientifique et philosophique sur les prions, en tâchant de répondre méthodiquement aux questions posées plus haut, nous analysons en premier le socle scientifique des inférences sur la maladie bovine et les arguments épidémiologiques mobilisés en faveur du parallélisme entre la tremblante et l'ESB. De la sorte, il s'agit pour nous d'examiner tout d'abord le soubassement empirique de l'inférence sur le développement de l'épizootie de l'ESB, puis le fondement épistémologique de l'inférence sur l'innocuité de tremblante à l'innocuité du trouble neurodégénératif bovin (l'ESB) pour la santé humaine. Nous sommes alors conduit à examiner également la *valeur* et les *limites* des modèles théoriques et animaux ainsi que la difficulté qu'ils recèlent pour inférer de l'animal à l'homme. Mais, en analysant cette difficulté, les faits attachés à l'épizootie de l'ESB que nous soumettons à l'examen montrent la tentative des biologistes pour accorder l'inférence inductive à la réalité de l'épizootie de l'ESB.

Ainsi, en exposant le développement de l'épizootie et les efforts des biologistes pour ajuster la rationalité au réel biologique, les faits enchaînés dans l'évolution de l'épizootie sur le terrain révèlent à quel point la *nature profonde* des causes biologiques peut étendre un voile sur les *faits réels* sur lesquels tentent de s'édifier les paradigmes de la biologie. Dès lors, le développement de l'épizootie révèle aussi comment, par un tel voile, l'apparente logique de la biologie moléculaire peut conduire les tenants d'un paradigme à défendre ce dernier à la manière d'une *meute*.

Prenant appui sur les *faits* nouveaux liés au développement de l'épizootie, nous exposons la difficulté que recèle la conception de la causalité biologique en biologie moléculaire. De la sorte, avec cette conception actuellement admise dans les sciences du vivant, et à travers elle, celle de la cause biologique, nous montrons comment l'inertie du changement des paradigmes déjà bien établis, engendre des jugements *ad hominem*, dans la résistance opposée à l'introduction d'une *conception conforme au réel* biologique, et imposée par l'évolution de l'épizootie.

Ainsi, nous interrogeons l'épistémologie de la biologie face à la tension entre les *concepts* établis et les *faits* biologiques émergeants au cours de l'évolution de l'épizootie, jusqu'à son paroxysme, à savoir l'émergence du *nv*MCJ. Nous analysons l'introduction de l'idée du *changement du nœud causal* qui lie l'ESB aux ES humaines de la MCJ. Enfin, sur la base des *faits* attachés au *nv*MCJ, nous tentons de projeter de la lumière sur la *nature* de l'entité biologique causale à l'origine du lien entre le trouble neuro-dégénératif bovin et sa forme humaine, c'est-à-dire le nouveau variant de la MCJ. Et à travers cet éclairage, nous nous efforçons de mettre également en clarté la nature profonde des *causes biologiques*, au-delà des contraintes positivistes de la biologie moléculaire et de la biomédecine contemporaines.

Chapitre 5

Soubassement empirique des inférences sur l'ESB

Avec l'extension du domaine des ESST survenue suite à l'émergence de l'ESB au Royaume-Uni, et à travers l'agent de cette pathologie bovine admise comme étant "analogue"[7] à la tremblante du mouton, l'agent causal des ESST fut suivi avec scrupule, observé attentivement par les biologistes, les vétérinaires, les neurophysiologistes, les neuropathologistes. Dans la mesure où cet agent semblait naturellement se confiner à une espèce qui l'abrite et ne pouvoir passer d'une espèce à une autre que dans des cas exceptionnels, la question s'est alors posée de savoir comment il était passé du mouton à la vache. Pourtant, l'histoire nous apprend qu'à la fin du XIXe siècle, la tremblante dans une vache[8] fut déjà observée en France, très précisément en 1883, par un vétérinaire de Haute-Garonne nommé Sarradet.

Mais, c'est une histoire soit très peu connue soit alors parfaitement oubliée par la plupart des biologistes de la tremblante. De la sorte, l'ESB britannique est apparue comme une neuropathologie totalement nouvelle qui affecte les bovins. Dès lors, sur la base des connaissances tirées de la tremblante, les biologistes ont inféré sur le confinement de l'ESB dans la vache. Inconnue de la part du grand public et de nombreux savants avant le milieu de la décennie 1980, l'ESB a mobilisé dans toute la Grande-Bretagne et dans plusieurs pays européens des neurophysiologistes, des neuropathologistes, des neurologistes, tous engagés dans la surveillance du profil de l'encéphalopathie spongiforme de la maladie de Creutzfeldt-Jakob.

Au-delà des problèmes de *santé publique*, la gestion de l'épizootie de l'ESB préoccupa les politiques britanniques d'abord puis de toute l'Europe, en raison de la crise qu'elle engendra dans le marché européen. Au plan épistémologique, ce chapitre pose la question de la *base empirique* des prédictions de l'évolution de l'épizootie et des inférences formulées par les biologistes sur l'ESB. La question posée se décline comme suit :

1. Quelle est l'origine étiologique de la nouvelle maladie bovine apparue dans le cheptel britannique ?

2. Sur quels arguments scientifiques les biologistes et les politiques ont-ils fondé les prédictions et/ou les inférences sur l'ESB ?

---

[7] D. M. Taylor, "Bovine spongiform encephalopathy and human health", (1989), p. 414.
[8] M. Sarradet, "Un cas de Tremblante sur un bœuf", (1883), p. 310.

3. Comment la maladie bovine va-t-elle évoluer dans son rapport à la santé humaine ?

Telles sont les questions auxquelles les médecins vétérinaires et les épidémiologistes d'abord, ensuite les neurologues et les politiques, ont tenté de trouver une réponse, dès l'occurrence de l'ESB au Royaume-Uni dans les années 1980/90. Alors que dans le champ de la biologie de la tremblante et des encéphalopathies spongiformes associées, devenu le champ de la biologie des maladies à prions, nous étions déjà en contact étroit avec l'épistémologie de la biologie et de la médecine, par ces questions nous nous approchons davantage de la difficulté de la causalité spécifique des prions en particulier et de la *causalité biologique* de manière générale, à l'intérieur de la biologie moléculaire et de la biomédecine de ce début du troisième millénaire.

1. Quantifier l'épizootie et inférer le développement de la maladie

Nous avons déjà signalé en introduction du chapitre I de cette enquête scientifique et philosophique sur les prions qu'un symposium se tint en France du 14 au 16 mars 2001 sous l'égide de l'*Academy of Medical sciences* du Royaume-Uni, de l'Académie des sciences et de l'Académie nationale de médecine, avec le soutien du Ministère français de la Recherche et d'un Groupement d'Intérêt Scientifique (GIS), pour traiter des problèmes posés par l'épizootie de l'ESB britannique. Nous précisons ici qu'il réunit 350 participants dont de nombreux savants ayant une expérience directe des maladies à prions, mais aussi des politiques français et britanniques.

Nous ajoutons que le GIS créé en 2001 rassemblait les Ministères de la Recherche et de l'Agriculture et le Ministère délégué à la Santé, l'ensemble des établissements de recherche concernés — CNRS, CEA, INRA, INSERM — ainsi que l'Institut Pasteur, et trois Agences impliquées dans les questions de santé, à savoir l'Agence Française de Sécurité Sanitaire et Alimentaire, l'Agence française de Sécurité Sanitaire des Produits de Santé, et l'Institut de Veille Sanitaire (INVS). Ainsi, la science et la politique étaient réunies face à un problème de *santé publique*. L'objectif du symposium fut triple, à savoir, (1) faire le point sur l'état des connaissances sur le sujet, (2) encourager les scientifiques à s'engager dans des recherches sur l'agent causal nommé prion, (3) éclairer le public et les responsables politiques sur les agents, les mécanismes et l'évolution prévisible de l'épizootie de l'ESB. Car, dans le milieu des années 1980, des syndromes auparavant inconnus chez des bovins et qui avaient affecté des vaches à différents endroits de l'Ouest de la Grande Bretagne, attirèrent l'attention des vétérinaires.

Dès lors, une équipe de savants s'engagea dans une recherche visant à l'élucidation de l'origine et de la nature de cette pathologie. Facilité par des données enregistrées par les vétérinaires, le travail des savants œuvrant dans la recherche étiologique de telles maladies commença par l'identification en 1986 et la description, pour la première fois, d'une nouvelle neuropathologie des vaches domestiques, désignée ESB, et portée à la connaissance de la communauté scientifique en 1987 dans la revue *The Veterinary Record*, sous le titre: "Une nouvelle Encéphalopathie Spongiforme Évolutive chez les bovins"[9]. Par cette désignation, l'ESB nouvellement identifiée étendait le domaine nosologique des maladies admises comme étant des ESST.

L'étonnement du public et la curiosité scientifique suscités par le nouvel hôte de l'ESB étaient alors tels que cela souleva de nombreuses questions dont celle de savoir comment cela se fait-il que désormais les vaches deviennent *folles* ? Maints articles scientifiques et livres consacrés à cette

---

[9] G. A. H. Wells et coll., "A novel progressive spongiform encephalopathy in cattle", (1987), p. 409.

question tentèrent d'y répondre[10]. D'autant que d'immenses progrès de la biologie et la médecine avaient déjà été accomplis dès les années 1950, suite à la découverte de la structure en double hélice de l'ADN. Ces progrès entrainaient des avancées spectaculaires aussi bien des neurosciences fondamentale et clinique que de la biologie moléculaire des maladies du cerveau. Dès lors, l'occurrence l'ESB intriguait les psychiatres.

De la sorte, Paul Harrison menant des recherches sur la neuropathologie de la schizophrénie, au sein du département de Psychiatrie de l'Université d'Oxford, et son collaborateur Gareth W. Roberts impliqué, lui, dans la neuroscience *via* la maladie d'Alzheimer, au Centre SmithKline Beecham, à Essex près de Londres, placèrent en épigraphe d'un article publié en 1992 dans le volume 304 de la revue *The British Medical Journal*, la réflexion suivante : "La science progresse, mais le risque pour l'homme demeure incertain"[11].

Car, de façon singulière et inattendue à la fin du XXe siècle, ce risque pris par l'homme, dans ses incessantes tentatives de "se rendre comme maîtres et possesseurs de la nature"[12], s'est traduit par l'apparition d'une nouvelle pathologie bovine, suite au changement du processus de fabrication de protéines à partir de farines d'os et de viande, en vue de supplémenter l'alimentation bovine. Quels *faits* les vaches atteintes d'ESB présentaient-elles alors de manière inattendue aux médecins vétérinaires ?

1.1 La collecte des données épidémiologiques

Les *faits* cliniques et pathologiques rapportés étaient attachés une maladie neurologique observée uniquement chez des vaches laitières âgées de trois à six ans, présentant "un syndrome clinique relativement constant, avec une attaque insidieuse et une évolution progressive nécessitant l'abattage entre un et six mois"[13]. Au cours de la maladie dont les signes pathologiques commencèrent en 1985, "la mort survient rarement inopinément [...], des vaches en bonne condition physique au début, deviennent craintives, hyperasthéniques et développent une légère incoordination de la démarche. Leur état mental s'altère progressivement et des procédures normales de traitement suscitent alors parfois des ruades"[14].

---

[10] P. J. Harrison, G. W. Roberts, "How now mad cow ?" (1992) ; R. M. Ridley, F. H. Baker, *Fatal protein : the story of CJD, BSE, and other prion diseases*, (1998) ; M. Schwartz, *Comment les vaches sont devenues folles* ?, (2001) ; P-M. Lledo, *Histoire de la vache folle*, (2001) ; P. Yam, *The pathological protein : mad cow, chronic wasting, and other deadly prion diseases*, (2003).

[11] *Ibid.*, P. J. Harrison, G. W. Roberts, (1992), p. 929.

[12] R. Descartes, (1637), *Discours de la méthode*, (1997), p. 67.

[13] G. A. H. Wells et coll., "A novel progressive spongiform encephalopathy in cattle", (1987), p. 419.

[14] *Ibid.*, G. A. H. Wells et coll., (1987), p. 419.

chez les animaux, mais qui peut être la cause d'une maladie sévère chez les humains, dans certaines circonstances. Ce département avait aussi un rôle actif dans la surveillance de ces maladies et infections et plus récemment, dans celle des maladies animales endémiques. La surveillance s'effectuait soit à travers la collecte systématique de données sur les maladies et infections à déclarer, et sur des diagnostics faits en routine aux centres de dépistage vétérinaire, soit à travers des projets de surveillance active, par exemple, dans des abattoirs. À partir des données épidémiologiques recueillies, c'est ce département qui assurait aussi un service d'experts conseils épidémiologiques fournissant des informations aux groupes consultatifs travaillant pour le compte du gouvernement britannique, comme le SEAC alors présidé par Sir Richard Southwood (1931—2005), en vue de leurs propres analyses épidémiologiques.

Médecin vétérinaire et épidémiologiste, John Wilesmith dirigeait ce département. Il œuvra d'abord au CVL, le Laboratoire Vétérinaire Central, faisant partie du département de Pathologie dans la ville de Surrey au Royaume-Uni et sous la dépendance du MAFF. Chef du département d'Épidémiologie à partir de 1986, il publia une série d'études épidémiologiques sur le trouble neurodégénératif bovin jusqu'au début des années 1990. Les premiers résultats des études commencées en juin 1987 sur l'ESB sous la direction de Wilesmith furent publiés dans *The Veterinary Record* en décembre 1988, laissant un commentateur souligner ceci :

> "Cela relève d'un exploit de publier des études épidémiologiques sur l'ESB à peine plus d'un an après que le premier rapport de cette nouvelle maladie de la vache ait été rédigé."[20]

Puis, ce commentateur ajouta que "Wilesmith et ses collègues sont à féliciter pour leur rapport élégant sur cette nouvelle maladie neurologique. Les études jusqu'ici menées confirment un certain nombre d'hypothèses et montrent la voie que la recherche en cours devrait suivre"[21]. Quels sont les *faits* recueillis par ces études ? Quelle en est la *valeur* ?

2. Les faits épidémiologiques, un soubassement empirique des inférences

La première analyse épidémiologique menée par John Wilesmith exposa un certain nombre de *faits* d'observation servant de socle empirique et de fondement épistémologique pour des pistes à suivre ultérieurement :

---

[20] Anon., "Comment : Pointers to the cause of BSE", (1998), p. 637.
[21] *Ibid.*, Anon., (1998), p. 637.

> "[Elle] présentait les résultats d'études initiales ayant permis d'obtenir une description épidémiologique incluant une information génétique, de gérer l'incidence de la maladie à la fois dans les fermes et au plan national, de collecter des données sur la fréquence des signes cliniques individuels et la durée de la maladie, de développer des hypothèses étiologiques."[22]

Surtout, elle indiquait que "la forme de l'épidémie est typique d'une vaste source commune à partir de laquelle tous les animaux affectés sont répertoriés"[23]. Autrement dit, de tous les cas d'ESB répertoriés, se dégageait "un facteur commun [à savoir], l'exposition des vaches à l'agent de type tremblante *via* des produits alimentaires contenant des protéines dérivées de ruminants"[24]. Aucun indice n'était en faveur de l'introduction de la maladie en Grande-Bretagne par la semence ou par des vaches importées. Il ne semblait y avoir aucun argument pour suggérer une mutation de l'agent de la tremblante, ni aucune preuve d'une transmission de vache à vache. Certes, le rôle assigné à la génétique n'était pas encore très clair.

Cependant, les *faits* disponibles étaient vraisemblablement "contre l'hypothèse selon laquelle l'ESB était exclusivement déterminée par une simple hérédité mendélienne"[25]. En revanche, tout semblait signifier que l'origine de la maladie était en relation avec l'alimentation. Deux *faits* majeurs sont alors à mettre au crédit de cette première étude épidémiologique. D'abord elle "soutenait l'argument préalable d'une similitude étiologique entre l'ESB et la tremblante du mouton"[26], avec comme élément de preuve, un argument pathologique établissant la présence de structures typiques de la tremblante, et permettant de conclure que "l'étiologie de l'ESB était bien reliée à celle de la tremblante"[27].

Le deuxième *fait* était l'exclusion de toute provenance étrangère de la maladie, les observations recueillies étant "en accord avec une exposition des vaches à l'agent de type tremblante, *via* une alimentation contenant des protéines d'origine animale"[28], au début des années 1980, alors que les animaux n'étaient encore que des veaux. Ces *faits* semblaient plutôt satisfaisants, voire encourageants. Ils offraient alors des raisons d'être prudemment optimiste au sujet de l'issue de l'ESB. Mais, toute la lumière n'était pas encore faite sur la nouvelle maladie bovine. En vue de mieux comprendre l'épidémiologie et l'origine de l'ESB, un programme de recherche à long terme fut lancé. Une autre étude fut rendue publique trois

---

22 J. W. Wilesmith et coll., "Bovine spongiform encephalopathy : Epidemiological studies", (1988), p. 638.
23 *Ibid.*, J. W. Wilesmith et coll., (1988), p. 638.
24 *Ibid.*, J. W. Wilesmith et coll., (1988), p. 638.
25 *Ibid.*, J. W. Wilesmith et coll., (1988), p. 643.
26 *Ibid.*, J. W. Wilesmith et coll., (1988), p. 638.
27 *Ibid.*, J. W. Wilesmith et coll., (1988), p. 663.
28 *Ibid.*, J. W. Wilesmith et coll., (1988), p. 638.

ans plus tard. Elle parut dans le numéro de la revue *Veterinary Record* du 2 mars 1991. Ses conclusions étaient en accord avec l'hypothèse selon laquelle une *nouvelle souche* de l'agent de la tremblante, désormais pathogène pour les vaches, était apparue dans la population de moutons. L'ESB se présentait alors comme la conséquence d'une exposition croissante des vaches à cet agent *via* les farines carnées. Ainsi, les *faits* semblaient en accord avec une exposition accrue des vaches à cette souche de l'agent de type tremblante adaptée aux vaches depuis un certain temps, et résultant d'un *changement* dans le processus de fabrication des farines carnées. Simplement, au début de l'exposition des bovins à cette nouvelle souche, la dose infectante doit avoir été insuffisante pour provoquer une maladie clinique survenant au cours de la vie normale des vaches à une incidence décelable.

En mettant en avant ces hypothèses, l'épidémiologiste John Wilesmith ne les présentait pas comme définitives. Il admit que "des études supplémentaires étaient nécessaires pour les établir et projeter plus de lumière sur l'origine de l'ESB"[29]. Au total, les études épidémiologiques menées confirmèrent la *similitude* étiologique entre l'ESB et la tremblante. Elles soulignèrent le lien entre l'apparition de la maladie et la consommation des farines carnées rajoutées dans l'alimentation de la vache comme une source supplémentaire de protéines. Elles fournirent une estimation de la durée d'incubation de la maladie située dans un intervalle entre 2½ ans et 8 ans.

Elles seront citées plus tard comme ayant "indiqué fortement que l'agent de l'ESB fut transmis aux vaches par l'intermédiaire d'aliments contaminés, à la fin des années 1970 début 1980"[30]. Ainsi, elles permirent de mettre en évidence le rôle des *farines carnées* en tant que "vecteur de l'infection"[31], à la suite des changements intervenus dans les années 1970 dans les processus de leur production. Ces travaux épidémiologiques de John Wilesmith auront un poids scientifique considérable ayant conduit son auteur à s'impliquer de manière directe dans le débat scientifique autour de la question du risque de transmissibilité à l'homme de la neuropathologie bovine, ainsi que nous le verrons plus loin. Il faut souligner ici que ce poids scientifique qu'allaient prendre ces études épidémiologiques est normal et compréhensible.

Car, apparue dans le monde anglo-saxon des années 1940 et 1950, et dans la France des années 1960 et 1970, l'épidémiologie mena des recherches en mobilisant le raisonnement probabiliste appliqué à des données médicales et sanitaires, afin de dégager tout *lien causal* avec des agents pathogènes non infectieux, comme par exemple le tabac, susceptible de provoquer ou de favoriser des cancers[32]. Dans ces conditions, elle ne pouvait être longtemps

---

[29] J. W. Wilesmith et coll., "Bovine spongiforme encephalopathy : Epidemiological studies on the origin", (1991), p. 203.

[30] G. Collee, "Letter to the Editor : Bovine spongiform encephalopathy", (1991), p. 790.

[31] *Ibid.*, G. Collee, (1991), p. 790.

[32] F. Buton, *De l'expertise scientifique à l'intelligence épidémiologique* : *L'activité de veille sanitaire*, (2006). Souligné par nous.

"confinée à quelques groupes de chercheurs sans beaucoup de prise sur la décision. [Bien au contraire, elle est] écoutée, voire sollicitée par des décideurs publics ou privés, de plus en plus diversifiés"[33]. Mais, peut-être qu'à partir des services qu'elle rendit jadis à la société, un pouvoir prédictif hypertrophié lui est désormais attribué :

> "[L'épidémiologie n'est rien moins que] la science de prévention, [...] elle est sur le point de devenir à la mode. On prétend qu'elle va permettre de résoudre tous les problèmes sanitaires, de connaître l'origine des maux de l'homme et d'imaginer les moyens de les éviter, de prendre les 'bonnes' décisions et même de réduire les coûts. Et certes, il ne sert à rien, pour développer les sciences de la santé d'hypertrophier la médecine. La médecine, action conjoncturelle, pourra bien devenir encore plus coûteuse et technicisée, elle restera une activité ''réactionnelle'', impuissante à elle seule à améliorer la santé."[34]

Quoi qu'il en soit, dans le cas qui nous occupe, l'épidémiologie a parfaitement rempli une partie de ses obligations, tant qu'il s'est agi de dégager le *facteur causal* qui déclencha la survenue de l'ESB en Grande-Bretagne. Elle écarta clairement l'implication de la génétique mendélienne et souligna une étiologie attachée à l'agent causal de la tremblante, véhiculé par des farines carnées. Dès lors, elle poursuivit l'objectif visant à *prédire* le développement de l'épizootie, un objectif également inscrit dans ses obligations.

Ceci permit aux travaux épidémiologiques de Wilesmith de servir de rampe de lancement de *deux types d'inférences* sur l'ESB, que nous distinguons sans les opposer ; puisqu'elles sont toutes les deux fondées sur l'induction analogique. Cette distinction est au moins en partie justifiée par le fait que les préoccupations épistémologiques qu'engendrent ces deux types d'inférences ont beau intervenir plus ou moins au même moment, il n'en est pas de même pour leurs conséquences au plan de la *santé publique* ni pour leur portée au plan biologique, ainsi que le montre l'enquête scientifique et philosophique que nous menons.

En cela, au-delà des indications venant au soutien d'hypothèses formulées sur la nature de l'agent causal du trouble neuropathologique bovin et sur son origine, les travaux de Wilesmith revêtaient à travers les inférences qu'ils ont engendrées, un caractère doublement important, pourtant à peine visible dans ses propres publications. Quels sont les deux types d'inférences pour lesquelles les *faits* épidémiologiques de John Wilesmith ont servi de soubassement empirique ? D'abord, il y a une

---

[33] ADELF, *Déontologie et bonnes pratiques en épidémiologie*, (2002), p. 5-7. Cité par F. Buton, (2006), p. 75.

[34] W. Dab, *La mesure de la santé d'une population, étude critique à partir d'une typologie des indicateurs de santé*, (1980), p. 122. Cité par F. Buton, (2006), p. 74.

inférence inductive sur le trouble neurodégénératif bovin nouvellement apparu au Royaume-Uni. Le terme "inférence inductive" est à prendre ici au sens de William Whewhell[35] (1794—1866), de Karl Popper[36] (1902—1994), ou d'Anne Fagot-Largeault[37] qui ont réfléchi, chacun à son tour, sur cette importante notion épistémologique. Les faits épidémiologiques dégagés servirent de soubassement de la *prédiction* de l'évolution de l'épizootie en prenant appui sur l'induction, dans la mesure où "l'argument épidémiologique indiquait que si l'exposition des vaches à l'agent de la tremblante avait continué de manière constante jusqu'en 1988, date de l'interdiction d'introduction des protéines carnées dans l'alimentation des vaches, alors une réduction de l'incidence de l'ESB ne pouvait être attendue avant 1992"[38].

En clair, à cette époque là, le pic d'incidence de la maladie qui précède nécessairement toute décrue était attendu avant 1992. Ce qui revient à dire que l'on *anticipait* une diminution, voire une extinction du trouble neurodégénératif bovin à partir de 1993. Nous précisons que dans cette première induction analogique que nous qualifions d'*inférence inductive*, le lieu causal de la maladie étudiée reste inchangé, l'anticipation portant uniquement sur la seule évolution de l'épizootie dans le temps, c'est-à-dire sur la seule projection de l'épizootie de l'ESB dans le futur. Autrement dit, la cause du trouble neurodégénératif bovin reste en quelque sorte enfermée dans l'animal, en l'occurrence dans la vache, tandis que l'on généralise le sort de cette maladie bovine, vraisemblablement, par analogie avec la tremblante. Ainsi, l'*inférence inductive* du sort de l'ESB annonce la réduction voire l'extinction de l'épizootie après 1992.

La deuxième anticipation est aussi une induction fondée sur l'analogie mais, elle se distingue de la première en ce sens qu'elle porte sur l'évolution du sort de l'ESB dans son rapport à la *santé humaine*. Alors que dans l'inférence inductive la maladie est observée à travers son hôte et son évolution considérée dans sa dimension (taille de l'épizootie) à l'intérieur de la catégorie d'*être* vivant que représente l'hôte, à savoir la vache, dans le cas présent non seulement l'ESB reste projetée dans le futur, mais sa *cause* est aussi désormais projetée sur l'homme. L'anticipation porte donc à la fois sur le *lieu de la cause* et sur le *temps*. C'est ce que nous désignons *inférence causale*. Celle-là prétend l'innocuité de l'ESB pour la santé humaine.

En cela, ces travaux épidémiologiques se présentèrent aussi comme le soubassement scientifique de l'*inférence causale* sur l'ESB de l'animal à l'homme, avec la mobilisation du concept de "barrière d'espèces" à partir duquel on admettait que la neuropathologie animale était censée

---

[35] W. Whewell, *Novum Organon Renovatum, Livre II*, 1839 ; tr. fr., *De la construction de la science*, (1938), p. 68.

[36] K. Popper, *The Logic of Scientific discovery*, 1959, 1968 ; tr. fr., *La logique de la découverte scientifique*, (1973), p. 24.

[37] A. Fagot-Largeault, "Leçon inaugurale", Collège de France, (2001), p. 8.

[38] Anon., "Comment : Pointers to the cause of BSE", (1998), p. 637.

naturellement se confiner dans son hôte naturel, le mouton. On considéra que cette 'barrière d'espèces ne fut franchie qu'en raison d'une exposition accrue des vaches à un agent causal initialement spécifique aux ovins puis adapté aux bovins. Dès lors, elle devait normalement fonctionner pour confiner cette fois-ci l'ESB dans son nouvel hôte, la vache. Nous soulignons à nouveau que, relevant toutes deux de l'induction analogique, nous distinguons, tout en ne les opposant pas, les deux types d'inférences, pour un gain de clarté dans l'analyse épistémologique menée par la suite, dans notre enquête. Par ailleurs, quels que soient les reproches que l'on pourrait faire à John Wilesmith, plus tard dans la controverse sur la question du risque de l'ESB pour la santé humaine, l'on ne peut pas considérer qu'il se contenta simplement d'enregistrer de manière passive des phénomènes relatifs à l'occurrence de l'ESB, en attendant que la vérité s'en dégage toute seule.

Il usa des forces de son esprit pour consulter soigneusement les *faits* d'observation. Puis il les digéra par son intelligence, réalisant ainsi une synthèse de la faculté expérimentale et de la faculté rationnelle. Son travail servira d'appui aux biologistes non-expérimentateurs sollicités pour des considérations de la biologie de l'ESB dans son rapport à la *santé humaine*. Pour de nombreux savants, ce travail apparut comme une recherche épidémiologique scrupuleuse, ayant établi avec certitude que l'ESB fut engendrée par la contamination de l'alimentation des vaches par introduction de farine carnée souillée par l'agent de la tremblante. L'identification des altérations dans le processus de fabrication de l'alimentation des vaches au début des années 1980 fournit un argument venant au soutien cette hypothèse étiologique de l'ESB. Avec l'imposition en 1988 de l'interdiction des farines carnées dans l'alimentation des ruminants, l'anticipation d'une décroissance de l'incidence de l'ESB dès 1992 sembla pouvoir tenir.

Mais tel ne fut pas le cas. Toutefois, même si cette décroissance et la disparition de la maladie ne survinrent qu'un peu plus tard, l'analyse des *faits épidémiologiques* suggéra que l'ESB pouvait être éradiquée. Aucun lien entre les ES de la MCJ et l'exposition à la tremblante n'avait été signalé ni par cette recherche épidémiologique ni jamais par les travaux scientifiques antérieurs. Par conséquent, l'ESB était censée ne soulever aucune inquiétude pour la santé humaine. Pourtant, l'inquiétude et les craintes du grand public grandissaient, nourries précisément par des questions attachées aux risques de l'ESB. L'intérêt pour ces questions fut alors d'autant plus significatif qu'il n'existe aucune possibilité de déceler des individus infectés.

L'absence de signes cliniques pendant la période précédant la déclaration des symptômes de la maladie rend difficile le moyen d'évaluer quantitativement les risques liés à la consommation des produits bovins par la population humaine. C'est une des considérations singulières attachées à la spécificité des maladies à prions toujours fatales et dont la durée d'incubation peut être longue. Aux yeux du grand public, mais également de nombreux savants, de telles considérations rendaient suspectes les connaissances accumulées sur la transmissibilité d'agents causals considérés comme étant non conventionnels. Ainsi, sur les conclusions des études épidémiologiques, un certain nombre de biologistes et de vétérinaires suspendirent en quelque sorte leur jugement. Globalement, ils ne rejetèrent pas ces conclusions mais, dans le même temps, ils ne les trouvèrent pas non plus décisives. De sorte que plus tard, cela ouvrit *in fine* un débat sur l'évaluation des risques de l'ESB pour la santé humaine. Parmi les questions soulevées persistait la suivante : l'agent étiologique de l'ESB était-il en tout point de vue *identique* à celui de la tremblante connu pour être inoffensif pour l'homme ? Cette question n'était pas encore définitivement résolue. Elle recelait une zone d'ombre qui pouvait être inquiétante.

Mais, était-ce là "une raison de dépeindre ou de considérer la maladie neurologique bovine comme un phénomène qui présentait un risque pour la santé publique ?"[39], rétorquaient certains scientifiques, dans la mesure où tous les *faits positifs* alors détenus semblaient indiquer que l'ESB était inoffensive pour la santé de l'homme. En s'appuyant sur les *faits épidémiologiques* recueillis par les études menées par Wilesmith, le SEAC alors présidé par Sir Richard Southwood[40] incarna la voix officielle de la science en faveur d'une invraisemblance de la transmission de l'ESB à l'homme.

Annoncé officiellement au public en 1988, ce comité consultatif fut établi en mai de la même année. Il espérait travailler en toute indépendance. Mais, le problème de l'ESB révélait une dualité entre l'agriculture et l'élevage d'un côté et de l'autre la santé publique. Il présentait des intérêts professionnels artificiellement et apparemment contradictoires. Dès lors, le SEAC pouvait-il garder toute l'autonomie qu'espérait Sir Southwood ? Nous reviendrons sur cette question. En raison de la gravité de la situation de crise liée au trouble neurodégénératif bovin, le SEAC se devait d'agir vite. Alors dès la mi-juin 1988, il informa les autorités britanniques des recommandations à appliquer, parmi lesquelles la destruction des carcasses affectées.

La crise de l'ESB était devenue le sujet de biomédecine le plus brûlant en matière de *santé publique*, eu égard à la menace de l'ESB pour la santé humaine, d'autant que la transmission expérimentale de la maladie aux souris par inoculation intracérébrale ne tarda pas à être rapportée. Une telle transmission suggérait que l'ESB pouvait passer de la vache à un autre animal et qu'elle était donc susceptible de passer aussi à l'homme.

---

[39] Anon., "Comment : Unravelling the problem of BSE", (1989), p. 412.

[40] Suite à l'émergence du *nv*MCJ, une enquête fut ouverte le 9 mars 1998. Les dépositions des acteurs de la crise de l'ESB furent consignées sur http:\\www.bse.org.uk E-Mail : inquiry@bse.org.uk Toutefois, dès le 5 mai 2009, c'est le site "The European Archive/UK Government" Web Archives qui héberge les archives nationales britanniques. Les dates des documents présentés sur ce site vont du 30 janvier 2001 à 2010. Pourtant, les dépositions antérieures à 2001 y sont aussi sur http://collections.europarchive.org/tna/20090505194948/http:/bseinquiry.gov.uk/report/index.htm

L'importance et l'urgence de la question de la transmissibilité de l'ESB à l'homme et la menace que cela représentait pour la *santé publique* semblaient désormais exiger l'implication de tous les biologistes moléculaires et neurobiologistes familiarisés avec les problèmes posés par les maladies neuropsychiatriques en général et les maladies à prions en particulier. Nous soulignons ici une quête de synergie pour indiquer que la question du risque de l'ESB pour la santé humaine était devenue une question soumise, non pas aux seuls biologistes et médecins britanniques mais, aux sciences biologiques et biomédicales toutes entières, dans ce qu'elles ont actuellement d'intersubjectif et d'international.

Nous insistons sur ce point, pour signifier que des savants britanniques ne seront fréquemment cités pour être en confrontation directe avec quelque difficulté insurmontable en rapport à l'ESB, que pour des raisons contextuelles et à titre emblématique d'une science biologique globalement liée par un drame scientifique, véritable séisme attaché aux prions, mais dont l'épicentre fut la Grande Bretagne. Dans cette quête de synergie, l'ESB s'invita dans un premier colloque international organisée aux États-Unis en septembre 1988, sur la maladie d'Alzheimer et les maladies neuropsychiatriques apparentées. En effet, un séminaire intitulé "ESB : Une maladie de type tremblante des vaches britanniques"[41] s'était tenu dans ce colloque pourtant organisé sur la maladie d'Alzheimer.

Ce séminaire fut animé par le neuropathologiste britannique James Hope, à la tête de l'Unité de Neuropathogénic au scin de "l'Institut pour la Santé Animale" implanté à Édimbourg en Écosse et dirigé alors par le Professeur John Bourne de l'Université de Bristol. C'est à cette époque que se dessina une collaboration entre Prusiner, le père de "la théorie du prion" et les savants britanniques engagés dans la recherche sur la nature de l'agent causal de l'ESB. Début novembre 1988, le Laboratoire Vétérinaire Central (CVL) sous la tutelle du MAFF adressa une lettre à Prusiner, lui demandant d'effectuer des analyses sur des échantillons de cerveau de vaches britanniques malades, même si le matériel ne lui fut expédié que l'année suivante.

Pendant qu'aux États-Unis se tenait le premier colloque international sur la maladie d'Alzheimer, en Grande Bretagne le Conseil pour la Recherche Alimentaire et pour l'Agriculture (AFRC) organisa une réunion sur les *faits* cliniques et pathologiques de l'ESB. Et dans le même temps, le SEAC poursuivait son action. À la suite de sa seconde réunion qui se tint en novembre 1988, il recommanda (1) l'extension du bannissement de l'alimentation dérivée des ruminants, (2) la destruction du lait provenant des vaches infectées, et (3) la gestion de la progéniture des vaches affectées. Sa troisième réunion tenue à la mi-décembre 1988, se pencha sur des mesures à prendre pour assurer que la progéniture des vaches affectées est saine. Par

---

[41] J. Hope, "BSE : A scrapie-like disease of british cattle" *in* "First international conference on Alzheimer disease and Related Disorders", USA, September 6-9 (1988).

ses conclusions, cette troisième réunion permit la promulgation d'un décret par les autorités britanniques faisant de l'ESB une zoonose, afin de réduire tout risque pour la santé humaine. Un premier rapport du SEAC fut produit en février 1989. Le tableau épidémiologique sur lequel s'appuya ce rapport provenait des études menées par John Wilesmith révélant une source épidémique commune étendue à toutes les vaches répertoriées comme étant des cas d'ESB. Dans la mesure où cette source parut clairement faire référence aux farines carnées, alors en raison des mesures déjà prises pour la sécurité alimentaire, le SEAC admit logiquement que "le risque de transmission de l'ESB à l'homme semblait supprimé[42].

Au-delà, des mesures suggérées par le SEAC et imposées par les autorités britanniques, nous soulignons que l'essentiel des efforts accomplis par ce comité pourrait se résumer à l'appropriation, la validation et la transcription dans des mesures concrètes, de *deux anticipations* particulières formulées par les biologistes et les vétérinaires sur le sort de l'ESB en prenant appui sur les *faits* épidémiologiques. Ces faits ont constitués le soubassement empirique ayant fourni un fondement épistémologique aux inférences. Toutefois, pendant un certain temps seule l'*inférence inductive* va soulever une difficulté à l'épidémiologie menée par Wilesmith, d'autant plus qu'en prenant appui sur le modèle de l'évolution de la maladie bâti par ce dernier par simulation au moyen de l'outil informatique, le comité *Southwood* proposa à son tour une inférence inductive sur l'ESB.

S'appropriant les données découlant des études menées sur l'épizootie, ce comité a induit qu'avec "350 à 400 cas par mois [...], la maladie persistera jusqu'en 1993, avec un total cumulé de cas, situé entre 17 000 et 20 000"[43]. En clair, le pic de l'épizootie devrait présenter 20 000 bovins au maximum. Ce pic devrait survenir au plus tard en 1993. À partir de là, l'épizootie de l'ESB devrait alors commencer à décliner jusqu'à sa disparition. À présent, il nous faut conclure sur ce chapitre.

Nous soulignons que l'épidémiologie a collecté des faits bruts attachés à l'épizootie de l'ESB. Puis, elle a dégagé des *faits d'observation* indiquant que l'ESB n'était pas déterminée par une simple hérédité mendélienne, mais avait une origine épigénétique en rapport avec les farines carnées consommées par les vaches. Elle a aussi dégagé une *analogie* étiologique entre l'ESB et la tremblante. De sorte que par induction analogique, deux types distincts mais non contradictoires d'inférences découlèrent du lien entre l'étiologie de l'ESB et celle de la tremblante. La première anticipa l'évolution de l'épizootie de l'ESB et la seconde la non-transmissibilité zoonique de l'ESB. Le SEAC, un comité chargé de conseiller les politiques britanniques fit une traduction concrète du modèle épidémiologique fourni

---

[42] R. Southwood, *Report of the Southwood working party on Bovine spongiform encephalopathy*, (1989), p. 14.

[43] *Ibid.*, R. Southwood, (1989), p. 15.

par les données statistiques recueillies par Wilesmith et d'une certaine manière par le calcul de probabilité qui leur est attaché. Avec une précision sur la *quantité* de bovins qui seraient concernés dans l'évolution de l'ESB, l'inférence inductive sur l'ESB fut *quantifiée*. De la sorte, le calcul de l'évolution de l'épizootie semblait effectué. Mais, malheureusement, l'évolution prédite s'est avérée très largement en-deçà de l'évolution réelle de l'épizootie. Dès lors, cela soulève un certain nombre de questions. La première peut être formulée comme suit : Face à la réalité de l'épizootie que valent *in fine* les chiffres associés à l'inférence inductive par le SEAC ?

Quitte à y revenir dans nos développements ultérieurs, nous sommes ici amené à admettre que l'attribution d'une *quantité* fournit à l'induction une certaine précision, mais pas une certitude ; puisque l'inférence inductive *quantifiée* fut totalement erronée. Pourtant, à travers la *quantité*, le savant s'engage déjà à un effort de mathématisation, et tente de mieux saisir la nature profonde du phénomène qu'il étudie. En ce sens que selon le chancelier Francis Bacon (1561—1626), la mathématique considère et contemple la *vraie* nature des choses :

> "La quantité, qui est l'objet propre des mathématiques, appliquée à la matière, est pour ainsi dire le dosage de la nature, et peut servir à rendre raison d'un très grand nombre de faits dans les phénomènes naturels ; par conséquent il faudrait la ranger parmi les formes essentielles."[44]

Autrement dit, à travers l'effort de quantification, il s'agit pour le savant de s'assurer la justesse de l'anticipation et l'exactitude de l'inférence inductive sur l'ESB, dans le cas qui nous occupe. Dans la mesure où, selon le chancelier Francis Bacon (1561—1626) :

> "Si quelqu'un, même d'un génie moyen [...] voulait [...] se mettre d'une façon attentive et soigneuse à étudier les *faits* vrais de l'histoire naturelle et les *calculs* qui s'y rapprochent, ... [alors] celui-là, [...] pourrait pénétrer beaucoup plus profondément dans la nature, par lui-même et par les forces propres [...] de son esprit, enfin par les pures anticipations qu'il pourrait le faire, qu'on ne le pourrait par la lecture des auteurs, [...] ou par une méditation abstraite, infinie, ou par des discussions et des disputes assidues"[45]

---

[44] F. Bacon, *De dignitate*, (1623), II, 6. tr. angl. *Of the Proficience and Advancement of learning*, (1605). Cité par A. Lalande in *Les théories de l'induction et de l'expérimentation*, (1929), p. 72. Voir aussi F. Bacon, *Du progrès et de la promotion des savoirs (1605)*, dans la traduction de Michèle Le Dœuff, (1991), p. 129.

[45] Cité par A. Lalande, (1929), p. 77. Italique de Lalande et non de l'auteur lui-même.

Ainsi, depuis le début de la science moderne, l'application du calcul aux *faits* d'observation ou d'expérience précautionneusement collectés, semble être à mesure de donner au savant la possibilité d'user des forces de son esprit pour mieux connaître la nature et pouvoir ainsi *prédire* les phénomènes naturels. Il est clair que pour Francis Bacon, il ne s'agit pas de vouloir construire la nature *a priori* en usant des mathématiques. Pour lui, "le vrai rôle des mathématiques est d'intervenir lorsque la science est déjà assez avancée, et de lui donner sa forme la plus haute"[46]. Ainsi, il s'agit d'abord d'étudier soigneusement les *faits* vrais de la nature, puis de s'efforcer de dégager par le *calcul*, les formules mathématiques grâce aux forces de l'esprit, enfin de tâcher d'en déduire des modèles théoriques.

Le lecteur qui nous a suivi jusqu'à présent s'est aperçu que c'est précisément ce que les études épidémiologiques menées par le britannique John Wilesmith ont tenté de réaliser, prenant appui sur les *faits* fournis par l'épizootie de l'ESB et surtout par une longue observation de la tremblante. Des considérations succinctement évoquées plus haut résultent peut-être les modèles théoriques mobilisés en biologie moderne, et qui ne sont pas conçus uniquement pour la spéculation, mais sont susceptibles d'application concrète ou s'inscrivent dans une telle perspective, comme ici le modèle de l'évolution de l'épizootie attaché à l'inférence inductive sur l'ESB.

Il nous faut reconnaître que ces modèles peuvent en engendrer d'autres bien plus concrets, incarnés dans des engins servant à la simulation. Mais, souvent, ils demeurent formels sans pour autant que leur valeur heuristique soit affaiblie. Ils resteront de puissants outils sur lesquels la science tentera de s'appuyer pour pénétrer la nature. L'utilisation de tels modèles usant du *calcul*, conduirait à admettre que la biologie moléculaire et la biomédecine sont devenues des sciences au sommet de leur maturité.

Dans la mesure où selon toute vraisemblance, les mathématiques offriraient l'avantage de préciser la formulation des observations, de représenter clairement et simplement des phénomènes, de développer par le calcul toutes les conséquences contenues dans une expérience bien établie, de formuler des hypothèses de manière plus précise, puis de juger avec plus de fondement si elles sont vraies ou fausses. Cependant, l'inférence inductive *quantifiée* sur la base du modèle mathématique bâti par Wilesmith s'est avérée erronée, ainsi que nous l'avons déjà signalé.

De là de nombreuses autres questions : Pourquoi de son sommet, la biologie moléculaire a-t-elle du mal à prédire ? Dans l'ordre du vivant, de tels modèles théoriques, reposant sur le *calcul*, ne seraient-ils qu'"un fantôme de la chose modélisée"[47] ? Si tel est le cas, quelle est alors la nature de ces entités biologiques causales n'offrant aux sciences du vivant qu'"un fantôme de la chose modélisée" ? Cette dernière question émergera au fur et

---

[46] *Ibid.*, A. Lalande, (1929), p. 73.

[47] D. Andler, A. Fagot-Largeault, B. Saint Sernin, *Philosophie des sciences I,* (2002), p. 571.

à mesure du dévoilement de l'inexactitude de l'*inférence inductive* dans cette enquête. Est-ce alors parce que d'après William Whewhell (1794—1866), "dans toute inférence inductive, il y a quelque conception générale d'introduite, donnée non par les phénomènes, mais par l'esprit"[48] ? Il est trop tôt pour se prononcer. Cependant, les questions soulevées se renforceront avec, à son tour, l'effondrement de l'*inférence causale*, provoqué par le jaillissement d'un nouveau phénotype de la maladie de Creutzfeldt-Jakob (le *nv*MCJ). Ces questions se présentent désormais comme le but de notre analyse philosophique des *faits* cliniques, pathologiques, étiologiques, épidémiologiques de la maladie neurodégénérative bovine (l'ESB), mais aussi d'une "réalité métaphysique"[49] attachée aux prions en particulier et, de manière générale, sans doute, aux *êtres* biologiques qui *causent* des maladies. Ce sont des questions essentielles qui reviennent, au fond, à tenter de comprendre la *nature profonde* des biomolécules causales.

Mais, il est possible que nous ne parvenions pas à les résoudre complètement, en raison de leur étendue et de leur portée. Quoi qu'il soit, nous avons conscience qu'elles sont devant nous. Avant de les aborder, il nous faut cheminer pas à pas et examiner au préalable d'autres questions soulevées par l'épistémologie de la biologie et de la médecine des *prions* et des troubles neurodégénératifs humains et animaux transmissibles que causent ces macromolécules biologiques.

---

[48] W. Whewhell, *Novum Organon Renovatum, II*, tr. fr., *De la construction de la science*, (1938), p. 62.

[49] M. Planck, *Autobiographie scientifique et derniers écrits*, tr. fr., (1960), p.146.

Chapitre 6

De la prémisse d'un parallélisme entre la tremblante et l'ESB à l'inférence causale sur l'innocuité de l'ESB pour l'homme

Ce chapitre s'intéresse à la base théorique de l'inférence de l'innocuité de la tremblante à l'innocuité de l'ESB pour la santé de l'homme. Autrement dit, après avoir examiné la base empirique du modèle épidémiologique établi par John Wilesmith et la difficulté de ce modèle à conduire la biologie de l'ESB vers une prédiction exacte du sort de la neuropathie bovine au regard de l'épizootie, nous considérons les *théories* et *modèles* ayant amené les vétérinaires, les microbiologistes, les biologistes moléculaires et les épidémiologistes à inférer sur l'innocuité de l'ESB pour la santé humaine.

Selon la distinction que nous avons préalablement établie, les questions traitées dans de ce chapitre se rapportent donc à l'*inférence causale* sur l'innocuité de l'ESB pour l'homme, puisqu'au fond il s'agit d'examiner à présent *comment* de l'innocuité de l'agent causal de la tremblante on a inféré sur l'innocuité de l'agent causal de l'ESB pour l'homme. Ces questions se déclinent de la manière suivante :

1. Pourquoi un parallélisme fut-il établi entre la tremblante du mouton et l'ESB dans le traitement de la question du risque de la maladie de la vache folle pour la santé humaine ? Quelle *théorie* ce parallélisme engendra-t-il et comment fut-elle appliquée dans le cadre de la biologie de l'ESB ?

2. Comment les *faits* épidémiologiques vrais que recèle la biologie de la tremblante furent-ils utilisés pour inférer de l'innocuité de la neuropathologie animale du mouton à l'innocuité de l'ESB pour la santé humaine ?

3. Quels *modèles* mobilisés dans le cadre général de la biologie des prions servirent d'appui à la bio-médecine pour inférer de l'animal à l'homme sur la question de la santé ?

Outre de souligner la difficulté d'inférer de l'animal à l'homme dans le champ de la biologie des prions, l'examen des théories mobilisées et de leur base empirique pose la question à la fois de l'importance, de la valeur et des limites des modèles théoriques et animaux, visant à résoudre les problèmes difficiles de la biologie humaine mais aussi de la biomédecine. De la sorte, ce chapitre expose sans doute, au passage, la *complexité* de l'agent étiologique des maladies à prions en particulier, et à travers lui, celle de tous les agents pathogènes biologiques de manière beaucoup plus générale. Mais, ce chapitre examine aussi l'étiologie de la maladie du kuru, introduite dans le parallélisme entre la tremblante et l'ESB. Dès lors, il montre toute l'importance pour le biologiste de prendre appui sur des *faits* d'observation et/ou d'expérience solides afin de tirer, en toute rigueur, des conclusions susceptibles d'éclairer certaines théories des sciences humaines et sociales. De telles conclusions ne devraient jamais apparaître à l'intérieur de la biologie comme des préjugés d'opinion. Ces derniers sont condamnables lorsqu'elles expriment des jugements rapides sur l'*être* humain tout aussi *complexe*, sinon plus que ne le sont des molécules biologiques causales sur lesquelles reposent des inférences en bio-médecine contemporaine.

1. Le modèle de l'*hôte final* pour tenter d'inférer de l'innocuité de la tremblante à l'innocuité de l'ESB pour l'homme

Les anticipations formulées par le *Southwood party* ont eu beaucoup de poids dans l'évaluation du risque de l'ESB pour la santé humaine. Pas uniquement parce qu'elles émanaient de personnalités dont la compétence scientifique est sans faille, même si cette dernière n'est pas aux prises directes avec la biologie des maladies à prions. Mais, surtout parce que l'inférence inductive associait une *quantité* à l'évolution de l'épizootie, et dès lors, mobilisait en quelque sorte l'autorité de la rigueur mathématique.

Avec des chiffres attribués par anticipation à l'évolution de l'ESB, le rapport *Southwood* n'avait pas conclu autre chose que Wilesmith, sur le sort présumé de l'ESB. Mais, dans la gestion des problèmes de *santé publique* liés à l'ESB, la conclusion de Wilesmith ne pouvait être officielle pour son utilisation par les autorités politiques. Elle était restée une conclusion ordinaire d'un travail scientifique normal. En revanche, sous la caution de l'autorité scientifique du comité *Southwood*, cette conclusion prit une toute autre valeur. C'est sur elle que devait désormais s'appuyer le pouvoir politique britannique pour gérer le risque potentiel du trouble neurodégénératif bovin pour la santé humaine. Que dit cette conclusion ?

La conclusion formulée par le SEAC stipula que "sur la base de la preuve actuelle, il est *vraisemblable* que la vache soit 'l'hôte final' de l'agent [causal] de la maladie et plus invraisemblable que l'ESB ait la moindre implication avec la santé humaine"[50]. Sa gravité était telle que le comité *Southwood* ajouta immédiatement ceci : "Si les évaluations de ces vraisemblances n'étaient pas exactes, alors les implications seraient extrêmement sévères"[51]. Pour parvenir à une telle conclusion validant à la fois l'inférence inductive sur la réduction de la maladie en 1993 et l'inférence causale sur l'innocuité de l'ESB pour la santé humaine, une théorie fut mobilisée. Quelle est cette théorie et que signifie-t-elle ?

Les études épidémiologiques de Wilesmith n'ayant fourni que des *faits* se rapportant l'ESB et non pas à l'homme, la *théorie* sur laquelle le SEAC se fonda pour postuler un parallélisme entre la tremblante et l'ESB fut la théorie de "l'hôte final". Cependant, elle ne découlait pas du tout d'une simple spéculation. Au contraire, elle s'appuyait sur des observations sérieuses recueillies sur la tremblante du mouton confinée dans son hôte. Élaborée sur la base des *faits*, elle fut mobilisée pour une maladie bovine dont on pensait qu'elle allait à son tour rester confinée dans la vache. Elle reposait sur un concept qui est celui de la "barrière d'espèces", définie comme étant l'impossibilité de transmettre, même expérimentalement à une

---

50 R. Southwood, *Report of the Southwood working party on Bovine spongiform encephalopathy*, (1989), p. 21. Souligné par nos soins.

51 *Ibid.*, R. Southwood, (1989), p. 21.

autre espèce, une maladie contagieuse ou transmissible à un individu d'une espèce différente. Cependant, dans le cadre des ESST, qu'elle soit humaine ou animale, la maladie a pu être transmise à d'autres espèces animales. La tremblante naturelle du mouton fut transmise à la souris[52] en 1960 par un savant qui avait ainsi facilité les travaux expérimentaux sur cette classe de maladies. À partir de cette date, d'autres expérimentateurs purent transmettre la tremblante au singe, au rat, au hamster. De la sorte, la maladie du kuru avait pu également être transmise aux primates non-humains dans le milieu des années 1960 par Daniel Carleton Gadjusek (1923—2008) et son équipe[53]. En règle générale, le passage primaire d'un isolat naturel de tremblante ou même d'ESB, présente une longue durée d'incubation sur des souris. Puis cette durée diminue au fur et à mesure des passages successifs.

Toutefois, certaines espèces comme le lapin semblaient réfractaires aux ESST. De même, le porc inoculé par voie intracérébrale avec du matériel de l'ESB issu de bovins malades était peu sensible. Mais, plus tard, l'on observera que l'ESB est également transmissible aux espèces courantes de laboratoire, indiquant ainsi le franchissement de "la barrière d'espèces" dans certaines conditions. Dans la théorie du prion, les différences de structure de séquence primaire de la protéine prion entre le donneur et le receveur, en cas de transmission de l'agent causal d'un individu à un autre, sont perçues comme étant le support biologique de cette *barrière d'espèces*.

Plus la séquence primaire des protéines prions de deux espèces sont différentes, plus les deux espèces sont éloignées, et plus "la barrière d'espèces" qui les sépare serait forte. La vache et l'homme étant deux espèces relativement distantes, alors la *barrière d'espèces* est censée résister à l'agent de l'ESB. Dès lors, même si des centaines de nouveaux cas d'ESB étaient hebdomadairement confirmés au Royaume-Uni, "plusieurs raisons furent avancées pour rejeter l'idée selon laquelle l'encéphalopathie spongiforme [bovine] était porteuse du moindre risque pour l'homme. La plupart de ces raisons reposaient sur une extrapolation de la propagation naturelle et expérimentale de la tremblante, en tant que maladie équivalente chez le mouton, et sur des études épidémiologiques des encéphalopathies humaines, notamment la MCJ"[54].

De plus, un fait d'observation paraissant solide à cette époque est qu'aucun lien n'avait encore été trouvé entre les incidences des formes bovine et humaine de la maladie. Ainsi, maints savants pensèrent que "ceci était probablement dû à la barrière d'espèces qui rendait difficile la transmission de la maladie entre espèces différentes, si ce n'est

[52] R. L. Chandler, "Experimental Scrapie in The Mouse", (1963).

[53] D. C. Gadjusek et coll., "Experimental Transmission of A Kuru-like Syndrome to Chimpanzees", (1966).

[54] P. J. Harrison, G. W. Roberts, "How Now Mad Cow ?", (1992), p. 929.

impossible"[55]. Par ailleurs, "aucun trait caractéristique de la MCJ, ne laissait supposer une origine infectieuse"[56]. Ajouté à cela qu'en Europe, l'homme avait été longtemps exposé à la tremblante sans présenter les symptômes de cette pathologie à partir de l'animal. Les faits semblaient donc *logiquement* suggérer que l'homme "ne contracte pas d'encéphalopathie spongiforme à partir d'animaux ou de leurs produits"[57]. Une donnée supplémentaire confortant cette vue était que "la transmission expérimentale de l'ESB et de la tremblante par voie alimentaire, bien qu'ayant été accomplie, était souvent sans succès, même avec de grandes quantités d'abats infectés. [Enfin], aucune infectivité du lait ou de la viande n'avait été démontrée"[58].

À ces *faits* apparemment solides s'ajoutait un *fait* d'expérience couramment recueilli. C'est que chez une souris, le franchissement de la barrière d'espèces n'est observé en laboratoire que dans des conditions expérimentales exceptionnelles, "nécessitant au préalable, plusieurs passages d'un agent étiologique d'une autre espèce dans la souris expérimentale"[59]. De la sorte, les biologistes et les vétérinaires s'appuyaient désormais sur le *concept* de la barrière d'espèces pour admettre la validité de la *théorie* de "l'hôte final" appliquée à l'ESB.

Ainsi, dans le contexte de l'ESB, "l'absence de preuve de la propagation de l'encéphalopathie spongiforme dans les cheptels, suggérait alors que les vaches étaient l'*hôte final* de la maladie qui s'éteindrait quelques années plus tard, étant donné les précautions qui étaient déjà prises"[60]. Dès lors, même si l'on savait qu'elle pouvait être franchie sous certaines conditions, 'la barrière d'espèces' se présentait aux expérimentateurs comme un *concept* pouvant venir au soutien de la *théorie* de "l'hôte final". Par conséquent, le passage de l'ESB à l'homme fut peu ou pas attendu, aussi bien par bon nombre de savants, que par les autorités politiques britanniques qui voyaient se dérouler sous leurs yeux, le drame de la maladie de la vache folle.

Cela fut d'autant plus vraisemblable que le *concept* de barrière d'espèces, si important dans l'élaboration de la théorie de "l'hôte final", était loin d'être vide de contenu empirique, comme nous l'avons déjà souligné. Ce concept résulta des observations soigneusement recueillies à partir d'expériences bien menées. Il semblait clairement établi. "Les évènements qui sont à la base de la [...] 'barrière d'espèces' sont devenus plus clairs, à partir d'études de souches [de l'agent] de la tremblante, clonées dans des souris et des hamsters. La barrière d'espèces se manifeste alors comme une période d'incubation excessivement longue, au premier passage dans la nouvelle

---

[55] *Ibid.*, P. J. Harrison, G. W. Roberts, (1992), p. 929.
[56] *Ibid.*, P. J. Harrison, G. W. Roberts, (1992), p. 929.
[57] *Ibid.*, P. J. Harrison, G. W. Roberts, (1992), p. 929.
[58] *Ibid.*, P. J. Harrison, G. W. Roberts, (1992), p. 929.
[59] R. L. Chandler, "Experimental Scrapie in The Mouse", (1963), p. 276.
[60] *Ibid.*, P. J. Harrison, G. W. Roberts, (1992), p. 929. Souligné par nous.

espèce hôte, comparée à celle des passages suivants"[61]. Dans ces souris expérimentales, "des périodes d'incubation minimales varient de 120 jours à des durées approchant la durée de vie naturelle des souris, soit 880 jours"[62]. C'est par ces *faits* d'observation tout à faits sérieux que le SEAC tenta de raccorder la théorie de l'*hôte final* au réel biologique. Dès lors, à la suite d'une longue discussion sur le *concept* de 'barrière d'espèces' le comité *Southwood* était arrivé à l'idée que quoi qu'il arrive "la réplication de l'agent causal est si lente ou alors l'initiation de sa réplication est si retardée, que la maladie ne survient pas au cours de la vie de l'hôte"[63].

Nous voyons ainsi clairement que la *théorie* de l'*hôte final* mobilisée par la biologie de l'ESB dans l'évaluation du risque de l'ESB pour la santé humaine, ne découlait pas d'une pure spéculation, mais reposait sur un concept doté d'un contenu empirique, adossé à des observations et des expériences sur la souris. Des considérations mentionnées plus haut, il résulte qu'au-delà des *faits* épidémiologiques ayant fourni le modèle de l'évolution de l'épizootie, le comité *Southwood* s'était efforcé de s'appuyer sur d'autres *faits* d'expérience concernant l'agent causal présumé de l'ESB, avant de se prononcer sur l'inférence causale sur l'innocuité de l'ESB pour la santé humaine. La théorie de "l'hôte final" reposant sur le concept de 'barrière d'espèces' fut utilisée avec succès dans les études de la transmissibilité de la tremblante.

Ainsi, face au problème de la transmissibilité de l'ESB à l'homme, elle servit comme modèle en vue de la résolution de ce nouveau problème. Une fois ce modèle pris par le SEAC comme solution, alors "sur la base de la preuve actuelle, la vache était *vraisemblablement** 'l'hôte final' de l'agent [causal] de la maladie et il était d'autant plus invraisemblable que l'ESB ait la moindre implication avec la santé humaine"[64]. Toutefois, il se présente ici une difficulté de taille que les biologistes perçoivent plus ou moins, et sur laquelle nous reviendrons plus loin, pour mieux la clarifier.

C'est que l'inférence causale reposait certes sur des *faits* empiriques et d'expérience. Mais ces *faits* provenaient non pas de l'homme, mais du mouton et/ou de la souris. Au regard de l'homme, on doit donc admettre que l'on était face à des *données théoriques induites* par des expériences menées sur d'autres espèces. De sorte que le SEAC rendit son rapport en étant probablement conscient qu'il exposait un énoncé découlant, en quelque sorte, de la *logique d'induction* sur laquelle nous reviendrons. Le terme logique est à prendre ici au sens de John Stuart Mill[65] (1806—1873), à savoir

[61] R. H. Kimberlin, "Unconventional 'Slow' viruses", (1990), p. 683.

[62] *Ibid.*, Kimberlin, (1990), p. 683.

[63] R. Southwood, *Report of the Southwood working party on Bovine spongiform encephalopathy*, (1989), p. 13. *Souligné par nous.

[64] *Ibid.*, R. Southwood, (1989), p. 21.

[65] J. S. Mill, *A system of Logic*, (1843), tr. fr., *Système de Logique déductive et inductive*, (1866, reprod), (1988).

"la science de la preuve"[66]. Sir Southwood n'était pas un expert en matière de maladies à prions. Il insista d'ailleurs pour que cela soit souligné dans son rapport. Pour tirer sa conclusion, et apporter la *preuve* putative de la non-transmissibilité de la maladie bovine à l'homme, il rechercha et s'appuya sérieusement sur "la preuve actuelle"[67]. Sachant pertinemment que dans les sciences biologiques, il ne saurait être simplement question que de *logique*, il admit que sa conclusion ne représentait pas une pure déduction, mais des *vraisemblances* résultant des faits d'observation accumulés sur la tremblante connue depuis 250 ans et des faits récemment disponibles sur l'ESB.

Si l'épidémiologiste John Wilesmith fut appelé à se prononcer sur l'étiologie de l'ESB et en suggéra l'évolution par l'inférence inductive qu'il formula sur la base de ses études épidémiologiques, le professeur Sir Richard Southwood, lui, devait se prononcer sur le risque de transmissibilité de l'ESB à l'homme, en vue de la gestion politique de l'ESB dans son rapport à la *santé publique*. De son propos se dégagea une vérité mentale et verbale dans son jugement des faits scientifiques qui étaient mobilisés.

Ce qu'il déclara *in fine* n'est qu'une absence de connaissance certaine et réelle sur l'ESB, puisque la *vraisemblance* d'une connaissance n'est que l'apparence de la vérité. Dès lors, la valeur de la théorie de "l'hôte final" en tant que preuve permettant d'inférer la non-transmissibilité zoonique de l'ESB ne semblait plus suffire. Cependant, face à l'obligation de rendre un jugement, et sans l'expérience qui aurait dû servir de preuve et permettre ainsi de trancher, Sir Richard Southwood (1931—2005) n'avait d'autre choix que de s'appuyer sur l'état de la science, c'est-à-dire, "sur la preuve actuelle". Mais au fond, cette preuve actuelle en était-elle une ?

La *vraie* preuve n'aurait-elle pas consisté à injecter du matériel bovin infectieux dans le système nerveux central d'un homme exempt de maladies à prions puis à recueillir un fait positif ? Toutefois, ce fait qui devait provenir d'une *expérience directe* d'inoculation de matériel bovin infectieux à l'homme, manqua à tous ceux qui tentaient de résoudre ce problème ; dans la mesure où aucune expérience de cette sorte ne fut jamais réalisée, et n'est même pas envisageable pour des raisons éthiques évidentes.

Aussi, nul ne saurait reprocher au SEAC d'avoir omis de s'appuyer sur les résultats d'une expérience non envisageable et totalement impossible dans le cadre d'une science biologique responsable. Dans l'impossibilité de mener ce genre d'expérience, ce comité avait alors reposé son jugement sur la théorie de "l'hôte final". Nous prétendons que le ressort de cette théorie est sans doute la tendance à l'*identité*. Dans une tentative d'assimiler les choses, notre raison s'efforce de les simplifier, et tend à instaurer une *identité* là où il y a simplement quelque *ressemblance*. Ainsi, la tremblante, un trouble neurodégénératif animal étant confiné au mouton, l'ESB qui est

---

[66] *Ibid.*, J. S. Mill, (1866, reprod.), (1988), I, p. 9.

[67] *Ibid.*, R. Southwood, (1989), p. 21.

aussi un trouble neurodégénératif animal sera confiné dans la vache. De la sorte, la vache est désormais "l'hôte final" de sa neuropathologie. Car, une ES animale devrait être *identique* à une ES animale, quel que soit l'animal qui l'héberge. Cette tendance de notre esprit à percevoir une *identité* là où il n'y a que ressemblance est une difficulté que l'on retrouve en science et en médecine. Nous y reviendrons ainsi que sur le raisonnement qui y conduit, pour tenter de la résoudre dans la troisième partie de cette enquête.

Ainsi, par une *ressemblance* entre l'ESB et la tremblante, sans doute considérée comme une *identité*, la vache était perçue désormais comme *hôte final* de sa propre maladie. Mais c'est une *idée* plus qu'autre chose, et cela peut produire une *erreur*. C'est aussi une autre difficulté qui appartient aussi bien à la science qu'à la médecine. Nous y reviendrons plus loin, pour tenter d'en expliquer l'engendrement. Cependant, nous affirmons ici que la conclusion tirée par le SEAC n'était pas fragile uniquement parce qu'elle s'appuyait précisément sur le *modèle* épidémiologique de Wilesmith montrant une tentative de mathématisation de faits biologiques ou encore sur la *théorie* de l'"hôte final", mais sans doute parce qu'elle reposait sur la *conception* même que la biologie moléculaire et la biomédecine se font des agents qui *causent* les maladies à prions, à savoir les troubles neurodégénératifs transmissibles humains et animaux.

C'est une *conception de la cause* qu'il nous faudra questionner pour tenter de saisir la nature des entités biologiques causales qui ne donnent à ni à inférer ni à prédire dans le cas que nous discutons. À présent, nous notons que l'application de la théorie de l'"hôte final" qui a échoué dans la tentative d'inférer de l'animal à l'homme s'articule avec la mobilisation de *deux modèles animaux* dans le cadre général de la biologie des maladies à prions. Il s'agit du modèle de la *souris* et celui du *mouton*. Sans nous y attarder, nous rappelons que ces deux principaux modèles animaux utilisés en biomédecine, coexistent depuis des décennies dans le champ de la biologie des 'maladies à prions' pour tenter de comprendre le réel.

En biologie moléculaire, celui qui s'est imposé dans l'expérimentation est le modèle de la *souris*. Dès les années 1960 il s'est introduit dans le champ des maladies à prions comme modèle expérimental pour les travaux de transmissibilité de l'infectivité, suite aux expériences réussies du britannique Richard Chandler. Avant ce progrès technique, le cours de la recherche était entravé par le coût du travail expérimental mené sur des grands animaux, mais aussi par la susceptibilité limitée du mouton à l'infection expérimentale par la tremblante, et enfin par la longueur quelque peu imprévisible des périodes d'incubation de la maladie dans le mouton et dans la chèvre.

Par conséquent, une rupture majeure s'est accomplie en 1960, lorsque Chandler transmit avec succès la maladie aux souris et montra qu'elles étaient à cent pour cent susceptibles à la neuropathologie, avec des périodes d'incubation prévisibles après une inoculation expérimentale. De la sorte, il fut montré que "les périodes d'incubation [de la maladie dans la souris expérimentale] étaient plus courtes que dans de grands animaux, et avaient une durée qui tournait autour de quatre mois après inoculation intracérébrale [...] d'un cerveau affecté, [et plus tard, d'autres savants ont pu montré qu'il était possible d'obtenir précisément] des résultats quantitatifs reproductibles en effectuant des titrations de dilution virale de l'activité tremblante dans des souris"[68]. Ce modèle apparu avec les technologies du gène, avait rendu possible l'expression de transgènes dans cet animal de laboratoire. *In fine*, il permit de réduire à 40 jours la reproduction des données cliniques et histopathologiques comparables à celles du mouton pour lequel la période l'incubation de la maladie peut durer deux ans voire plus.

Depuis 50 ans le modèle de la *souris* est à l'origine de l'accumulation d'un nombre considérable de *faits* d'expérience sur les maladies à prions. Il est incontestablement le modèle *technique* encore mobilisé actuellement, dans toute expérimentation visant à l'expression d'un gène prion, en vue d'en déterminer quelque propriété biologique ou physico-chimique. Par un argument expérimental, la mise en évidence de la présence du gène prion en tant qu'entité moléculaire nécessaire pour la manifestation de la maladie à prions fut obtenue grâce à lui. Pourtant, malgré la valeur technique incontestable du modèle de la *souris* dans l'engendrement des faits d'expérience dans la biologie des ESST, malgré les immenses services que ce modèle continue à rendre à la biologie moléculaire, lorsque la biologie des maladies à prions se trouva confrontée à la question du risque de transmission de l'ESB à l'homme, c'est le modèle du *mouton* qui prit la première place. Car, en pareil cas où principalement se posait la question grave de l'évolution de l'ESB dans son rapport à l'homme, la souris qui n'est pas consommée d'ordinaire par les humains contrairement au mouton, perdit son statut de modèle premier qui pouvait guider l'expérimentateur.

"Le but de la science est, en théorie du moins, de rechercher justement des modèles qui représentent de si près le réel qu'ils nous permettent d'en expliquer les structures et d'en prévoir les variations"[69]. Par conséquent, indépendamment des approximations qu'il recèle en termes de susceptibilité au regard de l'agent causal et d'imprévisibilité par rapport aux périodes d'incubation, le modèle du *mouton* était devenu central dans l'évaluation du risque lié à l'ESB, imposant un parallélisme entre la tremblante et l'ESB.

La confiance en sa fiabilité semblait alors résulter de plus de deux siècles et demi d'observations, de données empiriques et de *faits* épidémiologiques relatifs à l'homme. À la recherche d'une solution au problème de la transmissibilité de l'infectivité de l'ESB à l'homme, c'est ce modèle qui s'est avéré le plus approprié. Même si les subtilités du modèle de la *souris*, ses qualités et son utilité en matière de *faits* moléculaires demeurent incontestables, le modèle du *mouton* était alors apparu comme celui qui

---

[68] G. D. Hunter, "Scrapie : A Prototype slow infection", (1972), p. 459.
[69] M. Delsol, *Cause, Loi, Hasard en biologie*, (1989), p. 55.

rendrait plus claire la lecture des variations de l'ESB et de son agent causal par rapport aux craintes que ces variations pouvaient soulever. Il semblait logiquement représenter "le plus près le réel [...] et permettre d'en expliquer les variations"[70] en termes de transmissibilité de l'infectivité de la neuropathologie spongiforme de l'animal à l'homme. Car le mouton est un animal entré de longue date dans la consommation alimentaire.

Pourtant, malgré toutes les données expérimentales accumulées depuis les premières expériences de transmission de l'infectivité, réalisées dans les années 1930 par Jean Cuillé (1872—1950) et Paul-Louis Chelle (1902—1943), malgré les *faits* d'observation qu'il recela et qui rendirent possible la description clinique et histopathologique des ESST, malgré la constance et la régularité de la non transmissibilité de la tremblante à l'homme, le modèle du *mouton* ne permit pas non plus de résoudre le problème du rapport de l'ESB à l'homme. Cependant, il s'est offert aux biologistes expérimentateurs engagés dans une tentative de résolution de la question de la menace de la santé humaine par l'ESB, comme un modèle *exemplaire*.

Il s'est imposé aux savants qui cherchaient à évaluer les risques de l'ESB pour la santé humaine, et qui poursuivaient le but de la science en vue de comprendre le réel. En cela, le modèle du *mouton* a fonctionné comme un modèle paradigmatique au sens kuhnien. Il nous faut conclure sur cette section. Nous soulignons que la théorie de l'*hôte final* élaborée par les biologistes en cours d'évaluation du risque de l'ESB pour la santé humaine, aux fins de démontrer une non-transmissibilité zoonique de l'ESB, a fonctionné comme un *modèle théorique*.

Nous rappelons que lorsque nous considérons cette théorie comme un modèle, c'est pour signifier qu'elle n'est pas simplement une spéculation sans application possible, mais plutôt une théorie qui peut être appliquée à la résolution d'un problème concret tel que précisément celui du passage de l'ESB à l'homme, dans le cas qui nous occupe. Nous utilisons ici le terme *modèle* au sens kuhnien, c'est-à-dire, de guide pour résoudre une énigme de la science. Deux modèles animaux furent mobilisés dans la théorie de l'*hôte final*. Dès lors, nous avons présenté une distinction entre le *modèle technique* ici représenté par le modèle animal de la souris et le *modèle exemplaire* incarné dans cette étude par le modèle du mouton.

Nous soulignons à présent que cette distinction fut parfaitement exposée par Jean Gayon lors d'une de ses interventions en janvier 2006 à l'IHPST à Paris, dans le séminaire dédié à la philosophie de la biologie, intervention dont le titre fut "Les organismes modèles en biologie et en médecine"[71]. Son contenu a fait l'objet d'une publication. De sorte que la distinction entre les *modèles* animaux, de la *souris* et du *mouton*, décrite plus haut se présente comme une belle illustration et une confirmation des analyses du professeur

---

[70] *Ibid.*, M. Delsol, (1989), p. 55.

[71] J. Gayon, "Les organismes modèles en biologie et en médecine", (2006).

Jean Gayon sur les modèles animaux. Dans le cas que nous discutons, nous ajoutons que malgré leurs insuffisances, les modèles du *mouton* et de la *souris* restent pour la science des guides précieux pour produire des *faits*, tester leur reproductibilité et les valider. Le premier a été d'une grande importance pour l'inférence causale de la non-transmissibilité de l'ESB à l'homme sur la base de l'observation selon laquelle la tremblante n'est jamais passée à l'homme. Quant au second, souvent mobilisé pour tester actuellement maintes hypothèses, il a servi au renforcement de cette inférence grâce à un fait expérimental ayant permis de construire le concept de barrière d'espèces ; *fait* selon lequel, en cas de franchissement de cette barrière, "la période d'incubation pouvait approcher la durée de vie naturelle de l'animal"[72]. Mais l'un et l'autre des deux modèles ont échoué comme appui épistémologique pour fournir une inférence causale exacte sur l'ESB.

Leur fragilité pourrait alors être imputée au fait qu'ils ne reposent pas sur la mathématique. Or, nous avons indiqué que même par la tentative d'une inférence inductive ayant mobilisé la *quantité* et qui avait traduit un effort de mathématisation des *faits* épidémiologiques attachés à l'épizootie, il n'a pas été possible à la biologie de l'ESB et en particulier à l'épidémiologie de *prédire* de manière exacte l'évolution de ce trouble neurodégénératif animal.

Jusqu'au bout, l'épidémiologie n'est pas parvenue à faire une prédiction exacte du sort de l'ESB, si bien que comme nous le verrons plus loin, à la place de l'anticipation, c'est plutôt la surprise qui est survenue, adossée elle-même à l'*imprévisibilité* du vivant. On est alors amené à admettre que ni un effort de mathématisation à travers la quantification des faits biologiques ni les modèles animaux ni le modèle théorique de "l'hôte final" n'ont pu précisément guider la biologie des maladies à prions, dès lors que le problème à résoudre était de *prédire* la transmissibilité futur de l'ESB à l'homme.

Cela soulève clairement une question déjà évoquée dans le chapitre précédent et qui peut être formulée ici de la manière suivante : D'où vient-il que les phénomènes biologiques et dans le cas qui nous occupe, les manifestations de l'agent des maladies à prions dans le *temps*, échappent à l'effort de mathématisation des faits épidémiologiques recueillis sur l'ESB, déjouent les modèles théoriques jusqu'ici mobilisés, et pour dire les choses simplement, déjouent toute prédiction ?

Laissant en suspens cette question, nous examinons à présent *comment* à travers l'argument épidémiologique résultant cette fois-ci des *faits* d'observation recueillis, précisément, sur la tremblante du mouton et *logiquement* mobilisés dans une tentative de démonstration de l'innocuité de l'ESB pour la santé humaine, le parallélisme fut établi entre cette maladie neurologique du mouton et la maladie de la vache folle dont la bio-médecine continuait alors à se préoccuper du sort.

---

[72] R. H. Kimberlin, "Unconventional 'slow' viruses", in *Topley And Wilson Principles of Bacteriology, Virology And Immunology*, (1990), p. 683.

2. Argument épidémiologique en faveur du parallélisme entre la tremblante et l'ESB

Dans les sciences biologiques et biomédicales, l'approche du problème l'ESB, s'est vite fondée sur la prémisse selon laquelle cette maladie bovine paraissait être, en tout point de vue, parallèle à la tremblante du mouton, qui n'avait jamais été transmise à l'homme par voie orale. Par cette approche, l'agent causal de l'ESB s'est présenté comme étant semblable voire *identique* à celui de la tremblante considérée comme le prototype des maladies causées par des agents étiologiques dits non-conventionnels.

En l'absence de toute preuve formelle de sa transmission à l'homme, le sentiment tout à fait compréhensible d'un grand nombre de biologistes moléculaires et de médecins, était qu'il serait alarmiste de considérer le trouble neurodégénératif désormais passé aux vaches comme étant susceptible d'être transmis aussi à l'homme par voie orale. De multiples raisons avaient alors paru pouvoir faire pencher la balance du côté d'une absence de transmissibilité possible de la neuropathologie de la vache à l'homme.

Dès lors, une telle transmissibilité parut plutôt invraisemblable aux savants expérimentateurs dans le champ des maladies à prions. David Taylor, un scientifique britannique de grand talent, s'employa à rassembler les *faits*, et à les expliciter dans une démonstration visant à apporter la preuve en faveur d'une innocuité de l'ESB pour la santé humaine. Neuropathologiste récemment à la retraite, Taylor avait travaillé comme chercheur sur l'inactivation des agents des ESST, à l'Unité de Neuropathogénie de l'Institut pour la Santé Animale d'Édimbourg. Il mena une recherche détaillée sur des méthodes d'inactivation des agents étiologiques des 'maladies à prions' et sur la sécurité des laboratoires, en raison de la remarquable résistance de ces agents aux traitements chimiques. Pour ses contributions à la recherche sur les ESST, il fut admis membre de l'Ordre de l'Empire Britannique, en présence de la Reine Elizabeth.

Il poursuit ses activités à l'intérieur de nombreuses instances, en tant qu'expert-Conseil. À ce titre, il est membre du "Groupe de travail du département de Santé britannique pour la MCJ", membre des "Comités consultatifs britanniques pour des agents pathogènes dangereux et pour l'Encéphalopathie Spongiforme", membre du "Groupe de travail de la Communauté Européenne sur la libre disposition et les méthodes de recyclage des produits animaux non destinés à la consommation humaine", membre du "Comité de l'Institut de Médecine pour les EST".

En 2003, il participa au colloque international tenu à Edmonton (Alberta) au Canada, sur le thème "Relever le défi des maladies à prions"[73]. En 1989, dès le début de l'épizootie, à ses yeux, c'est parce que l'ESB était

---

[73] Colloque "The Challenge of Prions Diseases", (2003), p. 1.
Le résumé de l'intervention de David Taylor est disponible dans les Actes de ce colloque.

probablement *causée* par transmission accidentelle de l'agent transmissible de la tremblante, que l'on s'inquiétait que des humains pouvaient courir le risque de contracter la maladie à partir de l'ESB. D'après lui, c'était cette inquiétude qui avait conduit à l'abattage d'animaux représentant des cas patents d'ESB d'une part et d'autre part au bannissement des produits tels que le cerveau et la moelle épinière, perçus comme des tissus à plus haut risque. L'ESB était-elle à considérer par les sciences biologiques et biomédicales comme un danger pour la santé de l'homme ?

Devait-on au contraire admettre qu'en principe la transmission de l'infectivité bovine à l'homme est impossible ? Au départ de ses investigations, Taylor formula le problème qu'il cherchait à résoudre en les termes suivants : "Si l'ESB est une forme de tremblante du mouton dans une vache, alors la question se pose de savoir si une barrière d'espèces plus éloignée [que ne l'est celle qui sépare le mouton et la vache] pourrait être violée pour produire la MCJ ou une maladie semblable chez l'homme"[74]. Afin de traiter le problème posé, David Taylor mobilisa deux arguments majeurs. Le premier est épidémiologique.

Toutefois, à la différence de John Wilesmith, Taylor ne collecta pas les données épidémiologiques dans une perspective de mathématisation des faits bruts. Il recueillit les *faits* épidémiologiques existants et les analysa pour les rationaliser. Il rassembla ainsi des données montrant clairement que nulle part dans le monde, la tremblante du mouton n'a été transmise naturellement à l'homme. Attaché à ces *faits*, le deuxième argument invoqué fut le concept de "barrière d'espèces" que nous avons déjà évoqué plus haut comme étant lié au modèle théorique de l'*hôte final*, lequel avait beaucoup compté pour prédire le sort de l'ESB dans son rapport à la santé humaine.

La *barrière d'espèces* sépare l'animal et l'homme, et par rapport à la maladie bovine, elle serait en faveur de l'homme. Elle devrait se dresser comme un rempart contre une éventuelle transmission de l'infectivité de l'animal à l'homme. C'est un argument qui découlait *logiquement* du premier. Selon Taylor, "des articles populaires et des publications scientifiques récentes avaient donné la surimpression que l'éventualité d'une transmission de la tremblante aux humains avait été peu examinée"[75], alors qu'il n'en est rien. Car, tout d'abord "un argument épidémiologique et expérimental fut bien examiné, suggérant qu'une telle transmission est invraisemblable"[76].

Par rapport au premier argument, étant donné que la MCJ est la 'maladie à prions' humaine la plus répandue sur terre et qu'à ce titre son rapport à la tremblante est suivi un peu partout, depuis longtemps, Taylor mentionna que "de nombreuses études épidémiologiques avaient échoué à

[74] D. M. Taylor, "Bovine Spongiform Encephalopathy and Human Health", (1989), p. 413.
[75] *Ibid.*, D. M. Taylor, (1989), p. 413.
[76] *Ibid.*, D. M. Taylor, (1989), p. 413.

fournir la moindre preuve du lien entre la MCJ et une exposition potentielle à la tremblante du mouton. Même si, [ici et là] des foyers de MCJ étaient apparus, aucune corrélation de la tremblante avec la MCJ n'a jamais été démontrée"[77]. Rappelant les conclusions d'une étude menée en 1974, il mentionna que "le foyer le plus remarquable fut rapporté parmi des juifs libyens domiciliés en Israël, chez qui l'incidence de la MCJ était 30 fois plus élevée que la moyenne mondiale" et que certains chercheurs avaient alors "suggéré que la MCJ pourrait être associée à l'ingestion de l'infectivité de la tremblante"[78]. L'explication alors avancée était que "les yeux, le cerveau, la moelle épinière sont pour ce groupe ethnique des morceaux de prédilection"[79]. Mais, une dizaine d'années plus tard, des *faits* furent recueillis, indiquant au contraire qu'il n'y a aucun lien entre la MCJ et la consommation du mouton. Taylor rappela ces *faits*.

Dès lors, il nota que "l'on savait que d'autres méditerranéens et nord-africains qui avaient émigré en Israël et consommaient les mêmes tissus de moutons n'ont pas une fréquence élevée de MCJ"[80]. S'appuyant sur des études publiées au cours des décennies 1970 et 1980 qui rapportaient toutes des résultats semblables, il indiqua que "l'incidence d'arrière-plan de la MCJ en Israël et en Libye n'est pas plus élevée que la moyenne mondiale, même si la Libye est l'un des plus grands consommateurs mondiaux de moutons, et que la tremblante du mouton n'a pas été rapportée dans ces régions"[81].

De telles études menées par de nombreux autres scientifiques furent alors invoquées par Taylor pour signifier qu'*aucun lien de causalité* identifié n'existe réellement entre la tremblante du mouton et la MCJ. Il mentionna qu'en France, certes il fut trouvé que "l'incidence de la MCJ chez les immigrés algériens et tunisiens est d'environ quatre fois supérieure à celle de la population française indigène"[82]. Il signala également que "le cerveau des moutons est régulièrement consommé, au moins par les Tunisiens"[83].

Puis, il souligna que, malgré tout, "presque tous ceux qui sont affectés par la MCJ appartiennent uniquement à deux familles juives"[84]. Certes, une tendance familiale fut démontrée, "dans un foyer de cas de MCJ survenus en Tchécoslovaquie, [cependant il fut clairement établi que] pendant au moins cent ans, la tremblante du mouton n'a pas existé dans ce pays"[85]. Poursuivant sa présentation des données épidémiologiques disponibles, Taylor évoqua également "un foyer italien [existant sans le moindre] indice d'exposition à

---

[77] *Ibid.*, D. M. Taylor, (1989), p. 413.
[78] *Ibid.*, D. M. Taylor, (1989), p. 413.
[79] *Ibid.*, D. M. Taylor, (1989), p. 413.
[80] *Ibid.*, D. M. Taylor, (1989), p. 413.
[81] *Ibid.*, D. M. Taylor, (1989), p. 413.
[82] *Ibid.*, D. M. Taylor, (1989), p. 413.
[83] *Ibid.*, D. M. Taylor, (1989), p. 413.
[84] *Ibid.*, D. M. Taylor, (1989), p. 413.
[85] *Ibid.*, D. M. Taylor, (1989), p. 413.

la tremblante du mouton [ainsi qu'un autre] foyer de cas de MCJ [...] décrit au Chili où la tremblante n'a pourtant jamais été rapportée"[86]. Prenant appui sur la multitude de *faits* montrant une absence de lien entre la tremblante et la MCJ, il mentionna alors de nombreux pays tels que l'Argentine, l'Australie, la Finlande, le Mexique, la Nouvelle Guinée, la Nouvelle Zélande et le Japon, ayant fait l'objet d'études indiquant toutes que "la MCJ sporadique, largement répandue avec une incidence mondiale [semblable], survenait dans ces pays où la tremblante du mouton était [pourtant] inconnue"[87]. Le lien entre la tremblante et la MCJ paraissait d'autant plus mince, pour ne pas dire inexistant que cette dernière fut parfois observée "chez des individus qui n'ont jamais consommé la viande de mouton [et surtout qu'elle fut même] observée aussi chez une personne qui a été végétarienne toute sa vie"[88].

Enfin, Taylor rappela que "chez les islandais, le mouton est la source principale de viande et la tête de mouton un plat populaire"[89] et qu'une étude menée en 1979 indiqua que "même si la tremblante du mouton fut longtemps endémique dans les troupeaux de moutons en Islande, avec des pertes pouvant atteindre 30 pour cent, l'incidence de la MCJ reste très faible dans la population humaine de ce pays"[90] Quelle est alors la portée scientifique des arguments présentés par Taylor ? Ce qui frappe d'emblée dans cette partie de sa démonstration, où il voudrait établir qu'il n'y a pas de lien de causalité entre la tremblante et la MCJ là où elle existe, c'est d'abord la prise en compte de la quasi-totalité des foyers répertoriés dans le monde.

Dès lors, on ne saurait lui reprocher de ne s'être pas donné la peine d'essayer d'être le plus exhaustif possible. On est au contraire, admiratif du souci que manifeste l'auteur d'être le plus complet sur la représentation géographique des foyers de la forme de la maladie humaine connue à travers le monde. On peut penser que ce souci fut probablement dicté par la gravité du problème d'un *lien causal possible* entre la nouvelle maladie bovine et l'homme, mais aussi par la rigueur scientifique avec laquelle il entendait traiter le problème qu'il tente de résoudre.

Le deuxième point qui frappe dans sa démonstration, c'est que chaque énoncé mobilisé s'appuyait effectivement sur des données épidémiologiques recueillies par des équipes très sérieuses et totalement indépendantes. C'est par exemple le cas de l'équipe de Daniel Carleton Gadjusek (1923—2008) ayant mené en 1982 une étude sur les populations libyennes. C'est aussi le cas de l'étude sur les émigrés Algériens et Tunisiens en France, réalisée en 1985 par le Professeur Françoise Cathala, médecin et neurologue à

[86] *Ibid.*, D. M. Taylor, (1989), p. 413.
[87] *Ibid.*, D. M. Taylor, (1989), p. 413.
[88] *Ibid.*, D. M. Taylor, (1989), p. 413.
[89] *Ibid.*, D. M. Taylor, (1989), p. 413.
[90] *Ibid.*, D. M. Taylor, (1989), p. 413.

l'INSERM. Dès les années 1960, c'est elle qui mena en France une étude épidémiologique sur la MCJ, et qui contribua à pérenniser l'activité de surveillance épidémiologique de la MCJ dans ce pays. Elle développa avec ses collègues, un test de diagnostic de la MCJ. Médecin-Chef au Service de santé des Armées et professeur titulaire de la chaire de Pathologie Médicale du bétail et des animaux, Cathala est impliquée dans le dispositif de veille épidémiologique des 'maladies à prions' animales.

Mais, elle mena aussi une recherche sur l'insomnie fatale familiale, la maladie de kuru et sur le *nv*MCJ, dans le but d'analyser les facteurs de risque des 'maladies à prions' humaines. Des données épidémiologiques mobilisées par Taylor provenaient aussi d'une étude menée sur le degré d'exposition des Italiens à la tremblante par l'équipe de Paul Brown[91], médecin–biologiste, diplômé de l'Université de Harvard et de l'École de Médecine Johns Hopkins aux États-Unis. Il reçut une partie de sa formation d'interne en médecine au Service Osler de l'Hôpital Johns Hopkins. Pendant 40 ans il fut l'un des piliers du Laboratoire d'Études du Système Nerveux Central de Bethesda à Maryland, dans le campus des NIH, où il occupa le poste de chercheur principal.

Titulaire d'un certificat de spécialité en médecine interne, *in fine* il était devenu presque spécialiste en neurologie, vu qu'il avait consacré presque toute sa carrière à l'étude de divers aspects des ESST. Il est l'auteur de près de 350 publications, dont une porte sur le problème de la forme iatrogène de la MCJ et sur la possibilité de transmission de la maladie par le sang ou les produits sanguins. En plus de ses recherches, il fut président du Comité consultatif de l'autorité américaine de régulation des produits pharmaceutiques et de l'alimentation dans son rapport aux troubles neurodégénératifs humains et animaux transmissibles.

Il a travaillé comme conseiller pour le Programme de Neuropathologie et de Surveillance de la MCJ de la Communauté Européenne. Selon toute vraisemblance, les données épidémiologiques utilisées par Taylor provenaient donc d'études sérieusement menées et très renseignées indiquant, toutes, une régularité et une constance entre la maladie neurologique du mouton et sa non-transmissibilité à l'homme. Le dernier point qui frappe dans sa démonstration est qu'à l'exception d'une étude menée sur la population de la Nouvelle Zélande datant de 1965, toutes les autres se situent dans la décennie entre 1977 et 1989.

Plus de la moitié d'elles furent réalisées entre 1979 et 1987. Par conséquent, il s'agit de données épidémiologiques recueillies sur nos contemporains et qui pourraient facilement être soumises à un contrôle, si leur validité arrivait à être suspectée. Outre cette portée scientifique des arguments mobilisés par Taylor, son évaluation du risque de l'ESB pour la

---

[91] Une biographie plus complète de Paul Brown est disponible sur http://www.cihr-irsc.gc.ca/f/25519.html#Brown.

santé humaine tenta d'apporter une clarification de l'étiologie de la maladie du kuru. La suite de sa démonstration de l'innocuité de l'ESB pour la santé humaine portait précisément sur cette ancien trouble neurodégénératif humain ayant une *ressemblance* avec la MCJ. Quelle singulière lumière les analyses de David Taylor projettent-elles alors sur l'étiologie de la maladie du kuru ? Comme cela a déjà été mentionné, cette maladie a presque disparu. Toutefois, elle garde actuellement une précieuse valeur historique. Son étiologie demeure attachée à une anthropophagie présumée.

Car, dans un cadre général des sciences humaines, l'*hypothèse* de l'anthropophagie est recevable dans la mesure où, comme nous l'avons vu dans le volume 1 au chapitre I de cette enquête, des rapports ethnographiques sur l'anthropophagie furent établis en anthropologie sociale des Forés, à la suite d'études menées sur le terrain par les anthropologues Robert Klitzman, Shirley Lindenbaum et Robert Glasse. Cependant, dans le champ de la recherche causale des maladies à prions, seuls comptent les *faits* d'expérience et/ou d'observation directe.

Or, pour une science plus soucieuse d'observations, on conçoit en toute rigueur que "des observations directes d'actes de cannibalisme dans la région endémique n'ont jamais été enregistrées"[92], comme le souligna Stanley Prusiner, le découvreur des prions. C'est pourquoi, même si elle reposait sur une base vraisemblablement empirique et probablement réelle, l'*hypothèse* de l'anthropophagie des Forés, demeurait fragile dans le cadre d'une science qui se veut strictement expérimentale.

De sorte que l'analyse des *faits* réellement disponibles sur cette maladie, offre une occasion de souligner toute la rigueur scientifique de David Taylor. Car, ne disposant pas de *faits* issus d'une *observation directe*, alors selon lui, "une autre raison de l'inquiétude concernant la consommation du cerveau du mouton est largement en rapport avec l'opinion selon laquelle, l'encéphalopathie dégénérative humaine, à savoir, la maladie du kuru fut perpétuée à travers une consommation cannibalique des cerveaux des victimes décédés de la maladie du kuru"[93]. Précisant son propos, il ajouta ce qui suit : "Il est évident que Gadjusek, qui est parmi les premiers scientifiques à avoir étudié la maladie du kuru, a initialement *cru** qu'un tel cannibalisme avait eu lieu et pouvait expliquer l'épidémie de la maladie du kuru survenue dans la tribu des Forés en Nouvelle-Guinée, mais il n'y a aucun récit de témoins oculaires corroborant ce cannibalisme putatif"[94], ainsi que le souligne une étude menée en 1979 sur laquelle lui-même s'appuya.

Par la mobilisation ici du verbe d'attribution propositionnelle *croire*, Taylor souligna que l'hypothèse de l'anthropophagie putative des forés lancée par Gadjusek ne reposait sur aucun *savoir* ferme dans le cadre d'une

---

[92] S. B. Prusiner, "Novel proteinaceous infectious particles cause scrapie", (1982), p. 136.
[93] D. M. Taylor, "Bovine Spongiform Encephalopathy and Human Health", (1989), p. 413.
[94] *Ibid.*, D. M. Taylor, (1989), p. 413. *Souligné par nous.

biologie expérimentale. Dès lors, il admit plutôt une *hypothèse* déjà formulée dans le passé, qui réapparut en 1982 et selon laquelle, "des cerveaux infectés par la maladie du kuru étaient manipulés au cours d'une sorte de rituel funéraire"[95].

David Taylor s'étonne alors de constater que c'est toujours l'histoire d'une transmission de la maladie du kuru par anthropophagie qui se perpétue "bien que des publications tardives de Gadjusek soulignent que l'infection se produisait 'plus probablement à travers des blessures et des écorchures du corps ou par le fait de se gratter le nez, de se frotter les yeux ou de se faire des lésions au niveau des muqueuses'"[96]. Cette perpétuation d'un *fait* qui n'a pourtant jamais été recueilli par une *observation directe* par aucun de ceux qui, scientifiques expérimentateurs ou non, le rapportaient sans le moindre souci de contrôle référant au contact avec le *réel*, a alors conduit David Taylor à mentionner ce qui suit :

> "C'est l'histoire de cannibalisme la plus flamboyante qui ait survécu pour colorer nos pensées actuelles en ce qui concerne l'association potentielle entre les encéphalopathies dégénératives humaines transmissibles et la consommation de cerveaux d'animaux"[97].

Il nous faut provisoirement conclure sur ce point. Nous soulignons que dans sa démonstration parfaitement logique d'une absence de lien causal entre la tremblante et la MCJ, Taylor a admis la *croyance* comme étant le fondement épistémologique sur lequel repose l'*hypothèse* de l'anthropophagie dans l'étiologie de la maladie du kuru dans le champ d'une science expérimentale stricte. Car des faits d'observation *directe* manquent à tous les scientifiques qui se sont intéressés à cette question à l'intérieur du cadre de la recherche causale des maladies à prions. Néanmoins, il concéda dans le contexte de l'ESB qu'"il serait faux de suggérer que la maladie de kuru ne peut pas avoir été transmise si le cerveau a été consommé, parce que les encéphalopathies dégénératives transmissibles ont bien été transmises par voie orale avec des degrés de réussite variés"[98].

Ensuite, il rapporta qu'en 1972, l'histopathologiste britannique Iain Pattison suggéra "l'ingestion de placenta infecté comme étant un mécanisme important pour la propagation de la tremblante chez les moutons"[99], tandis qu'en 1988 d'autres auteurs pensèrent que "l'encéphalopathie du singe est associée à la consommation de tissus bovins infectés avec un agent de type

---

[95] *Ibid.*, D. M. Taylor, (1989), p. 413.
[96] *Ibid.*, D. M. Taylor, (1989), p. 413.
[97] *Ibid.*, D. M. Taylor, (1989), p. 414.
[98] *Ibid.*, D. M. Taylor, (1989), p. 414.
[99] *Ibid.*, D. M. Taylor, (1989), p. 414.

tremblante non identifié"[100]. Par conséquent, dans l'étiologie de la maladie du kuru, même si l'hypothèse de l'anthropophagie repose sur une *croyance* selon Taylor, il conclut logiquement et prudemment, qu'"il semble bien qu'il y ait matière à s'inquiéter que la consommation de tissus d'animaux infectés par l'encéphalopathie dégénérative transmissible puisse présenter un risque considérable pour la santé humaine, [mais ajouta-t-il], il y a plusieurs raisons pour que ceci soit invraisemblable"[101].

Quelles que soient les motivations qui avaient conduit Taylor à prendre position en faveur de l'invraisemblance de la transmission de l'ESB à l'homme, il ressort de son analyse que les arguments sur lesquels il fonde son jugement sont de nature éminemment scientifique. Car, ils découlent d'une multitude de *faits* d'observation directe soigneusement recueillis dans le cadre de la recherche causale sur les ESST humaines identifiées, et sur leur rapport à la tremblante connue depuis des siècles comme étant inoffensive pour l'homme. Lorsque les *faits* d'observation qu'il soumet à l'analyse ne sont pas solides, il ne manque pas de souligner leur fragilité.

C'est notamment le cas de la transmission orale de la maladie du kuru, présumée causalement liée à l'anthropophagie des Forés, et considérée comme le facteur causal décisif de la propagation de ce trouble neurodégénératif humain qui aujourd'hui n'existe quasiment plus. Dans sa rigueur scientifique, sans aucune observation *directe*, Taylor était donc resté circonspect face à l'*hypothèse* de l'anthropophagie des Forés, une fraction des peuples mélanésiens de la Papouasie, affectée par la maladie du kuru. Mais, il n'était pas le seul.

Adoptant comme lui une attitude prudente sur l'anthropophagie des Forés, l'histopathologiste britannique Iain Pattison (1914—1991) mentionna que "la connaissance de la transmission orale de la tremblante du mouton avait orienté Carleton Gadjusek vers la conclusion correcte selon laquelle la maladie du kuru en Nouvelle Guinée aurait pu se répandre par cannibalisme"[102]. Ce qui signifie que même si sur la base d'un *fait* empirique attaché à la transmission orale de la maladie chez les moutons, la possibilité d'une transmission de la maladie par anthropophagie peut être théoriquement envisagée, en réalité il peut en être autrement, faute de preuve.

Dans le cadre d'une biologie strictement expérimentale, cette conclusion d'une étiologie par anthropophagie est logique, mais non factuelle. Elle découle uniquement d'une déduction et non d'une observation *directe*. Dans un article intitulé "Cinquante ans avec la tremblante : Souvenirs personnels"[103], publié en 1988 dans la revue *The veterinary Record*, où il évoqua les faits attachés à la tremblante, le brillant Iain Pattison (1914—

---

[100] *Ibid.*, D. M. Taylor, (1989), p. 414.
[101] *Ibid.*, D. M. Taylor, (1989), p. 414.
[102] I. H. Pattison, "Fifty years with scrapie : A personal reminiscence", (1988), p. 663.
[103] *Ibid.*, I. H. Pattison, (1988).

1991) rappela la genèse de l'hypothèse de l'anthropophagie putative des Forés, mobilisée par Daniel Carleton Gadjusek (1923—2008) en tant que première tentative d'une explication possible de la propagation de la maladie du kuru, puis écartée[104] par ce même Gadjusek en novembre 1957. Ce changement radical de point de vue fut remarqué et rapporté en 1981 par deux anthropologues nord-américains, Lyle Steadman et Charles Merbs, aujourd'hui professeur émérite de l'Université d'État de l'Arizona pour le premier, et professeur émérite de l'Université de Wisconsin pour le second.

Bien avant les années 1970, c'est pour expliquer la propagation de la tremblante que Iain Pattison émit l'*hypothèse* du cannibalisme des moutons et des chèvres, en raison de la consommation par ces animaux de placentas ou de membranes fœtales vides, provenant des brebis infectées par la maladie et ayant agnelé. Face à l'énigme de la maladie du kuru, l'*hypothèse* soutenue certes par des données ethnographiques, fut reprise par Gadjusek. Ainsi, ce dernier postula à son tour une anthropophagie putative chez les Forés, en s'appuyant sur des travaux ethnographiques que nous avons rapportés dans la volumé 1 et succinctement évoqués plus haut.

Cependant, de tels travaux demeurent *théoriques* dans le cadre des sciences expérimentales strictes. C'est probablement pourquoi, le neuropathologiste britannique David Taylor s'en est méfié à la fin des années 1980. Pourtant, une vingtaine d'années plus tôt, au moment où Daniel Carleton Gadjusek (1923—2008) menait ses recherches en Papouasie-Nouvelle-Guinée dans le milieu des années 1960, la seule évocation de cette *possibilité théorique* avait exalté les esprits aux États-Unis, amenant certains magazines destinés au grand public à visualiser des scènes en rapport avec une représentation d'une possibilité théorique qui resurgira par la suite sous la forme d'un fait d'observation directe, mais cette fois-ci, uniquement par l'imagination seule.

C'est pour montrer cette visualisation d'une *possibilité théorique*, désormais transformée en un fait d'observation que l'éminent Iain Pattison (1914—1991) a reproduit dans son article de 1988, une caricature (Fig. 1) publiée par *The Shepherd* en mars 1965 aux États-Unis, dans une Amérique en pleine ségrégation raciale. Les États-Unis d'Amérique traversait cependant une période au cours de laquelle des avancées significatives étaient néanmoins déjà enregistrées au plan administratif, notamment avec la signature le 2 juillet 1964 de l'Acte des droits civiques qui devait mettre fin à la ségrégation dans tous les services publics, suite aux émeutes raciales des années 1960. Nous présentons ci-après la caricature reproduite par Pattison.

---

[104] L. Steadman, C. Merbs, *Kuru and Cannibalism ? Kuru : Early letters and field-notes from the collection of D. Carleton Gadjusek*, (1981), p. 255.

Cartoon in *The Shepherd* in 1965 alluding to the production of scrapie in sheep by dosing with scrapie-affected fetal membranes

Fig. 1. – Caricature d'une anthropophagie sur la base du cannibalisme attribué par Iain H. Pattison aux moutons dans la propagation de la tremblante

(Reprod. I. H. Pattison, 1988)

"Dr Pattison pense que des souris peuvent propager la tremblante en se mordant.
Pourquoi nous prend-on, nous les moutons, pour des cannibales ?"
Publiée par *The Shepherd,* aux États-Unis d'Amérique en mars 1965.

Caricature dans *The Shepherd* évoquant l'apparition de la tremblante chez le mouton par ingestion des membranes fœtales affectées par la tremblante.

La caricature était désormais associée, non plus au cannibalisme des moutons et des chèvres initialement évoqué dans une analyse causale de la tremblante, mais à une anthropophagie mettant en scène quatre personnages dont une victime solidement attachée dans une marmite au feu. Sur la caricature, deux moutons se posent la question de savoir "pourquoi on les considère comme des cannibales"[105]. Dans cette caricature judicieusement intitulée "le témoignage manquant"[106], un parmi les trois autres personnages autour de la marmite tient dans la main droite une fourchette et dans la main gauche un livre de recettes portant la mention : "Congo Cook Book"[107].

À lui tout seul, ce titre éclaire à la fois sur l'origine ethnique et géographique des personnages choisis comme acteurs d'une scène se déroulant en outre non loin d'un cocotier. Il indique d'une certaine manière, l'ébauche d'une autre anthropologie culturelle et sociale, celle du Noir d'Afrique, que l'on tentait ainsi d'instiller dans le cadre de la résolution d'un problème relevant des sciences expérimentales et pour lequel seuls les *faits* devraient trancher. À l'intérieur du cadre théorique d'analyse causale des maladies à prions, à la suite de Daniel Carleton Gadjusek (1923—2008) et malgré son correctif, de nombreux auteurs reprirent l'étiologie de la maladie du kuru par anthropophagie des Forés, comme une *théorie*, mais sans se soucier d'apporter le moindre *fait* pouvant l'étayer.

C'est par exemple le cas de John Collinge qui évoqua en 1990 la transmission de la maladie du kuru par une présumée anthropophagie, mais en des termes qui pourraient amener un lecteur non vigilant à admettre qu'il s'agit d'un *fait* d'observation que l'auteur a eu sous les yeux. Cependant, les références bibliographiques mentionnées, censées fournir sa source d'information se rapportaient soit à la spéculation sur la transmission de l'encéphalopathie spongiforme chez l'homme, soit à la transmission accidentelle de la MCJ dans un contexte chirurgical, soit enfin aux aspects cliniques et épidémiologiques de la maladie du kuru. Même les rapports ethnographiques ayant servi de base à cette *hypothèse* de l'anthropophagie des Forés ne sont guère mentionnés.

Pourtant, ce savant est reconnu comme expert de la MCJ au *Medical Research Council of London*. Il œuvre au département de Neurogénétique de l'*Imperial College School of Medicine* de Londres, et aussi au département de Neurologie de *St Mary's Hospital* de Londres. Il est donc pleinement averti sur la valeur d'un fait d'observation directe et la fragilité d'une hypothèse dans les sciences expérimentales. Cela n'empêche pas qu'en 1990 il déclare que "les maladies [à prions] humaines ont toutes été transmises expérimentalement à toute une gamme d'espèces animales, et [qu'] une transmission horizontale chez l'homme est survenue par voie iatrogène aussi

---

[105] I. H. Pattison, "Fifty years with scrapie : A personal reminiscence", (1988), p. 662.
[106] *Ibid.*, I. H. Pattison, (1988), p. 662.
[107] *Ibid.*, I. H. Pattison, (1988), p. 662.

bien que par endocannibalisme"[108]. Aux yeux d'un lecteur superficiel, la clarté de cet énoncé semble réfléchir sa lumière sur la question de la transmissibilité de l'ESB alors en débat. Mais, pour de meilleurs juges, toute son autorité repose sur sa conformité avec la perpétuation d'un *fait hypothétique* dont s'est méfié son propre auteur, en l'occurrence Gadjusek, mais habilement mêlé ici à des *faits d'observation directe*. Neuf ans plus tard, en 1999 précisément, avec une équipe de dix-huit autres neuropathologistes britanniques, John Collinge admit à nouveau ce qui suit :

> "Elles [les maladies à prions] peuvent être transmises expérimentalement à la fois à l'intérieur d'une espèce et entre espèces de mammifères, par inoculation intracérébrale ou parfois par ingestion de matières contaminées. Des voies d'une transmission horizontale chez des humains comprennent l'inoculation iatrogène et l'endocannibalisme rituel"[109]

Cependant, d'un point de vue du raisonnement expérimental, l'endocannibalisme putatif des Forés et la transmission iatrogène de la MCJ ne peuvent être placés sur le même plan. À la suite des travaux de Jean Cuillé (1872—1950) et Paul-Louis Chelle (1902—1943) sur la transmissibilité de la tremblante dans les années 1930, cette maladie du mouton ainsi que des maladies apparentées furent transmises aux souris par Chandler au début des années 1960, ensuite à un tas d'animaux de laboratoire par d'autres savants, avant d'être transmises aux chimpanzés et aux singes par Gadjusek dans le milieu des années 1960. Ceci est un *fait d'expérience*.

Ensuite, aux États-Unis et en Europe, il y a eu une transmission iatrogène de la MCJ. C'est un *fait d'observation*, celui-là, puisqu'il ne s'agit pas d'expériences méthodiquement préparées. Ainsi, associé artificiellement à des *faits*, à savoir, la transmission de ces maladies à des animaux de laboratoire et la transmission iatrogène de la MCJ dans un contexte nosocomial, "l'endocannibalisme" des Forés prend ici la forme fallacieuse et trompeuse d'un *fait* recueilli soit par expérience soit par une observation directe. Mais, il n'en est rien.

Cette absence de *fait* d'observation directe, n'embarrasse pourtant pas ceux qui continuent de "nourrir l'histoire de cannibalisme la plus flamboyante qui ait survécu pour colorer nos pensées actuelles"[110] selon l'expression de David Taylor. Par caricature interposée, retrouver à l'aube du XXIe siècle l'*hypothèse* de l'anthropophagie des Forés associée à l'anthropophagie putative de l'Africain dans l'évaluation du risque de l'ESB pour la santé humaine, nous conduit à proclamer que le contenu de cette

---

[108] J. Collinge, *The Lancet*, Vol. 336, (1990).

[109] G. R. Mallucci et coll., "Inherited prion disease with alanine to valine mutation at codon 117 in the prion gene", (1999), p. 1824.

[110] D. M.Taylor, "Bovine Spongiform Encephalopathy and Human Health", (1989), p. 414.

hypothèse est attaché à une construction sémantique qui vient de loin. Cela nous conduit également à exprimer notre plein accord avec le jugement de Sir John Frederick William Herschel (1792—1871), éminent philosophe britannique du XIXe siècle, à qui nous empruntons la définition du terme "préjugés d'opinion" mentionnée ci-après. Dans son *Discours préliminaire sur l'Étude de la Philosophie de la Nature*[111], publié en 1830 Herschel, astronome, physicien, chimiste et grand philosophe des sciences, prodigua de précieux conseils pour la recherche. Au sujet des préjugés il écrivit ceci :

> "Malheureusement, les préjugés d'opinion sont vivaces et ceux qui se livrent à l'étude des sciences naturelles doivent se tenir en garde à cet égard. Il y aurait de la déraison à exiger qu'un homme renonce brusquement aux opinions, aux jugements qui lui servaient de guide. Aussi n'est-ce pas là ce que nous demandons. Tout ce que nous voulons, c'est qu'il ne caresse pas avec superstitions des idées fausses, qu'il les abandonne, qu'il les rejette dès qu'il a la preuve qu'elles ne sont pas fondées. Qui refuse d'agir ainsi n'est pas apte aux sciences."[112]

Par préjugés d'opinion, il nous faut entendre :

> "Les opinions qui ont été admises à la hâte, soit sur l'assertion des autres, soit sur des aperçus superficiels. Nous comprenons aussi dans ce nombre, des opinions qui sont le résultat d'une observation commune et qui, toujours reçues sans contestation, ont fini par produire sur nous une impression profonde."[113]

Susceptibles de produire une impression profonde, les préjugés sont tenaces. Ils peuvent même se glisser dans l'esprit des savants pendant un laps de temps, de façon inconsciente, pernicieuse et nuisible d'un point de vue moral. Le paléontologue Stephen Jay Gould (1941—2002) le démontre magistralement dans *La mal-mesure de l'homme*[114]. En biologie contemporaine, il a beaucoup contribué à la théorie de l'évolution, à travers son ouvrage *La structure de la théorie de l'évolution*[115] qui a bouleversé l'orthodoxie du modèle de l'évolution darwinienne. Il fut professeur de zoologie, de géologie, de biologie et d'histoire des sciences à l'Université de Harvard et à l'Université de New-York. Dans *La mal-mesure de l'homme*,

---

[111] J. F. W. Herschel, *A Preliminary Discourse on the Study of Natural Philosophy*, (1830) 1987 ; tr. fr., *Discours sur l'étude de la philosophie naturelle*, (1834).

[112] *Ibid.*, J. F. W. Herschel, (1834), p. 76.

[113] *Ibid.*, J. F. W. Herschel, (1834), p. 75.

[114] S. Jay Gould, *The Mismeasure of Man*, 1st ed. 1981, Sec. ed. 1996. tr. fr., *La Mal-Mesure de l'homme*, (1997).

[115] S. Jay Gould, *The structure of Evolutionary Theory*, New-York, Harvard University Press, (2002).

publiée en 1981, il examine l'histoire des idées sur la détermination biologique de l'intelligence et montre à son lecteur comment maints préjugés ont conduit des savants à des conclusions fausses ayant érigé dans le passé une anthropologie raciste, basée sur une pseudoscience raciste. Certes, dans cet ouvrage, ni les méthodes utilisées ni les faits décrits ne sauraient être comparés à ceux que nous discutons. Néanmoins, aussi bien les cas rapportés et analysés par Stephen Jay Gould que dans celui qui nous occupe, l'on voit très bien à quel point une idée reçue introduite en science a du mal à s'en extirper et exige une rigueur extrême et une vigilance permanente pour la combattre. Rapportant les analyses de David Taylor, un autre savant britannique nota la prudence avec laquelle celui-ci aborda le lien entre l'étiologie de la maladie du kuru et l'anthropophagie putative des Forés.

Les données empiriques recueillies sur cette maladie ont "été plus précautionneusement interprétées par Taylor qui attire l'attention sur le fait qu'il est possible que la maladie du kuru n'ait pas été transmise par voie orale"[116]. Pour ce savant, l'étiologie de cette maladie pouvait aussi être abordée en admettant qu'"il y a [...] une possibilité que la maladie de kuru et la MCJ soient la même maladie, [et qu'en définitive], cette maladie ait été introduite dans la tribu [des Forés], lorsqu'une personne infectée par la MCJ a fait l'objet d'un rituel funéraire."[117] Il importe cependant de souligner ici qu'il n'est nullement question pour nous de prétendre que l'anthropophagie n'ait pu être à l'origine de la transmission de la maladie du kuru.

Nous rappelons que le rapport ethnographique de l'enquête menée par Klitzman sur l'anthropophagie des Forés est pertinent ainsi que nous l'avons déjà signifié dans le volume 1, au chapitre I de cette enquête. Nous avions alors souligné qu'il est fort probable que l'anthropophagie ait bien été en rapport avec la propagation de la maladie kuru au cours de la période épidémique. Simplement, nous pensons que dans le cadre des sciences biologiques expérimentales, tant que des *faits* positifs recueillis par une *observation directe* ne lui sont pas associés pour la valider, elle demeure dans le champ des possibles comme une *hypothèse* envisageable, une possibilité théorique à mobiliser dans l'attente d'une falsification au sens poppérien. Car, dans les sciences expérimentales, une différence doit être faite entre les assertions et les preuves ; les rapports ethnographiques et les faits directs bien observés ; les aperçus et les vérités fermement établies.

Au-delà de l'analyse menée par David Taylor, c'est précisément cette différence qu'établit très clairement le neuropathologiste britannique Richard Kimberlin, impliqué lui aussi depuis de nombreuses années dans les problèmes posés par les troubles neurodégénératifs animaux et humains. Amené à discuter l'étiologie de la maladie du kuru dans le débat soulevé par l'ESB, Kimberlin évoqua aussi une suspicion de l'anthropophagie des Forés.

---

[116] J. G. Collee, "Bovine Spongiform Encephalopathy", (1990), p. 1301.
[117] *Ibid.* J. G. Collee, (1990), p. 1301.

Toutefois, après avoir rappelé que "Gadjusek suggéra en 1977 que cette maladie résulte d'un cas sporadique de la MCJ"[118], il mentionna que "l'épidémie de la maladie du kuru peut, alternativement, avoir été causée par un variant pathogène d'un agent qui n'est pas normalement associé à la maladie et qui peut toujours être présent dans la population, [ou alors par] une autre possibilité, [à savoir], la manipulation et la consommation de cerveaux infectés [qui] auraient pu effectivement maintenir des souches neuropathogènes, suite à un passage sériel"[119]. Mais, montrant bien que dans le cadre des sciences biologiques expérimentales, il saisissait parfaitement la différence entre l'anthropophagie des Forés en tant que *possibilité théorique* et un *fait* scientifique bien établi, Kimberlin souligna que "l'origine de la maladie du kuru reste toutefois inconnue"[120].

Telle est, en toute rigueur, la conclusion d'une science expérimentale rigoureuse sur l'origine étiologique de la maladie du kuru. C'est une rigueur semblable, distinguant *hypothèse* et *fait* bien observé, qui guida David Taylor tout au long de son analyse du risque de l'ESB pour la santé humaine. La science ne connaît pas la *vraie* origine étiologique de la maladie du kuru. Elle doit continuer à mener des recherches. C'est précisément ce qu'elle est en train de faire. Actuellement, des recherches[121] se poursuivent pour tâcher d'éclaircir ce point. Certes, nombre d'entre elles continuent de mobiliser l'*hypothèse* de l'anthropophagie des Forés. Cela est tout à fait normal, au vu de la base non observationnelle sur laquelle reposent les rapports ethnographiques de Klitzman, Glasse et Lindenbaum.

Mais sur ce point, aucune étude n'apporte le *fait* décisif qui permettrait de trancher au plan expérimental, dans la mesure où la transmission orale étant admise comme peu efficace, normalement, aucune expérience d'anthropophagie contrôlée ne saurait être organisée. S'engageant à démontrer que la transmission de l'infectivité est possible par la voie orale, dans des conditions expérimentales particulières, mais qu'elle est très peu efficace naturellement, David Taylor rappela que "contrairement à d'autres matériels excrétés ou secrétés, le placenta des brebis infectées avec la tremblante du mouton est infectieux et consommé par des moutons"[122]. Il souligna cependant que "l'on ne sait pas si les quantités ingérées dans des conditions

[118] R. H. Kimberlin, "Unconventional 'Slow' viruses", in *Topley And Wilson Principles of Bacteriology, Virology And Immunology*, (1990), p. 678.
[119] *Ibid.*, R. H. Kimberlin, (1990), p. 678.
[120] *Ibid.*, R. H. Kimberlin, (1990), p. 678.
[121] La *Royal Society of London* a organisé du 11 au 12 octobre 2007, un symposium sur "Les 50 ans de recherche sur la maladie du kuru", et elle publie régulièrement sur son site http://journals.royalsociety.org/ des rapports sur cette question. En 2008, maints articles furent publiés. Nous en indiquons ici deux : S. Brandner, "Central and peripherical pathology of Kuru : pathological analysis of recent case and comparison with other forms of human prion disease", (2008) ; J. Collinge et coll., "A clinical study of Kuru patients with long incubation periods at the end of epidemic in Papua New Guinea", (2008).
[122] J. D. Mathews, "The changing face of Kuru : a personal perspective", (2008).

naturelles sont suffisantes pour établir l'infection, [d'autant que] chez des souris expérimentales, on sait que presque toute la dose orale de [l'agent de] la tremblante est rejetée dans les excréments"[123]. De la sorte, l'infectivité des placentas consommés par les moutons se retrouvrait après défécation "dans le pâturage, en attendant de passer à travers des voies d'infection plus efficaces que la voie orale"[124]. Chez le singe, suite à une consommation de "tissu animal infecté par la tremblante, la voie normale d'infection passe par des morsures au cours de l'alimentation"[125]. Ainsi, "même si, [...] des EST ont été expérimentalement transmises par voie orale, des doses d'infectivité relativement élevées furent requises, et l'efficacité de l'infection fut variable"[126]. Explicitement exposée par Taylor, "la preuve collective est que la voie orale paraît inefficace pour transmettre les maladies de ce type"[127].

Dès lors, il poursuivit sa démonstration de l'inefficacité de la transmission des maladies à prions par voie orale, en soulignant un *fait d'expérience* significatif, à savoir que même si "des données quantitatives comparatives des efficacités relatives des voies naturelles potentielles d'infection n'existent pas, il fut montré que l'on peut avoir une efficacité 40 000 fois plus grande en réalisant chez des souris une infection expérimentale de la tremblante par voie intracérébrale, comparée à une infection par la voie orale"[128]. Les arguments de Taylor restent parfaitement clairs et sérieux.

L'efficacité de la transmission orale est très faible dans les conditions naturelles. Elle est accrue par les doses infectieuses très élevées, administrées à l'animal de laboratoire. Dans ces conditions, même si la maladie du kuru "nourrit l'histoire de cannibalisme la plus flamboyante qui ait survécu pour colorer nos pensées actuelles"[129], l'*hypothèse* de l'anthropophagie des Forés peut être liée à l'étiologie de la maladie du kuru, puisque par voie orale, les doses requises pour la transmission de l'agent causal doivent être très élevées pour qu'elles soient efficaces, et que cette condition peut être remplie par la consommation du tissu cérébral hautement infectieux. À moins que la transmission ne s'explique par un passage de l'agent par des voies périphériques telles que des blessures et égratignures.

L'*hypothèse* de l'anthropophagie des Forés resterait donc tenable. Cependant, nous peinons à comprendre le lien entre cette *hypothèse* et la gastronomie des populations d'Afrique Noire. Car, si comme le suggère la caricature exhumée par Iain Pattison, cette pratique fut répandue en Afrique, alors c'est précisément dans ce continent que la maladie connue comme

---

[123] C. C. McLean, "The neuropathology of Kuru and variant Creutzfeldt-Jakob disease", (2008).

[124] D. M. Taylor, "Bovine spongiform encephalopathy and human health", (1989), p. 414.

[125] *Ibid.,* D. M. Taylor, (1989), p. 414.

[126] *Ibid.,* D. M. Taylor, (1989), p. 414.

[127] *Ibid.*, D. M. Taylor, (1989), p. 414.

[128] *Ibid.*, D. M. Taylor, (1989), p. 414.

[129] *Ibid.*, D. M. Taylor, (1989), p. 414.

étant la maladie du kuru aurait dû être remarquée pour la première fois. Sauf si là-bas, ni les hommes ni les femmes ne consommaient le cerveau des défunts ou alors si les Africains n'avaient ni écorchure ni égratignure. La maladie y serait apparue avant son occurrence chez les Forés, les peuples mélanésiens de la Papouasie-Nouvelle-Guinée. Mais, tel n'est pas le cas. Les *faits* d'observation enregistrés depuis les origines lointaines de la philosophie naturelle devenue sciences naturelles, puis sciences biologiques, n'offrent rien qui soit, de près ou de loin, semblable à la maladie du kuru en Afrique. Telle est, formellement, la vérité qui se dégage de l'étiologie de la maladie du kuru, dans son rapport à une anthropophagie putative.

Les *faits* positifs qui nous parviennent d'une science plus soucieuse d'observations et de rigueur, finissent toujours par réfuter les préjugés les mieux installés. En l'absence de tels *faits*, on comprend pourquoi l'anthropologue nord-américain William Arens se méfie des récits ethnographiques de l'anthropophagie attribuée aux peuples rencontrés par les premiers aventuriers des sociétés industrialisées[130]. Il nous faut conclure sur cette section.

Dans son évaluation du risque de l'ESB pour la santé humaine, loin d'accepter et de répéter sans le moindre contrôle, des approximations qui lui sont parvenues, David Taylor s'appuya, non pas sur des perspectives anecdotiques ou des aperçus fragiles, mais sur des *faits* scientifiquement avérés. Sachant que suite aux recommandations du SEAC dirigé à cette époque par Sir Southwood, le système nerveux central des produits bovins mis en vente était retiré, amenant le SEAC à conclure que vraisemblablement "le risque était supprimé"[131], alors lui, Taylor, fut *logiquement* conduit à conclure à son tour que l'ESB ne peut passer à l'homme par voie orale.

Cependant, selon lui, parce que l'ESB est probablement causée par la tremblante, il semblait qu'il devait y avoir autant sinon plus d'inquiétude concernant sa transmission potentielle aux hommes *via* des voies périphériques par rapport à une ingestion. Même si, outre le fait que l'on ne trouve pas de lien entre la consommation du mouton et la MCJ, maintes études ont examiné la pertinence du "risque professionnel de traumas impliquant des tissus infectés de tremblante, chez des bergers, des personnels d'abattoirs, des bouchers, etc., [et] aucune association avec la moindre encéphalopathie dégénérative humaine transmissible n'a été décelée"[132].

Sur la base des *faits* soigneusement consultés, ce n'est donc pas la voie orale, mais les voies périphériques qui inquiétaient Taylor. Ainsi, à la différence du comité *Southwood* qui déclara que le risque de l'ESB pour la santé humaine est "écarté", pour lui ce risque n'était pas totalement supprimé. Les faits d'observations sur lesquels il s'appuya, l'amenèrent à

---

130 W. Arens, *The Man-Eating Myth* : *Anthropology and Anthropophagy*, (1972).

131 R. Southwood, *Report of The Southwood Working Party on Bovine Spongiform Encephalopathy*, (1989), p. 14.

132 D. M. Taylor, "Bovine Spongiform Encephalopathy and Human Health", (1989), p. 414.

considérer qu'il est plutôt *minime*. C'est en ce sens que d'après lui, le danger de l'ESB pour l'homme était invraisemblable. Ses arguments sont clairs, rigoureux et explicites. Certes, par la suite, le *devenir* de la causalité spécifique de l'agent de la tremblante introduit dans la vache, s'est traduit par le surgissement d'un *nv*MCJ ayant *in fine* surpris les sciences biologiques et biomédicales, ainsi que nous le verrons plus loin. Cependant, nous soulignons ici que l'analyse épidémiologique de David Taylor est une belle illustration de la rigueur scientifique, soucieuse d'observations.

Surtout, elle présente à nos yeux une valeur considérable pour une enquête scientifique et philosophique dont l'objet est *in fine* le *devenir des nœuds causals biologiques*. Car, de toutes les considérations qui précèdent, la conclusion qui s'impose, avec à l'appui, des *faits* scientifiquement avérés, est que l'agent causal des troubles neurodégénératifs humains et animaux transmissibles, — c'est-à dire l'agent des maladies à prions, qu'il s'agisse de la tremblante, de la maladie du kuru, ou de la MCJ —, est un agent qui se transmet difficilement par voie orale. Ainsi, montrant un parallélisme entre la tremblante du mouton jamais passée à l'homme et l'ESB nouvellement apparue, les arguments de David Taylor l'ont conduit *logiquement* à inférer de l'innocuité de la tremblante pour la santé humaine à l'innocuité de l'ESB pour la santé humaine. Dès lors, il nous semble qu'une question s'impose.

Elle peut être formulée simplement comme suit : Avec une telle rigueur démonstrative, les *inférences* sur l'ESB se sont-elles avérées en adéquation avec les *faits* qui se sont produits par la suite sur le terrain ? Le lecteur qui nous a suivi jusqu'ici comprend très bien qu'en raison de la certitude dans laquelle se trouvent désormais la biologie moléculaire et la biomédecine sur le *statut causal du prion* au regard de tous les maladies à prions animales et humaines d'une part, et d'autre part sur le parallélisme entre l'agent causal de la tremblante et celui de l'ESB qui en a découlé, la réponse à cette question nous permet d'éprouver à la fois la *fiabilité des inférences* sur l'ESB, et à travers elle, la *stabilité réelle de la cause transférée* dans le futur.

Pour répondre à la question posée, il nous faudra suivre dans le *temps*, d'abord l'évolution de l'épizootie de l'ESB au Royaume-Uni. Ceci offrira sans doute l'occasion d'examiner les *faits* qui seraient en adéquation avec l'inférence inductive ou au contraire qui s'en écarteraient. Ensuite, il nous faudra suivre l'enquête épidémiologique instituée par les autorités britanniques sous la recommandation du comité *Southwood,* en vue de surveiller tout changement du profil de la MCJ imputable à l'ESB. Cela permettra alors d'apprécier l'évolution de ce profil.

De la sorte, les *faits d'observation* que nous tâcherons de consulter attentivement, nous permettront de juger, d'abord la *fiabilité* de l'inférence inductive, ensuite celle de l'inférence causale. Dans ces conditions, même s'il arrive par la suite que nous sollicitions l'intelligence et l'imagination, après que nous ayons retiré tous les obstacles qui arrêtent leur marche, selon les préconisations de Francis Bacon (1561—1626), et cela en vue d'*interpréter*[133] les *faits* collectés et consultés dans cette enquête scientifique et philosophique sur les prions, c'est bien ces *faits* attachés à l'œuvre de la nature biologique des prions qui nous serviront de guide, à travers l'histoire vraie de l'ESB, pour tenter d'atteindre la nature profonde des *causes biologiques*. Ainsi, à travers cette histoire vraie de l'évolution de l'ESB que nous suivons dès à présent, c'est à la fois l'histoire exacte de la *nature* de l'agent qui cause ce trouble neurodégénératif bovin et, d'une certaine manière, celle des *entités biologiques causales* telles qu'elles sont perçues et approchées dans le champ de la biologie moléculaire et de la biomédecine contemporaines qui se présenteront à notre examen et nous livreront leurs précieux enseignements.

[133] F. Bacon, *Novum Organum,* Livre I, Aphor. 150, (1857), p. 74.

Chapitre 7

Tentatives pour accorder l'inférence inductive et la réalité de l'épizootie de l'ESB

Ce chapitre introduit l'examen des prédictions du développement de la maladie neurologique bovine ou ESB. À travers l'évolution de la taille de l'épizootie, c'est l'*inférence inductive* sur l'ESB qui allait focaliser en premier l'attention des fermiers, des politiques britanniques et Européens, du grand public et surtout des scientifiques engagés dans la biologie de l'ESB en particulier et des troubles neurodégénératifs humains et animaux transmissibles en général. De la sorte, la question posée est celle de la présentation des faits attachés à l'*évolution réelle* de l'épizootie de l'ESB et de leur rapport à l'*évolution anticipée*. Cette question se décline comme suit :

1. Entre l'évolution prédite de l'épizootie du trouble neurodégénératif bovin et l'évolution réelle de la maladie, y a-t-il eu un accord ?

2. Dans le cas où il n'y a pas eu d'accord entre l'évolution prédite et l'évolution réelle de l'épizootie, pouvait-il y avoir une *preuve* annonçant un *changement* des faits attachés à la tremblante et qui furent inférés sur le développement de l'épizootie de l'ESB ? Dans la mesure où, inférer c'est transférer dans le futur une vérité observée dans la passé, s'il n'y avait aucune preuve préalable de changement cela signifiait-il qu'il ne pouvait y avoir un changement de la vérité des faits transférés du passé au futur ?

3. Comment les biologistes impliqués dans l'évaluation du risque de l'ESB ont-ils accueilli les faits de l'épizootie telle qu'elle se développait ? Comment les ont-ils articulés avec l'évolution prédite de l'épizootie ?

Ce chapitre présente le développement de l'épizootie du trouble neurodégénératif bovin. Il présente aussi l'argument de la microbiologie mobilisé pour venir au soutien de la pathogénie microbienne dans la présumée transmissibilité non zoonique de la maladie bovine. Il expose la tension entre l'évolution prédite et l'évolution réelle de l'épizootie de la maladie bovine. Il montre ainsi toute la distance qu'il peut y avoir, entre des *énoncés prédictifs* en biologie moléculaire et les *faits réels* qui surviennent. Dès lors, il nous maintient en contact avec l'épistémologie de biologie moléculaire des maladies à prions aux prises avec la difficulté attachée aux inférences. Il nous montre comment les biologistes et les vétérinaires tentèrent d'articuler les énoncés prédictifs aux faits observés sur le terrain de l'épizootie. À travers le développement des *effets* de l'agent du trouble neurodégénératif bovin (l'ESB), le chapitre amorce l'histoire vraie de la *nature* des entités biologiques causales. Il montre également l'effort accompli par le biologiste pour accorder de façon générale la rationalité au *réel.* En nous présentant les faits préliminaires attachés aux premières manifestations de l'agent de l'ESB observées par les vétérinaires, les épidémiologistes et les biologistes, il nous offre l'occasion de commencer l'œuvre de l'interprétation de la nature. Il nous montre à quel point la rationalité peut être déjouée par la nature profonde des entités biologiques causales. Enfin, il nous livre quelques traits de l'esprit humain face aux faits bruts s'accordant avec des paradigmes, lesquels faits peuvent cependant masquer la *nature profonde* des *causes* biologiques.

1. Tension entre l'évolution prédite et l'évolution réelle de l'épizootie de l'ESB

Les inquiétudes des années 1990, relatives à l'éventuelle présence de l'agent de l'ESB dans l'alimentation humaine, et surtout à la possibilité de la transmission du trouble neurodégénératif bovin à l'homme par cette voie alimentaire, furent examinées par de nombreux savants. Il faudrait s'intéresser un court instant à un acteur dans le débat sur les risques de l'ESB sur l'homme dont les efforts remarquables consistèrent en une tentative de corriger les énoncés prédictifs pour les coller aux *faits* qui se présentaient d'une manière inattendue, et pour tenter ainsi d'accorder la rationalité à la réalité. Cet acteur est un savant nommé John Gerald Collee[134].

Professeur honoraire de microbiologie médicale à la faculté de médecine de l'Université d'Édimbourg, au Royaume-Uni, Collee prit officiellement sa retraite en 1991, mais continuait de travailler. Pendant longtemps, il fut président des examinateurs de la microbiologie médicale pour le *Royal College of Pathologists.* Il était alors titulaire de la chaire de Bactériologie à l'*University Medical School of Edinburgh.* Il dirigea le département de Microbiologie Médicale de la *Royal Infirmary of Edinburgh* et en fut également le responsable du service de bactériologie.

Jusqu'en 1991, il fut expert en microbiologie pour le département de la santé en Écosse. Il fut membre du Comité pour la sécurité des médicaments (CSM), c'est à dire le *Committee of the Safety of Medicines* et président du sous-comité biologique jusqu'en 1989. De 1989 à 1992, en pleine crise de la vache folle, il présida le Groupe de travail sur l'ESB, à savoir le *BSE Working Party* au sein du CSM. C'est à cette époque que date son implication dans le champ des ESST. Il n'avait pas d'expérience directe des troubles neurodégénératifs humains et animaux transmissibles, mais travaillait en étroite collaboration avec des scientifiques qui en avaient et qui étaient proches ou pas du gouvernement britannique.

David Taylor et Richard Kimberlin, tous deux neuropathologistes familiarisés avec le champ des ESST font partie des scientifiques auprès de qui il recueillait des informations techniques sur l'ESB. Dans le champ des prions, Gerald Collee définit lui-même son travail intellectuel comme étant 'celui d'un interprète scientifique plutôt que celui d'un spécialiste de l'ESB'. La raison pour laquelle ce travail présente un grand intérêt est que ses efforts incarnent, en quelque sorte, la réponse de la biologie moléculaire à une

[134] J. G. Collee a fait une déposition dans le cadre de l'Enquête sur l'ESB : "BSE Inquiry/Statement N°423", pp. 1-60. Disponibles sur http://www.bseinquiry.gov.uk Toutefois, ce site est devenu depuis 2010, The European Archive/UK Government Web Archive. Ainsi, à chaque fois qu'il sera question de http://www.bseinquiry.gov.uk dans les sources d'information relatives à l'ESB sur internet, il faudra lire The European Archive/UK Government Web Archive.

tension qui commençait alors à se développer entre les *inférences* formulées et les *faits* biologiques qui se déployaient relativement à l'évolution de l'ESB, en s'écartant déjà des énoncés prédictifs. "Dans la mesure où la compréhension de la maladie et de sa transmission dans le troupeau doit attendre des faits d'observation futurs, il est important d'avoir une perspective raisonnable et de s'assurer que toute spéculation est en accord avec ce que l'on sait réellement"[135] déclare Collee. Il faut bien noter ici que pour Collee, il importe de s'appuyer d'emblée sur ce que l'on sait réellement, c'est à dire sur le *connu*, si l'on veut véritablement œuvrer dans le champ de la science en vue de traiter des questions comme celle pour laquelle une solution est recherchée, à savoir, la question de l'évaluation du risque de transmission de l'ESB à l'homme.

Si l'on ne peut s'appuyer sur le connu, alors on "doit être amené à rechercher des parallèles persuasifs lorsqu'une information pertinente directe n'est pas disponible"[136]. Or, l'information pertinente directe était censée provenir de la maladie bovine elle-même. Mais, que savait-on réellement sur la transmissibilité de l'infectivité de l'ESB à l'homme ? L'ESB étant nouvelle, des connaissances suffisantes sur cette neuropathologie étaient-elles disponibles ? À l'évidence non ; puisque faute de connaissances directes sur l'ESB dans son rapport à l'homme, la biologie de l'ESB a dû mobiliser différents *modèles*. Parmi ceux-ci, il y a certes le *modèle du mouton* sur lequel on avait effectivement des connaissances sur la transmissibilité des maladies neurologiques. Mais, alors dans quelle mesure ces connaissances étaient-elles extrapolables ? Une fois dans la vache, l'agent de la tremblante reste-t-il *inchangé* ?

D'un point de vue scientifique, ces questions seront soulevées dans la spéculation qui divise la communauté scientifique autour de la question de savoir si "l'ESB peut être transmise à l'homme par ingestion de la viande de bœuf"[137]. Aussi bien dans le champ de la biologie moléculaire que dans celui de la biomédecine, cette spéculation donna lieu à une *controverse* de plus en plus vive, au fur et à mesure que l'épizootie se développait. Un peu plus tard, nous aborderons quelques-unes des questions soulevées.

Pour l'instant arrêtons-nous sur la biologie face la tension que les *faits* attachés à l'épizootie opposaient aux *prédictions* sur l'évolution de l'ESB. Certains savants n'étaient pas prêts à admettre la transmissibilité de la maladie par ingestion de la viande de bœuf. Certes, ils s'accordaient à souligner qu'un "tissu nerveux infecté [...] pouvait théoriquement être une source"[138] de transmission de la maladie. Mais, dans le même temps, ils

---

[135] J. G. Collee, "Bovine spongiform encephalopathy", (1990), p. 1300.
[136] *Ibid.*, J. G. Collee, (1990), p. 1300.
[137] J. G. Collee, R. Bradley, "BSE : A decade on – Part I", (1997), p. 637.
[138] *Ibid.*, J. G. Collee, R. Bradley, (1997), p. 637.

trouvaient "très invraisemblable"[139], la transmission de la maladie bovine à l'homme, en particulier "parce que, malgré les limites des tests biologiques effectués sur la souris pour établir une telle transmission, l'infectivité n'avait jamais été trouvée dans du muscle, dans aucune encéphalopathie spongiforme, y compris l'ESB"[140]. Dès lors, dans le monde des sciences de la vie et de la santé, et surtout dans celui de la politique, "plusieurs autorités croyaient invraisemblable que l'ESB puisse être transmise à l'homme par l'alimentation"[141]. Il importe cependant de noter ici l'utilisation par Gerald Collee du verbe d'attribution propositionnelle *croire,* après l'émergence de *faits* massifs qui ont ruiné l'inférence causale.

Elle indique que malgré la cohérence des énoncés scientifiques soigneusement élaborés, cette cohérence mobilisait *in fine* des connaissances probablement lacunaires. La "croyance à l'invraisemblance de la transmission de l'ESB à l'homme" reposait-elle alors sur l'absence de l'agent infectieux dans le muscle d'une vache atteinte d'encéphalopathie spongiforme ? Si à l'époque, des *faits positifs* sur la transmissibilité de l'ESB à l'homme manquaient, la biologie des maladies à prions détenait malgré tout des connaissances sur la transmissibilité des maladies de ce type.

À la fin des années 1990, Bruce Chesebro, un médecin américain qui dirige le service de pathogénie des rétrovirus, des prions et autres EST, dans le laboratoire des maladies virales persistantes, aux États-Unis à l'Institut National de l'Allergie et des maladies infectieuses, rappela que "des expériences de transmission de la maladie sont possibles d'une espèce à une autre qui lui est éloignée"[142]. Il précisa qu'une telle transmission "implique une adaptation progressive de l'agent étiologique étranger, dans le nouvel hôte, durant des passages sériels"[143], et souligna qu'un ensemble de *faits d'expérience* sur "les souris, les rats, les hamsters et les primates non-humains […] indiquaient, d'une manière générale, une préférence pour la transmission de la maladie entre espèces de même origine ou alors entre espèces ayant une relation étroite"[144].

Les *faits* détenus sur la transmissibilité des maladies à prions semblaient donc indiquer une transmissibilité peu facile entre espèces éloignées, laissant penser à une non-transmissibilité zoonique du trouble neurodégénératif bovin (ESB). Par ailleurs, il y a eu le formidable travail scientifique de David Taylor ayant souligné la difficulté d'une transmissibilité par voie orale. D'une rationalité remarquable, son travail a beaucoup compté. La rigueur scientifique de ce savant et le poids de l'argument épidémiologique

---

[139] *Ibid.*, J. G. Collee, R. Bradley, (1997), p. 637.
[140] *Ibid.*, J. G. Collee, R. Bradley, (1997), p. 637.
[141] *Ibid.*, J. G. Collee, R. Bradley, (1997), p. 637.
[142] B. Chesebro, "Prion Protein and the transmissible spongiform encephalopathy diseases", (1999), p. 504.
[143] *Ibid.*, B. Chesebro, (1999), p. 504.
[144] *Ibid.*, B. Chesebro, (1999), p. 504.

qu'il mobilisa n'ont pas échappé à Gerald Collee. Son jugement sur l'évaluation par Taylor du risque de l'ESB pour la santé humaine en témoigne :

> "L'évaluation par Taylor du risque de transmission de l'ESB à l'homme a acquis une grande autorité, et elle a été soigneusement argumentée. Il attire l'attention sur l'inefficacité relative de la voie orale qui soulève une inquiétude ainsi que sur les doses très élevées utilisées dans des expériences de transmission par voie orale d'agents transmissibles de la maladie du kuru et de la tremblante. En outre, il souligne que chez des bergers, le personnel des abattoirs ou des bouchers, aucun lien n'a encore été trouvé entre une exposition professionnelle à des tissus infectés potentiellement et quelque encéphalopathie dégénérative humaine transmissible. En revanche, la transmission iatrogène de l'agent de la MCJ est bien connue et des précautions strictes sont désormais prises pour protéger des patients et le personnel des cliniques contre l'inoculation ou l'implantation accidentelle de matériel infecté par l'agent de la MCJ.
>
> Ces deux lignes de pensées donnent un poids supplémentaire à l'idée selon laquelle la MCJ n'est pas une forme humaine de la tremblante du mouton et que les émotions exutoires relatives à la maladie du kuru et à la MCJ ne devraient pas influencer de manière indue notre approche de l'ESB."[145]

S'agissant de la maladie du kuru, Collee souligna qu'aux yeux de David Taylor, les données empiriques recueillies sur cette maladie pouvaient être interprétées par la mobilisation de l'idée selon laquelle il est fort possible qu'elle n'ait pas été transmise par voie orale. Car, ajouta-t-il, "une autre possibilité d'interprétation c'est que la maladie du kuru et la MCJ soient une seule et unique entité nosologique"[146], et qu'en fin de compte cette maladie ait été "introduite dans la tribu [des Forés] par une personne infectée par la MCJ et ayant fait l'objet d'un rituel funéraire"[147]. Parce que les arguments mobilisés par Taylor étaient clairs, sérieux, rationnels, ils avaient retenu l'attention de plusieurs savants parmi lesquels John Gerald Collee.

Dès lors, ce dernier soutint la thèse de l'impossible transmissibilité de l'ESB à l'homme. Il s'impliqua de manière suivie à la résolution du problème posé par le risque potentiel de l'ESB pour la santé humaine et lui consacra plusieurs articles entre 1990 et 1993. Car, dans la mesure où "l'ESB semblait bien être une nouvelle maladie, il y avait une obligation d'évaluer ses dangers pour l'homme"[148]. Cette préoccupation partagée par le grand public, les politiques et les savants, Collee la formula dans son

---

145 J. G. Collee, "Bovine spongiform encephalopathy", (1990), p. 1301.

146 *Ibid.,* J. G. Collee, (1990), p. 1301.

147 *Ibid.,* J. G. Collee, (1990), p. 1301.

148 *Ibid.,* J. G. Collee, (1990), p. 1301.

premier article comme suit : "l'ESB représente–elle un risque alimentaire pour l'homme ? Comment peut-on en évaluer le risque ?"[149]. Pour tenter de répondre au problème de l'évaluation du risque de l'ESB pour la santé humaine, John Gerald Collee mena, à la suite David Taylor, des études dans lesquelles "des faits et des théories concernant les ES connues affectant les hommes et les animaux sont soulignés, avec une référence spéciale à l'ESB et une mise en examen des risques possibles pour l'homme"[150].

Selon lui, "en 1989, Taylor considéra prudemment l'ESB dans sa relation à la santé humaine [...] et sa revue sur l'argument épidémiologique et expérimental conclut qu'un risque pour les humains est invraisemblable"[151]. Il ajouta que "cette vue, certes contestée par quelques commentateurs, est alors largement soutenue en Grande-Bretagne"[152] et est basée sur l'argument selon lequel l'ESB n'est pas dû à une mutation spécifique censée être la *cause* de l'occurrence de la maladie, mais serait vraisemblablement dû à l'agent étiologique de la tremblante introduit dans la vache à des doses infectieuses dont l'importance dans les suppléments protéiques alimentaires se présente alors comme "un facteur critique"[153], suite à des processus altérés de fabrication des farines carnées, au cours des années 1970.

C'est dans cette altération des processus de transformation des carcasses d'animaux que "des liens significatifs dans la chaîne des évènements qui ont délivré une dose élevée de l'agent infectieux dans les suppléments protéiques alimentaires"[154] étaient à rechercher. Collee rappela à juste titre que "la voie orale de l'infection est considérée comme étant relativement inefficace, telle que jugée par des faits d'expérience recueillis sur une gamme d'espèces allant de la souris aux primates non-humains, dans des études menées sur des agents de la tremblante, de la maladie du kuru, et de la MCJ"[155].

Ces *faits d'expérience* s'accordant avec des *faits d'observation* recueillis depuis toujours dans un contexte empirique concernant le rapport de la maladie du mouton à l'homme, alors Collee rappela également que "selon toute vraisemblance l'homme fut exposé aux infections alimentaires avec l'agent de la tremblante, à travers des produits du mouton pendant plus de deux siècles, pourtant aucun lien n'est actuellement reconnu entre la tremblante et la maladie humaine"[156]. Par conséquent, "si l'agent de l'ESB est bien l'agent de la tremblante, alors nous devons accepter que l'homme

---

[149] *Ibid.,* J. G. Collee, (1990), p. 1301.
[150] J. G. Collee, "Bovine Spongiform Encephalopathy", (1991), p. 296.
[151] *Ibid.*, J. G. Collee, (1991), p. 301.
[152] *Ibid.*, J. G. Collee, (1991), p. 301.
[153] *Ibid.*, J. G. Collee, (1991), p. 301.
[154] *Ibid.*, J. G. Collee, (1991), p. 301.
[155] *Ibid.*, J. G. Collee, (1991), p. 301.
[156] *Ibid.*, J. G. Collee, (1991), p. 301.

est infecté depuis de nombreuses années, sans le moindre mal"[157]. Les données empiriques et expérimentales tendaient plutôt à indiquer une absence d'un *lien causal* entre la tremblante et les 'maladies à prions' humaines. Dès lors pour John Gerald Collee, il n'y avait pas de raison profonde de s'inquiéter d'un éventuel passage de l'ESB à l'homme, en dépit des émotions alarmistes soulevées par "la spéculation des médias sur le risque alimentaire imaginé"[158]. Ainsi, le risque de l'ESB pour la santé humaine lui sembla même être un "risque imaginé"[159].

Malgré tout, comme Sir Richard Southwood ainsi que David Taylor, dans une attitude de prudence, Gerald Collee admit "qu'il paraît néanmoins sage d'éviter de consommer des tissus tels que [...] le cerveau de bovins (ou d'ovins) dans lequel il peut y avoir des concentrations élevées de l'agent [causal]"[160]. Il ajouta que "même si l'argument disponible suggère que l'agent n'est pas présent en quantité significative dans le muscle d'un animal infecté, il est raisonnable d'éviter de consommer de la viande saignante et de la viande crue, étant donné que les températures de cuisson n'inactivent pas totalement l'agent, mais réduisent le titre d'infectivité"[161].

Dès lors, il souligna qu'"avec ces précautions et la mise en place successive de contrôles réglementaires variés qui opèrent désormais en Grande Bretagne, il ne serait pas raisonnable d'arrêter de consommer de la viande"[162], avant de conclure que "sur la base de l'argument actuel, une consommation [de la viande de bœuf] n'est pas la principale inquiétude"[163]. Les *faits* empiriques et expérimentaux disponibles, toutes les données factuelles en possession, laissaient par conséquent supposer à l'intérieur de l'orthodoxie de la science, que l'infection de la *vache folle* ne pouvait passer de l'animal à l'homme. Qu'adviendrait-il alors si l'agent infectieux parvenait à pénétrer dans l'organisme de l'homme par une voie autre que la voie orale ?

S'appuyant sur la démonstration de David Taylor, John Gerald Collee considéra qu'au fond, *logiquement* rien ne se passerait. Il rappela d'abord que "Taylor a prudemment attiré l'attention sur l'inquiétude que [soulève l'idée selon laquelle] l'agent de l'ESB peut être transmis aux humains par voies parentérales [...]"[164]. Puis, il mentionna que "dans le contexte d'infections parentérales, Taylor a été tout aussi rassurant. Il a souligné qu'aucun risque professionnel de l'encéphalopathie spongiforme n'est reconnu parmi des éleveurs, des personnels d'abattoirs ou des bouchers, qui

---

[157] *Ibid.*, J. G. Collee, (1991), p. 301.
[158] *Ibid.*, J. G. Collee, (1991), p. 301.
[159] *Ibid.*, J. G. Collee, (1991), p. 301.
[160] *Ibid.*, J. G. Collee, (1991), p. 301.
[161] *Ibid.* J. G. Collee, (1991), p. 301.
[162] *Ibid.*, J. G. Collee, (1991), p. 301.
[163] *Ibid.*, J. G. Collee, (1991), p. 301.
[164] *Ibid.*, J. G. Collee, (1991), p. 301.

pourtant manipulent régulièrement des tissus de moutons et peuvent avoir des blessures corporelles profondes (infections percutanées) ou qui reçoivent au travail des infections conjonctives ou respiratoires par aérosol"[165].

Dans ces conditions d'observation du risque professionnel de l'ESB dans un *petit laps de temps* qui n'a rien à voir avec le *temps réel* au bout duquel l'agent pouvait agir, la transmission de l'ESB à l'homme sembla ne pouvoir survenir, même en passant par des écorchures ou des blessures, comme cela a pu se passer pour la maladie du kuru avec les Forés. Dès lors, le savant se félicita même que "l'occurrence de l'ESB et l'argument persuasif selon lequel la maladie est imputable à la pratique consistant à alimenter les herbivores avec des produits dérivés des ruminants, aient obligé le gouvernement britannique à prendre des mesures promptes pour réduire au minimum le risque d'une transmission semblable de la maladie à l'homme, par des produits bovins"[166]. Logiquement, cela devrait tarir la source de l'infectivité et suffire pour régler définitivement au bout de quelque temps le problème de transmission de la maladie de l'animal à l'homme.

Persuadé de l'exactitude du constat et de la justesse des *inférences*, Collee resta fidèle aux énoncés prédictifs formulés, au point de s'engager personnellement à les rectifier pour tenter de les accorder à la réalité de l'épizootie. Tant que les *faits* contraires n'avaient pas fourni les raisons de rejeter ces énoncés, il s'attacha à les justifier, les expliciter ou les remanier en fonction de l'évolution de l'épizootie. Vu les mesures qui étaient déjà prises au Royaume-Uni en matière de sécurité alimentaire, il lui sembla même qu'il était "nécessaire de tempérer une approche extrêmement prudente qui repose sur une prise de conscience scientifique de la probabilité, quoique faible, avec laquelle tout peut arriver à partir d'une action concrète basée sur des chances probablement raisonnables, quel que soit ce que nous faisons, même si nous l'accomplissons en toute sécurité"[167].

En d'autres termes, même ce que nous réalisons en étant sûrs que nous l'accom-plissons en toute sécurité présente toujours une probabilité de mal tourner. Dès lors, dans l'attente de la survenue de probables événements non souhaités, des mesures de prudence peuvent être envisagées et appliquées par anticipation. Mais, ces mesures ne devraient pas être exagérées. Pour autant, les faits attendus sur le terrain de l'épizootie s'accordèrent-ils aux *inférences* sur l'évolution de l'ESB formulées logiquement ?

Sur les *inférences* au sujet de l'ESB, Gerald Collee apporta un soutien entier aux arguments de Sir Richard Southwood et de David Taylor. Ce soutien sembla alors conforter les politiques et rassurer le grand public, car au moment où il mobilisa les forces de son esprit pour justifier la thèse de la non-transmissibilité de l'ESB à l'homme, aucun *fait* permettant de renverser

---

[165] *Ibid.*, J. G. Collee, (1991), p. 301.
[166] *Ibid.*, J. G. Collee, (1991), p. 301.
[167] J. G. Collee, "Bovine Spongiform Encephalopathy", (1990), p. 1301.

cette thèse ne s'était encore produit. Cependant l'épizootie continua à enfler et les chiffres anticipés par le comité *Southwood* commencèrent à ne plus tenir. Alors, cela ne pouvait laisser indifférent Collee, proche des vues de ce comité dont il côtoyait les membres. Il dirigea une réunion d'un groupe désigné *Human and Veterinary Medicines Briefing Group Re. BSE* qui se tint en février 1989, à la demande de William Barr Martin, (1924—2004), membre du SEAC. Totalement en accord avec le rapport *Southwood*, il en adopta le schéma de pensée selon lequel, avec l'interdiction en 1988 des farines carnées, l'inférence inductive *quantifiée* était tenable et "un déclin de l'incidence de l'ESB s'observerait jusqu'à un faible nombre de cas en 1996, voire une éventuelle disparition de la maladie"[168].

De la sorte, la vache serait bien "l'hôte final" de sa maladie, comme cela fut inféré par le rapport *Southwood*, en 1989. Ainsi, au début des années 1990, pour John Gerald Collee, cette théorie de l'*hôte final* adossée au concept de barrière d'espèces était "encore raisonnable, même si certaines circonstances ont dû jouer pour rendre la prédiction [du sort de la maladie bovine faite par le SEAC] très optimiste"[169]. Selon lui "les auteurs du rapport *Southwood* avaient concédé prudemment que des vaches affectées par l'ESB pourraient s'être introduites dans le processus de transformation [des carcasses pour la fabrication des farines carnées] et se seraient ainsi glissées dans la chaîne alimentaire, avant que n'intervienne l'interdiction de ces farines carnées"[170]. Les données recueillies sur le terrain de l'épizootie portaient alors à supposer que "très vraisemblablement cela est arrivé et que la maladie est passée dans les vaches. De sorte que, plus que l'on ne l'avait supposé, des cas d'infections auraient commencé dès le milieu de 1988"[171].

Collee trouvait dans cette hypothèse "d'infection des vaches par les farines carnées qui aurait débuté dans le milieu de 1988"[172], une explication de la précocité du pic des vaches affectées par l'ESB, par rapport aux anticipations initiales du rapport *Southwood*. Dès lors, on pouvait comprendre pourquoi "le total cumulé des cas confirmés était à la fin de 1990 déjà presque près du pic prédit en 1993 et continuait d'augmenter"[173].

Puis, il admit que "le pic de l'incidence est peut-être une donnée statistique plus significative et qu'il se pourrait bien que celui-ci survienne en 1991"[174], à condition que l'hypothèse postulée sur le début de l'infection des vaches dans le milieu de l'année 1988 soit une bonne hypothèse. Si tel est le cas, alors "un nombre significatif de cas d'ESB pourraient avoir commencé en 1987—1988, ce qui pourrait produire une cohorte d'animaux

---

[168] J. G. Collee, "Bovine Spongiform Encephalopathy", (1991), p. 300.
[169] *Ibid.,* J. G. Collee, (1991), p. 300.
[170] *Ibid.,* J. G. Collee, (1991), p. 300.
[171] *Ibid.,* J. G. Collee, (1991), p. 300.
[172] *Ibid.,* J. G. Collee, (1991), p. 300.
[173] *Ibid.,* J. G. Collee, (1991), p. 300.
[174] *Ibid.,* J. G. Collee, (1991), p. 300.

malades entre 1989 et 1997 et survenant apparemment de manière sporadique dans plusieurs troupeaux différents"[175]. Collee a repris à son compte la conclusion du rapport *Southwood* sur la question de transmissibilité à l'homme du trouble neurodégénératif bovin, et soutient qu'il est "très invraisemblable que l'ESB ait la moindre implication avec la santé humaine"[176]. Ce faisant, il adopta comme Taylor "une vision optimiste résultant des difficultés antérieures enregistrées dans toutes les tentatives de transmettre des agents de type tremblante à des hôtes spécifiques non naturels, et particulièrement par la voie orale de l'infection, comparées à une inoculation de cerveau à cerveau"[177].

Cette vision fut renforcée par le fait que "même cette dernière voie extrême d'infection n'a jamais conduit à la maladie dans une autre espèce"[178]. Cependant, ce qui semblait alors poser problème c'est que le trouble neurodégénératif bovin (ESB) encore confiné dans la vache n'évoluait pas tout à fait selon le schéma prédit. Car, selon les prévisions, le pic d'incidence devait se situer entre 1992 et 1993.

Dès 1988, malgré "l'interdiction par le gouvernement anglais survenue en juin 1988"[179], de fournir aux ruminants une alimentation carnée, en Europe l'on dénombrait "environ 4000 cas d'ESB, dans toute la Grande Bretagne. Peu de cas avaient été diagnostiqués dans des cheptels natifs de France, d'Irlande, du Portugal, et ceux qui l'étaient, paraissaient être principalement dus à la consommation d'aliments carnés, probablement d'origine britannique"[180]. Par ailleurs, "en décembre 1996 la Suisse rapporta 234 cas d'ESB, ce qui correspondait au plus grand nombre de cas publiés dans un pays d'Europe continentale"[181].

Toutefois, en Grande Bretagne les chiffres ont grimpé très vite. Sachant que le modèle épidémiologique appliqué par le comité *Southwood* était désormais confronté aux *faits* réels et percevant la tension entre les inférences et ces *faits*, Collee déclara que "si le modèle de la maladie observé par le groupe de travail *Southwood* était avéré, la plupart des cas seraient survenus de vaches infectées à l'état de veau en 1987—1988, et pourraient alors développer des signes de la maladie trois à cinq ans plus tard, c'est à dire, entre 1990 et 1993"[182]. Le modèle avait prévu le pic de l'épizootie en 1993, mais ce pic avait déjà été atteint deux ans plus tôt. Pour Collee, cela signifiait que l'infection des animaux doit avoir commencé au

[175] *Ibid.*, J. G. Collee, (1991), p. 300.
[176] J. G. Collee, "Bovine Spongiform Encephalopathy", (1990), p. 1302.
[177] Anon., "Comment : Unravelling the problem of BSE", (1989), p. 412.
[178] *Ibid.,* Anon., (1989), p. 412.
[179] J. G. Collee, R. Bradley, "BSE : A decade on – Part I", (1997), p. 636.
[180] *Ibid.,* J. G. Collee, (1997), p. 637.
[181] *Ibid.*, J. G. Collee, (1997), p. 637.
[182] *Ibid.*, J. G. Collee, (1991), p. 300.

moins deux ans plus tôt que ne l'avait pensé le comité *Southwood*. C'est sans doute pour expliquer cette précocité du pic de l'épizootie qu'il adopta l'hypothèse d'un recyclage de l'agent causal, qui dans le fond suppose déjà l'idée du *devenir* de cet agent. Mais, toutes les conséquences de cette idée ne seront pas tirées. Estimant avoir ajusté un modèle qui, loin d'être faux à ces yeux, n'avait qu'à être mieux accordé à la nature, il fit alors à son tour une *prédiction* du cours de l'ESB. Il annonça que "s'il y avait un argument persistant qu'une transmission latérale ou verticale ne survient pas, alors on pouvait anticiper un tassement de la courbe du nombre des cas cumulés dans le milieu de 1990"[183]. Cela permet d'admettre qu'"avec les faits disponibles, en 1991, le rapport Southwood n'était pas très loin de la réalité, et que l'on [pouvait] espérer très sincèrement que la réduction du nombre de cas d'ESB dans les cheptels qui a été anticipée et qui était alors différée, apparaîtrait plus tard, au cours de la décennie"[184].

Une fois encore, on note qu'il glisse du champ épistémique où les données sont soumises à la raison et analysés objectivement, pour entrer dans celui de la *croyance* où cette fois-ci, le verbe d'attitude propositionnelle *espérer* est mobilisé. Cela est, sans doute, une indication de l'embarras dans lequel se trouvaient déjà nombre de savants en raison de la tension désormais palpable entre l'*inférence inductive* et l'*évolution réelle* de la maladie dont les énoncés prédictifs étaient censés anticiper rigoureusement le cours. Deux ans après ses premières analyses, Collee se pencha à nouveau sur les *faits* relatifs à l'évolution de la maladie bovine. C'était en 1993, c'est-à-dire quatre ans après la publication du modèle prédit par le comité *Southwood*. Que s'est-il passé sur le terrain entre temps ?

Comment la situation a-t-elle évolué ? L'écart constaté entre le modèle de l'évolution de la maladie s'est-il maintenu à son niveau déjà observé antérieurement ou au contraire s'est-il creusé davantage ? Compte tenu de l'*espoir* déjà exprimé par Collee, on imagine aisément que pour lui et pour tous les autres savants qui portaient à bras le corps l'*inférence inductive* et l'*inférence causale* sur l'évolution du trouble neurodégénératif bovin (ESB), proposées par l'épidémiologiste John Wilesmith et adoptées par le comité *Southwood*, la réponse attendue c'est que la situation soit, au pire, restée stationnaire. Malheureusement, "jusqu'en 1993, l'hécatombe du cheptel britannique s'est poursuivie, et de ce fait l'ESB était restée inquiétante"[185].

La situation était alors telle que "de temps en temps, des demandes pressantes étaient adressées aux autorités britanniques par des éleveurs pour qu'elles reconsidèrent leur position, et arrêtent les dispositifs en place, concernant l'abattage des vaches"[186]. Pour Collee si l'on ne pouvait se

---

[183] *Ibid*., J. G. Collee, (1991), p. 300.
[184] *Ibid*., J. G. Collee, (1991), p. 301.
[185] J. G. Collee, "BSE : Stocktaking 1993", (1993), p. 790.
[186] *Ibid.*, J. G. Collee, (1993), p. 790.

satisfaire de cette situation, on pouvait toutefois admettre que l'"action entreprise était rationnelle, car il n'est pas toujours raisonnable d'attendre [sans rien faire], face à des situations à améliorer"[187]. La conclusion du rapport *Southwood* selon laquelle, "il est presque invraisemblable que l'ESB puisse avoir la moindre implication pour la santé humaine"[188], n'était pas remise en cause. Le *modèle* de l'évolution de la maladie qui avait été sollicité dans cette conclusion ne posait problème que dans la mesure où "le rapport *Southwood* n'avait pas vu très large dans son estimation"[189].

De la sorte, pour Collee mobilisant de plus en plus des verbes d'attribution propositionnelle pour signifier, malgré lui, l'emprise du *devenir* sur les relations causales biologiques, "il y avait l'espoir de voir la diminution du nombre de cas d'ESB dans les troupeaux, anticipée mais reportée à plus tard, devenir apparente au cours de cette décennie"[190]. L'hécatombe du cheptel britannique s'étant poursuivie jusqu'en 1993, il s'avère que les *faits* devant lesquels se trouvait déjà désormais l'épidémiologie n'étaient pas ceux qui furent anticipés. Cependant, aux yeux de l'orthodoxie, ils n'apportaient aucune *preuve* de quelque *changement en profondeur* susceptible d'être inquiétant pour la *santé publique*. Mais, dans les sciences du vivant, que vaut une telle absence de preuve du *changement* ? Cette une question importante. Tâchons de l'examiner, à présent, en la formulant plus clairement.

2. Une absence de preuve du devenir signifie-t-elle une absence du devenir ?

Selon Gerald Collee, si "le rapport ...[*Southwood*] a prédit un nombre de cas de vaches malades avec un pic en 1993 d'un total cumulé de 17 000 — 20 000 cas, [et] à partir de là un déclin du nombre de cas"[191], les *faits* réels sur le terrain avaient fini par montrer qu'"à l'origine, les évaluations de la taille vraisemblable [de l'épizootie] et de l'évolution de la première manifestation d'ESB étaient sous-estimées et devaient être revues à la hausse"[192]. Dès lors, "le comité *Southwood* a envisagé la possibilité" de réévaluer ses données chiffrées. De la sorte, il a élaboré un nouveau "rapport paru [...] en mars 1993, mentionnant un total de 85 175 cas confirmés et l'abattage de plus de 100 000 vaches"[193]. À travers la re-quantification de la taille de l'épizootie par le comité *Southwood*, nous voyons déjà à quel point

[187] *Ibid.,* J. G. Collee, (1993), p. 790.
[188] J. G. Collee, "Bovine Spongiform Encephalopathy", (1990), p. 1302.
[189] *Ibid.,* J. G. Collee, (1993), p. 790.
[190] *Ibid.,* J. G. Collee, (1993), p. 791.
[191] *Ibid.,* J. G. Collee, (1993), p. 791.
[192] *Ibid.,* J. G. Collee, (1993), p. 791.
[193] *Ibid.,* J. G. Collee, (1993), p. 791.

les *faits* s'écartaient de l'inférence inductive proposée par les biologistes. Ils avaient fini par obliger ce comité à rectifier ses prédictions, pour tenter de les accorder au réel. Poursuivant ses efforts de rationalisation des données enregistrées sur le terrain, dans le champ de l'évolution de l'épizootie, Gerald Collee de son côté proposa une explication.

Selon lui, même si ces nouvelles données étaient plutôt "alarmantes"[194], elles "pouvaient encore être expliquées sur la base de la maladie recyclée et de la période d'incubation"[195] qui s'en trouvait modifiée. En d'autres termes, "il semble possible que des cas secondaires [d'ESB] soient survenus : l'infection pourrait avoir été recyclée à partir du matériel bovin et ovin infecté traité dans des usines de production de suppléments de protéines avant que l'éruption [de l'ESB] ne survienne"[196].

Ainsi, "une souche bovine adaptée et résultant de l'agent transmissible pourrait avoir fourni l'opportunité d'une plus grande propagation [du trouble neurodégénératif bovin]"[197]. Cela expliquerait alors pourquoi "le nombre de cas [de bovins] infectés a vraisemblablement dépassé les prédictions initiales et [pourquoi] la diminution du nombre de nouveaux cas doit être retardée de plusieurs années, jusqu'à ce que l'éruption soit effective ; [mais aussi] cela suppose que la transmission horizontale ou verticale ne doit pas survenir naturellement"[198]. À travers les efforts de Collee, la biologie de l'ESB se trouvait désormais face à un constat. Contrairement à l'évolution prédite de l'épizootie de l'ESB, le pic attendue est apparu plus tôt et l'extinction de la maladie tardait à se faire. De la sorte, la disparition de la maladie, prévue pour 1993, était désormais différée, "retardée de plusieurs années"[199] par les manifestations d'un trouble neurodégénératif bovin qui se présentait *in fine* différemment à la biologie moléculaire ainsi qu'à la biomédecine, et qui n'avait pas encore livré toutes ses surprises.

Cependant, des mesures d'interdiction des farines carnées avaient déjà été prises et étaient entrées en vigueur au Royaume-Uni. Cela restait une bonne raison de se persuader en 1993 que "si le vecteur de transmission a été réellement exclu par la proscription des farines carnées, alors on pouvait s'attendre à voir le nombre de nouveaux cas diminuer dans un an ou deux, tandis que le nombre de cas survenant chez des animaux jeunes devrait rapidement décroître"[200]. Pour Gerald Collee, jusque-là, la théorie de "l'hôte final" ainsi que le modèle théorique d'évolution de la maladie qui lui était associé et qui prédisait la non-transmissibilité de la maladie bovine à l'homme, n'étaient pas en cause. Seule la dimension de la maladie sous-

---

[194] *Ibid.,* J. G. Collee, (1993), p. 791.
[195] *Ibid.,* J. G. Collee, (1993), p. 791.
[196] J. G. Collee, "Bovine Spongiform Encephalopathy", (1990), p. 1302.
[197] *Ibid.,* J. G. Collee, (1990), p. 1302.
[198] *Ibid.,* J. G. Collee, (1990), p. 1302.
[199] *Ibid.,* J. G. Collee, (1990), p. 1302.
[200] *Ibid.,* J. G. Collee, (1993), p. 791.

estimée dans ce modèle était problématique. Dès lors que les rectifications qui semblaient s'imposer avaient été effectuées, à la fois par le comité *Southwood* et par lui-même, à travers une *re*-quantification de l'épizootie, alors *grosso modo*, les *faits* qui étaient initialement pris en compte par les modèles attachés à la théorie de l'hôte final "restaient largement vrais, même si [en 1993] le nombre cumulé de cas était devenu inquiétant"[201]. Mais, pour combien de *temps* les faits resteraient-ils vrais ? En biologie, de tels faits peuvent–ils rester immuables ? Ne sont-ils pas soumis au *devenir* ?

Les énoncés prédictifs résultant de l'inférence inductive et de l'inférence causale semblaient porteurs d'une vérité qu'ils étaient censés conserver, malgré le correctif déjà imposé par des *faits* biologiques attachés à l'évolution de l'épizootie et peut-être en raison de ce correctif. La forme humaine du trouble neurodégénératif bovin n'étant pas encore apparue, cette vérité tout simplement transitoire paraissait ne devoir souffrir d'aucune contrariété. Si bien que mobilisant pour la première fois, un argument de la microbiologie, John Gerald Collee s'engagea alors à démontrer que la vache, malade ou pas, est bien "l'hôte final" de l'agent étiologique de la nouvelle maladie neurologique, et qu'en aucun cas il ne saurait être question de la transmissibilité zoonique de cet agent. Il rappela d'abord ce que la biologie moléculaire sait sur le mécanisme de la pathogénie microbienne :

> "Lorsqu'un agent pathogène établit avec succès une maladie dans une nouvelle espèce d'hôte et est alors transmis de manière sérielle d'un hôte à un autre de la même espèce, notre enseignement actuel montre que la souche s'adapte au nouvel hôte et que généralement elle devient de plus en plus facilement transmissible (ce qui veut dire que l'infectivité et parfois la virulence sont alors amplifiées). Ainsi, des doses successivement plus faibles sont requises pour causer l'infection. Une épidémie peut s'en suivre, dès lors que plusieurs hôtes succombent, quoique sous divers autres facteurs de contrôle qui opèrent de façon ultime.
>
> C'est par cette voie qu'un nouveau variant du virus de la grippe attaque l'homme, ou que le virus de la rougeole attaque une communauté non immunisée. C'est la voie par laquelle, de temps en temps, le virus de la fièvre aphteuse fait des ravages dans des troupeaux de vaches. Ces virus sont hautement transmissibles à leurs hôtes sensibles, lorsqu'un grand nombre d'individus sensibles vivent proches les uns des autres."[202]

Collee s'appuya sur le *connu*. Il fournit une explication scientifique du processus d'apparition des maladies infectieuses aussi bien chez l'homme que chez l'animal. De ce connu, la biologie en tira qu'une souche d'un agent étiologique qui infecte un nouvel hôte pouvait *s'adapter* à ce dernier et ainsi

---

[201] *Ibid.*, J. G. Collee, (1993), p. 791.
[202] *Ibid.*, J. G. Collee, (1993), p. 790.

devenir plus infectieux, c'est-à-dire, plus transmissible. Pouvait-il alors en être ainsi de l'agent causal de l'ESB ? Selon lui cela ne saurait être :

> "L'ESB ne suit pas ce schéma. La maladie a une très longue période d'incubation et semble avoir établi une infection cliniquement manifeste dans seulement un petit nombre de vaches infectées. Cette observation peut être attribuée à une répartition inégale de l'agent dans des lots d'aliments contaminés, mais nous n'en sommes pas certains. Il n'y a aucune preuve qu'une vache peut transmettre latéralement l'infection à une autre vache de la même ferme. En conséquence, la vache a été déclarée l'hôte final de l'agent de la tremblante."[203]

Tel est l'argument utilisé pour écarter la possibilité d'*adaptation* et de *changement* de l'agent du trouble neurodégénératif bovin à l'intérieur de la vache. Par cet argument, Collee considéra que l'agent causal de la tremblante dans la vache ne pourrait pas avoir un pouvoir infectieux inconnu ni plus étendu. Ainsi, même si chaque année, la modification de l'appareil biologique du virus de la grippe illustre le changement son *être*, l'on voit à quel point, le biologiste peine à saisir pleinement ce *changement continuel* des agents causals biologiques, duquel découle le *devenir du nœud causal biologique* dans lequel se trouve engagé quelque agent, au-delà de l'agent causal du trouble neurodégénératif bovin directement concerné dans notre enquête.

De la sorte, Gerald Collee ne parvint pas à appliquer un énoncé général de la microbiologie médicale à la pathogénie de l'ESB. Il tenait de cet énoncé qu'un agent causal connu pour être l'agent étiologique de la tremblante peut s'*adapter* dans son nouvel hôte, à savoir la vache, et *changer* pour devenir quelque chose d'*autre*. Mais, il écarta cette possibilité. Le mouvement de l'esprit qui part du connu, et devrait l'amener à entrevoir les *changements possibles* de l'agent dans la vache, s'était arrêté. Il fit machine arrière pour revenir au connu. Nous reviendrons sur cette situation qui réfère à une position particulière qui est celle de nombreux savants dans la marche de leur esprit pour résoudre un problème scientifique.

Signalons cependant que l'arrière-plan qui dans le cas présent arrêta l'esprit de Collee dans son mouvement, c'est probablement l'absence totale d'une observation de la moindre transmission zoonique de la tremblante en deux siècles et demi de proximité alimentaire entre le mouton et l'homme. Cette régularité établie en science et qui semblait être une constance ne lui laissait plus la liberté de voir toute la richesse et la subtilité de l'énoncé général que lui-même présentait. Il mit plutôt en avant "une très longue période d'incubation"[204] et invoqua l'agent causal tel qu'il était connu. Dès

---

[203] *Ibid.*, J. G. Collee, (1993), p. 790.
[204] *Ibid.*, J. G. Collee, (1993), p. 790.

lors, il supposa que cet agent pourrait simplement avoir agi d'une manière circonstanciée, en fonction de "sa répartition inégale dans des lots d'aliments contaminés"[205]. Pourtant, jusque-là, pour tous ceux qui percevaient les choses de la même manière que lui sur la question de l'évaluation du risque de l'ESB pour la santé, le mouvement général de l'esprit avait pour ressort l'*induction* qui permet de passer du particulier au général puis du général à un axiome. Des considérations qui précèdent, nous voyons clairement que Collee disposait d'un argument de la microbiologie qui pourrait atténuer la *certitude* que la science tient du connu et qu'elle peut reporter par anticipation sur le comportement futur de l'agent causal de l'ESB.

Mais, il refusa de tirer les conséquences de cet énoncé général qu'il a pourtant lui-même introduit. En raison des *faits* empiriques liés au mouton, il rompit paradoxalement ce mouvement de l'esprit qui devrait alors se faire sous l'impulsion d'autres faits connus, mais relatifs cette fois-ci au *changement* de comportement d'agents étiologiques dans un nouvel hôte. Car, dans son esprit, l'agent causal de l'ESB ne saurait changer puisqu'il est *semblable* à celui de la tremblante qui présente un comportement inoffensif et apparemment stable au regard de la santé humaine depuis des siècles.

Dans ces conditions, il ne saurait *devenir* autre chose que ce qu'il a toujours été. Une deuxième observation à faire sur l'argument mobilisé par Collee pour rester fidèle à l'inférence causale d'une non-transmissibilité de l'ESB à l'homme, et être ainsi au plus près du connu, c'est l'idée de la *preuve* qu'il invoqua. Selon lui, "il n'y a aucune preuve qu'une vache peut transmettre l'infection latéralement à une autre vache dans la même ferme. En conséquence, les vaches ont été déclarées être l'hôte final"[206].

Claude Bernard (1813—1878) considère qu'"il n'y a de vrai que ce qui est prouvé, et seul celui qui prouve établit et fait marcher la science"[207]. C'est vraisemblablement ce schéma de pensée qui devait animer Collee. Il devait sans doute estimer que la transmission de la maladie de vache à vache n'étant pas prouvé, une telle transmission n'était pas vraie. Ce qui revient à dire que la maladie n'est pas transmissible et ne pourrait donc pas passer à l'homme. Mais, en biologie moléculaire et en biomédecine, il y a différentes manières d'apporter la *preuve* d'un fait. De natures bien différentes, les preuves sont souvent construites par l'expérimentateur. Taylor, par exemple, aura apporté la preuve par démonstration qu'il n'y avait pas de transmission zoonique de neuropathie animale au moment où il s'était penché sur ce sujet.

De même, toutes les expériences ayant permis de construire le concept de *barrière d'espèces* à partir de souris expérimentales et conduit à la théorie de "l'hôte final", sont tenues pour *preuve* que la maladie bovine ne peut passer à l'homme et que si au pire, elle arrivait à traverser la barrière d'espèces, cela

---

[205] *Ibid.*, J. G. Collee, (1993), p. 790.
[206] J. G. Collee, "BSE : Stocktaking 1993", (1993), p. 790.
[207] C. Bernard, *Principes de médecine expérimentale*, (1865), p. 255.

serait sans danger pour l'homme. Son temps d'incubation ne permettant pas dans ce cas, qu'elle s'exprime du vivant du patient. Ainsi, même si l'expérience cruciale d'inoculation de l'ESB à l'homme n'a pas été menée et ne pouvait l'être pour fournir la preuve décisive de la non-transmissibilité zoonique l'ESB, cela ne saurait *logiquement* gêner Collee. Car, en général en biologie et en médecine, un faisceau de preuves partielles peut converger et être mobilisé pour établir un fait, lorsque la *preuve décisive* est inaccessible. Cependant, dans le cas qui nous occupe, les preuves mobilisées ne reposent-elles pas sur la *conception* désormais problématique d'une *cause* de la maladie qui *ne change pas*, alors même que paradoxalement quelques *faits* semblent déjà indiquer le contraire ?

En mobilisant l'argument de la preuve John Gerald Collee œuvre bien dans le cadre de l'orthodoxie de la biologie moléculaire et de la biomédecine contemporaines. Mais, ce qui pose problème avec cette *preuve* que lui et ses homologues pensaient détenir, c'est qu'il s'agissait, en réalité, d'une absence provisoire de transmissibilité de l'ESB aux autres animaux. Autrement dit, il s'agissait d'un *fait négatif*. C'est bien parce qu'"il n'y avait aucune preuve qu'une vache peut transmettre l'infection latéralement à une autre vache dans la même ferme"[208], que Collee était persuadé que la maladie bovine ne se transmet pas.

Ainsi, la preuve mobilisée était *in fine* une absence de preuve. Ceci nous amène à souligner qu'une absence de preuve d'une chose ne signifie pas nécessairement l'absence de la chose. Malgré cela, si la preuve de la modification du *nœud causal biologique* dans lequel est engagé l'agent étiologique de l'ESB tardait à se manifester, le décalage entre l'inférence inductive sur l'agent causal de la tremblante et l'évolution de l'épizootie de l'ESB ne signifiait-il pas déjà qu'il y a en biologie moléculaire et en biomédecine un problème au niveau de la *conception de la cause biologique* ? Cette conception est-elle conforme au *réel* biologique ?

Telles sont les questions que nous abordons à présent très brièvement, et sur lesquelles il nous faudrait sans doute revenir plus loin pour mieux comprendre en quoi la *conception de la cause biologique* adoptée en biologie moléculaire et en biomédecine est problématique.

3. Réajustement de l'inférence inductive : Une mise en lumière d'une conception problématique de l'agent causal de l'ESB

En attendant les *faits* futurs, la preuve par absence de transmissibilité de l'ESB ne semblait pas préoccupante. C'est plutôt la dimension de l'épidémie qui resta un souci. Car, depuis la date d'occurrence de la maladie bovine en 1986 à jusqu'en 1992, le décompte du nombre cumulé de cas confirmés

---

[208] *Ibid.*, J. G. Collee, (1993), p. 790.

montra des courbes impressionnantes, voire alarmantes. "Le nombre total cumulé de cas confirmés approchent alors 100 000 vaches pour environ 25000 fermes en Grande Bretagne dans le milieu de 1993"[209]. Mais, tant que la barrière d'espèces censée séparer et protéger l'homme de l'animal tenait encore, la question du risque de l'ESB pour la santé humaine semblait totalement résolue, et les énoncés prédictifs *nécessairement* porteurs de vérité. Et c'est le cas jusqu'en 1995. Dans ces conditions, "que le variant ESB soit vraiment adapté à la vache ou que le franchissement de la barrière d'espèces [du mouton à la vache] soit simplement le résultat de fortes doses infectantes [d'agent causal], cela peut être débattu"[210], mais ne saurait présenter un problème majeur pour la santé humaine.

Cependant, Collee releva l'idée du *changement* de l'agent de l'ESB avancée par certains biologistes en notant ceci : "certains experts continuent d'avertir que des facteurs encore inconnus et inexpliqués doivent avoir agi pour créer une telle percée inhabituelle. Soyons prudents. Il y a des suggestions non confirmées, qu'une transmission verticale rare peut survenir"[211]. Ainsi, vraisemblablement, la *certitude* que l'on avait pour la barrière d'espèces commençait à vaciller.

De la sorte, mobilisant à nouveau l'argument de la *preuve*, Collee mentionna que "si, dans l'intervalle de temps, il y a une preuve qu'une transmission latérale (de vache à vache) ou verticale (de vache à veau) de l'ESB survient régulièrement, alors des prédictions que nous avons rectifiées pour répondre au mauvais scénario, doivent être radicalement révisées pour un scénario pire, toutefois cela semble le plus invraisemblable"[212].

En guise de conclusion, disons que la thèse du risque nul de l'ESB pour la santé humaine fut défendue par Collee à la suite de Taylor et du SEAC. Elle reposait pour l'essentiel sur l'argument de la 'barrière d'espèces' censée protéger l'homme de la vache alors perçue pour cette raison comme "l'hôte final" de son trouble neurodégénératif. Ainsi, sur la base des données d'observation attachées à la tremblante sous son rapport à la santé humaine et compte tenu des *faits d'expérience* provenant de la souris, l'ESB ne saurait être un danger pour la santé humaine en raison de la barrière d'espèces.

Tout comme Collee qui accompagnait de ses publications l'évolution de l'ESB sur le terrain, ceux qui soutenaient cette thèse la dérivaient des *faits* observés avec régularité. C'est par un raisonnement mobilisant la *logique inductive* qu'ils formulaient leur thèse. Schématisant ce raisonnement, nous pouvons reformuler cette *logique* comme suit : La tremblante est une neuropathologie animale. L'homme a toujours consommé du mouton sans qu'il soit affecté par cette pathologie. La tremblante ne cause pas de

---

[209] J. G. Collee, "BSE : Stocktaking 1993", (1993), p. 790.
[210] *Ibid.*, J. G. Collee, (1993), p. 790.
[211] *Ibid.*, J. G. Collee, (1993), p. 791.
[212] *Ibid.*, J. G. Collee, (1993), p. 791.

maladies humaines. Or, l'ESB est aussi une neuropathologie animale. Par conséquent, l'homme devrait consommer la viande de bœuf sans pouvoir être affecté par cette pathologie. L'ESB ne devrait causer aucune maladie humaine. Toute la rationalité dont ont fait preuve les tenants de la thèse de l'innocuité de l'ESB pour la santé humaine est alors nourrie par des *faits* vérifiés dans le passé. C'est sur la base de ces *faits* qu'ils ont inféré un *énoncé théorique* pour l'ESB. Mais, l'une des particularités de la biologie est d'avoir pour objet des entités chargées d'histoire et donc *a priori* changeantes. L'examen de ces *faits* évolutifs, infiltrés d'histoire ne réserve-t-il pas bien des surprises en biologie lorsque l'expérimentateur fait abstraction du devenir, de l'altérité de l'objet biologique dans le *temps* ?

Le *devenir* est une singularité des objets de la biologie que perçoit le savant, même s'il ne la saisit pas bien. Ainsi, sur la question du rapport de l'ESB à la santé humaine, au moment où aucun fait n'était encore venu créer le désarroi, Sir Southwood avait déjà souligné que "si les évaluations que son comité a faites ne sont pas exactes, [alors] les implications [que cela peut avoir] seraient très sévères"[213]. À travers une évolution de l'ESB non conforme au schéma prédit, cette singularité des objets biologiques commençait probablement à se manifester à Collee.

De même, le doute commençait vraisemblablement à prendre aussi place dans son esprit. Dans cette évolution de l'ESB qui résistait alors au schéma prédit, se trouvait quelque chose d'embarrassant. "Les recommandations du comité Southwood sur l'interdiction de nourrir les vaches avec les farines carnées ont pris force de loi en juillet 1988. Par précaution pour l'homme, la vente d'abats de bovins pour la consommation humaine fut prohibée en Grande Bretagne et au pays de Galles à partir de novembre 1989, en Ecosse et en Irlande du Nord à partir de février 1990"[214].

Ces mesures de sécurité alimentaire appliquées par les pouvoirs publics furent d'abord jugées trop restrictives par Collee. *A posteriori,* eu égard aux évènements relatifs à une maladie bovine évoluant de manière non prévue et inattendue, il concéda alors que l'"action entreprise était rationnelle"[215]. L'inférence inductive et l'inférence causale formulées sur le cours de l'ESB reposaient sur des faits bien établis et sur des connaissances que l'on pouvait en tirer. C'est sur cette base factuelle *prima facie* solide que "Taylor avait admirablement planté le décor et réitéré son opinion prudemment optimiste sur le risque humain putatif de transmission de l'ESB à l'homme"[216], souligna alors Collee. Pourtant, en dépit de cette remarquable prudence de Taylor, relevée par Collee, le *devenir* de l'épizootie rendait l'inférence

---

[213] R. Southwood, *Report of the Southwood working party on Bovine spongiform encephalopathy*, (1989), p. 21.

[214] J. G. Collee, "BSE : Stocktaking 1993", (1993), p. 791.

[215] *Ibid.*, J. G. Collee, (1993), p. 790.

[216] *Ibid.*, J. G. Collee, (1993), p. 792.

inductive de moins en moins rassurante et peu apte à supprimer les craintes du grand public sur la transmissibilité de l'ESB. Parce que les faits relatifs à l'épizootie continuaient alors à s'écarter des prédictions sur l'évolution de l'ESB, Collee s'employa sur le terrain à essayer d'adapter ces faits au modèle théorique de l'évolution de l'ESB. Tous ses efforts pour réajuster les énoncés prédictifs étaient remarquables et instructifs. Son travail rentre dans le cadre d'une science normale.

Dans les sciences expérimentales, il faut rectifier l'*hypothèse* pour voir ce qui demeure ou non quand on la rapproche des *faits*. De la sorte, il s'agit donc d'un va et vient entre *hypothèse* et *fait*, normal en biologie et médecine. Il se pratique par tout physico-chimiste qui isole des molécules, imagine ses structures moléculaires, met au point et applique quelque protocole expérimental, examine les faits d'expérience recueillis, puis les confronte à son hypothèse de structure.

En général le travail expérimental s'effectue alors dans une éprouvette. Si le protocole est adapté et soigneusement mis en œuvre, les résultats obtenus peuvent être suffisamment bons, reproductibles et dignes de confiance, que les molécules ainsi étudiées soient chimiques ou biologiques. Une telle reproductibilité permet d'anticiper les résultats, de les *prédire*, si l'expérimentateur est amené à renouveler son expérience. Dans le cas qui nous occupe, l'expérience se déroule dans le secret de la nature, au sein même du vivant. Et cette *différence* a une valeur significative qui échappe parfois au biologiste. La reproductibilité des phénomènes biologiques dans l'éprouvette et l'idée de la *cause* qu'elle entraîne sont transposées à la nature sans que la distinction entre la simplicité d'un réceptacle artificiel et la complexité d'un organisme vivant soit parfaitement claire.

Prédire c'est anticiper l'effet d'une *cause*. Si l'épizootie évoluait différemment de ce qui était prévu, cela ne signifiait-t-il pas que, ou bien la *cause* est mal connue, ou bien l'*idée même de la cause* de l'ESB présente quelque chose qui ne tient pas ? Certes, les faits que Collee analysait n'étaient pas en eux-mêmes un moyen de preuve permettant de renverser la prédiction de la non-transmissibilité de l'ESB à l'homme. Néanmoins, n'étaient-ils pas déjà, une indication que quelque chose était inexact dans les énoncés prédictifs de l'évolution de l'ESB, à un degré qui laissait entendre que les inférences formulées reposaient sur une *idée de la cause biologique* insuffisamment critiquée ?

N'est-ce pas la raison pour laquelle, Gerald Collee lui-même finit par admettre que si les faits scrutés au cours de l'évolution de l'ESB se déroulaient différemment, alors "les prédictions qu'il avait rectifiées [...], devaient être radicalement révisées pour un pire scénario, [quand bien même] cela semblait plus invraisemblable"[217] ?

---

[217] J. G. Collee, "BSE : Stocktaking 1993", (1993), p. 791.

Quoi qu'il en soit, à travers les tentatives de Gerald Collee pour accorder les inférences aux *faits réels*, c'est l'effort de dépassement de la biologie face à l'erreur que nous avons montré. En soi, cet effort de la science démontre que l'*idée de la cause* biologique mobilisée en biologie moléculaire et en biomédecine est problématique. Les ajustements que fait alors la science à travers les énoncés correctifs introduits par Collee dans le corpus théorique déjà formulé, sont en quelque sorte, une tentative de la sauver.

Mais, la biologie peut-elle parvenir à sauver cette idée de la *cause* qui fait de l'agent étiologique de l'ESB un agent dont les effets anticipés doivent finalement être réajustés à une réalité biologique qui est tout autre ? La lumière que projette la biologie contemporaine sur sa propre *conception de la cause biologique* est-elle suffisante, pour éclairer les raisons profondes pour lesquelles cette *idée* pose problème ?

Il nous faudra revenir sur cette question fondamentale attachée à cette autre qui est de savoir *pourquoi* la conception de la causalité biologique mobilisée en biologie et médecine, qui guide le genre de prédictions que Collee s'est évertué d'accorder à la réalité biologique sur le terrain de l'ESB, est une *conception* difficilement tenable pour le vivant. En attendant d'aborder ces questions, il nous faut considérer les points de vue différents que soulève cette conception, à travers les divergences apparaissant déjà entre les prédictions du sort de l'ESB et la réalité de l'évolution de l'épizootie. Car, la thèse d'une non-transmissibilité zoonique du trouble neurodégénératif bovin n'était pas unanimement soutenue.

Certains biologistes expérimentateurs ou non dans le champ de l'ESB et certains médecins la réfutaient, craignant même que la poursuite d'une telle thèse ne puisse engendrer de graves problèmes en matière de *santé publique*. Comment, à partir des mêmes faits d'observation, pouvaient-ils aboutir à des vues contrastées sur l'*idée de la cause* de l'ESB au point que leurs positions épistémologiques paraissent opposées ? Quelle perception avaient-ils de l'agent causal de la maladie neurodégénérative bovine à l'origine d'une épizootie qui, décidément, ne suivait guère la ligne tracée par l'inférence inductive ? Telles sont les questions qu'il nous faut aborder à présent.

Chapitre 8

Introduction de l'idée du changement de l'agent de l'ESB

Parce que l'obscurité enveloppe la chaîne causale qui a conduit à l'occurrence du trouble neurodégénératif bovin, certains savants sont loin de se rallier à la conclusion tirée en 1989 par le comité *Southwood*, selon laquelle le danger de la transmissibilité de l'ESB à l'homme est *écarté* et qu'il était invraisemblable que la neuropathologie bovine traverse la barrière d'espèces pour infecter l'homme. Mais, le précédant chapitre a montré que, concernant l'épizootie de l'ESB, l'écart entre l'évolution prédite et l'évolution réelle semblait déjà indiquer quelque difficulté de l'idée de la *cause biologique* sur laquelle s'appuie la biologie moléculaire.

À travers l'histoire vraie de la nature de l'agent causal de la maladie neurodégénérative bovine, le voile commençait à se lever sur la nature profonde de l'agent biologique qui *cause* les maladies à prions. Ce chapitre présente la perspective nouvelle que tracent les faits d'observation inattendus dans le développement de l'épizootie. Il expose la controverse ouverte en biologie des maladies à prions par cette *nouvelle perspective de la conception des causes biologiques* dans le champ de la biologie moléculaire et de la neuroscience fondamentale. Car, avec la tension entre la prédiction de l'évolution de l'épizootie et son évolution réelle, certains savants estimèrent que l'inférence causale sur l'innocuité de l'ESB peut *s'écrouler*.

Tandis que d'autres soutenaient la thèse de l'innocuité de la maladie neurodégénérative bovine en s'appuyant précisément sur l'*inférence causale*. Cette position était aussi celle des pouvoirs publics britanniques tenus de gérer les problèmes posés par l'épizootie de l'ESB et le risque qu'elle représente pour la santé humaine. Ainsi s'affrontaient deux conceptions de la *cause biologique*. Pour l'une d'elle, la cause de l'ESB est *stable* et ne devrait amener aucune surprise dans son rapport à l'homme. Pour l'autre, la cause de l'ESB peut *changer* et *devenir* un danger pour la santé humaine. Dès lors le chapitre pose les questions suivantes :

1. Quels sont les acteurs scientifiques qui alimentaient la controverse sur le risque de l'ESB pour la santé humaine, en contestant les vues du comité *Southwood* selon lesquelles tout danger est écarté ? Pourquoi tous les acteurs ne percevaient-ils pas le problème du risque de l'ESB sous le même angle ?

2. Quels arguments mobilisèrent-ils pour défendre leurs vues ? Les positions qu'ils combattaient étaient-elles de nature purement scientifique ?

3. Quelle est la *nouvelle perspective de la conception de la cause biologique* du trouble neurodégénératif bovin que dessinent les faits qui s'amoncelaient en s'écartant du schéma prédit ? D'un point de vue épistémologique, quel rapport cette nouvelle perspective entretient-elle avec le connu ?

En contact étroit avec l'épistémologie de la biologie de l'ESB, le chapitre nous rapproche un peu plus de la difficulté de la *causalité biologique*. Il présente des arguments de certains biologistes signifiant que la causalité biologique est inscrite dans le *changement*. Il semble indiquer l'ignorance de toute science face aux entités biologiques causales qui *changent*. Dans le champ des sciences du vivant, il nous livre aussi quelques traits de l'esprit humain, à travers le savant qui se trouve face aux faits bruts s'accordant avec des paradigmes, mais pouvant cependant masquer la nature profonde des causes biologiques.

1. L'idée de l'imprévisibilité de l'agent causal de l'ESB

Parmi les savants qui étaient contre la théorie de l'innocuité de l'ESB pour la santé humaine reposant sur le concept de "barrière d'espèces", il y avait tout d'abord Richard Westgarth Lacey, un médecin diplômé de l'Université de Cambridge en 1964. Il obtint par la suite un doctorat en microbiologie clinique à l'Université de Bristol en 1971. Membre du *Royal College of Pathologists* depuis 1983, devenu expert pour l'Organisation Mondiale de la Santé en 1984, il est professeur émérite de microbiologie clinique de l'Université de Leeds depuis 1995. Il déclare lui-même que sa fonction est d'empêcher que les populations contractent des maladies infectieuses liées à l'alimentation ou aux animaux. C'est dans ce cadre qu'il fut également Conseiller du Ministère Britannique de l'Agriculture entre 1986 et 1989, en matière d'utilisation des médicaments pour animaux et qu'il publia en 1994 un livre sur les risques liés à l'alimentation[218]. Aux côtés de Lacey, il y avait Stephen Dealler un microbiologiste britannique. Ce dernier commença à travailler sur l'ESB en 1988/89 à la suite d'un article rédigé par un jeune médecin, Timothy Adrian Holt et une diététicienne nommée Julie Phillips, œuvrant au *St James Hospital* de Londres.

Publié le 4 Juin 1988 dans la revue *British Medical Journal*, sous le titre "Encéphalopathie Spongiforme Bovine"[219], l'article représentait l'introduction de l'ESB dans la littérature médicale. Il témoignait de l'inquiétude des auteurs au sujet d'un problème auquel tentaient de faire face une profession médicale ayant peu de connaissance vétérinaire, une profession vétérinaire sans aucune connaissance sur les maladies à prions et un gouvernement qui s'empressait d'éviter une panique alimentaire. Après avoir signalé que les craintes suscitées dans le grand public par la possibilité d'une transmissibilité zoonique de l'ESB furent rapidement apaisées par un réconfort apporté par la profession vétérinaire, alors même qu'aucune contribution n'était venue du côté de l'industrie agro-alimentaire, les auteurs s'employèrent à montrer en quoi la confiance en un tel réconfort restait fragile :

> "En règle générale, il est admis qu'abattre des animaux montrant des signes caractéristiques de la maladie, tels des changements de comportement, et appliquer les procédés habituels de stérilisation et de pasteurisation, cela suffit à supprimer tout risque pour le consommateur [de viande]. Malheureusement, cette vision est naïve, non renseignée et potentiellement désastreuse. Il s'agit d'une maladie dont on pense qu'elle a un rapport avec la MCJ, la tremblante et la maladie du kuru, qui sont toutes des formes d'une encéphalopathie dégénérative transmissible."[220]

---

[218] R. W. Lacey, *Hard to swallow : A brief history of food*, (1994).
[219] T. A. Holt, J. Phillips, "Bovine Spongiform Encephalopathy", (1988), p. 1582.
[220] *Ibid.*, T. A. Holt, J. Phillips, (1988), p. 1582.

Ainsi, dès ses premières lignes, l'article souligna que l'ESB peut être un problème. Car, selon les auteurs, "l'épidémiologie de la maladie du kuru est sujette à beaucoup de controverse. Mais, il y a peu de doute que cette maladie se transmette par voie alimentaire, même si l'importance d'une telle voie n'est pas claire. Avant l'abolition du cannibalisme en Nouvelle Guinée, la maladie du kuru était devenue la cause la plus commune de décès dans la population des Forés"[221]. Signalant l'interrogation soulevée par des biologistes[222], des médecins[223] et notamment des neurologues[224] au cours de la décennie 1970 au sujet d'une possible transmissibilité de la tremblante du mouton à l'homme, les auteurs rapportèrent des faits d'observation attachés à la transmissibilité de l'agent de la MCJ :

> "La maladie de Creutzfeldt-Jakob a une répartition plus étendue que la maladie de kuru, des cas ayant été rapportés partout dans le monde [...]. Sa période d'incubation est variable. Une fois que les symptômes se déclarent, la maladie évolue de manière progressive et invariablement fatale. L'agent transmissible de la MCJ peut apparemment résister à des températures élevées et à la stérilisation au formaldéhyde. Une transmission à l'homme est survenue par erreur dans des circonstances variées [...]. Il existe dans la littérature plusieurs rapports d'une possible transmission iatrogène de la MCJ à l'homme, même si cette transmission est basée sur des preuves circonstancielles et anecdotiques."[225]

Concernant l'ESB qui constitue leur principal sujet d'inquiétude, les auteurs soulignèrent ce qui suit :

> "[Elle] n'est diagnostiquée que sur la base de la preuve établie par l'autopsie. Les éleveurs disposant d'un cheptel ne sont pas obligés de déclarer des cas suspects, mais si un animal devient ingérable, alors ils peuvent demander qu'il soit éliminé du troupeau. Ce sont les fermiers qui sont tenus d'attirer l'attention sur ces cas et ils ont une prime financière pour déclarer le diagnostic. La ligne officielle est que si par exemple un fermier suspecte une vache laitière d'être affectée, alors il a deux alternatives. Soit il peut continuer de traire l'animal jusqu'à ce qu'il devienne ingérable (auquel cas, il est retiré du troupeau), soit il peut l'envoyer directement à l'abattoir afin qu'il soit utilisé dans l'industrie de la viande. Sans aucun doute, plusieurs vaches malades sont utilisées dans la charcuterie,

---

[221] *Ibid.*, T. A. Holt, J. Phillips, (1988), p. 1581.

[222] M. Alter, Y. Frank, H. Doyne, D. D. Webster, "Creutzfeldt-Jakob Disease after eating ovine brains ?", (1975), p. 927.

[223] J. F. Bell, "Creutzfeldt-Jakob Disease and Sheeps brain", (1977), p. 1415.

[224] M. Alter, E. Hoening, G. Pratzon, "Creutzfeldt - Jakob disease : Possible association with eating brains", (1977).

[225] *Ibid.*, T. A. Holt, J. Phillips, (1988), p. 1581.

> et celles qui sont déclarées [comme étant effectivement malades] représentent seulement des animaux dont les signes cliniques de la maladie sont déjà bien établis [...]."[226]

Les auteurs s'appliquèrent à rapporter quelques indices indiquant clairement l'entrée du tissu nerveux bovin potentiellement infectieux dans la chaîne alimentaire :

> "Tout autant qu'une contamination possible des produits des supermarchés [par les cervelles de vaches affectées d'ESB], deux autres facteurs sont une cause d'inquiétude. Premièrement, il est toujours possible d'acheter une cervelle crue dans des boucheries, en tant qu'ingrédient de ragouts et de ragouts en cocotte, très populaires chez des personnes âgées. Deuxièmement, d'autres tissus, tels que la moelle épinière, dont on pense qu'ils pourraient contenir l'agent transmissible, sont habituellement inclus dans des articles de magasins spécialisés dans le porc [...]."[227]

En guise de conclusion, Timothy Holt et Julie Phillips soulignèrent ceci :

> "En résumé, que nous soyons face à un risque ou non, nous sommes confrontés au fait que l'encéphalopathie spongiforme est maintenant bien installée dans le cheptel de ce pays. C'est une maladie pour laquelle il n'y a aucun marqueur sérologique, et dont la période d'incubation est probablement longue. Il n'y a aucun moyen de se prononcer sur un animal infecté avant que ne se développent les symptômes. Et si la maladie est déjà transmise à l'homme, alors il s'écoulera plusieurs années avant que des individus affectés ne succombent. Il est possible, mais non prouvé, que des vaches asymptomatiques soient aussi infectieuses que les animaux présentant les symptômes et qui sont alors immédiatement détruits pour des raisons de santé publique. Ainsi, l'utilisation des cervelles de vaches dans les produits alimentaires britanniques ne devrait-elle pas être soit carrément abolie soit alors plus clairement définie ? Dès lors, en l'absence d'une preuve plus solide, ceux qui parmi nous souhaitent qu'elles soient retirées de notre régime [alimentaire] ont au moins ce choix."[228]

Ainsi, sur la base des indices à leur disposition, les auteurs exprimèrent le sentiment qu'ils pourraient bien être en présence d'une situation suffisamment grave, justifiant de déclarer que les consommateurs de viande bovine courent un risque. Dès lors, Holt essaya de stimuler les débats dans

---

[226] *Ibid.*, T. A. Holt, J. Phillips, (1988), p. 1582.
[227] *Ibid.*, T. A. Holt, J. Phillips, (1988), p. 1582.
[228] *Ibid.*, T. A. Holt, J. Phillips, (1988), p. 1582.

des cercles médicaux et vétérinaires pour avertir des implications épidémiologiques du problème que Julie Phillips et lui-même évoquèrent dans leur article. Ayant lu leur article, Stephen Dealler rendit visite aux chercheurs dont les travaux se consacraient à l'ESB. Il trouva qu'ils étaient pratiquement ignorés du MAFF. D'après lui, "la décision selon laquelle on peut consommer en toute sécurité le cerveau des vaches britanniques n'a pas été examinée par les médecins-biologistes, et les chercheurs non plus n'ont pas eu le réflexe de la traiter"[229].

Entre-temps, "[Richard] Lacey, lui, avait déjà averti la presse écrite que l'ESB est un risque potentiel dont on devrait tenir compte"[230]. Dealler trouva que sur le fond, ses déclarations sur le risque de l'ESB pour la santé humaine étaient exactes et qu'au moment où la preuve de ce que Lacey avançait sur ce sujet serait apportée, il sera trop tard. Dealler pensa aussi qu'au vu de la gravité du problème qui s'annonçait, les autres pays devaient être avertis des risques pris et des problèmes que cela pourrait entraîner. Selon lui, il "s'est trouvé être le seul qui travaillait dans ce champ sans être marié, ce qui faisait de lui quelqu'un [...] de très difficile à tenir par le MAFF"[231]. Ainsi, il "a pu en quelque sorte résister et lutter, [même si malgré tout], sa carrière a véritablement été brisée"[232].

La collaboration de Dealler et Lacey produisit un premier article[233] introduit dans la littérature scientifique en 1990, dans la revue *Food Microbiology* dans laquelle les microbiologistes traitent des questions alimentaires. Quelques mois après la parution de leur article, Richard Lacey adressa au département de la Santé Animale du Ministère britannique de l'Agriculture, une note à laquelle était jointe une copie de leur article. Dans cette note, il souligna que leur article "tente d'expliquer à ses lecteurs pourquoi un groupe de maladies fatales à 100%, pour lesquelles il n'y a aucun traitement ni test, et qui se transmettent oralement d'une espèce à une autre, peut être un danger pour l'homme"[234].

---

[229] S. Dealler, *Editor*, bse.airtime.co.uk./deal.htm

[230] *Ibid.*, S. Dealler, *Editor*, bse.airtime.co.uk./deal.htm

[231] *Ibid.*, S. Dealler, *Editor*, bse.airtime.co.uk./deal.htm

[232] *Ibid.*, S. Dealler, *Editor*, bse.airtime.co.uk./deal.htm

[233] F. S. Dealler, W. R. Lacey, "Transmissible Spongiform Encephalopathies : The threat of BSE to man", (1990).

[234] Noté "file BSE/25", avec 30 pages numérotés de 90/12.19/2.1 à 90/12.19/2.29, ce dossier contient la lettre de Lacey : voir BSE25/1 0210, p. 90/12.19/2.2. Disponible sur http://www.bse.gov.uk. Référencé BSE 25/1 0210 sous le code 18-77. La 1ère page montre la note de transmission rédigée par John Maslin. La 2e page reproduit la lettre de Lacey accompagnant l'article. Les pages suivantes présentent l'article. Le dossier fut adressé le 19/12/1990 à Keith Meldrum ayant succédé à William Howard Rees à la tête de la direction du Service Vétérinaire. Il fut aussi adressé à Kevin Taylor, Robert Lowson du département de la Santé Animale, à Alan Lawrence du Service Ministériel des contrôles des maladies animales au sein du département de la Santé Animale (DSA), à Dr Dany Matthews, à Dr Hilary Pickles du DSA et T. Murray également du DSA, enfin il fut

Cette note, ainsi que l'article qu'elle accompagnait, sont alors le point départ d'une énorme vague qui allait ébranler les politiques britanniques et agacer certains scientifiques qui travaillaient en étroite collaboration avec eux. Dans la lettre de transmission de la note de Lacey au sein du MAFF, l'on peut notamment lire le commentaire suivant : "[l'article] contient de nombreuses erreurs et une présentation erronée des faits. Je recommande qu'il ne soit lu que par ceux qui ont du sang froid"[235]. Quels sont les *faits* exposés, qui demandaient désormais "du sang froid" aux autorités politiques britanniques et aux scientifiques qui travaillaient sous leur tutelle ?

C'est John Maslin, alors directeur du département de la Santé Animale au sein du MAFF qui réceptionna et transmit l'article de Dealler et Lacey ainsi que la lettre rédigée par ce dernier, soulignant le but de l'article. Par quel chemin argumentaire les auteurs passèrent-ils pour soutenir une thèse contraire à celle du comité *Southwood* ? Pourquoi ce chemin était-il si éloigné de celui que les autres scientifiques avaient suivi, au point qu'il leur faille "du sang froid" pour s'y engager ? Pour les deux chercheurs, complètement à contre-courant des vues des autorités britanniques, mais également de nombreux savants britanniques et non britanniques, il y avait bien "une possibilité que l'homme puisse contracter l'encéphalopathie spongiforme par consommation de la viande de bœuf contaminée"[236].

Plus que la transmission de l'infection par voie orale qu'ils avaient invoquée et qui pourrait faire croire qu'ils soutenaient aussi la thèse de l'anthropophagie hypothétique des Forés, l'argument que mobilisent Dealler et Lacey pour envisager la *possibilité* que l'homme puisse contracter l'ESB par consommation de la viande de bœuf, est le *devenir de l'agent causal* de l'ESB. Selon eux, "le passage d'un agent infectieux dans une nouvelle espèce de mammifère peut modifier ses propriétés"[237], réduire sa durée d'incubation et lui permettre de traverser possiblement la barrière d'espèces. De sorte que "même si l'on présume que c'est la tremblante qui est transmise à la vache sous forme de l'ESB, et que l'agent de la tremblante [...] n'a [jamais] été infectieux pour l'homme, on ne peut d'exclure la possibilité que dans la vache l'agent de l'ESB soit [*devenu*] infectieux pour l'homme"[238].

C'est donc l'idée du *devenir de la causalité* spécifique de l'agent causal de l'ESB qui a ébranlé savants et politiques qui allaient s'organiser plus tard en un front contre les promoteurs de cette idée. C'est une idée qui demandait du "sang-froid", car elle jetait le trouble, et sortait les savants et surtout les politiques de leur ataraxie. Dealler et Lacey ne sont ni neuropathologistes ni virologistes. Avant leur implication dans la controverse sur le risque de

---

adressé (à la demande d'Hilary Pickles) aux membres du Comité Tyrrell, à savoir le prolongement du Comité *Southwood*.

[235] *Ibid.*, Dossier BSE25/1 0210

[236] *Ibid.*, F. S. Dealler, R. Lacey, (1990), p. 253.

[237] *Ibid.*, F. S. Dealler, R. Lacey, (1990), p. 260.

[238] *Ibid.*, F. S. Dealler, R. Lacey, (1990), p. 263.

l'ESB pour la santé humaine, aucun des deux n'était directement associé à la recherche sur les maladies à prions, dont l'agent causal est alors présenté tantôt comme de nature virale, tantôt comme de nature protéique. Ils sont bactériologistes. Ce manque de spécialisation sur le sujet n'empêcha pourtant pas Richard Lacey de prendre activement part au débat sur l'ESB. Il sera cependant mis souvent en avant par ceux qui soutenaient la thèse qu'il combattait, et sera parfois réduit à de "l'ignorance". Dès lors, dans le débat sur les risques de l'ESB pour la santé humaine, l'on rappela très vite à Lacey son manque de qualification en virologie.

"Richard Lacey est un bactériologiste internationalement connu. Les problèmes de virus lents n'entrent pas dans son champ de compétence" peut–on lire, dans une déclaration d'Helen Grant, à la page 34 du 5e rapport sur l'ESB, commandé par la chambre des députés et édité en juin 1990. Neurologue à la retraite depuis mars 1989, Grant s'intéressait aux infections à virus lents et en particulier à la tremblante et la MCJ. Elle avait des vues qui ne sont pas très éloignées de celles de Lacey, concernant le risque de l'ESB sur la santé humaine, même si elle souligna le fait que ce dernier ne cultive pas la science dans le champ des infections à virus lents.

Dès le 27 février 1989, date de la publication du rapport *Southwood* sur l'ESB, elle déclara à l'entenne de la chaîne de télévision BBC que "l'ESB représente un risque parce les cerveaux des vaches malades passent dans la chaîne alimentaire et que, peut-être même que certaines personnes incubent déjà la maladie"[239]. Certes, pour elle, il était moins question de *changement* de l'agent de la maladie de la vache folle que de sa transmissibilité possible en raison précisément d'une forte infectiosité du tissu cérébral. Malgré tout, elle pensa que l'ESB représentait un risque pour la santé humaine.

Cette déclaration tenue sept ans avant l'émergence d'un nouveau phénotype de la MCJ, indique que d'autres biologistes avaient soutenu aux yeux de la science, du monde politique et du grand public, la thèse du risque de l'ESB pour la santé humaine, incarnée par Lacey et Dealler. Mais, c'est peut-être l'absence de spécialisation de ces derniers sur les maladies à prions qui leur permettaient d'entrevoir pour les entités biologiques causales, des mondes théoriques possibles que n'autorise pas le seul champ des ESST dans lequel s'étaient enfermés des savants avec lesquels ils débattaient.

2. L'ignorance de toute science face au devenir

Nous pourrions dire que le postulat de base qui guide Dealler et Lacey, dans leurs spéculations pourrait bien être que le savant ne sait pas. Leur attitude épistémologique face au *connu* semble s'accorder avec la vue selon laquelle la capacité imaginative du savant et la fécondité de ses productions

---

239 H. Grant, 'Interview' à 9 heures du matin à la BBC le 27/2/1989, en qualité de Neurologue au *Charing Cross Hospital* de Londres.

reposent sur ce postulat et sur la nécessité d'interroger l'*inconnu* pour l'amener à révéler des vérités qu'il cache. À la différence de Collee pour qui le concept 'd'hôte final' et le modèle d'évolution de la maladie qui lui est associé et qu'il a rectifié "restent alors largement vrais, même si le nombre cumulé de cas est devenu inquiétant"[240], Dealler et Lacey semblaient avoir intériorisé le concept du *devenir* d'un agent causal biologique. Ils mettaient en avant le caractère fragmentaire, lacunaire, des connaissances scientifiques des biologistes sur les agents causals responsables des maladies à prions.

Aucune science ne peut avoir des connaissances fermes sur la nature des choses en train de devenir. "En raison de notre connaissance fragmentaire des agents responsables des EST, il n'est pas possible de faire une prédiction ferme sur l'infection de l'homme par l'agent infectieux [de la maladie de la vache folle], ni sur l'étendue de cette infection"[241]. En clair, la science ne savait pas grand-chose sur l'ESB qui autorisait de faire des prédictions si lourdes de conséquences, comme celle que le rapport *Southwood* a faite et que soutient Collee. Pour les auteurs "il n'y a même pas suffisamment d'information pour un calcul de probabilité et de limites de leur fiabilité"[242].

Dans une attitude dialectique, ils prennent en considération la théorie paradigmatique de l'innocuité de l'ESB pour l'homme, mais la confrontent avec la leur, à savoir celle de la menace voire du danger de l'ESB pour l'homme. C'est l'*analogie* entre la tremblante et l'ESB qui aux yeux des savants faisait passer cette dernière pour une maladie animale inoffensive pour la santé humaine. Pourtant, Dealler et Lacey semblaient avoir "écarté les explications par analogie ..., [pour] articuler les explications différentes également vraisemblables"[243].

Ainsi pour eux, même s'il n'y avait pas de preuve que la porte d'entrée de l'agent causal est la voie orale, l'hypothèse de travail qu'il faudrait privilégier s'énonce de la manière suivante : "l'agent de l'ESB représente un agent de la tremblante muté dont la gamme d'hôtes est altérée"[244]. En d'autres termes, dans la vache nouvellement infectée par l'agent causal de la tremblante, cet agent lui-même a *changé*, mais également l'éventail d'organismes dans lesquels il peut désormais agir en tant que *cause*.

De la sorte, par le changement de cet agent causal, son *rapport* à ses hôtes devient *autre* chose. L'argument qu'ils mobilisent pour soutenir leur hypothèse c'est que pour chaque agent causal, "la gamme d'hôtes se modifie d'une manière imprédictible après son passage dans une nouvelle espèce"[245].

---

[240] J. G. Collee, "BSE : Stocktaking 1993", (1993), p. 791.
[241] S. F. Dealler, R. Lacey, "Transmissible Spongiform Encephalopathies : The Threat of BSE to man", (1990), p. 270.
[242] *Ibid.*, F. S. Dealler, R. Lacey, (1990), p. 270.
[243] M. Morange, *Les secrets du vivant. Contre la pensée unique en biologie*, (2005), p. 29.
[244] *Ibid.*, F. S. Dealler, R. Lacey, (1990), p. 272.
[245] *Ibid.,* F. S. Dealler, R. Lacey, (1990), p. 253.

À travers cet argument mettant en avant la *mutabilité* de l'agent causal, son *changement* et la *modification* de sa gamme d'hôtes, apparaît pour la première fois dans le contexte de la biologie des maladies à prions, la notion d'*imprévisibilité* d'une relation causale biologique en raison du changement possible de l'agent impliquée dans cette relation.

Elle signifie que même si la tremblante n'a jamais infecté l'homme pendant 250 ans, une fois son agent causal entré dans la vache, c'est une entité biologiquement *autre,* ayant précisément de *nouvelles* propriétés biologiques, inconnues et *imprévisibles*, possiblement en capacité de mettre en danger la santé de l'homme. Mais, cette notion solidaire du *devenir* ou plus précisément de la *dialectique de la permanence et du devenir* n'attirera pas toute l'attention qu'elle mérite, alors que pour Lacey et Dealler l'ampleur de l'épizootie était déjà telle qu'il fallait envisager l'ESB sur une *base infectieuse.* Autrement dit, suite au *changement* de l'agent causal de la tremblante entré dans la vache, pour les deux auteurs, il fallait désormais admettre que l'ESB *peut* se transmettre à d'autres hôtes par voie orale, parce que cet agent a *changé*, que l'on puisse en apporter la preuve ou non, et même si cela n'a jamais été le cas pour l'agent de la tremblante lui-même.

Le concept du *devenir de tout nœud causalité biologique* est bien présent dans l'esprit du savant Richard Lacey et son collègue Stephen Dealler. Toutefois, soucieux des considérations positivistes, ils l'envisageaient sous un angle étriqué, dans la mesure où, en bon positivistes, seuls des *faits* observables et mesurables sont mobilisés dans leur explication du *changement* perçu. Ainsi, selon eux, c'est uniquement la structure tridimensionnelle, c'est-à-dire, la conformation de la protéine qui *change*, en parfait accord avec la théorie du prion. "L'agent causal de l'ESB pourrait alors avoir une structure protéique différente de celle de l'agent de l'agent causal de la tremblante, et pourrait aussi avoir une gamme différente d'infectivité […]"[246], c'est-à-dire, un *pouvoir infectieux* plus vaste. Certes, le changement de conformation de l'agent causal est invoqué. Mais, la *raison profonde* de ce changement n'est pas perçue.

Il nous faudra donc y revenir plus loin pour tâcher de la saisir, puis l'expliquer. Néanmoins, toutes les considérations qui précèdent ne montrent-elles pas clairement que dans le contexte de la vache folle britannique, c'est bien le *changement* d'un agent biologique, l'agent de la tremblante *devenu* l'agent de l'ESB, qui oppose désormais les deux camps s'affrontant dans la controverse sur le risque de ce trouble neurodégénératif bovin pour la santé humaine ?

---

[246] *Ibid.,* F. S. Dealler, R. Lacey, (1990), p. 261.

3. La dilatation du champ des possibles

Ce qui frappe d'emblée, dans le chemin argumentaire qu'empruntent Stephen Dealler et Richard Lacey, c'est l'étendue des possibilités qu'offre ce chemin. De nombreux autres savants engagés dans le débat sur la nature de l'agent causal de l'ESB avaient déjà accepté l'idée selon laquelle c'est bien l'agent de la tremblante qui a infecté les vaches. Cet agent est alors admis comme étant convoyé par les farines carnées provenant du traitement de la viande et des os des carcasses de ruminants pour en extraire des protéines introduites par la suite dans l'alimentation des bovins.

Dans leur raisonnement sur la question de l'agent causal de l'ESB, bien des savants se sont appuyés sur la *similitude* de cet agent avec celui de la tremblante. Mais, le décalage entre l'inférence inductive sur l'évolution de l'épizootie et les faits sur le terrain est alors tel que certains comme Gerald Collee furent amenés à admettre qu'au cours de l'épidémie l'agent de l'ESB s'est "recyclé". Au fond, cela revient à signifier que cet agent avait *changé* et donc n'était plus le même que l'agent causal initial attaché à l'étiologie de la tremblante. Cela tend à accréditer l'idée selon laquelle cet agent causal est marqué par le devenir. Mais, beaucoup de savants étaient alors bien loin d'accepter pleinement cette idée qui suppose *changement* et *imprévisibilité.*

Seuls Dealler et Lacey portaient cette *idée du devenir* de l'agent causal de l'ESB dans le débat sur l'évaluation du risque de l'ESB pour la santé humaine. Parce que le *devenir* ne permet pas d'avoir une connaissance ferme de la causalité biologique, pour ces deux savants, même "la possibilité que l'ESB provienne, non pas de la tremblante du mouton, mais de l'agent causal d'une autre Encéphalopathie Spongiforme"[247] n'est pas écartée. Nous pourrions dire que le chemin épistémologique qu'empruntent Dealler et Lacey dilate le champ des possibles et prend en compte chaque parcelle de ce champ. C'est le chemin qui multiplie des conjectures introduites comme hypothèses falsifiables au sens poppérien et en attente des faits futurs.

Ses énoncés entourent les faits attendus, les cernent de toute part, mais ne se situent guère en amont de ceux-ci avec la prétention de les anticiper ; puisque c'est l'idée même d'une *imprédictibilité* qui est mise en avant. Contrairement aux considérations que nous venons de mentionner au sujet de Dealler et Lacey, nous pourrions dire que le chemin qu'emprunte Collee, atrophie le champ des possibles, en amoindrit les composantes. Ce chemin passe par une position épistémologique qui attribue une vérité aux énoncés qu'il produit, avant leur confrontation avec le *réel.* Il semble attendre peu des faits futurs et mobilise la rationalité pour justifier ces énoncés empiriques tenus pour vrais, au lieu de les critiquer d'une manière drastique.

---

[247] *Ibid.*, F. S. Dealler, R. Lacey, (1990), p. 261.

Nous sommes aussi amené à admettre que le raisonnement qui tient Dealler et Lacey éloignés des autres savants et du rapport *Southwood* postulant que tout danger de l'ESB pour la santé humaine est "écarté", c'est que les faits empiriques servent de point d'ancrage à partir duquel se déploie la rationalité pour tenter de projeter la lumière sur l'inconnu. Ce faisant, ils offrent la possibilité de faire le saut du connu vers l'inconnu.

Ceci nous conduit à affirmer qu'en biologie pour faire facilement ce saut vers l'inconnu, le savant doit avoir par rapport au connu, une position épistémologique qui intègre le *changement* des entités moléculaires engagées dans une relation causale biologique. Car, c'est bien le *devenir* qui fait le lien entre le connu et l'inconnu qui est devant nous, entre le présent et le futur. C'est par lui que l'objet qui semble parfaitement connu peut *in fine* s'avérer logé dans l'inconnu, pour notre science.

Pour les savants qui défendent la thèse de l'innocuité de l'ESB, les faits empiriques servent également de point d'ancrage pour inférer. Mais leur raisonnement, tout aussi rationnel, est si accroché aux faits connus que le saut vers l'inconnu ne peut se faire. Car, le devenir est absent dans leur position épistémologique, alors même que l'objet biologique connu est essentiellement lié au *devenir,* ainsi que nous le verrons plus loin. Dans ces conditions, le raisonnement revient au connu pour justifier l'énoncé inféré.

Car, leur position épistémologique au regard du connu est telle que ce dernier ne pourrait produire autre chose que ce que la rationalité a déjà expérimenté comme étant *vrai.* Une telle position lie si étroitement l'esprit au connu qu'il le freine et l'empêche de sauter vers l'inconnu. N'ayant pas à l'esprit le *devenir*, les savants qui adoptent une telle position, arrivent aisément, grâce une opération métaphysique semblable à une *croyance*, à la *certitude* que dans les sciences du vivant les faits prédits dans l'énoncé inféré s'accorderont nécessairement avec les faits connus dans le passé. Ce faisant, ils réduisent l'inconnu au connu. Dès lors, par ce type de raisonnement qui n'est pas ce que Claude Bernard appelle un raisonnement interrogatif ou investigatif, mais plutôt un raisonnement déductif en apparence, la tremblante qui existe depuis 250 ans, n'étant jamais passée à l'homme, alors on est amené à penser que l'ESB ne saurait passer de la vache à l'homme.

Ceci est d'autant plus vraisemblable que l'homme et la vache sont deux espèces plus éloignées que ne le sont le mouton et la vache censée avoir été contaminée dans des conditions de concentration élevée de l'agent causal de la tremblante dans les farines carnées ayant servi de complément alimentaire pour les vaches. Ainsi, comme dans le cas d'un dogme que l'on adopte, le jugement se prononce de manière tranchée en faveur d'une position qui devrait être plus subtilement discutée. Avec une telle position épistémologique vis à vis du connu, ce n'est que dans la mesure où la dose de l'agent causal était anormalement élevée dans les farines carnées que la tremblante est passée de façon accidentelle à la vache. Les parties hautement infectieuses, à savoir le cerveau et les abats, étant alors retirées de la viande de bœuf, même dans le cas où il resterait quelques particules infectieuses dans la viande consommée par l'homme, les doses infectieuses y seraient telles que l'homme ne pourrait jamais contracter la maladie bovine. Car, "la barrière d'espèces" protectrice de l'homme est censée se dresser entre la vache et lui. À partir des considérations évoquées plus haut, nous voyons très bien que ce n'est pas faute de rationalité que les avis divergent entre les savants qui déclarent que l'ESB est inoffensive pour l'homme et ceux qui, au contraire, déclarent que cette maladie bovine est une menace pour l'homme.

À partir des mêmes *faits* connus, perçus ou non comme étant portés par le *changement* de l'agent causal de l'ESB, les conclusions sont diamétralement opposées, à cause du chemin qu'emprunte cette rationalité et à cause de la position du savant vis à vis du connu dans son rapport au *devenir*. Cela n'est pas sans conséquence, et cela pose des problèmes éthiques que nous évoquerons plus loin très succinctement. Mais, l'on peut d'ores et déjà signaler ici certaines observations que Dealler et Lacey ont mentionnées dans leur premier article au sujet de ces conséquences. En raison du devenir de l'agent de l'ESB :

> "Il est clair que des troupeaux de vaches cliniquement bien portantes pourraient contenir l'agent infectieux, ce qui évidemment est important par rapport à la sécurité alimentaire."[248]

La période d'incubation de l'agent étiologique de ce groupe de maladies est "plus longue chez les mammifères, selon les espèces"[249]. Elle peut atteindre 20 ans chez les primates. Ceci peut rendre difficiles les expériences sur l'ESB. Par ailleurs, selon des données qui proviennent de "la maladie du kuru, ce temps d'incubation pourrait être de plus de 30 ans chez l'homme, si les doses infectieuses sont faibles"[250]. Comme "l'*Homo sapiens* vit plus longtemps, il se pourrait que nous soyons bien plus sensibles à l'infection à des doses infectieuses relativement faibles"[251], qui seraient fournies par la consommation de viande infectée. Pour aucun des énoncés formulés par Dealler et Lacey, il n'y a réellement *pas de certitude* sur son caractère vrai, l'*imprévisibilité* pouvant altérer le connu à tout moment.

Pour eux ce qui compte, c'est de mettre en perspective l'*évolution* de l'ESB, d'envisager par rapport au danger pour la santé humaine des scénarios permettant de mettre en place des mesures qui éviteraient une catastrophe, celle d'une *possible* occurrence d'une forme humaine de l'ESB qui serait causalement liée à la consommation de viande infectée avec l'ESB.

---

[248] F. S. Dealler, R. Lacey, "Transmissible Spongiform Encephalopathies : The Threat of BSE to man", (1990), p. 261.
[249] *Ibid.*, F. S. Dealler, R. Lacey, (1990), p. 264.
[250] *Ibid.*, F. S. Dealler, R. Lacey, (1990), p. 264.
[251] *Ibid.*, F. S. Dealler, R. Lacey, (1990), p. 264.

Cette mise en perspective de l'ESB peut-elle alors entrer dans les vues des autorités politiques nourries par des considérations des savants trop détachées du concept du *devenir* de l'agent causal de l'ESB ? Pour une neuropathologie bovine dont on ne voit pas le danger potentiel pour l'homme, peut-on alors, au sein d'un front mêlant science et politique, prendre d'emblée toutes les mesures en vue de préserver la santé humaine ? Un tel front peut-il porter de manière *neutre* une position épistémologique ?

4. La résistance des biologistes à l'idée d'une *modification* de l'agent causal de l'ESB

Selon Dealler et Lacey, "le gouvernement britannique avait proscrit l'usage des farines carnées dans l'alimentation du bétail en juillet 1988. Mais, les mêmes farines carnées ont continué d'être exportées vers l'Europe"[252]. Des tissus infectieux à haut risque, comme le tissu nerveux, devaient aussi être retirés de la consommation humaine. Mais, "annoncé [...], en juin 1989, cela n'a pu être appliqué avant novembre 1989. Ceci a rendu possible l'infection [de l'homme] par le tissu nerveux d'environ deux millions de vaches qui sont rentrées dans la chaîne alimentaire"[253].

Par ailleurs, depuis juin 1988, le gouvernement britannique avait pris des dispositions obligeant les fermiers à déclarer leurs animaux considérés comme ayant l'ESB afin qu'ils soient retirés du marché, moyennant une compensation de 50% de la valeur marchande des vaches et du lait. En juin 1989, 150 vaches par semaine sont rapportées comme ayant l'ESB. Par la suite, lorsqu'en février 1990, le montant de la compensation avait doublé, atteignant le prix intégral de vente d'une vache, alors le nombre de vaches rapportés comme étant affectés d'ESB a augmenté de plus de 73%. Par conséquent, — pensent Dealler et Lacey —, "avant [que cette compensation ne soit ramenée à la valeur marchande de la vache], selon toute vraisemblance, beaucoup de vaches infectées par l'ESB n'avaient pas été déclarées"[254].

Pour eux, cette situation était difficilement compréhensible au regard du danger auquel était exposée la population. Les hommes politiques doivent gérer des intérêts contradictoires. Tout en essayant de mettre œuvre une politique favorable théoriquement au plus grand nombre, à défaut de l'être pour toute la population, ils doivent conforter leur propre pouvoir, et protéger les intérêts de leurs partisans qui, dans le cas présent, sont ceux des fermiers et de l'industrie de la viande. Dans le cas qui nous occupe, les politiques Européens devaient surtout éviter d'affoler à la fois le grand public, les consommateurs de produits bovins et l'opinion internationale.

[252] *Ibid.*, F. S. Dealler, R. Lacey, (1990), p. 258.
[253] *Ibid.*, F. S. Dealler, R. Lacey, (1990), p. 258.
[254] *Ibid.*, F. S. Dealler, R. Lacey, (1990), p. 258.

4.1 La vérité est-elle fonction du nombre de personnes qui la perçoivent ?

Dans un contexte économique mondialisé, les hommes politiques britanniques et Européens devaient éviter que les intérêts économiques de l'Europe ne soient compromis par de brusques mouvements du marché de la viande. Pour toutes ces raisons, il était normal que les politiques britanniques et Européens au sein du Conseil Européen, agissent selon une logique qui accorde peu de cas à une catastrophe potentielle, uniquement annoncée par un petit nombre de savants et qui plus est, semble contredite par des *faits* empiriques bien établis, clairement mis en avant par un plus grand nombre de savants, tous de renom. Mais, la vérité est ce qui montre ce qui *est*.

Elle s'exprime lorsqu'il y a une adéquation entre la chose telle qu'elle *est* et le jugement que nous portons sur elle. Comme il peut y avoir une différence entre la chose telle qu'elle *est* et telle qu'elle *semble être*, alors il en résulte que tout le monde n'accède pas à la vérité au même moment. De sorte que pour ce qui est précisément de la vérité, ce n'est pas parce que cent personnes déclarent une chose et qu'une seule soutient le contraire que celui qui détient la vérité ne peut pas être cet unique individu. Ceci fait sans doute partie des leçons éthiques de la survenue du nouveau variant de la MCJ qui sont à tirer aussi bien par les politiques que par les scientifiques.

Surtout si, en même temps qu'il soutient des savants dont les travaux confortent ses propres vues, le *pouvoir politique* s'acharne contre ceux qui avancent des vues dérangeantes, parce que contraires au point de vue commun, paradigmatique. Dans ce cas précis, le paradigme admis à la fois par les *politiques* et les scientifiques, est la non-transmissibilité des maladies à prions de l'animal à l'homme. Il repose sur la théorie de l'"hôte final", adossée au socle empirique du concept de la 'barrière d'espèces' qui protègerait l'homme de l'ESB quoi qu'il arrive, parce que c'est ce qui a toujours été observé jusqu'ici, à travers des enquêtes épidémiologiques menées sur la tremblante dans son rapport à la santé humaine.

Dès lors, si l'on regarde du côté des savants *seuls* cette fois-ci, quel comportement une telle appropriation collective d'un *paradigme* peut-elle alors induire ? Telle est la question qu'il nous faut traiter à présent.

4.2 Le comportement social des tenants d'un paradigme

Dans la mesure où un grand nombre de savants soutenaient la thèse de la non-transmissibilité zoonique de l'ESB, lorsque les réactions à l'article de Dealler et Lacey se manifestèrent, c'est sous la forme d'une forteresse à la fois politique et scientifique défendant un paradigme, qu'elles se présentèrent. Le comportement social des savants qui œuvrent sous l'emprise d'un paradigme s'apparente à celui d'une "meute"[255]. C'est un comportement que l'historienne et philosophe des sciences Evelyn Fox Keller a parfaitement décrit dans un ouvrage passionnant dédié à la vie et à l'œuvre de Barbara McClintock (1902—1992), éminente biologiste américaine, tardivement nobélisée en médecine ou physiologie en 1983, pour sa découverte de la *transposition* génétique dans les années 1940/50.

François Gros qui l'a un peu connue, rapporte qu'elle fut "regardée longtemps comme 'un cas d'espèce' en biologie, tant ce qu'elle disait tranchait sur l'apparente logique de la biologie moléculaire 'contemporaine'"[256]. Face à la "meute"[257], Fox Keller montre comment, cette "incompréhensible, [cette] mystique, voire [cette] folle"[258] a "traversé seule un désert où nul ne l'avait suivie"[259], avant que des décennies plus tard, "la transposition des éléments génétiques longtemps tenue pour une pure invention ...[ne soit] considérée comme un phénomène irréfutable"[260].

Au passage, nous soulignons que cette transposition dont "l'explication fournie par son auteur tenait du génie par son caractère de prémonition"[261], incarne au fond une *modification continuelle* des gènes impliqués dans la cause de quelque phénomène biologique. Dans la mesure où elle traduit un *changement* de positions d'*éléments de contrôle*[262] génétique, qui sont mobiles à l'intérieur du génome, sans doute en lien avec une recherche permanente d'un équilibre ou d'une harmonie de l'organisme face à son environnement intérieur et extérieur. Ce *devenir* semble bien être *la loi fondamentale du vivant*. L'organisme invente diverses solutions pour la satisfaire. Après avoir souligner à la suite de Fox Keller, tout le mérite et le courage de McClintock totalement isolée à l'époque, nous rappelons qu'à la différence de cette dernière, Richard Lacey, lui, pouvait se réjouir d'avoir Dealler, Tim Holt, Julie Phillips à ses côtés, à l'exclusion de la *meute*.

Un courrier interne du MAFF datant d'août 1991, illustre alors parfaitement le rassemblement de la *meute*. La riposte à donner à l'article de Dealler et Lacey soulignant la menace de l'ESB pour la santé humaine devait être préparée en commun. Le courrier qui annonça cette riposte fut rédigé par le directeur du service vétérinaire du MAFF. Il fut adressé à son assistant, avec copie à de nombreux collaborateurs du front qui défendait le paradigme, afin que chacun y apporte sa contribution. En vue de se dresser contre l'article qui tentait de renverser un paradigme glissant

---

[255] E. Fox Keller, (1983) ; tr. fr., *La Passion du Vivant. La vie et l'œuvre de Barbara McClintock,* (1999), p. 15.
[256] F. Gros, *Les secrets du gène*, (1986), p. 277.
[257] *Ibid.*, E. Fox Keller, (1999), p. 15.
[258] *Ibid.*, E. Fox Keller, (1999), p. 205.
[259] *Ibid.*, E. Fox Keller, (1999), p. 204.
[260] *Ibid.*, E. Fox Keller, (1999), p. 22 sq.
[261] *Ibid.*, F. Gros, (1986), p. 277.
[262] B. McClintock, "Controlling elements and the gene", (1956), p. 197.

imperceptiblement vers un dogme, Keith Meldrum alors Officier vétérinaire en chef au MAAF, adressa le 30 août 1991 une lettre à son assistant, le vétérinaire Kevin Christopher Taylor. Cette note[263], de service portait le titre "ESB : Correspondence dans la revue *'Food Microbiology'* suite à la publication de l'article de Dealler et Lacey".

Keith Meldrum y demanda à son assistant qu'une réponse soit apportée à l'article de Stephen Dealler et Richard Lacey dans la dite revue, mais surtout "dans un style qui [...] démolit les principaux problèmes soulevés"[264] par les deux hérétiques. Sollicitant par-dessus tout la comptétence de quelques membres de la meute, il précisa ceci :

> "[...] Je pense vraiment qu'il serait utile de demander à Richard Kimberlin des commentaires et je serais reconnaissant à M. Bradley s'il pouvait aller les chercher, puis les incorporer dans ceux que lui-même te fournira. [...] Il n'y avait aucun gonflement du nombre de cas rapportés après l'augmentation de la compensation. Ceci doit être renversé. Nous devons déclarer de façon tout à fait catégorique que nous n'avons aucune preuve que des cas suspects d'ESB n'ont pas été déclarés et que même si quelques cas précoces se seraient glissés dans la chaîne alimentaire, il ne devrait pas y avoir de risque pour l'homme, à cause de l'embargo sur les abats bovins. [...]
>
> Nous avons aussi besoin de marteler la suggestion que les abats bovins spécifiés étaient utilisés dans l'alimentation humaine bien avant l'embargo. Nous devons assumer de présenter nos compliments au Dr Will et de construire [l'argument] qu'il n'y a aucune indication de l'augmentation du nombre cas de MCJ. Par la même occasion, un chiffre dans un autre article de ces mêmes auteurs, suggère que 1% de la population meurt de la MCJ, et ceci ne vaut absolument rien. Nous devons déclarer de manière tout à fait catégorique que la viande débarrassée du tissu nerveux et de la moelle épinière est saine et que c'est le point de vue des experts et des groupes experts-conseils. Nous devons mettre en avant qu'un pourcentage important de la MCJ est constitué de cas familiaux et par conséquent déconnecté de l'exposition aux sources extérieures. Les titres cités doivent être soigneusement évalués par [...] Bradley et [...] Kimberlin."[265]

---

[263] La note comprend deux pages numérotées 91/8.301.1 et 91/8.301.2. Elle porte le Code 18-77. Classée dans les archives Européennes sur l'ESB sous la référence CVO BSE 1/26. Une copie de cette lettre a été transmise à M. Haddon, Raymond Bradley, Robert Lowson, mais aussi à Dr Danny Matthews, fonctionnaire au service vétérinaire du MAFF de 1978 à 1988, dont l'action dans ce service sera prépondérante de 1988 à 1995, et qui deviendra membre du SEAC à partir de septembre 1995, et enfin à M. Simon Dugdale, Directeur du service de Presse du MAFF (1989) et du Service d'information du MAFF de 1985 à 1995.

[264] K. Meldrum, "*BSE* : Correspondence In "Food Microbiology" Following publication of article by Dealler and Lacey" *in* CVO BSE 1/26 (1991), page 91/8.301.1.

[265] *Ibid.*, K. Meldrum, (1991), p. 91/8.301.1.

On est d'emblée troublé, pris de malaise, devant cette sorte de note de service, émanant d'un scientifique proche des décideurs politiques, et visant clairement à orienter l'argumentation des scientifiques censés rechercher l'*objectivité* en prenant appui sur les *faits* dont ils disposent ou à défaut sur leurs seules *connaissances théoriques* qu'ils ont du *réel*. Des mois plus tôt, un groupe désigné "Groupe Santé Animale et Vétérinaire", proche du MAFF avait produit sur l'article de Dealler et Lacey une autre note semblable[266] :

> "Cet article est rédigé dans un style qui mime une revue scientifique. 150 références sont citées et l'article contient beaucoup d'informations précises sur l'ESB et sur les encéphalopathies spongiformes transmissibles subaiguës. Il en contient aussi beaucoup qui sont imprécises ou mal interprétées. Il omet des références pertinentes, et mélange des références avec des déclarations qui, sans attribution, peuvent être supposées représenter les opinions des auteurs. Aucune distinction n'est faite entre les commentateurs et les contributeurs originaux des articles, et il n'est pas courant de trouver citées dans une revue scientifique [des sources bibliographiques telles que] *Horizon*, *The Keighley News* et des communications personnelles.
>
> Les sections qui concernent la question du risque de la viande et de l'ESB pour l'homme se passent plus ou moins de références et sont un peu plus qu'une polémique basée sur des suppositions. C'est une pratique normale de soumettre des articles scientifiques à un examen minutieux de la part de critiques extérieurs, mais il est difficile de croire que cette pratique ait été suivie à cette occasion. Un critique compétent, familiarisé avec le sujet, aurait demandé des modifications considérables [dans l'article] avant sa publication. Cette carence, dans le travail cité, a conduit à la publication d'un mélange désastreux de précisions et d'imprécisions, de déclarations personnelles et de suppositions, [mélange] qui est extrêmement préjudiciable, puisque le style de présentation [de l'article] dans un revue abstraite, [à savoir une revue scientifique], prête à l'article une fausse autorité.
>
> Il n'y a aucun doute qu'il sera très cité pour soutenir à l'avenir, un point de vue particulier. L'article contient de nombreuses erreurs factuelles […], aussi bien que de nombreuses assertions qui représentent un défi […]. Le point majeur de la critique de cet article, est toutefois, un mauvais usage des chiffres dans la section qui porte le titre *Alimentation et dose infectieuse* (p. 269 sqq). Une unité infectieuse (UI) est définie comme la quantité qui infecte/tue 50% d'un groupe d'animaux exposés, d'une espèce définie, auquel

---

[266] Animal Health and Veterinary Group, "Transmissible Spongiform Encephalopathies : The Threat of Bse To Man by S. F. Dealler and R. W. Lacey, Department of Microbiology, University of Leeds. Published in '*Food Microbiology*'" (1990), **7**, 253-279, CVO BSE 1 18, (1991), pp. 91/1.14/1.2 - 91/1.14/1.5.

on a administré [l'unité infectieuse] par une voie particulière. L'espèce et la voie d'administration sont critiques et en l'absence d'une telle définition le concept n'est pas valide. Ceci est particulièrement important en ce qui concerne les EST pour lesquelles, si l'on ne tient pas compte de l'effet de la ''barrière d'espèces'' mais aussi de la dose requise, l'on pourrait alors être amené à établir qu'une infection orale peut être 100 000 fois plus élevée que si l'administration [de l'agent infectieux] se fait par une injection intracérébrale. Les auteurs déclarent que ''le cerveau bovin des animaux ayant une ESB clinique (et possiblement de ceux qui l'incubent) est supposé avoir 10^6 à 10^{10} UI par gramme de tissu.

Sept références venant à l'appui de cela sont cités : aucune ne réfère au travail sur l'ESB, cinq sont antérieures à la découverte de l'ESB. Leur argument ne serait valide que si la concentration de l'agent de l'ESB était la même, aussi bien dans le cerveau bovin que dans une souche de tremblante de laboratoire, dans des hamsters expérimentaux, et si l'exposition se faisait par injection intra-cérébrale plutôt que par ingestion orale. Le premier fait est invraisemblable et le dernier impossible.

Néanmoins, leurs calculs qui en découlent sont basés, en partie sur cette supposition erronée, et en partie sur la croyance également erronée selon laquelle la viande hachée provenant de bœuf peut contenir plus de 10% de tissu nerveux. En réalité, des cas symptomatiques d'ESB sont détruits et leurs tissus ne sont pas utilisés pour l'alimentation humaine (ou animale). Les abats à haut risque des vaches cliniquement en bonne santé, sont aussi détruits. Et de toute façon, la plupart des vaches présentement abattues ne peuvent avoir été exposées à la nourriture contaminée. Ainsi, l'on croit que la "dose" estimée infectieuse pour l'ESB et qui pourrait être présente dans l'alimentation sans les conditions de contrôle en vigueur, est si faible qu'il est inconcevable qu'elle puisse présenter un risque par la voie orale, relativement inefficace."[267]

---

[267] Animal Health and Veterinary Group, "Transmissible Spongiform Encephalopathies : The Threat Of Bse To Man by S. F. Dealler and R. W. Lacey, Department of Microbiology, University of Leeds. Published in '*Food Microbiology*' (1990), **7**, 253-279, CVO BSE 1 18, (1991), pp. 91/1.14/1.2—91/1.14/1.5. Disponible sur http://www.bse/inquiry.gov.uk Cette note critique de *Animal Health and Veterinary Group* et celle de Hilary Pickles (voir ci-après, les citations 269, 270, 272, 273, 274, 275 aux pages 111, 112 et 113) répertoriées dans les archives du gouvernement britannique, font partie d'un dossier référencé CVO BSE 1 18. Ce dossier était à traiter immédiatement. Après son traitement, il fut adressé à Keith Maldum le 14 janvier 1991 par Kevin Taylor. Il s'agit d'un dossier de 8 pages numérotés de 91/1.14/1.1 à 91/1.14/1.8, comportant 3 parties. La première page signale l'implication de nombreux scientifiques parmi lesquels le neuropathologiste Richard Kimberlin. Dans les pages 2 à 5 est exposée la critique de *Animal Health and Veterinary Group* datée du 15 janvier 1991. Ce dossier porte le même titre que celui de l'article critiqué. De la page 6 à 8 se trouve la critique formulée par Dr Hilary Pickles.

Nous prétendons qu'en biologie une difficulté majeure réside dans la position épistémologique qui limite le champ de la vérité au connu. L'une des manifestations de cette difficulté est que cette position semble figer l'imagination et la créativité du savant. La *certitude factice* (au sens de Descartes), attachée à l'énoncé inféré peut alors prendre, à un moment, une force telle qu'elle devient une *croyance* bien ancrée, pouvant revêtir le caractère de dogme. Cette croyance partagée à la fois par des savants et des politiques s'est si fortement manifestée, qu'elle a fini par s'exprimer dans le contexte de l'ESB, sous la forme d'une idéologie défendue, en quelque sorte, par un lobby politico-scientifique en faveur des intérêts économiques privés.

Par ce lobby, il semble qu'il y ait eu, à un moment donné, dans le champ de la biologie de l'ESB, une *confusion* entre science et politique. Tout comme le SEAC qui dépendait à la fois du Ministère de la Santé et du MAAF, et qui était en rapport avec les membres du gouvernement, l'entité dénommée *Animal Health and Veterinary Group* constituée de neuropathologistes, membres de l'Unité de Neuropathologie, de vétérinaires du Laboratoire Vétérinaire Central, dépendait elle aussi des deux Ministères.

Étaient associées à cette entité bipolaire, une deuxième entité constituée de vétérinaires ou non, travaillant directement soit au Ministère de la Santé soit au Ministère de l'Agriculture, et enfin une troisième entité constituée d'hommes dotés d'un vrai pouvoir politique, comme le MAAF, le Ministre de la Santé et leurs proches collaborateurs. Par des interactions à l'œuvre dans ces différentes entités, un véritable lobby politico-scientifique avait émergé dans le contexte de l'ESB, qui encore une fois, se manifesta comme une tentative de créer une confusion entre science et politique.

Dès lors, à la critique formulée par l'entité *Animal Health and Veterinary Group* prétendant que les *faits* étaient "mal interprétés" dans l'article de Dealler et Lacey et qu'"il est inconcevable que l'infection d'ESB puisse présenter un risque par la voie orale, relativement inefficace" s'ajouta celle personnelle de Hilary Pickles[268], autre fonctionnaire du Ministère de la Santé. Elle est actuellement directrice de la Santé Publique et de la Stratégie pour la Santé, au Centre de Santé de Hillingdon, à West Drayton, Middlesex, dans les environs de Londres. Entre 1982 et 1996 elle servit au département de la Santé et de la Sécurité Sociale, puis au département de la Santé où de 1985 à 1996, elle avait le titre de "Conseiller Médical Principal" de grade 4.

Son implication dans l'ESB commença en 1988. Avant cette époque elle œuvra dans le champ de la pharmacologie clinique entre 1980 et 1982, dans la division des médicaments, puis à l'Unité du SIDA entre 1985 et 1990. Fin 1988, elle prodigua des conseils médicaux et scientifiques aux services pathologiques des Laboratoires de Santé Publique qui tentaient de faire face

[268] Suite à l'émergence du nouveau variant de la MCJ, la forme humaine de l'ESB, Dr Pickles a également fait une déposition sur la gestion de crise de l'ESB. Elle est disponible sur http://www.bse.inquiry.gov.uk. Voir : BSE Inquiry/Statement n° 115.

au problème de la contamination du sang à transfuser aux hémophiles par le virus HIV du SIDA. C'est entre 1988 et 1990 qu'elle prit en charge la direction départementale de l'ESB, puis la direction Professionnelle de 1988 à 1991. Elle assistait l'Officier Médical en Chef, superviseur de tout le personnel médical britannique, puis Sir Donald Acheson.

Tous partageaient alors la responsabilité du dossier ESB avec le MAFF, étant donné que l'ESB est une pathologie animale. Elle quitta les services administratifs de l'État en 1996, année où un *lien de causalité* fut officiellement déclaré entre l'ESB et le nouveau variant de la MCJ. À elle seule, l'introduction de la critique formulée par Pickles[269] à l'encontre de l'article de Dealler et Lacey, donne paradoxalement toute la signification de cet article incriminé :

> "Cet article est un mélange de revue scientifique, de commentaires et de spéculation. Les auteurs décrivent les traits des encéphalopathies spongiformes, discutent la nature possible des agents infectieux, soulignent l'évolution de l'épidémie de l'ESB, discutent les facteurs relatifs à la transmission entre espèces et spéculent sur le risque que représente pour l'homme l'ESB dans la viande. En l'état actuel de nos connaissances, ils concluent qu'il devrait être présumé que dans les produits de la viande, l'ESB peut être et peut avoir été un risque pour l'homme."[270]

C'est bien de la *possibilité* d'un risque pour la santé humaine, à travers la consommation de viande contaminée par l'ESB, que traite l'article de Lacey. Mais, à ce moment-là, était à son comble l'aveuglement créé par une position épistémologique qui perçoit mal le *devenir* et confond les faits scientifiquement établis et la vérité absolue. Car, la position épistémologique qui l'engendrait était désormais renforcée par l'idéologie dominante.

De la sorte, cet aveuglement fut alors tel qu'au lieu de s'arrêter sur cette *possibilité* lourde de conséquence, de l'interroger attentivement, l'on choisit de l'écarter. Dans l'état d'esprit créé par le soutien dont bénéficie le paradigme de la non-transmissibilité zoonique de l'ESB, par les savants et les politiques, l'on s'attarda alors sur le moindre repli des énoncés à contre-courant, pour y dégager ce qui semble contrarier les faits connus. Dès lors, tous les détails peu signifiants prirent une importance considérable, hypertrophiée à dessein, dans l'intention d'affaiblir les deux hérétiques et de démolir leurs vues. Ainsi, une critique pourtant bien commencée changea totalement de registre :

---

[269] H. Pickles, "Transmissible Spongiform Encephalopathies : The Threat of Bse to Man" by Stephen Dealler (Senior Registrar) and Richard Lacey (professor), Department of Microbiology, Leeds in *Food Microbiology* (1990) 7 253-279, *in* CVO BSE 1 18, (1991), p. 91/1.14/1.6 sqq.

[270] *Ibid.*, H. Pickles, CVO BSE 1 18, (1991) p. 91/1.14/1.6

> "Ce travail ne fait pas autorité. Les éditeurs (et les referees[271] s'il y en a) devraient partager avec les auteurs la responsabilité de leurs fréquentes erreurs typographiques et grammaticales, leur liste de références incomplètes, leur style et terminologie incohérents."[272]

La critique apporta alors des précisions sur les présumés points de fragilité de l'article :

> "Le choix et l'utilisation des références (150 en tout) révèlent que les auteurs sont des nouveaux venus dans le champ [des maladies à prions] : des références tout à fait inappropriées sont utilisées à certains endroits, sans distinction entre les commentateurs et les contributeurs originaux des articles [...] et des références excessives sont données par ailleurs [...]. L'absence de références citées pour certains commentaires suggère fortement que les auteurs ignorent des travaux pertinents qui ont été rapportés [...].
>
> L'utilisation des sources non-scientifiques, y compris de communications personnelles, est inhabituelle dans les articles « scientifiques ». Il y a plusieurs erreurs sur les faits [qui sont exposés] [...]. Nous devrions manifester notre désaccord avec eux, au sujet de leur description des cas d'ESB à la fin 1990, selon laquelle les déclarations des cas d'ESB furent influencées par l'augmentation de la compensation, et que les personnes immunodéficientes et les femmes enceintes sont particulièrement exposées au risque.
>
> [Toutefois], il n'y a pas de désaccord avec leurs commentaires selon lesquels l'ESB peut avoir une gamme d'hôtes différents de celle de la tremblante ni sur le fait qu'au moins en partie l'épidémie actuelle pourrait survenir de l'ESB et non pas de la contamination de l'alimentation du bétail par [l'agent de] la tremblante [...]. [Cependant], il y a des difficultés insurmontables avec leur proposition selon laquelle la MCJ pourrait survenir de l'ESB. Contrairement à leur supposition, il y a une preuve massive faisant de la tremblante la source la plus plausible de contamination de l'alimentation et fournissant une explication appropriée à la distribution régionale et temporelle de l'épidémie de l'ESB. Mis à part un parfum alarmiste, il n'est pas facile de dégager les points essentiels que les auteurs ont tenté d'indiquer dans cet article."[273]

---

[271] Les referees, littéralement les arbitres, sont en réalité des consultants scientifiques, relecteurs indépendants, anonymes pour les auteurs d'un article, auxquels la rédaction d'une revue scientifique soumet l'article pour évaluation avant sa publication.

[272] *Ibid.*, H. Pickles, CVO BSE 1 18, (1991), p. 91/1.14/1.6

[273] *Ibid.*, H. Pickles, CVO BSE 1 18, (1991), p. 91/1.14/1.6 sq.

Par la conclusion selon laquelle "il n'est pas facile de dégager les points essentiels que les auteurs ont tenté d'indiquer dans leur article"[274], apparaît peut-être plus clairement la difficulté qui réside dans la position épistémologique rivée au connu dans le champ de la biologie, difficulté évoquée plus haut. Elle semble plus nette ici, dans la mesure où elle s'exprime sous la forme d'une incohérence notoire, puisque dans l'introduction de la même note critique, il est bien souligné ce qui est à considérer comme étant le point *essentiel* de l'article des auteurs, à savoir que "dans l'état actuel de nos connaissances, [...] il devrait être présumé que dans les produits de la viande, l'ESB peut être et peut avoir été un risque pour l'homme"[275].

Ce point relevé par la critique dans son introduction, puis totalement ignoré dans sa conclusion, n'est pourtant pas différent de l'énoncé que Richard Lacey lui-même a formulé dans la note de transmission de son article au MAFF, à savoir que cet article "tente d'expliquer à ses lecteurs pourquoi un groupe de maladies fatales à 100%, pour lesquelles il n'y a aucun traitement ni test, et qui se transmettent oralement d'une espèce à une autre, peut être un danger pour l'homme"[276].

Au fond, cet énoncé est l'*essentiel* du contenu informatif de la note rédigée par Lacey pour transmettre aux autorités britanniques son article qu'il a co-rédigé avec Dealler. Une autre note[277] critique tout à fait semblable à celle que nous venons de présenter, et rédigée cette fois-ci encore par Hilary Pickles montre toute la distance qui séparait désormais les vues de part et d'autre des deux positions épistémologiques qui s'affrontaient à travers une ligne de clivage qui, il faut le dire, est bel et bien le *changement de l'agent causal* de l'ESB :

> "La dernière note de Dealler et Lacey est pleine d'erreurs une fois encore, je suis d'accord qu'il n'y a pas lieu d'y répliquer point par point. Mais, tout en ne faisant pas cela, nous devons souligner que cela ne devrait pas être considéré comme impliquant que leurs faits ou leurs arguments sont plus valides cette fois-ci que la fois précédente. Pour continuer à soutenir que des cas de MCJ actuels

---

[274] *Ibid.*, H. Pickles, CVO BSE 1 18, (1991), p. 91/1.14/1.7

[275] *Ibid.*, H. Pickles, CVO BSE 1 18, (1991), p. 91/1.14/1.6

[276] R. Lacey, BSE/25, ref. BSE25/1 0210, p. 90/12.19/2.2. Il s'agit d'une note d'archives constituées par les autorités britanniques à la suite de la survenue du nouveau variant de la MCJ, correspondant à la page 90/12.19/2.2 du dossier BSE/25.

[277] C'est une note datée du 4 septembre 1991, rédigée et signée par Mike O'Neill, l'un des responsables de la division de la Santé Environnementale et de la Sécurité Alimentaire, en vue de transmettre à Robert Lowson du MAFF la critique de H. Pickles sur l'article de Dealler et Lacey. Cette note fait partie du dossier BSE/25 référencé BSE25/1 0031. Elle présente 4 pages numérotées de 91/9.4/1.1 à 91/9.4/1.4. La première qui n'est rien d'autre que la page de transmission, mentionne que le dossier concerne les commentaires de Dr Pickles sur la récente publication de Dealler et Lacey. Les pages 91/9.4/1.2 à 91/9.4/1.4 exposent le contenu critique de la note.

> et enregistrés dans le passé ont un lien causal avec l'ESB, cela suggère une obsession qui va au-delà de toute évaluation scientifique d'une preuve [...]. Une tentative de lier l'ESB avec la MCJ actuelle et celle connue dans le passé, est un non-sens et ignore totalement ce que l'on sait sur l'épidémiologie de la MCJ. Le lien forcé avec les cosmétiques révèle à quel point ils sont désespérés, et leur déclaration selon laquelle la matière grasse contient plus d'unités infectieuses montre un autre exemple de leur ignorance [...]. Ils ont une vue très simpliste de l'interprétation des expériences sur les souris transgéniques."[278]

Toutes les considérations qui précèdent montrent clairement que l'*essentiel* du message de Dealler et Lacey passe inaperçu. Car, la position de ceux dont ils combattaient la thèse était indissociable du connu qui semblait alors être porteur de vérité sur la réalité des maladies à prions. Surtout, elle niait le *devenir*. Dès lors, là où les deux auteurs avançaient l'hypothèse selon laquelle, une fois que l'agent causal a *changé*, il pourrait engendrer la maladie dans certaines conditions, même à des doses faibles, la critique opposait l'idée selon laquelle "dans les conditions actuelles de régulation de l'ESB, ces doses infectantes seraient si faibles que l'on ne pourrait les mesurer, et qu'il semble inconcevable qu'elles puissent présenter un risque par voie orale"[279]. L'imagination est figée.

Elle ne peut vraisemblablement entrevoir autre chose que l'énoncé inféré. Elle semble bien enfermée dans un champ épistémique rétréci par la position épistémologique qui donne un angle de vue particulier au connu. Là où les auteurs concevaient un *lien causal* potentiel entre l'ESB et la MCJ, la critique leur opposait que "la MCJ est uniformément répandue dans le monde [et que] des études de cas ont échoué de démontrer la moindre association avec l'alimentation ou la consommation de la viande"[280]. Ainsi, tout comme l'imagination, la chaîne de causalité semblait désormais figée. Aucune *variabilité* ou aucun *changement* n'était alors considéré comme susceptible d'en altérer la séquence ni la nature.

Le concept du *devenir de toute relation causale biologique* étant écarté, le savant se trouve désormais dans un monde où se croisent opportunément science et politique et où les entités biologiques causales sont immuables, irrémédiablement figées. Mais, les entités biologiques causales peuvent-elles être *immuables* ? Peuvent-elles s'inscrire dans un Univers régi par la doctrine parménidienne selon laquelle l'*être* est immuable ?

---

278 H. Pickles, BSE/25 ref. BSE25/1 0031. pp. 91/9.4/1.2 - 91/9.4/1.4

279 "Animal Health & Veterinary Group", (1991), CVO BSE 1 18, p. 91/1.14/1.5.

280 H. Pickles, "Transmissible Spongiform Encephalopathies : The Threat of BSE to Man" by Stephen Dealler (Senior Registrar) and Richard Lacey (professor), Department of Microbiology, Leeds in *Food Microbiology* (1990) 7 253-279, *in* CVO BSE 1 18, (1991), p. 91/1.14/18.

4.3 Une approche philosophique du changement de l'agent causal de l'ESB ?

Si le contenu d'une des notes critiques que nous venons d'analyser présente une incohérence flagrante, il présente aussi un fait significatif qui mérite d'être relevé, à savoir que "les auteurs [de l'article critiqué] sont des nouveaux venus dans le champ [des prions]"[281] . Ni le jeune médecin Tim Holt ni sa collègue Julie Phillips ni Dealler ni le professeur Lacey n'étaient véritablement introduits dans la biologie des maladies à prions, comme nous l'avons déjà mentionné. L'on retrouve alors ici un élément souligné par l'historien et philosophe des sciences Samuel Thomas Kuhn (1922—1996), qui semble être un trait important pour stimuler le progrès des connaissances, dans un champ où leur accumulation a donné forme à un paradigme.

En général, c'est bien un nouveau venu dans ce champ qui est souvent le plus apte à résoudre une énigme que le paradigme n'arrive pas à élucider. Richard Lacey, actuellement professeur émérite de médecine clinique de l'Université de Leeds, est médecin et microbiologiste. C'est à ce titre qu'il contribua dans les années 1980 à la spécialisation en microbiologie clinique de Dealler. Ce dernier soutint sa thèse de médecine en 1991. Mais, dans la mesure où la philosophie est comprise comme une analyse réflexive des discours positifs, ne pouvons-nous pas dire qu'avec Lacey s'esquisse dans le champ de la biologie des maladies à prions, une approche philosophique du *changement de l'agent causal* de l'ESB ?

Il perçoit bien le changement, *avant* qu'il ne se manifeste, même s'il l'explique de manière courte, en raison des contraintes positivistes à l'intérieur desquelles s'inscrit son analyse. Sa remarquable ouverture d'esprit s'apparente à celle d'un philosophe résolu à briser le carcan de la pensée conformiste. Car, critiquer les abstractions rationnelles par lesquelles notre esprit saisit et exprime les traits dominants de la nature à travers la science, tel doit être le but poursuivi par la philosophie des sciences. La méthode philosophique doit mener vers une voie étroite en ce qui concerne la mobilisation de la rigueur, tout en laissant au sujet la possibilité de ne pas s'enfermer dans les paysages de surface.

Aller au-delà du cortex pour tenter d'atteindre les strates profondes où se croisent les racines nourricières d'un phénomène étudié, cela offre le moyen de percevoir plusieurs facettes d'un même paysage, y compris les plus souterraines. C'est peut-être la prise en compte de cette multitude de strates qui donne à la perception de se rapprocher de la vérité, laquelle échappe à l'homme *interprète de la nature* qui s'arrête à la surface des choses. La quête de la vérité, au moyen d'une telle multitude de strates, fait alors du véritable philosophe une sorte d'abeille qui recueille de toutes parts, sur les fleurs des jardins et celles des champs, les matériaux grâce auxquels elle fait

---

[281] *Ibid.*, H. Pickles, (1991), p. 91/1.14/16.

son miel en les transformant et les digérant par sa propre nature[282], comme le dirait Francis Bacon (1561—1626). À travers une telle quête de la vérité, l'on voit aussi s'élever l'importance de l'*interdisciplinarité* pour que la science parvienne à surmonter les écueils qui limitent son progrès.

De la sorte, sur un phénomène quelconque soumis à l'étude, pour qu'il n'y ait point isolement ni scission dans les sciences, l'on peut alors établir une philosophie naturelle, soucieuse de ramener à elle toutes les sciences particulières et espérer ainsi un grand progrès, comme le dirait à son tour l'éminent philosophe du XIXe siècle Sir John Frederick William Herschel (1792—1871)[283]. Mais, dans un champ de la science, une fois qu'un élément de connaissance est établi dans un statut de *paradigme*, son *fonctionnement* et les *comportements* qu'il engendre ne rendent-il pas difficile l'articulation des sciences auxiliaires qui pourtant pourraient contribuer à le faire fleurir ?

4.4 Jugements ad hominem

Paradoxalement, un contexte de paradigme laisse souvent peu aux savants très familiarisés avec un sujet, le soin d'aller aux strates les plus profondes des chemins qu'ils empruntent. La beauté des paysages représentés par toutes les réponses déjà apportées à la science par le paradigme retient tellement leur attention, qu'ils s'imaginent qu'il n'y a plus rien à voir de mieux. Dans un état d'esprit où la fascination devient trop grande, le champ de vision se rétrécit. Ce qui peut engendrer l'illusion.

Dans le cadre d'analyse causale du vivant, tel peut alors être le résultat de la position épistémologique consistant à adhérer au connu à un point tel que l'on arrive à nier *toute modification d'un nœud causal biologique*, avec pour conséquence de mettre l'esprit dans l'impossibilité de faire le saut vers l'inconnu. Comme l'a remarqué Kuhn, dans leur recherche normale, les savants œuvrent généralement à l'intérieur d'un cadre d'analyse où les paradigmes guident la pensée. Dès lors, c'est presqu'un fait courant qu'à un moment donné, le champ des possibles se trouve réduit, restreignant du même coup les capacités de créativité d'un chercheur.

De sorte que dans le cas qui nous occupe, une tentative de *lier causalement* la MCJ avec l'ESB semble "un non-sens et une ignorance totale de ce que l'on sait sur l'épidémiologie de la MCJ"[284]. Pourtant, l'histoire du tout premier cas de tremblante dans la vache survenu en 1883, et rapporté par le vétérinaire français Sarradet, nous laisse supposer qu'il est fort possible qu'il y ait eu dans le passé des cas de neuropathies humaines en

---

[282] F. Bacon, *Novum Organun*, liv. I, Aphor. 95.

[283] *Ibid.*, F. Bacon, *Nov. Org.* I, Aphor 107. Voir aussi J. F. W. Herschel (1834), p. 172.

[284] H. Pickles, "Transmissible Spongiform Encephalopathies : The Threat of BSE to Man" by Stephen Dealler (Senior Registrar) and Richard Lacey (professor), Department of Microbiology, Leeds in *Food Microbiology* (1990) 7 253-279, *in* CVO BSE 1 18, (1991), p. 91/9.4/1.3

rapport avec la neuropathologie bovine. Même si au sujet d'un tel *lien* aucun fait ne nous est parvenu, dans la mesure où l'ESB n'était pas encore identifiée à cette époque ni sa forme humaine qui pourtant pouvait sans doute exister déjà, sans toutefois être connue comme une entité nosologique distincte. Dans un mouvement de résistance pour tenter de sauver un paradigme, Lacey et Dealler totalement à contre-courant passent pour des "ignorants"[285]. Ils passent aussi pour avoir "une vue simpliste de l'interprétation"[286] de certains faits d'expérience.

Perçus comme des "obsédés"[287] de l'idée d'*un lien causal* entre l'ESB et la MCJ, ils sont désormais tenus pour des "désespérés"[288]. Autour de la critique du premier article de Dealler et Lacey, c'est un curieux mouvement qui s'exprime désormais, à travers une perception très déformée de leurs compétences réelles et surtout à partir de la position épistémologique qui engendre cette perception et conduit à des jugements *ad hominem.* Ce mouvement allait s'amplifier avec un second article rédigé par Richard Lacey seul. Dans une tentative de dégager la cohérence interne du rapport *Southwood,* Gerald Collee publia en 1993 un article, en faveur de l'édifice théorique *Southwood,* et formula des ajustements imposés par l'évolution de l'épizootie de l'ESB sur le terrain.

De son côté et de manière remarquablement presciente, Lacey seul, cette fois-ci, publia la même année dans la revue *British Food Journal,* un deuxième article intitulé "L'ESB : La crise qui se prépare"[289]. L'article soulignait une crise grandissante de l'ESB, une tension de plus en plus visible entre l'évolution de l'ESB et les énoncés prédictifs formulés par les vétérinaires, les épidémiologistes et les biologistes. L'épizootie avait atteint son pic, et le nombre de vaches malades dépassait de très loin les chiffres réévalués par le SEAC présidé par Sir Richard Southwood. De même, les capacités d'incinération par le gouvernement, de bêtes malades et à sacrifier, étaient largement dépassées.

Ce second article de Lacey déclencha une irritation palpable des biologistes ou des vétérinaires du gouvernement qui étaient alors les conseillers du comité *Southwood.* Leurs réactions allaient être plus virulentes. L'incarnation de ces réactions se trouve dans une note[290] de service que John Wilesmith, chef du département d'Épidémiologie, adressa

---

[285] H. Pickles, BSE/25 ref. BSE25/1 0031. pp. 91/9.4/1.2 - 91/9.4/1.4

[286] *Ibid.*, H. Pickles, (1991), pp. 91/9.4/1.2 - 91/9.4/1.4

[287] *Ibid.*, H. Pickles, (1991), pp. 91/9.4/1.2 - 91/9.4/1.4

[288] *Ibid.*, H. Pickles, (1991), pp. 91/9.4/1.2 - 91/9.4/1.4

[289] R. Lacey, "BSE - The Gathering Crisis", (1993).

[290] Le courrier est référencé CVO BSE 1 46. Les 4 premières pages de 93/05.18/4.1 à 93/05.18/4.4 exposent les critiques de J. Wilesmith. Les pages suivantes reproduisent l'article de Lacey.

aux autres membres de la "meute"[291]. Le courrier fut envoyé le 18 mai 1993 à Raymond Bradley, à cette époque, directeur du département de Pathologie et chargé dès novembre 1987 de suivre les expériences de transmission de l'ESB à la souris se déroulant à l'Unité de Neuropathologie alors dirigée par Richard Kimberlin. Cette note de service était une réponse à une demande de commentaire sur l'article de Lacey, demande que Bradley formula initialement à Wilesmith.

C'est un dossier de 21 pages que Wilesmith fit circuler, avec copie aux personnalités du CVO, au service britannique en charge des questions vétérinaires au sein du MAFF. Parmi ces personnalités, l'on retiendra John Maslin, directeur de la Division de la Santé Animale et Kevin Christopher Taylor, l'assistant de l'Officier médical en chef. Voici le contenu du courrier :

> "Merci pour ta note du 13 mai et pour la copie du dernier article du Professeur Lacey qui expose son ignorance sur ce sujet. Ainsi que vous êtes déjà avertis, j'ai le sentiment que nous avons deux options fondamentales pour traiter cette tendance individuelle qui a échoué à mettre en œuvre le moindre savoir scientifique dans cette soi-disant critique de l'ESB. La première est de l'ignorer et d'espérer qu'il continue de creuser sa tombe. La seconde, est de lancer à chaque occasion une offensive relative à ses rêveries qu'il a publiées. Réflexion faite, je ne suis pas en faveur de la première option, comme je suis sûr qu'autrement il trouverait une échappatoire. Par conséquent, je penche pour la seconde option, tant qu'il est question de traiter le présent article."[292]

Ayant choisi, non pas de laisser l'auteur "continuer de creuser sa propre tombe", mais de "l'attaquer sur ses rêveries qu'il a publiées", John Wilesmith entreprit alors d'apporter des commentaires à chaque paragraphe, voire chaque phrase du deuxième article de Lacey. Nous retiendrons quelques-uns de ces commentaires. Nous avons déjà signalé que dans un monde épistémique où les possibles sont étendus, et dans lequel se meut Lacey, l'agent causal de l'ESB est perçu comme un agent infectieux changeant et en cela, susceptible d'être *autre* chose que l'agent de la tremblante convoyé par les farines carnées qui supplémentaient l'alimentation des vaches. C'est en partie sur la base de cette *hypothèse causale* que Lacey pouvait anticiper que cet agent *autre* dans la vache est possiblement en capacité de passer *de* la vache symptomatiquement malade ou pas *à*

---

[291] E. Fox Keller, *A Feeling for the organism. The life and Work of Barbara McClintock*, (1993). tr. fr., (1999), p. 15.

[292] J. Wilesmith, "Professor Lacey's Article : 'BSE – The Gathering Crisis'", *CVO BSE 1 46*, (1993), pp. 93/05.18/4.1 - 93/05.18/4.4, p. 93/05.18/4.1. Disponible sur http://www.bse/inquiry.gov.uk

l'homme sain. Par ce *changement* de l'agent causal de l'ESB que perçoit Lacey, sa position épistémologique est en quelque sorte celle qui considère les inférences comme n'étant pas fermes dans un contexte biologique. Car, même si elles sont valides localement, elles recèlent une *vérité contingente* et non nécessaire. Ainsi, l'inférence selon laquelle la vache est 'l'hôte final' est une possibilité parmi d'autres, mais que Lacey tenait pour une *hypothèse* pouvant être trompeuse et dont le choix n'était pas à retenir. Comme Collee, il observa que depuis le début de l'épizootie en 1986, les cas confirmés de vaches malades sont au plus haut en 1993. Il mentionna qu'"à cause de la croyance (ou de l'espoir) que l'alimentation est la cause de l'épidémie, son utilisation par les ruminants a été prohibée en juillet 1988.

Dès lors, on a anticipé que cette action devrait tarir la source de l'infection, et que la maladie s'éteindrait quelques années après. Cette attente est alors basée sur la présomption selon laquelle la vache est 'l'hôte final' de l'ESB et le nombre total prédit d'animaux affectés était de 17 000 à 20 000 avec un pic de 350 à 400 par mois. Les évènements ont indiqué par la suite que cet optimisme était injustifié, et que tout le fondement de l'action (ou plutôt de l'inaction) était en effet fragile"[293].

Le commentaire de Wilesmith sur cet énoncé de Lacey fut que "c'est une plaisanterie séculaire éculée, une vieille histoire de citations sélectives ne nécessitant de sa part aucun commentaire, simplement une balle en argent et une recette spéciale à base d'ail"[294]. Pour justifier l'augmentation du nombre de cas d'ESB et un écart très significatif par rapport aux prévisions, une autre hypothèse fut introduite selon laquelle l'agent causal, une fois dans la vache, a dû être *recyclé*, réintroduit dans la vache suite à la transformation de carcasses de vaches infectées avec l'ESB en vue de la fabrication de farines de viande et d'os avec lesquelles on avait supplémenté l'alimentation de vaches. Nous avons déjà indiqué que Collee avait mobilisé cet argument pour tenter de rationaliser le décalage entre la prédiction de l'évolution de l'ESB et les *faits réels* sur le terrain.

Lacey s'en empara à son tour, mais pour observer que "si l'alimentation des vaches avec un agent recyclé est la principale explication de la récente augmentation du nombre de cas d'ESB, alors les sept premiers cas identifiés en 1986 seraient responsables de plus de 180 cas d'ESB en 1990"[295]. Pour lui, l'agent présumé de l'ESB pourrait bien être *autre* que l'agent de la tremblante, même si l'on peut admettre qu'il dérive de ce dernier. L'hypothèse d'un agent de l'ESB *différent* de celui de la tremblante, envisageable pour un chercheur qui œuvre dans un *champ théorique* ouvert à tous les possibles, n'est pas concevable pour les savants niant tout *changement* et demeurant placés sur une position épistémologique qui confond les

---

[293] R. Lacey, "BSE - The Gathering Crisis", (1993), p. 2.
[294] J. Wilesmith, (1993), p. 93/05.18/4.1
[295] *Ibid.*, R. Lacey, (1993), p. 2.

faits scientifiquement établis et la *vérité absolue.* Elle les surprend, les irrite, et en particulier John Wilesmith qui considère que par cette *hypothèse* déjà formulée par Lacey dans son article de 1989, présentée à nouveau dans son second article "nous revenons à la tendancieuse perpétuation d'un mythe"[296], et que cela relève du "manque de compréhension [de Lacey] résultant de son isolement scientifique clairement évident"[297].

L'irritation que provoque Richard Lacey est d'autant plus importante qu'il n'est pas un spécialiste de la biologie des prions, mais qu'il persiste malgré tout à soumettre à sa propre analyse tous les énoncés qui sont formulés dans le contexte de crise de l'ESB par des spécialistes des troubles neurodégénératifs animaux et humains transmissibles. Ainsi, que les énoncés prédictifs attachées à l'ESB soient relatifs à la pathogénie ou à la physiopathologie de l'ESB, qu'elles soient étudiées en biologie moléculaire, en microbiologie, ou en médecine moléculaire, qu'elles proviennent de données épidémiologiques ou des faits d'expérience connexes, Lacey n'hésite pas à les soumettre à l'épreuve de sa propre raison, à les interpréter pour tenter d'établir la nature réelle du phénomène étudié, après s'être s'efforcé de digérer par son intelligence les *faits* qui lui sont attachés. Est-ce alors parce que selon Francis Bacon (1561—1626), "l'interprétation est l'œuvre vraie et naturelle de l'intelligence"[298] ?

Une telle inclination à l'analyse scientifique de la part d'un savant qui cultive un champ de recherche hors de celui dans lequel se consacre l'étude d'un objet peut-elle réellement contribuer au progrès de la connaissance ? Et dans le cas qui nous occupe, les chemins argumentaires que suit un tel savant peuvent-ils être féconds pour les sciences biologiques et biomédicales ? En somme, une telle *liberté l'esprit* dans l'étude scientifique d'une question d'ordre biologique peut-elle être d'un quelconque intérêt ?

Selon les préceptes des philosophes des sciences qui nous ont précédés, tels que Francis Bacon (1561—1626) ou encore Sir John Frederick William Herschel (1792—1871), l'on est amené très vite à répondre à ces questions par l'affirmative, ainsi que cela est déjà brièvement indiqué plus haut. Mais, peut-être que le contexte scientifique de l'évaluation du risque de l'ESB pour la santé humaine nous offre l'opportunié de les examiner plus en détail.

À partir de l'exemple historique de Barbara McClintock (1902—1992), et de la controverse sur le risque de l'ESB pour la santé humaine en partie relatée plus haut, nous avons déjà vu à quel point dans un contexte de paradigme la *liberté d'esprit* est souvent mal accueillie. Le contexte de l'évaluation scientifique du risque de l'ESB pour la santé humaine, nous permet-il de comprendre *la raison profonde* pour laquelle cela survient au point d'engendrer, comme c'est souvent le cas, des jugements *ad hominen* ?

---

[296] J. Wilesmith, CVO BSE 1 46, (1993), p. 93/05.18/4.1, http://www.bse/inquiry.gov.uk
[297] *Ibid.,* J. Wilesmith, (1993), p. 93/05.18/4.2.
[298] F. Bacon, *Novum Organum* I, Aphor. 130, (1857), p. 74.

5. Le fruit de la liberté de penser pour le progrès des connaissances scientifiques

L'orthodoxie de la biologie avait tracé un chemin épistémologique suivi par le plus grand nombre de savants. Ils y avançaient regroupés comme une "meute" pour 'sauver' le paradigme de la non transmissibilité des 'maladies à prions' de l'animal à l'homme. La théorie de la 'barrière d'espèces', l'argument épidémiologique découlant des *faits* attachés à la non transmissibilité zoonique du mouton, la *conception de la cause biologique* présumée stable, avaient soigneusement préparé le chemin. Totalement à contre-courant de ce chemin, Richard Lacey était désormais pratiquement seul. Cet isolement auquel faisait référence John Wilesmith était-il un ostracisme délibérément provoqué par la "meute" ?

On est vite amené à l'admettre. Plus tard dans les colonnes du quotidien britannique *The Guardian*[299], Stephen Dealler qui partageait les vues de Lacey déclara ceci : "Au début des années 1990, j'étais le seul chercheur qui menait des recherches sur des traitements de la maladie [neurodégénérative bovine] et j'ai dû effectuer mes travaux dans mon garage"[300]. Il mentionna également que Iain McGill, un médecin-vétérinaire a dû quitter le groupe de recherche du gouvernement dans lequel il travaillait, "après avoir averti des risques [de l'ESB pour la santé humaine]"[301]. McGill a fait une déposition le 8 juin 1998, dans le cadre de l'enquête[302] gouvernementale sur l'ESB.

Avant l'épisode de l'ESB, il fut élu membre du *Royal Veterinary College of London University*, en 1988, grâce à un projet sur 'la réaction astrocytique de l'ESB et sa comparaison avec la tremblante naturelle', projet réalisé au département de Pathologie du MAFF, dans le *Central Veterinary Laboratory* (CVL) à Weybridge. De janvier 1990 à juin 1991, il fut chercheur vétérinaire au CVL, pour le compte du MAFF qui finançait ses travaux. D'août 1991 à décembre 1992, il mena une recherche post-doctorale à l'*Institute of Psychiatry of London University*, financée par l'*Agricultural and Food Research Council*, (AFRC).

De 1994 à 1998 il fut directeur, du *Prion Interest Group*, une organisation de recherche indépendante fonctionnant grâce au financement privé, et enregistrée au Royaume-Uni avec le statut d'une société privée à responsabilité limitée. En 1988 il entra dans le champ des ESST, lorsqu'en fin 1987 début 1988, il se rapprocha de Richard Barlow alors professeur de Pathologie au *Royal Veterinary College*, possédant une expérience de plusieurs décennies sur la recherche sur la tremblante, afin de pouvoir

---

[299] S. Dealler, "At long last, signs of a BSE breakthrough, We may soon know the size of the CJD epidemic ...", (2001).

[300] *Ibid.*, S. Dealler, (2001) Sept. 5.

[301] *Ibid.*, S. Dealler, (2001) Sept. 5.

[302] I. S. McGill, BSE/Inquiry/No 67, Oral evidence June 1998.

effectuer la dernière année de son projet de recherche hors de l'École, au CVL dans l'équipe de Gerald Wells et de ses collègues qui menaient des recherches sur l'ESB. Une fois sa qualification de vétérinaire achevée, il a travaillé avec Wells au CVL, sous l'autorité et grâce au financement du MAFF. Il quitta le groupe de recherche du gouvernement, car ce dernier lui aurait déclaré "qu'il était illégal d'annoncer à quiconque ce qu'il avait trouvé"[303]. Et selon Stephen Dealler, quand le *nv*MCJ est apparu, le gouvernement "se demandait encore s'il fallait ou non l'annoncer au public"[304].

Dans ces conditions, l'on comprend mieux pourquoi Lacey avançant contre toute vraisemblance, l'idée de la possibilité d'un *lien de causalité* entre l'ESB et une forme humaine de ce trouble neurodégénératif animal, ne pouvait qu'être mis à l'écart, aussi bien par les politiques craignant de trop inquiéter la population et s'efforçant de gérer les intérêts économiques du lobby de la viande de bœuf, que par des savants pratiquant l'orthodoxie structurée par des paradigmes de la biologie de l'ESB.

D'autant plus que cette orthodoxie est désormais hypertrophiée par une position épistémologique négligeant le *changement* possible des entités biologiques causales en général et en particulier celui de l'agent de l'ESB, et réduisant le connu à la vérité, dès lors que ce connu est scientifiquement établi. Iain McGill rapporte comment le système 'd'approbation interne' du MAFF empêche alors les chercheurs de publier leurs découvertes et comment un système de filtre ou de censure contraint les énoncés de la science, lorsque ceux-ci ne vont pas dans le sens des idées convenues, acceptées et dominantes :

> "Tout article produit au sein du MAFF est envoyé pour approbation aux supérieurs hiérarchiques ; plus le sujet est sérieux (par exemple si la maladie est une zoonose ou soumise à déclaration), plus haut est envoyé l'article pour une approbation ou un refus."[305]

McGill illustre bien ce mécanisme d'entrave à la publication, à partir de *faits* relatifs au premier cas d'ESF découvert à l'Université de Bristol en 1990, *faits* indiquant clairement "un lien entre l'ESF et l'ESB", et suggérant de *facto* que l'ESB était transmissible à d'autres animaux. Une fois reconnus, ces faits auraient impliqué que la vache n'est pas 'l'hôte final' de l'ESB, contredisant alors la science officielle représentée par le rapport *Southwood*, défendue par John Wilesmith et Gerald Collee et soutenue par le MAFF et le gouvernement britannique. McGill rapporta que le MAFF, par l'intermédiaire du CVO et de son assistant, a exigé que soit précisément

---

[303] *Ibid.*, S. Dealler, (2001) Sept. 5.
[304] *Ibid.*, S. Dealler, (2001) Sept. 5.
[305] I. S. McGill, BSE/Inquiry/No 67, Oral evidence June 1998, ligne 15, p. 3.

retirée la mention "d'un lien entre l'ESF et l'ESB". L'article fut finalement publié en 1992 dans la revue *Research in Veterinary Science,* mais, notamment sans le terme 'avec l'ESB' qui devait apparaître dans le morceau de phrase "association épidémiologique avec l'ESB"[306]. C'est suite à cet épisode, et avant que ne soit publié l'article en question, qu'il quitta le MAFF. Dans un contexte où seules les idées dominantes qui nourrissent la science officielle doivent circuler, McGill dénonça également le système de contrôle des grandes revues scientifiques par des pairs ou des referees ou encore des directeurs de la rédaction.

Dans le cas que nous discutons, il s'agit du système appliqué par la revue *The Veterinary Record,* le principal canal d'information pour la profession vétérinaire, qui "n'a pas fourni un forum ouvert à la discussion sur les EST"[307], pendant la période où la crise de la vache folle britannique était à son paroxysme. Il relata par ailleurs un épisode de cette période marquée par l'intrusion de la politique dans la science, pour souligner à quel point, elle peut affecter l'agent cognitif et restreindre inconsciemment sa liberté de penser. En 1991, suite à une discussion avec un autre biologiste, McGill avait introduit l'usage d'une enzyme, la Subtilisine de Carlsberg, permettant à partir d'un tissu fixé au formol, l'extraction de fibrilles caractéristiques des ESST, désignées SAF, (*Scrapie Associated Fibrilles)*, car découvertes initialement dans le cerveau des moutons affectés de tremblante.

Grâce à l'usage de cette enzyme, et à la suite des faits expérimentaux recueillis, un article fut publié mettant en évidence l'ESB dans des échantillons analysés au cours des travaux menés à l'*Agricultural and Food Research Council.* Même s'il ne fut pas cité dans la publication, McGill[308] écrit ceci à ce sujet :

> "Mon rôle conceptuel dans ce travail (qui n'était pas au service du MAFF), illustre bien les fruits parfois inattendus de la libre poursuite des idées scientifiques (opposées à celles du Gouvernement)."[309]

N'étant pas du cercle des savants susceptibles d'être soumis consciemment ou non à l'influence du pouvoir, Richard Lacey aussi avait gardé toute sa liberté de penser. Son approche de la question du danger de l'ESB pour la santé humaine illustre bien les fruits que l'on est en droit d'attendre de l'union des aspirations du philosophe et des connaissances du savant. Ses idées sur la transmission possible de l'ESB à l'homme, étaient émises librement, dans une approche dialectique des énoncés de la science

---

[306] T. S. Singeltary, "The Manipulation of BSE/TSE Science In Peer Review Journals ?" p. 1.
[307] *Ibid.*, I. S. McGill, (June 1998), ligne 15, p. 3.
[308] McGill a contribué à de nombreuses publications, comme à celle-ci : L. J. N Wood, I. S. McGill, S. H. Done, R. Bradley, "Heretical Model of Scrapie", (1991).
[309] I. S. McGill, BSE/Inquiry/No 67, Oral evidence 08 June 98, ligne 15, p. 3.

produits par inférence dans le contexte de la vache folle. Ce sont les faits qui jugent les idées, a déclaré Claude Bernard (1813—1878). Le *fait* recueilli à partir du premier cas d'ESF venait déjà au soutien des hypothèses de Lacey et justifiait qu'il martèle que "la menace potentielle de l'ESB existe [...]. [Car], l'homme, les moutons et d'autres animaux peuvent contracter leur propre forme de l'infection fatale"[310].

Ainsi, même si l'infection n'est pas aussi importante que lorsque l'on consomme la cervelle de vaches infectées par l'ESB, selon Lacey, elle serait encore possible à partir d'autres organes consommés par les humains, malgré les mesures prises. Pour lui, l'infection des chats déjà observée semble annoncer cela. Mais, ce *fait* fut mal accueilli. Les savants qui devaient le publier, étaient sans doute déjà dans l'embarras pour quelque raison, et ont dû tenter de le masquer.

Dans ces conditions, avec l'idée venant d'un non-expérimentateur dans le champ des ESST, selon laquelle la vache n'est pas 'l'hôte final' de sa maladie et qu'à l'issue du *changement* possible de son agent, cette maladie peut affecter l'homme, l'esquisse d'une approche du *changement de l'agent causal de l'ESB* avant que ce changement ne soit devenu apparent, ne peut que passer mal. Faisant vraisemblablement croître l'embarras déjà existant et qui, sans doute, est engendré par cette idée, celle-ci ne peut alors qu'être provisoirement rejetée. Les idées ont leur temps de latence pour germer. Mais alors, pourquoi le rejet de l'idée que la vache n'est pas son hôte final s'est–il effectué dans un climat outrepassant le cadre des débats scientifiques vifs généralement mais souvent courtois ?

Il faut garder présent à l'esprit qu'un camp soutenant le paradigme de la non-transmissibilité zoonique de l'ESB s'efforçait d'introduire de l'intelligibilité dans les données factuelles qui s'écartaient des inférences en les réglant à des hypothèses nouvelles. Dès lors, l'idée de la transmissibilité de l'ESB à l'homme, se présentant jusque-là comme un fait potentiel n'existant que dans l'esprit d'un savant isolé, passait mal. Cette idée passait d'autant plus mal que les félins dont on savait déjà qu'ils ont été infectés par l'agent de l'ESB sont loin d'être des Hommes. Elle révèle une ligne de clivage en biologie de l'ESB, avec d'un côté, l'utilisation des données factuelles nouvelles pour justifier les inférences et de l'autre, l'utilisation de ces mêmes données comme falsificateurs probables des inférences.

S'expriment ainsi deux camps qui s'affrontent, placé chacun dans une position épistémologique bien définie. D'une de ces positions partent toutes sortes d'hypothèses venant de chercheurs considérant que les connaissances scientifiques, même les plus avancées, sont vacuolaires relativement au vivant, et que ce que nous savons en biologie peut *in fine* réserver des

---

[310] *The Guardian*, "Microbiologist raises concerns on liver consumption Mad cow disease 'still poses threat'", (3 Juil. 1993), *in* Euroarchives sur l'ESB sous la réf. 93/07.03/3.1.

surprises, du fait d'une "imprédictibilité"[311] du cours d'un agent causal sous l'emprise de son devenir dans un nouvel hôte. De l'autre s'activent des biologistes *croyant* en leur savoir, et s'appuyant sur ce savoir pour mener des démonstrations visant à expliciter la vérité attachée au connu, à justifier ce connu bien plus qu'à le critiquer. Ces deux positions épistémologiques libèrent les forces de l'esprit dans deux directions contraires, mais pas nécessairement contradictoires, l'une vers ce que l'on peut appeler schématiquement le raisonnement investigatif et l'autre vers le raisonnement déductif. Du coup, l'analyse menée des deux côtés n'est plus la même.

Dès lors, pour Lacey les faits épidémiologiques établissant l'hypothèse étiologique relative à l'ESB sont à reconsidérer. Est-ce alors parce qu'ils ne sont pas analysés par les savants en tenant compte de toute la *complexité* de l'*être* attachée au *devenir des entités biologiques causales* ?

Il faut reconnaître que dès que l'on s'engage à expliquer des *changements* qui se *ne voient pas* encore, de bien des manières, l'on est dans la métaphysique. L'on comprend alors que pour un sujet aussi grave que l'évaluation du risque de l'ESB pour la santé humaine, une immersion dans la métaphysique soit troublante à l'intérieur d'une biologie qui s'efforce de maintenir ses appuis sur des *faits positifs*. Dans le fond, ce trouble ne vient pas du fait qu'il n'y a pas de métaphysique en science, mais de ce que cette métaphysique est implicite. Et ce n'est pas faire un reproche que de dire qu'il y a une métaphysique en science.

Nul ne peut faire l'effort de penser sans entrer en métaphysique. Toutefois, en science, cette métaphysique n'a pas de portée ontologique. Elle ne saurait nécessairement décrire la réalité des choses ou ce qui *est*. Elle repose sur un matérialisme méthodologique. Mais, le problème actuel de la biologie moléculaire n'est-il pas que ce matérialisme méthodologique est imperceptiblement confondu avec une ontologie matérialiste ?

Parce que la méthode scientifique charrie une métaphysique inconsciente qui est une ontologie matérialiste, nous pensons que dans les sciences du vivant et en particulier à l'intérieur du champ de la biologie des prions, c'est peut-être le glissement de ce matérialisme méthodologique vers une ontologie matérialiste insuffisamment critiquée, commencée depuis la fin du XVIe siècle, qui soulève des problèmes du genre qui nous occupe, en examinant le clivage que constitue désormais le *changement* de l'agent de l'ESB dans la vache, au cours de l'évaluation du risque de l'ESB pour la santé humaine. Ainsi, dès lors que l'on prétend qu'une cause qui s'est manifestée pendant plus de deux siècles de manière régulière peut *changer* à l'insu de l'observateur alors que tous les *faits positifs* disponibles disent le contraire, les fondements méthodologiques de la biologie semblent attaqués. Dans ces conditions, l'on comprend très bien que cette "réalité

---

311 S. Dealler, R. Lacey, "Transmissible Spongiform Encephalopathies : The Threat of BSE to man", (1990), p. 253.

métaphysique"[312] du *changement des entités biologiques causales* dont les effets ne sont pas encore apparents, paraisse aux yeux de l'orthodoxie, impensable à l'intérieur du champ de la biologie moléculaire. Surtout, si ce changement qui n'est pas visible est proclamé par un savant isolé ne cultivant pas le champ dans lequel le problème tente de trouver une solution. L'on comprend alors que le débat engendre des jugements *ad hominem*. Car, non seulement dans l'un des deux camps il y a une *confusion* entre science et politique, mais surtout il y a deux présupposés qui s'opposent désormais.

De la sorte, dans l'un et l'autre des camps qui débattent, les savants se trouvent alors à l'interface du *savoir* et de la *croyance*, où peut-être seule la philosophie peut mieux départager les choses. Ainsi, outre les épithètes "d'obsédé" de l'idée d'un *lien causal* entre l'ESB et la MCJ, d'"ignorant" ou de "désespéré", déjà attribuées à Richard Lacey par les tenants de la thèse de l'innocuité de l'ESB pour la santé humaine, son analyse qui mêle science et philosophie et qui remet en question les *faits* épidémiologiques relatifs à l'étiologie du trouble neurodégénératif bovin, passe désormais pour :

> "Une claire exhibition de son incapacité à penser les nombres et à contribuer de manière constructive à un débat scientifique autour d'un problème."[313]

Dans la poursuite de son idée d'une cause présumée de l'infection des vaches *autre* que l'agent de la tremblante, Lacey passe en revue toutes les hypothèses, tente d'"articuler des explications différentes également vraisemblables"[314]. Dès lors, il avance que les données fournies, en tant que "preuve qui soutient le rôle du matériau transformé [pour l'alimentation des bovins], et en tant que cause de l'ESB, semblent faibles"[315]. Une analyse que Wilesmith juge "vraiment étonnante de la part d'un soi-disant scientifique, [considérant alors, lui, que] cela est en désaccord total avec les résultats [épidémiologiques]"[316]. Lorsque Lacey formule enfin sa propre hypothèse causale pour tenter d'expliquer l'ESB, elle est qualifiée de "simple ineptie

---

[312] M. Planck, *Autobiographie scientifique et derniers écrits*, (1960), p. 146.
Cette *réalité du changement* de la nature physique et biologique, qui est souvent *métaphysique*, Max Planck (1858—1947) s'est évertué de l'expliciter dans le contexte des sciences physiques de la manière suivante : "On considérait les atomes comme ce qui demeurait immuable […], comme ce qui représentait alors la permanence au sein de tout changement, – jusqu'au jour, où, à l'étonnement général, il fut découvert que les atomes eux-mêmes pouvaient changer." (1960), p. 141.

[313] J. Wilesmith, "Prof. Lacey's Article : 'BSE – The Gathering Crisis'", *VCO BSE 1 46* (1993), p. 93/05.18/4.3, sect. 18.

[314] M. Morange, *Les secrets du vivant. Contre la pensée unique en biologie*, (2005), p. 29.

[315] R. Lacey, "BSE-The Gathering Crisis", (1993), p. 6.

[316] J. Wilesmith, *VCO BSE 1 46* (1993), p. 93/05.18/4.3, section 19.

épidémiologique"[317]. Quelle est alors cette *hypothèse causale* postulée pour tenter d'expliquer un trouble neurodégénératif bovin désormais bien installé et, qui selon Lacey, était susceptible de passer à l'homme ? Avertissant qu'"il y a un doute qu'une preuve formelle lui soit apportée"[318], il introduit son *hypothèse* en ajoutant "toutefois, qu'elle semble être la seule explication", et qu'il espère bien, en tous les cas, qu'"elle stimulera le débat"[319]. Puis, il livra enfin ses réflexions :

> "Un nombre relativement faible de vaches était, par hasard, alimenté par une nourriture artificielle présentant des concentrés qui contenaient l'agent infectieux dérivé de vaches elles-mêmes dans les 1970 ou début 1980. Au début, la maladie était largement sous-clinique, avec un agent infectieux recyclé d'une vache à l'autre, à travers les usines de transformations. L'agent de la maladie a été aussi transféré verticalement, et à un moindre degré horizontalement et, par la suite, la maladie clinique s'est manifestée dans un petit nombre de vaches, typiquement âgés de 4 ans. Parce que la maladie est plus prévalente en hiver qu'en été, des facteurs environnementaux peuvent très bien en être un déclencheur. Ainsi, beaucoup de cas au cours de ces dernières années résulteraient d'une multiplication de l'agent dans des vaches apparemment en bonne santé et de la transmission verticale aux veaux, avec la maladie clinique résultant d'une interaction de déterminants environnementaux. La seule preuve potentielle contre cette hypothèse serait que la transmission expérimentale de l'ESB de la vache au veau ne puisse pas être démontrée."[320]

Nous ne pouvons nous attarder davantage sur cette section. Il nous faut conclure. Nous soulignons la présence du concept du *changement* des entités biologiques causales dans l'analyse des *faits* réalisée par Richard Lacey. Tout en s'appuyant sur ces *faits*, il n'est pas lié pour autant au contenu empirique des inférences découlant de la logique inductive. La base épidémiologique sur laquelle repose ces inférences lui semble à juste titre porteuse d'une *incertitude* dont il se méfie.

À l'instar d'un philosophe, il entre facilement en métaphysique, pour imaginer, formuler des hypothèses à partir d'un monde théorique étendu, contrairement au monde dans lequel semblent se mouvoir des savants que l'on pourrait qualifier *prima facie* d'empiristes inductivistes. Pour lui, il se pourrait bien que l'*agent causal* de l'ESB soit d'*origine bovine*, s'exprimant alors dans des conditions optimales compatibles avec la maladie clinique,

---

[317] J. Wilesmith, "Professor Lacey's Article : 'BSE – The Gathering Crisis'", *VCO BSE 1 46* (1993), p. 93/05.18/4.3, section 20. Disponible sur http://www.bse/inquiry.gov.uk
[318] *Ibid.*, R. Lacey, (1993), p. 6.
[319] *Ibid.*, R. Lacey, (1993), p. 6.
[320] *Ibid.*, R. Lacey, (1993), p. 6.

lorsqu'*il* interagit avec des déterminants environnementaux. Tout ceci est présenté comme un énoncé théorique falsifiable. Lacey use de l'*hypothèse* avec une liberté que l'on pourrait trouver excessive. Car, il semble bien plus préoccupé de concevoir des conjectures vraisemblables que d'en chercher des preuves méthodiques. Dans la mesure où il ne fait que présenter des *hypothèses*, en soulignant même la difficulté de leur apporter une preuve formelle, en montrant également ce qui les falsifierait au sens poppérien, alors cela indique clairement que ces *hypothèses* sont éminemment scientifiques et susceptibles d'être fécondes.

Deux aspects majeurs de la biologie des prions rendent particulièrement séduisante l'*hypothèse causale* de Lacey. Le premier c'est que la cause des maladies à prions peut bien être *génétique*, endogène à l'organisme. Il n'est donc pas absurde de penser que la vache elle-même puisse être le convoyeur de la *cause* de sa propre maladie dès le début.

Le deuxième aspect auquel touche l'hypothèse causale de Lacey est très moderne en biologie moléculaire. Il relève des facteurs causals environnementaux, et réfère à la cause *épigénétique*. Les deux aspects sont bien présents dans la théorie du prion formulée dans les années 1980, qui considère que les maladies à prions ont une cause à la fois génétique et infectieuse, théorie actuellement admise par quasiment tous les savants, et que nous avons examinée dans le volume 1 aux chapitres II et IV.

Même si l'approche causale de Lacey repose quelque peu sur la philosophie du *changement* des entités biologiques causales, qu'il nous faudra développer davantage plus loin, et qui mène vers une métaphysique distante du positivisme de la science, nous pensons que les échanges évoqués ici auraient sans doute été plus policés en d'autres circonstances. Les épithètes qui ont été attribuées à Lacey ainsi qu'à Dealler ne relèvent-elles pas aussi de l'emprise sur des agents cognitifs, d'une conjonction d'un paradigme et des effets douteux de l'*idéologie* décrochant généralement assez vite de la vérité scientifique, *idéologie* qui est, dans le cas qui nous occupe, le fait d'un lobby politico-scientifique ?

Dès lors, cela ne révèle-t-il pas l'importance de distinguer *science* et *politique* dans l'évaluation d'une question de santé publique ? Telles sont les questions qu'il nous faut tenter de traiter à présent très brièvement.

6. Risque de l'ESB pour la santé humaine

6.1 Le principe de précaution face à un danger biologique potentiel

Au fond, que l'hypothèse causale de Lacey soit corroborée par les faits ou non, cela est secondaire dans une controverse où le problème central est la question du risque de l'ESB. Ce sont ses implications graves au regard de la santé humaine qui lui donnent toute sa portée. Une de ces implications a directement un rapport avec la santé seule. En effet si la *cause* est génétique, alors l'ESB passerait des vaches aux veaux et ceux "de moins de six mois qui rentrent dans la chaîne alimentaire, y compris leurs cerveaux, pourraient provoquer un risque substantiel pour les consommateurs"[321]. De sorte que dans le cas où l'infection passerait à l'homme, ceci signifierait qu'elle pourrait aussi passer à sa descendance. Les conséquences d'un tel risque de transmissibilité entre générations semblent alors terrifiantes. Dès lors, pour Lacey l'entrée des veaux dans la chaîne alimentaire "devrait cesser"[322].

Une autre implication ayant cette fois-ci une incidence à la fois sur la santé et sur l'économie, c'est que "le troupeau dans lequel se manifesterait le moindre cas, devrait être abattu et remplacé par un troupeau sain"[323]. Cette mesure suggérée par Richard Lacey sera jugée par John Wilesmith[324] comme relevant de "son irresponsabilité au regard du coût de ce qu'il propose. Car, il serait excessivement coûteux de suivre sa suggestion"[325]. Exposer des milliers d'individus à un danger potentiel, quitte à entraîner des pertes de vies humaines et à devoir supporter avant cela des dépenses de santé publique plus élevées, pour tenter de soigner une maladie pour laquelle il n'existe aucun traitement, est-ce cela qui est responsable au regard du coût ?

Pourtant, pour des raisons préventives et en vertu du principe de précaution découlant du principe de responsabilité[326] de Hans Jonas (1903—1993) face à un danger que l'on ignore, de nombreux pays européens, y compris la Grande Bretagne elle-même, avaient fini par sacrifier des troupeaux de vaches dans lesquels un seul cas d'ESB apparaissait, suivant en cela la suggestion de Richard Lacey. En déclarant que cette suggestion est coûteuse, John Wilesmith défendait-il les intérêts économiques des éleveurs, ceux du MAFF ou bien les intérêts de la *santé publique* ?

Pour conclure, nous dirons qu'en raison du *changement* des molécules biologiques engagées dans un nœud causal, susceptible de surprendre la science, le principe de précaution est primordial face à tout danger biologique potentiel. Cependant, la conduite des tenants de la thèse de l'innocuité de l'ESB pour la santé humaine n'est pas blâmable *in fine*, dans la mesure où c'est dans la science que réside la racine d'une telle conduite. Par contre, l'exaltation du front dirigé contre Lacey dont la position ne paraissait pas avoir de justification aux yeux de l'orthodoxie, semble

---

[321] R. Lacey, "BSE-The Gathering Crisis", (1993), p. 6.

[322] *Ibid.*, R. Lacey, (1993), p. 7.

[323] *Ibid.*, R. Lacey, (1993), p. 7.

[324] La note de Wilesmith critiquant le 2e article de Lacey a pour titre "Professor Lacey's Article : 'BSE – The Gathering Crisis'". L'article fut réceptionné le 12/11/1993. Puis Wilesmith adressa à Bradley le 18 mai sa note référencée CVO BSE 1 46 code 18.77. Au total la note présente 19 pages numérotées de 93/05.18/4.1 à 93/05.18/4.19.

[325] *Ibid.*, J. Wilesmith, CVO BSE 1 46, section p. 2193/05.18/4.4

[326] H. Jonas, *Das Prinzip Verantwortung* : *Versuch einer Ethik für die technologische Zivilisation*, (1979), tr. fr., *Le principe de responsabilité. Une éthique pour la civilisation technologique*, (1998).

directement liée au lobby politico-scientifique adossé aux intérêts privés des fermiers britanniques et à ceux de l'industrie de la viande de bœuf. Il a engendré selon toute vraisemblance une *confusion* entre science et politique. Mais, l'épanouissement des sciences de la vie et de la santé, est-il compatible avec un tel mélange des genres ? Certes, la politique, joue un rôle nécessairement primordial dans l'organisation de la société, en vue notamment de la prévention des maladies épidémiques, de l'accès à la santé, de la promotion de la santé par l'hygiène, de la qualité des soins par une amélioration des conditions sociales, de l'instauration d'une veille sanitaire.

Toutefois, le champ de la santé publique humaine et animale est constituée par l'interface entre la biologie, la médecine humaine et vétérinaire, la nutrition, l'industrie agro-alimentaire et pharmaceutique. Un tel champ n'exige-t-il pas pour fleurir, une *distanciation* vis-à-vis de la politique ? On voit clairement que ces questions, pourtant très importantes, débordent largement du cadre d'analyse épistémologique dans lequel se déroule cette enquête scientifique et philosophique sur les prions. Nous ne pouvons donc pas leur accorder toute la place qu'elles méritent. Mais, nous ne pouvons pas non plus les éluder. Il nous faut tenter de leur apporter une réponse, aussi courte soit-elle. C'est ce que nous faisons à présent.

6.2 Évaluation du risque et gestion du risque de santé publique

La distinction entre l'évaluation du risque dévolue au savant et la gestion du risque qui incombe au politique doit rester claire dans le traitement d'un problème de *santé publique*. Dans le contexte de l'ESB l'importance d'une telle distinction fut rappelée d'une façon pertinente par un politique :

> "Dans une démocratie moderne, transparente et qui se veut efficace, il est indispensable de séparer les fonctions d'évaluation et de gestion du risque. L'évaluation du risque relève de la compétence de l'autorité des scientifiques, *si possible indépendante**, alors que la gestion du risque ne peut relever que des autorités publiques démocratiquement élues et responsables devant le peuple. Le mélange des genres est dommageable à bien des égards, aussi bien quand les responsables politiques et publics se targuent de pouvoir évaluer le risque mieux que les scientifiques que lorsque des scientifiques veulent sortir de leur rôle pour entrer dans la gestion du risque, ce qui n'est pas forcément meilleur, parce qu'ils ne sont pas responsables, eux, devant le peuple et qu'ils ne sont pas forcément non plus détenteurs de ce sens de l'intérêt général qui doit animer tous ceux qui gèrent la chose publique."[327]

---

[327] J. Glavany, socialiste et ancien Ministre français de l'Agriculture : Rapport de la commission d'enquête du Sénat "Sur les conditions d'utilisation des farines animales dans l'alimentation des animaux d'élevage et les conséquences qui en résultent pour la santé des con-sommateurs", N° 321, t. I. mai 2001, p. 116. Cette Commission d'enquête fut

Dans la confusion des genres, nombre de savants semblent ne pas avoir eu toute la liberté nécessaire pour le progrès et l'épanouissement de la science normale. Ils ont connu des entraves, comme l'ont déjà signalé Stephen Dealler et Iain McGill et comme en témoigne un courrier du professeur Sir Michael Anthony Epstein adressé à son homologue le professeur Sir Richard Southwood alors président du SEAC :

> "Cher Dick, Merci pour le nouveau matériau sur l'ESB que tu m'as envoyé, il t'est retourné dans cette lettre avec tous mes remerciements. La réunion du mercredi dernier à la *Royal Society of Medicine* s'est très bien déroulée. Elle était très attendue, et j'ai certainement appris un ou deux faits, par exemple que chez des moutons naturellement infectés, il existe plus d'un isolat de souches de l'agent de la tremblante, que la propagation de cet agent se fait du système réticulaire endoplasmique au système nerveux central à partir des voies nerveuses autonomes, [et enfin] que la progéniture des [vaches atteintes d]'ESB est plus sensible à l'agent de l'ESB contrairement à la progéniture des moutons vis à vis de l'agent de la tremblante. Je n'étais pas très heureux d'entendre que les farines de viande et d'os présumées contenir des matériaux infectés provenant des moutons et des vaches vont être données à consommer aux porcs au Royaume-Uni et exportées aussi vers d'autres pays où elles peuvent être données à consommer aux vaches. Que pouvons-nous y faire ? Le CVO depuis le Ministère n'a pas été d'une très grande aide sur ce point. Espérant que tout ira bien, et cordialement. Bien à toi."[328]

Sir Epstein rencontrait Sir Richard Southwood (1931—2005). Il pouvait oralement communiquer avec lui. L'option d'une lettre comme canal de communication plutôt qu'une communication téléphonique exprime clairement l'intention du savant de laisser une trace écrite du souci qu'il partageait avec son homologue. De cet échange sur les préoccupations que partageaient ensemble les deux scientifiques, l'on peut penser qu'il en est résulté, chez l'un comme chez l'autre, un recul vis-à-vis de la situation devant laquelle se trouvait désormais le comité *Southwood.*

Prenant ses distances vis-à-vis du politique, le professeur Richard Southwood (1931—2005) a d'ailleurs dû décliner sa responsabilité à la tête de ce comité consultatif. C'est suite à sa démission que David Arthur John Tyrrell (1952—2005), médecin et virologue, spécialiste du virus du rhume, élu membre de la *Royal Society of London* en 1970, eut en charge ce comité

créée en vertu d'une résolution adoptée par le Sénat français le 21 novembre 2000. Son rapport fut remis au Président du Sénat le 10 mai 2001. *Souligné par nous.

[328] Lettre du professeur Epstein adressée le 16 novembre 1989 à Sir Southwood alors président du *Southwood Party*. Disponible sur http://www.bse/inquiry.gov.uk sous la référence 89/11.16/1.1

qui s'appela dès lors, *Tyrrell Committee*. Quel est alors au plan épistémologique le sens profond de la lettre adressée au professeur Sir Richard Southwood par le professeur Sir Michael Anthony Epstein ? Que signifie une telle note au regard de l'objectivité et de la vérité qui sont censées guider le scientifique dans la tâche qui est la sienne ? Telles sont les questions qu'il nous faut tenter de traiter à présent, de manière succincte.

6.3 Altération des canons de l'objectivité et de la vérité scientifique par la poursuite d'objectifs politiques

La note du professeur Sir Epstein que nous venons de présenter indique bien toute l'impuissance du Comité *Southwood* face aux décisions politiques prises avant tout dans le souci de préserver, selon toute vraisemblance, les intérêts des éleveurs britanniques, au mépris du bon sens et des considérations relatives à la *santé publique*. Les préoccupations économiques semblent donc bel et bien l'avoir emporté à un moment donné sur les considérations de *santé publique*. Interdites au Royaume-Uni, les farines carnées britanniques allaient continuer d'être exportées vers d'autres pays européens et à travers le monde, alors même que cela était potentiellement mauvais, et pouvait s'avérer à termes, dangereux pour la santé humaine.

Le comité *Southwood* contraint par le Ministère de l'Agriculture, n'avait plus qu'à *espérer* que le cours des événements ne se présente pas de façon catastrophique. Il est inutile de souligner qu'en situation d'absolue liberté, ce comité aurait tout simplement refusé que de telles mesures soient mises en œuvre. En se réfugiant derrière l'espoir, là où ils auraient dû agir de manière raisonnée, les membres du comité *Southwood* signifiaient que les canons de l'objectivité et de l'évidence, l'attention scrupuleuse aux faits, et par dessous tout la vérité scientifique peuvent être gravement affectés voire totalement altérés par la poursuite oppressive d'objectifs sociaux ou économiques qui paraissent, aux yeux de la politique, plus importants à un moment donné.

Nous sommes alors sept ans avant que le gouvernement britannique ne soit contraint de reconnaître et d'annoncer officiellement l'apparition d'un nouveau trouble neurodégénératif humain en relation causale avec la maladie bovine. Avant que le surgissement de cette forme humaine de l'ESB n'ait ainsi placé les autorités politiques britanniques face à cette vérité scientifique sur la nocivité des farines carnées et surtout sur la transmissibilité de l'ESB à l'homme suite au *changement* de son agent causal dans la vache, tout porte à admettre que, sous l'emprise d'un lobby politico-scientifique, la science a été subordonnée à l'économie pour des raisons d'État.

Nous voyons ainsi clairement comment la politique peut devenir un obstacle sur le chemin de l'*objectivité*, de la clarté, de la logique et de la rationalisation des *faits* bruts recueillis par la science. De la sorte, même si la politique ne se réduit pas à un champ de bataille pour des intérêts partiaux et adverses, elle peut rendre à la science la tâche plus difficile voire impossible, dans la poursuite de la *vérité*. Ainsi, dans le cas qui nous occupe, alors que la mission de la science fut d'évaluer le risque de l'ESB pour la santé humaine et d'apporter des solutions à la crise de la vache folle, cette crise était désormais susceptible de s'étendre de manière délibérée et hypocrite hors de la Grande Bretagne, par l'exportation de farines animales déplorée par les membres du comité *Southwood*. Mais, les savants qui sont des gardiens de la vérité scientifique ont-ils à entrer en compromission avec les politiques ?

Et dans le cas que nous discutons, les considérations économiques mises en avant par les politiques doivent-elles primer sur les exigences de santé publique ? Nous ne pouvons nous attarder sur ces questions. Nous notons simplement qu'une réponse pertinente viendra du sommet de l'État français.

En France où la dimension de la crise n'avait pas la même amplitude qu'en Grande-Bretagne, les importations de farines carnées britanniques se sont poursuivies, pour des raisons économiques et sans doute sous l'emprise du lobby politico-scientifique, même après la découverte des premiers cas de la forme humaine de l'ESB. C'est vraisemblablement pour soustraire la gestion de cette crise à l'emprise du lobby politico-scientifique partial et plutôt troublant pour la marche de la science, que Jacques Chirac alors chef de l'État français, mettant en avant l'*impératif de santé publique*, fut conduit à mettre un terme aux atermoiements de son gouvernement, l'invitant à interdire l'utilisation de toute farine carnée dans l'alimentation animale :

> "Dans cette crise, aucun impératif ne peut être placé plus haut que l'exigence de la santé publique. Aucune autre considération ne saurait inspirer l'action des pouvoirs publics. [...] Nous devons sans retard interdire les farines animales et prendre le cap du dépistage systématique de la maladie, afin de limiter, autant qu'il est techniquement possible, les risques de contamination."[329]

Par cette intervention au plus haut sommet d'un État européen, signifiant que l'impératif de santé publique doit primer sur toute exigence économique, nous voyons très clairement à quel point la crise de la vache folle britannique s'est présentée au début du XXIe siècle comme une crise aussi bien scientifique que politique. À présent, il nous faut conclure sur ce chapitre.

Nous pensons qu'au-delà des entraves que les savants qui tentaient d'évaluer le risque de l'ESB pour l'homme, ont pu connaître de la part des instances politiques britanniques ou Européennes, les difficultés que les biologistes n'ont pu surmonter, sont à rechercher, pour l'essentiel, dans la biologie elle-même. Le progrès des sciences biologiques repose sur la dynamique de ses *concepts*, ainsi que nous l'avons vu dans la première partie

---

[329] Déclaration de M. Chirac, Président de la République. 7 nov. 2000. Placée en épigraphe dans l'introduction du rapport de la commission d'enquête du Sénat sur "les conditions d'utilisation des farines animales dans l'alimentation des animaux d'élevage et les conséquences qui en résultent pour la santé des consommateurs", n°321, t.I, mai 2001. p. 14.

de cette enquête, aux chapitres III et IV du volume 1. Toutefois, à partir du moment où une science est mûre, les outils conceptuels forgés dans la période de progrès des connaissances prennent un poids tel qu'ils deviennent plus résistants à leur propre évolution, comme cela fut démontré à la fin du chapitre III et tout au long du chapitre IV du volume 1.

Dès lors, on comprend mieux que l'idée de l'*imprédictibilité* de l'agent de l'ESB mise en avant par Richard Lacey, se présente comme une idée qui passe mal. Et cette idée passe mal, dans la mesure où, précisément, elle préconise que l'on ne saurait *prédire* le comportement de l'agent causal du trouble neurodégénératif bovin, que cet agent provienne de la vache elle-même dès le début de cette nouvelle maladie bovine ou bien qu'il provienne de l'agent de la tremblante du mouton possiblement transmis à la vache *via* les farines carnées. Cependant, aux yeux de l'orthodoxie de la biologie, l'agent de la tremblante est inoffensif pour la santé humaine depuis bien longtemps et de ce fait semble nécessairement *stable*.

De la sorte, prenant appui sur les *faits* déjà exposés dans cette enquête au chapitre VII et sur un certain nombre de considérations évoquées dans le chapitre VIII de ce volume 2, nous prétendons que les difficultés rencontrées par les savants, dans le champ de la biologie de l'ESB, résident dans les sciences biologiques elles-mêmes. Ces difficultés sont à la fois conceptuelles et contextuelles. Certes, elles sont hypertrophiées ici par la collusion de la science et la politique, produisant non pas des erreurs normales qui ont cours en science, mais de l'*idéologie* qui détourne la science de sa finalité. Mais, ne découlent-elles pas, au fond, de la manière dont *in fine* la connaissance scientifique se construit et surtout de la *conception des entités biologiques causales* en biologie moléculaire et en biomédecine contemporaines ?

En effet, pour les sciences biologiques et biomédicales un agent causal biologique reste perçu selon la conception aristotélicienne d'une *substance stable*, et dans le prolongement du précepte parménidien de l'*immuabilité* de l'*être* qui ne connait ni destruction ni génération. Or, l'histoire vraie de la nature de l'agent étiologique de l'ESB que Richard Lacey soumit à la force de l'intelligence en vue de l'interprétation des faits nouveaux attachés à cet agent ne suggère-t-elle pas une conception de la *cause biologique* inscrite dans une perspective du *changement* ? Au moment où Lacey mettait en avant le *changement* possible de l'agent causal du trouble neurodégénératif bovin, cette maladie bovine avait-elle déjà livré toutes ses manifestations ?

Aucun *fait* ne permettait de l'affirmer. En revanche, l'on pouvait supposer que dans le sein de la vache, l'agent biologique qui cause sa maladie neurologique poursuivait son œuvre et que la maladie continuait son développement dans le secret de la nature. Si le *changement* de l'agent causal devait s'arrêter, alors on ne devrait pas observer des manifestations autres que celles déjà analysées par l'épidémiologie et que nous avons, jusqu'ici, examinées dans cette enquête. Par contre, si comme le prétend le professeur Lacey, il y a un *changement imprédictible* de l'agent dans la vache, alors en restant attentif aux *faits* qui se manifesteront dans un futur proche ou lointain, il devrait y avoir des phénomènes nouveaux, différents de ceux qui ont déjà été observés. Ce serait alors un argument pour un *changement* qui ne s'arrête pas au moment où l'expérimentateur fait ses observations, mais qui au contraire se poursuit dans le secret de la nature, à l'insu de l'observateur recherchant des phénomènes visibles. Quelles manifestations livrera l'histoire vraie de la nature de l'agent causal du trouble neurodégénératif bovin ? Les phénomènes qui seront observés par la suite confirmeront-ils le *changement continuel* de cet agent biologique ? Il faudra un peu de *temps* pour répondre à ces questions.

Chapitre 9

L'émergence du *nv*MCJ, la forme humaine de la maladie de la vache folle : la ruine de l'inférence causale

La première partie du titre de ce chapitre, à savoir *L'émergence du nvMCJ*[330], est aussi le titre que les savants britanniques ayant recueilli et analysé les *faits* relatifs à l'enquête sur l'ESB, ont donné au 5e chapitre du volume 8 de la vaste documentation publiée par les autorités britanniques à l'issue de la survenue du nouveau phénotype de la MCJ, le *nv*MCJ. Nous estimons que malgré le caractère inattendu et surprenant du mal pour l'orthodoxie de la biologie moléculaire, le terme *émergence* traduit mieux la lente apparition de cette forme humaine de l'ESB dans la population britannique et son introduction dans la littérature médicale et scientifique. C'est pourquoi nous optons de substituer ce titre à celui de *Surgissement du nvMCJ* que nous avions choisi initialement pour marquer le jaillissement de la forme humaine de l'encéphalopathie spongiforme bovine.

Au cours de la veille épidémiologique instituée au Royaume-Uni à partir de 1990 pour surveiller le *changement* profil de la MCJ, deux camps débattaient encore. La ligne de clivage des deux camps était le *devenir de l'agent causal de l'ESB*. Au fond, les *faits* indiquaient déjà qu'il est capable de traverser la barrière d'espèces et d'infecter d'autres animaux. Mais, l'homme n'était pas encore atteint par le mal. Puis, 1996 se présenta comme une année fatidique pour les tenants de la thèse du risque nul de l'ESB. Car, le 20 mars 1996 à Londres, le ministre de la Santé, Stephen Dorrell, fit à la tribune de la Chambre des Communes, cette déclaration :

> "Avec votre permission, Madame le Président, je voudrais faire une déclaration à propos du dernier avis rendu au gouvernement par le Comité Consultatif sur l'encéphalopathie spongiforme [...]. Le Comité a examiné le travail fait par l'Unité de Surveillance d'Édimbourg spécialisée dans la MCJ. Ce travail, qui concerne 10 cas de maladies identifiées chez des personnes de moins de 42 ans, a conduit le Comité à conclure à l'existence d'une nouvelle maladie inconnue jusqu'à présent. Un examen de l'histoire médicale de ces patients, des analyses génétiques et des considérations sur d'autres causes n'ont pas permis de trouver une explication satisfaisante à ces cas. Il n'y a toujours pas de preuve scientifique que l'encépha-

330 http://collections.europarchive.org/tna/20090505194948/http://bseinquiry.gov.uk/pdf/volume8/Chapter5.pdf est l'adresse du site qui contient toutes les informations scientifiques mises en ligne par les autorités britanniques sur l'*Émergence du nvMCJ*. Le lecteur peut s'y reporter, notamment aux pages 33 à 81, pour un complément d'informations.

> lopathie spongiforme bovine peut se transmettre à l'homme par le bœuf, mais le Comité a conclu que l'explication la plus probable pour ces cas est un lien avec l'exposition à l'agent de l'ESB avant l'interdiction des farines bovines en 1989."[331]

Dans ce chapitre nous suivons pas à pas l'émergence du *nv*MCJ jusqu'à la publication officielle de son apparition dans le paysage des ESST. Il livre l'histoire exacte de la nature des entités biologiques causales, et pose la question du *lien* entre l'exposition à l'agent causal de l'ESB et l'apparition du *nv*MCJ. Cette question se décline comme suit :

1. Quels sont les *faits* cliniques et pathologiques attachés à cette nouvelle maladie humaine en lien avec le trouble neurodégénératif bovin ?

2. Quelle est la signification de ce *lien* qui ruine l'inférence causale sur la non-transmissibilité zoonique du trouble neurodégénératif bovin ? Dès lors, qu'est-ce qu'*une cause biologique* ?

Ce chapitre nous place au cœur de la *difficulté* que recèle la conception de la *causalité biologique* en biologie et médecine moléculaires. Il présente des *faits* incontestables livrés par les prions, qui nous permettent de tenter de la résoudre à travers l'œuvre de l'interprétation de la nature des entités biologiques causales, cryptée dans les molécules de prions.

---

[331] H. F. Lyman, *Mad Cowboy : Plain Truth from the Cattle Rancher Who Won't Eat Meat*, (1998), p. 93 sq.

1. Les faits cliniques et pathologiques du *nv*MCJ

En règle générale, il est extrêmement rare que la MCJ affecte des patients de moins de trente ou même de quarante ans. Mais, le 13 octobre 1989, quatre ans après l'occurrence de l'ESB, un premier cas de MCJ chez une jeune femme de 36 ans, sans antécédents familiaux ni facteurs de risque, fut observé par un neuropathologiste nommé Timperley. C'est Hilary Pickles qui rapporta ce cas à Robert Will, neurologue doté d'une grande expérience de la MCJ. Car, entre 1979 et 1982 il travailla avec le professeur Walter Bryan Matthews (1920—2001) sur diverses études en rapport avec la surveillance et l'analyse des cas de MCJ en Angleterre et au pays de Galles.

Actuellement professeur de Neurologie clinique à l'Université d'Édimbourg, Will adressa en décembre 1989, une demande de financement au département de la Santé, en vue de mener un projet de recherche sur la surveillance de la MCJ. Sa proposition fut acceptée. Le projet de surveillance de la MCJ commença le 1er mai 1990, d'abord à la *Western General Hospital* d'Édimbourg, avant de s'étendre sur tout le Royaume-Uni, puis de développer des liens avec les réseaux de surveillance d'autres pays.

En informant Will sur le cas de la patiente atteinte de la MCJ, Hilary Pickles déclara que le Dr Timperley de qui elle tenait l'information n'était pas sûr de l'âge de la patiente. Neurologue spécialisé en biochimie clinique, membre du *Royal College of Pathologists*, le professeur Walter Timperley œuvrait à cette époque au département de Neurologie de la *Royal Hallamshire Hospital* à Sheffiels dans une ville située au sud de Yorshire, une région au cœur de l'Angleterre, peuplée d'environ deux millions d'habitants. Ayant d'abord annoncé que la patiente avait 36 ans, Timperley aurait suggéré dans un second temps qu'elle pourrait être plus vieille. L'âge de la patiente ne cadrait pas du tout avec l'âge moyen des patients de la MCJ dont le pic d'incidence se situe autour de 65 ans. Il soulevait des inquiétudes.

C'est pourquoi, en informant Will sur l'existence de ce premier cas, Hilary Pickles fit le commentaire suivant : "Espérons que l'âge recueilli par le Dr Timperley soit erroné de plusieurs décennies"[332]. Début août 1992, c'était au tour de Will lui-même d'annoncer à Dr Ailsa Wight du département de la Santé qu'un fermier de 60 ans était atteint de la MCJ. Le patient travaillait dans la région de Manchester et avait eu en 1989 des cas d'ESB dans sa ferme. Le Dr Wight considéra qu'"il n'y avait aucune preuve directe que les deux évènements (l'ESB et la MCJ) étaient liés et que par ailleurs le Dr. Will avait le sentiment que ce n'était qu'une simple coïncidence"[333]. Le 15 octobre 1992, Will informa le SEAC de son intention de publier dans une revue scientifique un rapport sur ce cas. Ce rapport devait

---

Les citations avec un index sont dans le Chapitre 5 relatant l'*Émergence du nvMCJ*.

[332] H. Pickles, (1992), YB9210.13/3.1, page 3.1 ou Vol. 8, Chap. 5, p. 33.

[333] Dr Ailsa Wight, (1992), YB92/8.13/2.1-2.2 ou Vol. 8, Chap. 5, p. 34.

alors souligner que "la conclusion qui devrait probablement être tirée c'est qu'il n'y avait aucune preuve que ce cas n'était pas le résultat d'occurrence d'une maladie normale par hasard "[334] au sens de MCJ classique. Robert Will souligna aussi que toutes les études menées jusque-là dans l'Unité de Surveillance de la MCJ qu'il dirigeait à Édimbourg, avaient échoué de révéler la moindre corrélation entre la MCJ et quelque profession que ce soit. Le fermier décéda en octobre 1992. Les analyses pathologiques menées à l'Unité de Surveillance de la MCJ confirmèrent le diagnostic d'une MCJ.

Elles exclurent la MCJ familiale ou iatrogène et toute exposition au système nerveux des bovins. De la sorte, le SEAC conclut que toutes les indications suggéraient une MCJ sporadique et qu'au vu de l'histoire du fermier, l'on espérait que des analyses de laboratoire plus poussées confirmeraient le diagnostic d'une MCJ sporadique. Le 6 mars 1993, le cas du fermier de Manchester fut introduit dans la littérature médicale à travers la revue *The Lancet* sous le titre : "Un cas de MCJ chez un individu exposé professionnellement à l'ESB"[335].

L'étude publiée a impliqué des neuropathologistes, des neurophysiologistes, des neurologues dont Robert Will. Dans la mesure où le premier auteur présenté dans l'article est Stephen Sawcer, un neurologue du département de Neurologie de l'Hôpital général de Manchester, nous le citons comme étant l'auteur principal de cet article, comme cela est de coutume en science. "Nous avons identifié, — écrit Sawcer —, [...] un individu avec une MCJ confirmée pathologiquement, qui a préalablement eu un contact professionnel avec l'ESB. Un homme de 61 ans, droitier, a été admis pour une recherche de dysphasie évolutive et une détérioration de la mémoire à court-terme en quatre semaines"[336].

"Le patient fut un fermier laitier durant toute sa vie et en 1989, il a eu dans sa ferme un cas d'ESB [...]. Il décéda trois mois après son admission à l'hôpital"[337]. Sur quels *faits* cliniques, les neuropathologistes se sont-ils appuyés pour identifier ce premier cas de MCJ chez un fermier ?

> "Il avait une dysphasie expressive, une dysgraphie, une dyspraxie constructive et une légère altération de la mémoire à court-terme. Les nerfs crâniens étaient normaux. La seule anomalie motrice était une réduction de la dextérité de la main droite, il n'y avait pas de mouvements involontaires. L'enregistrement tomographique du cerveau révélait un système ventriculaire légèrement augmenté et une légère atrophie corticale. Le fluide cérébro-spinal était normal. L'électroencéphalogramme (EEG) montrait une lente activité

---

334 R.Will, (1992), YB92/10.15/2.4 ou Vol. 8, Chap. 5, p. 34.

335 S. J. Sawcer et coll., "Creutzfeldt-Jakob disease in Individual Occupationnally exposed to BSE", (1993), p. 642.

336 *Ibid.*, S. J. Sawcer et coll., (1993), p. 642.

337 *Ibid.*, S. J. Sawcer et coll., (1993), p. 642.

> continue de grande amplitude dans l'hémisphère droit, mais des enregistrements sériels révélaient des complexes périodiques triphasés généralisés à une fréquence d'environ un par seconde, en accord avec le diagnostic de la MCJ [...]. La dysphasie et l'ataxie empiraient avec, au bout de trois semaines, un mutisme akinésique associé aux secousses myocloniques fréquentes et plusieurs attaques d'apoplexie généralisée. Le patient a développé une broncho-pneumonie et est décédé trois mois après son admission."[338]

Les *faits* pathologiques sont alors exposés :

> "Un examen histologique post-mortem a montré un changement spongiforme typique de la MCJ à travers le cortex cérébral, avec en particulier des changements sévères dans le lobe occipital. La recherche de la protéine prion par la technique d'immuno-cytochimie, usant d'anticorps, [...] a montré une fixation intense dans le neuropile adjacent à l'aire de changement spongiforme, particulièrement dans le lobe occipital."[339]

Les auteurs ont bien pris soin d'examiner les antécédents cliniques et pathologiques du patient. Ceux-ci excluaient toute possibilité d'une contamination préalable par un agent causal de la MCJ dans un contexte médical ou chirurgical :

> "Le patient a été traité pour l'hypertension pendant les dix-huit mois qui ont précédé et a subi une opération pour une occlusion intestinale dans l'enfance. Il n'y avait aucune histoire de neuro-chirurgie préalable ni aucune histoire familiale de démence. Le cadre de lecture du gène de la protéine prion a été séquencé au Centre de Recherche Génomique d'Édimbourg, et il est normal, excluant toute mutation pathogène connue pour être associée à la MCJ familiale."[340]

Par contre, ils ont bien noté que "le patient [...] a eu dans sa ferme, un cas d'ESB en 1989, confirmé histologiquement par Wilesmith, au Laboratoire Vétérinaire Central ... [et que l'animal incriminé] a été potentiellement exposé à la nourriture contaminée avant juillet 1988, date de l'interdiction de l'utilisation des protéines animales dans l'alimentation des vaches"[341]. De plus, ils savaient que "le fermier a eu un contact avec des organes internes et

338 *Ibid.*, S. J. Sawcer et coll., (1993), p. 642.
339 *Ibid.*, S. J. Sawcer et coll., (1993), p. 642.
340 *Ibid.*, S. J. Sawcer et coll., (1993), p. 642.
341 *Ibid.*, S. J. Sawcer et coll., (1993), p. 642.

des tissus de vaches, en assistant par exemple aux interventions chirurgicales effectuées sur des vaches ou à l'abattage d'animaux"[342] et qu'"il a bu du lait provenant de sa ferme dont celui tiré d'animaux affectés"[343]. On pouvait alors penser que les médecins tenaient là leur "premier rapport de MCJ chez un individu ayant eu un contact professionnel direct avec un cas d'ESB"[344], et que ce rapport "faisait naître la possibilité d'un lien causal"[345] entre la l'ESB et MCJ. Mais, les auteurs conclurent que "la MCJ dans leur cas, doit être plus vraisemblablement un fait dû au hasard et qu'un lien causal avec l'ESB est, tout au plus, conjectural"[346]. L'argument invoqué est alors le suivant :

> "Le comité *Southwood* a recommandé une surveillance des groupes professionnels spécifiques en raison du risque direct du tissu bovin. L'histoire [médicale du patient] ne suggère aucune occurrence de cette sorte dans notre cas, et la seule voie directe possible, [à savoir le lait] ne contient pas de titres d'infectivité décelables, même à partir d'animaux cliniquement affectés par les maladies naturelles, et un argument épidémiologique (à savoir, l'absence de transmission verticale de la maladie du kuru suite à l'allaitement) met largement hors de cause le lait en tant que voie de transmission des encéphalopathies spongiformes. [Dès lors], la MCJ doit être dans ce cas, plus vraisemblablement, un fait dû au hasard, et un lien causal avec l'ESB est tout au plus conjectural."[347]

Richard Lacey qui incarnait la thèse du *changement* de l'agent causal de l'ESB et de sa possible transmissibilité à l'homme fut interrogé sur ce cas le 10 mars 1993 par M. Jimmy Young de la radio numéro 2 de la chaîne de télévision britannique "BBC". Il estima également que la MCJ du fermier de Manchester n'avait aucun lien avec l'ESB. À ce sujet, il déclara ce qui suit :

> "La bonne nouvelle c'est que ce fermier a contracté sa maladie trop tôt. Si l'ESB engendre cette maladie chez les hommes alors cela prendra, peut-être, encore 5 ou 10 ans. Ainsi, j'estime que c'est une coïncidence et je ne pense pas que ce fermier tienne sa MCJ de l'ESB. Néanmoins, la raison profonde des inquiétudes demeure et je pense qu'il est raisonnable que ce problème fasse l'objet d'une discussion."[348]

[342] *Ibid.*, S. J. Sawcer, (1993), p. 642.
[343] *Ibid.*, S. J. Sawcer, (1993), p. 642.
[344] *Ibid.*, S. J. Sawcer, (1993), p. 642.
[345] *Ibid.*, S. J. Sawcer, (1993), p. 642.
[346] *Ibid.*, S. J. Sawcer, (1993), p. 642.
[347] *Ibid.*, S. J. Sawcer, (1993), p. 642.
[348] R. Lacey, (1993), YB93/3.10/2.1 ou Vol. 8 Chap. 5, p. 35.

Même s'il y a eu d'autres cas de MCJ parmi les fermiers, "les analyses qui ont été menées au plan européen ont fini par montrer que l'incidence de la MCJ chez les fermiers en Europe, était semblable à celle que l'on observait au Royaume-Uni"[349]. De plus, les *faits* cliniques, pathologiques, de ces cas n'étaient pas différents de ceux attachés à la MCJ sporadique classique. Semblable à celui de Sawcer et ses collaborateurs, le jugement de Lacey selon lequel, le fermier ne tenait pas sa MCJ de l'ESB paraissait exact.

Quelques mois plus tôt, Thomas Weber, un neuropathologiste allemand, œuvrant à la Clinique Neurologique de l'Université Georg-August de Göttingen, dans le land de Basse-Saxe en Allemagne, signala "une transmission accidentelle possible de l'agent causal de la MCJ [...] chez un neurochirurgien, un pathologiste, deux techniciens d'histologie et un chirurgien orthopédiste"[350]. Les *faits* cliniques et pathologiques très détaillés rapportés sur le chirurgien orthopédiste sont les suivants :

> "Nous avons rencontré un cas inhabituel de MCJ rapide probablement acquise par la manipulation de dures-mères ovines et humaines. En mai 1992, un chirurgien orthopédiste de 55 ans développa une paresthésie du bras gauche. Quelques jours plus tard, il avait perdu le sens de l'orientation, devint apraxique avec une démarche ataxique. En juin il fut admis à l'hôpital et un neurologue suspecta la MCJ, sur la base des signes cliniques, particulièrement de l'EEG et de son histoire [...].
>
> Nous avons ausculté le patient en juillet 1992. Il était éveillé et s'orientait. Il présentait une dyscalculie, une dysgraphie, une vision perturbée, une apraxie principalement du côté gauche, des réflexes rachidiens exagérés, une ataxie des membres et du tronc et une incoordination du bras gauche. En trois semaines, il avait la conscience et l'attention altérées, la mémoire modérément détériorée, des hallucinations visuelles menaçantes.
>
> De manières périodiques, les mouvements de sa tête et de ses globes oculaires ressemblaient à de fortes attaques d'apoplexie. Durant le sommeil, ces perturbations s'arrêtaient. Le patient décéda deux mois et demi plus tard. Il avait travaillé avec des dures-mères ovines et humaines de 1968 à 1972. Il en détenait environ 150 échantillons d'origine ovine et au moins une douzaine de préparations humaines destinées à la recherche [...]. La biopsie du patient était en accord avec la MCJ [...]. L'analyse du génotype de l'ADN a révélé qu'il était homozygote pour la méthionine au codon polymorphique 129. Par la suite, le séquençage du gène de la protéine prion a montré une séquence normale au niveau des deux allèles, excluant ainsi des mutations connues ou bien de

[349] IBD2 tab 12 p.13 ou Vol. 8 Chap. 5, p. 67.

[350] T. Weber et coll., "Transmission of Creutzfeldt-Jakob disease by handling of Dura mater", (1993).

> nouvelles mutations pathogènes de la protéine prion. Il est tentant de spéculer que les prions ont été transmis à ce patient à partir de la dure-mère ovine ou humaine."[351]

Tout comme celle de Lacey sur le devenir de l'agent de l'ESB, la *spéculation* de Weber sur la transmissibilité d'un prion exogène contenu dans du matériel biologique fut mal accueillie. Car, la question de la transmissibilité de l'ESB à l'homme était devenue grave, avec l'apparition des premiers cas de MCJ chez des fermiers. Ces cas touchant les fermiers n'étant pas causalement liés à l'ESB, alors seuls des *faits* massifs, confirmés par l'épidémiologie permettaient de trancher. De sorte que le cas de transmission professionnelle de la MCJ rapporté par Weber fut jugé "anecdotique"[352].

Rosalind Ridley et Harry Baker, qui portèrent ce jugement, œuvraient à cette époque dans le département de Psychiatrie du Centre de Recherche Clinique de la ville de Harrow. Ridley était impliquée à la fois dans la recherche sur l'amnésie et la base neurale de la démence, sur la MCJ et les maladies à prions animales, et enfin sur des stratégies thérapeutiques de l'apoplexie et des maladies neurodégénératives. Quant à Baker, son collègue et époux, membre du *Royal College of Comparative Cognition*, il encadrait des étudiants scientifiques, et en même temps, menait des recherches sur la psychologie expérimentale à Cambridge. Sceptiques sur le lien causal entre l'ESB et le cas rapporté par Weber, Ridley et Baker soulignèrent qu'"il est important que la MCJ soit examinée dans une perspective épistémologique plutôt qu'anecdotique"[353].

Ils attirèrent d'abord l'attention sur le fait qu'une vaste enquête épidémiologique n'avait pu jusque-là montrer de lien entre la MCJ et des individus des professions médicales ou paramédicales :

> "Cette maladie [MCJ] a été rapportée chez plusieurs personnes travaillant dans des professions dans lesquelles l'exposition au tissu neural pourrait avoir eu lieu (exemple les bouchers, les fermiers, et divers professionnels de santé), mais le nombre de ces cas n'est pas en excès par rapport à ceux qui devraient être attendus par association au hasard. En absence d'un excès clair de cas, comme cela est apparu avec la transmission iatrogène de l'encéphalopathie spongiforme par exposition à l'hormone de croissance d'origine humaine, l'occurrence de la MCJ chez des individus de professions médicales ou paramédicales n'est pas plus remarquable que son occurrence chez des individus de tout autre profession."[354]

---

[351] *Ibid.*, T. Weber et coll., (1993), p. 123.
[352] R M. Ridley, H. Baker, "Occupational risk of Creutzfeldt-Jakob Disease", (1993), p. 642.
[353] *Ibid.*, R M. Ridley, H. Baker, (1993), p. 642.
[354] *Ibid.*, R M. Ridley, H. Baker, (1993), p. 641.

Assimilant d'emblée l'ESB à la tremblante, comme l'épidémiologiste Wilesmith, le microbiologiste Gerald Collee, ou le neuropathologiste David Taylor qui admirent un parallélisme entre les deux maladies, Rosalind Ridley et Harry Baker rappelèrent que, de manière erronée, l'on attribua à la tremblante la *cause* de l'incidence élevée de la MCJ chez des juifs Lybiens :

> "Depuis toujours, la notion de MCJ acquise (par opposition à la notion idiopathique) selon laquelle l'existence de quelque facteur de risque hypothétique doit [...] être la cause de la maladie, avait conduit à la déclaration, souvent invoquée, que l'incidence élevée de la MCJ chez les juifs Libyens était due à leur consommation des yeux de moutons. Ceci, en dépit d'une absence de preuve que leurs habitudes alimentaires étaient différentes de celles de leurs voisins ethniques chez qui aucune incidence accrue de cette maladie n'a été enregistrée. Actuellement, on sait que la fréquence élevée de l'ESB chez les juifs Libyens est due à une mutation du codon 200 dans le gène [PRNP qui détermine la protéine prion] PrP chez des cas atteints [par la MCJ] à l'intérieur de ce groupe."[355]

Dès lors, ils préconisèrent que la question du risque potentiel de l'ESB pour la santé humaine soit abordée dans une *perspective épistémologique* plutôt qu'anecdotique :

> "La MCJ est une maladie singulière qui ne convient à aucun schéma unique de distribution. La grande majorité des cas ne peuvent pas être attribués à une exposition à l'environnement. Des précautions particulières sont requises pour prévenir la transmission à l'homme de l'encéphalopathie spongiforme à partir de l'animal, puisque quand cela survient, une irruption majeure de la maladie peut se produire. Dans ces circonstances, il est particulièrement important que l'occurrence de la MCJ soit examinée à partir d'une perspective épistémologique plutôt que d'une perspective anecdotique."[356]

Ainsi, dans l'enquête épidémiologique de la MCJ au Royaume-Uni, les cas de MCJ restaient étroitement surveillés. Début juillet 1993, Robert Will informa la Direction de la Santé d'un autre cas de MCJ dans une ferme. Le docteur Ailsa Wight qui traita l'information à la Direction de la Santé rédigea un rapport qu'elle adressa au secrétariat particulier du Ministre de la santé. En septembre 1993, ce second cas fut publié dans la revue médicale *The Lancet* par un neurologue nommé Davies et par ses collaborateurs du

[355] *Ibid.*, R M. Ridley, H. Baker, (1993), p. 642.
[356] *Ibid.*, R M. Ridley, H. Baker, (1993), p. 642.

département de Neurologie d'un hôpital de Bristol. Leurs observations recoupaient celles du cas de Manchester rapporté par Stephen Sawcer. Ce cas exposé par Davies fut admis comme "le second cas de MCJ dans une ferme laitière et directement exposée aux cas d'ESB"[357]. La description de ce second cas commença par la présentation du patient :

> "Un homme âgé de 54 ans a été admis [à l'hôpital] pour une recherche sur une démence rapidement évolutive qui a commencé trois mois plus tôt. Des troubles précoces du comportement et des hallucinations ont succédé à une dysphasie évolutive. À son arrivée au service des admissions, il était anarthrique et peu sensible aux instructions verbales."[358]

La biopsie du cerveau révéla un changement spongiforme du type MCJ. Une analyse génétique fut menée. Elle montra un résultat semblable à celui du cas décrit par Sawcer :

> "L'analyse de l'ADN vient au soutien de la forme de MCJ sporadique. Le cadre de lecture [du gène PRNP qui détermine] la protéine prion a été analysé pour un polymorphisme conformationnel simple brin. Il n'y avait aucune preuve de mutation."[359]

Par ailleurs, le patient n'avait reçu aucun traitement qui aurait pu entraîner une MCJ nosocomiale :

> "Avant l'apparition de la maladie, le patient se portait bien. En particulier, il n'avait aucune histoire de neurochirurgie préalable ou d'injection d'hormones, ni de démence familiale. Il a été fermier laitier pendant plus de 40 ans, et il y a eu dans sa ferme trois cas d'ESB (deux en 1992, un en 1993) confirmés par le Laboratoire Vétérinaire Central. Il était un consommateur de viande de bœuf et de lait provenant de son troupeau, y compris d'animaux affectés [par l'ESB]. Il a assisté en routine aux procédures appliquées à sa ferme."[360]

Ces deux premiers cas de MCJ apparus chez des fermiers furent évoqués par le microbiologiste John Gerald Collee qui soutenait la thèse de la non-transmissibilité zoonique de l'ESB dans le débat scientifique sur le risque de l'ESB pour la santé humaine :

---

[357] P. T. G. Davies et coll., "Creutzfeldt-Jakob Disease, in Individual Occupational exposed to BSE", (1993), p. 680.

[358] *Ibid.*, P. T. G. Davies et coll., (1993), p. 680.

[359] *Ibid.*, P. T. G. Davies et coll., (1993), p. 680.

[360] *Ibid.*, P. T. G. Davies et coll., (1993), p. 680.

> "Deux exemples pertinents sont [...] rapportés par Sawcer, Davies, et leurs collègues qui ont décrit la MCJ chez deux individus professionnellement exposés à l'ESB. Environ 120 000 individus travaillent dans des exploitations laitières en Angleterre et au pays de Galles. [Dès lors,] Sawcer et ses collègues ont conclu que leur cas de MCJ est, plus vraisemblablement, apparu par hasard chez un fermier laitier qui avait une vache affectée d'ESB dans son troupeau. Davies et ses collègues notent que leur cas, à savoir un fermier laitier ayant eu trois cas d'ESB dans son troupeau, n'associe toujours pas la MCJ et l'ESB au plan statistique."[361]

Le sentiment d'une totale innocuité de l'ESB semblait conforté. Les connaissances causales attachées aux *faits* biologiques, cliniques, pathologiques, épidémiologiques relatifs aux maladies à prions de manière générale et à la MCJ en particulier, semblaient suffisantes aux savants pour continuer à juger fiable l'*inférence* sur la non-transmissibilité zoonique de l'ESB, en prenant appui sur l'innocuité de tremblante pour l'homme. Le *devenir* de l'agent causal des maladies à prions évoqué dans la controverse sur le risque de l'ESB pour la santé humaine semblait encore masqué par l'*apparente stabilité causale* que la biologie moléculaire tirait de la tremblante. Puis, contre toute attente, l'âge des victimes a baissé.

En 1994, des neuropathologistes et des neurophysiologistes furent frappés par le cas de Victoria Rimmer de loin la plus jeune victime de l'ESB jamais rapportée en plus de 25 ans d'observations épidémiologiques en Grande-Bretagne. Âgée de 15 ans, cette jeune blonde aux yeux bleus et au visage marqué de taches de rousseur, résidait chez ses grands-parents, Beryl et Robert Rimmer à Buckley, au nord du Pays de Galles. Encore élève, elle avait cependant un travail à mi-temps dans un établissement d'élevage de chiens, près du lieu de résidence de ses grands-parents.

"Un jour de mai 1993, elle disparut pendant des heures, et fut incapable de se rappeler où elle s'était rendue. Puis elle commença à perdre rapidement du poids, à montrer des signes de maladresse, de fatigue et de troubles visuels. Elle rentrait épuisée de son établissement scolaire et s'effondrait dans son lit. Début août, son état se détériora. Elle dut être hospitalisée. À la fin du mois, elle devint aveugle, incapable de déglutir, de parler, de marcher, ou même de bouger"[362].

Le 13 janvier 1994 un article du quotidien britannique *Today* rapporta sa maladie. Trois mois plus tôt, Robert Will avait déjà eu connaissance de ce cas. Selon lui "la jeune fille avait une maladie neurodégénérative non diagnostiquée et qui pourrait bien être classée comme un cas ''possible'' de

---

[361] J. G. Collee, "BSE : Stocktaking 1993", (1993), p. 791.

[362] S. Rampton, J. Stauber, "The Girl who wouldn't go away" in *Mad cow U.S.A. : Could the nightmare happen here* ? (1997), p. 9.

MCJ"[363]. Elle entra dans un coma profond dont elle ne sortit plus. À la date du 14 janvier 1994, alors que Victoria Rimmer était encore dans le coma, Dr Ailsa Wight adressa une note de service à l'Officier médical en chef, ainsi qu'au personnel de la Direction de la Santé, pour leur présenter les faits :

> 1. Le diagnostic n'est pas encore confirmé. Même s'il est cliniquement en accord avec la MCJ, l'EEG n'est pas typique d'une MCJ. Une biopsie a été réalisée. Elle montre un changement spongiforme et une gliose (comme dans la MCJ). Le test de détection de la protéine prion anormale par coloration est négatif.
> 2. La durée de la maladie jusqu'ici est d'environ un an, plus longue que la moyenne qui est de 4 mois. La patiente est âgée de 15 ans au moment de la survenue de la maladie. Son histoire familiale ne révèle aucune maladie semblable.
> 3. Si le diagnostic de la MCJ se confirme, ce ne sera que sur la base d'une analyse histopathologique post-mortem (mais, même dans ce cas, il ne peut être définitif). Au cours des trois derniers mois, l'état de la patiente est resté stationnaire.[364]

En comparant dans la littérature la survenue de cas de MCJ chez des jeunes à travers le monde, Ailsa Wight nota que la première patience de Creutzfeldt rapportée en 1920 était âgée de 23 ans et qu'il y avait d'autres cas de MCJ chez des sujets jeunes avant l'émergence de l'ESB. Aux États-Unis, il y avait le cas d'une jeune femme âgée de 20 ans et celui d'une autre âgée de 16 ans. En France il y avait aussi le cas d'une jeune fille âgée de 19 ans[365]. Le 26 janvier 1994, à la réunion du SEAC, Robert Will rapporta le cas de Victoria Rimmer, ainsi que les tests qu'elle avait subis.

À la lumière de ces tests, il suggéra que la maladie dont elle souffrait était un cas possible de MCJ, et que si l'examen post-mortem confirmait la MCJ, alors des études de transmissibilité devraient être menées. Entre temps, l'histoire de la patiente avait été étudiée[366]. Elle confirma qu'elle n'avait pas reçu d'hormone de croissance et ne présentait aucun cas de MCJ dans sa famille. La patiente consommait du lait non pasteurisé et travaillait dans un établissement d'élevage des chiens. Il fut confirmé aussi qu'il n'y avait eu aucun de cas d'ESF ni dans son lieu de travail ni dans sa localité.

Le 15 avril 1994 le cas de Victoria Rimmer fut rapporté par l'OMS[367]. Vicky, comme ses proches la prénommaient affectueusement, décéda en juin 1997 à l'âge de vingt ans. En mai 1995, un second cas suspect de MCJ chez

---

[363] R. Will, (1994), YB94/1.13/1.1 ou Vol. 8, Chap. 5, p. 37.
[364] A. Wright, (1994), YB94/1.14/1.1 ou Vol. 8, Chap. 5, p. 37.
[365] A. Wight, YB94/1.14/1.2 ou Vol. 8, Chap. 5 pp. 37 sq.
[366] YB94/1.26/2.3 ; YB94/1.14/1.2 ou Vol. 8, Chap. 5 p. 37 sq.
[367] Annexe 2 du 3e rapport annuel de l'Unité de Surveillance de la MCJ : IBD2 tab. 8, p. 30.

une adolescente fut identifié lorsqu'une biopsie du matériel biologique prélevé de son cerveau fut réalisée à l'Hôpital National de Neurologie et de Neurochirurgie de Londres, par le neuropathologiste James Ironside. Les résultats étaient surprenants. L'examen microscopique du tissu cérébral de la patiente ne présentait aucun changement spongiforme ni des plaques de florides ni d'autres *faits* associés à la MCJ. Cependant, James Ironside mentionna ceci dans son rapport :

> "Toutefois, en utilisant des anticorps anti-PrP au moyen de la technique immuno-cytochimique, il y avait une réaction positive et ceci était un fait que nous n'avions jamais rencontré auparavant. J'ai eu une discussion sur ce cas avec mon collègue, le Dr Bell, nous avions le sentiment que le cas ne pouvait être diagnostiqué de manière définitive. Mais, puisqu'il y avait de toute évidence une réaction positive [à la protéine prion], alors cela ouvrait la possibilité qu'il s'agissait bien d'une forme humaine de la maladie à prions. Dès lors, comme l'a suggéré le Dr Will, des recherches supplémentaires ont été requises. En particulier, au vu de l'âge du patient et des faits quelque peu inhabituels de la biopsie, nous nous demandions s'il y avait un arrière-plan génétique anormal qui pouvait expliquer cela. Car, nous sommes avertis que dans des cas de MCJ familiale, l'âge de la survenue de la maladie ainsi que les faits pathologiques peuvent être parfois inhabituels."[368]

Le 28 octobre 1995, ce second cas de MCJ chez une adolescente de 16 ans fut publié dans la revue médicale *The Lancet* par le professeur John Collinge et ses collaborateurs[369]. Un neurologue nommé Britton œuvrant au département de Neurologie du *Guy's Hospital* de Londres, à *St Thomas Street*, est le premier auteur de l'article. Il nota ce qui suit :

> "Une élève âgée de 16 ans fut auscultée pour la première fois en septembre 1994. En mars 1994, elle s'est fait mal au pied droit en faisant une chute et développa par la suite des douleurs lombaires sur le côté droit, ainsi qu'un engourdissement du visage et de l'extrémité des doigts. En août 1994, elle commença à articuler mal ses mots, à perdre l'équilibre, à montrer une maladresse des membres et à uriner fréquemment [...]. Elle n'avait aucune histoire de traitement avec des hormones extraites de l'hypophyse de cadavres humains, de greffes d'organes ou d'interventions chirurgicales. [...] Elle consommait occasionnellement de la viande, mais aussi le cerveau de bœufs en 1989 [...]. En septembre 1994, elle avait gardé le sens de l'orientation et la notion de temps,

[368] J. Ironside, (1995), T24 pp. 72-3 ou Vol. 8, Chap. 5, p. 42.

[369] T. C. Britton et coll., "Sporadic Creutzfeldt-Jakob Disease in a 16-year old in the UK", (1995), p. 1155.

> mais avait des pertes de mémoire et une dyscalculie. Son discours devint incohérent et sa démarche ataxique […]. En septembre son EEG était normal […], puis un second enregistrement montra une faible activité, mais pas de complexes périodiques. Ses fonctions cognitives se dégradaient progressivement et elle développa des mouvements involontaires qui, au départ, consistaient à ouvrir et à fermer ses mains de manière persistante, à tortiller ses draps mais, [qui évoluèrent] plus tard en mouvements myocloniques […].
>
> Une biopsie du lobe frontal […] révéla en août 1995 des changements spongiformes et de nombreuses plaques dans le cortex […]. Les plaques réagissaient aux anticorps dirigés contre la protéine prion. Le criblage du gène de la protéine prion ne montra aucune des mutations associées aux maladies à prions héréditaires […]. L'âge extrêmement jeune de survenue de la maladie et l'absence de tout facteur de risque ouvrent alors inévitablement la discussion sur un possible lien entre sa maladie et la récente épidémie d'ESB."[370]

L'adolescente dont la maladie neurologique suggéra un *lien possible* avec l'ESB décéda le 21 mai 1995. L'examen histopathologique *post-mortem* mené à l'hôpital de la ville de Bath où elle fut traitée, confirma une MCJ. Dans le même volume 346 de la revue *The Lancet*, John Collinge et d'autres collaborateurs rapportèrent un troisième cas d'adolescent ayant contracté la MCJ. Il s'agit de Stephen Churchill âgé de 19 ans, étudiant à Wiltshire, dans un comté du Sud-Ouest d'Angleterre. Bateman, un neurologue œuvrant au Royaume-Uni, dans le département de Neurologie de l'"Hôpital Royal-Uni", dans la ville de Bath, est l'auteur principal l'article[371]. Il y mentionna ceci :

> "Un homme âgé de 18 ans a initialement consulté un psychiatre pour une suspicion de dépression. Il raconta l'histoire d'une détérioration de sa mémoire en six mois, et se plaignait lui-même d'être devenu fou. Ses performances scolaires avaient décliné et il quitta l'école sans explication […]. Ses parents avaient remarqué qu'il était devenu apathique et avait perdu ses repères. Comme traitement, des antidépresseurs lui furent administrés au début [...]. Il développa par la suite des hallucinations, s'abusait et avait une peur excessive de l'eau et des objets pointus, refusant de se laver et de se raser. Il fut admis dans un hôpital psychiatrique où il fut traité au sulpiride. Ses hallucinations persistèrent […]. Son allure se détériora et une attaque possible d'apoplexie suggéra un lien neurologique. Une évaluation neurologique initiale indiqua qu'il avait perdu toute notion de temps, le sens de l'orientation, et ne reconnaissait plus personne. Il était dysarthrique et ataxique […].

---

[370] *Ibid.*, T. C. Britton et coll., (1995), p. 1155.

[371] D. Bateman et coll., "Sporadic Creutzfeldt-Jakob Disease in a 18-year-old in the UK", (1995).

> Il présentait des secousses myocloniques occasionnelles. Pour marcher, il avait besoin d'être soutenu par deux infirmières et devint incapable de s'alimenter seul, mais resta continent si on l'amenait dans les toilettes. Il n'avait aucune histoire familiale de démence ou de maladie ataxique ni aucune histoire d'hormones extraites de l'hypophyse humaine ou de greffe de tissu [...].
>
> Une biopsie du lobe frontal droit montrait une gliose de la matière blanche, mais par la suite, l'immunocytochimie pour la détection de la protéine prion s'est avérée positive. Son état s'est détérioré progressivement [...]. Il y avait de fréquents épisodes au cours desquels il hurlait et semblait effrayé sans aucun motif apparent. Il fut alors transféré dans une maison de soins et décéda le 21 mai 1995 de problèmes respiratoires évolutifs. La durée de sa maladie fut de 9 à 12 mois. L'examen neuropathologique révéla un changement spongiforme, une astrocytose et une perte neurale [...]. Le criblage de PRNP [le gène qui détermine la protéine prion] excluait toute mutation actuellement reconnue [...] comme étant associée aux maladies à prions héréditaires. Le génotype du codon 129 était homozygote pour la méthionine."[372]

Au vu des *faits*, la maladie de Stephen Churchill n'était donc pas une MCJ familiale. Toutefois, même s'il n'avait que 19 ans, il souffrait bien d'une maladie à prions, puisque le test de détection de la protéine prion au moyen de la technique d'immunocytochimie s'est avéré positif. Le professeur Will reçut l'histologie[373] de la biopsie du cerveau de ce patient le 1er septembre 1995. Pour lui "l'histologie était bien celle d'une maladie à prion (encéphalopathie spongiforme). Mais, il n'était pas possible de sous-classer ce cas en s'appuyant sur une si petite biopsie corticale"[374]. Dans une note adressée à son proche collaborateur James Ironside, il mentionna ceci :

> "Le problème crucial de ce cas, est de savoir si les changements pathologiques tels qu'ils sont rapportés sont réellement typiques d'une MCJ sporadique [...]. Pensez-vous que les aspects [histologiques] tels que décrits sont semblables aux plaques que nous voyons parfois dans le cortex des receveurs d'hormones de croissance et accepteriez-vous ces aspects, tels que décrits, comme étant des cas sporadiques dans notre expérience normale ?"[375]

Dans son témoignage sur l'enquête sur l'ESB, Robert Will déclara ceci :

> "Je n'ai pas un souvenir exact de notre conversation ultérieure, mais je me souviens surtout que nous n'avions aucune raison

[372] *Ibid.*, D. Bateman et coll., (1995), pp. 1155–1156.
[373] R. Will, (1995), S61D Will para. 9 ou Vol. 8, Chap. 5, p. 43.
[374] *Ibid.*, R. Will, (1995), Vol. 8, Chap. 5, p. 43.
[375] *Ibid.*, R. Will, (1995), Vol. 8, Chap. 5, p. 43.

> d'être en désaccord avec le rapport histologique, et qu'à cette étape ce n'était pas possible de dire si les changements neuropathologiques étaient distincts de notre expérience antérieure."[376]

Le document de travail de la 20e réunion du SEAC tenue le 8 septembre 1995, comprenait le 4e rapport annuel de l'Unité de Surveillance de la MCJ. À sa 25e page, il fut noté ceci :

> "Un commentaire a été fait dans le dernier rapport concernant un cas suspect de MCJ chez un adolescent. Le diagnostic posé sur cet individu reste incertain et peut dépendre d'un éventuel examen histologique du cerveau. Il est inhabituel pour un patient de la MCJ de survivre plus de 12 mois. Ce diagnostic de la MCJ a été récemment confirmé chez un individu âgé de 19 ans et des recherches poussées sont actuellement en cours (ce cas n'est pas inclus dans l'analyse globale de ce rapport annuel, étant donné que le patient ne fut identifié qu'après le 30 novembre 1995). L'occurrence la MCJ chez un patient de cet âge est exceptionnel mais, pas sans précédent (voir "Possible Creutzfeldt-Jakob Disease in an Adolescent", (1994), *Weekly Epidemiological Record*, 15, pp. 105-112). La MCJ a déjà été décrite chez deux adolescents aux États-Unis d'Amérique où il n'y a pas d'ESB et chez un autre en France où il n'y avait pas d'ESB à l'époque de la maladie clinique de la patiente. Par conséquent, il serait prématuré de conclure que l'occurrence de la MCJ chez un adolescent au Royaume-Uni est une indication de la transmission de l'ESB."[377]

Les cas mentionnés dans ce rapport concernaient d'une part Victoria Rimmer et d'autre part l'adolescente de 16 ans dont la maladie fut décrite par Britton. C'est au cours de sa réunion que le SEAC fut informé du cas[378] de Stephen Churchill. Circonspect dans sa conclusion, le compte rendu de ce cas souligna ce qui suit :

> "[...] La pathologie et les faits cliniques de ce patient [...] au coma sont atypiques de la MCJ [...]. Le Comité a estimé que l'apparition de la MCJ chez des adolescents est exceptionnelle, mais pas sans précédent. La MCJ est survenue dans d'autres pays où il n'y avait pas d'ESB et il serait par conséquent prématuré de conclure que sa survenue chez un adolescent au Royaume-Uni est une indication de la transmission de l'ESB."[379]

---

[376] *Ibid.*, R. Will, S61D Will. para. 10 ou Vol. 8, Chap. 5, p. 43.

[377] SEAC, (8 Sept. 1995). Voir Vol. 8, Chap. 5, p. 43.

[378] SEAC, (8 Sept. 1995) YB95/9.8/2.7 ou Vol. 8, Chap. 5, p. 43.

[379] SEAC, (Compte renu de la réunion du 8 Sept. 1995), Vol. 8, Chap. 5, p. 43 sq.

Mais, la liste des personnes jeunes succombant à cette forme de maladie s'allongeait. Peter Hall, âgé de 20 ans et élève à Durham, une ville du Nord-Est d'Angleterre, montra des signes de dépression aux environs de Noël 1994. Admis dans un hôpital psychiatrique et placé sous médication avec un cocktail de trois antidépresseurs, il fut en fauteuil roulant cinq mois plus tard. Sa mémoire à court terme déclina fortement. En août 1995, il devint incontinent, incapable de se nourrir et avait parfois des hallucinations. En phase terminale, il souffrait de démence et d'une série d'infections pulmonaires. Peter était végétarien depuis 1992. L'unité de Surveillance de la MCJ dirigée par Robert Will conclut qu'il a probablement contracté la maladie en consommant de la viande de bœuf quand il était enfant. Il décéda en février 1996, quelques jours seulement avant son 21e anniversaire.

Ann Richardson, une aide-soignante de 41 ans, œuvrant à Liverpool, fut considérée en 1994 comme souffrant d'une dépression. Mais, progressivement, elle devint ataxique puis grabataire et décéda en janvier 1996. Publié le 10 janvier 1996 par le quotidien britannique *The Times*, le récit de sa maladie par sa belle-sœur, Cathy Hilton, souligna que la mort d'Ann fut horrible, que son système nerveux était complètement altéré. Elle ne pouvait plus marcher, ni parler ni déglutir. Et à la fin, elle ne reconnaissait plus les siens. Ken Sharp, un homme d'affaires de Liverpool, dont les premiers symptômes de la maladie sont apparus en avril 1995, décéda en mars 1996 à l'âge de 42 ans, des suites de sa maladie, après un coma de plusieurs mois.

Andrew Haig, un ingénieur âgé de 31 ans décéda de cette maladie le 25 mai 1996 à Glenrothes en Écosse. C'est en octobre 1995 que furent notés des changements au niveau de sa personnalité. Puis, il perdit sa mémoire à court terme, ensuite son équilibre. Son état se détériora assez rapidement. Il décéda le 25 mai 1996. Barry Baker, un bûcheron âgé de 29 ans, vivant à High Halden, un village près d'Ashford, dans le district de Kent, est décédé de la maladie le 2 juin 1996. Michelle Bowen, âgée de 29 ans, résidait à Manchester, une ville située dans le Nord-Ouest de l'Angleterre. Elle était enceinte de son troisième enfant, lorsqu'elle développa de graves changements comportementaux et des sautes d'humeur. Elle fut accouchée par césarienne, trois mois avant le terme de sa grossesse. Après l'accouchement son état se détériora et elle entra dans un coma dont elle ne sortit plus[380]. Elle décéda le 25 novembre 1995 des suites de sa maladie.

Anna Pearson âgée de 29 ans, avocate à Canterbury, dans le Kent au Sud-Est d'Angleterre succomba aussi à la maladie. Les premiers symptômes de sa maladie furent signalés en octobre 1994. Elle était devenue progressivement oublieuse et avait perdu le sens de l'orientation au printemps 1995. Avec l'autorisation de sa famille, un rapport détaillé du cas d'Anna Pearson fut publié le 6 avril 1996, dans le volume 347 de la revue médicale *The Lancet*. Ce rapport fut rédigé par des médecins et des

[380] H. G. Anderson, "British nvCJD cases : Summary to 9 Sept 97", (1997), p. 1.

scientifiques qui s'étaient réunis au *St Thomas hospital* de Londres, pour faire le point sur ce cas. Sarah Tabrizi, œuvrant actuellement à l'Hôpital de Neurologie et Neurochirurgie de *Queen Square* à Londres, mène des recherches sur les maladies neurodégénératives et en particulier sur la maladie de Huntington. C'est elle qui présenta l'histoire médicale du cas d'Anna Pearson en introduction de l'article. Elle y mentionna ce qui suit :

> "En juin 1995, elle [Anna Pearson] fut admise à l'hôpital psychiatrique local, en raison de la détérioration constante de son état général. Elle était devenue puérile dans son comportement, avait une très mauvaise mémoire à court terme ainsi que des hallucinations visuelles et auditives, avec des périodes intermittentes de somnolence et de confusion [....]. Sa famille n'avait pas d'histoire de démence ni de maladie ataxique. Elle n'avait aucune histoire d'exposition aux hormones extraites de l'hypophyse humaine ni d'intervention chirurgicale ni de greffe de tissu ni d'exposition aux vaches [...]. Elle devint incontinente et incapable de marcher [...]. La patiente fut transférée à l'unité de soins intensifs Batten/Harris au *National Hospital for Neurology and Neurosurgery* à cause d'un problème au niveau de ses fonctions respiratoire et bulbaire. Son état cognitif continua à se détériorer et, plus tard, elle développa des secousses myocloniques stimulo-sensibles. En septembre 1995, la biopsie du lobe frontal non-dominant fut réalisée. Les faits histologiques et l'immuno-détection étaient en accord avec une MCJ."[381]

Anna Pearson décéda le 9 février 1996. Sa maladie fut admise comme un cas sporadique. Mais, le risque de l'ESB pour la santé humaine fut évoqué dans l'article. Rapportés par le neuropathologiste Robin Howard œuvrant à cette époque au *Guy's and St Thomas's Hospitals Trust*, les *faits* cliniques sont présentés et complètent l'article de cette manière :

> "[La patiente âgée de 28 ans présentait] ... une maladie évolutive subaigüe, une anxiété et une altération cognitive. Elle était devenue muette, irresponsable, avec une spasticité sévère et une affection dystonique, avant cela, elle avait éventuellement développé une myoclonie stimulo-sensible [...] Le tableau clinique ainsi que l'évolution rapide indiquaient fortement une maladie à prion, bien qu'initialement [...] l'EEG ait été normal. [...] Le diagnostic de la MCJ fut confirmé par une biopsie cérébrale."[382]

John Collinge qui se pencha sur l'arrière-fond scientifique de ce cas, rappela que "le principal déterminant de la barrière d'espèces est le degré

---

[381] J. S. Tabrizi, "Creutzfeldt - Jakob disease in a young woman", (1996), p. 945.
[382] *Ibid.*, J. S. Tabrizi, (1996), p. 946.

d'homologie entre les molécules de la protéine prion de l'hôte et celles de l'*inoculum*"[383]. Dès lors, il souligna que "même avec la présence d'une barrière très efficace entre la vache et l'homme, *la possibilité que l'ESB soit transmise à un petit nombre d'individus n'est pas exclue**, étant donné le grand nombre de personnes qui peuvent avoir été exposés"[384].

Toutefois, la question du lien entre l'ESB et la MCJ était encore sans une réponse ferme selon lui. Mais, il nota que "l'ESB semble être causée par une seule souche de prion. Cette souche d'ESB est différente de plus de 20 isolats historiques et contemporains de moutons et de chèvres affectés d'une tremblante naturelle, ainsi que cela fut déterminé par des études des périodes d'incubation et des 'profils de lésions' dans la souris [...]. L'étude de ces profils lésionnels suggère que plusieurs des maladies à prions nouvellement reconnues, affectant des chats domestiques, des chats sauvages en captivité [...] et des ruminants résultaient de la transmission de l'ESB plutôt que de la tremblante"[385]. Le propos de John Collinge signifiait que, si au départ c'est bien l'agent de la tremblante qui infecta la vache, une fois dans son nouvel hôte, il ne reste pas identique à lui-même. Il change et *devient* l'agent de l'ESB *possiblement infectieux* pour l'homme, malgré la barrière d'espèces.

Et l'infection d'autres animaux non pas par la tremblante, mais par l'ESB est un signe annonciateur de ce *fait nouveau*. La thèse du *devenir* de l'agent causal de l'ESB pronée par Lacey s'incarnait dans la réalité de l'émergence d'une forme humaine de l'ESB. La conclusion du cas de Pearson fut rédigée par Martin Rossor, neuropathologiste, professeur à l'Institut de Neurologie de Londres au *Queen Square* et praticien à l'"Hôpital National de Neurologie et de Neurochirurgie" où Anna fut transférée. Selon le professeur Rossor :

> "Les cas de maladies à prions non-familiales peuvent survenir soit comme une conséquence d'un évènement stochastique rare soit comme une conséquence d'une exposition à une protéine pathogène. Est-ce le nombre de tels cas qui augmente ou alors sont-ils diagnostiqués à la suite d'une vigilance accrue ? Comme l'a commenté Collinge, vraisemblablement, un cas tragique comme celui-ci ne peut passer inaperçu. Néanmoins, le nombre de cas est très faible et ce que peut être un évènement intrinsèquement chaotique, [à savoir] le changement sporadique d'une cellule normale en une forme anormale pathogène, représente un cauchemar pour un épidémiologiste à la recherche d'une cause et d'un effet. Toutefois, tout cela montre bien qu'il faut poursuivre la vigilance, ainsi que les études épidémiologiques soigneuses qui sont d'ores et déjà en cours."[386]

---

[383] *Ibid.*, J. S. Tabrizi, (1996), p. 947.
[384] *Ibid.*, J. S. Tabrizi, (1996), p. 947. Souligné par nous.
[385] *Ibid.,* J. S. Tabrizi, (1996), p. 947 sq.
[386] *Ibid.,* J. S. Tabrizi, (1996), p. 948.

Avec l'émergence de l'ESB, suivie de celle du *nv*MCJ chez des sujets jeunes, les maladies à prions révélaient la difficulté de *relier* dans certaines circonstances l'*effet* à sa *cause*, indiquant ainsi, d'une certaine manière toute la complexité de la causalité biologique. Masqué à l'expérimentateur pendant un certain temps, le *changement* qui s'opère dans le sein du vivant et qui parfois — si ce n'est souvent —, empêche d'établir de façon ferme une *cause*, semble une caractéristique de la causalité biologique. Tandis que l'expérimentateur tente de faire des observations à des moments précis, ce *changement* non apparent nécessairement, est sans doute permanent, comme cela a déjà été signalé à plusieurs reprises dans cette enquête sur les prions.

Laissant un moment de côté la difficulté de la causalité biologique, nous nous attardons à présent sur le cas d'une des victimes de la MCJ du sujet jeune, pour cerner la réalité du contexte social dans lequel cette maladie plongeait les familles, ainsi que le courage qu'il leur fallait pour faire face à l'épreuve de la maladie. Maurice Callaghan, le plus jeune d'une fratrie de six enfants, fait partie des premières victimes du *nv*MCJ. C'est le cas de ce patient trentenaire que nous exposons de manière détaillée. Né en 1965, il fut élevé à Belfast, en Irlande du Nord, fit ses études au *Queen's University* où il suivit une formation d'ingénieur et obtint un diplôme en mécanique.

En février 1995 apparurent les premiers signes de sa maladie. Les symptômes débutèrent avec une difficulté pour dormir, puis il devint très agité. Il semblait étourdi, fatigué et de mauvaise humeur. Il se plaignait des douleurs dans la plante des pieds. Le diagnostic initial posé sur sa maladie fut le stress. Le patient présentait des difficultés à se concentrer sur son travail et se sentait épuisé. Il montra très vite des problèmes de mémoire. Ses paroles devenant indistinctes, il commença à parler de façon inintelligible. Après le travail, il rentrait immédiatement se coucher, puis il commença à quitter son travail plus tôt que d'habitude pour rentrer à son domicile.

À la fin juin 1995, au cours d'une soirée organisée à l'occasion de son trentième anniversaire, les membres de sa famille notèrent qu'il n'était pas en bonne forme. Il était dans une incapacité de réagir à une conversation de manière appropriée. Sa démarche manquait d'équilibre. Son propos était décousu. Ceux qui l'entouraient pensèrent alors qu'il avait bu. Peu de temps après, il commença à avoir des hallucinations. Réveillant son épouse au milieu de la nuit, il lui demandait où était sa femme, signe qu'il ne la reconnaissait plus du tout. Il se rasait et s'habillait pour aller au travail en début de soirée. Il pensait que l'équipe de rugby de la Nouvelle-Zélande était à l'étage de leur maison et demandait à son épouse d'aller vérifier.

Il n'était nullement conscient de ce qu'il lui arrivait. En août 1995, Tom Esmonde, un neurologue œuvrant au département de Neurologie du *Royal Group of Hospitals* à Belfast, diagnostiqua une possible MCJ, mais déclara à l'épouse du patient "de ne pas évoquer dans son propos, la moindre association entre l'ESB et la MCJ"[387]. Quelques temps après, Martin Zeidler arriva au domicile des Callaghan avec un long questionnaire sur le régime alimentaire principalement. Zeidler est un médecin qui obtint son doctorat de médecine en 1989 à la faculté de médecine de l'Université de Southampton au sud d'Angleterre. Il travaille étroitement avec Robert Will à l'Unité de Surveillance de la MCJ et est l'un des contributeurs de la rédaction de l'article publié en 1995 dans *The Lancet* sur Stephen Churchill. Les questions posées par Zeidler étaient du genre : le patient n'a-t-il jamais mangé la langue ou le cerveau de vache ? Avait-t-il jamais mangé le cerveau ou les yeux de mouton ? S'était–il jamais rendu dans une ferme ? Avait-il jamais passé des vacances dans une ferme quand il était enfant ?

En juillet 1995, Callaghan fut admis au *Royal Victoria hospital.* Il manifestait parfois un mouvement brusque comme pour exprimer une répugnance, et semblait particulièrement troublé par la vue des mouches. Visiblement, son état général se détériorait jour après jour. Pendant six semaines, il dut rester à son domicile où l'on s'est trouvé contraint de le "nourrir, langer et laver". Le 1er novembre 1995, il fut à nouveau hospitalisé. Il décéda le 4 novembre à l'âge de 30 ans, alors que seulement neuf jours plus tard, Claire son épouse donnait naissance à leur deuxième fille. La mention initiale inscrite sur son premier certificat de décès fut "pneumonie et démence précoce". La famille autorisa qu'une autopsie soit pratiquée sur le corps, à la condition que cela n'affecte pas les cérémonies funéraires selon le rite catholique. Par la suite, le prêtre informa la famille que les autorités insistèrent sur la crémation. Le croque-mort donna la consigne selon laquelle les enfants devaient être tenus loin de la chambre funéraire où le corps fut conservé, et personne ne devait toucher le corps ou même simplement l'intérieur du cercueil ouvert. À minuit, les autorités ont scellé le cercueil.

Maurice Callaghan fut inhumé au cimetière de Belfast, dans une tombe creusée à une profondeur double par rapport aux normes habituelles. Cette tombe fut massivement chaulée. Elle "ressemblait à un puits de mine" déclara Brendan Callaghan, le frère aîné de Maurice. Le matériau biologique prélevé du cerveau et destiné à une autopsie programmée pour le 5 novembre 1995 n'est parvenu à Édimbourg qu'en janvier 1996. Car, à Belfast, aucun service de messagerie ne fut disposé à le transporter. En fin de compte, c'est Martin Zeidler de l'Unité de surveillance de la MCJ qui dut venir à Belfast pour récupérer ce matériau et l'amener à Édimbourg.

Tout au long de la deuxième moitié de 1990 de nombreux autres cas plus ou moins semblables à celui de Callaghan furent enregistrés dans les hôpitaux britanniques et rapportés un peu partout dans tout le pays. Ainsi, des cas atypiques de la MCJ continuèrent d'émerger au Royaume-Uni, dans le cadre de l'enquête épidémiologique instituée pour surveiller le *changement* de profil des ES de la MCJ. Les milieux scientifiques et

---

[387] The *Independant,* "Infected meat linked to death of CJD victim" (Tue. 29 oct. 1996), p. 1.

médicaux britanniques et même le grand public commencèrent à réaliser que dans le champ des ES de la MCJ, quelque chose d'inhabituel était en train de se passer ; dans la mesure où partout dans le monde, l'occurrence de la MCJ chez des personnes de moins de trente ans ou même de trente ans est très rare. Par ailleurs, l'on s'est aperçu que l'incidence de la MCJ en Angleterre et au pays de Galles en 1994 avait doublé par rapport à celle des périodes d'études précédentes, y compris la période 1980—1984, au cours de laquelle une méthodologie semblable fut mise en œuvre. En décembre 1995, Robert Will qui supervisait l'enquête épidémiologique de la MCJ dans tout le pays, s'efforça de dresser un bilan de la situation. La question de l'incidence de la MCJ et celle de la *signification* de tous ces cas atypiques commencèrent à se poser. Provenaient-ils d'une amélioration des moyens de constatation ?

Cette hypothèse fut logiquement envisagée. Car, une nouvelle méthode de détection de la maladie était appliquée. C'est la méthode immunocyto-chimique mise au point dans les années 1990 et qui consistait à colorer les cellules d'un tissu nerveux atteint par des prions au moyen d'un test immunologique utilisant des anticorps dirigés contre la protéine prion. La sensibilité du test est telle que l'on a pensé que l'augmentation du nombre de cas de MCJ était due à une amélioration des moyens de constatation et serait ainsi le résultat d'un biais dans l'évaluation épidémiologique de la maladie. Pour Will, "il était possible qu'un tel biais dans la constatation des cas de MCJ soit survenue dans des groupes de sujets jeunes"[388].

Ainsi, il envisagea même la possibilité que des cas de MCJ du sujet jeune pourraient avoir été classés comme étant des cas de panencéphalite sclérosante subaigüe (PESS), une maladie neurologique chronique évolutive, parfois nommée maladie de Dawson ; car décrite pour la première fois en 1932 par James R. Dawson (1876—1973), l'un des pionniers de l'anesthésiologie. Observé essentiellement chez l'enfant et le jeune adulte, ce trouble neurologique très rare est caractérisé par une détérioration mentale, une ataxie et des secousses myocloniques.

C'est une maladie survenant quelques années après une infection par le virus de la rougeole et caractérisée par une démyélinisation des neurones cérébraux. Dès les années 1960, il fut établi qu'elle est due à une infection rougeoleuse naturelle persistante. Les premiers symptômes de la PESS apparaissent généralement plusieurs années après l'infection naturelle et évoluent en plusieurs mois ou plusieurs années vers un coma, puis la mort. La possibilité d'une erreur de diagnostic de tels cas de PESS fut suggérée à la suite d'une surveillance de cette maladie en Pologne qui révéla trois cas de MCJ y compris chez un adolescent. À la lumière de cette possibilité, le 19 décembre 1995, à partir d'un registre de cas de PESS tenu par le service du Laboratoire de Santé Publique, Robert Will examina à nouveau tous les cas de PESS suspects et non confirmés. Pour cela, il usa de la très sensible

[388] R. Will, S6 1D Will para 13, ou Vol. 8, Chap. 5, p. 48.

technique d'immunocytochimie afin d'identifier des cas qui pourraient avoir un phénotype compatible avec les ES de la MCJ. Aucun cas de ce type ne fut identifié. Le 14 décembre 1995, Will nota que l'Unité de surveillance de la MCJ avait enregistré dix cas *suspects* de MCJ chez des sujets âgés de moins de 50 ans. Mais jusqu'au 31 décembre 1995 trois cas seulement furent confirmés sur une base clinique et pathologique, alors que de nouveaux cas continuaient d'être enregistrés. Dès lors, aux fins d'*évaluer la signification* de tous ces cas de MCJ de sujets âgés de moins de 50 ans, il dressa deux séries de critères :

I Dans quelle mesure ces cas sont-ils différents et nouveaux ?
- a. Y a-t-il un nouveau phénotype clinique ?
- b. Y a-t-il un nouveau phénotype neuropathologique ?
- c. Ces cas sont-ils liés à des mutations [du gène de la protéine Prion PrP] ?
- d. Y a-t-il un biais de constatation ou une efficacité accrue de la surveillance ?

II Dans quelle mesure ces cas sont-ils liés à l'ESB ?
- a. Les cas décelés au Royaume-Uni sont-ils différents de ceux qui ont été observés dans lors des expériences passées ?
- b. Ces cas surviennent-ils uniquement au Royaume-Uni ?[389]

C'est en scrutant dans leur rapport à la clinique et à la pathologie, l'évolution des *faits* épidémiologiques de la MCJ et sur la base des critères scientifiques ci-dessus, que Robert Will et James Ironside ont pu identifier méticuleusement, progressivement, une nouvelle forme de MCJ liée à l'ESB, au fur et à mesure de l'émergence de nombreux cas MCJ, dix ans après celle l'ESB. Pour Will, il était évident qu'à partir de cet outil d'analyse, si la réponse aux questions I (a) et I (b) est positive, alors cela *signifie* clairement que les cas sont différents et nouveaux. Par contre, si c'est la réponse aux questions I (c) et I (d) qui est positive, alors cela suggère que ces cas de MCJ sont dus à des facteurs qui existaient déjà dans le passé, tels que ceux liés à des mutations du gène qui déterminent la protéine prion.

Le 4 janvier 1996, sur les dix cas de MCJ chez des sujets de moins de 50 ans, deux cas supplémentaires furent *confirmés* sur la base de la neuropathologie, portant leur nombre à cinq. Les aspects histologiques de ces deux cas furent jugés inhabituels par l'Unité de surveillance de la MCJ et des dépôts étendus de plaques de florides furent notamment décelés. La possibilité d'une forme génétique d'une maladie à prions humaine fut alors envisagée, car la formation de plaques survient dans certains cas de maladies

---

[389] R. Will, (1995), S61D Will para 4, ou Vol. 8, Chap. 5, p. 50.

à prions héréditaires. Mais, en analysant la distribution des âges dans les cas de MCJ, ce qui était le plus inquiétant pour le professeur Will, c'était le nombre de cas en dessous de 30 ans et surtout leur survenue dans un intervalle de temps très court. Dans un rapport du SEAC qui s'est tenue le 5 janvier 1996, cette inquiétude fut soulignée comme suit :

> "Dr Will n'était pas trop inquiet pour le nombre total de cas de MCJ suspectés dans la fourchette des personnes âgées de moins 30 ans, ce qu'il trouve inquiétant c'est que tous ces cas survenaient dans un espace de temps très court."[390]

Pendant que se tenait la réunion du SEAC du 5 janvier 1996, l'Unité de Surveillance de la MCJ basée à Édimbourg avait déjà enregistré 14 cas suspects de MCJ de patients âgés de moins de 50 ans. Dans quatre cas, le diagnostic de la MCJ était confirmé par un examen post-mortem et dans deux cas par une biopsie. Désormais, ceci porta à six le nombre de cas confirmés. À cette époque, Will considéra que les critères scientifiques sur la base desquels tous ces cas pouvaient être jugés comme *significatifs* étaient remplis de la manière suivante :

I Dans quelle mesure ces cas sont-ils différents et nouveaux ?

- a. Y a-t-il un nouveau phénotype clinique ? non identifié ;
- b. Y a-t-il un nouveau phénotype neuropathologique ? non identifié ;
- c. Ces cas sont-ils liés à des mutations [du gène de la protéine Prion PrP] ? aucune mutation identifiée dans trois cas ;
- d. Y a-t-il un biais de constatation ou une efficacité accrue de la surveillance ? probable ;

II Dans quelle mesure ces cas sont-ils liés à l'ESB ?

- a. Les cas décelés au Royaume-Uni sont-ils différents de ceux qui ont été observés dans lors des expériences passées ? non identifié ;
- b. Ces cas surviennent-ils uniquement au Royaume-Uni ? on ne sait pas.[391]

Le 8 janvier 1996, l'Unité de Surveillance des MCJ confirma par la neuropathologie deux cas supplémentaires de MCJ. Ceci porta alors à huit le nombre total de cas confirmés. Robert Will écrivit aux médecins cliniciens

[390] SEAC, (1996), YB96/1.5/1.8, ou Vol. 8, Chap. 5, p. 51.
[391] R. Will, (1996), Vol. 8, Chap. 5, p. 50.

responsables de ces deux cas, en notifiant la possibilité d'une forme génétique de MCJ, étant donné que les aspects histologiques de ces deux cas étaient inhabituels par rapport à la forme sporadique. Il souligna l'importance de l'analyse génétique de ces cas[392]. Au début du mois de janvier 1996, il contacta aussi le professeur Albert Hofman, spécialisé en épidémiologie clinique, directeur du département d'Épidémiologie et de Biostatistique de l'Université Erasmus à Rotterdam en Hollande, et coordinateur au niveau européen du projet de Surveillance Épidémiologique de la MCJ, financé depuis 1993 par *European BIOMED*.

L'importance de ce projet résidait dans la possibilité qu'il offrait de pouvoir comparer les caractéristiques épidémiologiques de la MCJ au Royaume-Uni avec celles de la maladie dans d'autres pays et de permettre ainsi de mettre en lumière des *changements* du profil de la MCJ qui résulteraient de l'émergence de l'ESB. La raison pour laquelle Will avait contacté Albert Hofman, était précisément pour lui demander, entre autres, une information sur des cas de sujets jeunes dans les pays européens participant à l'enquête. Cette information parvint à l'Unité de Surveillance de la MCJ fin janvier 1996. Elle montra que de 1993 au 1er février 1996, il y a eu en Europe continentale cinq décès dus à la MCJ sporadique dans la tranche d'âges de 20 à 39 ans.

Dès lors, Robert Will considéra que ces données indiquaient une ressemblance entre la répartition de la MCJ chez des sujets jeunes en Europe continentale et celle des cas de sujets jeunes au Royaume-Uni, à l'exception de deux cas d'adolescents[393]. Mais, vers la fin du mois de janvier 1996, Will et son collègue l'Unité de Surveillance de la MCJ, James Ironside, actuellement professeur de neurologie clinique à l'Université d'Édimbourg, et directeur du réseau de banques de cerveaux du Royaume-Uni, adossé au *Medical Research Council*, devinrent extrêmement soucieux, en raison du nombre de cas dans les groupes les plus jeunes et surtout au vu de la courte période dans laquelle ces cas furent identifiés. À ce sujet Will déclara ceci :

> "L'inquiétude au sujet de la présence des plaques [de florides] dans les examens neurologiques de tous les cas confirmés à ce jour a augmenté avec un précédent travail de l'Unité, ayant indiqué un excès significatif de plaques en association avec un génotype valine ou hétérozygote [pour la détermination de la protéine prion]. À ce stade, nous étions avertis que trois des cas de sujets jeunes étaient homozygotes pour la méthionine et qu'ils n'étaient pas associés aux mutations [du gène qui détermine la protéine prion]."[394]

---

[392] R. Will, (1996), S61D Will para. 23, ou Vol. 8, Chap. 5, p. 52.
[393] R. Will, (1996), S61D Will para. 31, ou Vol. 8, Chap. 5, p. 52.
[394] R. Will, (1996), Will S61D Will para. 28, ou Vol. 8, Chap. 5, p. 52.

L'inquiétude de Will et Ironside était nourrie tant par des considérations émergeant des *faits* pathologiques nouveaux que par leur connaissance pratique de la génétique de la MCJ. D'abord jusqu'en 1992, c'est le groupe du professeur John Collinge à *St Mary's Hospital* de Londres qui s'était chargé d'analyser l'ADN extrait du sang des cas suspects de MCJ. Ensuite, l'Unité de surveillance de la MCJ dirigée par Will et au sein de laquelle œuvrait Ironside, prit la relève à Édimbourg, assistée en cela par le Centre de Recherche Génomique. De la sorte, l'on savait par exemple que le polymorphisme du codon 129 n'est pas la *cause* de la MCJ sporadique mais est en lien avec la *susceptibilité* à la MCJ. On s'est aperçu également que cette homozygotie au codon 129 augmentait le risque de la MCJ sporadique.

C'est ainsi qu'un excès de génotype homozygote pour la méthionine fut décelé dans les cas de MCJ sporadique et également dans le cas de la MCJ iatrogène due à une contamination croisée neurochirurgicale. Dans ce cas-ci, la voie qu'emprunte l'*inoculum* est une voie centrale. En revanche, dans le cas de la MCJ iatrogène causée par l'hormone de croissance humaine, un excès d'homozygotes fut aussi décelé, mais pour la valine. La voie qu'emprunte l'*inoculum* dans ce cas-là est une voie périphérique.

De ces faits d'observation, il découlait que selon la route de l'inoculation du prion, le *génotype du receveur* du prion infectieux influe vraisemblablement sur le développement de la MCJ. Par conséquent, théoriquement si l'ESB devait *causer* la MCJ dans la population humaine, alors l'*inoculum* devrait passer par la voie périphérique. Ainsi, outre les faits cliniques et pathologiques qui apporteraient la preuve d'une telle transmission zoonique de l'ESB, cette dernière pouvait peut-être se faire proportionnellement au génotype homozygote pour la valine dans la population totale. Dès lors, ceci pouvait entrainer la constatation de l'augmentation de cette homozygotie parmi les cas atteints par une MCJ liée à l'ESB. Là aussi, c'était un *changement* de profil de la MCJ qui pouvait émerger et qu'il fallait donc suivre attentivement à travers l'*analyse génétique du codon 129* des victimes de la MCJ qui émergerait dans le contexte de l'ESB britannique.

Par conséquent, cette analyse génétique s'avérait *essentielle* pour l'intérêt qu'elle revêt pour la connaissance des *facteurs* de *susceptibilité* de l'homme à l'agent causal de l'ESB. Des tableaux résumant les faits cliniques et neuropathologiques de tous les cas de MCJ de sujets de moins de 50 ans analysés sous l'autorité de l'Unité de surveillance de la maladie à Édimbourg en Écosse furent dressés le 16 et le 29 janvier 1996 par Martin Zeidler. Au sujet des résultats exposés dans ces tableaux, Robert Will mentionna ceci :

> "[...] Ni mes collègues ni moi-même n'avons souvenir de la date exacte à laquelle, à travers l'examen des données cliniques et pathologiques résumées, nous avions identifié ce que nous croyions être un phénotype clinique commun qui était lié neuropathologiquement aux dépôts des plaques. En plus du jeune

âge des patients qui décédaient, ce phénotype incluait une durée relativement longue de la maladie par rapport à une MCJ sporadique, des symptômes psychiatriques précoces, une ataxie prononcée, et une absence des traits caractéristiques de l'EEG que l'on voit dans la MCJ sporadique [...].

Il est important de souligner qu'à ce stade, l'identification de ce 'nouveau' phénotype était indécise. Chaque composant de ce phénotype peut survenir dans la MCJ sporadique. Certains des cas sur lesquels le putatif phénotype était basé étaient suspectés et non confirmés à ce stade et, par la suite, un de ces cas s'est avéré présenter une mutation par insertion [dans le gène de la protéine prion]. Il était possible que ces cas aient une étiologie hétérogène, certains étant alors des cas sporadiques et d'autres des cas génétiques. Le dernier problème fut l'objet d'une intense discussion qui s'est poursuivie pendant plusieurs semaines.

Nous croyions que l'analyse génétique était essentielle pour déterminer si certains des cas sont associés à des mutations [...]. Une revue des données historiques sur le phénotype clinique des cas de MCJ chez des sujets jeunes avait conduit à l'identification de quelques cas ayant un phénotype semblable à celui proposé dans les cas récents de sujets jeunes. Par exemple, dans une étude de MCJ menée dans les années 1970—79, les cas de MCJ sporadiques suivants ont été identifiés :

- Un patient âgé de 34 ans présentant une dépression et ayant été ausculté par un psychiatrique. Durée totale de la maladie 8 mois. EEG typique.
- Un patient âgé de 35 ans présentant une instabilité émotionnelle et ayant développé une ataxie. Durée totale de la maladie 23 mois. L'EEG montrait une faible activité.
- Un patient âgé de 28 ans présentant une dépression et ayant été ausculté par un psychiatre. Durée totale de la maladie 22 mois. L'EEG montrait des complexes triphasiques."[395]

Sur sa déposition dans l'enquête sur l'ESB ouverte par le gouvernement britannique suite à la déclaration officielle d'un *nv*MCJ, à savoir le nouveau phénotype de la MCJ, Will expliqua les vues qu'il avait à la fin juin 1996 :

"J'étais devenu de plus en plus inquiet au sujet des cas de MCJ de sujets jeunes, mais il y avait une preuve scientifique insuffisante pour tirer une conclusion sur la nouveauté de ces cas, et pour porter un jugement sur le point de savoir si ces cas pourraient être causalement liés à l'ESB. L'interprétation des faits neuropathologiques était d'une importance critique et j'avais alors sollicité le Dr Ironside pour avoir son opinion. Le Dr Ironside a déclaré qu'il y avait clairement des faits pathologiques très inhabituels dans ces

[395] R. Will, (1996), S61D Will para. 30, ou Vol. 8, Chap. 5, p. 52 sq.

> cas, mais qu'il serait prématuré de conclure uniquement sur la base des faits neuropathologiques que ces cas étaient liés à l'ESB."[396]

Illustrant bien l'évolution de la pensée de Robert Will tout au long de la démarche expérimentale dans laquelle il cheminait en vue de l'identification d'un nouveau phénotype clinique et pathologique de la MCJ dans le contexte britannique, les critères scientifiques sur lesquels il s'appuyait pour évaluer les *faits* recueillis sur les cas de MCJ que James Ironside et lui analysaient, étaient désormais remplis comme suit, dès le 1er février 1996 :

I Dans quelle mesure ces cas sont-ils différents et nouveaux ?

a. Y a-t-il un nouveau phénotype clinique ? possible (comparé à ''non identifié'' le 5 Janvier) ;
b. Y a-t-il un nouveau phénotype neuropathologique ? possible (comparé à non identifié le 5 Janvier) ;
c. Ces cas sont-ils liés à des mutations [du gène de la protéine Prion PrP] ? aucune mutation identifiée dans trois cas ;
d. Y a-t-il un biais de constatation ou une efficacité accrue de la surveillance ? probable ;

II Dans quelle mesure ces cas sont-ils liés à l'ESB ?

a. Les cas décelés au Royaume-Uni sont-ils différents de ceux qui ont été observés dans lors des expériences passées ? possible (comparé à ''non identifié'' à la date du 5 Janvier) ;
b. Ces cas surviennent-ils uniquement au Royaume-Uni ? on ne sait pas.[397]

L'évolution de la pensée de Will est soulignée à travers la comparaison qui est faite entre sa position à la date du 5 janvier 1996 et la position qu'il avait à la date du 1er février 1996[398]. À cette dernière date, se tint la 24e réunion du SEAC et Will rapporta les faits relatifs aux cas des sujets jeunes atteints de la MCJ. Cinq des cas de MCJ de sujets âgés de moins de 30 ans furent confirmés, trois parmi eux étaient déjà décédés, tandis que deux étaient encore en vie. Cependant, le criblage génétique des mutations était encore incomplet pour les patients âgés de moins de 40 ans, de sorte que la MCJ familiale ne pouvait être écartée. Will avait aussi fait référence à deux nouveaux cas confirmés de MCJ chez des patients âgés de 30 à 39 ans,

---

396 R. Will, (1996), Vol. 8, Chap. 5, p. 53.
397 R. Will, (1996), S61D Will para. 35 ou Vol. 8, Chap. 5, p. 53 sq.
398 R, Will, (1996), Vol. 8, Chap. 5, pp. 51 et 54.

portant désormais à sept le nombre de cas de MCJ *confirmés* chez des patients de moins de 40 ans. En outre, il a fait référence à un patient dans la tranche d'âges des 30-39 ans, qui avait une pathologie suggérant le Syndrome de Gerstmann-Sträussler (GSS), et enfin un autre cas de MCJ confirmé, mais âgé de 41 ans. De la réunion du SEAC tenue le 1er février 1996, le compte rendu retint que :

> "Dans tous les cas mentionnés, (à l'exception du cas de la GSS et de celui pour lequel les résultats étaient incomplets), il y avait une formation étendue de plaques dans le cortex cérébral, dans le cervelet et la moelle épinière. Un échantillon de dépôts de la protéine prion PrP inhabituellement étendus était le fait inattendu. [Toutefois], Dr Will rapporta le point de vue de Dr Ironside selon lequel il était prématuré de décider que ces cas étaient liés à l'ESB. [Dans la mesure où] des plaques dans le cervelet et dans la moelle épinière sont [également] présentes dans des cas de la MCJ iatrogène causée par l'hormone de croissance humaine."[399]

Dans le document écrit qui constitue sa déposition dans l'enquête sur l'ESB menée après la déclaration officielle du *nv*MCJ, Robert Will était revenu sur le contenu de ce rapport du SEAC pour clarifier ce que l'on savait sur la neuropathologie des cas analysés :

> "On a enregistré que j'avais déclaré au paragraphe 21 [du compte rendu de la réunion du SEAC] que 'dans tous les cas mentionnés ci-dessus, il y avait une formation étendue de plaques dans le cortex cérébral, dans le cervelet et la moelle épinière'. Je regrette que je n'aie pas reconnu préalablement que cette déclaration était inexacte et je ne me souviens plus si l'erreur vient de ce que j'ai déclaré ou alors de ce qui fut enregistré à partir du propos que j'ai tenu. Mais, le 1er février 1996, sept cas de ce qui fut reconnu par la suite comme étant un nouveau variant de la MCJ avaient été confirmés neuropathologiquement. Dans deux des cas, la confirmation neuropathologique avait été obtenue par biopsie, et à ce stade, une information sur la neuropathologie régionale, y compris sur la moelle épinière ne pouvait être disponible. Avec l'aide de l'équipe de neuropathologie du Centre de surveillance de la MCJ, j'avais identifié à la date du 1er février 1996, qu'une neuropathologie régionale complète était disponible dans trois cas et que des données régionales minimales, y compris sur la moelle épinière étaient disponibles dans d'autres cas, quoique le phénotype neuropathologique du *nv*MCJ ne fût pas identifié à ce stade."[400]

---

[399] SEAC, Compte rendu du 1er février 1996 : YB96/2.1/1.5–1.6, ou Vol. 8, Chap. 5, p. 54.

[400] R. Will, (1996), S61D Will para. 36. (voir aussi déposition orale T138 pp. 75–76) ou Vol. 8, Chap. 5, p. 55.

Dans le compte rendu de la 24e réunion du SEAC il était aussi noté ceci :

> "Le Dr Will avait réitéré que le problème crucial n'était pas simplement le jeune âge [des patients] ou alors la pathologie des cas récents mais, la courte échelle de temps dans laquelle cinq cas de MCJ chez des individus de moins de 30 ans sont survenus. Les dates d'apparition des symptômes de ces cas étaient février 1994, mai 1994, juin 1994 et avril 1995, quoiqu'ils ne fussent pas rapportés à l'Unité de surveillance de la MCJ dans l'ordre. Il avait prévenu le SEAC que les données génétiques définitives de ces cas seraient bientôt disponibles et qu'il avait l'intention d'en publier les faits clinicopathologiques en même temps que ceux des cas âgés de moins de 40 ans. Une information détaillée sur un 3e cas de sujet jeune sera aussi publiée bientôt. Le Dr Will était d'accord pour laisser le SEAC voir une copie du tiré à part de l'article convenu. Ce n'était pas pour amendement par le SEAC et cela devait rester confidentiel. Il fut alors convenu qu'un communiqué du SEAC devait être préparé avant que l'article ne soit publié."[401]

Sur sa déposition qu'il avait faite lors de l'enquête sur l'ESB, Robert Will s'est étendu sur les discussions qui eurent lieu lors de la réunion du SEAC :

> "À mon avis, il était essentiel que les informations descriptives de ces cas soient publiées. Même si ceci n'était certainement pas possible tant que les données génétiques n'étaient pas disponibles. L'espace de temps très court dans lequel cinq cas de MCJ de sujets jeunes âgés de moins de 30 ans furent identifiés était clairement matière d'inquiétude. Mais, à ce moment-là, je ne croyais pas qu'il y avait une preuve clinique, pathologique ou épidémiologique suffisante pour indiquer que nous avions identifié un nouveau phénotype clinico-pathologique de la MCJ. Les raisons de cette vue sont indiquées ci-dessus et incluent, à la fois, la possibilité d'un biais dans la constatation des cas, les données sur les cas de sujets jeunes identifiés en Europe continentale, et les préoccupations concernant l'amélioration du diagnostic neuropathologique à la suite de l'introduction des techniques [biochimiques] modernes. Quoiqu'ils n'aient pas été rapportés, je crois que certains de ces problèmes ont été débattus au SEAC."[402]

Le rapport du SEAC mentionna aussi que le professeur (à présent Sir) John Pattison qui remplaça David Tyrrell (1952—2005), lui-même remplaçant de Sir Richard Southwood (1931—2005) à la tête du SEAC et qui en assurait désormais la présidence, avait tiré la conclusion suivante :

---

[401] SEAC, (1996), Compte rendu de la 28e réunion : YB96/2.1/1.7, ou Vol. 8, Chap. 5, p. 55.
[402] R. Will, S61D Will para. 39, ou Vol. 8, Chap. 5, p. 55.

> "Les données inhabituelles sur des cas de sujets jeunes sont davantage inquiétantes que les cas des fermiers qui semblent être des cas sporadiques classiques avec une pathologie typique. Il [Robert Will] a réitéré le besoin d'examiner la population de personnes jeunes dans d'autres pays. Si ces patients partagent une pathologie inhabituelle, alors ce serait réconfortant. Dès lors, il pouvait en résulter que la MCJ est [tout simplement] différente dans les cas du sujet jeune, à cause de l'âge du patient."[403]

Tout au long de cette réunion du SEAC en date du 1er février 1996, Will souligna l'urgence du typage des souches de ces cas de MCJ en cours d'analyse. Sur sa déposition faite lors de l'enquête ouverte sur l'ESB, il s'est étendu sur les raisons de cette urgence :

> "[...] J'étais inquiet depuis le début du projet que l'identification d'un petit nombre de cas atypiques de MCJ fût très difficile à interpréter dans une perspective épidémiologique, en particulier s'il y avait un biais dans la constatation des cas par rapport aux périodes d'études précédentes. À mon avis, il était essentiel d'obtenir des informations provenant des études menées en laboratoire sur le typage de souches de ces cas de sujets jeunes et ceci était crucial pour une évaluation de la question de savoir si oui ou non ces cas sont liés à l'ESB."[404]

Toujours, sur sa déposition dans l'enquête sur l'ESB suite à l'émergence du *nv*MCJ, Will ajouta ce qui suit :

> "Ce que je veux dire c'est qu'il est extraordinairement difficile d'évaluer un petit nombre de cas, lorsque l'on mène un projet national de surveillance. C'est quelque chose qui est très difficile à faire. Par conséquent, disposer d'une preuve scientifique supplémentaire en rapport avec ces cas, était un problème d'une importance critique. Autrement dit, il était d'une importance critique de fournir une preuve très solide [du lien causal] qui lie l'ESB à l'apparition d'un nouveau variant de la MCJ."[405]

Ainsi, nous voyons à quel point la recherche d'une *preuve solide* du *lien causal* entre le trouble neurodégénératif bovin et sa forme humaine retint l'attention du professeur Robert Will et de toute son équipe. Le compte rendu de la réunion du SEAC nota qu'il décrivit des développements récents relatifs à la MCJ sporadique de la manière suivante :

---

[403] R. Will, (1996), S61D Will para. 39, ou Vol. 8, Chap. 5, p. 55.
[404] R. Will, (1996), S61D Will para. 40, ou Vol. 8, Chap. 5, p. 56.
[405] R. Will, (1996), T138 p. 83–4, ou Vol. 8, Chap. 5, p. 56.

"Des faits récents suggéraient qu'il y a deux sous-groupes de MCJ sporadiques : celui ayant une maladie de longue durée et présentant des plaques dans la moelle épinière et le cervelet ; celui ayant une maladie de courte durée et ne présentant pas de telles plaques. Le Dr Will a déclaré qu'il n'y avait pas de facteurs environnementaux apparents identifiés, excepté que 5 des 9 cas positifs pour la moelle épinière avaient subi une chirurgie abdominale, dont 3 cas dans les années 1950/60. Aucun des cas négatifs pour la moelle épinière n'avait subi une chirurgie abdominale."[406]

Dans sa déposition dans l'enquête sur l'ESB, le professeur Will expliqua pourquoi il avait présenté cette information :

"Au paragraphe 21 [du rapport du SEAC] il est fait référence à une description que j'avais donnée des deux sous-groupes de la MCJ sporadique, différenciés par la présence ou l'absence de la coloration de la protéine prion PrP dans la moelle épinière. La raison pour laquelle j'ai présenté cette donnée était de s'assurer que le SEAC était pleinement informé des derniers développements qui pourraient être une source de préoccupation. Il est important de souligner que cette donnée concernant la moelle épinière est liée à la MCJ sporadique et non pas à un nouveau variant de la MCJ."[407]

Ce point fut aussi souligné par Robert Will dans sa déposition orale :

"Pour être totalement clair sur ce sujet, [disons que] ceci n'a rien à voir avec le nouveau variant de la MCJ. Et la raison pour laquelle ce point a été présenté, c'est que j'avais le sentiment, lors de cette réunion, que le SEAC devait avoir accès à toute l'information qui pouvait être la cause d'une inquiétude."[408]

Désormais, l'inquiétude s'amplifiait chez les savants en charge de l'épidémiologie du MCJ au Royaume-Uni, au fur et à mesure que se poursuivait l'analyse des faits bruts découlant des cas de sujets jeunes atteints de MCJ qui émergeaient dans le pays. Pourtant, le 12 février 1996, au prétexte qu'il sollicitait leurs vues sur l'épidémiologie de l'ESB qui faisait l'objet d'une évaluation, M. Mike Skinner en charge des questions de Santé Humaine dans leur rapport à l'Alimentation et l'Environnement, au sein de la direction de la Santé, adressa un courrier à Will, aux professeurs John Pattison président du SEAC et John Collinge. Toutefois, loin d'être une

---

[406] SEAC, (1996), YB96/2.1/1.6, ou Vol. 8, Chap. 5, p. 56.
[407] R. Will, (1996), S61D Will para. 37, ou Vol. 8, Chap. 5, p. 56.
[408] R. Will, (1996), T138 p. 78 ou Vol. 8, Chap. 5, p. 56.

demande d'information, mais apparaissant plutôt commme une note de cadrage d'une situation que l'on tient à maintenir sous contrôle, le courrier mentionna ceci :

> "La viande britannique est saine à consommer. L'existence de l'ESB dans les vaches et d'une maladie semblable chez des humains, à savoir la MCJ, n'implique aucun lien entre les deux [...]. Les scientifiques les plus éminents impliqués dans l'étude et la recherche en vue de comprendre la maladie [bovine], ne croient pas qu'il y ait un risque significatif pour les hommes. Parmi ces scientifiques il y a le professeur John Pattison, doyen de l'*University College Medical School* et Président du *Spongiform Encephalopathy Advisory Committee,* [un organisme] indépendant ; le Dr Robert Will, Directeur de l'Unité de Surveillance de la MCJ et une autorité mondiale en matière de cette maladie ; le Dr Richard Kimberlin, une autorité mondiale en matière de tremblante et des maladies semblables. Le *Spongiform Encephalopathy Advisory Committee* lui-même a trouvé qu'il n'y a aucune preuve permettant de suggérer qu'il y a une épidémie de MCJ émergente. Le Conseiller Vétérinaire Principal, le Dr Kenneth Calman se réjouit qu''il n'y ait aucune preuve scientifique d'un lien entre la consommation de la viande et la MCJ, et que [de ce fait] le bœuf et d'autres viandes sont bons à consommer'. Les scientifiques internationaux de l'Organisation Mondiale pour la Santé et de l'Union Européenne ont aussi examiné la preuve, et ils croient que le bœuf et ses produits sont sains à consommer."[409]

Le 20 février 1996, un Forum parlementaire sur l'Alimentation et la Santé fut organisé. Robert Will et Stephen Dealler y furent conviés pour discuter du *lien* entre l'ESB et la MCJ. Mais, Richard Lacey, l'un des scientifiques les plus impliqués dans le débat sur le risque de l'ESB pour la santé humaine n'y a pas été convié. Will y fit un exposé sur l'évaluation des faits cliniques et pathologiques attachés aux cas de MCJ qu'il analysait avec ses collaborateurs de l'Unité de Surveillance de la MCJ, en s'appuyant sur les critères scientifiques qui lui servaient de boussole pour orienter son jugement sur la *signification* à dégager de ces cas. Le bilan qu'il dressa n'était pas très différent de celui du 1er février exposé plus haut.

Sa communication fut enregistrée. Il introduisit son propos en rappelant qu'en 1989 le Comité *Southwood* avait jugé que le risque théorique de l'ESB pour la population humaine était *écarté,* et que cette vue était soutenue par l'OMS, la Communauté Européenne et d'autres organisations. Même si la *cause* de la MCJ sporadique est inconnue, la preuve virtuelle disponible avait exclu d'avance la tremblante comme source de la maladie humaine.

---

[409] M. Skinner, (1996), YB96/1.3/4.2 ou Vol. 8, Chap. 5, p. 58 sq.

Mais, proclama-il, il existe une *possibilité théorique* que l'ESB soit plus pathogène pour l'homme que ne l'est la tremblante. Dès lors, une série de mesures légales fut prise pour minimiser tout risque pour la population humaine au Royaume-Uni. La preuve disponible ne suggère alors aucun *changement* définitif du profil de la MCJ imputable à l'ESB, mais il s'écoulera plusieurs années avant qu'un tel *changement* ne soit finalement exclu. Will expliqua qu'il y a eu une légère augmentation de la MCJ dans les années 1970, qui s'est équilibrée pour augmenter, à nouveau dans les années 1990 uniquement. Selon lui, il y avait une preuve suggérant que cette augmentation pourrait être due à une amélioration de la constatation des cas dans la catégorie des plus âgés. Une surveillance parallèle de la MCJ a aussi été mise en place en Europe continentale et, dans la période de 1993-94, l'incidence fut semblable à celle qui prévaut au Royaume-Uni.

Dès lors, cette surveillance n'a montré aucun *changement* dans la MCJ, qui pourrait être attribué à l'ESB. Il poursuivit son propos en déclarant qu'au Royaume-Uni, il n'y avait pas un *changement* total de l'incidence de la MCJ dans une tranche d'âge spécifique, et que l'incidence de la MCJ chez les fermiers ne montrait aucun mécanisme de transmission de l'ESB. Il souligna qu'il était difficile de tirer une conclusion sur ce qui était arrivé aux fermiers et que des recherches se poursuivaient. Enfin, il déclara que si l'information du moment était rassurante, aucun risque de l'ESB pour l'homme ne serait évident *avant* plusieurs années, même si au moment où il donnait sa communication, il n'y avait aucune *preuve d'un lien* entre la MCJ et l'ESB[410]. On peut noter la relation entre le ton de la communication que Will a donnée dans ce forum et le contenu du courrier que lui et ses collègues scientifiques avaient reçu de la Direction de la Santé quelques jours plus tôt.

Le 23 février 1996, trois jours après son intervention, sans doute parce qu'il n'a pas totalement nié le danger potentiel de l'ESB, mais avait souligné un *risque théorique*, il fut convié à fournir une explication à Mike Skinner. Préoccupé par le résultat de ses analyses du lien *possible* entre l'ESB et la MCJ, conscient de la difficulté scientifique du sujet et de la délicatesse de l'exercice auxquel il s'est livré au Forum parlementaire, il dut déclarer ceci :

> "Mon avis est qu'il y a un risque théorique que l'ESB contractée par les vaches puisse causer la maladie chez des hommes et qu'il a été écarté. Ce risque provenant du bœuf et de ses produits est vraisemblablement négligeable, à condition que des mesures promulguées aient été pleinement appliquées. Je suis également d'accord avec la déclaration selon laquelle il n'y a actuellement aucune preuve scientifique que l'ESB se transmet aux hommes ou que la consommation de la viande cause la MCJ."[411]

---

[410] R. Will, (1996), YB96/2.20/2.2, ou Vol. 8, Chap. 5, p. 58.
[411] R. Will, YB95/2.23/6.1, ou Vol. 8, Chap. 5, p. 59.

Au moment où il fit sa déposition dans l'enquête ouverte sur l'ESB à la suite de la déclaration officielle du *nv*MCJ, il lui a été demandé si l'expression ''un risque théorique écarté'' était bien celle qu'il fallait utiliser, alors que les données cliniques et neuropathologiques dont il disposait dès février 1996 l'avaient déjà conduit à penser qu'il est possible qu'il y ait eu un *changement* dans le phénotype de la maladie. Il expliqua alors ceci :

> "Je pense que ceci est une sagesse *a posteriori*. [...] Vous êtes en train de me dire que nous savons à présent que ces cas étaient significatifs. [Mais], à ce moment-là nous ne pouvions pas du tout en être sûrs. Vous savez, à travers cette déclaration, j'ai essayé de faire passer les problèmes divers et variés que nous avions à prendre en considération, et qui mettaient de la confusion dans des facteurs. Bien sûr, ceux-ci s'appliquaient [...] au problème du biais de la constatation des cas, etc. Ainsi, mon sentiment est qu'à ce moment-là, je n'avais pas atteint un stade où je disposais d'une preuve suffisante me permettant de porter un jugement scientifique selon lequel il y avait un changement [du profil de la MCJ]."[412]

Le 26 février 1996, l'Unité de surveillance de la MCJ avait obtenu les résultats complets de la neuropathologie régionale sur trois cas de MCJ. De plus, dans la même semaine un cas supplémentaire de MCJ fut confirmé par la neuropathologie. Identifié en janvier 1996 comme un cas 'possible, il portait alors à dix le nombre de cas de MCJ *confirmés* survenus dès 1994, chez des personnes âgées de moins de 50 ans. Mais, il n'y avait pas que des cas d'individus de moins de 50 ans. Sur sa déposition recueillie dans l'enquête sur l'ESB ouverte après l'émergence du *nv*MCJ, Robert Will commenta la *signification* de ces résultats :

> "La suspicion d'un nouveau phénotype neuropathologique était fortement soutenue et la revue de la pathologie disponible dans des cas précédents indiquaient que tous les cas partageaient une pathologie commune. Le réexamen neuropathologique des cas historiques de sujets jeunes a été complété fin février 1996, à l'exception du cas de l'adolescent âgé de 16 ans et qui date de 1980. Aucun cas ne présentait la pathologie des récents cas de sujets jeunes"[413].

Ayant réexaminé les données cliniques et neuropathologiques des cas *confirmés*, Will et ses collègues de l'Unité de Surveillance de la MCJ étaient désormais convaincus que les cas des sujets jeunes partageaient un phénotype clinique inhabituel. Le 1er mars 1996, il commença avoir davantage confiance dans l'évaluation de ces cas de MCJ des sujets jeunes,

---

[412] R. Will, T138 (Will and Eddy), p. 110, ou Vol. 8, Chap. 5, p. 59.
[413] R. Will, S61D Will para. 50, ou Vol. 8, Chap. 5, p. 59.

après avoir revu un patient suspecté d'être atteint de la MCJ, patient qu'il avait préalablement vu au début du mois de février. Sur sa déposition recueillie dans l'enquête ouverte par le gouvernement britannique après la déclaration officielle du *nv*MCJ, il proclama à ce sujet ce qui suit :

> "L'évolution clinique de ce cas était complètement en accord avec le phénotype clinique que nous avions identifié. Ceci était d'une importance majeure dans le développement de mes vues sur la validité du phénotype clinique proposé dans les cas de sujets jeunes. Je n'avais [jamais] vu pareil cas de MCJ auparavant, et, de manière générale, il est beaucoup plus facile d'avoir confiance à un phénotype clinique, à partir d'une expérience directe."[414]

Dans la déposition sur son évaluation à la date du 1er mars 1996, Robert Will expliqua des cas de MCJ du sujet jeune, dans la mesure où certains des critères scientifiques qui lui permettaient de porter un jugement scientifique sur la *signification* de ces cas atypiques étaient désormais remplis. Comme cela apparait plus haut, sa pensée avait à nouveau évolué. Cette évolution est soulignée par la comparaison qui est faite entre sa position à la date du 1er février 1996 et sa position au 1er mars 1996, mentionnée plus haut. Dès lors, les critères d'analyse qu'il mobilisait, donnaient ce qui suit :

I Dans quelle mesure ces cas sont-ils différents et nouveaux ?

a. Y a-t-il un nouveau phénotype clinique ? probable (comparé à non identifié à la date du 1er février) ;
b. Y a-t-il un nouveau phénotype neuropathologique ? probable (comparé à ‘‘ non identifié’’ au 1er février) ;
c. Ces cas sont-ils liés à des mutations [du gène de la protéine Prion PrP] ? aucune mutation identifiée dans trois cas ;
d. Y a-t-il un biais de constatation ou une efficacité accrue de la surveillance ? probable ;

II Dans quelle mesure ces cas sont-ils liés à l'ESB ?

a. Les cas décelés au Royaume-Uni sont-ils différents de ceux qui ont été observés dans lors des expériences passées ? probable (comparé à ‘‘non identifié’’ à la date du 1er février) ;
b. Ces cas surviennent-ils uniquement au Royaume-Uni ? on ne sait pas[415].

---

[414] R. Will, S61D Will para. 51, ou Vol. 8, Chap. 5, p. 60.
[415] R.Will, (1996), S61D Will para. 52, ou Vol. 8, Chap. 5, p. 60.

Peu de temps après que la preuve d'un nouveau phénotype neuropathologique ait été établie, une information génétique plus détaillée des cas de MCJ en cours d'analyse fut mise au jour. De la sorte, on a alors pu montrer que trois des cas de MCJ confirmés n'avaient pas une base génétique parce que les mutations du gène de la protéine prion associées aux formes familiales de la MCJ n'avaient pas été identifiées.

Le 4 mars 1996, Will reçut des résultats préliminaires de l'analyse du gène de la protéine prion, pour quatre cas supplémentaires de sujets de moins de 50 ans. Des mutations du gène prion associées aux formes familiales de la MCJ étaient identifiées dans trois des quatre cas. Le quatrième cas s'est avéré présenter une mutation par insertion dans le gène de la protéine prion. Ces résultats ainsi que l'analyse génétique qui fut menée préalablement sur trois des cas, indiquaient clairement que six parmi les cas de MCJ confirmés chez des sujets âgés de moins de 50 ans n'avaient pas une base génétique. Ce qui signifie qu'ils ne sont pas associés aux formes familiales de la MCJ.

Au début du mois de mars 1996, Robert Will reçut également les résultats des enquêtes qu'il avait sollicitées au mois de Février 1996 auprès de ses collègues d'autres pays, sur des cas spécifiques de MCJ chez des sujets âgés de moins de 30 ans, identifiés dans la littérature scientifique du monde entier. Dans certains des cas de cette tranche d'âges, la maladie avait une durée plus longue dans d'autres pays, et une apparition clinique inhabituelle, mais uniquement un cas présentait des plaques décrites dans la neuropathologie[416] des cas de sujets jeunes britanniques. Rapportant les résultats des enquêtes qui lui étaient parvenues, Will releva que ces résultats confirmaient ce qui suit :

> "Dans trois cas de MCJ de sujets jeunes chez des américains et canadiens âgés de 14, 16 et 20 ans, des plaques n'avaient pas été identifiées à travers l'examen neuropathologique. [...] Dans la littérature mondiale, le seul cas de MCJ sporadique âgé de moins de 30 ans identifié et présentant des dépôts de plaques était probablement une forme héréditaire d'une maladie à prions humaine"[417]

À l'issue des développements relatifs à l'information récente sur la génétique des cas de la MCJ des sujets jeunes au Royaume-Uni et à celle portant sur la neuropathologie des cas des patients de cette tranche d'âges dans d'autres pays, Robert Will expliqua l'évolution de sa position dans sa déposition recueillie lors de l'enquête sur l'ESB ouverte après la reconnaissance officielle d'un *nv*MCJ. Dès le 8 mars 1996 sa position sur les cas de MCJ sur les sujets jeunes au Royaume-Uni avait changé comparativement à celle qu'il avait le 1er mars 1996, dans la mesure où certains critères

[416] R. Will, (1996), S61D Will para. 55, ou Vol. 8, Chap. 5, p. 61.
[417] R.Will, (1996), S61D Will para. 54, ou Vol. 8, Chap. 5, p. 61.

scientifiques sur lesquels il fondait son jugement scientifique pour atteindre la *signification* de ces cas atypiques étaient désormais remplis comme suit :

I Dans quelle mesure ces cas sont-ils différents et nouveaux ?

a. Y a-t-il un nouveau phénotype clinique ? probable ;
b. Y a-t-il un nouveau phénotype neuropathologique ? Probable ;
c. Ces cas sont-ils liés à des mutations [du gène de la protéine Prion PrP] ? aucune mutation identifiée dans six cas (comparé ‘‘à trois cas’’ à la date du 1er Mars) ;
d. Y a-t-il un biais de constatation ou une efficacité accrue de la surveillance ? probable ;

II Dans quelle mesure ces cas sont-ils liés à l'ESB ?

a. Les cas décelés au Royaume-Uni sont-ils différents de ceux qui ont été observés dans lors des expériences passées ? probable
b. Ces cas surviennent-ils uniquement au Royaume-Uni ? possible (comparé à ‘‘on ne sait pas’’ à la date du 1er Mars).[418]

Dans sa déposition recueillie lors de l'enquête nationale ouverte sur l'ESB, Will souligna à nouveau toute l'importance pour la biologie de la MCJ et des ESST apparentées d'arriver à établir de manière ferme une *preuve solide d'un lien causal* entre l'ESB et le *nv*MCJ :

> "Au début du mois de mars nous avions conclu qu'il y avait une preuve suffisante pour être sûr que nous avions identifié et caractérisé un nouveau phénotype clinico-pathologique de la MCJ [...]. Il est important de souligner que quoique nous croyions que nous avions identifié une nouvelle forme de la MCJ, des nouveaux variants clinico-pathologiques avaient été identifiés dans le passé, tant au Royaume-Uni que dans d'autres pays. Dans le but d'indiquer un lien entre l'ESB et 'un nouveau variant' de la MCJ, il était essentiel de déterminer si des cas semblables survenaient dans d'autres pays."[419]

Le 8 mars 1996, Will et Ironside présentèrent à la 25e réunion du SEAC, les *faits* du nouveau phénotype de la MCJ dans un article intitulé "Human TSE Epidemiology – The Emerging Picture" (Épidémiologie de l'ES

---

418 R.Will, (1996), S61D Will para. 52, ou Vol. 8, Chap. 5, p. 61 sq.
419 R. Will, (1996), S61D Will para. 56, ou Vol. 8, Chap. 5, p. 62.

transmissible humaine : le tableau émergent) décrivant l'identification d'un sous-groupe de MCJ pour lequel la maladie survient à un âge précoce, présente une longue durée, mais pas des mutations dans le gène de la protéine prion, ni de plaques de 'florides' dans tout le cerveau ni même un dépôt étendu de la protéine prion[420]. Will rapporta ensuite deux sous-groupes de MCJ sporadique en s'appuyant sur les faits cliniques et neuropathologiques que l'Unité de surveillance de la MCJ avait découverts :

> "Il semble qu'il y avait deux sous-groupes distincts de cas de MCJ sporadique. Le premier avec une maladie de durée plus étendue et des plaques [de florides] dans le cerveau et la moelle épinière, et le second avec une maladie de courte durée qui ne présente pas ces faits. La présence des plaques dans la moelle épinière serait en relation avec la durée étendue de la maladie qui laisserait à la protéine prion PrP le temps d'une propagation centrifuge le long de la moelle épinière [...]. La pathologie des cas sporadiques chez des sujets jeunes était différente de celle des deux sous-groupes mentionnés ci-dessus."[421]

Will rapporta également que les cas de MCJ qui survenaient au Royaume Uni avaient été comparés avec 17 cas de sujets âgés de moins de 30 ans trouvés à travers le monde depuis 1965. Les faits cliniques et la durée de la maladie étaient variables dans les 17 cas. Il n'y avait pour ces 17 cas aucune information génétique disponible, à l'exclusion d'un cas (dont on pensait qu'il était héréditaire), aucune plaque non plus n'avait été enregistrée. De cette comparaison Robert Will et James Ironside conclurent que les cas de sujets jeunes au Royaume-Uni présentaient une pathologie unique et que de *faits* cliniques pareils 'seraient' une nouvelle forme de MCJ.

Ils manifestèrent alors l'intention de publier ces *faits* aussitôt que possible dans une revue médicale comme *The Lancet*. Avant leur publication, ils préférèrent que les *faits* soient gardés confidentiels, mais étaient prêts à accepter qu'ils soient rendus publics si le SEAC et le Gouvernement le jugeaient nécessaire[422]. De nombreuses discussions suivirent la présentation du nouveau phénotype de la MCJ. Les membres du SEAC se demandaient encore si ces cas avaient seulement été identifiés à cause d'une amélioration de l'identification des cas et si la nouvelle forme de la MCJ n'était pas déjà présente dans la population depuis un certain temps, mais non identifiée. Cependant, ni Robert Will ni James Ironside ne croyaient que tel soit le cas, étant donné qu'une conscience de la MCJ s'était développée chez les neurologues depuis de nombreuses années, que l'identification était basée

---

[420] R. Will, (1996), YB96/3.8/1.5-1.6, ou SEAC 25 tab 3, ou encore Vol. 8, Chap. 5, p. 62.
[421] R. Will, (1996), YB96/3.8/1.6 para. 22, ou Vol. 8, Chap. 5, p. 62.
[422] R. Will, J. Ironside, (1996), YB96/3.8/1.6 ou Vol. 8, Chap. 5, p. 63.

sur la neuropathologie et que la pathologie était très différente de celle des cas de sujets jeunes en dehors du Royaume-Uni. Un biais de référence dû à une conscience accrue de la MCJ a bien été pris en considération. Toutefois, cet accroissement de la conscience de la MCJ doit également avoir causé un biais de référence dans d'autres pays. Et comme des cas identiques de sujets jeunes n'ont pas été observés dans les autres pays, mais uniquement au Royaume-Uni, alors un biais de référence en tant qu'explication de l'augmentation des cas de MCJ de sujets jeunes au Royaume-Uni était écarté. Le compte rendu de la réunion du SEAC indiqua que le Professeur John Pattison, président du SEAC a clos les débats en confirmant ce qui suit :

> "Le comité garderait confidentielle l'information, en attendant la publication de l'article du Dr Will et du Dr Ironside. Il informerait l'Officier Médical en chef et l'Officier Vétérinaire en chef [en l'occurrence Sir Kenneth Calman et Keith Meldrum, les deux plus hauts fonctionnaires de la hiérarchie scientifique, conseillers de l'ensemble du gouvernement en matière de *santé publique*, et dont l'avis peut être sollicité par n'importe quel Ministre] au sujet des faits et de l'inquiétude du SEAC. À présent, il appartiendrait aux Ministres de décider si oui ou non ils [ces faits] devraient être placés dans le domaine public."[423]

Le 13 mars 1996, le diagnostic d'un nouveau variant de la MCJ fut *confirmé* par biopsie dans le cas d'un homme de 31 ans que Robert Will avait vu le 1er mars. Ceci portait à neuf le nombre de cas confirmés de MCJ (non familiale). Dans sa déposition recueillie lors de l'enquête ouverte sur l'ESB, Will déclara que "la revue des résultats de l'enquête sur les facteurs de risque pour la MCJ n'avait montré aucun facteur de risque commun ou reconnu pour le développement de la MCJ chez ces cas de sujets jeunes"[424].

Le même jour, les *faits* neuropathologiques d'un cas d'adolescent âgé de 16 ans qui décéda en 1980 devinrent disponibles. Ils montrèrent des aspects neurologiques en accord avec une MCJ sporadique. Des plaques de florides n'étaient pas identifiées, même en usant de la récente technique biochimique de coloration de la protéine prion[425]. Pour Will, dans la première moitié du mois de mars 1996, la *preuve scientifique disponible* indiquait qu'un nouveau phénotype de la MCJ était circonscrit au Royaume-Uni, suggérant alors un *lien causal* entre cette maladie humaine émergente et l'ESB :

> "En mars 1996 j'ai contacté mes collègues du Système de Surveillance Européen et demandé plus d'information sur les cas de MCJ de sujets jeunes identifiés dans les pays participants. J'ai

---

[423] J. Pattison, (1996), YB96/3.8/1.8, ou Vol. 8, Chap. 5, p. 63.
[424] R. Will, (1996), S61 Will para. 43, ou Vol. 8, Chap. 5, p. 63.
[425] R. Will, (1996), S61D Will para. 57, ou Vol. 8, Chap. 5, p. 63.

> demandé une information plus détaillée sur les caractéristiques cliniques de l'évolution de la maladie, les résultats de l'examen de l'EEG, les détails des aspects neuropathologiques. Mes collègues m'ont répondu promptement, avec amabilité et il est devenu évident qu'aucun cas de sujets jeunes en Europe continentale n'avait le phénotype clinique et pathologique des cas de sujets jeunes au Royaume-Uni. La preuve indiquait que le nouveau phénotype de la MCJ était limité au Royaume-Uni, en accord avec un lien causal avec l'ESB."[426]

Le 16 mars 1996, une réunion d'urgence du SEAC fut tenue pour discuter dans le détail des cas du *nv*MCJ, la forme humaine de l'ESB. Robert Will réitéra la description de ce *nouveau variant* de la MCJ pour lequel l'Unité de Surveillance de la MCJ avait identifié un âge précoce de survenue de la maladie, une manifestation initiale de problèmes psychiatriques ou comportementaux, une longue période d'incubation, un EEG anormal, une pathologie distincte avec des grandes plaques. Il présenta alors une information complète sur tous les cas de ce 'variant' de la MCJ, y compris sur le neuvième cas nouvellement identifié[427]. Il fit un exposé sur l'analyse des archives de MCJ menée par l'Unité de Surveillance des MCJ.

Il rapporta que tous les cas de MCJ âgés de moins de 40 ans avaient été examinés dans le détail et qu'aucune preuve des caractéristiques inhabituelles de la forme variante de la MCJ n'avait été décelée. Il fit aussi référence à la recherche de cas de MCJ de sujets jeunes dans le monde à travers la littérature. Une fois encore aucune des caractéristiques de ce nouveau variant ne fut trouvée. Par conséquent, il conclut que 'la nouvelle forme variante de la MCJ était une forme distincte qui était en partie liée à l'âge, et présentait notamment un excès de cas dans la population de personnes de moins de 30 ans[428]. Le compte rendu de la réunion du SEAC releva aussi que le matériau pathologique de l'Unité de Surveillance de la MCJ fut réexaminé par trois autres neuropathologistes indépendants, ayant chacun une expérience sur les ES. Leurs vues convergeaient vers la conclusion selon laquelle 'il s'agissait d'une entité [nosologique] distincte, sans ressemblance avec aucune forme de MCJ observée auparavant'[429].

L'analyse génétique de six des neufs cas fut discutée. Le séquençage complet de l'ADN fut réalisé dans les six cas et aucune mutation ne fut décelée, ce qui écarte par conséquent la MCJ familiale. La répartition géographique et les histoires médicales de ces cas furent discutées, mais aucun facteur commun ne put être identifié. En conclusion, le Comité exprima son accord sur le fait que ce nouveau variant était bien une entité

---

[426] R. Will, (1996), S61D Will para. 58, ou Vol. 8, Chap. 5, p. 64.
[427] R. Will, (1996),YB96/3.16/1.1–1.17, ou Vol. 8, Chap. 5, p. 64.
[428] R. Will, (1996), YB96/3.19/1.2, ou Vol. 8, Chap. 5, p. 64.
[429] SEAC, (Compte rendu du 16 mars 1996), YB96/3.16/1.3, ou Vol. 8, Chap. 5, p. 64.

nosologique distincte, même si l'on n'était pas certain qu'elle est une nouvelle forme de maladie ou qu'elle représente un groupe nosologique lié à un nouveau facteur de risque[430]. Dès lors, il fut convenu qu'il faut 'prendre très sérieusement la possibilité que ce nouveau facteur soit l'ESB, quoiqu'il ait été noté que les données ne permettaient pas de tirer une telle conclusion de manière ferme'. Le 19 mars 1996, la 28e réunion du SEAC fut convoquée en réponse à une demande de conseil venant du Gouvernement au sujet de la *signification* à donner aux *faits* attachés à la nouvelle forme de la MCJ et au sujet des recommandations dont il pourrait bénéficier en vue des actions à mener[431]. Le compte rendu de cette réunion souligna que le SEAC avait bien l'intention de prodiguer ce conseil dès le lendemain, en discutant avec le Cabinet du ministre pour préparer les déclarations Ministérielles[432].

De plus amples détails sur les délibérations de la réunion consacrée à l'adéquation des mesures de contrôle à mettre en œuvre à cette époque en vue de la protection de la *santé publique et animale* d'une part, et sur le conseil du SEAC au Gouvernement d'autre part, sont fournis dans le volume 6 de *Human Health, 1989-96*[433], publié par la Chambre des Communes, rédigé par Lord Phillips Nicholas, juge de la Cour suprême d'Angleterre et du pays de Galles depuis 1987, et par June Bridgeman, Compagnon de l'Ordre de Bath, enfin par Malcom Andrew Ferguson-Smith, généticien britannique, membre de la *Royal Society of London,* de la *Royal Society of Edinburgh* et professeur émérite de pathologie à l'Université de Cambridge. Le contenu des mêmes délibérations et conseils sur les actions à mener se trouvent également dans le volume 11 de *Scientists after Southwood*[434].

Will rapporta qu'un dixième cas du *nv*MCJ avait été *confirmé* par nécropsie chez un individu âgé de 20 ans. Il ajouta que l'analyse génétique de sept des dix cas sera complétée le jour suivant. Mais, jusque-là, il n'y avait aucune mutation décelée, imputable à la MCJ familiale. De la sorte, John Collinge commenta "qu'il n'y avait guère que très peu de possibilité que le séquençage génétique fournisse une information qui puisse changer la vue que le SEAC avait adoptée dans sa réunion du 16 mars 1996"[435].

Le lendemain, le SEAC poursuivit ses discussions sur les mesures supplémentaires à prendre et les conseils à prodiguer sur le risque de la consommation de la viande de bœuf pour la santé humaine. Ces discussions et recommandations sont dans le volume 6 de *Human Health, 1989-96.*

---

[430] SEAC, (Compte rendu du 16 mars 1996), YB96/3.16/1.6, ou Vol. 8, Chap. 5, p. 64.

[431] SEAC, (28e réunion, 19 mars 1996), YB96/3.19/1.1-1.4, ou Vol. 8, Chap. 5, p. 64.

[432] *Ibid.*, SEAC, (28e réunion, 19 mars 1996), YB96/3.19/1.2, ou Vol. 8, Chap. 5, p. 64.

[433] N. Phillips, M. A. Ferguson-Smith, J. Bridgeman, *Report of The BSE Inquiry Volume 6 : Human health, 1989-96*, (2000).

[434] N. Phillips et coll., *Report of The BSE Inquiry Volume 11 : Scientists after Southwood...*, (2000).

[435] J. collinge, (1996), YB96/3.19/1.2, ou Vol. 8, Chap. 5, p. 65.

Le 20 mars 1996, tous les développements que nous venons d'évoquer ont conduit Robert Will à confirmer son évaluation du *changement possible du profil de la MCJ*, dans la mesure où certains critères scientifiques sur lesquels il fondait son jugement sur la *signification* des cas atypiques de MCJ avaient évolué comparativement à sa position scientifique du 8 mars 1996 au regard d'une *preuve solide du lien causal* entre l'ESB et le *nv*MCJ. Cette position en est sortie clarifiée et confortée, notamment en ce qui concerne les cas de MCJ de sujets jeunes. Désormais, les critères d'analyse se remplissaient comme suit :

I Dans quelle mesure ces cas sont-ils différents et nouveaux ?

a. Y a-t-il un nouveau phénotype clinique ? probable ;
b. Y a-t-il un nouveau phénotype neuropathologique ? probable ;
c. Ces cas sont-ils liés à des mutations [du gène de la protéine Prion PrP] ? aucune mutation identifiée dans six cas (comparé ''à trois cas'' à la date du 1er mars) ;
d. Y a-t-il un biais de constatation ou une efficacité accrue de la surveillance ? probable ;

II Dans quelle mesure ces cas sont-ils liés à l'ESB ?

a. Les cas décelés au Royaume-Uni sont-ils différents de ceux qui ont été observés dans lors des expériences passées ? probable
b. Ces cas surviennent-ils uniquement au Royaume-Uni ? Probable (comparé à ''possible'' à la date du 8 mars).[436]

Dès lors, à la date du 20 mars, 1996 la *preuve scientifique* de l'émergence d'une nouvelle forme variante de la maladie de Creutzfeldt-Jakob (le *nv*MCJ) apportée par Robert Will et James Ironside, puis explicitée au Gouvernement britannique par le SEAC, a conduit Stephen Dorrell, alors Ministre de la santé, à faire à la tribune de la Chambre des Communes à Londres, la déclaration officielle du *nv*MCJ dont un extrait est exposé en introduction de ce chapitre. À cette époque, l'on estima que probablement 900 000 bovins contaminés étaient passés dans la chaîne alimentaire.

De sorte que cette déclaration du ministre de la santé britannique, entraîna un abattage massif des bovins et leur incinération dans des bûchers spectaculaires, ainsi qu'un blocus des exportations de la viande britannique. La France par exemple, qui avait importé 110 000 tonnes de viande bovine anglaise en 1995, déclencha un embargo le 21 mars 1996, suivie par les autres pays européens. Dès ce 20 mars 1996, au plan scientifique, la

---

436 R. Will, (1996), S61D Will para. 60, ou Vol. 8, Chap. 5, p. 65.

distinction entre la MCJ classique et le *nv*MCJ identifiée dans l'enquête menée à l'intérieur du champ des ES de la MCJ dans le contexte de l'ESB britannique, était donc devenue une distinction tout à fait claire. Les différences entre la MCJ classique et ce *nv*MCJ en tant que nouvelle entité nosologique se situent *grosso modo* au niveau de l'âge de survenue de la maladie, des symptômes cliniques, des caractéristiques de l'EEG et de la pathologie de la maladie.

Nous résumons à présent les traits fondamentaux, cliniques et neuropathologiques du *nv*MCJ. Et nous signalons la difficulté que le diagnostic de la nouvelle maladie posa tant aux médecins, aux psychiatres qu'aux neurologues. S'agissant de l'âge de la maladie, en ce qui concerne la MCJ classique, l'âge médian au moment du décès du patient est de 66 ans comparé à 29 ans pour le *nv*MCJ. La durée médiane de la maladie depuis les premiers symptômes jusqu'à la mort est de 4 mois pour la MCJ et de 14 mois pour le *nv*MCJ. Le 21 mars 1996, l'Unité de Surveillance de la MCJ (en anglais CJDSU)[437] adressa à tous les neurologues britanniques une circulaire décrivant les *faits* cliniques et pathologiques du nouveau phénotype de la MCJ. Voici les *faits* cliniques décrits dans cette circulaire :

1. Un âge précoce de survenue de la maladie (en moyenne à 27,6 ans dans un intervalle de 18 à 41 ans).
2. Une longue durée de la maladie (en moyenne de 13,1 mois dans un intervalle de 7,5 à 24 mois).
3. Une présentation psychiatrique de manière prédominante, dont l'anxiété, la dépression, des changements de comportement évolutifs et un état de crise.

Ainsi, les symptômes cliniques étaient à la fois les troubles psychiatriques et du comportement. De sorte que pour une maladie pourtant neurologique, beaucoup de psychiatres ont dû être consultés. Cependant avant que les patients ne soient orientés vers le psychiatre, c'est le médecin généraliste qui fut sollicité pour une dépression, des problèmes de coordination, une perte de mémoire, des sautes d'humeur, des picotements et des sensations d'aiguilles dans les membres, de violents maux de tête, le refroidissement des extrémités des membres, des douleurs aux pieds, des efflorescences de rougeole, une perte de mémoire à court-terme.

Dans tous les cas, ces symptômes empiraient et le médecin finissait par orienter le patient soit vers le psychiatre soit vers le neurologue. Plus tard Robert Will et ses collaborateurs dont Martin Zeidler, ont rassemblé les *faits* psychiatriques de 33 cas du *nv*MCJ. Dans le volume 23 de la revue *Psychiatric Bulletin*, ces faits furent publiés en 1999, dans un article intitulé

[437] CJDSU, (1996), IBD3 tab 9, ou Vol. 8, Chap. 5, p. 65.

"Faits psychiatriques d'une nouvelle maladie de Creutzfeldt-Jakob"[438]. L'article indique que "pour tous ces cas à l'exclusion d'un, le début de la symptomatologie est psychiatrique. Le diagnostic d'une maladie neurologique sous-jacente ne pouvait être possible, tant que le développement des signes et symptômes neurologiques n'avait pas encore eu lieu. Les premières indications d'un trouble neurologique sont une détérioration cognitive, la persistance des symptômes sensoriels ou des douleurs au niveau des membres, et dans une minorité des cas, un déséquilibre de la démarche, une dysarthrie et des troubles visuels. Une preuve limitée suggère que même des tests d'EEG ou de l'imagerie du cerveau sont peu susceptibles d'apporter des informations utiles pour le diagnostic de la maladie lors de sa phase psychiatrique"[439]. Ainsi, durant la phase psychiatrique précoce, des tests psychologiques étaient menés, montrant invariablement des résultats normaux. Dès lors, 'presque toujours, ils n'étaient d'aucune aide' ; car ils ne désignaient pas une maladie neurologique.

Outre l'anxiété, la dépression, les états de crise et la perte de mémoire déjà mentionnés, des hallucinations, des illusions, des idées suicidaires sont également des faits psychiatriques attachés à la maladie. Cependant, ces caractéristiques psychiatriques n'étant pas spécifiques du *nv*MCJ, cela rendait le diagnostic de la maladie difficile voire "impossible"[440] pour le psychiatre. Si bien que le patient finissait toujours par consulter un neurologue. L'article souligne que cette impossibilité pour le psychiatre d'établir le diagnostic du *nv*MCJ à la phase psychiatrique précoce résulte de la difficulté à distinguer les *faits* neurologiques déterminés psychiatriquement et ces symptômes dus à une maladie organique sous-jacente.

C'était d'autant plus délicat pour le psychiatre que la prescription d'antidépresseurs aux patients entraînait parfois une amélioration transitoire de leur état. Lors de l'enquête ouverte par le gouvernement après l'annonce officielle du *nv*MCJ, le professeur Martin Rossor de l'Hôpital National de Neurologie et de Neurochirurgie de Londres, a décrit dans sa déposition, cette difficulté à laquelle les cliniciens ont dû se confronter pour le diagnostic du *nv*MCJ surtout chez des patients jeunes. Il commença d'abord par définir ce qu'il entend par ''apparition précoce de démence'' :

> "Classiquement, une apparition précoce [de la MCJ] se situe en dessous de l'âge de 65 ans, un âge qui a davantage quelque chose à voir avec l'âge habituel de départ à la retraite qu'avec toute autre distinction biologique. En général, nous voyons des personnes atteintes d'une démence qui débute parfois à un âge aussi jeune que l'âge de 20 ans jusqu'aux personnes dans leur cinquantaine.

[438] R. G. Will et coll., "Psychiatric Features of New Variant Creutzfeldt-Jakob Disease", (1999).
[439] *Ibid.*, R. G. Will et coll., (1999), p. 264.
[440] *Ibid.*, R. G. Will et coll., (1999), p. 264.

> Bien sûr, nous voyons aussi des personnes plus âgées, mais c'est là le champ d'intérêt particulier [qui nous occupe]."[441]

Ensuite, il précisa toute la difficulté d'un diagnostic clair en cas d'une démence précoce :

> "Nous essayons toujours d'attribuer un nom. Et souvent, parce que l'on est tenu de travailler avec des outils dont on dispose, on a toujours tendance à essayer d'ajuster quelque chose dans une catégorie [qui existe déjà]. Dans ce domaine, cela est très difficile. Je pense à deux points. Le premier, — je le penserai approximativement, [...], c'est ma première pensée —, est que, peut-être pour 30% des cas que je vois, je ne suis pas capable de parvenir à un diagnostic clinique. Ainsi, on les inclut dans des termes très vastes. Même lorsque l'on examine le cerveau par biopsie, ce que nous faisons parfois ou que nous devons faire, ou bien lorsque l'on peut examiner le cerveau par autopsie après le décès, parfois on demeure encore dans l'incapacité de faire un diagnostic. [...]
>
> Si nous considérons un groupe [de patients dont l'âge est] en dessous de 65 ans, en prenant le point de vue orthodoxe d'une apparition précoce, alors approximativement 50% — si vous me permettez tout juste de bien y réfléchir —, alors, probablement 40% environ, ont une maladie d'Alzheimer [...]. Un autre grand groupe est celui auquel nous référons faiblement comme étant celui des démences fronto-temporales. Celles-là sont caractérisées par le fait qu'elles présentent un changement comportemental précoce souvent suivi de changements au niveau du langage. Cela peut alors susciter des difficultés diagnostiques considérables.
>
> Ce groupe consiste en quatre maladies différentes que nous tentons de reconnaître et il inclut une maladie appelée dégénérescence du lobe frontal de type non-Alzheimer. La deuxième est la maladie de Pick. La troisième réfère à la dégénérescence fronto-temporale et à une maladie complexe neuromotrice, ainsi qu'à un autre type que nous identifions de plus en plus comme étant une dégénérescence fronto-temporale avec ce que l'on note comme étant des inclusions d'ubiquitine. Il y a d'autres maladies qui sont très rares. Notre capacité à faire un diagnostic spécifique est très limitée, à moins que nous n'effectuions une biopsie cérébrale. Cela représente probablement environ 80% des cas d'une apparition précoce, bien que ce chiffre soit très élevé. Le reste est une variété de maladies incluant la MCJ, les maladies vasculaires attachées aux attaques multiples en raison d'une variété de causes, de l'alcoolisme, et de quelques autres troubles rares."[442]

---

[441] M. Rossor, T72 p. 12, ou Vol. 8, Chap. 6, "Diagnosis, Treatment and Care of vCJD Patients", p. 86.

[442] M. Rossor, T72 pp. 13–4, ou Vol. 8, Chap. 6, p. 86 sq.

Ainsi, sans l'appui de l'histopathologie et surtout de la biologie moléculaire comme nous l'avons montré dans le cas décrit par John Collinge exposé au volume 1 dans le chapitre II, l'on réalise à quel point, dans le *réel* biologique approché par la médecine du système nerveux central, la maladie d'Alzheimer, la maladie de Pick, et d'autres maladies fronto-temporales peuvent être confondues aux maladies à prions, par un neurologue cherchant à poser un diagnostic sur un cas de démence précoce. Pourtant la distinction de ces maladies est censée avoir été établie en biologie sur la base de critères de l'*état spongieux* et de la *transmissibilité*.

Dans le cas que nous discutons, le professeur Rossor évoqua les problèmes du diagnostic précoce de la MCJ précisément chez le sujet jeune, en raison d'une présentation initiale de détérioration cognitive. Or, "une détérioration cognitive ou une démence qui se rapporte de manière générale à une détérioration cognitive et pas seulement à une perte de mémoire, à des problèmes de perception visuelle, de réflexion, d'organisation, est évidemment aperçue avec beaucoup, beaucoup d'autres causes différentes, et alors, la liste s'étend sur plusieurs centaines de maladies potentielles. Juste au début, plusieurs sont exclues relativement facilement, mais le chemin du diagnostic différentiel de l'apparition précoce d'une démence inhabituelle peut être un chemin très long"[443].

Par ce chemin très long, clairement perçu par Charles Nicolle (1866—1936) plus d'un demi-siècle auparavant, et que venait de parcourir à son tour le professeur Rossor avec la forme variante de la MCJ, on voit à quel point les nouvelles maladies peuvent être "méconnues, confondues avec des maladies déjà existantes et [on voit également pourquoi], ce n'est qu'après une longue période de tâtonnements que l'on dégagera le nouveau type pathologique du tableau des affections déjà classées"[444]. Dans le cas qui nous occupe, sous l'autorité du comité *Southwood*, les biologistes annoncèrent en 1989 que le danger de l'ESB pour la santé humaine était écarté.

Toutefois d'autres comme Timothy Holt et Julie Phillips, Stephen Dealler et Richard Lacey doutèrent de la suppression de ce danger et soutinrent même que ce dernier est réel en raison du *changement possible* de l'agent causal dans son nouvel hôte. Puis, dès le 1er février 1996 Robert Will trouva une piste menant vers un nouveau phénotype de la MCJ avec ses plaques de florides sur toute la surface du cerveau. Cependant, le 20 février 1996, il n'a pas pu soutenir cette vue au "Forum Parlementaire sur l'Alimentation et la Santé" mais, souligna plutôt une absence de changement total en ce qui concerne l'âge de l'incidence de la MCJ. On peut donc dire qu'il y a bien eu un tâtonnement. Mais, en dépit de ce tâtonnement et de la difficulté décrite par Martin Rossor pour diagnostiquer le *nv*MCJ, la neuropathologie de la maladie décelée en fait désormais une entité nosologique bien distincte. Par

---

443 M. Rossor, T72 p. 18, ou Vol. 8, Chap. 6, p. 87.

444 C. Nicolle, *Naissance, vie et mort des maladies infectieuses*, (1930), p. 129 sq.

l'expérience que son équipe et lui avaient accumulée, Will indiqua que l'identification de la détérioration cognitive pouvait ouvrir la possibilité d'un désordre organique sous-jacent. Par ailleurs, une douleur persistante des membres ou alors une douleur articulaire, la dysesthésie ou la paresthésie combinée avec des symptômes psychiatriques pouvaient conduire également à une suspicion du *nv*MCJ. Le 6 avril 1996, publié par Will et ses collaborateurs dans le volume 347 de la revue *The Lancet* sous le titre "Un nouveau variant de la Maladie de Creutzfeldt-Jakob au Royaume-Uni"[445], un article esquissa les *faits* neuropathologiques de ce nouveau profil de la MCJ.

Nous reviendrons sur le contenu de cet article qui, pour la première fois, présente à la communauté scientifique et médicale le *phénotype clinique* et pathologique de dix cas de MCJ atypiques suggérant un nouveau variant de la MCJ et qui surtout annonce le *lien causal* entre ce *nv*MCJ et l'ESB. Ce qui nous intéresse à présent, ce sont les *faits* neuropathologiques de la nouvelle forme variante de la MCJ qui continuaient d'émerger[446] ; même s'il faudra attendre encore un moment avant qu'ils ne soient fixés de manière claire. Entre-temps, le nombre de décès croissait. Dès décembre 1996, des magazines britanniques rapportaient des rumeurs circulant dans les cercles scientifiques au sujet de plusieurs dizaines de cas de patients atteints de démence et pour lesquels une suspicion du *nv*MCJ pesait sur le diagnostic.

Un décompte macabre s'était poursuivi dans les hôpitaux britanniques ainsi que des récits semblables à celui du cas de Maurice Callaghan exposé plus haut. En mars 1997, après avoir été hospitalisé, Matthew Parker, fils de John Middleton, tomba dans un coma profond et décéda du *nv*MCJ à l'âge de 19 ans. Lors d'une réunion à Leeds, Middleton le père de John, fit un exposé émouvant sur la façon dont son fils est décédé. Deux ans plus tôt, ce dernier devint très introverti, puis l'année suivante sa santé se détériora.

Son discours était devenu décousu. Dès lors, il ne pouvait plus garder l'équilibre ni pour marcher ni même pour se tenir debout. Peu de temps après cette incapacité motrice, il décéda. À la différence de Maurice Callaghan mort à trente ans, la victime était bien plus jeune. De nombreux cas semblables furent rapportés dans toute la Grande-Bretagne. Un *foyer* du *nv*MCJ fut même suspecté à Ashford dans le Kent, à partir de quatre cas de la MCJ dans un espace de temps très court. Mais, ils furent jugés non significatifs. Puis peu de temps après, un autre *foyer* fut suspecté à la suite de l'annonce de cinq cas du *nv*MCJ aux environs du village de Queniborough à Leicestershire, un comté densément peuplé situé au centre de l'Angleterre. Parmi les victimes, Stacey Robinson, une adolescente mère âgée de 19 ans décéda en 1998. Van Driver Glen Day âgé de 35 ans et Pamela Bayless, administrateur des finances âgée de 24 ans succombèrent tous les deux à la

---

[445] R. G. Will et coll., "A New Variant of Creutzfeldt-Jakob disease in the UK", (1996).

[446] R. Tyler, "Britain : Deaths from Human BSE reveal 'statistically significant rising trend'", 20 July 2000.

maladie le même mois. Un jeune homme de la même région, âgé de 19 ans décéda en juin de cette année, tandis qu'un autre âgé de 25 ans était en cours de traitement à son domicile avec un pronostic vital très réservé. Une fondation désignée sous le terme *The Human BSE Foundation* fut créée pour l'aide aux victimes du *nv*MCJ. À partir du nombre d'appels téléphoniques recueillis sur la ligne de cette fondation, Frances Hall qui en assurait le secrétariat et dont le fils Peter décéda en 1996 du *nv*MCJ, déclara que "depuis un certain temps, c'était déjà évident que le nombre cas de personnes qui mourraient de cette forme humaine de l'ESB augmentait"[447].

À la question de savoir si les cas de Leicestershire constituaient un "foyer", le SEAC indiqua qu'"il est peu probable que ces cas soient survenus par hasard"[448] et que l'*hypothèse* de l'occurrence d'un foyer de *nv*MCJ "ne peut être complètement écartée"[449]. Robert Will déclara de son côté que "la preuve statistique d'un foyer pourrait être d'une grande importante pour mieux identifier les causes du *nv*MCJ"[450].

Tout en signifiant qu'il devait rester "prudent sur le sujet"[451], Will admit qu'une explication possible de la distribution d'âge dans les cas du *nv*MCJ, est que par "rapport à la population d'adultes, les jeunes ont plus tendance à consommer des plats cuisinés"[452] et que dans les années 1980 les méthodes de transformation de viande auraient introduit dans ces plats de la viande souillée par l'ESB provenant des vaches malades. Il faut signaler ici que dans une tentative d'augmenter les profits, l'industrie du bœuf avait introduit un procédé de "récupération mécanique de la viande"[453]. Cette méthode utilisait des tuyaux haute pression pour extraire de petites quantités de tissus présents dans des carcasses d'animaux, malgré le fait que la viande mécaniquement récupérée pouvait contenir les restes de la moelle épinière où l'infectiosité de l'ESB se concentre.

Ce processus de "récupération mécaniques de la viande"[454] que l'on croyait être un *progrès*, ne fut proscrit qu'en 1995. Avant cette date, des miettes de viande récupérées terminaient dans des pâtés bon marché, des saucisses, des hamburgers et dans des plats cuisinés. De tels produits étaient principalement achetés par ceux dont les revenus sont faibles. Ils ont pu se trouver aussi bien dans les repas délivrés dans les cantines scolaires, les casernes militaires que dans la nourriture pour nourrissons. Les *faits* attachés à la maladie indiquaient bien qu'elle était nouvelle. L'association entre l'émergence du *nv*MCJ chez des sujets jeunes et leur alimentation suggérait

---

[447] *Ibid.*, R. Tyler, (20 July 2000).
[448] *Ibid.*, R. Tyler, (20 July 2000).
[449] *Ibid.*, R. Tyler, (20 July 2000).
[450] *Ibid.*, R. Tyler, (20 July 2000).
[451] *Ibid.*, R. Tyler, (20 July 2000).
[452] *Ibid.*, R. Tyler, (20 July 2000).
[453] *Ibid.*, R. Tyler, (20 July 2000).
[454] *Ibid.*, R. Tyler, (20 July 2000).

un *lien possible* entre l'étiologie de ce *nv*MCJ et l'alimentation carnée. Ainsi, à la différence de la MCJ classique qui est plus fréquente chez des personnes âgées de plus de 60 ans mais plutôt très rare chez celles âgées de moins de 50 ans, la majorité de ces cas du *nv*MCJ affectait principalement des sujets jeunes âgés de 19 à 24 ans. Le 9 août 1997, l'Association Vétérinaire Britannique publia dans *The Veterinary Record*, un commentaire sur "Les leçons d'une année exceptionnellement difficile"[455], en référence à l'annonce du *lien causal* du *nv*MCJ avec le trouble neurodégénératif bovin le 20 mars 1996, et en référence aux défis posés, à travers cette crise de l'ESB, par les échanges internationaux accrus d'animaux d'élevage et l'augmentation du risque de propagation de maladies que cela entraînerait si des mesures très strictes ne sont pas prises, pour le contrôle de leur exportation.

Le 27 septembre 1997, l'Unité de Surveillance de la MCJ rassembla les *faits* neurologiques de 14 cas du *nv*MCJ ainsi que les tests utilisés pour aboutir à un diagnostic de la maladie. Ces *faits* furent publiés dans le volume 350 de la revue médicale *The Lancet*, sous le titre "Un nouveau Variant de la MCJ : Faits Neurologiques et Tests de Diagnostic"[456]. Les premiers symptômes neurologiques étaient généralement l'ataxie, y compris une ataxie cérébelleuse et celles des membres et de la démarche. Ces ataxies survenaient seules ou en association avec des mouvements involontaires, des signes pyramidaux, des réflexes limités ou des symptômes sensoriels.

D'autres cas développèrent d'abord des symptômes pyramidaux (avec ou sans problèmes de langage), des mouvements involontaires avec une démarche chancelante qui apparaît au bout de quelques semaines. D'une manière générale, "les symptômes neurologiques, principalement l'ataxie, progressaient assez rapidement jusqu'à une détérioration cognitive globale, des mouvements involontaires, l'incontinence urinaire et une immobilité évolutive conduisant progressivement à une dépendance, à une absence de responsabilité et au mutisme. Quelques jours avant leur décès, certains patients étaient atteints d'un mutisme acinétique, d'autres développaient une cécité corticale"[457]. "En moyenne six mois s'écoulaient entre le développement d'une démarche chancelante et le fait de devenir grabataire"[458].

Les patients pouvaient alors rester en vie entre six et 18 mois dans cet état grabataire avant de décéder. Même si au début de la maladie, une minorité des cas souffrait de troubles de la mémoire, avec des oublis fréquents suivis d'un manque d'équilibre modéré dans leur démarche, les symptômes neurologiques n'étaient pas clairs avant 6½ mois après la survenue de la maladie. L'intervalle dans lequel les premiers symptômes neurologiques

---

455 British Veterinary Association, "Comment : Lessons of 'an exceptionally difficult year'", (1997), p. 133.
456 M. Zeidler, et coll., "New Variant Creutzfeldt-Jakob Disease : Neurological Features and Diagnostic Tests", (1997).
457 *Ibid.*, M. Zeidler et coll., (1997), p. 904.
458 *Ibid.*, M. Zeidler et coll., (1997), p. 904.

apparaissaient était de 4½ mois à 24½ mois. Deux *faits* précoces frappants du *nv*MCJ sont à la fois les troubles de la sensibilité tels que la dysesthésie, l'hémidysesthésie, la paresthésie dans les jambes, la froideur des pieds, des douleurs articulaires qui peuvent référer au rhumatisme, et les symptômes psychiatriques. Cette association "troubles sensoriels et symptômes psychiatriques est inhabituelle dans la MCJ sporadique"[459].

Et elle peut guider le diagnostic d'un *nv*MCJ comme cela a déjà été mentionné plus haut. Les troubles sensoriels peuvent inclure des douleurs au niveau des membres, de la face ou de la bouche, ou encore au niveau des endroits bien précis du tronc. Leur persistance et leur gravité sont distinctes de la paresthésie transitoire qui peut accompagner une anxiété et une hyperventilation. Parmi d'autres symptômes neurologiques qui peuvent suggérer un *nv*MCJ durant la phase psychiatrique, il y a les troubles visuels, la dysarthrie, la dysgueusie. Au niveau psychiatrique, "les changements d'émotion et de comportement surviennent de manière précoce dans certains cas de MCJ sporadiques, en revanche la dépression et la psychose observées dans la *nv*MCJ sont rares"[460]. Puis, l'analyse génétique de l'ADN permet de discriminer entre les cas de MCJ familiaux et les cas sporadiques.

Les premiers ont des mutations génétiques spécifiques, les derniers présentent un polymorphisme au niveau du codon 129. Ainsi, dans "le *nv*MCJ dû à l'infection par l'agent de l'ESB, il se peut que l'homozygotie pour la méthionine confère une *susceptibilité** accrue à cet agent"[461] ; dans la mesure où "tous les cas de *nv*MCJ étaient homozygotes pour la méthionine au codon 129 du gène de la protéine prion PrP"[462].

Outre ces considérations génétiques, l'histopathologie seule permet de distinguer la MCJ classique du *nv*MCJ. Elle révèle dans le cas de la forme variante de la maladie de Creutzfeldt-Jakob (le *nv*MCJ), une présence de plaques florides dans le cerveau et le cervelet, un abondant dépôt de protéines prions dans toutes les régions du cerveau, une gliose sévère dans le thalamus ainsi qu'un changement spongiforme très marqué dans les noyaux gris centraux, impliqués dans la maladie de Parkinson dont le neuromédiateur est la dopamine, lesquels noyaux centraux contrôlent les mouvements et l'apprentissage.

Quoi qu'il en soit, indépendamment de cette recherche histopathologique, à lui tout seul, il semble bien que "l'examen neuropathologique reste essentiel dans la confirmation du diagnostic du *nv*MCJ"[463]. L'équipe de Robert Will qui publia les *faits* neuropathologiques du *nv*MCJ souligna également l'étiologie de la maladie :

---

[459] *Ibid.*, M. Zeidler et coll., (1997), p. 904.
[460] *Ibid.*, M. Zeidler et coll., (1997), p. 906.
[461] *Ibid.*, M. Zeidler et coll., (1997), p. 906. *Souligné par nous
[462] *Ibid.*, M. Zeidler et coll., (1997), p. 905.
[463] *Ibid.*, M. Zeidler et coll., (1997), p. 906.

> "Une *cause** possible du *nv*MCJ est une infection [des vaches] par l'agent de l'ESB. Cette hypothèse est soutenue par des faits pathologiques semblables au *nv*MCJ, [décelés] dans les macaques [infectés] avec l'ESB, ainsi que par la démonstration selon laquelle le *nv*MCJ est associé un marqueur moléculaire qui le rend distinct des autres formes de MCJ, [un marqueur] qui ressemble à celui qui est observé dans l'ESB et transmis à d'autres espèces."[464]

Dès lors, cela nous oblige à réexaminer à la fois la question de la "cause" du *nv*MCJ qui *lie* désormais cette nouvelle maladie à l'ESB, et celle des *raisonnements* qui ont établi l'*agent causal de l'ESB* dans le champ de la biologie et de la médecine des prions comme *un agent stable* et dès lors, ont inféré sur sa non-transmissibilité zoonique par *analogie* à l'agent de la tremblante dont l'effet pathologique semble confiné dans le mouton.

2. Une "preuve solide" du lien causal entre le *nv*MCJ et l'ESB

Dans le contexte de l'ESB britannique, l'atypie des cas de la MCJ des sujets jeunes qui commencèrent à émerger dans la première moitié des années 1990 était telle que les neurologistes et les neuropathologistes ont donc dû admettre en 1996, l'émergence d'un nouveau phénotype de la MCJ. Ce dernier commençait souvent par des troubles psychiatriques, notamment une dépression, rapidement accompagnée de troubles neurologiques typiques de la MCJ. Les patients décédaient en 14 mois en moyenne.

Pourtant, une quinzaine d'années plus tôt, dans l'idée même que la *cause* de l'ESB était connue, les biologistes avaient inféré sur la non-transmissibilité zoonique de l'ESB. Puis, *in fine* la surveillance de la MCJ qui fut ré-instituée en 1990 en Grande Bretagne, dont le but était d'identifier tout *changement de profil* de la MCJ qui pourrait indiquer une association avec l'ESB, avait fini par révéler en 1996, d'abord "dix cas de la MCJ [...] identifiés comme présentant un nouveau profil neuropathologique, jamais rapporté auparavant"[465]. Un des *faits* marquants de cette nouvelle forme de la MCJ est qu'elle affecte "des personnes relativement jeunes"[466].

Ailleurs en Europe, "des études épidémiologiques de la MCJ, utilisant des méthodes semblables à celles en cours en Grande-Bretagne, avaient été menées. Nulle part où le système de surveillance était en place, des nouveaux cas cliniques et neuropathologiques semblables, n'avaient encore été identifiés"[467]. L'interprétation que Robert Will et son équipe firent de ces

---

[464] *Ibid.*, M. Zeidler et coll., (1997), p. 904. *Souligné par nous.

[465] R. G. Will et coll., "A New Variant of Creutzfeldt-Jakob disease in the UK", (1996), p. 921.

[466] *Ibid.*, R. G. Will et coll., (1996), p. 921.

[467] *Ibid.*, R. G. Will et coll., (1996), p. 921.

nouveaux cas est qu'ils "semblent représenter un nouveau variant de la MCJ, [...] unique en Grande-Bretagne [et que] ceci soulève la possibilité de l'existence d'*un lien causal** avec l'ESB"[468]. Sachant que l'agent causal du *nv*MCJ est l'agent de la tremblante entré dans la vache et que cet agent de la tremblante apparait comme n'étant jamais transmis à l'homme pendant plus de 250 ans d'observation, cela soulève désormais deux séries de questions d'ordre épistémologique. La première peut se formuler de la manière suivante : — Comment se fait-il qu'à présent l'agent de l'ESB *analogue* à celui de la tremblante soit la "cause" du *nv*MCJ ?

Attachée à cette question, surgit immédiatement cette autre : — Que signifie alors une *analogie* en biologie ? Si nous ne pouvons éluder ces questions, nous ne pouvons traiter cette série dans l'immédiat. Nous l'aborderons dans la troisième partie de cette étude. La deuxième série peut être formulée de la manière suivante : — Que signifie ce "lien causal"[469] désormais admis entre le nouveau phénotype de la MCJ et l'ESB ? La *cause* d'un phénomène étant connue, l'on conçoit en science que cela permet de prédire ce phénomène. Mais, dans le cas qui nous occupe, on n'a pas pu prédire le phénomène. Dans ces conditions, le "lien causal"[470] dégagé des observations tardives de l'évolution de l'ESB est-il *réel* ?

Si tel est le cas qu'est-ce qui apporte la preuve de ce lien causal ? Dans le cas où ce lien causal serait avéré, quelle est cette *cause* présumée connue mais, qui ne permet pas de prédire ses *effets* ? Dès lors, qu'est-ce qu'un *lien causal* ou une *relation de causalité* en biologie moléculaire ? Enfin, quel est le sort ou l'avenir de ce lien causal entre l'ESB et le *nv*MCJ ? Le lecteur saisit toute la portée de ces questions, notamment de l'avant-dernière de cette série. Leur portée est telle que nous ne pouvons prétendre y répondre de manière totalement satisfaisante. Car, pour cela, il faudrait sans doute leur accorder plus de place dans cette étude. Mais, nous ne les éludons pas.

Pour tenter de répondre à cette deuxième série de questions, examinons d'abord les *faits* du nouveau profil de la MCJ conduisant à admettre un *lien causal* entre le *nv*MCJ et l'ESB, puis la solidité de ce *lien causal* :

> "Aucun des cas [du nouveau phénotype de la MCJ] ne présentait un enregistrement de l'activité du cerveau caractéristique de la MCJ sporadique ... [Par ailleurs, en usant] de critères de diagnostic établis pour la MCJ, aucun de ces cas ne peut, sur des bases cliniques, être classé comme étant des cas ''probables'' de la MCJ. [...]. Et, aucune des mutations associées aux formes héréditaires de la MCJ n'a été identifiée."[471]

---

[468] *Ibid.*, R. G. Will et coll., (1996), p. 921. *Souligné par nous.
[469] *Ibid.*, R. G. Will et coll., (1996), p. 921.
[470] *Ibid.*, R. G. Will et coll., (1996), p. 921.
[471] R. G. Will, J. W. Ironside, M. Zeidler et coll., "A New Variant of Creutzfeldt-Jakob disease in the UK", (1996), p. 922.

Autrement dit, la nouvelle maladie n'est ni une MCJ sporadique ni une MCJ héréditaire qui sont toutes les deux des formes connues de la MCJ. Mais, il s'agit bien d'une MCJ :

> "Dans les dix cas, l'examen neurologique a montré un changement spongiforme et des plaques de la protéine prion PrP ayant permis de confirmer le diagnostic de la MCJ […]. Les faits neuropathologiques étaient réguliers, avec un changement spongiforme suivant une répartition relativement clairsemée dans tout le cortex cérébral (même si toutes les régions étaient impliquées de manière variable dans les cas analysés à l'autopsie). Un changement spongiforme, une perte neuronale, une astrocytose, étaient plus évidents dans les noyaux gris centraux ainsi que dans le thalamus et focalisés dans le cerveau et le cervelet, et de manière plus évidente dans des aires présentant un changement spongiforme confluent. L'anomalie neuropathologique la plus pertinente et la plus frappante […], était la présence de plaques de la protéine prion PrP […]. Beaucoup de ces plaques ressemblent aux plaques du type de la maladie du kuru, qui fixent densément l'éosine au centre, sont plus pâles à la périphérie et qui, d'une façon inhabituelle pour ce type de lésion, étaient entourées d'une zone de changement spongiforme. Ce fait inhabituel n'apparaissait dans aucun des 175 cas de MCJ sporadiques étudiés. Des lésions semblables ont toutefois été décrites dans la tremblante où elles ont été désignées plaques de 'florides'."[472]

Pour les dix cas de démences atypiques, l'on s'est intéressé à la question des facteurs de risques potentiels connus pour une transmission nosocomiale de la MCJ. Il s'est avéré que :

> "Aucun [des patients] n'a eu une histoire d'exposition iatrogène potentielle à la MCJ, à travers une neurochirurgie ou des hormones provenant de glandes pituitaires humaines, et aucun n'a eu une transfusion sanguine […]. Neuf cas ont été rapportés comme ayant consommé de la viande de bœuf ou des produits dérivés durant les dix dernières années. Un des cas a été un végétarien strict depuis 1991."[473]

Les dix cas rapportés furent remarquables, en ce sens qu'ils avaient un profil neuropathologique spécifique jamais décrit auparavant. De plus, ils étaient caractérisés par des âges bas à l'apparition de la MCJ et aussi par d'autres faits atypiques, dont une évolution clinique inhabituelle et

---

[472] *Ibid.*, R. G. Will et coll., (1996), p. 922.
[473] *Ibid.*, R. G. Will et coll., (1996), p. 923.

prolongée, une absence de changement d'EEG typiques de la MCJ[474]. Dans la mesure où ces cas atypiques survinrent dans le cadre d'une surveillance épidémiologique dont "l'objectif premier était d'identifier tout changement de profil de la MCJ qui pourrait être attribué à la transmission de l'ESB à la population humaine"[475], alors la question d'un éventuel *lien causal* avec l'ESB fut très soigneusement étudiée. Même si de toute évidence un tel examen ne pouvait se faire que sous un angle scientifique bien délimité par la positivité des faits biologiques apparents.

Dans un tel cadre, tracé par la positivité du champ de la biologie et de la biomédecine, les questions qui viennent d'emblée à l'esprit sont les suivantes : Ce lien causal que les biologistes des maladies à prions et les neurologues ont tant redouté était-il *réel* ? Existe-t-il alors une *preuve* de ce lien causal ? Puisqu'à partir des faits clinico-pathologiques recueillis et surtout de l'histoire individuelle des patients de la forme humaine de l'ESB, tout lien nosocomial entre la MCJ et son nouveau phénotype fut exclu, alors dans l'examen des nouveaux cas de la MCJ, la conclusion à laquelle aboutirent Robert Will et ses collaborateurs est que "même si ce petit nombre de ces cas dans l'étude menée ne peut être considéré comme une preuve, l'observation d'une nouvelle forme potentielle de MCJ était en accord avec un lien [*causal* avec le trouble neurodégénératif bovin]"[476].

Toutefois, parce qu'une *preuve directe* manquait pour attester de la réalité d'un *lien* entre le *nv*MCJ et l'ESB, les auteurs admirent que d'autres explications de la *cause* du nouveau phénotype de la MCJ étaient "possibles"[477]. Dès lors, il n'était pas interdit de douter de la réalité de ce "lien causal" qui se dégageait des faits cliniques et pathologiques des nouveaux cas. Cependant, les auteurs ajoutèrent que "s'il y a un lien causal, alors étant donné l'exposition potentiellement longue et étendue de la population à l'agent causal de l'ESB, d'autres cas de ce *nv*MCJ surviendraient vraisemblablement"[478]. L'article annonçant le *nv*MCJ et un *lien causal* entre ce *nv*MCJ et l'ESB fut publié le 6 avril 1996.

C'est pour cet article que le professeur John Pattison, président du SEAC, d'une part et d'autre part Will et Ironside s'étaient mis d'accord lors de la 25e réunion du SEAC qui s'était tenue le 8 mars 1996, pour que le comité garde confidentielle l'information sur l'identification du nouveau phénotype de la MCJ, jusqu'à sa publication. Nous soulignons ici que l'argument selon lequel "s'il y a un lien causal, alors étant donné l'exposition potentiellement longue et étendue de la population à l'agent causal de l'ESB, d'autres cas de

---

474 *Ibid.*, R. G. Will et coll., (1996), p. 923.
475 *Ibid.*, R. G. Will et coll., (1996), p. 924.
476 *Ibid.*, R. G. Will et coll., (1996), p. 924.
477 *Ibid.*, R. G. Will et coll., (1996), p. 925.
478 *Ibid.*, R. G. Will et coll., (1996), p. 925.

ce *nv*MCJ surviendraient vraisemblablement"[479], est un argument pertinent permettant de soutenir que l'interprétation la plus plausible des données est bien l'existence d'un lien causal *réel* entre l'ESB et le *nv*MCJ. Car, les faits exposés à la section précédente montre clairement qu'après la déclaration des dix premiers cas identifiés, officiellement reconnus, puis publiés dès 1996 dans la revue *The Lancet*, de nombreux autres cas de *nv*MCJ sont apparus au Royaume-Uni où la population fut fortement exposée à l'ESB.

Par conséquent, aucun doute ne pouvait plus planer sur la réalité du *lien causal* entre le *nv*MCJ et l'ESB. La multiplication de ces cas du *nv*MCJ, conjuguée à la transmission de l'ESB aux chats et à d'autres animaux quelques années plus tôt, fut admise par des biologistes *in fine* comme "une preuve solide, à la fois expérimentale et épidémiologique, indiquant que le *nv*MCJ a un lien causal avec l'irruption de l'ESB"[480]. Avec cette *preuve solide d'un lien causal* entre le *nv*MCJ et l'ESB, l'on assistait à l'écroulement de la pierre angulaire de l'inférence causale sur l'ESB. Les victimes de la maladie étaient remarquablement jeunes.

C'est sans doute l'un des faits spécifiques et marquants de la modification du paysage de la MCJ, qui amena les neuropathologistes à admettre l'"observation d'un variant de la MCJ survenant, alors, uniquement chez des personnes âgées de moins de 45 ans"[481]. Sans cette singularité, ce *lien causal* serait resté peu visible, en particulier chez des fermiers, puisque leur âge pouvait se confondre avec celui des cas de la MCJ classique. La *solidité de la preuve* de ce lien causal est telle que l'on en a déduit une conséquence positive pour le dépistage de la maladie dans quelque environnement alimentaire ou nosocomial.

Car, désormais, l'on admet qu'"étant inhabituelle chez des sujets jeunes, lorsque la MCJ survient chez de tels patients, cette maladie est alors considérée comme étant un signal d'alarme pour une source exogène d'infection"[482]. Ainsi, avec l'émergence du *nv*MCJ en *lien causal* avec l'ESB, d'un problème de pathologie animale, l'on était passé à un problème de médecine humaine. L'absence de tests pour déceler précocement l'infection, les conditions difficiles d'inactivation de l'agent infectieux, la *durée* d'incubation relativement longue de la maladie, sa gravité et surtout l'absence de traitement faisaient de cette affection une priorité de *santé publique* dans un vaste paysage de zoonoses *émergentes*, présentant une douzaine de *maladies infectieuses émergentes* dans le monde, dont onze de source animale[483]. La barrière d'espèces n'a pas empêché le passage de

---

[479] *Ibid.*, R. G. Will et coll., (1996), p. 925.
[480] E. Belay et coll., "Creutzfeldt - Jakob disease in Unusual Young Patients Who Consumed Venison", (2001), p. 1673.
[481] *Ibid.*, R. G.Will et coll., (1996), p. 924.
[482] *Ibid.* E. D. Belay et coll., (2001), p. 1676.
[483] J. Brugère-Picoux, A. Kodjo, "Zoonoses émergentes et résurgentes 1996-2006", (2007).

l'ESB de la vache à l'homme, malgré l'éloignement que l'on croyait exister entre les deux espèces. Le professeur Robert Will, aujourd'hui à la tête de l'équipe scientifique et médicale la plus spécialisée au monde dans le diagnostic du *nv*MCJ, reconnut que l'Unité de Surveillance de la MCJ "fut alertée plus tôt sur un lien possible entre la MCJ et l'ESB, par la découverte d'un excès apparent de la MCJ, parmi les éleveurs de vaches"[484] ; mais, que "l'interprétation qu'il aurait fallu donner [à ce *lien causal*] fut tempérée par des observations de prévalence élevée de la maladie parmi les fermiers d'autres pays européens dans lesquels l'ESB était pourtant rare ou n'avait pas été rapportée"[485].

Dès lors, se posent les questions suivantes : Quel est le sort de ce *lien causal* entre le *nv*MCJ et l'ESB, anticipé par Lacey et qui fut long à admettre par l'orthodoxie de la biologie moléculaire et de la biomédecine, mais dont "une preuve solide"[486] est désormais apportée par la multiplication des cas du nouveau phénotype de MCJ chez des sujets jeunes ? Est-il plus facile de prédire l'avenir de ce *lien causal* que ne l'a été la prédiction du sort de l'ESB à l'intérieur cette orthodoxie de la biologie et de la médecine ? Telles sont les questions qu'il nous faut traiter à présent.

2.1 L'avenir du "lien causal" entre le nvMCJ et l'ESB est incertain

En 1999, suite aux mesures prises pour l'abattage des troupeaux entiers de vaches dans lesquels apparaît un cas d'ESB, le professeur John Pattison déclara que désormais "l'on s'attend à ce que l'épizootie [...] continue de décliner rapidement"[487]. Cependant, il reconnut que "de gros problèmes demeurent et [que] plusieurs années s'écouleront encore avant que l'on ne connaisse toutes les conséquences de l'ESB"[488]. Pourtant, avant l'*émergence* du *nv*MCJ, d'autres biologistes des ESST humaines prétendaient qu'à la limite, "des surprises pourraient peut-être se présenter, mais sous la forme d'un cas isolé de MCJ, plusieurs années voire plusieurs décennies plus tard, à la suite d'une transplantation de moelle osseuse pour traiter une leucémie ou d'une greffe de dure mère"[489]. Mais, au lieu d'un cas isolé de MCJ qu'attendaient ces biologistes et qui devait provenir d'une transplantation, ce sont des dizaines de cas atypiques de MCJ qui émergèrent chez des sujets

---

[484] R. G. Will et coll., "A New Variant of Creutzfeldt-Jakob disease in the UK", (1996), p. 924. La source d'information de l'excès de la MCJ fut The National CJD Surveillance Unit, and the Department of Epidemiology and Population Science, London School of Hygiene and Tropical Medecine, à travers des rapports ayant comme titre : *Creutzfeldt-Jakob Disease Surveillance in The United Kingdom* : Fourth Annual Report, 1995.

[485] R. G. Will et coll., (1996), p. 924.

[486] E. D. Belay et coll., "Creutzfeldt-Jakob disease in Unusual Young Patients Who Consumed Venison", (2001), p. 1673.

[487] J. Pattison, "BSE the big issues", (1999), p. 9.

[488] *Ibid.* J. Pattison, (1999), p. 9.

[489] P. Brown, "Environmental Causes of Bovine Spongiform Encephalopathy", (1996), p. 150.

jeunes, en *lien causal* avec l'ESB. Déjà, sur le terrain de l'évolution de l'épizootie, bien avant l'émergence du *nv*MCJ, le nombre total de bovins atteints d'ESB se trouva totalement décalé par rapport aux anticipations. Estimés à "deux millions"[490] en 2002, c'est-à-dire six ans après l'apparition du *nv*MCJ qui pourtant n'était pas du tout attendu, les chiffres de la taille de l'épizootie anticipés par le SEAC, rectifiés par ce même comité, puis par Gerald Collee, furent largement dépassés, démontrant à quel point l'expression de l'agent causal de l'ESB déjoua tous les calculs de probabilité. Qu'en est-il du sort du *lien causal* entre l'ESB et le *nv*MCJ ?

Le nombre exact des victimes humaines de l'ESB, reste une inconnue. Cependant, aussitôt les dix premiers cas du *nv*MCJ officiellement annoncés, John Collinge dont les travaux génétiques ont permis d'établir le contenu sémantique du terme 'maladie à prions' et le professeur Martin Rossor qui contribua à l'évaluation des premiers cas du nouveau phénotype de la MCJ, déclarèrent dans un commentaire intitulé "Un nouveau variant de la maladie à prion", publié dans la revue médicale *The Lancet*, ce qui suit :

> "Il est trop tôt pour prédire le nombre de cas [de la forme humaine de l'ESB (*nv*MCJ)] qui surviendront [dans le futur]"[491]

Mais, aucun des deux savants n'est épidémiologiste. Au moment où ils livraient leur jugement sur l'*incertitude* qui, d'emblée, semblait planer sur la prédiction du nombre de cas du *nv*MCJ, l'on peut penser que les scientifiques à qui incombe la tâche de l'épidémiologie étaient en train d'étudier soigneusement cette question. Cinq ans à peu près s'écoulèrent avant que ne se prononce un éminent spécialiste britannique dans ce domaine.

Roy Anderson, épidémiologiste, membre de la *Royal Society of London*, Chef du département d'Épidémiologie des maladies infectieuses à l'*Imperial College of Science, Technology and Medicine of London*, devenu dès l'été 2008 Recteur de cette prestigieuse Université fondée en 1907, déclara en 2000 que le nombre de cas du *nv*MCJ, "devrait selon toute vraisemblance être plus élevé que celui des années précédentes, et que l'épidémie ne vient que de commencer. Elle peut alors être une petite épidémie, et c'est ce que tout le monde espère. Toutefois, cette maladie a une période d'incubation si longue que l'exposition ayant eu lieu probablement vers la fin des années 1980, il est trop tôt pour dire si elle sera petite, moyenne ou grande"[492].

Telle est la première réaction du professeur Anderson, rapportée par Richard Tyler, rédacteur en chef du quotidien britannique *The Telegraph,* dans un article publié le 20 juillet 2000 et intitulé "ESB/MCJ en Grande-

---

[490] J. Collinge et coll., "A clinical study of Kuru patients with long incubation periods at the end of the epidemic in Papua New Guinea", (2008), p. 3726.

[491] J. Collinge, M. Rossor, "Commentary : A new variant of prion disease", (1996), p. 916.

[492] R. Tyler, "Britain : Deaths from Human BSE reveal 'statistical significant rising trend'", (July 20, 2000), p. 1.

Bretagne : Des décès survenus des suites de la forme humaine de l'ESB révèlent une tendance à la hausse statistiquement significative"[493]. Dans un autre article, publié la même année, dans les comptes rendus de la *Royal Society* consacrés à la biologie, Anderson et ses collègues notèrent ceci :

> "Prédire la taille d'une future épidémie de *nv*MCJ demeure difficile, en raison de nombreuses lacunes dans notre connaissance des processus biologiques et épidémiologiques clés qui déterminent l'évolution typique de l'infection et la transmission [de la maladie]."[494]

Ce propos de Roy Anderson est un tournant dans l'approche épidémiologique des ESST. Nous rappelons qu'à l'apparition de la maladie bovine, l'épidémiologie avait nourri la biologie de l'ESB. Elle avait fourni des données issues de la mathématisation des faits bruts liés à l'épizootie, données utilisées par la suite par le SEAC. La réaction du professeur Anderson est *significative* au plan philosophique.

C'est pourquoi nous la soulignons. Alors qu'auparavant, des biologistes avaient inféré sur une transmission non-zoonique de l'ESB, cette réaction associée à l'*émergence* du *nv*MCJ, confirme la *difficulté* que recèlent les *inférences causales* en biologie. Certes, entre-temps, des épidémiologistes tentèrent de prédire la taille de l'épidémie du *nv*MCJ. C'est le cas d'Azra Ghani et ses collaborateurs qui publièrent en 1998 dans le volume 265 de la revue britannique *Proceedings of the Royal Society, Biological Sciences,* une projection des cas du *nv*MCJ jusqu'en 2040, dans un article sous le titre : "Des déterminants épidémiologiques du profil et de l'amplitude de l'épidémie du *nv*MCJ en Grande Bretagne"[495]. Ensuite Ghani et ses collaborateurs, publièrent en 2000 dans le volume 406 de la revue *Nature*, un article intitulé "Mortalité du *nv*MCJ prédite en Grande Bretagne"[496].

En 2005, toujours Ghani et d'autres collaborateurs publièrent aussi dans la revue britannique *Journal of Royal Society*, des "Projections de l'évolution future de l'épidémie primaire du *nv*MCJ au Royaume-Uni : Inclusion d'une infection et possibilité d'une susceptibilité génétique plus grande"[497]. À chaque fois, il fut bien sûr question d'une tentative de prédiction du nombre de victimes du *nv*MCJ. Néanmoins, sur la base des

---

[493] *Ibid.*, R. Tyler, (2000), p. 1.

[494] A. Ghani, C. A. Donnelly, N. M. Ferguson, Roy Anderson, "Assessment of the prevalence of vCDJ through testing tonsils and appendices for abnormal prion protein", (2000), p. 23.

[495] A. C. Ghani, N. M. Ferguson, C. A. Donnelly, T. J. Hagenaars, R. M. Anderson, "Epidemiological determinants of the pattern and magnitude of the vCJD epidemic in Great Britain", (1998).

[496] A. C. Ghani, N. M. Ferguson, C. A. Donnelly, R. M. Anderson, "Predicted vCJD mortality in Great Britain", (2000).

[497] P. Clarke, A. C. Ghani, "Projections of the future course of the primary vCJD epidemic in the UK : inclusion of subclinical infection and the possibility of wider genetic susceptibility", (2005).

faits d'observation fournis par l'*évolution réelle* des cas du *nv*MCJ déjà répertoriés au Royaume-Uni, le professeur Roy Anderson confirma en 2003, son jugement exprimé dès 2000, dans la mesure où, ensemble avec d'autres épidémiologistes de son équipe parmi lesquels Azra Ghani, il souligna ceci :

> "Bien que l'étendue de l'incertitude [des facteurs épidémiologiques] ait diminué de manière drastique depuis 1996, il n'est toujours pas possible de prédire avec précision l'amplitude de cette épidémie."[498]

Ceci signifie clairement que l'avenir du lien causal entre le *nv*MCJ et l'ESB est *incertain*. Pourtant, c'est en s'appuyant sur l'épidémiologie que les biologistes de l'ESB s'étaient engagés dans des prédictions hasardées. De bien des manières, elle joua un rôle considérable dans l'évaluation scientifique du risque de l'ESB, puis dans la gestion politique de la crise de la vache folle. Une quinzaine d'années plus tard et, plusieurs centaines de cas d'un *nv*MCJ *causalement liés* à l'ESB, marquent donc un tournant exprimé ici dans le propos de Roy Anderson. Alors qu'elle était face à une nouvelle épidémie initialement annoncée comme improbable, l'épidémiologie ne s'empressait plus de prédire comme dans les années 1980.

Là où elle aurait vite avancé quelque anticipation en s'appuyant sur le connu comme l'avait fait John Wilesmith, elle se replie. Par contre, de manière remarquable, elle sort de la science pour s'engouffrer dans la *croyance*, comme en témoigne l'utilisation du verbe d'attitude propositionnelle "espérer" par Roy Anderson en 2000. Ainsi, avec l'occurrence du *nv*MCJ et le *lien causal* établi entre ce *nv*MCJ et l'ESB, plutôt que de prédire avec assurance l'avenir de cette forme humaine de la maladie bovine, en extrapolant son étendue par une quantification des données attachées à la phase de démarrage de l'épidémie, on admet que l'on est dans l'*incertitude*.

Telle est, dans le contexte des maladies à prions, la nouvelle attitude du biologiste découlant de la difficulté que rencontre désormais l'épidémiologie des maladies à prions pour prédire l'ampleur du *nv*MCJ. Cette nouvelle attitude est en parfait accord avec la *réalité de l'incertitude* soulignée dans une analyse fine du "concept de causalité en physique"[499], dès le milieu du XXe siècle, par Max Planck (1858—1947), physicien et philosophe de la nature, dénonçant "le déterminisme [que la science moderne tente de maintenir] au centre même de la représentation du monde"[500]. Avec l'émergence de la forme humaine de l'ESB et la difficulté à définir la taille de l'épidémie qui lui est associée, la *complexité de la causalité* spécifique

---

498 A. C. Ghani, N. M. Ferguson, C. A. Donnelly, R. M. Anderson, "Factors determining the pattern of the variant Creutzfeldt-Jakob disease (*v*CJD) epidemic in UK", (2003), p. 689.

499 M. Planck, "Le concept de causalité en physique" in *Autobiographie scientifique* ..., (1960), pp. 163-188.

500 *Ibid.*, M. Planck, (1960), p. 177.

des prions se présenta à la biologie avec une acuité telle que Rosalind Ridley et Harry Baker soulignèrent le paradoxe des prions et relevèrent trois traits qui leur attribuent une "qualité diabolique"[501]. Dès l'annonce par le gouvernement britannique en mars 1996 des dix premiers cas du *nv*MCJ dont huit étaient déjà décédés, Ridley déclara que "personne ne peut prédire s'il y aura une épidémie de [cette nouvelle] maladie"[502]. Puis, elle ajouta ce qui suit : "Dans douze mois, nous aurons la réponse à la question de savoir si oui ou non nous aurons davantage de cas"[503].

La prédiction fut donc repoussée à l'année suivante, c'est-à-dire en 1997. Pourtant, jusqu'en 2003, d'après le professeur Roy Anderson, "il n'était toujours pas possible de prédire avec précision l'amplitude de cette épidémie"[504]. Dans ce contexte d'*incertitude*, l'éminent neuropathologiste britannique David Taylor qui s'intéressait aux problèmes de stérilisation[505] du matériel chirurgical susceptible d'être contaminé par l'agent des encéphalopathies spongiformes (ES) de la MCJ, s'est préoccupé très tôt de savoir comment "prévenir toute transmission accidentelle des EST humaines"[506].

En 2003, dans un article publié dans la revue *British Medical Bulletin,* il souligna, qu'avec 127 cas déjà avérés au Royaume-Uni dès septembre 2002, l'émergence de la forme humaine de l'ESB avait accentué le niveau d'inquiétude au sujet de la *transmission potentielle* des ES humaines par chirurgie, de personne à personne[507]. Pour Taylor, cette inquiétude résultait en partie du fait qu'un individu atteint du *nv*MCJ présente beaucoup plus de tissus infectés, notamment ceux du système lymphoréticulaire, comparé à un individu atteint d'une MCJ sporadique[508].

Or, des études préalables menées sur la tremblante, indiquent que l'infectivité siège d'adord un *certain temps* dans le système lymphoréticulaire avant qu'elle n'atteigne le système nerveux central et que la maladie clinique ne se déclare[509]. Par conséquent, de manière délibérée ou accidentelle, des chirurgiens pouvaient introduire dans des protocoles chirurgicaux des tissus du système lymphoréticulaire d'individus neurologiquement sains, qui cependant incubent déjà le *nv*MCJ. Ainsi selon Taylor, le niveau d'inquiétude d'une transmission des ES humaines de personne à personne dans un contexte chirurgical avait aussi augmenté à

---

[501] R. M. Ridley, H. F. Baker, "The paradox of Prion disease", (1996), p. 1.

[502] Propos rapportés par Luisa Dillner *in* "BSE linked to new variant of CJD in Humans", (1996), p. 795.

[503] *Ibid.*, L. Dillner, (1996), p. 795.

[504] A. Ghani, N. Ferguson, C. Donnelly, R. Anderson, "Factors determining the pattern of the variant Creutzfeldt-Jakob disease (*v*CJD) epidemic in UK", (2003), p. 689.

[505] D. M. Taylor, "Autoclaving standards for Creutzfeldt-Jakob disease agent", (1987), p. 557.

[506] D. M. Taylor, "Preventing accidental transmission of human transmissible spongiform encephalopathies", (2003).

[507] D. M. Taylor, (2003), p. 295. Souligné par nous.

[508] D. M. Taylor, (2003), p. 295.

[509] D. M. Taylor, (2003), p. 295.

cause de l'*incertitude* de la biologie et la médecine sur l'amplitude du *nv*MCJ. Dès lors, confirmant le jugement du professeur Anderson, le neuropathologiste britannique David Taylor proclama ceci en 2003 :

> "À l'heure actuelle, il n'est pas possible de prédire le nombre de cas [du nouveau variant de la MCJ] qui surviendront [dans le futur]."[510]

La difficulté de *prédire* le nombre exact de personnes atteintes du *nv*MCJ est alors telle que pour Rosalind Ridley, "la plus part des scientifiques qui furent témoins de la survenue de l'épidémie de l'ESB en Grande-Bretagne ne sauront pas l'étendue du désastre, parce qu'ils seront morts de vieillesse avant que l'on ne soit certain qu'il n'y aura plus de cas du nouveau variant de la MCJ"[511]. De sorte que, finalement, après avoir compté parmi les savants qui, dès le début de l'épizootie, étaient persuadés de la non-transmissibilité zoonique de l'ESB, Ridley et Harry Baker mettaient désormais en avant l'*imprédictibilité* de l'agent causal des maladies à prions, à la suite de l'apparition inattendue, imprévue du nouveau phénotype de la MCJ :

> "Leur occurrence est très imprédictible. D'abord, parce que pour les cas acquis il y a une période d'incubation silencieuse qui varie de quelques semaines à 40 ans, en fonction de l'espèce et des circonstances. Ensuite, parce que pendant la période d'incubation aucun symptôme ni signe n'est décelable ; il n'y a par exemple aucune réponse immunitaire mesurable qui laisserait prédire la maladie. Enfin, aucune transmission ne pourrait être établie pour la majorité des cas humains qui semblent alors apparaître 'à l'improviste'."[512]

Outre qu'ils soulignent que les maladies à prions semblent apparaitre à l'*improviste*, c'est-à-dire de manière imprévue, inattendue, les deux savants œuvrant au Centre de recherche clinique du département de Psychologie Expérimentale à Cambridge considèrent que :

> "Ces maladies présentent certaines propriétés impossibles par rapport aux principes établis de la microbiologie. La maladie 'infectieuse' semble apparaître spontanément. Des cas hérités donnent lieu à une maladie transmissible. Mais, des cas acquis ne produisent pas une maladie héréditaire. Les procédés et traitements chimiques qui détruisent les acides nucléiques (que possèdent tous les organismes qui se répliquent) ne détruisent pas l'agent

---

[510] D. M. Taylor, (2003), p. 295.

[511] R. M. Ridley, "What Would Thomas Henry Huxley Made of Prion Diseases ?", (2001), p. 6.

[512] *Ibid.*, R. M. Ridley, H. F. Baker, (1996), p. 1.

> infectieux. Celui-ci peut persister indéfiniment dans un environnement. Enfin, ces maladies sont inéluctablement fatales. Aucun traitement n'a été trouvé qui altère l'évolution de la maladie. Dans des études de transmission chez l'animal, la durée des symptômes depuis leur apparition jusqu'à la mort peut être aussi courte que quelques heures suivie d'une période d'incubation de plusieurs mois, durant laquelle l'animal semble en bonne santé."[513]

Enfin, ils mentionnent ceci :

> "Ces trois traits se combinent pour terrifier le grand public, qui considère (peut-être à raison) les maladies à prions comme incontrôlables, incompréhensibles et incurables. Cette peur rivalise probablement avec une appréhension excessive de la radioactivité, qui semble pénétrée d'une grande étrangeté."[514]

À la question de savoir ce que signifie le *lien causal* désormais établi entre l'ESB et sa forme humaine, à ce stade de notre enquête, nous ne sommes pas encore à mesure d'apporter de réponse ferme. Cependant, nous pouvons faire le point de la situation de l'ESB, en rappelant tout d'abord que son agent passe pour être celui de la tremblante entré dans la vache, même si l'idée fut aussi émise que cet *agent de l'ESB* pouvait provenir de la *vache elle-même*, dès le départ. En tous les cas, la position dominante de la biologie des maladies à prions, lors de l'évaluation de l'ESB pour la santé humaine fut que la vache serait l'*hôte final* de sa maladie et donc que l'agent causal de cette maladie ne passerait pas à l'homme.

Mais, un nouveau phénotype de la MCJ est désormais reconnu dans le champ de biologie et de la médecine des maladies à prions. En ayant établi le prion comme étant l'agent causal de l'ESB, puis en démontrant à présent une "preuve solide"[515] du "lien causal"[516] nouvellement établi entre cette maladie et le *nv*MCJ, la biologie moléculaire montra qu'elle n'est pas parvenue à *prédire* le sort de l'ESB dans son rapport à la santé humaine. L'inférence causale s'est totalement effondrée. Si bien que, *in fine*, avec l'émergence du *nv*MCJ, on nota que "les scientifiques, les chercheurs, y compris ceux qui travaillaient sous tutelle gouvernementale, n'ont pas perçu par anticipation le développement des maladies à prions"[517]. Or, "l'on dit avec raison que

---

[513] *Ibid.*, R. M. Ridley, H. F. Baker, (1996), p. 1.

[514] *Ibid.*, R. M. Ridley, H. F. Baker, (1996), p. 2.

[515] E. D. Belay et coll., "Creutzfeldt-Jakob disease in Unusual Young Patients Who Consumed Venison", (2001), p. 1673.

[516] R. G. Will et coll., "A New Variant of Creutzfeldt-Jakob disease in the UK", (1996), p. 925.

[517] J-F. Mattei, "Enquête sur le recours aux farines animales dans l'alimentation des animaux d'élevage, la lutte contre l'ESB et les enseignements de la crise en termes [...] de santé publique",16 jan. 2001.

connaître véritablement, c'est connaître par les causes"[518], nous rappelle Sir Francis Bacon (1561—1626). Dans la mesure où les molécularistes, biologistes ou médecins, n'ont pas pu prédire le cours du trouble neurodégénératif bovin ou l'ESB, l'opinion publique mais aussi certains hommes politiques face aux problèmes de *santé publique* soulevés par l'émergence de la forme humaine de cette maladie bovine (*nv*MCJ), finirent par considérer que "nous ne savons pas clairement ce qu'est le prion ni même si le prion est la *cause** de l'infection, tant il est vrai que nous ignorons s'il est la cause ou le témoin et s'il n'y a pas derrière lui un agent infectieux que nous n'aurions pas identifié et qui serait à l'origine de la modification de la protéine [prion présumée causale]"[519].

La *cause* des maladies à prions semblait pourtant connue par les biologistes à un point tel qu'ils s'engagèrent à prédire le sort de l'ESB. Alors, pourquoi ces maladies passent-elles désormais pour être *incontrô-lables* et *incompréhensibles* pour le grand public et même pour les savants ? Que faut-il alors entendre par l'*imprédictibilité* et l'imprévisibilité de l'agent causal des maladies à prions, désormais invoquées par les biologistes face au *lien causal* clairement établi entre l'ESB et le *nv*MCJ, avec une *preuve solide* à l'appui ? Telles sont les questions qu'ils nous faut traiter à présent.

2.2 Que signifie le "lien causal" entre le nvMCJ et l'ESB ?

À ce stage de notre enquête scientifique et philosophique sur les prions ou les troubles neurodégénératifs animaux et humains transmissibles, l'examen attentif des questions posées plus haut devrait nous conduire à tenter de cerner la nature profonde du *lien* qui fait de l'agent étiologique de l'encéphalopathie spongiforme bovine la *cause* du *nv*MCJ. À la suite d'un long travail expérimental que nous avons présenté dans le volume 1 aux chapitres II, III et IV de cette enquête sur les prions, qui fut précédé par l'exposé au chapitre I d'un travail empirique commencé sur la tremblante dès la deuxième moitié du XIXe siècle, la biologie moléculaire a proclamé que "les prions sont des agents pathogènes qui causent [les maladies à prions]"[520], révélant alors la *causalité spécifique* de cet ensemble de maladies. Nous entendons par "causalité, le rapport d'une cause et d'un effet"[521]. Dans le cas qui nous occupe, il s'agit du rapport des prions aux effets neuropathologiques qu'ils engendrent. Dès lors, nous définissons la causalité biologique comme étant l'engendrement des effets par des causes

---

[518] F. Bacon, *Novum Organum*, Liv. II, Aphor. 2, (1857), p.75.

[519] *Ibid.*, J-F. Mattei, (2001), Rapport n° 3138, T. II, Auditions–vol. 1. *Souligné par nous.

[520] D. Westaway, G. A. Carlson, S. B. Prusiner, "Unravelling prion diseases through molecular genetics", (1989), p. 221.

[521] A. Lalande, (1926), *Vocabulaire technique et critique de la philosophie*, 2e éd. (2006), Art. Causalité, p. 126.

biologiques. Ainsi, même si la fonction physiologique de la protéine prion reste actuellement inconnue, la biologie moléculaire a établi la causalité spécifique des prions. En d'autres termes, elle a établi entre la protéine prion PrP^{Sc} dans ses formes multiples et les maladies à prions une *relation causale* marquée par la neurodégénérescence à la suite de l'accumulation de la protéine pathogène PrP^{Sc} dans le tissu neural du patient sous la forme de plaques amyloïdes que l'on trouve également dans le cerveau des patients atteints de la maladie d'Alzheimer. Cependant, avec les travaux de John Collinge, exposés dans le volume 1 au chapitre II de cette enquête, nous avons admis que cette causalité des prions est avérée, puisque l'analyse du gène PRPN qui détermine la protéine prion PrP est conclusive pour le diagnostic des maladies à prions et permet désormais de les discriminer avec d'autres maladies neurodégénératives comme la maladie d'Alzheimer.

Par conséquent, nous pouvons affirmer que la causalité biologique des prions est clairement démontrée et établie, comme cela est exposé dans la première partie de cette enquête, au chapitre II, du premier volume. Ce qui, une fois encore, signifie qu'au plan biologique, la *relation causale* entre les prions et les maladies à prions, à savoir les troubles neurodégénératifs animaux et humains transmissibles, est *bien établie*. Si nous laissons de côté la causalité biologique un instant, pour évoquer "la causalité en physique"[522], avec Max Planck (1858—1947) nous admettons qu'elle aussi "fait référence à « la relation causale » entre deux évènements ou circonstances qui se succèdent, [et qu'elle] est entendue pour désigner un enchaînement régulier entre eux, [...] le premier évènement étant la *cause* et le second l'*effet*"[523].

Pour Planck, "un évènement est causalement déterminé s'il peut être prédit avec certitude"[524]. De son côté, le philosophe et logicien Rudolf Carnap (1891—1970) ne voit pas les choses autrement, lorsqu'il souligne que la "relation causale signifie prédictibilité"[525]. Pourtant, Planck ajoute que c'est un principe qui "veut simplement dire que la possibilité de faire une prédiction rigoureuse pour l'avenir constitue un critère infaillible de l'existence d'une relation causale, mais non pas que la possibilité ait la même signification que cette relation même"[526]. Certes, c'est par la connaissance de la *cause* que la science s'engage à *prédire*, en usant alors du *principe de causalité* qui considère que chaque effet à sa cause et "dans les mêmes circonstances, les mêmes causes produisent les mêmes effets"[527].

522 M. Planck, *Der Kausalbegriff in der Physik*, 1re version 1932. Sous sa forme présente, version de 1937, 4e édition sans changement en 1948, Bart, Leipzig. tr. fr., *Autobiographie scientifique et derniers Écrits*, (1960), p. 163-188.
523 *Ibid.*, M. Planck, (1960 reprod.), p. 163. Italique de l'auteur.
524 *Ibid.*, M. Planck, (1960 reprod.), p. 164.
525 R. Carnap, (1966), *Philosophical Foundations of Physics*, tr. fr., (1973). p.188.
526 M. Planck, (1960 reprod.), p. 164.
527 M. Delsol, *Cause, Loi, Hasard en biologie*, (1989), p. 75.

Mais, selon Planck, la vue de la science physique selon laquelle un évènement se trouve causalement déterminé s'il peut être prédit avec certitude, s'est développée "dans le dessein de pouvoir maintenir la pleine et absolue validité du principe de causalité. [...] Le monde dont la physique nous propose l'image, [...] représente [au fond] une construction abstraite, jusqu'à un certain degré arbitraire, édifiée dans le dessein de nous libérer de l'*incertitude** de toute mesure individuelle et rendre possibles des relations précises entre les concepts"[528]. Que vaut alors cette affirmation de Max Planck (1858—1947) par rapport à la perception du *réel biologique* par les sciences biologiques et biomédicales contemporaines ?

Pour répondre à cette question, laissons un instant de côté les considérations sur la *causalité* en physique qui nous viennent de l'un des plus grands esprits de la science physique, pour revenir à l'examen minutieux des *faits* de la biologie de la MCJ et des ES apparentées que nous avons consultés attentivement. À présent, nous affirmons qu'un *lien causal* est établi entre l'ESB et le *nv*MCJ, puisqu'"une cause possible du *nv*MCJ est une infection par l'agent de l'ESB"[529].

Or, l'apparition du *nv*MCJ n'est pas l'*effet* attendu. Car, l'agent de l'ESB est *analogue* à l'agent causal de la tremblante et ce dernier est connu pour ne *causer* la moindre maladie à l'homme. Que doit-on alors entendre par ce "lien causal"[530] entre l'ESB et le nouveau phénotype de la MCJ ? Quelle est cette *cause* qui ne produit pas l'effet attendu ? Le lecteur voit bien à quel point les questions que soulève le *lien causal* entre l'ESB et le *nv*MCJ nous poussent à interroger les *causes* biologiques. Dans le questionnement ouvert par le sort de ce *lien causal* entre l'agent de l'ESB et le *nv*MCJ, l'on pourrait aller jusqu'à poser les questions suivantes : Dans la mesure où désormais "les maladies à prions sont incontrôlables"[531], les *causes* existent-elles en biologie moléculaire ?

Si oui, qu'est-ce qu'une cause biologique ? Cependant, dans le langage ordinaire, l'on est tellement habitué à parler de *causes* que la question de leur existence paraît à la fois curieuse voire vide de sens, dans la mesure où la notion même de *cause* semble intimement liée au fonctionnement de l'esprit humain. Toutefois, Carnap pense qu'"il n'y a pas jusqu'à l'origine historique du concept de causalité qui ne soit quelque peu floue"[532]. Selon lui, il se pourrait que ce concept ait simplement "surgi comme une sorte de projection de l'expérience humaine dans le monde de la nature"[533]. Au vu de

---

[528] *Ibid.*, M. Planck, (1960 reprod.), p. 169. *Souligné par nous.

[529] M. Zeidler et coll., "New Variant Creutzfeldt-Jakob Disease : Neurological Features and Diagnostic ...", (1997), p. 905.

[530] R. G. Will et coll., "A New Variant of Creutzfeldt-Jakob disease in the UK", (1996), p. 925.

[531] R. Ridley, H. F. Baker, "The paradox of Prion disease", p. 2.

[532] R. Carnap, *Philosophical Foundations of Physics*, (1966). tr. fr., (1973), p. 185.

[533] *Ibid.*, R. Carnap, (1973), p. 185.

la situation dans laquelle nous nous trouvons à présent avec un *nv*MCJ non prédit à partir de la connaissance scientifique de l'agent causal de l'ESB, doit-on admettre qu'en biologie le concept de *causalité* serait en réalité une conception anthropomorphique d'une nature totalement aveugle et, laissant les évènements se produire complètement au *hasard* ? Est-ce parce que le sens commun se nourrit de causalité et serait entièrement désorienté dans un monde sans causes où tout serait surprise et événement que nous concevons les *causes* ? Autrement dit, les *causes* seraient-t-elles inexistantes réellement et présentes uniquement dans l'esprit de l'homme ordinaire ?

Plusieurs considérations amènent très vite à soutenir le contraire. Par la définition qu'Aristote donne à la philosophie, à savoir "la science théorétique des premiers principes et des causes premières"[534], l'on s'aperçoit vite que la *cause* est une préoccupation centrale de la philosophie chez les anciens. Son importance est telle que pour Aristote "celui qui connaît les causes avec plus d'exactitude et est capable de les enseigner est [...] plus philosophe"[535]. Quittons le philosophe pour nous intéresser au savant, c'est-à-dire à l'homme *interprète la nature* à travers une science qui repose non pas sur la spéculation, mais sur l'expérience.

Ayant vu dans les deux premières parties de cette enquête, (volume 1 et début du volume 2) à quel point les biologistes se sont préoccupés de la *cause* de la tremblante, de celle de l'ESB et son sort au regard de la santé humaine, ayant aussi vu toute la place du raisonnement causal qui a conduit à l'*inférence* de l'agent de la tremblante à la vache puis à l'homme, nous sommes vite acquis à l'idée que la question de la *cause* ne laisse pas indifférente la science positive.

Cela n'a rien de surprenant, dès lors que l'on admet avec Bertrand Russell (1872—1970) que "l'utilité pratique de la science, dépend de sa capacité à prédire l'avenir"[536]. N'est-ce pas la raison pour laquelle, en vue de l'application technique de la science, Francis Bacon (1561—1626) professait qu'"ignorer la cause c'est ne pouvoir produire l'effet"[537] ? C'est par ses *effets* que la *cause* est une préoccupation universelle, intéressant les hommes de toute culture, de toute condition, du savant à l'homme ordinaire.

Ainsi, avec John Stuart Mill (1806—1873), l'un des inspirateurs de la logique inductive sur laquelle s'appuient les sciences inductives pour tenter d'*inférer*, nous notons à quel point la notion de *cause* est sollicitée. Pour cette logique[538] dont il sera davantage question dans la troisième partie, et qui vise à *bien raisonner* aux fins de mener à des inférences causales

---

[534] Aristote, *Métaphysique* A, 982^{a}.
[535] *Ibid.*, Aristote, *Méta.* A, 982^{a}.
[536] B. Russell, "Les lois causales" in *La connaissance Humaine, Sa portée et ses Limites*, IV, IX, 326, p. 345.
[537] F. Bacon, *Novum Organum*, Liv. I, Aphor. 3, (1857), p. 7.
[538] J. S. Mill, *Système de Logique Déductive et Inductive*, (1866), 6e éd. angl. tr. fr., L. Peisse, (1988).

rigoureuses, la détermination de la cause est d'emblée essentielle. Comme dans les canons de Mill pour lesquels la relation "cause de" est fondamentale dans un raisonnement inductif, l'inférence causale sur l'ESB appliquée par les partisans de la non-transmissibilité de l'ESB à l'homme reposait sur une *analogie* des agents causals. Dès lors, l'agent qui est "cause de" la tremblante est censé *ressembler* à l'agent qui est "cause de" l'ESB.

Dans l'esprit de Mill[539], la *cause,* cette "uniformité inconditionnée"[540] est alors définie comme un "antécédent invariable"[541] et "inconditionnel"[542] qui précède dans le temps le phénomène objet d'étude. Le terme inconditionnel signifiant ici que cet antécédent est tel qu'il soit toujours suffisant à produire l'effet, quelque supposition que l'on puisse faire relativement à toutes les autres circonstances avoisinantes[543]. On comprend alors pourquoi, dans le cas qui nous occupe, même s'ils savaient qu'un agent causal introduit dans un nouvel hôte présentait un spectre infectieux différent et une virulence accrue, les tenants de l'inférence causale sur l'ESB considérèrent qu'une fois introduit dans la vache pour causer l'ESB, l'agent de la tremblante se comporterait en tout point de vue comme il l'a toujours fait dans le mouton.

Cet agent causal fut perçu comme "un antécédent invariable et inconditionnel"[544], de la même manière que dans le cadre de la logique inductive élaborée par Mill. La logique étant pour Mill "la science de la preuve"[545], dès lors, les éléments mobilisés dans les raisonnements dans la logique inductive sont, en quelque sorte, des moyens de preuve.

Compte tenu de la gravité du problème à résoudre, les partisans de la thèse de non-transmissibilité zoonique de l'ESB s'étaient mis en peine d'utiliser ces éléments de preuve pour mener à bien l'opération d'inférence causale qu'ils se proposaient d'effectuer, ainsi que nous le montrons plus loin. Ils ont échoué. Est-ce alors parce qu'ils n'ont pas cerné les *conditions* permettant à la *cause* de s'exprimer ? Ou bien est-ce parce qu'ils n'ont pas bien circonscrit la *cause* qui faisait l'objet de leur recherche ?

Ce sont des questions d'une grande importance. Dans l'élaboration de la logique inductive, aux fins de ne pas s'égarer dans le raisonnement, John Stuart Mill (1806—1873) a largement attiré l'attention sur le caractère variable de l'attribution causale et sur l'importance de la *circonscription de la cause* que l'on cherche à établir. À ce sujet, Mill mentionne ceci :

> "Rarement, pour ne pas dire jamais, subsiste cette séquence invariable entre un conséquent et un antécédent unique. Elle existe

---

[539] *Ibid.*, J. S. Mill, (1866), tr. fr., L. Peisse (1988).
[540] *Ibid.*, J. S. Mill, t. I, Chap. VII : "De l'observation et de l'Expérience", § 4 p. 425.
[541] *Ibid.*, J. S. Mill, t. I, Chap. VII : "De l'observation et de l'Expérience", § 4 p. 424.
[542] *Ibid.*, J. S. Mill, t. I, Chap. VII : "De l'observation et de l'Expérience", § 4 p. 424.
[543] *Ibid.*, J. S. Mill, t. I, Chap. V : "De la loi de causalité", § 5 p. 380 sq.
[544] *Ibid.*, J. S. Mill, t. I, Chap. VII : "De l'observation et de l'Expérience", § 4 p. 424.
[545] *Ibid.*, J. S. Mill, t. I, Introd. : "Domaine et Définition de la Logique", § 2 p. 9.

> habituellement entre un conséquent et la somme de plusieurs antécédents, la réalisation simultanée de tous ces derniers étant indispensable pour produire le conséquent, c'est à dire, pour qu'infailliblement succède ce conséquent. Dans de tels cas il est courant que l'on mette à part l'un de ces antécédents, qui seul reçoit le nom de Cause, tandis que l'on appelle les autres simplement Conditions. Ainsi, si quelqu'un mange d'un certain mets et, à la suite de cela, meurt — étant entendu qu'il ne serait pas mort s'il n'en avait pas mangé — les gens ont alors tendance à dire que le fait de manger ce mets a été la cause de sa mort.
>
> Il n'est pas nécessaire, cependant, qu'il y ait une connexion invariable entre le fait de manger ce mets et sa mort ; mais, il y a certainement, parmi les circonstances qui ont entouré cet événement, telle ou telle combinaison dont la mort est un conséquent invariable : par exemple, l'acte de manger ce mets, combiné à une constitution physique particulière, un certain état actuel de la santé et peut-être un certain état de l'atmosphère ; c'est peut-être l'ensemble de ces circonstances qui constituait dans ce cas particulier les *conditions* de phénomène [...].
>
> Rien ne peut mieux montrer l'absence de tout fondement scientifique pour la distinction entre la cause d'un phénomène et ses conditions que la manière capricieuse dont nous choisissons parmi les conditions celle que nous décidons d'appeler cause. Si nombreuses que puissent être ces conditions, il n'est guère difficile d'en trouver une qui puisse, conformément à l'intention qui anime notre discours actuel, obtenir cette prééminence nominale [...]. La cause, dès lors, philosophiquement parlant, est la somme totale des conditions positives et négatives prises ensemble ; c'est la totalité des contingences de toute nature qui, étant réalisées, sont invariablement suivies du conséquent."[546]

Même si l'on s'accorde à dire que la logique inductive ne garantit pas la vérité des inférences causales, ainsi que cela ressort clairement de la deuxième partie de cette enquête scientifique et philosophique sur les prions, Mill a pleinement raison sur un certain nombre de points. D'abord, il est courant que l'on isole l'un des antécédents d'un *effet* et que l'on lui attribue le nom de *cause*, les autres devenant alors des conditions censées entourer cette cause au cours de son expression.

Mais, cela exige que l'on prenne soin de préciser ces *conditions* supposées avoisiner la *cause*, notamment lorsque l'on s'intéresse au système vivant. Dans le vivant, "le réseau des causes et des effets présente une

---

[546] *Ibid.*, J. S. Mill, t. I, Chap. V : "De la Loi de Causalité Universelle", § 3 pp. 370-375. La traduction française de ce passage de Mill par Germer Baillière in *Système de Logique Inductive et déductive*, 2e édition (1880), tome I, pp. 370-376, reproduite par Israël Scheffler dans *Anatomie de la science* : *Études philosophiques de l'explication et de la confirmation*, (1966), p. 30 sq, nous a semblé plus rigoureuse que celle de Louis Peisse dans les éditions Mardaga. C'est cette traduction de 1880 qui est présentée ci-dessus.

effarante complexité, le but de la science consiste justement à débrouiller les mailles de ce réseau [...], à distinguer les causes vraies [...] et leurs conditions d'action"[547]. C'est toute la démarche de la biologie moléculaire et de la biomédecine, qui sont des sciences pour lesquelles les *causes* sont des entités *moléculaires*. Ainsi, dans l'exemple de Mill, en admettant que le décès doive être attribué au mets, il faudrait énoncer la *cause* de ce décès, en précisant que telle molécule présente dans l'aliment en question ne tue qu'un homme se trouvant déjà en mauvais état de santé. Le problème est bien connu des biologistes et des médecins qui font ainsi la distinction entre la *cause*, ses *conditions de susceptibilité*, et ses *facteurs aggravants*. Les premières préparent le terrain de l'agent causal et en facilitent l'action. Les derniers renforcent le pouvoir causal, lui donnent d'aller à l'*effet* plus sûrement et plus rapidement.

Dans le cas de la molécule infectieuse du prion, c'est-à-dire de la forme infectieuse PrP^{Sc}, en supprimant dans des souris transgéniques le gène sauvage qui détermine la synthèse de la protéine prion PrP^{C} (la forme physiologique), l'on s'aperçoit que l'introduction d'un prion pathogène n'engendre pas la maladie dans l'hôte. Par contre, si le gène du prion physiologique est présent, alors un prion pathogène exogène introduit dans l'hôte devient causal, dès lors que la séquence d'acides aminés de l'*inoculum* est proche de celle de la protéine native de l'hôte.

Ce sont ces faits d'observation qui ont amené la biologie moléculaire à la théorie d'un prion causal et à la présomption que des *facteurs* génétiques de l'hôte jouent un rôle dans sa *susceptibilité* au *prion causal* épigénétique, ainsi que le corrobore l'homozygotie pour la méthionine au niveau du codon 129 dans le cas de la *susceptibilité* de la population humaine à l'agent de causal de l'ESB. Ceci permet de souligner toute l'importance de la distinction entre la *cause* et ses *conditions d'action*.

De la sorte, sachant que le *nv*MCJ à savoir le nouveau phénotype de la MCJ, fut causé par la transmission du trouble neurodégénératif bovin à l'homme, qu'à mesure que certaines personnes vieillissent, elles développent spontanément la MCJ sporadique, tandis que d'autres sont accidentellement infectées par l'agent causal des maladies à prions suite à des procédures médicales ou chirurgicales, des chercheurs ont intensifié des recherches visant à identifier les gènes qui influent sur la *susceptibilité* de certains individus à ces maladies. Ils espèrent ainsi utiliser cette information pour mieux estimer les risques de *santé publique* et développer une nouvelle classe de médicaments contre ces maladies, y compris la maladie d'Alzheimer.

Actuellement, des études de génétique moléculaire (Fig. 2) qui sont en cours semblent s'accorder sur le fait que l'homozygotie pour la méthionine 129 est bien associée à la MCJ sporadique, à la MCJ iatrogène, à la maladie du kuru et enfin à la survenue précoce de maladies à prions.

---

[547] M. Delsol, *Cause, Loi, Hasard en Biologie*, (1989), p. 103.

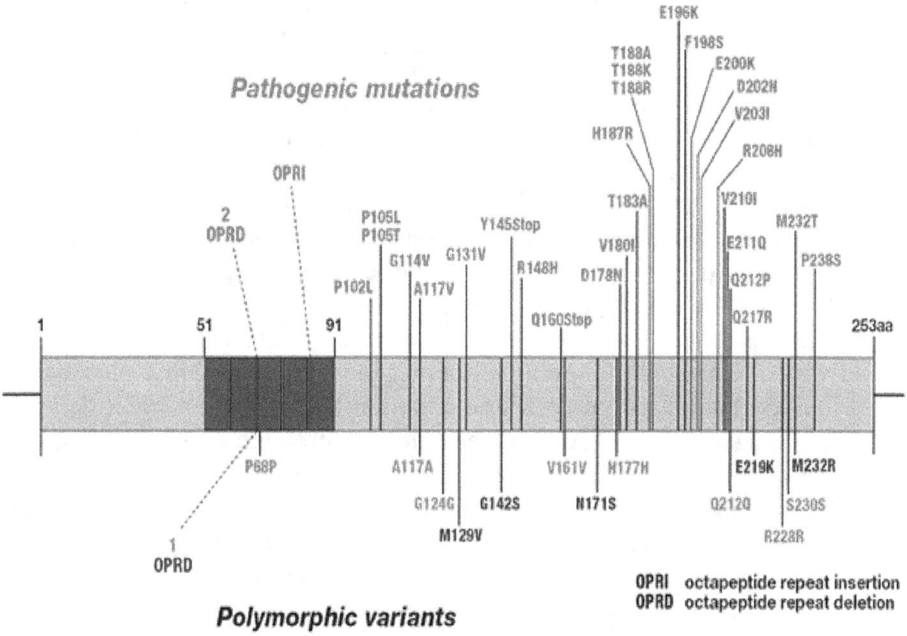

Fig. 2. – Génétique moléculaire du Prion Humain et des démences connexes.
(D'après *The Medical Research Council Prion Unit Human Genetics Group*, 2009)

La carte génétique des variants polymorphiques et des mutations pathogènes du gène PRNP humain ci-dessus reprend, au fond, et étend des données expérimentales déjà publiées en 1998 par l'équipe de Prusiner et exposées à la page 259 du volume 1. Selon toute vraisemblance, c'est bien l'importance des *conditions d'action* de l'agent causal épigénétique de l'ESB qui a poussé des neuropathologistes à poursuivre des recherches sur des *faits* d'expérience rapportés dix ans plus tôt. De la sorte, en janvier 2009, Simon Mead du *Medical Research Council* et un groupe international[548] de biologistes moléculaire et de neuropathologistes parmi lesquels la Britannique Sarah Tabrizi, l'Australien Michael Alpers et le professeur John Collinge, publièrent une étude sérieuse menée sur la *susceptibilité* individuelle à ce que l'on appelle par abus de langage *une souche* de prion donnée, mais qui n'est en réalité qu'*un conformère* de prion, issu du processus de transconformation exposé dans le volume 1 au chapitre IV.

---

[548] S. Mead, M. Poulter, J. B. Uphill, J. Beck, J. Whitfield, T. E. F Webb, T. Campbell, G. Adamson, P. Deriziotis, S. J. Tabrizi, H. Hummerich, C. Verzilli, M. P. Alpers, J. C. Whittaker, and J. Collinge, "Genetic risk factors for variant Creutzfeldt–Jakob disease : a genome-wide association study", (2009), p. 57 sq.

Après avoir suivi une formation en médecine à l'Université de Cambridge et à l'Université d'Oxford, Simon Mead obtint un doctorat en génétique des maladies à prions à l'*Imperial College of London*. Actuellement expert neurologue en Grande Bretagne, et responsable clinicien du Prion à l'Hôpital National de Neurologie et de Neurochirurgie, il s'intéresse aux troubles cognitifs engendrés par les maladies à prions comme la MCJ. Il œuvre aussi au sein de l'Unité du Prion du *Medical Research Council* où il mène une recherche sur des études cliniques impliquant des patients atteints de maladies à prions, en vue de découvrir des facteurs génétiques qui *causent* ces maladies ou les influencent et qui pourraient être utilisés pour le développement de leurs traitements au moyen d'anticorps.

Les résultats obtenus par cette recherche indiquent très clairement le *fait* suivant : "Un facteur génétique connu pour la susceptibilité aux maladies à prions est bien le polymorphisme commun d'un simple nucléotide au codon 129 du gène PRNP qui détermine la protéine prion PrP des êtres humains"[549]. Au niveau de ce codon 129, c'est soit la méthionine soit la valine qui est codée dans l'espèce humaine. Cependant, chez les Européens il s'avère que la fréquence de l'allèle méthionine est de 60% environ[550].

Par ailleurs, dans la crise de l'ESB, "tous les patients atteints du *nv*MCJ dont le génotype est connu sont homozygotes pour la méthionine, ce qui représente à ce jour l'association la plus forte entre un génotype commun et une maladie"[551]. De nombreuses autres études menées par d'autres groupes de chercheurs au début des années 2000 et même une dizaine d'années plus tôt, soutiennent l'association entre l'homozygotie pour la méthionine 129 et la *susceptibilité* de la population au nouveau phénotype de la MCJ[552].

Au Royaume-Uni, environ un tiers de la population exposée à l'agent de l'ESB présente ce génotype. En 2009, on estimait à environ 200 le nombre de patients décédés du *nv*MCJ[553]. Mais, "ce chiffre semble bien faible au regard de milliers de personnes qui furent potentiellement exposées, dont le nombre exact n'est pas connu. La période d'incubation

---

549 *Ibid.*, S. Mead et coll., (2009), p. 57.

550 *Ibid.*, S. Mead et coll., (2009), p. 57.

551 *Ibid.*, S. Mead et coll., (2009), p. 57.

552 H. S. Lee, P. Brown, L. Cervenáková, "Increased susceptibility to Kuru of carriers of the PRNP 129 methionine/methionine genotype", (2001) ; F. Owen, M. Poulter, J. Collinge, T. J. Crow, "Codon 129 changes in the prion protein gene in Caucasians", (1990) ; S. Lloyd, O.N. Onwuazor, J. Beck, "Identification of multiple quantitative trait loci linked to prion disease incubation period in mice", (2001) ; M. S. Palmer, A. J. Dryden, J. T. Hughes, J. Collinge, "Homozygous prion protein genotype predisposes to sporadic Creutzfeldt–Jakob disease", (1991) ; S. Mead, S. P. Mahal, J. Beck, "Sporadic—but not variant—Creutzfeldt–Jakob disease is associated with polymorphisms upstream of PRNP exon 1", (2001) ; C. Vollmert, O. Windl, W. Xiang, "Significant association of a M129V independent polymorphism in the 5′ UTR of the PRNP gene with sporadic Creutzfeldt–Jakob disease in a large German case-control study", (2006).

553 *Ibid.*, S. Mead et coll., (2009), p. 57.

cliniquement silencieuse peut dépasser 50 ans. Cependant, des estimations de la prévalence de l'infection subclinique faites sur la base du dépistage des spécimens chirurgicaux archivés, prédisent que des milliers de personnes sont infectées au Royaume-Uni"[554]. Des études témoins soigneusement menées par l'Unité du Prion de l'Institut de Neurologie au *Queen Square* de Londres, adossé au *Medical Research Council*, "n'ont identifié aucune exposition inhabituelle, professionnelle, alimentaire, autre que [l'exposition] aux prions de l'ESB, chez des patients atteints du *nv*MCJ, ce qui suggère que des facteurs génétiques pourraient bien être cruciaux"[555], pour l'expression de l'agent causal épigénétique chez le patient infecté.

Dès lors, grâce aux recherches récemment entreprises "un rôle important [assigné] à d'autres *loci* génétiques est soutenu par des résultats d'études quantitatives du caractère d'un *locus* de souris, qui ont identifié maintes régions qui ne sont pas liées au gène *Prnp*, mais contrôlent des périodes très variables d'incubation des maladies, y compris la maladie à prion causée par l'ESB. Pour la santé publique, l'importance de la compréhension de la susceptibilité des êtres humains à l'infection du prion de l'ESB est par conséquent claire"[556]. Ainsi, par exemple, les gènes STMN ou RARB très proches de PRNP pourraient être impliqués dans la pathogénie du *nv*MCJ.

On sait que le produit du gène STMN est un régulateur de la stabilité des microtubules dans les cellules neurales. On pense qu'il pourrait avoir une implication dans la modulation de la neurotoxicité du prion. Cependant son rôle n'est pas encore clair. Par ailleurs, l'expression de la protéine prion PrP dans les cultures de cellules lymphoïdes et neuronales est régulée par l'acide rétinoïque. De plus, l'on observe que la production de la maladie provoquée par l'isoforme PrP^{Sc} dans des cultures de cellules neurales de souris infectées par des prions murins, augmente avec un traitement par l'acide rétinoïque[557].

Pour ses activités biologiques, l'on ne sait pas actuellement si l'acide rétinoïque agit à travers le récepteur β déterminé par le gène RARB ou bien s'il agit à travers un autre récepteur[558]. En revanche, on sait que l'étude menée par Simon Mead et ses collaborateurs "confirme une forte association du codon 129 de PRNP avec les maladies à prions acquises et sporadiques, en tant que facteur exceptionnel de risque génétique pour ces maladies"[559]. Cette association fut décelée à partir d'un petit échantillon. Dès lors, les

---

[554] S. Mead, M. Poulter, J. Uphill, J. Beck, J. Whitfield, T. E. F. Webb, T. Campbell, G. Adamson, P. Deriziotis, S. J. Tabrizi, H. Hummerich, C. Verzilli, M. P. Alpers, J. C. Whittaker, and J. Collinge, "Genetic risk factors for variant Creutzfeldt–Jakob disease : a genome-wide association study", (2009), p. 57.

[555] *Ibid.*, S. Mead et coll., (2009), p. 57.

[556] *Ibid.*, S. Mead et coll., (2009), p. 57.

[557] *Ibid.*, S. Mead et coll., (2009), p. 65 ; C. Rybner, J. Hillion, T. Sahraoui, M. Lanotte, J. Botti, "All-trans retinoic acid down-regulates prion protein expression independently of granulocyte maturation", (2002).

[558] *Ibid.*, S. Mead et coll., (2009), p. 65.

[559] *Ibid.*, S. Mead et coll., (2009), p. 65.

auteurs considèrent que "cela est encourageant pour tous ceux qui envisagent des études sur les maladies rares menées sur des patients bien caractérisés présentant une pathogenèse bien distincte"[560]. Quoi qu'il en soit, les données recueillies dans cette étude "apportent un appui considérable à l'hypothèse selon laquelle au-delà du génotype de PRNP au codon 129, la susceptibilité génétique a contribué de manière significative à la survenue du *nv*MCJ. Que les effets liés à cette susceptibilité génétique portent sur des périodes d'incubation plus longues plutôt que sur la sensibilité, de telle sorte que de nouvelles vagues, de la maladie à prions associée à l'ESB avec des périodes d'incubation plus longues puissent se produire dans les années à venir, en association avec différents génotypes de nombreux *loci* attachés au risque, c'est quelque chose qui reste inconnu"[561].

À partir de telles considérations, fournies par des études très récentes qui se poursuivent en vue de la clarification des *conditions* de la manifestation du nouveau phénotype de la MCJ, on voit parfaitement à quel point une analyse fine de l'*action causale* du prion épigénétique de l'ESB semble indiquer qu'en dehors du gène PRNP qui détermine la protéine prion, d'autres gènes seraient impliqués dans le *temps* d'incubation de la maladie, dans la *sensibilité* des individus aux prions pathogènes, et *in fine*, dans l'expression causale des molécules de prions pathogènes.

Les *faits* récemment recueillis par l'Unité du Prion et qui, selon toute vraisemblance, vont s'étendre à de nombreuses autres maladies déjà connues ou émergentes, au fur et mesure que la recherche bio-médicale progresse, viennent ainsi au soutien de l'un des éléments fondamentaux de la position que nous défendons, affirmant une *action causale systémique* même si, *prima facie*, une seule entité moléculaire causale semble impliquée dans une pathogénie. Ils indiquent aussi qu'un support biologique, peut-être génétique mais éclaté, sous-tend le réglage du *temps* de la manifestation des symptômes de la maladie dans l'organisme. En tous les cas, ces *faits* montrent clairement qu'une distinction doit être faite entre une *cause* et ses *conditions d'action*. Est-ce alors en négligeant de faire cette distinction que l'on est arrivé à l'idée "que la cause est un tout tellement indéfinissable que le concept de cause doit disparaître"[562] ?

Quoi qu'il en soit, dans le premier tiers du XXe siècle, persuadé que les *causes* n'existent pas, le mathématicien, philosophe et logicien britannique, Bertrand Russell (1872—1970) s'est alors assigné un triple objectif, à savoir, "établir que le mot « cause » est lié d'une façon si étroite avec des associations fautives qu'il mérite d'être écarté du vocabulaire philosophique;

---

[560] *Ibid.*, S. Mead et coll., (2009), p. 65.

[561] *Ibid.*, S. Mead et coll., (2009), p. 66. Voir aussi D. A. Stephenson, K. Chiotti, C. Ebeling, "Quantitative trait loci affecting prion incubation time in mice", (2000) ; S. Lloyd, J. B. Uphill, P. V. Targonski, E. Fisher, J. Collinge, "Identification of genetic loci affecting mouse adapted bovine spongiform encephalopathy incubation time in mice", (2002).

[562] *Ibid.*, M. Delsol, (1989), p. 103.

[…] rechercher quel principe, s'il en est un, est employé dans la science à la place de la prétendue « loi de causalité » que les philosophes ont imaginé qu'elle emploie ; [...] montrer certaines confusions, spécialement à l'égard de la téléologie et du déterminisme, qui apparaissent comme étant liées à des notions erronées au sujet de la causalité"[563]. Dès lors, Russell mentionna ceci à ce sujet :

> "Tous les philosophes, de n'importe quelle école, imaginent que la causalité est l'un des axiomes ou postulats fondamentaux de la science, alors que, singulièrement, dans des sciences aussi développées que l'astronomie de la gravitation, le mot « cause » n'apparaît jamais. Le Dr James Ward, dans son *Naturalism and Agnosticism*, en fait le sujet d'un reproche contre la physique ; le travail de ceux qui cherchent à établir la vérité ultime concernant le monde, pense-t-il apparemment, devrait être la découverte des causes, alors que la physique n'en cherche jamais. Pour moi, il me semble que la philosophie ne doit pas s'assigner des fonctions législatives de cette espèce et que la raison pour laquelle la physique a cessé de chercher les causes est que, en fait il n'en existe pas."[564]

Russell poursuit son propos comme suit :

> "La loi de causalité, à mon sens, comme beaucoup d'idées qui circulent parmi les philosophes, est une relique d'un âge disparu, lui survivant comme monarchie, seulement parce qu'on suppose à tort qu'elle ne provoque pas de dégâts. Afin de déterminer ce que les philosophes comprennent d'ordinaire par cause, j'ai consulté le Dictionnaire Baldwin, et j'ai été satisfait au-delà de mon attente, car j'ai trouvé les trois définitions suivantes, qui s'excluent mutuellement :
> « CAUSALITÉ (1) La connexion nécessaire d'un évènement dans la série temporelle […] »
> « CAUSE (notion de). Tout ce qui peut être renfermé dans l'idée ou la perception d'un processus arrivant en conséquence d'un autre processus […] »
> « CAUSE ET EFFET (1) Cause et effet […] sont des termes corrélatifs indiquant deux choses capables d'être distinguées, deux phases ou aspects de la réalité, qui sont dans un rapport l'un avec l'autre tel que, dès que le premier cesse d'exister, le second vient à l'existence immédiatement après, et que, dès que le second

---

[563] B. Russell, "The logical Collected papers of Bertrand Russell", (1992), p.193-210. Texte publié à l'origine dans *Proceedings of Aristotelian Society*, 13, (1912—1913) et dans *Scientia* (Bologna) 13 (1913) ; tr. fr., *Sur la notion de la causalité,* (2006), p. 3.

[564] *Ibid.*, B. Russell, "Sur la notion de la causalité", (2006 reprod.), p. 3.

> vient à l'existence, le premier a cessé d'exister immédiatement avant ».''[565]

Au terme d'une analyse du contenu sémantique des trois définitions, Russell admit que c'est la troisième qui est la plus précise, à ses yeux. Mais, il observa que cette "définition exclut la pluralité des causes [...], [et que] la cause [y] est purement statique, sans *changement** intérieur"[566]. Elle pose le problème de "la contigüité temporelle de la cause et de l'effet qu'affirme la définition"[567], c'est-à-dire celui de la "durée de la cause"[568] :

> "[Car], sans doute, les philosophes considèrent l'effet comme contigu à la cause, mais il ne peut en être ainsi. [...], il doit y avoir un certain intervalle de temps fini τ entre la cause et l'effet. Mais ceci soulève des difficultés insurmontables [...]. Afin d'être sûrs de l'effet attendu, nous devons savoir qu'il n'y a rien alentour qui puisse interférer [...]. Mais ceci signifie que la cause supposée n'est pas, par elle-même apte à assurer l'effet. Et aussitôt que nous y incluons l'environnement [...] tout entier, la probabilité de la répétition devient presque nulle. En dépit de ces difficultés, on doit admettre évidemment qu'il y a dans la vie courante de nombreuses séquences régulières sur lesquelles on peut compter. Ce sont ces régularités qui ont suggéré l'idée d'une prétendue loi de causalité."[569]

Dès lors, ce que Bertrand Russell (1872—1970) "nie, c'est que la science fasse l'hypothèse de l'existence de séquences de cette espèce invariablement uniformes, ou qu'elle vise leur découverte. [Car], toutes ces uniformités [...] reposent sur un certain vague dans la définition des « événements »"[570]. Au terme de son analyse, Russell ne semble donc pas avoir suivi le précepte parménidien de l'"être invariable"[571]. Admettant le "changement intérieur"[572] de la *cause* avec le *temps*, il semble au contraire avoir adopté le *principe fondamental* qui gouverne le cadre d'analyse de la *conception ontologique* des sciences de la vie et de la santé exposée dans le volume 1 au chapitre III de cette enquête sur les prions. Néanmoins, il arrive à la conclusion selon laquelle "le principe « même cause, même effet » que les philosophes s'imaginent vital en science, est complètement oiseux"[573]. De la sorte, il

---

[565] *Ibid.*, B. Russell, (2006 reprod.), p. 3 sq.
[566] *Ibid.*, B. Russell, (2006 reprod.), p. 6. *Souligné par nous.
[567] *Ibid.*, B. Russell, (2006 reprod.), p. 5.
[568] *Ibid.*, B. Russell, (2006 reprod.), p. 6.
[569] *Ibid.*, B. Russell, (2006 reprod.), p. 7.
[570] *Ibid.*, B. Russell, (2006 reprod.), p. 8.
[571] Parménide, B VIII, in *Les Écoles présocratiques*, (1991), p. 351.
[572] *Ibid.*, B. Russell, (2006 reprod.), p. 6.
[573] *Ibid.*, B. Russell, (2006 reprod.), p. 8.

conclut également qu'il faudrait plutôt combattre le concept de *causalité*, dans la mesure où, selon lui, "les causes n'existent pas"[574]. Mais, peut-on le suivre dans cette conclusion ? Pourtant essentiel dans la logique inductive, le mot *cause* serait-il alors totalement dénué de sens en science ? Certes, selon Russell ce mot *cause* ne saurait appartenir au vocabulaire de la physique. Car, "la physique n'en cherche pas"[575].

Cependant, nous remarquons qu'il fleurit dans le champ de la biologie moléculaire et de la biomédecine. C'est ainsi qu'en biologie des maladies à prions, l'on s'accorde pour annoncer que "les prions sont des agents pathogènes qui *causent** des maladies dégénératives chez les êtres humains et les animaux"[576], mais aussi pour préciser que "la forme anormale de la protéine prion est la *cause** nécessaire et suffisante de toutes les ES"[577]. De même, des biologistes moléculaires soulignent que le rôle du gène prion est attaché à ses polymorphismes qui ne sont pas des mutations qui *causent* la maladie, mais sont bel et bien des *variations naturelles* qui modifient la *susceptibilité* de l'hôte à la maladie, comme nous l'avons vu plus haut.

Par ailleurs, dans la controverse sur le risque de l'ESB, outre Richard Lacey, certains neurologues anticipèrent également que l'ESB pouvait passer à l'homme. Voici leur argument en faveur de la transmissibilité zoonique de l'ESB : "La vraisemblance que la protéine prion est l'agent causal dans toutes les espèces, fournit une raison à une possible transmissibilité entre les vaches et l'homme"[578]. Car, selon eux, "l'ESB et la MCJ sont une même entité"[579], et sachant que la MCJ a été transmise expérimentalement à toute une gamme d'animaux, dès lors "la transmission incontestable de la maladie sous certaines conditions, offre un précédent"[580] qui permet de penser que pour "que l'ESB *cause** la maladie humaine, cela dépend de plusieurs autres facteurs"[581]. Ces énoncés nous donnent un aperçu de la persistance du mot *cause* dans la littérature de la biologie des prions.

Que signifie alors au fond le mot *cause* ? Pour John Stuart Mill (1806—1873), "la cause c'est philosophiquement parlant, la somme complète de toutes les conditions positives et négatives prises ensemble, la totalité des circonstances de toute sorte, telles que, si elles se produisent, la conséquence suit invaria-blement"[582]. Toutefois, nous admettons dans un premier temps, qu'"en science, 'la cause' d'un fait est l'élément qui, dans un milieu donné

---

[574] *Ibid.*, B. Russell, (2006 reprod.), p. 3.

[575] *Ibid.*, B. Russell, (2006 reprod.), p. 3.

[576] D. Westaway, A. G. Carlson, B. S. Prusiner, "Unravelling prion diseases through molecular genetics", (1989), p. 221. *Souligné par nous.

[577] P J. Harrison, W. G. Roberts, "How now Mad Cow ?", (1992), p. 929. *Souligné par nous.

[578] *Ibid.*, P. J. Harrison, W. G. Gareth, (1992), p. 930.

[579] *Ibid.*, P. J. Harrison, W. G. Gareth, (1992), p. 930.

[580] *Ibid.*, P. J. Harrison, W. G. Gareth, (1992), p. 930.

[581] *Ibid.*, P. J. Harrison, W. G. Gareth, (1992), p. 930. *Souligné par nous.

[582] J. S. Mill, (1866), *Système de Logique*, (1988), t. I, Chap V : "De la Loi de Causalité Universelle", §1 p. 345.

où rien ne change, provoque directement, à lui seul, un événement déterminé"[583]. Même si dans cette définition, apparaît le terme "évènement" chargé d'imprécision et responsable selon Bertrand Russell (1872—1970) d'une confusion dans la compréhension du mot *cause*, peut-on alors le suivre dans sa conclusion selon laquelle "les causes n'existent pas" et seraient uniquement présentes dans l'esprit des philosophes ? Ne serait-ce pas nier le fait qu'en biomédecine, par exemple, c'est bien sur la connaissance de la *cause* que repose l'efficacité thérapeutique ?

À moins de considérer comme les anciens Grecs que quelle que soit la maladie, et quel que soit le traitement qui lui est apporté, ce dernier n'agit nullement et, que c'est uniquement la *nature* seule, et par elle-même, qui se charge de vaincre le mal, on voit bien que l'on ne saurait soutenir le point de vue de Russell. La seule connaissance des agents bactériens en microbiologie et la possibilité de guérir les maladies provoquées par ces derniers, grâce à une antibiothérapie lorsqu'elle opère, ne sont-elles pas suffisantes pour accréditer l'idée selon laquelle les *causes* existent en biologie ?

Prenant appui sur les considérations que nous venons d'évoquer, nous sommes donc conduit d'une part à admettre qu'"il n'y a aucune raison [...] de rejeter le concept de causalité"[584] et d'autre part à adhérer à la position du philosophe et logicien Rudolf Carnap (1891—1970), lorsqu'il déclare ce qui suit :

> "J'estime qu'il n'est pas nécessaire de considérer le concept de causalité comme un concept pré-scientifique, métaphysique au sens péjoratif du terme, et de l'abandonner totalement. Une analyse menée jusqu'au bout révélera justement que quelque chose d'irréductible demeure, qui mérite d'être appelé causalité. Et ce quelque chose justifie l'usage de ce concept aussi bien dans les sciences que dans la vie ordinaire."[585]

Dès lors, nous partirons des considérations liées à la fois à l'antibiothérapie et aux faits que cette dernière nous fournit à travers l'histoire des maladies bactériennes telles que le typhus, le choléra ou la peste d'une part et, d'autre part des affirmations référant à la causalité dans la littérature de la biologie des maladies à prions, pour affirmer que les *causes* existent en biologie. Elles sont liées à leurs effets par une connexion que nous appelons *lien causal* ou *nœud causal* tel que celui établi désormais entre l'ESB et sa forme humaine, le *nv*MCJ, avec une *preuve solide*. Cependant, si nous ne pouvons suivre Russell lorsqu'il proclame que les causes n'existent pas, nous notons qu'un *fait* incontestable, attaché aux prions lui donne pleinement raison sur un point très important. L'agent

---

583 M. Delsol, *Cause, Loi, Hasard en Biologie*, (1989), p. 74.
584 R. Carnap, *Philosophical Foundations of Physics*, (1966) ; tr. fr., (1973), p. 185.
585 *Ibid.*, R. Carnap, (1973 reprod.), p. 186.

étiologique des maladies à prions dont la transmission zoonique n'avait *jamais* été observée *auparavant*, est bien passé à l'homme *via* l'ESB, environ une *décennie après* que les consommateurs de viande aient été exposés à un environnement de la vache folle. Ce fait *nouveau* attesté par "une preuve solide" d'un *lien causal* entre l'ESB et le nouveau phénotype de la MCJ nous amène à admettre que la *causalité biologique* ne peut être associée définitivement à "des séquences [...] invariablement uniformes"[586].

Ainsi, l'émergence au bout de *dix ans* d'un *nv*MCJ en *lien causal* avec l'agent de l'ESB, illustre bien les questions soulevées par Bertrand Russell au sujet de la contiguïté de l'effet à la cause, de "l'intervalle de temps fini τ entre la cause et l'effet"[587]. Elle montre clairement qu'il n'existe pas de séquences cause/effet invariablement uniformes. De sorte qu'avec Michel Malherbe (1941—), nous affirmons qu'"il y a une énigme inscrite au cœur de la causalité celle, du pouvoir, de la vertu par laquelle la cause produit son effet"[588]. Mais, l'information livrée par les *faits* cliniques, neuropathologiques et épidémiologiques attachés à la nature des prions, nous semble suffisante pour tenter de clarifier cette énigme avec l'émergence du *nv*MCJ.

Car, nous savons de manière incontestable qu'avant de statuer avec une *preuve solide* sur le *lien causal* entre l'agent de l'ESB et le *nv*MCJ, l'éminent neuroclinicien Robert Will et son équipe ont dû attendre un *certain temps* afin que ces *faits* cliniques et neuropathologiques du nouveau phénotype de la MCJ soient pleinement visibles, observables et interprétables. Par ailleurs, nous savons aussi que l'épidémiologiste Roy Anderson et son équipe furent en peine de déterminer la taille de la forme humaine de l'ESB, autrement dit de *prédire* ou d'anticiper l'amplitude du *nv*MCJ, au point que la biologiste Rosalind Ridley dut admettre que "la plus part des savants témoins de la survenue de l'épidémie de l'ESB ne sauront pas l'étendue du désastre, car ils seront morts de vieillesse avant que l'on ne soit certain qu'il n'y aura pas davantage de cas de *nv*MCJ"[589].

Pourtant, au *moins dix ans* s'étaient déjà écoulés entre l'exposition à l'ESB et le surgissement du *nv*MCJ. Dès lors, l'émergence du *nv*MCJ est une vraie et belle preuve de l'*existence d'un certain temps* fini τ entre la cause et l'effet ainsi que "des difficultés insurmontables"[590] que cela soulève, comme le souligna clairement Bertrand Russell (1872—1970). Nul ne sait ce qu'est le *temps*. Mais, nous sommes obligé d'aborder brièvement ici cette notion, d'autant que nous la retrouverons plus loin dans l'analyse de la notion d'*analogie*. Car, la difficulté d'accéder au *temps* entre la *cause* et son

---

[586] *Ibid.*, R. Bertrand, (2006 reprod.), p. 8.
[587] *Ibid.*, R. Bertrand, (2006 reprod.), p. 7.
[588] M. Malherbe, *Qu'est-ce que la causalité ? Kant et Hume*, (1994), p. 8.
[589] R. M. Ridley, "What Would Thomas Henry Huxley Have Made of Prion Diseases ?", (2001), p. 6.
[590] *Ibid.*, R. Bertrand, (reprod. 2006), p. 7.

effet fait bien partie de l'énigme de la causalité biologique. À la lumière des faits attachés aux prions, quelle doit être alors la signification du terme *cause* en biologie ? Partant de là, que signifie la *causalité biologique* ?

Il clair que si le *temps* d'incubation de l'ESB dans l'homme était par exemple de plus de 65 ans, jamais l'on n'aurait identifié le *nv*MCJ. La maladie serait confondue à la MCJ classique. L'on aurait eu du mal à établir le "lien causal" entre la MCJ et l'ESB. On aurait probablement conclu que l'agent de l'ESB n'est pas la *cause* du *nv*MCJ, puisqu'*aucun changement* de profil de la MCJ n'aurait préalablement été observé. Ainsi, comme l'a judicieusement noté Arthur Schopenhauer (1788—1860), philosophe et disciple de Kant (1724—1808), "tant qu'un changement ne s'est pas produit, il n'y a pas à demander une cause"[591]. L'agent de l'ESB n'est une *cause* que dans la mesure où, de manière perceptible, le profil de la MCJ a changé, montrant un nouveau phénotype de la maladie.

Sans ce *changement* fermement identifié, Robert Will ne pouvait pas se prononcer sur cet agent de l'ESB en tant que *cause* d'une MCJ d'un type nouveau. Schopenhauer souligne par ailleurs que "la loi de causalité — unique forme de l'entendement— unit intimement dans l'entendement le temps et l'espace ; [et] dans le résultat ainsi produit, la part prise par l'espace correspond à la permanence de la matière ; [tandis que] la part prise par le temps correspond aux changements d'état de cette même matière"[592]. Mais, *in fine* qu'est ce qui a changé dans le cas qui nous occupe ?

Il y a incontestablement le profil de la MCJ comme cela a déjà été mentionné, mais il y a surtout l'agent causal de la tremblante, puisque par le témoignage de l'*émergence* du *nv*MCJ, l'intelligence et l'imagination conçoivent qu'une fois qu'il est entré dans vache, cet agent initialement sans effet sur l'homme est *devenu* la cause du *nv*MCJ. Entre son introduction dans la vache et sa manifestation en tant que *cause* du *nv*MCJ chez l'homme, il s'est écoulé au *moins dix ans*. Ainsi, lorsqu'un éminent penseur comme Schopenhauer qui s'est intéressé à la causalité, considère qu'"un changement ne peut se produire dans le monde matériel qu'autant qu'il est immédiatement précédé d'un autre ; tel est le véritable contenu de la loi de causalité"[593], il ne faut pas se laisser abuser par le terme "immédiatement".

Puisqu'avec le témoignage des prions, l'*effet* peut apparaître bien longtemps après l'*action de sa cause*, toutes choses illustrées pour nous, à travers l'exposition de l'homme à l'ESB et l'*émergence* du *nv*MCJ survenue par la suite. À présent, il nous faut conclure sur cette section. Nous soulignons que dans le champ des prions, ni la biologie moléculaire ni la biomédecine, encore moins la philosophie naturelle qui se constitue au

---

591 A. Schopenhauer, (1819), *Le Monde comme volonté et comme représentation*, 1re éd., (1966), p. 717.

592 *Ibid.*, A. Schopenhauer, (1989), p. 616.

593 *Ibid.*, A. Schopenhauer, (1989), p. 714.

contact des prions, ne sauraient passer sous silence le fait que l'agent causal des maladies à prions a *changé*, et qu'avec le *temps* il est devenu autre chose qui a produit chez l'homme un effet *imprédictible*, marqué par l'apparition du *nv*MCJ. De sorte que nous pensons qu'à la définition scientifique de la *cause* présentée plus haut, il faut sans doute ajouter quelque chose d'important qui nous vient des leçons à tirer des prions.

Il faudrait probablement considérer désormais qu'en biologie, 'la cause' d'un fait est l'élément qui, dans un milieu donné où rien ne change, provoque directement dans un certain *temps*, et à lui seul, un événement déterminé. Pendant ce temps, la *cause* se transforme sous l'emprise du devenir et cela engendre l'imprévisibilité de ses effets. Nous définissons le devenir comme étant la transformation perpétuelle de toute chose.

À présent, cela nous dispose à définir ce que nous entendons par le terme *devenir de tout nœud causal biologique.* Alors que l'agent causal de la tremblante n'a pas pu laisser prédire le sort de l'ESB au regard de la santé humaine, le *lien causal* entre l'ESB et le *nv*MCJ signifie que la *relation causale* entre cet agent de la tremblante et la MCJ a changé avec le temps. Car dans le *temps*, la cause change continuellement, même si ce changement peut rester imperceptible par l'observateur. Comme la *causalité biologique* est la relation causale qui gouverne l'engendrement des phénomènes biologiques par des causes biologiques, alors cette relation causale *devient autre chose* au fur et à mesure du changement de la cause qui l'incarne.

Nous utilisons l'expression *devenir de tout nœud causal biologique* non pas pour nier la causalité ni pour la rendre plus floue, mais pour signifier, précisément, qu'en biologie avec le "temps", le nœud causal qui fait le lien entre la cause et l'effet se déforme. Il change et *devient* quelque chose d'autre comme l'a parfaitement illustré le changement du lien entre l'agent causal de l'ESB et les ES de la MCJ. Il peut se relâcher, produire l'effet à retardement avec la lutte de tout l'organisme vivant pour maintenir son équilibre ou tâcher de garder un état le plus proche de cet équilibre.

À l'inverse, il peut aussi se resserrer, produisant l'effet plus vite qu'on ne l'attend selon les circonstances et l'environnement dans lequel il se trouve. En tout cas il *change* continuellement chez tout *être* vivant aux prises avec son environnement. Est-ce cela qui fait dire à Schopenhauer que "préciser l'instant où la cause cesse et où l'effet commence, est dans presque tous les cas une chose difficile, et souvent impossible. Car, — ajoute-t-il —, les modifications (c'est-à-dire la succession des phénomènes) constituent un *continuum*, comme le temps qu'elles remplissent ?"[594].

Dans la série des transformations qui s'opèrent, il y a un enchainement des phénomènes. La transformation antécédente est la cause de la transformation qui suit à l'instant suivant. L'une étant l'*effet*, l'autre la *cause* et se manifestant dans un ordre tel que l'effet suit *toujours* la cause. La

---

[594] *Ibid.*, A. Schopenhauer, (1989), p. 714.

nécessité se situe précisément à ce niveau. Mais l'effet visible et observable n'est pas nécessairement déterminé, puisque celui-ci peut être un effet tout autre, à la suite du *changement* du rapport qui le lie à la cause préalablement établie. Une fois encore, ceci ne nie pas la causalité. Ceci signifie qu'en biologie la *cause* est un processus comportant un changement en lui-même.

De sorte que si nous abordons la relation causale comme un *pouvoir* que détient la cause pour engendrer l'effet, on peut alors considérer qu'au départ les biologistes ont attribué à l'agent de l'ESB un *pouvoir causal* nul à l'égard de la santé humaine. Puis, suite au changement de cet agent, son *pouvoir causal* s'est accru. Dès lors, le nœud causal, à savoir le fil qui lie la cause à l'effet a changé. Il est devenu autre chose ayant fait apparaître un lien causal visible et observable, admis avec une preuve solide.

Ainsi, la *causalité biologique* est attachée à un déterminisme plausible qui ne doit pas être accepté définitivement. Malgré l'existence de plages de régularités plus ou moins longues, il s'agit d'un déterminisme *fluide* qui peut changer avec le *temps*. Les prédictions auxquelles conduit une *relation causale* en biologie ont donc tout au plus valeur de solutions probables dont la probabilité est à préciser à chaque fois.

Tels sont les enseignements que nous livrent les faits attachés aux prions. Ils inclinent à dépasser les considérations virtuelles venant d'une simplification outrancière de la nature, de la part de la science physique, présentant une image du monde que Max Planck (1858—1947) a réfuté, et qui vise à nous libérer de "l'incertitude"[595] de la relation causale.

En biologie, au-delà du *changement* de la cause en elle-même et du *devenir du nœud causal* que cela entraîne, cette *incertitude* vient en partie de ce que l'*organisme* tout entier lutte de toutes ses forces, contre toute *cause* épigénétique voire génétique, pour garder son équilibre, comme c'est le cas précisément des jeunes patients de la maladie du kuru ou du *nv*MCJ à savoir la forme humaine de l'ESB, qui gardent pendant un certain temps leur intelligence, grâce à la plasticité neurale au niveau de tout le cerveau, alors même que le mal les ronge déjà depuis longtemps.

De la sorte, l'*action causale* se fait, non pas selon un mécanisme, mais plutôt selon un *processus* dans lequel se trouve impliquée la totalité des macromolécules de l'organisme, en vue de garder son équilibre fonctionnel dans son environnement. Ainsi, si la biologie et la médecine doivent la découverte des prions en tant que *cause* des maladies à prions à une approche réductionniste, le *lien causal* entre l'ESB et le *nv*MCJ incite ces deux techno-sciences à entrevoir un *fonctionnement systémique* des molécules biologiques causales, comme nous l'avons évoqué plus haut à plusieurs reprises, et comme l'avait déjà souligné dès 1969 l'éminent pastorien et prix Nobel de médecine André Lwoff (1902—1994). À ce sujet voici ce que déclara Lwoff :

---

[595] M. Planck, *Autobiographie Scientifique et derniers écrits*, (1960), p. 169.

> "Chaque molécule travaille pour la communauté, c'est-à-dire pour l'organisme. C'est ce qui se produit normalement. Cependant, il arrive qu'une molécule décide de se soustraire aux chaînes de coordination, de travailler pour elle-même et de vivre sa vie. Il en résulte toutes sortes de maladies moléculaires. La liberté moléculaire est une catastrophe."[596]

Dans un ouvrage collectif paru en 2002 chez Gallimard, en soulignant avec pertinence le propos mentionné ci-dessus, tenu par André Lwoff quarante ans avant l'émergence de l'ESB et du *nv*MCJ, Anne Fagot-Largeault invite, précisément, son "lecteur [à] songe[r] à l'exemple de la protéine *prion*"[597]. Dans la lutte pour la vie, l'organisme est dans une dialectique du changement et de la permanence. Il change tout en tâchant de rester lui-même. De sorte que, dans le cas qui nous occupe, nous pouvons dire, en dernière analyse, que le "lien causal" entre l'ESB et le *nv*MCJ signifie également que l'asymptote du travail interactif de la communauté des molécules de l'organisme est atteinte et que le mal a pris le dessus et peut se manifester de façon ostentatoire à travers ses symptômes.

En guise de conclusion de la deuxième partie de cette enquête, nous soulignons les efforts du microbiologiste John Gerald Collee pour accorder l'*inférence inductive* sur l'ESB à l'évolution *réelle* de cette maladie. Ils marquent une tentative de rectifier les inférences. Puis, le parallélisme entre l'agent de la tremblante et celui de l'ESB s'est ruiné avec l'effondrement de l'*inférence causale* à la suite de l'émergence d'un *nv*MCJ, malgré la rigueur démonstrative de David Taylor. Ceci montre clairement que les *inférences* ont beau reposé sur des *faits* d'observation et/ou d'expérience, elles ne sont pas de nature expérimentale. Cependant, "le propre des inférences causales est [...], partant de l'expérience, de ne cesser de la dépasser"[598], déclare Michel Malherbe, professeur émérite à l'Université de Nantes.

En science, il faut dire que ceci est tout à fait normal. Dans la mesure où, selon le philosophe des sciences William Whewhell (1794—1866) sur qui nous reviendrons abondamment plus loin, "les faits sont les matériaux de la science, mais tous les faits impliquent des idées. [Et] puisqu'en observant les faits, nous ne pouvons exclure des idées, nous devons, pour les intérêts de la science, prendre soin que les idées soient claires et qu'elles soient appliquées rigoureusement"[599]. Le lecteur qui nous a suivi attentativement jusqu'ici, s'est parfaitement rendu compte que c'est précisément ce que l'éminent neuropathologiste britannique David Taylor s'est évertué de faire, en

---

[596] A. Lwoff, *L'ordre biologique*, (1969), p. 19 sq.
[597] A. Fagot-Largeault, *Philosophie des Sciences*, t. I, (2002), p. 527. Italique de l'auteur.
[598] *Ibid.*, M. Malherbe, (1994), p. 32.
[599] W. Whewhell, "Aphorisms concerning science" in *History of the Inductive science ; Founded upon their History,* (1840), Aphor. IV, p. xxxvii.

s'appuyant sur l'*analogie* entre la tremblante et le trouble neurodégénératif bovin (ou l'ESB). Cependant, en biologie des prions, cela n'a pas suffi pour que les inférences soient exactes. Dès lors, cela révèle aussi la difficulté que recèle le concept d'*analogie* tel qu'il est appliqué en sciences biologiques et biomédicales contemporaines. Il nous faudra donc examiner la notion d'*analogie* ainsi que les raisonnements qui mènent aux inférences en biologie moléculaire et en médecine expérimentale.

Enfin, les efforts du professeur Richard Lacey, accomplis dans le but d'attirer l'attention sur le *changement possible* de l'agent causal de tremblante dans le sein de la vache ont pris tout leur sens avec le *temps* qui a livré, dix ans plus tard, la vraie nature de l'agent de l'ESB et d'une certaine manière la nature des entités biologiques causales en *devenir*. Leur changement est visible dans certaines circonstances, comme ce fut le cas du changement de l'agent de la tremblante passée à la vache en 1883, d'après le témoignage du vétérinaire français M. Sarradet[600], alors que cette maladie n'était jamais passée à la vache auparavant. Mais, de manière générale, après avoir découvert la *cause* d'un fait et prouvé sa reproductibilité, nous sommes conduits par le principe de causalité à "admettre que nous sommes en présence d'un phénomène général et à énoncer une loi"[601]. C'est cette *loi* que la science "utilise pour expliquer des faits déjà connus, et pour prédire des faits que l'on ne connaît pas encore"[602].

Toutefois, après un long cours d'expérience uniforme de non-transmissibilité zoonique de la tremblante, dans le cas qui nous occupe, le surgissement du nouveau variant de la MCJ (*nv*MCJ) *causalement lié* à la maladie bovine (ESB) ne semble-t-il pas signifier qu'en biologie, toutes les régularités que nous observons sont susceptibles de *changer* et que toute loi doit être considérée comme une *loi* qui change avec le temps ? Le *temps* serait-il alors à l'origine de "la création continue d'imprévisible nouveauté qui semble se poursuivre dans l'Univers"[603] ? Est-ce pour cela que le concept d'*analogie* qui, en sciences expérimentales, exprime la ressemblance entre deux choses ou deux phénomènes à un moment donné, réserve parfois des surprises en biologie moléculaire et en biomédecine contemporaines ? Telles sont les questions qu'il nous faut tenter à présent.

---

[600] M. Sarradet, "Un cas de Tremblante dans un bœuf", (1883).
[601] *Ibid.*, M. Delsol, (1989), p. 75.
[602] *Ibid.*, R. Carnap, (1973), p. 14.
[603] H. Bergson, *La pensée et le mouvant*, (1938), p. 99.

Troisième Partie

ANALOGIE ET RAISONNEMENTS CAUSALS EN BIOLOGIE ET EN MÉDECINE

INTRODUCTION DE LA TROISIÈME PARTIE

> *"De tous les êtres, l'homme est de beaucoup le plus sage, car il est en état de contempler les êtres et d'acquérir de tout, science et connaissance. [...]. L'homme est né, [...] pour connaître l'essence de la nature universelle, et la fonction de la sagesse est précisément de posséder et de contempler l'intelligence qui se manifeste dans les êtres. La sagesse n'a pas pour fonction un être quelconque déterminé, mais absolument tous les êtres, il ne faut pas qu'elle commence à chercher les principes d'un être individuel, mais bien les principes communs à tous les êtres.*
>
> *La sagesse a pour objet tous les êtres, comme la vue a pour objet toutes choses visibles. Voir dans leur ensemble et connaitre les attributs universels de tous les êtres, c'est le propre de la sagesse, et voilà comment la sagesse découvre les principes de tous les êtres. Celui qui est capable d'analyser tous les genres, et de les ramener et de les réunir, par une opération inverse, en un seul et même principe, celui-là me paraît être le plus sage, le plus proche de la vérité."*[604]
>
> *Archytas de Tarente* (~435 av. J.-C.—347 av. J.-C.)

Les particules protéiques infectieuses semblent singulières dans le monde des *causes biologiques*. Leur singularité est telle qu'au moment où Stanley Prusiner annonça leur découverte, Lewis Thomas (1919—1993) que nous avons sommairement présenté dans les pages d'introduction de cette enquête scientifique et philosophique, déclara que ces agents pathogènes d'un type nouveau, sont la chose la plus étrange de toute la biologie. Il nous faut revenir sur cet éminent biologiste que la postérité devrait immortaliser pour une notion qu'il a introduite en immunologie, à savoir l'"'hypersensibilité agissant à retardement', davantage connue actuellement comme étant l'immunité cellulaire impliquée spécialement dans la traque et la destruction de cellules cancéreuses qui émergent constamment de chacun de nous. Ce

---

604 Archytas, *Sur la sagesse*, Fragments Métaphysiques. Frag. 6, in *Pythagore et la philosophie pythagoricienne. Contenant les fragments de Philolaüs et d'Archytas*, (1873), I, p. 272 sq.

concept de 'surveillance immunologique', repris et promu par Sir Franck Macfarlane Burnet (1899—1985) est à présent accepté par la plupart des immunologistes sous une certaine forme"[605]. Par ailleurs, nous considérons que la postérité devrait aussi retenir que Lewis Thomas fut un grand penseur dotée d'une vision profondément universaliste et humaniste des retombées de la science, vision inspirée des *faits* qui lui furent livrés par les deux technosciences que sont la biologie moléculaire et la biomédecine. Grâce à ces *faits*, il se convainquit de l'interdépendance de toute chose dans l'Univers. Immunologiste et médecin, il a selon toute vraisemblance beaucoup réfléchi sur le concept de *causalité biologique*, à travers le développement des mécanismes de défense immunitaire qui fut la base de ses recherches.

En 1982, l'année où il prit connaissance de l'existence des particules protéiques infectieuses à travers un article publié par Prusiner[606], "il fut nommé 'le père de l'immunologie moderne et de la pathologie expérimentale' lors d'un symposium organisé en son honneur"[607]. Il commença à écrire de courts essais abordant des questions qui s'étendent au-delà des limites habituelles des sciences biologiques et biomédicales, lorsqu'en 1971, Franz Joseph Ingelfinger (1910—1980), né en Allemagne mais de nationalité américaine, médecin et professeur de gastroentérologie à l'École de médecine de l'Université de Boston, devenu éditeur de la revue *New England Journal of Medicine* de 1967 à 1977, lui demanda d'écrire mensuellement pour cette revue, 1400 mots qui devaient être publiés dans une rubrique intitulée "Notes d'un observateur de la biologie". Ses essais présentent avec humour et émerveillement des idées et des notions sur un ensemble de sujets très variés[608], notent certains de ses critiques.

Bien que sa carrière médicale se soit déroulée dans le champ de la microbiologie et de l'immunologie, à l'intérieur d'un cadre théorique d'analyse réductionniste, Thomas met en avant une pensée *systémique*. Ainsi, dans ses écrits rédigés dans un style très apprécié des scientifiques et du grand public, mélangeant connaissances scientifiques et méditations personnelles, il souligne le lien très étroit qui existe entre l'homme et l'Univers; dans la mesure où le *concept de causalité* auquel il accorda crédit signifie que dans l'Univers les choses sont liées. "La symbiose fut un des thèmes majeurs dans ses essais, la relation entre l'homme ou la termite et la société en est un autre"[609]. Dans vingt-neuf de ses essais rassemblés et publiés par les presses Viking de New-York en 1974, sous le titre : *Les vies d'une cellule*, Lewis Thomas mobilise ses connaissances de la biologie cellulaire et montre à son lecteur comment les connaissances scientifiques

[605] G. Chedd, "Scientist as best-selling author. Professor Lewis Thomas, head of the Memorial Sloan-Kettering Cancer Center in the US", (1974), p. 807.
[606] S. B. Prusiner, "Novel Proteinous Infectious Particules Cause Scrapie", (1982).
[607] A. Woodlief, "Thomas Lewis (25 November 1913 to 3 December 1993)", p. 1.
[608] J. S. King Jr., "The Lives of a Cell-Notes of a Biology Watcher", (1974), p. 1482.
[609] *Ibid.*, G. Chedd, (1974), p. 806.

peuvent éclairer sa compréhension d'une Terre où tous les êtres devraient travailler en collaboration et de manière interdépendante en vue d'un monde meilleur dans tous les sens du terme. En 1974, à la suite d'un entretien qu'il donna la même année à Graham Chedd, un journaliste de la revue américaine *New Scientist*, cette revue le présenta comme l'auteur scientifique dont les livres se vendent le mieux aux États-Unis. Car, son livre *The lives of a cell*[610] était à son troisième tirage et se vendaient d'une manière constante et régulière à mille exemplaires au moins par semaine.

"Dans ses essais, Thomas révèle la tendance de la nature à l'interconnexion"[611]. Il s'efforça de "penser la Terre comme à une sorte d'organisme, mais avait beaucoup de mal à y parvenir. Il n'arrivait pas à penser la Terre de cette façon. Car, elle est trop grande, trop complexe, avec beaucoup trop de parties dont les liens visibles sont manquants. Puis, la nuit suivante, alors qu'il conduisait sa voiture en traversant une région montagneuse et boisée du sud de la Nouvelle-Angleterre, il s'interrogeait sur ce sujet. Si la Terre n'est pas un organisme, alors à quoi ressemble-t-elle ? À quoi ressemble-t-elle le plus ? Dès lors, d'une manière qui lui parut tout à coup satisfaisante, il pensa qu'elle ressemble à une cellule unique"[612].

Dans une tentative d'articuler sa philosophie positive avec le concept de la *totalité* attachée au fonctionnement de l'organisme biologique, le philosophe français Auguste Comte (1798—1857), fervent défenseur du positivisme au XIXe siècle, souligna que "le corps vivant est un tout harmonique dont les parties se tiennent dans une dépendance mutuelle et dont tous les actes sont solidaires les uns des autres"[613]. Un siècle plus tard, pour Lewis Thomas, à la fois positiviste et réductionniste s'appuyant sur la connaissance intime du fonctionnement cellulaire de ce corps vivant, l'idée de l'unité essentielle des *êtres* vivants de la même espèce, s'impose de manière impérieuse. Elle retentit sur la réalité humaine telle qu'elle doit s'exprimer, au fond, tant au plan social que cosmique.

Nous signalons alors ici notre accord avec la pensée d'Archytas placée en épigraphe de la troisième partie de cette enquête scientifique et philosophique sur les prions. C'est pourquoi, pour sa vision de l'universel et des liens étroits qui lient les uns aux autres dans le cosmos, de manière plus solidaire qu'on ne le croit d'ordinaire, nous affirmons que Lewis Thomas est, peut-être, plus proche de la vérité que bien des scientifiques et des grandes personnalités, censés éclairer ce monde. Certes, au moment où il souligna l'étrangeté des prions, il fut bien loin d'imaginer que cet agent causal entrerait d'abord dans la vache pour engendrer l'ESB, puis passerait à

[610] L. Thomas, *The lives of a Cell* : *Notes of a Biology Watcher*, (1974).
[611] *Ibid.*, G. Chedd, (1974), p. 806.
[612] *Ibid.*, G. Chedd, (1974), p. 808.
[613] Cité par G. Canguilhem in *Études d'histoire et de philosophie des sciences concernant les vivants [...]*, (1994), p. 329.

l'homme pour engendrer un nouveau phénotype de la MCJ. Mais, on peut penser qu'il n'aurait pas du tout été surpris de constater à quel point les *faits* attachés aux prions bousculent les vues de la biologie moléculaire et de la biomédecine contemporaines qui, aux fins de rester arrimées à la physico-chimie se sont éloignées du *principe fondateur* du cadre théorique d'analyse tracé par la *conception ontologique* des entités biologiques causales.

Lui qui envisageait la possibilité d'une vie extra-terrestre et pensait que tout ce qui est *réel* n'est pas nécessairement observable, devait aussi être en accord avec le propos de Georges Canguilhem (1904—1995) selon lequel, "on doit attendre peu d'une biologie fascinée par le prestige des sciences physico-chimiques, réduite ou se réduisant au rôle de satellite de ces sciences. [Car], une biologie réduite a pour corollaire l'objet biologique annulé en tant que tel, c'est-à-dire dévalorisé dans sa spécificité"[614].

Pendant leur phase asymptomatique, d'abord l'ESB puis le *nv*MCJ incubèrent dans leurs hôtes respectifs à l'insu du grand public et de l'homme de science. Pourtant, sur les recommandations du comité *Southwood*, les biologistes et les neurologues eurent les yeux constamment rivés sur la population britannique exposée à l'ESB. Mais, personne n'a pu voir, encore moins observer, avant l'occurrence du nouveau phénotype de la MCJ, ce qui se déroulait au fil du temps, dans la population britannique.

Ainsi, la philosophie naturelle qui se dégage des prions s'accorde aux vues de Max Planck (1858—1947) selon lesquelles, "il est absolument inexact, bien qu'on l'entend souvent dire, que la représentation du monde due à la physique contienne ou puisse contenir seulement des grandeurs directement observables"[615]. À la suite du jaillissement d'un *nv*MCJ, amenant des biologistes à parler d'*imprédictibilité* des prions, Mme Nicolle LeDouarin, professeur honoraire au Collège de France et Secrétaire perpétuelle honoraire de l'Académie des Sciences, nota que la crise de l'ESB offre l'opportunité d'"un questionnement profond pour les sciences du vivant"[616].

La philosophie naturelle qui se dégage des prions tout au long de cette enquête tâche, précisément, d'ouvrir ce questionnement. Elle pose la question de savoir si dans un organisme vivant, tout se réduit à la physico-chimie. Se nourrissant des *faits* incontestés livrés par les prions, la philosophie naturelle des prions souligne toute la valeur d'une approche réductionniste grâce à laquelle par un travail acharné, les biologistes sont parvenus à établir le prion dans son statut d'entité moléculaire causale en biologie. Le réductionnisme est une thèse métaphysique qui proclame que tous les faits, y compris les faits biologiques sont fixés par des faits physiques et chimiques. D'après cette thèse, il n'y a aucun évènement, aucun

---

[614] G. Canguilhem, (1952), "Aspect du Vitalisme" in *La Connaissance de la Vie*, (2006), p. 105.

[615] M. Planck, *Autobiographie Scientifique et Derniers Écrits*, (1960), p. 170.

[616] N. LeDouarin, "Les Encéphalopathies Spongiformes Transmissibles", (2001), p. 2.

état ou processus qui ne soit physique. Ainsi, même les évènements, états et processus biologiques sont physiques. La formulation très succincte et schématique présentée ici, est inspirée du travail du philosophe des sciences Alexander Rosenberg, publié en 2001 dans la revue *Philosophy of science* sous le titre "Réductionnisme dans une Science Historique"[617]. Il est l'un des défenseurs de la thèse réductionniste. Toutefois, maints philosophes se sont intéressés à cette question. Parmi eux, on peut citer Karl Raimund Popper (1792—1871), Ernst Mayr (1904—2005) et d'autres encore, en ce qui concerne la philosophie des sciences. Ernst Mayr, par exemple, définit le réductionnisme comme étant la "conviction selon laquelle les plus hauts niveaux de l'intégration d'un système complexe peuvent s'expliquer en totalité par la connaissance de leurs plus petits composants"[618].

Mais, cette enquête philosophique sur les prions attire l'attention sur le *processus causal* lent et progressif qui se déroule dans un organisme avec toute sa communauté de molécules en lutte contre le mal. Tel est le cas, dès le contact d'un patient avec l'agent de l'ESB. C'est au bout de dix ans minimum que ce contact culmine avec un *lien causal* se nouant entre cet agent et une ES humaine de la MCJ, créant ainsi le *nv*MCJ. Ceci indique sans doute que "la biologie ne progresse qu'avec des méthodes mécanistes, mais [que] le vivant ne consent … [pas toujours] à s'y réduire"[619].

C'est pourquoi, la philosophie qui se dégage des prions invite la pensée biologique à une montée vers un *fonctionnement systémique* de l'organisme. Les vues de Thomas sur la biologie et la médecine sont conformes à une telle philosophie et la rendent moins hostile aux yeux des expérimentateurs. Puisque "sa vie d'expérimentateur l'a convaincu du pouvoir du réductionnisme. Car, contrairement aux critiques modernes du réductionnisme comme le physicien et essayiste anglais d'origine hongroise, Arthur Koestler[620] (1905—1983), Thomas "croit que l'on doit d'abord comprendre chaque chose concernant les parties individuelles d'un système avant d'être capable de comprendre le système en tant que tel"[621].

Nous pensons qu'il aurait apprécié d'apprendre que la philosophie naturelle qui se dégage du prion, cette molécule qu'il qualifia d'*étrange*, invite les sciences biologiques et médicales contemporaines à poursuivre leur montée vers une pensée systémique. Dès lors, elle les invite à une articulation des points de vue, et avant d'agir précipitamment, à admettre, face à un phénomène biologique nouveau, une ignorance des causes moléculaires biologiques *exactes*, ignorance due au *devenir du nœud causal biologique* dans lequel est engagée quelque entité biologique moléculaire.

---

[617] A. Rosenberg, "Reductionism in a Historical Science", (2001).

[618] E. Mayr, *Après Darwin : La biologie, une science pas comme les autres*, (2006), p. 203.

[619] F. Colonna, *RUYER*, (2007), p. 94.

[620] *evene.fr Toute la culture*, biographie de Koestler. p. 1.

[621] G. Chedd, "Scientist as best-selling author", (1974), p. 806.

Ainsi, la philosophie qui se dégage des faits attachés aux prions et consultés attentivement, suggère le retour à une approche de la causalité biologique selon un cadre ontologique fondateur des sciences biologiques, élaboré en Égypte pharaonique africaine et nègre, dans lequel les entités moléculaires causales *changent*. En biologie, c'est par ce *changement* que toute *relation causale biologique* s'inscrit dans le *devenir* et exige de l'expérimentateur qu'il ne se laisse pas abuser par les régularités du passé qui peuvent s'avérer instables dans le futur.

De sorte que la philosophie naturelle des prions s'accorde avec les vues de Canguilhem qui pense qu'en biologie "la rationalité ne se révèle qu'après coup, [...] et ne se définit pas une fois pour toutes"[622]. Dans le cas du *nv*MCJ, des *faits* totalement nouveaux émergent à la suite d'une lutte de l'organisme vivant pour maintenir son équilibre. Ils surgissent au bout d'un *temps* dont nous n'apprenons la *durée* qu'*après* leur manifestation. Serait-ce par ce *temps* que se déploie "l'effort indéfiniment rénovateur de la nature"[623] ? Est-ce lui qui rend toute molécule biologique causale susceptible d'"une perpétuelle efflorescence de nouveauté"[624] ?

Ya-t-il un lien entre un déterminisme biologique *fluide*, une causalité biologique en *devenir* se dégageant de la philosophie des prions et le *temps* de la manifestation des phénomènes biologiques dont certains, comme le jaillissement du *nv*MCJ, surprennent complètement le savant œuvrant dans un cadre réductionniste adossé à la physico-chimie ?

Après avoir admis l'*analogie* entre la tremblante et l'ESB, certains biologistes qui avaient considérés que les prions resteraient confinés dans la vache ont fini par déclarer que les prions sont imprévisibles et incompréhensibles. Car, le *temps* a ruiné l'*analogie* que 250 ans d'observation scrupuleuse d'une non-transmissibilité zoonique des neuropathologies avaient établie entre la tremblante et l'ESB. Y a-t-il alors un lien entre le *temps*, l'*analogie* et le *devenir de tout nœud causal* dans lequel se trouve engagée quelque entité biologique moléculaire ? Par ses propres constructions qui considèrent la substance comme *stable* et par ses raisonnements qui infèrent sur des *causes* préalablement établies, y aurait-il dans la biologie moléculaire contemporaine comme une sorte d'aveuglement vis-à-vis de la nature biologique, capable de création imprévisible ?

Il faut tenter de répondre aux questions soulevées, et fonder la philosophie naturelle des prions et des entités biologiques causales sur une base plus large dépassant celle admise par les sciences biologiques depuis la fin du XVIIe siècle comme une pétition de principe. Pour cela, il faut examiner à présent les raisonnements causals qui ont cours, puis passer le

---

[622] G. Canguilhem, (1968), *Études d'histoire et de philosophie des sciences concernant les vivants et la vie* (1994), p. 395.

[623] H. Bergson, (1938), *La pensée et le mouvant*, (2003), p. 104.

[624] *Ibid.* H. Bergson, (2003 reprod.), p. 104.

concept d'*analogie* dans une maille d'analyse plus serrée, en déroulant sa longue histoire, depuis sa conceptualisation jusqu'à son utilisation qui peut s'avérer problématique, comme cela fut le cas, en biologie de l'ESB. À la lumière des *faits* clinico-pathologiques et épidémiologiques incontestés, tous attachés aux prions, cette analyse devrait garder ses appuis sur le *réel biologique*, même si elle fait irruption dans la métaphysique par le biais de la *conception ontologique*, dont le cadre est présenté dans le volume 1 au chapitre III de cette enquête. Nous procéderons en deux temps.

Dans un premier temps, nous examinons les origines de l'idée erronée de la non-transmissibilité zoonique des ESST en biologie de l'ESB, ainsi que la valeur de telles erreurs pour le progrès des connaissances scientifiques. Nous analysons les différentes formes de raisonnement dans l'engendrement des idées et tentons de dégager le rapport qu'elles entretiennent dans le raisonnement expérimental.

Dans un second temps, nous examinons les règles de la *logique inductive* mobilisée dans le champ de la biologie des prions. Nous exposons les différents sens du mot *analogie*, décrivons son contenu conceptuel puis son contenu logique et sémantique. Nous présentons également l'entrée de la notion d'*analogie* en Occident, les altérations qu'elle a subies et qui sont spécieuses pour la biologie. Nous proposons ensuite un cadre dans lequel s'inscrit le bon usage de l'*analogie* en biologie et médecine. Enfin nous exposons la valeur philosophique de cette notion.

Chapitre 10

Accumulation des faits et origines de l'idée erronée de la non-transmissibilité zoonique des ESST

Avant le jaillissement d'un nouveau phénotype de la MCJ, malgré l'écart qui se présenta entre l'évolution prédite de l'épizootie de l'ESB et l'évolution réelle de la maladie bovine, la pièce maîtresse de l'édifice prédictif du sort de l'ESB sembla tenir. Dix ans au moins s'écoulèrent sans que les sciences biologiques et biomédicales soient à mesure d'établir de manière ferme un *lien causal* entre l'ESB et les ES humaines apparentées à la MCJ. Puis, l'enquête épidémiologique instituée en 1990 pour surveiller le changement de profil de la MCJ et des ES apparentées, commença à livrer une forme humaine de l'ESB, entrainant *de facto* l'effondrement de la pièce angulaire de l'édifice prédictif du sort de l'ESB.

Cette situation catastrophique fut le pire des scénarios que l'on pouvait envisager en ce qui concerne l'évolution de l'ESB dans son rapport à la santé humaine. Elle se présenta comme un drame scientifique. Dans la deuxième partie de cette enquête, au chapitre VII de ce volume 2, en suivant le développement de l'épizootie et les correctifs apportés à l'*inférence inductive*, nous avons analysé comment le biologiste se comporte face à l'*erreur* et tente de la rectifier.

À présent, ce chapitre pose la question de savoir comment on raisonne en biologie et comment l'*erreur* se produit dans les sciences biologiques normales. Cette question se décline comme suit :

1. Comment les sciences du vivant, si rigoureuses par leur rationalité, incarnées par la biologie moléculaire et la biomédecine contemporaines qui mobilisent les outils mathématiques, ont-elles pu produire une erreur aussi grave que celle ayant conduit à l'inférence de la non-transmissibilité de l'ESB à l'homme, dont la portée en termes de *santé publique* était loin d'être ignorée ? Comment la construction de la connaissance rend-elle possible une telle erreur à l'intérieur du champ de la biologie moléculaire ?

2. Au-delà de l'idée erronée de la non-transmissibilité zoonique des ESST, quels sont les différentes sortes de raisonnements mobilisés dans la recherche causale des ESST ? Existe-il au fond une distinction étanche entre ces différentes sortes de raisonnements ?

3. Le fait que l'on aboutisse à de telles erreurs témoigne-t-il de la faillite des sciences du vivant ou simplement de leurs errements ordinaires ? Au profit de la biologie, une philosophie des sciences se dégage-t-elle de telles erreurs ? Autrement dit, quelle *valeur* de telles erreurs recèlent-elles pour l'épistémologie de la biologie et de la médecine de façon générale ?

Ce chapitre examine le fonctionnement de l'esprit nourri de *faits*. Il analyse les *raisonnements* qui mènent vers les *faits* ou qui en découlent, à l'intérieur du champ des sciences biologiques et biomédicales des prions, au cours de la recherche de la cause des maladies à prions. Il ébauche l'histoire de ces raisonnements. Parce que ces sciences font partie intégrante de la science qui tente de comprendre le monde et de l'expliquer, nous utiliserons parfois le terme *science* pour signifier sciences biologiques et biomédicales.

1. L'engendrement de l'idée erronée de la non-transmissibilité zoonique des ESST par le principe de connexion des faits

L'examen de la documentation méthodique des biologistes sur les *faits* significatifs recueillis à partir de la tremblante et qui sont mobilisés en vue d'inférer sur le sort de l'épizootie de l'encéphalopathie spongiforme bovine et sur l'évolution de cette maladie neurologique bovine dans son rapport à l'homme, montre que toutes les fois que le savant trouve une série de faits concordants, sans qu'il y ait d'exemple contraire, il s'accorde à admettre qu'il peut en tirer une généralisation approximative.

Dans le fond, cette généralisation constitue l'induction. C'est par elle que la science s'est saisi des faits attachés à la tremblante pour tenter d'évaluer le risque de la maladie de la vache folle pour la santé humaine. D'une certaine manière, c'est elle également qui permit l'*inférence causale* de l'innocuité de la tremblante à l'innocuité de l'ESB pour l'homme, laquelle inférence fut renversée par le jaillissement du *nv*MCJ. Au passage, ce jaillissement du *nv*MCJ ruine la position *positiviste* selon laquelle l'hypothèse d'une réalité autre que celle qui est observée est superflue et dépourvue de sens.

Il conforte par contre la position *réaliste* de la science qui estime qu'une réalité que l'on appelle la *réalité en soi*, existe antérieurement à toute observation et indépendamment d'elle. Dans le cas que nous discutons, il est la preuve irréfutable que dans le vivant il existe bien une *réalité en soi* au-delà des apparences. Car, malgré toute sa scientificité, c'est à dire, malgré toute la logique qui a présidé à sa cohérence d'un point de vue scientifique, l'inférence causale sur l'innocuité de l'ESB pour l'homme formulée par les biologistes dans leur effort d'accéder à la *réalité en soi* de la cause des maladies à prions s'est avérée en total désaccord avec les *faits*.

Cela indique une difficulté dans la logique sur laquelle repose l'induction, lorsqu'elle s'applique aux sciences du vivant. C'est la raison pour laquelle, il nous faut tâcher de l'éclaircir, en examinant l'usage de l'*analogie* en biologie et des différentes sortes de raisonnements dans une analyse de la causalité biologique marquée par le *devenir*. Une telle causalité semble convoquer la nécessité de garder l'esprit libre dans l'étude d'une question causale en biologie. Mais, dans le champ de la biologie des ESST où des paradigmes guident les raisonnements, comme cela se fait dans tous les champs de la biologie, les agents épistémiques eurent-ils l'esprit suffisamment libre dans l'évaluation du risque de l'ESB ?

On peut craindre que non, comme cela ressort de l'analyse que nous avons menée au chapitre VIII de la deuxième partie de cette enquête. Quoi qu'il en soit, sur la base des observations faites à partir de la tremblante, la biologie *a vu* l'ESB avec l'*idée erronée* d'une non-transmissibilité zoonique des maladies à prions. Au fond, les observations recueillies par de nombreux scientifiques à travers le monde, et que David Taylor a soigneusement rassemblées puis analysées, avaient fini par remplir toute la biologie et la médecine des maladies à prions de cette *idée* qu'une neuropathologie animale a beau être transmissible, elle ne peut passer de l'animal à l'homme, en raison de la barrière d'espèces. Mais, c'est *une idée* qui faisait déjà partie intégrante de la biologie et de la biomédecine des maladies à prions. Il importe de souligner que cette *idée* est antérieure à l'occurrence de l'ESB. Le raisonnement par *analogie* déployé par Taylor s'est, en quelque sorte, coulé dans le moule de l'idée préexistante de la non-transmissibilité zoonique des neuropathologies animales. Certes, à travers ce raisonnement par *analogie*, nous verrons plus loin que la *ressemblance* des rapports de la tremblante à l'homme et de l'ESB à l'homme peut passer pour une identité.

Mais, une fois encore, avant que l'ESB n'apparaisse dans le cheptel britannique, et que l'on ne fasse la comparaison entre la tremblante et l'ESB dans leur rapport à la santé humaine, l'*idée* de la non-transmissibilité zoonique des maladies neurodégénératives animales était déjà bien intégrée dans la biologie des maladies à prions. Comment cette *idée* s'est-elle engendrée en biologie des maladies à prions ?

La forme humaine de l'ESB étant survenue contre tout attente en 1996, si dans les années à venir, les sciences biologiques avaient à nouveau à se pencher sur l'évaluation de la maladie de la vache folle qui surviendrait dans une autre région du globe ou même encore en Europe, on comprend très bien qu'elles se prononceraient immédiatement en proclamant que la maladie est transmissible à l'homme et susceptible d'entraîner un grave problème de *santé publique*, si des mesures adéquates ne sont pas prises. Elles agiraient ainsi en ayant intégré le *fait* que l'ESB est une neuropathologie animale qui a sa spécificité par rapport à la tremblante du mouton et que contrairement à cette dernière, l'ESB présente un agent causal plus nocif pour la santé humaine. C'est à partir de ce *fait*, que ces sciences déduiraient l'*idée* selon laquelle des neuropathologies animales se transmettent à l'homme, puisque l'expérience aurait déjà fourni un *fait* sur lequel s'appuyer.

Or un tel *fait* ne s'était pas encore produit. Au contraire, depuis plus de deux siècles, des faits s'étaient accumulés montrant clairement que la tremblante du mouton ne se transmet pas à l'homme. C'est en rassemblant tous ces *faits* relatifs à la tremblante dans son rapport à la MCJ avant même l'occurrence de l'ESB que l'*idée* de la non-transmissibilité de l'ESB à l'homme s'est imposée à une science dignement incarnée par le savant britannique David Taylor. Face à l'absence de faits directs liés à l'ESB la science ne pouvait que s'appuyer sur les faits relatifs à la tremblante.

Dans une telle situation, on voit à quel point, par la force des choses, l'esprit est amené à s'emparer des *faits indirects* pour les interpréter. C'est, précisément, au cours de ce processus de saisie des faits indirects pour les interpréter, que l'esprit produit des *idées* qui peuvent, d'une manière imperceptible, se présenter malheureusement à tort, comme étant susceptibles de suppléer aux *faits réels*. Ainsi, fut engendrée l'*idée* d'une non-transmissibilité zoonique des ESST par les faits indirects très nombreux et récurrents, relatifs à la tremblante. Pourtant, une telle *idée* acceptée par la science est, dans le fond, une erreur. Dans la mesure où la cause de cette non-transmissibilité zoonique peut *changer*. Toutefois, il faut comprendre que 250 ans de stabilité apparente de la cause associée à cette putative non-transmissibilité zoonique finissent par faire *croire* à sa stabilité définitive. De sorte que, l'*idée* erronée de l'innocuité de l'ESB a émergé lentement en biologie et médecine des maladies à prions, pendant cette longue période d'accumulation des *faits* relatifs à la tremblante. Au cours de ce processus, l'esprit du savant digère alors les faits, et les transforme progressivement en un produit qui n'est rien d'autre qu'une *idée* attachée aux faits examinés.

La façon dont l'*idée* émerge des *faits* bien établis après leur saisie et leur digestion par l'esprit, fut clairement décrit il y a déjà plus d'un siècle et demi par William Whewhell (1794—1866), un philosophe des sciences de la première moitié du XIXe siècle, esprit brillant et reconnu comme tel par des savants comme John Herschel, Charles Darwin, Charles Lyell et Michael Faraday qui s'est souvent tourné vers lui pour obtenir des conseils scientifiques et philosophiques. C'est lui qui suggéra à Faraday les termes "anode", "cathode", "ion", introduits en chimie. Né à Lancaster, le 24 mai 1794, il entra à l'Université de la Trinité, à Cambridge, en octobre 1812.

Chargé de cours en 1817, directeur des études en 1812, il fut nommé directeur de l'Université en 1841, et le resta jusqu'à son décès survenu le 6 mars 1866. Il y occupa des fonctions de professeur de minéralogie (1828—1832), de philosophie morale (1838—1855) et fut à deux reprises vice-chancelier en 1842/43 et 1855/56. Membre de la *Royal Society of London* dès 1820, il appartint à d'autres sociétés savantes anglaises et étrangères.

Sa production intellectuelle très éclectique qui s'étend sur près d'un demi-siècle, va des mathématiques, à l'économie politique en passant par la physique, la minéralogie, la météorologie ou encore l'archéologie. La plus importante de ses œuvres à la fois par son étendue, sa portée, et par la place qu'elle occupe dans la pensée de l'auteur, est l'*Histoire des sciences inductives, de l'origine à nos jours*, parue en 1837, et la *Philosophie des sciences inductives fondée sur l'histoire*, parue à Londres en 1840.

Dès le début de son séjour à Cambridge, il se lia d'amitié avec Herschel auteur de *Discours sur l'étude de la philosophie naturelle*. Sensiblement plus âgé que Whewhell, on pense que Herschel compte parmi ceux qui auraient contribué à l'orienter vers les problèmes de l'induction. Outre qu'il a été fécond sur l'introduction des règles fondamentales pour l'emploi des procédés mathématiques, comme par exemple, la méthode des moindres carrés, destinée à la rectification des courbes d'après les données expérimentales, Whewhell est à l'origine du terme *colligation*. Dans *La philosophie des sciences inductives fondée sur leur histoire*[625], il définit la

[625] W. Whewhell, *The philosophy of Inductive science founded on history*, t.1, (1840) ; t.2, (1849).

colligation comme l'opération par laquelle nous réunissons les *faits* sous une *idée*. Pour le dire selon ses propres termes, "c'est un acte de l'intellect [par lequel] nous établissons une connexion précise entre les phénomènes qui sont donnés à nos sens"[626]. S'inspirant de Francis Bacon pour qui, l'homme est l'interprète de la nature et la science en est l'interprétation juste, Whewhell rattache la notion de *colligation* à l'interprétation de la nature. Dès lors, l'engendrement de l'*idée* de la non-transmissibilité zoonique des neuropathologies animales en biologie et médecine des prions, nous offre ici le moyen d'éprouver la pertinence de la *colligation*.

Avec Lalande, nous pensons que quand nous tentons d'interpréter la nature, "c'est l'idée qui, s'incorporant aux sensations, nous permet de construire d'abord le monde du sens commun, déjà tout pénétré d'intellectualité, et ensuite, à un échelon supérieur, le monde de la science, qui représente une nouvelle étape caractéristique des produits de notre intelligence"[627]. Car selon Whewhell, les sens mettent sous nos yeux les caractères du livre de la Nature ; mais ils n'ont aucune signification pour nous, tant que nous n'avons pas découvert "l'alphabet"[628] qui nous permet de lire le livre. Cet alphabet consiste en les *idées* qui sont dans notre propre esprit. Ce sont elles qui donnent aux phénomènes la cohérence et la signification qui ne sont pas un objet de nos sens.

C'est cette quête de cohérence phénoménale et de signification à travers "le besoin de notre entendement d'épeler les phénomènes, en leur donnant une unité synthétique, afin de pouvoir les lire comme l'expérience"[629], grâce à l'alphabet qui consiste en les *idées* de notre esprit, que Whewhell désigne sous le terme de *colligation*. Mais l'alphabet n'est pas préconstitué.

Nous le construisons au fur et à mesure que la connaissance se développe. De sorte que, "les sciences n'avancent que par les idées nouvelles et par la puissance créatrice de l'esprit"[630] dira Claude Bernard. Le progrès de la pensée scientifique dû à l'engendrement de l'*idée* par les faits, selon William Whewhell pourrait être symbolisé sous la forme du schéma général ci-après : { Faits …. Faits …. Faits } → Idée[631]. Dans un tel schéma, les accolades représentent précisément l'opération de *colligation* ou d'induction. À ce sujet, Whewhell souligne ce qui suit :

---

[626] W. Whewhell, *De la Construction de la Science. Novum organum renovatum*, (reprod. 1938), Liv. II, p. 45.

[627] A. Lalande, *Les théories de l'Induction et de l'Expérimentation*, (1929), p. 162.

[628] *Ibid.*, W. Whewhell, "De certains caractères de l'induction scientifique" in *Novum organum …*, Liv. II, p. 81.

[629] E. Kant, *Critique de la Raison pure*, Dialectique, A. 314 ; B. 371.

[630] C. Bernard, *Introduction à l'étude de la médecine expérimentale*, (1865), p. 396.

[631] Voir aussi la schématisation de la colligation de Whewhell chez A. Lalande in *Les théories de l'Induction…* (1929), p. 163.

> "La relation des degrés successifs de l'induction peut être exprimée au moyen d'une table inductive, dans laquelle plusieurs faits sont notés et reliés par une accolade, l'inférence inductive étant placée de l'autre côté de l'accolade, et cette disposition se répétant, de manière à former une table généalogique de chaque induction, du plus bas au plus haut degré."[632]

On voit alors comment l'accumulation des *faits* est susceptible de créer des *idées* nouvelles à partir desquelles s'édifie la science. Tant que ces idées ne sont pas en contradiction avec les faits qui les ont engendrées, elles ont bien leur place dans la science. C'est la raison pour laquelle, à l'intérieur de la biologie et de la médecine des maladies à prions, l'*idée* de la non-transmissibilité de l'ESB à l'homme, engendrée par la *colligation* des *faits* épidémiologiques découlant du rapport de la tremblante à la santé humaine, avait toute sa place dans les sciences du vivant, jusqu'au moment du surgissement du *nv*MCJ. À chaque progrès de la science dû à la *colligation* il y aurait un acte de l'intelligence et un acte digéré. De sorte que la *colligation* dépasse le niveau de la généralisation. Elle permet de donner à un ensemble de *faits* une unité intelligible. "Il y a dans la colligation un principe de connexion et d'unité pouvant conduire, dans les cas simples, à une loi et, dans les cas plus élaborés, à une théorie"[633] proclame Michel Delsol (1923—2012), biologiste et philosophe, directeur honoraire de l'École Pratique des Hautes Études à Paris et professeur titulaire de la chaire de Biologie à l'Université catholique de Lyon. Et pour dire les choses comme Whewhell :

> "Une induction n'est pas seulement la somme des faits *colligés*. Les faits ne sont pas seulement rassemblés, mais aperçus sous un nouvel angle. Un nouvel élément mental est surajouté ; et pour faire cette induction, il faut que l'esprit soit constitué et discipliné d'une certaine manière."[634]

Nous affirmons que c'est ce principe de connexion et d'unité des *faits* qui a conduit à l'engendrement de l'*idée* erronée selon laquelle, les neuro-pathologies animales ne se transmettent pas à l'homme. En d'autres termes, dans le cas que nous discutons, l'*idée* de l'innocuité de l'agent causal de la tremblante, produite par colligation des faits épidémiologiques relatifs au mouton dans son rapport à l'homme, avait si profondément pénétré l'esprit du savant qu'elle s'est imposée très vite à la plupart des expérimentateurs qui étaient aux prises avec le problème de l'évaluation du risque de l'ESB pour la santé humaine. À partir des considérations que nous venons de

---

[632] W. Whewhell, *De la Construction de la Science. Novum organum renovatum*, (1938) II, Chap. VI Aphor. XXI, p. 94.
[633] M. Delsol, *Cause, Loi, Hasard en Biologie*, (1989), p. 121.
[634] *Ibid.*, W. Whewell, (1938 reprod.), Liv. II. Chap. V, Aphor. XV, p. 59.

mentionner, on comprend que dans sa démonstration de l'innocuité de l'ESB, la biologie et la médecine moléculaires aient mobilisé aisément voire avec assurance l'*idée* de l'innocuité du mouton produite par colligation des faits épidémiologiques, dès lors que le tissu nerveux des vaches était retiré. Cependant, n'y a-t-il pas ici une double erreur imputable à la science elle-même ? La première n'est-elle pas que l'on mobilisait des connaissances obtenues sur le mouton et non sur la vache ?

Mais, cette première erreur est normale et presqu'inévitable dans les sciences expérimentales. Car, l'*interprétation* des faits indirects peut être une source de connaissance dont on ne saurait se passer lorsque l'on ne dispose pas de connaissance directe. Par conséquent, dans le cas qui nous occupe, sans des *faits* sur l'ESB, c'est tout à fait normal que la science s'appuie sur les *faits* relatifs au mouton, dans une tentative d'élucidation du problème posé par la maladie bovine, dans la mesure où les deux neuropathologies transmissibles sont jugées semblables. La deuxième erreur, n'est-elle pas d'admettre que les *idées* sont des images réelles des choses ?

La conception de l'innocuité de l'ESB venait de l'*idée* tirée de l'innocuité du mouton, et non pas de la vache malade elle-même, comme cela est mentionné plus haut. Autrement dit, elle venait d'une *idée* et non d'une *chose réelle*. Par conséquent, même découlant des faits attachés à l'innocuité de la tremblante du mouton, l'*idée* de l'innocuité de la vache folle pouvait *in fine* ne pas signifier l'innocuité de la vache malade. Pourtant, c'est bien ce que la science a pensé à un moment donné. Certes, cette *idée* pouvait être considérée comme bien informée et la conception qu'elle a engendré comme chargée de faits, mais il n'en demeure pas moins que ce n'était qu'une *idée*. Et pour le dire comme Aristote, "les idées ne sont pas des substances"[635].

Le philosophe irlandais George Berkeley (1685—1753) s'était assigné le dessein de transformer les idées en choses, d'après un système philosophique qui fut analysé par Martial Gueroult[636]. Il semble qu'il y soit parvenu par un double processus dont le premier permet, à partir de l'idée, d'ériger l'*objet immédiat* du sujet percevant, et le deuxième, à partir de l'objet, permet de poser ce dernier comme *effet* d'une *Cause* hors du sujet. Il se peut que dans une sorte de positivisme de la donnée immédiate, Berkeley ait réussi, sans toutefois que les choses obtenues par la transformation des idées soient les choses telles qu'elles étaient initialement. Par conséquent, il s'agit de choses qui ne peuvent être saisies par la science.

En guise de conclusion, nous sommes amené à admettre que ce n'est pas parce que l'innocuité de la tremblante a engendré l'*idée* de l'innocuité de l'ESB par colligation d'une multitude de *faits* épidémiologiques rassemblés et exposés par l'éminent David Taylor que l'association *Encéphalopathie*

---

[635] Aristote, *Métaphysique*, I, Z, 14.

[636] M. Guéroult, "La transformation des idées en choses dans la philosophie de George Berkeley", (1953) ; "Perception, idée, objet, chose chez G. Berkeley", (1953).

Spongiforme Bovine et *innocuité* est homogène et conduit en science à une *vérité* factuelle. Au-delà de la *colligation* existe-t-il dans l'esprit de l'interprète de la nature autre chose qui l'incline à tenter de suppléer les *idées* aux faits ? Telle est la question qu'il nous faut tenter de traiter à présent.

2. Glissement de l'idée à la chose par colligation et par tendance de la ressemblance à l'identité

Des *idées* comme celle de la non-transmissibilité zoonique de la tremblante introduite en science par *colligation* sont à mobiliser dans le cadre d'une démarche hypothético-déductive, en tant que *hypothèse*, dans le sens où selon Mill (1806—1873), cette dernière est définie comme "toute supposition que nous faisons, sans preuves effectives, soit par des indices dont nous savons l'insuffisance, en vue d'en déduire si possible des conclusions en accord avec les faits qui sont reconnus comme réels, dans l'idée que si les conclusions auxquelles conduit l'hypothèse sont des vérités indubitables, l'hypothèse elle-même est vraie, ou du moins vraisemblable"[637].

Dans ces conditions, à travers l'hypothèse, l'*idée* consiste alors à prévoir hypothétiquement les faits futurs par déduction, à partir de lois simples, puis à vérifier le résultat. Or, en science de façon générale, et très précisément en biologie moléculaire et en médecine des prions constituant, l'une et l'autre, le champ à partir duquel germent nos réflexions, souvent, dans une quête de cohérence et d'intelligibilité des phénomènes, l'esprit se charge collectivement de l'*idée*. Il a tendance alors à la conserver et même à la suppléer aux faits, dès lors qu'elle vient d'une *colligation* qui s'est opérée sur une longue période d'observation comme cela s'est passé pendant plus de deux siècles et demi d'observation des *faits* relatifs à la tremblante du mouton qui n'est jamais passée à l'homme.

Cette tentative de suppléer l'*idée* aux faits s'effectue alors dans la mesure où, aussitôt la *colligation* menée à bien et fixée collectivement, l'apport créateur de l'esprit est oublié, "et la conception est considérée comme une partie du fait"[638]. De la sorte, c'est à travers l'*idée* que l'esprit tend à s'imposer et même tente parfois à suppléer aux faits en vain, dans les sciences expérimentales. Car, dans le fond, les *idées* des tenants de la thèse de l'innocuité de la viande de bœuf issue de la vache malade ou pas, ne sont pas celles d'un esprit individuel incarné dans tel ou tel savant ayant pris part dans cette recherche sur l'évaluation des risques de l'ESB pour l'homme. Elles sont *in fine* celles d'une science qui, toute entière, a admis à un

---

[637] J. S. Mill, (1866), tr. fr., *Système de Logique déductive et Inductive*, t. II, L. III, Chap. XIV : "*Des limites à l'explication des lois de la nature, et des hypothèses*", (1988) p. 7.

[638] W. Whewhell, Liv. II. Chap. V, "Aphorisme concerning science, XVI", (1938 reprod.), p. 59.

moment donné cette *idée* de la non-transmissibilité zoonique des maladies neurodégénératives animales et à partir d'elle l'*idée* d'innocuité de l'ESB. Ainsi, la science tend à suppléer parfois l'*idée* aux *faits*, dans la mesure où "nous ne pouvons pas exclure nos idées de nos perceptions, car nos perceptions impliquent nos idées"[639]. De sorte que l'on voit très bien pourquoi, comme le remarqua Gaston Bachelard (1884—1962), dans *La formation de l'esprit* (1938), la racine des erreurs doit être trouvée dans la connaissance elle-même et non hors d'elle[640].

Car, pénétré de l'*idée* de l'innocuité de la tremblante et assimilant son agent causal à celui de l'ESB, l'esprit ne parvenait à percevoir l'ESB que comme une maladie inoffensive pour l'homme. Dès lors, dans le cas que nous discutons, nous voyons à quel point ce que l'esprit humain doit surmonter fait obstacle dans l'esprit. Alors qu'en science, la connaissance exacte doit chasser l'erreur, dans le cas qui nous occupe, face à l'ESB, c'est l'idée *erronée* d'une non-transmissibilité zoonique des maladies à prions, forgée par des faits d'observation, qui domine dans l'esprit du savant. À partir de cette *idée* résultant de la colligation de *faits réels*, l'erreur se dresse ainsi dans l'esprit et l'empêche d'atteindre cette connaissance exacte.

Il n'y a point de perception qui ne soit déjà une pensée. Au fond, une telle perception de la réalité qui découle de la colligation de faits repose sur la *ressemblance*, dont l'analyse à travers un raisonnement par *analogie* est généralement mal conduite en science moderne et souvent découplée de la prise en compte du *devenir* du nœud causal biologique dans lequel est engagé quelque entité moléculaire biologique en tant que *cause* d'un effet quelconque, ainsi que nous l'avons déjà évoquée et comme nous le verrons encore mieux plus loin. Dans les sciences du vivant, toute perception du réel pénétrée de l'*idée* résultant de la colligation, se construit au fur et à mesure que la connaissance se développe, en s'efforçant de prendre pour modèle les relations mathématiques à travers l'*analogie*.

Vraisemblablement, elle prend appui sur la *cause* et la *ressemblance* qui seraient toutes les deux, un besoin de l'esprit. Ainsi, parce que l'agent causal de l'ESB *ressemble* à l'agent causal de la tremblante, les deux entités causales finissent par passer pour *identiques*. Dès lors, les effets de la cause de la tremblante sur la santé humaine sont attendus de la cause de l'ESB. Devrions-nous alors penser avec Lalande que "cette notion de ressemblance, sous la forme limite de l'identité, est la plus fondamentale des catégories"[641] ? Quoi qu'il en soit, c'est précisément cette notion de *ressemblance* sous sa forme limite d'*identité* qui semble s'être imposée en biologie des prions dans l'épistémologie, au sens de philosophie des sciences que les savants eux-

[639] W. Whewhell, Liv. II., Chap. III, "Des faits comme matériaux de la science", (1938 reprod.), p. 36.
[640] G. Bachelard, *La formation de l'esprit de l'esprit scientifique*, (1938).
[641] A. Lalande, *Les théories de l'induction et de l'expérimentation*, (1929), p. 163.

mêmes ont tenté d'élaborer à travers l'évaluation du risque de l'ESB pour la santé humaine, à l'exclusion de l'esquisse philosophique contrastée que Lacey a tracée. Dans cette esquisse, les idées sont distinguées de leur matière dans la théorie. Par contre, dans les *faits* rassemblés par *colligation* "elles y sont appliquées si spontanément et d'une manière si familière, elles y sont si complètement incorporées, que nous ne *les* voyons pas : nous voyons avec *elles*, comme nous voyons avec nos yeux"[642]. C'est la raison pour laquelle, sur la base des observations faites à partir de la tremblante, la science a *vu* l'ESB avec l'*idée* d'une non-transmissibilité zoonique. Dès lors, au moment où cette même science évoque un *changement* possible du spectre d'action et de la virulence d'un agent étiologique lorsqu'il est introduit dans un nouvel hôte, elle est désormais dans l'incapacité d'admettre que l'agent de la tremblante puisse *changer* dans la vache. Cette dernière n'est plus perçue qu'à travers le mouton et l'agent causal de sa maladie neurologique.

De sorte que nous pensons avec Claude Bernard (1813—1878) que "nos idées nous viennent à la vue de faits qui ont été préalablement observés et que nous interprétons ensuite"[643]. Mais, pour le scientifique "la difficulté qu'il y a [...] à distinguer les faits des inférences et des interprétations des faits, n'est pas seulement considérable, elle va jusqu'à l'impossibilité. La séparation à laquelle nous visons [...] pour assurer à la science un fondement solide, se trouve irréalisable. [...] Nous ne pouvons obtenir une base sûre des faits en rejetant toutes nos inférences et tous nos jugements, car ces inférences et ces jugements forment inévitablement un élément de tout fait"[644].

Il nous conclure sur cette section. Nous soulignons que c'est par l'*idée* de l'innocuité de la tremblante en tant que neuropathologie animale actuellement sans danger pour l'homme que la vache était désormais *vue* et les données de la transmissibilité zoonique potentielle de l'ESB interprétées. Dans ces conditions, la vache ne pouvait être que l'*hôte final* de sa maladie comme le mouton, selon une théorie élaborée, qui fut désignée théorie de l'"hôte final" et qui reposa sur le concept de la *barrière d'espèces*.

Toute cette production intellectuelle était *in fine* compatible avec l'*idée* que la biologie et la biomédecine poursuivant une méthodologie adossée à la physico-chimie, se fait de la causalité biologique. Malgré que Darwin ait admis la *variabilité* des *êtres* vivants, la biologie et la biomédecine tiennent les entités biologiques causales pour *stables* et tentent d'écarter le *devenir* du nœud causal dans lequel sont impliquées ces entités, dans un Univers où tout *change*, mais dans une apparente immobilité. Si, le biologiste ne peut "jamais observer les phénomènes sans leur appliquer les idées comme celles d'espace et de nombre, de cause et de ressemblance, et ordinairement

---

642 *Ibid.*, A. Lalande, (1929), p. 164. Italique de l'auteur.

643 C. Bernard, *Introduction à l'étude de la médecine expérimentale,* (1865), p. 63.

644 W. Whewhell, Liv. II, Chap. III, "Des faits comme matériaux de la science", (1938 reprod.), p. 35 sq.

plusieurs autres, … [il peut] éviter d'appliquer ces idées d'une manière flottante et obscure et de confondre les idées les unes avec les autres"[645]. Il peut désormais intégrer que le *principe fondateur*, l'*idée* maîtresse qui gouverne le cadre d'analyse théorique tracé par la *conception ontologique* élaborée en Égypte nègre, est le *changement* des entités biologiques. Celui-ci peut ne pas être visible ni observable par le savant, au cours d'une plage de stabilité, puis *devenir* apparent, à la suite d'un effet de seuil.

Telle est la langue naturelle des entités biologiques causales, qu'il nous faut définitivement accepter et tenter de maîtriser en vue de mieux interpréter leur nature vivante selon les règles strictes de l'*analogie* que nous examinons plus loin. Même si, par ailleurs, en raison de la complexité du vivant, l'erreur reste possible. Car, "des causes d'erreurs sans nombre peuvent se glisser dans nos observations, et malgré toute notre attention et notre sagacité, nous ne sommes jamais sûrs d'avoir tout vu, parce souvent les moyens de constatation nous manquent ou sont trop imparfaits"[646].

Du *changement* des entités biologiques causales illustré par l'agent de l'ESB résulte le *devenir des relations causales biologiques* perpétuellement à l'œuvre, silencieux et invisible. C'est surtout de là que vient l'imperfection des moyens de constatation. De sorte que l'*idée* de l'innocuité de l'ESB fut une erreur. Mais, de telles erreurs sont-elles fécondes pour l'épistémologie de la biologie ? À présent, telle est la question qu'il nous faut traiter.

3. Du fruit réel et vrai des erreurs de la science pour le progrès des connaissances

À partir du moment où l'*idée* de l'innocuité de l'ESB pour la santé humaine s'avère erronée, l'on pourrait dans ces conditions prétendre qu'elle ne saurait participer au progrès des sciences biologiques. C'est oublier que même les erreurs sont également fécondes en science, dans la mesure où elles offrent précisément le moyen, une fois repérées et rectifiées, d'éclairer d'une lumière nouvelle les chemins de la connaissance, et d'en enrichir le contenu. La science progresse parfois mieux par l'erreur que par une prudence extrême. C'est un constat parfaitement établi, à travers l'examen de l'histoire des idées et l'évolution de certaines hypothèses ou théories fausses. Ainsi, l'utilité des hypothèses, ne se révèle pas seulement dans les cas où elles sont confirmées par des recherches ultérieures.

Elle peut encore être très grande même dans des cas où les théories ont complètement trompé les espérances de leurs inventeurs. Une *hypothèse* assez plausible pour expliquer un grand nombre de faits peut nous aider à disposer des faits dans un ordre convenable, à en découvrir de nouveaux, et à

---

[645] *Ibid.*, W. Whewhell, (1938 reprod.), p. 36 sq.

[646] C. Bernard, *Introduction à l'étude de la médecine expérimentale* (1865) p. 63 sq.

multiplier des expériences pour l'utilité des futurs observateurs. Comme le nota Claude Bernard (1813—1878), "un fait n'est rien par lui-même, il ne vaut que par l'idée qui s'y rattache ou par la preuve qu'il fournit"[647]. Ainsi, si aucune *idée* ne vient leur donner leur signification "des faits nouveaux, [même] bien observés n'apprennent rien à personne et restent [...] isolés et stériles"[648]. C'est pourquoi l'on conçoit qu'"une grande découverte est un fait qui, en apparaissant dans la science, a donné naissance à des idées lumineuses, dont la clarté a dissipé un grand nombre d'obscurités et montré des voies nouvelles"[649]. En ce sens, "c'est l'idée qui se rattache au fait qui constitue en réalité la découverte"[650]. Ainsi, pour la fécondité de la science, il vaut mieux parfois des *idées* fausses dans une tentative de rationalisation des faits bruts que des idées confuses ou, pire encore, une absence totale d'idées.

Dès lors, on comprend l'assertion du chancelier Bacon (1561—1626) selon laquelle "la vérité ressort plus vite de l'erreur que de la confusion"[651]. Car avec des faits nouveaux, ceux qui existent et sont mal expliqués se dépouillent petit à petit de leurs idées *a priori,* et d'autres idées neuves viennent s'y greffer. Par le réalisme scientifique, ces faits et les idées neuves qui leur sont attachées peuvent cristalliser lentement en un édifice explicatif solide et plus sûr, au fur et à mesure que la science se constitue. Ainsi, à condition d'être prêt à les abandonner aussitôt que l'on trouve des faits contraires aux conséquences qu'elles impliquent, les *idées*, les *hypothèses* et les *théories* sont véritablement une condition du progrès de la science :

> "Si c'est un avantage pour la découverte de la vérité d'avoir l'esprit ingénieux et fertile en hypothèses susceptibles de relier les phénomènes naturels, c'est aussi une condition indispensable que d'apporter un soin attentif à comparer ses hypothèses avec les faits, et d'être prêt à abandonner son invention dès qu'il apparaît qu'elle ne s'accorde pas avec le cours réel des évènements."[652]

Claude Bernard dira : "Nous sacrifierons des hypothèses et des théories tant qu'il en faudra pourvu que nous découvrions des faits nouveaux qui seront, ainsi que nous l'avons déjà dit, les seules réalités indestructibles sur lesquelles la science positive doit se fonder et s'élever peu à peu"[653]. Car en science, la vérité n'est faite que de la cohérence interne des idées qui

---

[647] *Ibid.,* C. Bernard, (1865), p. 93.
[648] *Ibid.,* C. Bernard, (1865), p. 61.
[649] *Ibid.,* C. Bernard, (1865), p. 61.
[650] *Ibid.,* C. Bernard, (1865), p. 61.
[651] F. Bacon, *Novum Organum*, II, 20, (1857), p. 107.
[652] W. Whewhell, *De la construction de la science Novum Organon Renovatum II,* (1938), Chap. **V**, p. 71.
[653] C. Bernard, *Leçons de physiologie appliquée à la médecine faites au Collège de France*, t. I, (1854-1855), p. 13 sq.

pénètrent les faits bruts, acquièrent une valeur explicative en apportant de la rationalité à ces faits bruts pour leur donner le statut de faits d'expérience. Cela étant, au moment de l'introduction de l'*idée*, l'esprit doit être libre. "La première condition que doit remplir un savant qui se livre à l'investigation dans les phénomènes naturels, c'est de conserver une entière liberté d'esprit assise sur le doute philosophique"[654]. De même, l'*idée* qu'il crée doit être tout autant libre, sans que l'on exige d'elle qu'elle s'accorde d'emblée et complètement à notre perception de la réalité toujours plus *complexe*.

Elle peut même sembler dérangeante par rapport aux *idées* admises comme cela fut le cas pour les *idées* avancées par Richard Lacey. Cela n'est cependant pas suffisant pour qu'elle soit écartée. Car, même en pareil cas, nous pensons avec Claude Bernard qu'elles peuvent contribuer à faire avancer la connaissance. "Si une idée se présente à nous, nous ne devons pas la repousser par cela seul, qu'elle n'est pas d'accord avec les conséquences logiques d'une théorie régnante"[655], ou d'une théorie-paradigme, pourrions-nous dire. Nous proclamons même avec William Whewhell qu'"il est bien rare qu'on avance dans la connaissance si l'on n'a pas d'abord fait preuve de quelque hardiesse et de quelque licence à deviner"[656]. Simplement l'*idée* librement formulée doit être bien définie et satisfaire aux faits connus.

Surtout, elle doit être avancée à titre d'*hypothèse* dans un cadre où les entités *changent*. Telle est au fond la philosophie des sciences qui se dégage clairement des problèmes liés aux prions dans leur épisode de l'ESB britannique. Les *faits* attachés aux prions invitent la biologie moléculaire contemporaine à y souscrire pleinement. C'est une telle épistémologie qui doit guider l'usage de l'*idée*. Il est à la fois remarquable et réjouissant de constater que c'est précisément elle que préconisait déjà depuis bientôt deux siècles le brillant philosophe britannique William Whewhell (1792—1871).

C'est la même que l'on retrouvera, chez Claude Bernard (1813—1878). Nos *idées* doivent être "des prétextes pour instituer des expériences qui puissent nous fournir des faits probants ou inattendus et féconds"[657], dira-t-il. Les faits futurs peuvent *in fine* être inattendus, *imprévisibles* au regard de l'*idée* qui tente de les anticiper, ce n'est pas pour autant qu'*elle* n'entre pas dans le cadre d'une science normale.

Par une telle philosophie des sciences, l'on comprend mieux pourquoi Richard Lacey qui multipliait des hypothèses dans une tentative de résolution du problème de l'ESB pour la santé humaine, avait toute sa place dans le débat scientifique ouvert par l'évaluation du risque de l'ESB, même si le sujet semblait hors de son champ de compétence. Nous avons vu que chez lui, il y a un singulier mélange d'erreurs et de connaissances très

---

[654] C. Bernard, *Introduction à l'étude de la médecine expérimentale*", (1865), p. 63.
[655] *Ibid.*, C. Bernard, (1865), p. 64.
[656] *Ibid.*, W. Whewhell, (1938), Chap. V, p. 70.
[657] *Ibid.*, C. Bernard, (1865), p. 64.

avancées, surtout une singulière puissance d'anticipation. Car les *idées* qu'il avançait étaient libérales et avaient l'avantage de se distinguer des faits qui les produisaient pour s'afficher comme de simples *hypothèses* et, surtout, elles n'écartaient pas le *devenir du nœud causal biologique* dans lequel se trouve engagé une entité moléculaire agissant en tant que *cause* d'un effet connu. Produire l'*idée* par colligation des faits bien observés, c'est laisser à l'esprit la liberté de suivre son mouvement naturel pour interpréter la nature.

Mais, il faut s'efforcer de maintenir distincts l'*idée* ainsi produite et les *faits* qui l'engendrent. Car, dans les sciences expérimentales, les faits positifs auront toujours le dernier mot. En biologie ceux qui émergent peuvent être déroutants. De ce point de vue, il est intéressant d'invoquer également pour ses *idées* sur la marche de la science, l'éminent savant britannique John Fredrick William Herschel (1794—1866), qui professait aussi une grande libéralité en matière d'*hypothèses*.

Avec Lalande qui résume parfaitement ses préconisations, nous disons que "si une conception résiste à l'épreuve de l'expérience, si elle est confirmée par des faits de nature variée, peu importe la manière dont elle a été originairement inventée. Quelque étranges, quelque inadmissibles même que semblent au premier abord les données qu'elle postule, si elle conduit, par des raisonnements corrects, à des vérités observables, il faut l'accepter pour le moins à titre provisoire, car elle contient, dans ce cas, des éléments de la science qu'il ne faut pas laisser perdre"[658].

Dans le cas que nous discutons, cela revient à signifier que tant que le *nv*MCJ en relation causale avec l'ESB n'avait pas surgi, la non-transmissibilité zoonique des maladies à prions défendue par David Taylor, était une *idée* en accord avec les faits connus et demeurait à titre provisoire un élément de la science. Une telle *idée* basée sur l'*analogie* de l'ESB avec la tremblante ne pouvait être écartée d'emblée. L'analogie et les probabilités qui l'établissent étaient telles que, dans le champ de la biologie des maladies à prions, les savants étaient conduits à admettre que, soit "elle énonce ce qui a véritablement lieu dans la nature, soit que ce qui s'y passe quel qu'il soit, en approche [...] fort"[659].

Lorsque l'on s'intéresse à des recherches sur les processus d'ordre causal, comme dans le cas qui nous occupe, la faveur accordée aux *hypothèses* et aux *théories*, résulte selon Herschel, de ce que "le mécanisme de la nature est communément monté sur une échelle qui est trop grande ou trop petite pour que nos sens puissent immédiatement l'apprécier, ses agents échappent à l'observation directe, et se manifeste par ses effets"[660]. Du point de vue de John Herschel, les recherches causales impliquent la liberté de l'hypothèse,

---

[658] A. Lalande, *Les théories de l'induction et de l'expérimentation*, (1929), p. 155.

[659] J. F. W. Herschel, (1830), *A Preliminary Discourse on the Study of Natural Philosophy* ; tr. fr., *Discours sur l'étude de la philosophie naturelle*, (1834 reprod.), § 208, p. 196.

[660] *Ibid.*, J. F. W. Herschel, (1834 reprod.), § 208, p. 190.

dans la mesure où les processus causals sont presque toujours à une échelle très inférieure à celle de la sensation. Autrement dit, ce qui se passe réellement dans la Nature, comme précisément le *devenir de tout nœud causal* que constitue quelque entité biologique causale, c'est-à-dire une transformation perpétuelle de la nature profonde des choses dans l'engendrement des effets par les causes biologiques qui les produisent, nous n'avons pas nécessairement la possibilité de le voir ou d'y avoir un accès direct.

Tout comme une *cause* qui ne se voit pas, ce *devenir du nœud causal biologique* constitué par quelque entité biologique causale ne se voit pas non plus. Mais, il peut être inféré comme l'a fait Lacey, à l'encontre de tous les faits positifs qui furent logiquement pris en compte par l'orthodoxie des sciences biologiques et biomédicales. Dans ces conditions, dans la poursuite de la compréhension des phénomènes, aux fins de tenter d'en dégager quelque loi, quand on le peut, le remède est de "former une hypothèse hardie"[661], simplement, il faut prendre le *temps* requis et le soin de "la vérifier, en la suivant dans ses conséquences et en la comparant avec les faits"[662].

En d'autres termes, pour la fécondité de la science, mieux vaut à titre provisoire, l'idée erronée d'une innocuité de l'ESB pour la santé humaine, produite librement dans une tentative de rationaliser des faits bruts relatifs à l'évolution de l'ESB, qu'une absence d'idée. Car, de toute manière, "les hypothèses [...] sont à considérer comme [...] de simples échafaudages"[663] et non comme des édifices. Néanmoins, elles "sont d'un immense usage, et la facilité à les créer, pourvu qu'on ne s'y asservisse pas, qu'on sache, les abandonner, les rejeter quand elles ont fait leurs temps, et qu'on ne se laisse pas entraîner à nier les faits pour sauver les théories, est une des plus précieuses qualités que puisse posséder un philosophe"[664].

Comme un philosophe, Lacey aura multiplié des *hypothèses* pour tenter d'expliquer l'imprédictibilité du sort de l'ESB. Nous avons déjà montré la pertinence de ses arguments dont certains puisaient leur force dans des *faits* génétiques aussi bien que dans des faits physiopathologiques. Ces arguments tendaient à signifier que l'agent de l'ESB pouvait se comporter d'une manière *imprévisible*. "La valeur positive de toute explication vient de la cohérence logique qu'elle introduit dans la connaissance"[665].

L'explication que Lacey tenta de fournir avait une cohérence relativement à l'ESB. Mais, *prima facie* elle n'était pas cohérente au regard des faits attachés au mouton, tenu comme un paradigme pour l'étude de l'ESB. Dans ces conditions, elle ne pouvait être admise facilement par les expérimentateurs, dans la mesure où, comme cela a déjà été dit, ces derniers ne *voyaient*

---

[661] *Ibid.*, J. F. W. Herschel, (1834), § 210, p. 198.
[662] *Ibid.*, J. F. W. Herschel, (1834), § 210, p. 198.
[663] *Ibid.*, J. F. W. Herschel, (1834), § 216, p. 204.
[664] *Ibid.*, J. F. W. Herschel, (1834), § 216, p. 204 sq.
[665] A. Lalande, *Les théories de l'induction et de l'expérimentation*, (1929), p. 277.

désormais l'ESB qu'à travers l'idée résultant de la colligation des *faits* découlant du mouton. Or, l'idée engendrée par la colligation des faits relatifs à une très longue observation de la tremblante du mouton, selon laquelle les maladies neurodégénératives animales ne se transmettent pas à l'homme, est une *idée erronée*. En raison du *devenir de tout nœud causal biologique*, les sciences biologiques et biomédicales devaient s'en méfier. Elles ont eu du mal à le faire. Elles ne pouvaient s'en méfier que si, comme le préconise le *principe fondateur* de la *conception ontologique* du vivant, elles avaient préalablement bien intégré le fait d'un *changement* perpétuel de l'*être*, malgré les apparences d'un immobilisme, c'est-à-dire malgré que ce changement ne soit pas nécessairement observable.

Mais, en biologie et médecine c'est l'idée de la *stabilité* de la substance qui a envahi le raisonnement causal et qui fonctionne désormais comme une *idée* fixe. Ceci rend justice à l'avertissement de Claude Bernard (1813—1873) selon lequel, le savant "doit douter, fuir les idées fixes et garder toujours sa liberté d'esprit"[666]. Dans le même temps, il faut bien reconnaître que dans un contexte où une *idée* est mobilisée comme un paradigme, il devient difficile pour les savants de s'en détacher.

L'*idée* d'une non-transmissibilité zoonique des maladies à prions découlant de la colligation des faits attachés au mouton était devenue paradigmatique, de sorte que l'on croyait que la solution du problème de l'ESB pour la santé humaine allait passer par elle. Quoi qu'il en soit, même fausse, toute *idée* non contredite par les *faits* dont dispose la science, est à titre provisoire, un élément de la science. Dès lors, cette *idée* d'une non-transmissibilité zoonique des prions a eu son temps de vie et sa place en biologie de l'ESB. Ne fut-elle pas mise aussi en avant dans une tentative de généralisation, à l'intérieur d'une science qui vise l'universel et l'intemporel ?

4. Induction et tentative d'une montée vers l'universel et l'intemporel en biologie

Dans le fond, la colligation, cette opération d'introduction d'une *idée* dans la science à partir de faits bien établis, est une sorte de généralisation. De l'interprétation des faits, le savant passe facilement à la généralisation de l'expérience. Nous admettons avec Claude Bernard, que la généralisation est le vrai but de la science. Nous disons aussi avec lui que, pour le savant, "quand les faits sont en nombre suffisants et bien clairement établis, les généralisations ne se font jamais attendre"[667]. Généraliser, c'est étendre une relation à tous les cas possibles, c'est passer de quelque à tous. La généralisation serait le mouvement de la pensée vers le type et l'affirmation

---

[666] C. Bernard, *Introduction à l'étude de la médecine expérimentale,* (1865), p. 63.
[667] *Ibid.*, C. Bernard, (1865), p. 301.

de la constance du type. En considérant que l'ESB ne passera pas à l'homme, la biologie des prions observa d'abord que la tremblante depuis plus de deux cents ans reste confinée dans le mouton, puis admit qu'elle ne passera pas à l'homme. Cela revient à faire de la non-transmissibilité zoonique de la tremblante un énoncé universel du genre *toutes* les neuropathologies animales transmissibles sont non-zooniques. Ce qui devrait signifier que non seulement ces neuropathologies ne se transmettent pas actuellement à l'homme, mais qu'il en sera toujours ainsi de tout temps.

On voit d'emblée la difficulté contenue dans une telle tentative de généralisation, lorsqu'il s'agit du vivant. Pourtant en science, d'une certaine manière et malgré lui, l'expérimentateur s'élance déjà par l'*idée* vers l'universel et l'intemporel en quelque sorte. Car, il cherche alors à établir dans la mesure du possible, la loi qui gouverne la manifestation du phénomène observé. De sorte qu'il n'y a de science que celle qui généralise, nous dit Aristote. Ainsi, par la généralisation l'ESB est perçue comme un *type* de tremblante. Et, ce passage des faits relatifs à la tremblante à la généralisation à travers l'ESB est l'induction. Nous avons pourtant, signifié aussi que c'est par *analogie* que l'ESB a été perçue comme *semblable* à la tremblante, c'est-à-dire, comme une espèce de tremblante. Cela ne soulève-t-il pas la question de savoir ce que signifie au fond le terme induction ?

Les sens qu'on lui accorde sont multiples et ont varié dans le temps. Parce que souvent elle est précisément associée à la généralisation, l'induction est parfois utilisée comme terme désignatif de tout raisonnement qui généralise, mais aussi comme toute inférence comportant un risque logique et où la proposition inférée n'est que probable. Ainsi, en raison des problèmes qui lui sont attachés, pour certains philosophes modernes, ce terme évoque les idées de *plausibilité* et de *probabilité*. C'est en particulier ce dernier sens que lui accorde Rudolf Carnap[668] (1891—1970), dans son étude du degré de probabilité des inférences. Sur l'induction Carnap a un point de vue diamétralement opposé à celui de l'anti-inductiviste Popper.

Pour Carnap qui fait partie de ceux qui, à la suite de John Stuart Mill (1806—1873), tentèrent d'élaborer une logique inductive, dès lors que les énoncés de la science présentent un certain degré de confirmation par les *faits*, ils n'ont pas à être falsifiés par réfutation. Chez lui, on passe alors de la vérité d'un énoncé à la vérité probable. Les considérations qui précèdent indiquent que le contenu sémantique du terme induction est, de toute évidence, très vaste. En simplifiant, nous pouvons cependant considérer que faire une induction c'est généraliser, ainsi que cela est déjà indiqué.

C'est aussi étendre l'expérience par interpolation et extrapolation. Et, comme le mentionne Cournot, "c'est le procédé de l'esprit qui, au lieu de s'arrêter brusquement à la limite de l'observation immédiate, poursuit sa route, prolonge la ligne décrite, cède, pour ainsi dire, pendant quelque temps

---

[668] R. Carnap, *The continuum of inductive methods*, (1952).

encore, à la loi du mouvement qui lui est imprimé"[669]. Nous pouvons dire que les définitions que l'on donne à ce terme marquent sans doute l'écart qui sépare philosophes et scientifiques. Pour nombre de philosophes, depuis Aristote, l'induction, c'est le passage du particulier au général. C'est ce sens que lui donne aussi Kant. Pour d'autres c'est le passage du singulier à l'universel. En revanche pour les savants, l'induction est le passage du fait à la loi. Sans vouloir les confondre, et en prenant tous les soins pour les garder distinctes, ces deux définitions présentent cependant un point de jonction, à savoir que l'induction conduit vers l'idée d'une généralisation. La généralisation ne se fait pas toujours de la même manière.

Selon la façon dont elle s'effectue, l'on la qualifiera de *totalisante* ou au contraire d'*amplifiante*. Des auteurs contemporains reconnaissent que bien avant l'usage de ce terme en science moderne, dès son introduction dans le champ de la philosophie par Aristote[670], ce dernier a bien vu les traits essentiels de toute démarche inductive. "D'abord son mouvement régressif, par lequel l'ordre de notre connaissance renverse l'ordre de l'être, puisque à partir des enseignements de l'expérience, la démarche inductive remonte vers les principes auxquels pourra ensuite se suspendre la chaîne déductive. Ensuite et comme conséquence de ce renversement, son caractère est conjectural. Il a exactement déterminé quelles conditions seraient requises pour qu'une inférence fut logiquement correcte, mais il sait très bien que ces conditions se trouvent rarement remplies"[671].

Toutefois, pour n'avoir accordé à l'induction qu'une place minime dans la construction de la science, et parce qu'il la présente comme une démarche essentiellement préliminaire, tout juste requise pour fournir à la science ses bases à partir desquelles commence "la vraie science, la science démonstrative", l'on admet qu'Aristote, ne saurait passer pour celui qui a eu "une sorte de prescience de ce que sera la méthode inductive des modernes"[672].

En revanche, de façon unanime l'on considère que c'est Francis Bacon (1561—1626) qui a donné à l'induction sa place centrale en science, lorsqu'à ces *anticipations* par lesquelles on prétend, après avoir "effleuré l'expérience", parvenir de prime-saut aux axiomes les plus généraux il opposera, pour renouveler l'instrument intellectuel, l'induction véritable, celle qui interprète "l'expérience par une étude enchaînée et approfondie, qui s'élève ensuite par une progression lente, degré par degré aux lois"[673].

Ainsi, depuis François Bacon de Verulam, philosophe et homme d'État britannique, l'on reconnaît que "cette interprétation de l'expérience constitue la science même, tandis que les déductions ultérieures visent seulement les

---

[669] A. A. Cournot, *Essai sur les fondements de nos connaissances et sur les caractères de la critique philosophique*, (1851), § 49, p. 60.

[670] Aristote, *Premiers Analytiques*, II, XXIII.

[671] R. Blanché, *Induction scientifique et les lois naturelles*, (1975), p. 6.

[672] *Ibid.*, R. Blanché, (1975), p. 7.

[673] F. Bacon, *Novum Organum,* (1857), I, Aphor. 22, p. 10.

applications de la connaissance scientifique à des usages pratiques"[674]. L'*induction* est donc centrale dans les sciences expérimentales. De sorte que nous pourrions même dire avec Bacon qu'elle constitue la science.

Avec Blanché, notons cependant que Bacon avait "judicieusement insisté sur la nécessité, une fois la proposition induite, de la contrôler par un retour à l'expérience, et, dans ce contrôle, de ne procéder qu'indirectement et de ne la tenir pour établie que par l'exclusion systématique des autres possibilités, la vérité demeurant au fond du creuset après qu'auront été volatilisées toutes les fausses opinions : ce qui est, par excellence, l'objet de l''expérience cruciale', dont la structure logique est calquée sur celle de la démonstration par l'absurde des mathématiciens"[675]. C'est l'induction qui offre à la science de quitter l'empirie pour s'élever vers le principe.

Dans une tentative de saisie intuitive de l'universel dans le donné sensible, c'est par elle que la science a accédé au principe selon lequel la tremblante est sans danger pour l'homme. Puis, de la tremblante réellement inoffensive actuellement pour l'homme, la science a admis *a priori* que *toutes* les maladies à prions animales sont inoffensives pour l'homme. Cette montée des énoncés de la science vers l'*universel* est compréhensible, dans la mesure où, avec Robert Blanché (1898—1975), nous admettons que pour l'expérimentateur, "ce serait faire preuve d'un esprit contrariant que de refuser l'universel lorsque, en absence de raisons contraires, on a en sa faveur une multitude d'exemples"[676]. C'est précisément ce qui s'est produit dans l'analyse du risque de l'ESB pour la santé humaine dès que, de manière simplement logique, l'*analogie* entre l'ESB et la tremblante fut établie.

En présence d'une multitude de *faits* épidémiologiques indiquant que la tremblante du mouton ne se transmet pas à l'homme, et sans le moindre fait signifiant clairement le contraire à l'intérieur du champ des ESST, l'on comprend très bien que la science admette par induction que toutes les maladies neurologiques animales transmissibles soient inoffensives pour l'homme. Une fois prises en compte les considérations qui précèdent, à travers une lancée vers une universalité extensive et quantitative qui pourtant n'est pas une universalité apodictique, ou qui n'est pas une universalité qui impose la nécessité de manière coercitive, l'induction ne prédispose-t-elle pas à des inférences causales fragiles dans un champ de la biologie où *nécessité* et *devenir* s'accordent mal ? Nous pensons que cela est à craindre.

Car, le *devenir déforme tout nœud causal* biologique, c'est-à-dire toute relation causale entre un antécédent et son conséquent, de suite du *changement* possible de la *cause*, ainsi que nous l'avons déjà signalé. Cela ne permet pas à notre maîtrise causale d'induire en nous offrant la *certitude* de produire une connaissance exacte à l'intérieur des sciences du vivant.

---

[674] *Ibid.*, R. Blanché, (1975), p. 7.
[675] *Ibid.*, R. Blanché, (1975), p. 9.
[676] *Ibid.*, R. Blanché, (1975), p. 11.

Nécessité et *devenir* s'accordant mal, alors il en résulte que les inférences causales sont effectivement fragiles en biologie. Cette fragilité semble d'autant plus amplifiée par le ressort profond qui nous amène à induire. Car, au fond, dans le cas que nous discutons, face à l'ESB, avec les *faits* massifs relatifs à la tremblante qui ont conduit à induire une non-transmissibilité zoonique des EST, la science s'attend d'une certaine manière à une non-transmissibilité de l'ESB à l'homme. Autrement dit, elle est d'une certaine manière déjà prête, voire *prédisposée* à inférer de l'animal à l'homme.

De sorte que nous pouvons dire que l'induction procède, non plus comme un raisonnement, mais en tant qu'une *vue* immédiate. Elle fonctionne, non plus comme une opération discursive, mais comme une *vue directe*, permettant de passer du singulier à l'universel sans donner aucune explication. Avec une certitude qui se veut intuitive et qui voudrait se passer du raisonnement, elle s'engage alors à anticiper sur ce que nous aurions pu constater comme simple fait d'expérience, dans la mesure où, comme l'a souligné Bertrand Russell (1872—1970) :

> "Psychologiquement, l'induction ne procède pas comme dans les manuels, où nous sommes censés avoir constaté de nombreuses occasions où des chiens aboient puis avoir opéré alors une généralisation consciente. Le fait est que la généralisation, sous la forme d'une attente habituelle, se produit à un niveau inférieur à la pensée consciente, de sorte que, quand nous commençons à penser consciemment, nous réalisons que nous avons cru cette généralisation, non pas explicitement sur la base du témoignage de l'évidence, mais comme exprimant ce qui est implicite dans notre attente habituelle"[677]

Au sujet de ce ressort psychologique de l'induction situé à un niveau inférieur de la pensée conscience, Russell ajoute ceci : "c'est là une histoire de croyance et non une justification de celle-ci"[678]. Étant déjà inconsciemment en attente d'un effet que nous *croyons* voir se manifester, cela n'ajoute-t-il pas la fragilité à l'inférence causale au sujet du vivant ?

Quoi qu'il en soit, il faut se rappeler que 250 ans d'observation de la non-transmissibilité de la tremblante ont permis à la biologie des maladies à prions d'induire la non-transmissibilité zooniques de toutes les maladies neurologiques animales. Dès lors, on comprend que l'intériorisation pendant si longtemps de l'*idée* qui en résulte, mobilise, au niveau plus profond que le conscient, un puissant ressort agissant dans la démarche inductive qui fonde la science, et conduise celui-ci à établir des principes généraux à partir d'énoncés singuliers établis empiriquement. L'inductivisme affirme que le

---

[677] B. Russell, *Human knowledge. Its scope and limits,* (1948) ; tr. fr., *La connaissance humaine,* (2002), III, I, 183, p. 206.

[678] *Ibid.*, B. Russell, (1948), III, I, 183, p. 206.

raisonnement ne saurait se suffire à lui-même, et pose l'expérience concrète comme source de la connaissance. Or, nous sommes face à une aporie de penser que l'induction repose sur l'expérience, part d'elle pour monter vers l'universel et que dans le même temps, elle voudrait se passer de l'expérience par une anticipation qui reposerait sur une "généralisation [...] se produisant à un niveau inférieur à la pensée consciente"[679].

Cela indique combien grande est la complexité des cheminements qui sont ceux du scientifique, quand il produit des connaissances. Pourtant, y compris en philosophie, nous simplifions de manière outrancière ces cheminements en les figeant à travers des appellations telles que raisonnement inductif ou raisonnement déductif. Mais cette distinction est-elle nécessairement justifiée ? Nous tenterons de répondre à cette question plus loin. Pour retourner à l'induction qui doit reposer sur l'expérience, nous signalons que dans le champ de l'expérience concrète, l'exhaustivité est hors d'atteinte. Par conséquent, l'induction incomplète est en quelque sorte l'induction par excellence. C'est elle qui, en général, mobilise le raisonnement dit inductif dans les sciences expérimentales. Car, lorsqu'il passe du fait à la loi, l'expérimentateur n'atteint jamais l'exhaustivité.

Simplement, c'est à partir de *faits* significatifs, répétitifs, reproductibles un certain nombre de fois, dans des conditions bien définies, qu'il se fonde pour effectuer le passage à loi. C'est précisément par l'induction incomplète que la biologie des maladies à prions proclame déjà la non-transmission zoonique de la tremblante du mouton. L'induction baconienne qualifiée d'amplifiante est celle mobilisant le raisonnement qui conduit à une interprétation en extension du *fait* observé.

Elle aboutit aussi à "un passage de quelques à tous" mais également "des individus ou des espèces en genre"[680]. Dans la démarche spécifique de la méthode expérimentale contemporaine, cette induction amplifiante qui occupe une place prépondérante, s'adosse sur un système de relations mathématiques. En s'appuyant sur l'*analogie*, c'est par ce type de démarche sollicitant le raisonnement inductif amplifiant que des études épidémiologiques ont abouti à l'inférence causale selon laquelle la vache saine ou infectée d'ESB ne peut transmettre la maladie à l'homme.

5. Induire et Déduire : Un entrelacement de raisonnements en biologie et en médecine

Les études épidémiologiques que nous avons rapportées dans la deuxième partie de cette enquête, aux chapitres V et VI, se sont appuyées à la fois sur des *faits* d'expérience mais aussi sur un *modèle théorique*

---

[679] *Ibid.*, B. Russell, (1948), III, I, 183, p. 183.

[680] R. Blanché, *Induction scientifique et les lois naturelles*, (1975), p. 11.

formalisé par l'outil informatique. Dépassant les faits connus, tout en restant liées à eux, elles ont ainsi formulé la théorie de "l'hôte final". Dans le fond, c'est par induction amplifiante à partir de la tremblante réellement inoffensive pour l'homme jusqu'à preuve du contraire, que la science a pu admettre *a priori* l'ESB comme étant également inoffensive pour l'homme.

Comme s'il existe une espèce de *loi* non formulée ni explicitée, proclamant l'innocuité des maladies à prions animales grâce à une quelconque non-transmissibilité zoonique de ces dernières. Pourtant une telle loi n'existe pas. Et même si elle existait, en raison du *devenir de tout nœud causal biologique*, elle ne serait pas une *loi* simple du genre que l'on rencontre en physique ou en chimie. De sorte que, si dans les sciences physico-chimiques, l'induction conduit aux lois sans que cela pose une difficulté majeure, elle soulève les problèmes les plus complexes et les plus délicats dans les sciences de la vie et de la santé.

Une distinction est donc à faire entre les sciences physico-chimiques et les sciences du vivant quand il s'agit d'induction. Nous affirmons que les problèmes délicats soulevés par l'induction dans les sciences biologiques et biomédicales s'aggravent par l'attente inconsciente qui la sous-tend. Ils sont amplifiés également d'une façon qui est probablement imperceptible par le savant, en ce sens qu'au fur et à mesure qu'il examine un plus grand nombre de *faits* référant à des cas qui se ressemblent, il a tendance à considérer qu'il se rapproche de la totalisation ou de l'exhaustivité et que le raisonnement devient de moins en moins aléatoire, ou même cesse de l'être. En prenant appui sur tous les cas observés de consommation du mouton ayant montré que l'homme n'a encore pas contracté la neuropathologie du mouton, n'est-ce pas ce qui permit d'admettre dans le champ de la biologie des maladies à prions que la tremblante ne se transmet pas à l'homme, et dès lors d'attendre inconsciemment que l'ESB soit inoffensive pour l'homme ?

Or, dans les sciences biologiques, rien n'interdit qu'un événement *imprévisible*, par exemple une mutation qualifiée de mutation au hasard par ignorance de sa *cause réelle*, vienne contrarier le cours de la nature et fasse de la tremblante une maladie transmissible à l'homme. Penser le contraire relève simplement de la *croyance*. Dans ces conditions, l'avenir ne reste-t-il pas ouvert ? Ainsi, même l'affirmation *vraie* actuellement, selon laquelle la tremblante ne se transmet pas l'homme, devient *contingente*. Elle ne saurait s'ériger en loi comme on pourrait s'y attendre en physique.

Dès lors, c'est une erreur de penser que l'induction nous prépare à l'intuition intellectuelle des essences. Elle ne donne jamais d'atteindre l'universalité essentielle dans une analyse causale du vivant, dans la mesure où, il n'y a d'ailleurs pas une essence du vivant. Pour le vivant, il y a en revanche le *devenir*. De sorte que l'induction n'assure pas non plus un passage de la contingence à la nécessité. Ainsi, dans la prédisposition inconsciente de la science, même affirmer une non transmissibilité zoonique de la tremblante, ou prétendre qu'elle sera *toujours* une neuropathologie animale qui ne se transmettra jamais à l'homme, c'est nier toute possibilité de *variabilité* du vivant susceptible de survenir *dans* l'espace et le *temps*. C'est nier le *devenir*. C'est de ce *devenir de tout nœud causal* dans lequel se trouve engagée quelque entité causale biologique que surgit la fragilité des inférences causales dans une analyse causale du vivant. En soulignant ainsi cette fragilité des inférences causales en biologie et la difficulté de la voie par laquelle on y parvient, cela signifie la *certitude imparfaite* de l'induction en raison du devenir de l'*être* vivant. Cela peut également amener à penser que l'induction ou l'*analogie* dont il sera davantage question plus loin sont des routes par lesquelles on aboutit inéluctablement à des difficultés, tandis que la déduction est une voie sûre qui ne traverse jamais la région des sciences biologiques et biomédicales. Mais, l'induction et la déduction sont-elles radicalement séparées dans une analyse causale du vivant ?

Telle est la question qu'il faut traiter à présent. Dans le champ des maladies à prions, il semble bien qu'il y ait un entrelacement entre l'induction et la déduction qui, dans le corps d'idées raisonnées dans la tentative d'évaluation du risque de l'ESB pour la santé humaine, a conduit le scientifique à osciller entre *fait* et *idée* et à inférer sur l'innocuité de l'ESB. Nous avons signalé que l'une des erreurs normales commises à l'intérieur de la biologie et de la médecine des maladies à prions, et qui est imputable à la construction même de la connaissance en science, c'est que les faits sur lesquels la science s'est appuyée dans l'évaluation du risque de l'ESB pour la santé humaine, référaient à la tremblante. Or, le problème que la science s'efforçait de résoudre était de savoir si l'ESB était transmissible à l'homme.

Comme aucune maladie dégénérative humaine n'avait encore jamais été décrite comme résultant d'une transmission de l'animal à l'homme, et que l'ESB apparaissait comme une nouvelle maladie à prions animale jamais expérimentée auparavant, ce problème était finalement *théorique* relativement à la vache. Dans ces conditions, au fond, seules des *idées* pouvaient être promues et mobilisées par déduction. Sachant que de tous les animaux consommés par l'homme, le mouton est celui qui a le plus de proximité avec cette neuropathologie transmissible, la science a observé le rapport de la tremblante à l'homme partout où celui-ci existe.

Ses observations ont conduit par *colligation* à l'*idée* qu'une neuropathologie animale ne se transmet pas à l'homme. Telle est, relativement à la tremblante, la solution de la science qui sera appliquée au problème posé par l'ESB dans son rapport à l'homme. Suite à une enquête quasi systématique du rapport de la tremblante à la MCJ, cette solution paraissait tenable, soutenue par l'*analogie* avec le rapport de la tremblante à l'homme. Ainsi, l'*idée* de l'innocuité de l'ESB admise par déduction semblait corroborée par les faits relatifs à la neuropathologie du mouton. Aussi, la science a-t-elle tenté une explication voire une *prédiction* à partir des faits connus et sur la base de raisonnements mêlant induction et déduction. D'emblée, nous voyons ici l'implication de l'induction et de la déduction dans le corps d'idées raisonnées élaborées dans la tentative de l'évaluation du risque de l'ESB pour l'homme. Du point de vue de la science, l'induction apparaît comme une opération mentale qui consiste à remonter des faits à la loi, des cas singuliers à une proposition plus générale, par opposition à la déduction qui, elle, est une opération mentale qui consiste à décider ou trouver quelque chose comme la conséquence de données préalables, par un raisonnement. On pourrait aussi considérer que l'induction passe du fait à l'idée comme dans le cas qui nous occupe, tandis que la déduction va de l'idée à l'idée. De sorte que l'on peut être amené à admettre que pour l'un et l'autre des deux procédés, ni la valeur ni le mécanisme ne sauraient s'identifier. Pour autant est-il justifié d'opposer l'une et l'autre ? S'agit-il de deux domaines discursifs totalement disjoints dans le cheminement qui a conduit à l'inférence de l'innocuité de l'ESB ?

D'ordinaire, n'est-il pas tentant d'imaginer et de se conformer à l'affirmation selon laquelle les mathématiques requièrent un raisonnement déductif alors que les sciences expérimentales mobilisent le raisonnement inductif ? Nous devons nous intéresser de très près aux questions qui viennent d'être posées. Car la philosophie des sciences en tant que discipline théorique s'attache à examiner les démarches intellectuelles des savants. C'est la raison pour laquelle, il nous faudra également investir sérieusement la question du raisonnement par *analogie*. Dans les chapitres V et VI de cette enquête, qui furent consacrés à l'évaluation du risque de l'ESB pour la santé humaine, l'analyse de la mobilisation des faits attachés à la tremblante a montré que l'*analogie* prépare l'induction. Il nous faut examiner l'induction en tant que telle. Cependant, en prenant appui sur l'analyse préalablement menée et que nous venons de rappeler, nous pouvons déjà déclarer que l'induction repose sur les analogies et les déductions.

D'une certaine manière, et même si cela n'est pas toujours le cas, l'induction est l'application d'une formule ou d'une hypothèse *à tous les temps et à tout l'espace*. Elle est aussi l'expression de l'attitude scientifique qui affirme la rationalité de l'Univers et un jugement *a priori* qui justifie toute science par le principe de causalité selon lequel les mêmes causes produisent les mêmes effets. Dans le cas que nous discutons, de la non-transmissibilité zoonique de la tremblante, la science a généralisé et anticipé une non-transmissibilité zoonique de *toutes* les neuropathologies animales.

Ceci est une pure induction. C'est celle que nous avons qualifié d'induction par excellence. Ensuite, lorsque l'ESB a surgi, la science a inféré l'innocuité de l'ESB pour la santé humaine. L'interprétation des faits passés est alors mobilisée pour servir de prévision de l'avenir. Mais, dans cette interprétation de la nature qui est l'induction baconienne, le savant injecte de la déduction. Car, à travers l'*analogie*, sur la base du critère logique de similitude, il s'est imposé à la science l'*idée* que l'ESB ressemble à la tremblante. Surtout, à partir du principe de connexion et d'unité *faits* il s'était déjà imposé à la science bien avant l'analogie, l'*idée* erronée que les

ESST ne se transmettent pas à l'homme, ainsi que cela a été souligné. En réalité, c'est à partir de cette *idée* erronée que la science tenta d'*anticiper* l'innocuité de l'ESB. Dès lors, l'opération de l'esprit qui fut accomplie est au fond une déduction, dans la mesure où nous passons désormais, d'une idée à une idée. Les considérations que nous venons de développer nous donne de percevoir l'intrication de l'induction et de la déduction dans la démarche scientifique ayant abouti à l'inférence de l'ESB. Pourtant, en biologie et de façon générale dans le champ des sciences expérimentales, c'est l'induction qui passe pour être *la* démarche du savant dans ses stratégies d'acquisition de la connaissance. À présent, la question que nous posons est la suivante : Demeure-t-il justifié d'introduire une étanchéité entre le domaine discursif de l'induction et celui de la déduction ?

Avec André Lalande (1867—1963), grand philosophe français déjà cité à plusieurs reprises, professeur à l'École normale supérieure de Sèvres, puis à la Sorbonne et à l'Université du Caire, élu membre de l'Académie des sciences morales et politiques en 1922 puis de l'Académie Royale de Belgique en 1945, qui fut aussi secrétaire général de la Société française de philosophie fondée en 1901, surtout connu aujourd'hui pour son *Vocabulaire technique et critique de la philosophie*[681], nous pensons que dans la réalité, il n'est pas si simple de "pouvoir opposer nettement les mots induction et déduction, comme si les concepts qu'ils représentent formaient une disjonction à la fois exclusive et exhaustive, recouvrant tout le champ des raisonnements, et telle qu'aucune opération logique ne pût être à la fois déductive et inductive"[682]. Par des considérations déjà évoquées, liées à l'élaboration de l'inférence de l'ESB pour la santé humaine, nous sommes amené à donner raison à Claude Bernard (1813—1878) qui déclare qu'il "paraît bien difficile de justifier cette distinction et de séparer nettement l'induction de la déduction"[683]. Avec Claude Bernard, nous ne pensons "pas que l'induction et la déduction constituent réellement deux formes de raisonnement essentiellement distinctes"[684].

Nous affirmons avec lui que "l'esprit de l'homme, par nature, [...] procède toujours indistinctement d'un principe qu'il a acquis ou qu'il invente par hypothèse ; mais il ne peut marcher dans les raisonnements autrement que par syllogisme, c'est à dire en procédant du général au particulier"[685]. Si bien que parfois quand nous pensons "induire, nous déduisons réellement"[686]. Nous prétendons que pour l'esprit qui raisonne les formes du raisonnement ne peuvent dépendre de la matière à laquelle il s'applique. C'est dire qu'aussi bien pour construire une conclusion

---

681 A. Lalande, *Vocabulaire technique et critique de la philosophie*, 2e éd., (2006).
682 A. Lalande, *Les théories de l'induction et de l'expérimentation*, (1929), p. 13.
683 C. Bernard, *Introduction à la médecine expérimentale*, (1865), p. 78.
684 *Ibid.*, C. Bernard, (1865), p. 82 sq.
685 *Ibid.*, C. Bernard, (1865), p. 83.
686 *Ibid.*, C. Bernard, (1865), p. 85.

mathématique que pour construire une conclusion expérimentale, l'esprit qui raisonne utilise les mêmes formes de raisonnements. Ainsi, même si nous admettons une opposition d'ensemble entre les sciences déductives, caractérisées par leur rigueur et leur marche constructive, synthétique, au sens cartésien de synthèse, et les sciences inductives ou, pour mieux dire, expérimentales, dans lesquelles prédominent l'expérience, l'induction amplifiante et l'hypothèse incomplètement vérifiée, nous pouvons bien concevoir "l'union possible du caractère déductif et du caractère inductif dans certaines démarches intellectuelles en ce qui concerne les raisonnements"[687]. Dès lors, nous prétendons avec Lalande qu'au fond, "déduction et induction ne sont pas les membres d'une véritable division logique, reposant sur un *fundamentum* commun"[688].

L'induction et la déduction sont deux domaines discursifs non-étanches. Elles sont deux formes de raisonnement qui cohabitent dans l'esprit du savant. Pourtant, la rivalité qui existe depuis longtemps entre les deux approches discursives ne semble pas encore avoir été surmontée. Elle persiste à travers des cultures épistémologiques à l'intérieur des disciplines scientifiques différentes telles que la physique et la biologie, mais aussi au sein d'une même discipline à travers des pratiques de groupes de scientifiques distincts. C'est ainsi qu'à l'intérieur du cadre de la biologie des prions dans son rapport à l'ESB, la science s'est trouvée *prima facie* divisée en deux exigences qui paraissent incompatibles. C'est cette division que nous avons présentée sous le terme de positions épistémologiques différentes. Elle est, dans le fond, l'expression de formes particulières de l'esprit du scientifique qui peuvent cependant cohabiter dans le même agent.

Cette division entre induction et déduction semble se superposer à une autre très ancienne, à savoir, l'empirisme et le rationalisme, deux conceptions de la science ayant jadis montré une certaine rivalité et qui correspondent à une "dualité des tendances qui ont toujours animées, avec des fortunes diverses, la recherche scientifique"[689]. Cette dualité remonte à plusieurs siècles, et se manifestait déjà dans les années 1700, dans l'opposition entre ce que l'on considérait comme étant "l'esprit cartésien et l'esprit newtonien"[690]. Mais, nous affirmons qu'il s'agit en réalité du même esprit adoptant des positions épistémologiques différentes relativement au connu, selon le contexte scientifique et les circonstances factuelles. Dans le cas que nous discutons, nous avons vu que d'une certaine manière, l'*idée* que défend une partie de la science est qu'au fond, il suffit que pour une raison quelconque, l'agent de la tremblante qui n'a jamais été une entité causale d'une maladie à prions humaine, soit soumis à des conditions

---

[687] *Ibid.*, A. Lalande, (1929), p. 15.
[688] *Ibid.*, A. Lalande, (1929), p. 15.
[689] R. Blanché, *L'Induction scientifique et les lois naturelles*, (1975), p. 40.
[690] *Ibid.*, R. Blanché, (1975), p. 40.

entraînant sa propre mutation, pour que son *pouvoir causal* devienne suffisamment efficace et capable d'entraîner des effets pathologiques chez l'homme. Ainsi, cet agent causal placé dans un environnement de la vache qui n'est plus le même environnement que celui du mouton, pourrait avoir un *pourvoir causal* jamais acquis auparavant, et de la sorte, *devenir* dangereux pour l'homme. C'est une position qui tient parfaitement dans le cadre d'un rationalisme apparemment opposée à l'empirisme.

De la sorte, nous avons d'un côté l'*idée* et la *théorie* qui semblent servir de guide à la science et ouvrir la voie à la recherche d'expériences nouvelles, pour expliquer par une tendance rationaliste les phénomènes, les dépasser et tenter de se saisir du *réel* derrière les apparences. D'un autre côté, par une tendance empiriste présente dans l'autre partie de la science, la rigueur du raisonnement exigée par le souci de certitude qui anime le positivisme, impose de rester attaché aux *faits* connus, qui seuls sembleraient pouvoir conduire aux propositions générales de portée scientifique par le moyen de la logique inductive. Dans le cas qui nous occupe, la première tendance semble se manifester plus facilement chez des savants tels que Richard Lacey détaché des données de l'expérimentation sur les prions et, ainsi, plus en recul par rapport aux *faits* d'expérience, sans pour autant s'en écarter complètement. La deuxième semble plus marquée chez les biologistes expérimentateurs tels que David Taylor et John Wilesmith aux prises avec les *faits* de manière directe et frontale.

Vis-à-vis de l'une ou l'autre tendance, c'est le positionnement des savants que parait révéler la poursuite des *idées* et des *raisonnements* sur la transmissibilité ou non de l'ESB à l'homme, lesquels raisonnements en tous les cas, s'appuyaient sur des *faits*, dans le champ de la biologie des maladies à prions. Toutefois, parce que dans cette étude nous n'opposons pas radicalement *induction* et *déduction*, nous n'avons pas trouvé judicieux d'examiner les schémas de pensées des savants qui ont œuvré dans la tentative de résolution du problème du risque de l'ESB pour l'homme, en considérant ceux-ci sous l'angle de la division empirisme/rationalisme.

Nous affirmons avec Lalande que "l'empirisme pur est absurde, [car] ce que l'on appelle 'les faits' incorpore les éléments empruntés à l'activité de l'esprit et à ses tendances. Mais le rationalisme pur n'est pas moins absurde : il n'y a pas pour toutes les époques et pour tous les peuples un tableau invariable des principes de l'entendement pur"[691]. Nous considérons que les deux tendances sont comme deux piliers sur lesquels la science repose et qui coexistent dans l'esprit de tout savant. Ainsi, dans le champ de la biologie des maladies à prions où s'est déployée la tentative de résolution du problème soulevé par le risque de l'ESB pour l'homme, nul ne pourrait prétendre que nous sommes face à une science qui a mobilisé exclusivement un enchaînement d'idées *a priori* définies *in abstracto* relativement à la

---

[691] *Ibid.*, A. Lalande, (1929), p. 21.

vache, sous le seul motif qu'aucun des faits qu'elle rapportait et qui l'a conduite à la conclusion d'une non–transmissibilité zoonique de l'ESB, n'a été observé à partir de la vache elle-même. Aucun de ces acteurs de la science ne se situe réellement dans un idéal qui viserait à reconstituer les choses par l'esprit seul. Au contraire, tous prennent effectivement appui sur des *faits réels* existants, c'est à dire, des observations et des expériences concrètes. C'est la raison pour laquelle, tout autant que l'opposition empirisme/rationalisme, la division inductivistes/anti-inductivistes nous semble mal assortie à la partition des acteurs examinés dans cette enquête sur les prions. Car, dans le fond, tous les savants se sont efforcés de faire une induction à partir de l'expérience et des *faits* d'observation.

En revanche, tous n'ont pas abordés ces *faits* de la même manière pour déduire ou inférer. La rivalité entre induction et déduction est séculaire. Cependant, *in fine*, l'affirmation de l'une ou l'autre forme de raisonnement dans l'esprit du savant, est fonction des circonstances épistémiques de sa recherche. En ce sens que selon les circonstances particulières liées au contexte épistémique dans lequel le savant se trouve face à un problème donné, il peut adopter une position épistémologique privilégiant l'une ou l'autre des deux tendances. Mais celles-ci restent solidaires et indissociables dans les sciences expérimentales. Seul l'angle de vue du connu, c'est-à-dire des faits existants, et la position épistémologique de l'agent cognitif *changent*, dictés par les circonstances épistémiques.

Si Richard Lacey avait été dans les mêmes *circonstances* que l'épidémiologiste Wilesmith, ou le microbiologiste Gerald Collee, l'on peut penser que son approche de l'évaluation du danger de l'ESB face à la santé humaine aurait été quelque peu différente de celle qui fut la sienne. Dès lors, nous considérons que, plutôt que de continuer d'opposer radicalement *induction* et *déduction*, nous devons admettre l'entrelacement des deux tendances qui constitue un des traits dominants de la démarche expérimentale en science moderne, dans ce qui est son ambition de comprendre le réel. Une telle démarche qui mêle *idées* et *faits* n'est-elle pas en elle-même condamnée à produire des erreurs dans les sciences du vivant
La question a déjà reçu une réponse partielle dans les sections précédentes.

Mais, nous réitérons ici, qu'il semble bien que l'intrication de l'induction et de la déduction mêlant *idée* et *fait*, ainsi que tout raisonnement expérimental, sont susceptibles de mener à l'erreur, comme nous le verrons avec le raisonnement par *analogie*, tel qu'il est conduit en biologie moléculaire. Dans le même temps, il importe de rappeler que la méthode expérimentale qui a cours en biologie moléculaire et en biomédecine est, en quelque sorte, une enquête systématique comportant précisément une invention d'*idées* théoriques, puis leur vérification par des *faits*. Idéalement, cette méthode épouse la conception poppérienne qui professe de partir d'une *idée* formulée à titre d'hypothèse et de la tester par expérimentation puis de se plier au verdict ou à la sanction de l'expérience qui autorise, soit de l'accepter comme une hypothèse réfutable et en sursis, soit de la rejeter. L'*idée* d'une transmissibilité de l'ESB à l'homme ne pouvait cependant être expérimentée pour des raisons éthiques. Échappant à l'expérimentation elle ne pouvait être contrôlée qu'indirectement par le moyen du raisonnement *logique* mobilisé à travers l'analyse des *faits* épidémiologiques attachés à la tremblante. Ce contrôle n'a pas suffi, confirmant l'affirmation bernardienne selon laquelle "jamais dans les sciences expérimentales, la logique seule ne suffit"[692]. Quoi qu'il en soit, dans la démarche que la science a dû mettre en œuvre, si l'introduction de l'*idée* de l'innocuité de l'ESB pour la santé humaine passe par l'*induction* au moyen de la *colligation*, sa confirmation par l'expérience acquise sur le mouton devait passer par la déduction. Nous voyons ainsi dans quelle mesure, les sciences expérimentales modernes s'appuient sur l'une et l'autre des deux approches discursives.

En guise de conclusion partielle, nous soulignons que l'induction et la déduction sont comme deux éléments d'un même attelage mobilisé pour le progrès de la connaissance à travers ce qu'il convient de nommer *raisonnement expérimental*. Nous prétendons que, les erreurs auxquelles aboutissent les sciences du vivant ne sont pas imputables uniquement à l'*induction* d'un côté ou à la *déduction* de l'autre, mais au raisonnement expérimental sous toutes ses formes. Ces erreurs ne sont pas non plus l'expression de la faillite de ces sciences. Elles sont inhérentes à leur structure même de façon générale, à leur construction, plus précisément à leur méthodologie qui privilégie ce qui est visible, observable, mesurable, quantifiable. Enfin, elles sont inévitables dans les sciences du vivant, dans la mesure où le moindre *changement* d'un agent causal biologique déforme la *relation causale* dans laquelle il est engagé ainsi que les *faits* qui lui sont attachés et sur lesquels s'appuie le raisonnement.

Cette déformation de la *cause* est souvent due à un changement invisible et parfois non décelable par les instruments de la science. Ainsi, tout postulat que poursuit le raisonnement expérimental dans les sciences du vivant, peut être mis en difficulté par le *devenir de tout nœud causal biologique*, d'autant que loin d'accepter le *devenir* pourtant préconisé par le *principe fondateur* du cadre théorique d'analyse du vivant tracé par la conception ontologique Égypto-nubienne, la méthodologie adoptée par les sciences biologiques contemporaines privilégie l'idée de *stabilité* des causes biologiques pour la commodité d'une manipulation plus rapide des concepts qui, *via* les Grecs, sont désormais mobilisés en science. Quoi qu'il en soit, dans une analyse causale, la démarche intellectuelle qui mêle *idée* et *fait* est condamnée à produire des erreurs. Pour tenter de les surmonter, les idées, les hypothèses causales aussi bien que les faits sont indispensables au savant. L'*hypothèse* vise à rendre intelligible les faits. Sans elle ceux-ci restent bruts et non intégrables dans la science. Mais en raison du *devenir* des objets de la

---

[692] C. Bernard, *Introduction à l'étude de la médecine expérimentale,* (1865), p. 285.

biologie, ni l'*hypothèse* ni même les *faits* ne garantissent aucune *certitude*. Face à l'ESB, l'hypothèse qui s'est imposée est l'*idée* de l'innocuité tirée des faits attachés à la tremblante. Mais, alors même qu'elle est bien formulée et parfaitement corroborée par des *faits* épidémiologiques établis à partir du mouton, une fois rapportée à la vache, cette *hypothèse* devient, en quelque sorte, un postulat, une vérité adoptée d'emblée parce qu'elle parait évidente par elle-même à la raison. Le mouton porteur de sa maladie étant inoffensif pour l'homme, la vache porteuse d'ESB passe aussi pour inoffensive pour l'homme. Ainsi, parce que rien de ce qu'elle décrivait ne s'appliquait en somme pas à la vache, alors même que les conclusions qu'elle tirait portent sur la vache, l'on pourrait reprocher à la science d'avoir essayé de refaire, par un postulat admis à titre de principe, une nature schématique qu'elle a essayée de rendre aussi adéquate que possible à certains faits connus.

Dès lors, on pourrait même être conduit à se demander comment *via* un postulat, la science a pu assimiler entre eux les choses et l'esprit qui s'efforce d'en construire un double, mais d'après ses propres lois et en n'y mettant que des pensées ou des *idées*. Cela peut sembler d'autant plus étonnant de la part des sciences de la vie et de la santé qui, savent parfaitement qu'une telle reconstruction de la nature à partir de simples postulats est un procédé qui présente de grands inconvénients, notamment celui de perdre de vue qu'il y a bien des résultats que l'on n'atteint pas *a priori*.

L'analyse philosophique des stratégies intellectuelles déployées par les savants pour aborder le problème de l'évaluation des risques de l'ESB pour la santé humaine, montre qu'à l'exclusion du moment où la politique a fait intrusion dans la science et que, ressemblant parfois à des slogans ou à des cris de guerre, les arguments avancés sont devenus *ad hominem*, c'est-à-dire, dirigés contre une personne qui présente un point de vue, plutôt que contre l'opinion elle-même de cette personne, il n'y a véritablement pas eu, dans le cas que nous discutons, une continuité montrant une gamme d'énoncés de la science allant du moins exact aux plus exact ou du plus confus aux plus clair.

Au contraire cette analyse philosophique montre qu'il y a surtout eu, ainsi que nous l'avons déjà mentionné, une rupture de la base à partir de laquelle le connu fut examiné en tenant compte ou non du *devenir de tout nœud causal biologique*, entraînant alors à l'intérieur de la biologie et de la médecine des maladies à prions, deux positions épistémologiques distinctes, combinant chacune à des degrés divers, à la fois *idée*, *théorie* et *fait*, rationalisme et empirisme, l'induction et la déduction. De sorte que tout en s'efforçant de rester rationnels, les raisonnements ne pouvaient plus aboutir aux mêmes conclusions. Ces positions résultent de contextes et de *circonstances* épistémiques totalement différents, qui peuvent dans des conditions extrêmes, cristalliser en cultures épistémologiques, au sens où Evelyn Fox Keller entend la notion de culture épistémologique, à savoir "les normes et les mœurs d'un groupe donné de scientifiques qui sous-tendent les significations particulières qu'ils attribuent à des mots tels que « théorie »,

« connaissance », « explication » et « compréhension », ainsi qu'au concept de pratique lui-même"[693]. Il y aurait donc une sorte d'incarnation des formes de raisonnements en cultures épistémologiques. Selon telle ou telle circonstance épistémique, dans un contexte où la régularité des *faits* s'invite, l'on est alors persuadé soit de savoir et de pouvoir selon le précepte baconien soit au contraire de ne pas savoir, ce qui dans ce cas et malgré toute l'étendue du connu, conduit à s'autoriser plus volontiers de douter.

De là, il découle que l'on se tourne alors vers l'une ou l'autre position par rapport au connu avec ce que cela comporte de philosophie sous-jacente chez l'agent, illustrant ainsi l'idée kantienne selon laquelle, c'est avec un jugement synthétique *a priori* que nous abordons l'expérience. Mais tous les agents ont œuvré dans le cadre d'une science normale, dans lequel au fond, la méthode mise en œuvre est une méthode expérimentale qui a déjà montré toute sa fécondité, malgré ses fragilités. L'analyse philosophique menée jusqu'ici montre que si à certains moments, la science a tenté de nier le *devenir du nœud causal biologique* qui implique l'agent de la tremblante, à aucun moment elle n'a nié des *faits* existants, c'est à dire, le connu.

Elle n'a pas non plus essayé d'imposer des notions et principes qui semblent purement arbitraires. De ce connu maintes *hypothèses* pouvaient être formulées. L'une d'elles semblait privilégiée, en raison des *faits* d'observation très nombreux attachés à la tremblante. Elle s'est trouvée élevée à la dignité d'un postulat, dans une impossibilité de l'introduire dans un processus normal de contrôle expérimental qui aurait consisté à injecter dans le système nerveux de l'homme le tissu nerveux très infectieux de l'animal, prélevé d'une vache atteinte de l'ESB, puis à observer les effets subséquents. Un tel contrôle est interdit par l'éthique. Alors, c'est finalement la nature qui a servi de cadre expérimental et a tranché, lors du jaillissement de la forme humaine de l'ESB ; comme si les *hypothèses* formulées ne servaient à rien, et qu'il aurait simplement fallu attendre l'expérience de la nature pour avoir la clef de l'énigme. Dès lors, se pose la question de savoir pourquoi aujourd'hui encore, tant d'esprits distingués s'attachent à ces hypothèses *incertaines* qui ne font qu'embarrasser la science ?

Peut-être, pourrait-on considérer qu'il ne s'agit là que d'une tendance naturelle voire une faiblesse de l'esprit humain de se représenter l'inconnu sous la forme du connu, tout en s'efforçant d'imaginer les processus qui, dans le secret, se déroulent au sein de la nature. Si c'est une faiblesse de l'esprit humain, alors elle lie l'intelligence à l'imagination. Dès lors, on peut craindre que l'intelligence affectée par l'imagination, imparfaites l'une et l'autre, ne conduisent irrémédiablement qu'aux *idées* nécessairement erronées par rapport au réel. Vraisemblablement, c'est cette crainte des

---

[693] E. Fox Keller, (2002), *Making sense of life. Explaining biological development with Models, Metaphors and Machines* ; tr. fr., *Expliquer la vie. Modèles, métaphores et machines en biologie du développement*, (2004), p. 14.

hypothèses causales qui a inspiré Auguste Comte (1798—1857) pour qui, toute hypothèse scientifique, afin d'être réellement jugeable, doit exclusivement porter sur les lois des phénomènes, et jamais sur leur mode de production[694]. Mais, c'est oublier que l'imagination elle-même peut parfois mener vers une *idée* proche de la réalité, à savoir ce qui se passe dans le secret de la nature. L'intelligence étant imparfaite et dans l'impossibilité de la dépouiller de l'imagination, la science doit par conséquent s'appuyer à la fois sur l'une et l'autre, toujours en partant du connu, notamment lorsqu'il s'agit de sciences expérimentales. L'*hypothèse*, dans toute sa libéralité, doit alors être toujours mobilisée comme un échafaudage pour édifier la science.

En avançant des énoncés qui, par prudence, s'appuyaient trop fortement sur les *faits* selon l'idéal newtonien, refusant ainsi de trop s'engager dans la région des *idées* dans laquelle il est plus facile de multiplier des *hypothèses* à soumettre à l'épreuve de la falsification dans la mesure du possible, la science a semblé vouloir respecter les interdits du positivisme pour lequel il faudrait s'en tenir aux apparences phénoménales et renoncer à percer la raison profonde des choses, par souci de ne jamais dépasser l'expérience immédiate. Or, la prudence qui a conduit à rester au plus près des *faits* immédiats recueillis à partir de la tremblante, a eu pour effet paradoxal de rendre imprudente l'inférence sur l'innocuité de l'ESB, dans la mesure où en science biologique, ces faits peuvent, précisément, relever des phénomènes et non pas du *réel* probablement plus *complexe*.

En revanche, c'est cette même science qui tenta d'interpréter la nature selon l'injonction baconienne, en s'appuyant sur le connu, mais relativement au *changement possible* d'un agent causal introduit dans un nouvel hôte, lâchant ainsi la laisse de l'esprit par rapport aux *faits* massivement attachés à la tremblante, au point d'entrer en métaphysique pour faire une inférence causale du sort de l'ESB dans son rapport à la santé humaine qui s'est avérée exacte. De part et d'autre des deux camps qui se sont opposés dans l'évaluation du risque de l'ESB pour la santé humaine, le réalisme reste le même *in fine*, quelle que soit l'inférence qui a été faite.

Comme il s'agit d'inférence causale, il ne saurait être question de déduction pure, assurant que l'on part de prémisses vraies pour aboutir d'une manière *certaine* à des conclusions *vraies* ou à des énoncés prédictifs *sûrs*. Il est plus question de vraisemblance ; la conclusion établie par les faits permettant en pareil cas de remonter à l'*idée* ou à la prédiction et de la reconnaître comme vraie par ses conséquences. Cela impose au raisonnement expérimental dans les sciences biologiques et biomédicales, une patience et une modestie bien plus grandes dans les prétentions qu'elles peuvent avoir en ce qui concerne la *certitude* de leurs énoncés relatifs à la *nature profonde des causes biologiques*. On comprend en revanche, que les ambitions de ces sciences soient très grandes en ce qui concerne

---

[694] A. Comte, *Philosophie des sciences*, (1996), *Première Leçon*, voir notamment p. 53 sqq.

l'*explication* des phénomènes, la découverte de la nature même des choses, la détermination des causes. C'est la raison pour laquelle, malgré les préceptes d'Auguste Comte (1798—1857) qui engageraient la science vers les hypothèses fonctionnelles fournissant la relation stable entre les faits en vue de dégager des lois, et qui lui interdiraient de s'intéresser aux *hypothèses* causales qui sont métaphysiques, ces dernières resteront très présentes dans la construction même des sciences biologiques et médicales.

Car, en médecine par exemple, chercher la *cause* d'une maladie, c'est déjà s'engager dans la voie d'une thérapeutique, tandis qu'en biologie cela ouvre la voie à une *explication*. Dans le fond, la visée par l'*hypothèse* causale "d'une réalité en soi à découvrir derrière les phénomènes, tenus pour de simples apparences subjectives"[695], demeure féconde en science lorsque, tout en donnant libre cours aux *idées*, dans une quête de la raison profonde des choses, cette science s'appuie sur les *faits*. Et en définitive, c'est toujours "l'observation et l'expérimentation [qui] seuls peuvent établir les réalités ou les faits sur lesquels les sciences se fondent"[696].

Ainsi, quelle que soit la position que l'on peut avoir vis à vis du connu, c'est-à-dire des *faits* à l'intérieur de la science, et qui laisse à l'*idée*, à l'*hypothèse* la liberté d'être au plus près ou au contraire très éloignées de ce connu, la science s'accorde sur le fait que la description du monde par les énoncés qu'elle produit ne fournit pas de *certitude* sur l'état du monde. Autrement dit, la science s'accommode de l'erreur, et s'efforce de la corriger dès qu'elle est repérée. Ainsi, a-t-elle tenté un jugement critique de l'inférence inductive du sort de l'épizootie de l'ESB, lorsque ces énoncés prédictifs ont commencé à présenter un écart avec le réel.

Mais, dans la mesure où elle opère *grosso modo* par induction tout d'abord, suivie d'une déduction, son jugement s'est heurté à ses propres processus d'élaboration, dans un contexte épistémique où le paradigme de la vérité des *faits apparemment stables* donne l'illusion d'un savoir ferme. Le paradigme de la non-transmissibilité zoonique des maladies à prions résultant de la colligation des faits attachés à la tremblante a pu agir comme une idée arrêtée. La confiance accordée à l'inférence causale résultait de 250 ans d'observation d'une non-transmissibilité zoonique de la tremblante.

Cette régularité étant tenue comme une preuve *a priori*, la science s'est arrêtée alors à l'*idée* de l'innocuité pour l'homme de la vache malade et a inféré que "la vache serait l'hôte final" de sa maladie en s'appuyant sur le concept de "la barrière d'espèces". Ainsi a été martelé au grand public aux fins de le rassurer l'énoncé prédictif selon lequel l'ESB est sans danger pour l'homme. Or, comme le souligne Claude Bernard (1813—1878), "une idée arrêtée dans l'étude d'une question apporte le trouble dans la logique et dissimule aux yeux de l'observateur prévenu, les contradictions flagrantes

---

[695] R. Blanché, *L'Induction scientifique et les lois naturelles*, (1975), p. 39.

[696] C. Bernard, *Leçons de physiologie appliquée à la médecine*, (1854), p. 5.

pour tout autre, entre les raisonnements et les faits qu'il constate"[697]. Dans le cas que nous discutons, s'il ne saurait être question de contradiction, en particulier, en ce qui concerne le raisonnement très rigoureux de l'éminent neuropathologiste britannique David Taylor, il n'empêche malgré tout que la non-transmissibilité de la tremblante à l'homme a pu agir comme une *idée* arrêtée en raison même du poids que cela représentait en tant que paradigme. Surtout, au moment où l'épidémiologiste John Wilesmith et ses collègues se sont constitués en front défendant ce paradigme de la non-transmissibilité zoonique des neuropathologies animales. La science s'est alors trouvée comme ralentie dans sa marche par la *croyance* en ses inférences perçues comme étant susceptibles de véhiculer une vérité nécessaire, *immuable*.

Pour le dire autrement, la non-transmissibilité zoonique de la tremblante étant vraie et tenue à juste titre pour un *fait* bien observé, cette vérité est inférée sur l'ESB, sur la base cette fois-ci d'un fait auquel on croit ; négligeant ainsi la réalité de la *variabilité* biologique, le *devenir* dans lequel le vivant est immergé. En biologie, pour leur valeur exacte, les faits sur lesquels reposent les inférences inductives ou causales sont à considérer comme des *faits possibles*. Ce qui signifie que, si pour la tremblante la non-transmissibilité zoonique est un fait d'observation, une fois extrapolée à l'ESB par anticipation, elle est un *fait possible*, tout au mieux probable.

Mais, même dans ce cas, ce fait est susceptible de réserver une surprise. Car dans le vivant, en raison du *devenir de tout nœud causal biologique*, la probabilité causale ne peut avoir toute la fermeté qu'on lui connait en mathématique, reposant sur sa convergence avec la fréquence élevée qui est observée lorsque le nombre d'épreuves devient très grand. Au contraire, plus le nombre d'épreuves augmente, plus le *temps* de leur occurrence est long et devient susceptible de livrer dans le vivant un *fait imprévisible*, malgré la stabilité apparente des faits préalablement recueillis. Si par exemple un lien génétique préalablement déterminé sous-tend le fait habituellement observé, alors le nouveau fait imprévisible est généralement admis sous la désignation de mutation au hasard, dont on cherche par la suite à connaître la fréquence ou la probabilité. À présent, ce qu'il importe de noter, c'est que pour arriver à la vérité, les inférences inductives et causales doivent être considérées comme des *hypothèses* à insérer dans la méthode expérimentale.

C'est la raison pour laquelle, inlassablement, dans les sciences de la nature, une mise en œuvre d'expériences organisées est requise pour mettre à l'épreuve une *hypothèse*, dans la mesure où cela est réalisable. En pareil cas, "l'expérimentation implique alors une méthodologie rigoureuse d'observation adaptée à la situation en cause. Dans le cadre des sciences biologique et médicale elle doit tenir compte, outre de la précision des mesures, de la variabilité biologique des quantités mesurées et des fluctuations des échantillons sur lesquels porte l'expérience, ce qui implique une approche proba-

[697] *Ibid.*, C. Bernard, (1854), p. 263.

biliste beaucoup plus explicite que dans d'autres sciences de la nature"[698]. Le savant doit formuler son inférence ou "son idée, comme une question, comme une interprétation anticipée de la nature, plus ou moins probable, dont il déduit des conséquences, qu'il confronte à chaque instant avec la réalité au moyen de l'expérience"[699]. Car, malgré tout, dans l'induction amplifiante de laquelle est engendrée une inférence ou une *idée*, la *probabilité* qui joue un rôle considérable, suppose toujours un rapport entre le nombre total des cas possibles, et le nombre de cas favorables effectivement *observés* ou *calculés*. Mais, dans un contexte de paradigme où s'est déroulée la tentative de résolution du risque de l'ESB pour l'homme, et en raison de l'impossibilité dans laquelle se trouvait la science pour tester l'hypothèse de la non-transmissibilité zoonique de l'ESB, la *variabilité* biologique et le *devenir*, ont vraisemblablement échappé à la science lorsqu'elle a inféré de l'animal à l'homme.

Dans le fond, les données recueillies à partir du mouton puis transposées à la vache étaient, en quelque sorte, des conjectures. Toutefois, ces conjectures ne se présentaient pas aux partisans de la thèse de la non-transmissibilité zoonique l'ESB comme de simples *hypothèses* au sens moderne du terme, des formules à vérifier. Elles étaient bien plus. Elles étaient des conjectures sur l'avenir. Elles se présentaient comme des anticipations. Elles étaient alors, comme cela est déjà indiqué, des probabilités et en même temps qu'elles se trouvaient hors du champ de la méthode expérimentalc. Malgré que ces probabilités semblaient conséquentes au regard des épreuves déjà observées dans le passé par les scientifiques et sur une période considérablement longue à l'échelle humaine, elles ont été complètement déjouées par le *devenir du nœud causal* spécifique que constitue l'agent de l'ESB.

Nous voyons d'emblée à quel point les *probabilités*, qu'elles soient conditionnelles ou de conception "causaliste"[700] demeurent, malgré tout, fragiles et problématiques dans une analyse causale marquée par le *devenir*. Dans une probabilité conditionnelle, notée P(B/A), considérée comme la probabilité de B sachant A, l'on s'attend à ce que la probabilité de l'évènement B se réalise, lorsque l'on sait que l'évènement A est réalisé. La conception « causaliste » découle de la probabilité conditionnelle, mais dans cette conception, l'évènement conditionné B serait *nécessairement* une conséquence, ou un effet de l'évènement conditionnant A. L'on aurait ainsi une probabilité de l'évènement B, dans un contexte causal A. C'est le concept de probabilité causale mobilisé en toile de fond dans le raisonnement des tenants de la thèse de l'innocuité de l'ESB, sachant que la

---

698 J-B. Paolaggi, J. Coste, *Le raisonnement médical, de la science à la pratique clinique*, (2001), p. 31.

699 C. Bernard, *Introduction à la médecine expérimentale*, (1865), p. 49.

700 M. Artigue, B. Parzysz, *Enquête sur le concept de causalité*, (2003), p. 135.

tremblante est inoffensive pour la santé humaine. Bernard Parzysz et Michèle Artigue[701], professeurs émérites de didactique des mathématiques à l'Université Paris 7, s'étonnent que ce concept de probabilité causale s'impose chez un agent cognitif dans un contexte didactique des mathématiques où l'on s'attend que la probabilité conditionnelle soit détachée des préoccupations de causalité. Nous pensons que la raison pour laquelle cela est naturellement difficile pour un agent cognitif, quel qu'il soit, de dissocier d'emblée la probabilité conditionnelle de toutes considérations de causalité, c'est que le principe de causalité est transcendantal, il est dans l'esprit *a priori*. Quoi qu'il en soit, pour revenir à nos préoccupations au sujet de l'induction, l'on s'accorde à admettre avec Robert Blanché (1898—1975), que les traits communs aux diverses conceptions de l'induction qui s'échelonnent depuis Aristote jusqu'à nous, montrent clairement que celle-ci est d'abord un point de départ, direct ou indirect, dans l'expérience reposant sur des données de fait avant de s'engager dans "un mouvement de remontée vers des principes, qui prend à rebours l'ordre déductif"[702].

En parcourant ainsi à rebours l'ordre logique de dépendance des propositions, l'*induction* prend "un caractère d'insécurité"[703]. C'est ce dernier qui "nécessite un contrôle et l'inévitable dissociation entre le moment de la découverte et celui de la preuve ; la découverte ici signifiant la production d'une inférence ou d'une hypothèse à partir des faits, par le procédé inductif"[704]. Ce caractère d'insécurité découle de ce que l'induction *généralise* en ce sens que dans "l'inférence inductive la conclusion dit plus que les prémisses"[705]. C'est ce qui "donne à l'énoncé inféré un caractère conjectural qui conduit à l'obligation de sa mise à l'épreuve par l'expérience"[706]. De ce point de vue, le principe auquel on s'élève est toujours hypothétique, tant dans le sens d'un énoncé conjectural, que dans celui d'un énoncé posé au départ d'une démarche expérimentale.

Qu'une prédiction attachée à une inférence inductive s'avère *a posteriori* inexacte cela n'est donc pas du point de vue strictement scientifique une bizarrerie. Les scientifiques qui se distancient des faits empiriques s'accordent sur le constat selon lequel "dans l'induction, la certitude reste impossible, [et que] de nombreuses lois induites à la suite d'observations et d'expérimentations pourtant méticuleuses ont ensuite été réfutées. Néanmoins, ce raisonnement a certainement contribué à l'essor des sciences physiques et chimiques, mais aussi biologiques et médicales"[707].

---

[701] *Ibid*, M. Artigue, B. Parzysz, (2003).
[702] *Ibid.*, R. Blanché, (1975), p. 16.
[703] *Ibid.*, R. Blanché, (1975), p. 17.
[704] *Ibid.*, R. Blanché, (1975), p. 17.
[705] *Ibid.*, R. Blanché, (1975), p. 17.
[706] *Ibid.*, R. Blanché, (1975), p. 17.
[707] *Ibid.*, J-B. Paolaggi, J. Coste, (2001), p. 31.

De manière générale, quel que soit le type d'inférence que la science peut faire, celle-ci mêle les données de l'expérience à la loi, à savoir l'expression d'une relation constante entre des grandeurs qui varient. De la sorte, la loi si loi il y a, exprime les faits d'expérience en termes de constantes et de variables. Or parfois, là où il y a que des *variables* en biologie souvent l'on voit des constantes, dans la mesure où la régularité des *faits* dans les plages de stabilité apparente finit par imposer au savant l'impression d'une constance. Ainsi, par le biais de la loi souvent énoncée en biologie en termes de *propriétés* biologiques ou de *fonctions* biologiques, l'on confère aux données de l'expérience un contenu logique, alors que celui est factuel.

Jean-Baptiste Paolaggi, professeur émérite à l'Université Paris V, membre de l'Académie Nationale de médecine et Joël Coste, biostatisticien, historien de la médecine, co-directeur de l'École doctorale de Santé Publique des Universités Paris XI, Paris Descartes, considérant le raisonnement probabiliste dans l'examen du raisonnement qui mène de la science à la pratique clinique, soulignent que "dans le raisonnement inductif la certitude des conclusions ne peut jamais être absolue"[708]. Dans la mesure où, selon eux, "la régularité des associations observées n'est peut-être que *contingente* ou coïncidente et non nécessaire ou causale"[709]. C'est la raison pour laquelle, dans un cadre de connaissance causale approximative, du fait que les énoncés de la biologie sont factuels et mêlent le vrai et le faux, les *inférences* ne peuvent fournir que des conditions de *possibilités* et non des anticipations exactes. Prises comme des idées *a priori*, ou comme des théories, les inférences causales qui constituent des prédictions devraient être "introduites dans le raisonnement expérimental pour être soumises au critérium des faits, c'est à dire, à l'expérience"[710]. Ainsi, en raison du *devenir de tout nœud causal biologique*, les inférences sont à considérer comme des *hypothèses* à insérer dans la méthode expérimentale.

Avant de conclure de manière définitive sur les considérations évoquées plus haut, il faut souligner que beaucoup de philosophes des sciences qui se sont penchés sur le problème de l'induction et des inférences causales qu'elle engendre, s'accordent sur un point. La *certitude* de ces dernières ne peut être établie et prouvée que par l'expérience. Seule l'expérience ne trompe jamais. Ainsi, l'*interprétation de la nature* selon Francis Bacon (1561—1626), la *colligation* de William Whewhell (1794—1866), l'idée *a priori* de Claude Bernard (1812—1878) constituent des expressions différentes d'un même rationalisme, solidaire de l'empirisme. Dans ce rationalisme, l'induction et les énoncés qu'elle féconde ont une place prépondérante. Whewhell assimile l'induction à l'invention d'une *hypothèse* qu'il restera à juger par ses conséquences expérimentales. Sa philosophie

[708] *Ibid.*, J-B. Paolaggi, J. Coste, (2001), p. 31.
[709] *Ibid.*, J-B. Paolaggi, J. Coste, (2001), p. 31. Souligné par nous.
[710] *Ibid.*, C. Bernard, (1865), p. 77.

c'est l'idée selon laquelle les découvertes de la science expérimentale sont dues à l'emploi de l'*hypothèse* contrôlée par ses conséquences. Claude Bernard dira que "la méthode expérimentale, considérée en elle-même, n'est rien autre chose qu'un raisonnement à l'aide duquel nous soumettons méthodiquement nos idées à l'expérience de faits"[711]. À travers une telle vue, nous sommes en quelque sorte dans l'épistémologie contemporaine, à l'intérieur du cadre de la logique de la découverte scientifique dessinée par Karl Popper (1902—1994). Dans un tel cadre, ce qui fait la valeur de l'induction, c'est d'arriver quelques fois à une conclusion vraie. Et c'est uniquement sur la vérité de cette conclusion qu'on la jugera. Cette vérité n'est jamais établie *a priori,* mais d'après le jugement de l'expérience.

Les critères de cohérence interne dictée par quelque système logique ne suffisent donc pas, à eux tout seuls, à l'établir. C'est à l'expérimentateur de la constater d'après l'accord extrinsèque avec le *réel.* Ainsi, l'*idée* ou la *théorie*, l'*inférence inductive* ou l'*inférence causale,* en tant que résultat du raisonnement inductif, ne sont qu'un état transitoire et peuvent être remises en cause par la progression des recherches provoquée par l'apparition d'éléments nouveaux dans les *faits* observés ou dans leur interprétation.

De sorte que nous pouvons proclamer que dans les sciences expérimentales en générale et dans les sciences biologiques et biomédicales, en particulier, la connaissance se construit et progresse à la fois par la mobilisation de l'induction expérimentale et la liberté créatrice se manifestant dans l'*hypothèse* ou la *théorie* par déduction. Dans de telles sciences, les défenseurs de la liberté créatrice soulignent que les *hypothèses* sont certes des sortes de démonstrations qui ne produisent pas une certitude aussi grande que celle des mathématiques et diffèrent même beaucoup de celle-ci. Car, là où les mathématiques prouvent leurs propositions par des principes certains et incontestables, les *hypothèses*, elles, se vérifient par les conclusions que l'on en tire. Cependant, il reste possible en science d'arriver grâce aux *hypothèses*, à un degré de vraisemblance qui souvent n'est pas très loin de l'évidence entière. Ceci arrive quand les choses démontrées par ces principes supposés, se rapportent parfaitement aux phénomènes que l'expérience a fait remarquer. Ceci arrive d'autant plus lorsque, par la suite l'on prévoit des phénomènes nouveaux censés suivre des *hypothèses* formulées et que l'on observe que l'*effet* répond à notre attente.

De sorte que des preuves de la vraisemblance peuvent se présenter comme une confirmation de la manière dont la science se représente à peu près les choses. En cela, les *hypothèses* sont des spéculations qui non seulement peuvent apporter en science des explications satisfaisantes pour tout ce que l'on ne peut pas voir, mais également quelque lumière sur les *causes* des phénomènes étudiés. Par conséquent, qu'elles soient fausses ainsi que les anticipations qu'elles véhiculent, cela ne saurait entrainer

[711] *Ibid.,* C. Bernard, (1865), p. 77.

l'écroulement de la science. Les *hypothèses*, les *inférences inductives*, les *inférences causales* et les *théories* sont à prendre "comme des instruments intellectuels, prêts à les abandonner et à les sacrifier à la plus petite vérité, et la science ne peut qu'y gagner"[712]. Il nous faut conclure. En dernière analyse, nous prétendons que, plus que comme une opération de l'esprit qui se saisit de données factuelles pour en dégager une loi, l'*induction* doit être considérée comme une démarche scientifique qui assure une remontée plus ou moins aventureuse vers un principe. Par ce principe, introduit comme une *hypothèse*, ou comme *inférence*, cette démarche permet de déduire des conséquences expérimentales susceptibles d'en contrôler la valeur.

De sorte que, si l'épreuve de contrôle s'avère concluante, ces *faits* expérimentaux se trouvent interprétés à leur tour. Si la généralisation issue de la démarche inductive est admise comme une théorie, alors *l'inférence* peut se faire, mais dans un cadre hypothético-déductif. Dans un tel cadre, "le scientifique fait l'hypothèse que sa théorie est vraie et prédit ce que devraient être les résultats d'une observation du réel selon cette théorie.

Dans un second temps, il observe le réel : si les résultats ne sont pas compatibles avec la prédiction, c'est que l'hypothèse est fausse, [...] elle est réfutée. En revanche, si les résultats sont compatibles avec les résultats, l'hypothèse n'est pas vérifiée, [elle est corroborée] jusqu'à la preuve du contraire"[713]. Aucune forme d'infaillibilité n'est contenue dans la démarche inductive qui pourrait justifier la faillite de la science, si une *inférence* s'avérait inexacte. Car, "si la déduction passe pour être un raisonnement rigoureux, tel qu'on ne puisse nier la conséquence si l'on admet la prémisse [...], dans la conscience sémantique moyenne, le terme même d'induction est fortement associé à l'idée de risque logique et de conclusion seulement probable, sans doute en partie à cause de l'induction amplifiante qui, suggère toujours, quand on y réfléchit, un sentiment d'insécurité et de déception possible"[714]. Quelque plausible que puisse être le raisonnement que mobilise la démarche expérimentale, celle-ci sera sans doute rationnelle, mais ne garantira point la vérité des théories qu'elle produit.

Mais, par la force de l'habitude, les vraisemblances véhiculées par une telle démarche peuvent conduire la science à confondre vérités *contingentes* et vérités *nécessaires*, évidence *logique* et évidence *expérimentale*. Dans le cas qui nous occupe, la proposition reconnue pour vraie est que l'agent de la tremblante jusqu'à présent n'a été impliqué dans aucune maladie à prions humaine. Une telle proposition, de laquelle sont parties les inductions et les inférences ayant conduit à des prédictions inexactes, est actuellement vraie mais *contingente*.Elle n'est pas nécessairement vraie dans le futur ni dans tous les contextes biologiques possibles et imaginables. Elle est cependant

---

[712] *Ibid.*, C. Bernard, (1854), p. 13.
[713] *Ibid.*, J-B. Paolaggi, J. Coste, (2001), p. 31.
[714] *Ibid.*, A. Lalande, (1929), p. 14.

dans la biologie des prions le socle empirique de la science sur la question de la transmissibilité zoonique des ESST. On voit bien à quel point le *principe* d'induction au sens de postulats, de propositions reconnues pour *vraies* ou même *probables*, dont la présence détermine notre assentiment à l'ensemble de la théorie, et à partir "duquel nous pourrions faire des inférences inductives dans une forme logique acceptable"[715], peut "mener à des incohérences logiques"[716]. Si l'*induction* est au centre de la science moderne, alors le rationalisme critique de Karl Raimund Popper (1902—1994) s'impose ici comme une voie de sortie des impasses auxquelles conduit la logique inductive. Dans la mesure où selon Popper, "l'un des plus importants philosophes des sciences du XXe siècle"[717], "la science n'est pas un système d'énoncés certains ou bien établis [...]. Notre science, — déclare-t-il —, n'est pas une connaissance (*épistèmê*) : elle ne peut jamais prétendre avoir atteint la vérité, ni même l'un de ses substituts, telle la probabilité"[718].

Pour lui, "l'exigence d'objectivité scientifique rend inévitable que tout énoncé scientifique reste nécessairement et à jamais donné à titre d'essai"[719]. Parce que la réfutabilité est le critère même de la science et qu'un énoncé n'est réfutable que si c'est une prédiction, les énoncés prédictifs, toutes les inférences inductives et causales à l'intérieur de la biologie moléculaire et de la biomédecine ont de droit un statut scientifique ainsi que des raisons d'être fragiles. Quel que soit leur degré de fragilité, les prédictions, les inférences n'entraînent pas la faillite de la science.

Mais, seule l'expérience permet de statuer sur leur vérité. On arrive ainsi à cette idée selon laquelle en science il y aurait deux manières de connaître la vérité, à savoir, les raisonnements sous toutes leurs formes dont les conclusions les plus certaines laissent à désirer si l'on ne les vérifie pas, et l'expérience qui se suffit à elle-même, à condition que l'esprit se saisisse des *faits* bruts qu'elle recèle aux fins de les rendre rationnels. De là, le balancement perpétuel entre les deux préceptes : Ne cherchez pas à deviner d'avance, constatez. — Tâchez d'abord de deviner : la nature ne répond rien à qui ne sait pas ce qu'il faut lui demander"[720]. Par un perpétuel balancement entre ces deux préceptes qualifiés par Robert Blanché (1898—1975) de "déontologie bipolaire du savant"[721], au fond le biologiste moléculaire "se trouve ainsi tiraillé entre deux exigences qui s'accordent mal"[722], comme

[715] K. Popper, (1959), *The logic of scientific discovery*, I-IV ; tr. fr., *La logique de la découverte* (1973), p. 24.
[716] *Ibid.*, K. Popper, (1973 reprod.), p. 25.
[717] A. Barberousse, M. Kisler, P. Ludwig, *La philosophie des sciences au XXe siècle*, (2000), p. 306.
[718] *Ibid.*, K. Popper, (1973 reprod.), p. 284.
[719] *Ibid.*, K. Popper, (1973 reprod.), p. 286.
[720] A. Lalande, *Les théories de l'induction et de l'expérimentation*, (1929), p. 24.
[721] R. Blanché, *L'induction scientifique et les lois naturelles*, (1975), p. 34.
[722] *Ibid.*, R. Blanché, (1975), p. 34.

c'est précisément le cas de la *nécessité* et du *devenir de tout nœud causal biologique*, dans le champ du vivant. C'est pourtant par un tel balancement, incarné dans l'esprit même du savant, que la biologie "qui ne poursuit jamais l'objectif illusoire de rendre ses réponses définitives ou même probables"[723], évolue avec le *temps*, dans une constante tentative de répondre aux défis qui se dressent face à elle. Malgré la déception due à la faillite des inférences sur le sort de la maladie neurodégénérative bovine, plutôt que de s'écrouler face au défi posé par les troubles neurodégénératifs humains et animaux transmissibles désormais appelés maladies à prions, la biologie moléculaire et la biomédecine contemporaines sortent paradoxalement victorieuses. Car, elles ont appris et élargi ainsi leurs connaissances.

Mais, c'est une victoire à la *Pyrrhus,* dans la mesure où, au regard des vies humaines perdues, de la souffrance infligée aux vaches et du nombre impressionnant de celles qui furent sacrifiées, cette victoire a coûté cher pour que l'on puisse s'en réjouir. Telle est la conclusion de notre analyse scientifique et philosophique des *faits* constatés avec scrupule, attachés aux prions, d'une part et, d'autre part, de l'épistémologie biologique et médicale qu'ils recèlent. Cette analyse des prions a montré que toutes les formes de raisonnement des savants œuvrant dans l'orthodoxie de la science se sont heurtées à la *causalité* spécifique de l'agent de la tremblante dont l'innocuité fut inférée d'abord du mouton à la vache puis de cette dernière à l'homme, par *analogie* de l'agent de l'ESB avec l'agent de la tremblante.

Cette situation qui s'est avérée désastreuse, n'est paradoxalement pas un échec au plan de l'enrichissement des savoirs. Elle est due à la fois à la méthodologie par laquelle la biologie construit ses connaissances, et au *devenir de tout nœud causal biologique* qui peut défier toute pensée calculante, car souvent invisible avant l'irruption d'effets engendrés par des causes biologiques soumises au *changement* continuel pour la perpétuation de l'*être* vivant. Tel est l'enseignement que nous livrent les prions et les troubles neurodégénératifs humains et animaux transmissibles.

Aussi, ne ressort-il pas des *faits* cliniques, pathologiques, étiologiques, épidémiologiques attachés aux prions que la conception d'une *cause biologique stable* comme l'est prétendument la substance aristotélicienne, est une conception spécieuse en biologie ? Dans ces conditions, en vue d'une recherche causale en biologie ou en biomédecine, qu'est-ce finalement que l'*analogie* entre des faits qui se déforment à l'insu de l'expérimentateur, parce que liés à des *causes* qui changent ? Dès lors, dans un contexte scientifique inscrit dans un cadre théorique d'analyse biologique tracé par la *conception ontologique* élaborée en Égypte pharaonique africaine et nègre, comment doit-on mobiliser la notion d'*analogie* dans un raisonnement causal ? Ce sont ces questions-là qu'il nous faut traiter à présent.

[723] *Ibid.*, K. Popper, (1973 reprod.), I-IV, p. 287.

Chapitre 11

De la fragilité de la logique inductive et de la valeur de l'*analogie* pour les inférences à l'intérieur d'une analyse causale du vivant

"On ne comprend jamais ce qui est nouveau que par analogie avec ce qui est ancien"[724] proclame Sir Francis Bacon (1561—1626) d'un côté. "Aussitôt qu'un certain nombre de choses manifestent quelque analogie, quelque ressemblance, qu'elles soient corps, phénomènes ou lois, elles sont par ce fait seul, constituées en groupes ou classes"[725] déclare John Frederick William Herschel (1792—1871) de l'autre. Depuis le XVIIe siècle, les préceptes sur l'*analogie* sont tels qu'en biologie des prions, du fait de leurs étiologies qui se ressemblent, il n'y eut aucun mal à classer dans le même groupe de pathologies l'ESB apparue en 1985 et la tremblante qui existe en Europe depuis 1732. Or, en 250 ans d'observation, cette maladie neuro-dégénérative du mouton n'est vraisemblablement jamais passée à l'homme. Dès lors, avec une rigueur scientifique absolument remarquable, et après avoir examiné dans le contexte de l'ESB de nombreux *faits* détenus jusque-là, on conclut *logiquement* que l'ESB est sans danger pour la santé humaine.

Dans sa rigueur démonstrative, le biologiste annonça lui-même que la route par laquelle on est passé, à l'intérieur de la biologie des prions, pour tirer une telle conclusion est l'*analogie* entre la tremblante confinée dans son hôte naturel et l'ESB dont on redoutait la transmission à l'homme. "Par analogie, le risque de l'ESB pour la santé humaine semble faible"[726] proclama-t-on, en conclusion d'une démonstration sérieuse, irréprochable d'un point de vue scientifique, mobilisant des arguments extrêmement solides de ce point de vue. Malheureusement, les *faits* cliniques, pathologiques et épidémiologiques recueillis avec grand soin au cours du développement de l'ESB, montrèrent clairement que cette maladie est passée à l'homme environ dix ans après son apparition. L'*analogie* n'a pas permis de comprendre *a priori* la nature de l'agent causal de l'ESB.

Cette situation soulève de nombreuses questions épistémologiques dont certaines, relatives à la '*cause*' de l'ESB prétendument connue, ont été analysées dans la deuxième partie de cette enquête, aux chapitres VIII et IX. Puis, nous avons vu dans cette troisième partie, au chapitre X, que l'*analogie* est une catégorie qui se confond avec l'induction. Ce chapitre pose la question du sens profond de l'*analogie* dans un contexte de recherche causale en biologie. C'est une question qui se décline comme suit :

---

[724] F. Bacon, *Novum Organum*, (1857), Liv. I, Aphor. 34, p. 11.

[725] J. F. W. Herschel, *Discours sur la philosophie naturelle*, (1834), § 133, p. 137.

[726] D. M. Taylor, "Bovine Spongiform Encephalopathy and Human Health", (1989), p. 414.

1. L'analogie serait-elle un pourvoyeur d'erreurs dans le champ du vivant ?

2. Qu'est-ce que l'analogie ? Quelle en est la valeur dans une analyse causale en biologie ?

Ce chapitre déroule la longue histoire de la notion d'*analogie* et l'insère dans une trame philosophique. C'est donc une historiographie de cette notion qu'il tente de livrer, dans le but de dégager son *sens* scientifique et philosophique, à l'intérieur d'un cadre théorique d'analyse *ontologique* du vivant dans lequel les entités biologiques causales *changent* dans le *temps* et d'une manière qui n'est pas toujours visible pour l'observateur ni nécessairement prévisible par lui, comme nous l'avons exposé au chapitre III du volume 1, puis comme l'a clairement montré l'histoire vraie des prions et des troubles neurodégénératifs humains et animaux transmissibles, à travers l'*émergence* du nouveau phénotype de la maladie de Creutzfeldt-Jakob (*nv*MCJ), exposée au chapitre IX de ce volume 2.

1. Le problème de la logique inductive dans le raisonnement causal en biologie et médecine

1.1 Liminaire

Au cours de cette enquête scientifique et philosophique, des réunions de travail eurent lieu avec Jean Gayon récemment élu directeur de l'Institut d'Histoire et de Philosophie des Sciences et des Techniques (IHPST), et avec Georges Chapouthier, neurobiologiste, directeur de recherche au CNRS, au "Centre émotion-remédiation et réalité virtuelle". Lors de l'une de ces réunions, une observation nous fut faite par Jean Gayon au sujet de l'expression *devenir de la causalité biologique*, maladroitement utilisée au préalable en lieu et place du terme *devenir de tout nœud causal biologique*. Nous avons d'abord voulu expliquer ce qu'est une *cause*. Nous avons alors été surpris de la difficulté dans laquelle nous nous sommes trouvé en tâchant simplement de définir le mot *cause*. Car, sur la base des *faits* livrés par les prions, la *cause* dont il faut parler est une cause qui *change* avec le *temps*.

Puis, après cette rencontre à l'IHPST, nous avons rapporté cet épisode à Stéphane Jouan, notre ami philosophe à qui nous avions exposé plusieurs fois les questions fondamentales qui émergent de l'analyse philosophique des faits attachés aux prions. Il avait toujours manifesté de l'intérêt et de la patience pour nous écouter à plusieurs reprises expliquer la problématique du *devenir de tout nœud causal biologique*, en nous appuyant sur le prion établi dans son statut causal, perçu dès lors comme *stable* et incapable d'engendrer quelque maladie humaine puis, après son passage dans la vache, devenu dans le *temps* et contre toute attente, la *cause* du *nv*MCJ, stigmate du *changement* de la relation entre les ES de la MCJ et l'agent causal de l'ESB.

Ainsi, nous lui avons rapporté combien nous étions surpris de nous entendre déclarer à Jean Gayon à l'IHPST que les mots nous trahissent sur la question du *changement* dans le *temps* de la causalité spécifique des maladies à prions humaines. Mais, nourri de science et de technique médicales à travers la chirurgie dentaire, avant de devenir philosophe et métaphysicien, Stéphane Jouan ne fut guère surpris. Il nous rappela le malaise souligné par Bergson lorsqu'il s'était agi de défendre une liberté fondée sur la durée contre le déterminisme, plus approprié à cette fixité que recherchent notre intelligence et actuellement notre science, soucieuses de trouver des points fixes pour agir. Dès lors, nous avons en mémoire à quel point le langage se prête mal à des notions comme celle qui se dégage de cette enquête scientifique et philosophique, à savoir le *devenir de tout nœud causal biologique*. Car, comme le souligna Henri Bergson (1859—1941), "le signe est *général*, orienté vers la *pratique*, doué d'un pouvoir de *fixation*"[727]. Puis Bergson, toujours lumineux dans son propos, ajouta ce qui suit :

> "Le signe par excellence, celui qui réunit au plus haut point tous ces caractères, c'est le concept, l'idée en tant qu'elle a été entièrement préparée pour la manipulation intellectuelle. Or, s'il y a quelque chose qui soit réfractaire à toute représentation conceptuelle, c'est le temps, le devenir réel des choses [...]. Une philosophie qui part uniquement du langage ne peut donc qu'ignorer le temps. C'est ce qui est arrivé à la philosophie grecque."[728]

Lorsque l'on pense les entités biologiques causales en termes de *devenir*, comme l'histoire vraie des prions nous y a conduit, les mots faillissent. Ils sont des appuis bien fragiles. Car, ils sont très approximatifs et parfois même déforment la réalité que l'on cherche à exprimer. C'est probablement la raison pour laquelle, en évoquant le mobilisme, Héraclite d'Éphèse (541 av. J.-C.—481 av. J.-C.), l'auteur grec le plus proche de la philosophie naturelle qui se dégage des prions, parlait d'un *fleuve qui s'écoule* et dans les eaux duquel on *ne peut entrer deux fois*. Plus nous nous concentrions sur nos travaux, plus s'imposait la réalité d'une *cause* biologique qui *change*.

Ajoutons que, cette cause semble être comme un point d'ancrage d'un processus causal qui implique tout l'organisme, comme cela fut brièvement évoqué dans la deuxième partie de cette enquête, au chapitre IX. C'est pourquoi nous n'avons pas abandonné le terme '*devenir de tout nœud causal biologique*'. Certes, ce terme n'est pas courant en philosophie de la biologie. Car, depuis le XVIIe siècle, les sciences biologiques se sont écartées de leur cadre théorique d'analyse tracé par la *conception ontologique*, pour s'engager dans la même voie que la physique-mathématique.

Mais, sauf à vouloir passer à côté de la question essentielle ou fuir la difficulté, il nous semble que les *faits* cliniques, pathologiques, étiologiques, épidémiologiques attachés aux prions et analysés avec grand soin dans cette enquête, mettront les biologistes et les philosophes d'accord sur le manque de sérieux qui aurait consisté à passer sous silence le *changement de la relation causale* constaté entre un antécédent et son conséquent, à savoir l'agent causal de l'ESB et les ES humaines. Nous pensons que la réunion au cours de laquelle fut évoqué le problème du contenu du terme *devenir de tout nœud causal biologique*, a beaucoup contribué à l'effort de clarté que nous avons tâché d'accomplir à la fin de la deuxième partie de cette enquête scientifique et philosophique consacrée à cette question. La philosophie qui se dégage des prions invite les sciences biologiques et biomédicales contemporaines à sortir des "concepts trop rigides ... [et, à] cherch[er] des

---

727 H. Bergson, "Cours du Collège de France", (1902-1903), in *Mélanges*, (1972), p. 573. Italique de l'auteur.

728 *Ibid*. H. Bergson, (1972, posth.), p. 574.

concepts qui se modèlent et remodèlent sans cesse sur les faits, des concepts fluides comme la réalité [biologique] même"[729], telle qu'elle se révèle, en tout cas, dans cette enquête scientifique et philosophique sur les prions. Le concept du *devenir de tout nœud causal biologique* s'inscrit dans cette visée. Si ces sciences parviennent à intégrer de tels concepts, alors le problème de la logique inductive posée comme une méthodologie de la science empirique permettant de passer des énoncés singuliers issus de l'expérience à des énoncés universels ou "loi", ne se posera plus ou alors se posera différemment. Dans cette enquête, c'est surtout l'*émergence* de la forme humaine de l'ESB (*nv*MCJ) qui révéla à quel point, dans les raisonnements causals, *il y a un problème avec la logique inductive*.

Popper qui, à la suite de Hume, s'attaqua à ce problème et proposa ce qu'il nomme "la méthode déductive de contrôle"[730] déclara ceci avant d'entrer dans son analyse : "personnellement je considère que les diverses difficultés attachées à la logique inductive, [...] sont insurmontables. Insurmontables également, je le crains, sont celles que suscite la doctrine, si largement répandue aujourd'hui, selon laquelle l'inférence inductive [...] *peut atteindre un certain degré* de « *véridicité* » ou de « *probabilité* »"[731]. Au-delà de souligner notre accord avec Popper, comme cela ressort de cette troisième partie, au chapitre X, nous pensons qu'une biologie qui renouerait avec le *principe fondateur* du cadre théorique d'analyse tracé par la *conception ontologique* du vivant pourrait faire l'économie de ce problème.

Lors d'une autre réunion à l'IHPST, Georges Chapouthier attira notre attention sur un certain nombre de présupposés épistémologiques qui font qu'en ce début du XXIe siècle, l'on trouve une diversité de biologistes abordant la science selon des tempéraments différents et des positions philosophiques variées. Dans un article publié en 2008 dans la revue *Pour la Science*, où il exposa cette diversité de positions, à travers des clivages dont les plus significatifs apparaissent dans la deuxième partie de cette enquête présentée dans ce volume 2, il pose la question suivante : Qu'est-ce qu'un biologiste aujourd'hui ?[732]. Nous choisissons de revenir sur deux des clivages qu'il rapporta, en commençant par celui qui oppose réductionnistes et globalistes, qu'il présente lui-même comme l'un des plus importants :

> "Il [ce clivage] a trait à la conception même de ce qu'est un être vivant, donc aux présupposés fondamentaux des biologistes et aux méthodes nécessaires pour aborder l'étude des êtres vivants. Pour le réductionniste, le vivant peut s'expliquer entièrement par les niveaux d'organisation sous-jacents, c'est-à-dire à partir des

---

729 H. Bergson, "Le parallélisme psycho-physique", in *Mélanges*, (1972, posth.), p. 501.

730 K. R. Popper, (1959), *The Logic of Scientific discovery* ; tr. fr., *La logique de la découverte scientifique*, (1973), p. 26.

731 *Ibid.*, K. R. Popper, (1989), p. 25. Italique de l'auteur.

732 G. Chapouthier "Qu'est-ce qu'un biologiste aujourd'hui ?", (2008).

> propriétés physico-chimiques des organismes. À l'extrême, le réductionnisme se propose d'expliquer la vie sans la vie. L'immense complexité des structures vivantes, dont les composants sont de nature chimique, résulteraient simplement de l'articulation des éléments constitutifs. Donc la vie, issue de la matière inerte, se réduirait en fonctionnement complexe d'une matière inerte. La biologie moléculaire est l'exemple de cette démarche."[733]

Puis, il présenta le point de vue du globaliste pour qui "le tout ne se réduit pas à la somme de ses parties"[734] :

> "Aucun biologiste sérieux ne nie que le vivant résulte de l'architecture d'éléments physico-chimiques et d'elle seule. Une « force vitale » étrangère à la matière et chère aux « vitalistes » n'est évidemment plus envisagée par les globaliste modernes. Mais ceux-ci maintiennent que l'architecture de la complexité fait émerger des propriétés nouvelles, non prévisibles, dans l'état actuel de la science, par la connaissance des éléments sous-jacents : même si tout l'organisme vivant fonctionne avec des molécules, il existe des domaines importants de la biologie non directement interprétables en termes moléculaires.
>
> Or quels que soient les immenses succès de la biologie moléculaire, nul ne peut considérer qu'elle a rendu caduques les autres démarches. Il faut sans doute comprendre le fonctionnement des molécules pour comprendre celui des cellules et enfin celui de l'organise constitué de cellules [...]. Même si l'interprétation moléculaire des phénomènes vivants est recevable, on doit encore considérer que les démarches globalistes (épidémiologie, systématique, écologie, etc.) ont de beaux jours devant elles."[735]

Cette enquête scientifique et philosophique sur les prions montre à quel point, avec le fonctionnement d'un paradigme dans un contexte de pouvoir, des attaques *ad hominem* et autres pressions peuvent être dirigées contre des biologistes à contre-courant des idées dominantes. Dans ces conditions, on peut se demander si quelques biologistes sérieux, sans toutefois être des vitalistes, ne se posent pas dans le silence, la question de savoir si la physico-chimie explique réellement tout dans le vivant. Par ailleurs, nous observons que, si comme cela ressort de cette enquête sur les prions, les biologistes admettent que l'architecture de la complexité des éléments physico-chimiques fait *émerger* des propriétés nouvelles, non prévisibles, alors l'usage de *la logique inductive* qui s'appuie sur des *causes* moléculaires considérées comme *stables*, pour inférer ou prédire, est une

---

[733] *Ibid.*, G. Chapouthier, (2008), p. 30.
[734] *Ibid.*, G. Chapouthier, (2008), p. 30.
[735] *Ibid.*, G. Chapouthier, (2008), p. 30.

approche bien périlleuse qui devrait être mobilisée avec plus de parcimonie, au vu de l'*incertitude* dans laquelle elle place le biologiste. La compréhension plus étendue du *tout*, facilitée par une connaissance fine des parties, qu'évoque à juste titre Georges Chapouthier, est "le pouvoir du réductionnisme"[736], que Lewis Thomas, immunologiste qui obtint son grade de docteur en médecine à Harvard en 1937, attribue à la biologie moléculaire. On ne peut douter qu'il la rendra davantage féconde dans l'avenir. Cependant, même s'il ressort de la philosophie qui se dégage des prions, que l'articulation des positions philosophiques ou épistémologiques est nécessaire pour introduire de l'intelligibilité dans les faits bruts livrés par l'*être* vivant, la chose la plus importante à retenir est que c'est surtout vers la pensée systémique que la biologie moléculaire doit se tourner désormais.

Mais, cette pensée systémique doit parvenir à saisir, comme le fit Lewis parfaitement Thomas, comment la Terre seule fonctionne comme un organisme. Elle doit dépasser l'individualité biologique et voir comment plusieurs organismes visiblement séparés, mais appartenant à la même espèce, fonctionnent comme *un seul* organisme. Elle doit aller peu à peu jusqu'à l'Univers dans son *tout*, et saisir comment l'*intelligence unie* de l'*être*, qui émerge à travers des interactions souvent invisibles d'organismes physiquement séparés, proclame l'intelligence Universelle.

Alors, sans doute, y aurait-il plus de biologistes sérieux pour se poser la question de savoir si dans un organisme vivant, tout se réduit à la physicochimie. Médecin et immunologiste d'un immense talent, émerveillé par les prions alors même qu'ils n'avaient pas encore livré leur philosophie naturelle, Lewis Thomas (1919—1993), dans sa juste vision de l'interdépendance et de l'interconnexion des *êtres* vivants, nota ceci au sujet des fourmis :

> "Vue de loin, une fourmi solitaire ne peut être considérée comme ayant quoique ce soit dans son esprit. En effet, avec seulement quelques neurones tenus ensemble par des fibres, on ne peut pas du tout imaginer qu'elle a un esprit, encore moins une pensée. Elle est plutôt comme un ganglion sur des jambes. Quatre ou dix fourmis ensemble, encerclant une mite morte sur un chemin, commencent à ressembler davantage à une idée. Elles tâtonnent et poussent, déplaçant graduellement la nourriture vers la colline, comme si c'était par un hasard aveugle. Ce n'est que quand vous contemplez la masse dense de milliers de fourmis entassées autour de la colline, noircissant le terrain, que vous commencez à voir la bête entière et que vous l'observez alors en train de penser, planifier, calculer. C'est une intelligence, une sorte d'ordinateur vivant, avec des pièces qui grouillent pour se servir de son esprit."[737]

---

[736] G. Chedd, "Scientist as best-selling author", (1974), p. 806.
[737] L. Thomas, "On Societies as Organisms" in *The lives of a Cell*, (1978), p. 12.

Ainsi que nous le verrons plus loin dans ce chapitre, la *pensée systémique* à laquelle la philosophie naturelle des prions invite les biologistes, doit les conduire au-delà de l'individu, afin qu'ils perçoivent, comme Thomas l'expose ici, l'intelligence qui se dégage du *tout*. Laissant de côté les fourmis, Thomas fit le même constat avec les termites :

> "Les termites sont bien plus extraordinaires dans la manière dont elles semblent accumuler l'intelligence, pendant qu'elles se réunissent toutes ensemble. Deux ou trois termites dans une chambre commenceront à ramasser des boulettes et à les déplacer d'un endroit à l'autre, mais rien n'en sort ; rien n'est construit. Comme davantage de termites s'unissent, elles semblent alors atteindre une masse critique, un quorum ; dès lors la pensée commence. Elles placent des boulettes les unes sur les autres, puis érigent des colonnes, des courbes et de belles voûtes symétriques, puis une architecture cristalline de chambres voûtées est alors créée."[738]

Ensuite, Thomas présenta chez les abeilles la même intelligence qui émerge de l'unité :

> "Les abeilles mènent à la fois la vie des organismes, des tissus, des cellules, d'organelles, au même moment. Une seule abeille, à la recherche du nectar hors de la ruche [...] est toujours comme une partie de la ruche attachée à cette dernière par un fil. En construisant la ruche, les ouvrières ont l'air de cellules embryonnaires organisant un tissu en développement. À une certaine distance, elles sont comme des virus à l'intérieur d'une cellule, parcourant rangée après rangée des polygones symétriques, comme si elles y déposaient des cristaux. Quand vient le moment d'essaimer et que la vieille reine se prépare à s'en aller avec sa partie de population, alors c'est comme si la ruche est impliquée dans une mitose. Il y a un déplacement fébrile d'abeilles dans les deux sens, comme des granules dans le suc cellulaire. Elles se répartissent dans les pièces avec précision, en parts presque égales, une moitié à la reine partante, une moitié à la nouvelle. Ainsi, comme un œuf, la grande créature velue, noire et dorée se divise en deux parties, chacune avec une part égale du génome familial."[739]

Tous les essais présents dans *The lives of a Cell* furent initialement publiés dans the *New England Journal of Medicine* de 1971 à 1973. Sous leur forme rassemblée, ils furent ensuite publiés en 1974 par The Viking Press à New York.

[738] *Ibid.*, L. Thomas, (1978), p. 13.

[739] *Ibid.*, L. Thomas, (1978), p. 13 sq.

Thomas nota ensuite que "le phénomène d'animaux séparés s'unissant pour former un organisme n'est pas propre qu'aux insectes"[740], et après l'avoir présenté également chez l'amibe, il l'aborda dans le cas de l'homme :

> "Quoique nous ayons toutes les chances d'être les plus sociaux de tous les animaux sociaux, — [et] plus interdépendants, plus liés les uns aux autres, plus inséparables dans notre comportement que les abeilles —, souvent, nous ne sentons pas que notre intelligence est unie. Cependant, peut-être, sommes-nous en lien avec des circuits de stockage, de traitement, et de récupération d'information, puisque ceci semble être la plus fondamentale et la plus universelle de toutes les entreprises humaines. [D'une certaine manière], nous avons accès à toute l'information de la biosphère, arrivant telles des unités élémentaires dans le flux de photons solaires."[741]

Nous soulignons à quel point, à la fois les considérations évoquées par Lewis Thomas et la philosophie naturelle qui se constitue au contact des prions donnent raison au propos de Georges Chapouthier selon lequel, "même si l'interprétation moléculaire des phénomènes vivants est recevable, on doit encore considérer que les démarches globalistes [...] ont de beaux jours devant elles"[742]. L'autre clivage souligné par Georges Chapouthier est "le déterministe et le partisan de l'aléatoire"[743]. Nous y revenons, car les développements que nous sommes sur point de faire sur le raisonnement par *analogie*, mobilisé dans le champ de la biologie des prions, apportent peut-être une réponse à quelques questions soulevées par ce clivage. D'abord, d'après Chapouthier, ce dernier fait référence à la métaphysique :

> "Bien sûr nous ne voulons pas nier ici la séparation radicale qui fait que la science occupe, dans la pensée humaine, une place autonome par rapport à la métaphysique Mais autonome ne signifie pas indépendante, comme en témoigne ce dernier clivage concernant la place du hasard dans les phénomènes de la vie. Certes la plupart de chercheurs reconnaissent que le monde vivant relève à la fois de l'aléatoire et du déterminisme, à la fois du hasard et de la nécessité. Mais les proportions respectives changent selon les chercheurs. Pour certains, tel Jacques Monod ou d'autres partisans de l'aléatoire, le hasard est le phénomène principal dans l'évolution du monde en général et de l'évolution des espèces vivantes en particulier. Il s'agit donc d'une conception où l'aléatoire joue un rôle essentiel. À l'opposé de cette position, d'autres chercheurs, tel Antoine Danchin, partisans d'un courant

[740] *Ibid.*, L. Thomas, (1978), p. 14.
[741] *Ibid.*, L. Thomas, (1978), p. 14.
[742] *Ibid.*, G. Chapouthier, (2008), p. 30.
[743] *Ibid.*, G. Chapouthier, (2008), p. 32.

> déterministe, défendent un schéma où les êtres vivants et leur devenir sont contraints par les lois du monde, et où le hasard occupe une position plus réduite dans la mécanique évolutive. Et le fait que la majorité des chercheurs d'aujourd'hui soient darwiniens n'a pas clos cette controverse. Admettre la théorie de l'évolution ne répond pas à la question suivante : la sélection darwinienne explique-t-elle tout (position à dominante aléatoire) ou laisse-t-elle une place à d'autres processus « nécessaires » (position à dominante déterministe) ?"[744]

En très peu de mots, on ne saurait mieux engager le "questionnement profond pour les sciences"[745] biologiques contemporaines sur la *causalité biologique*, amorcé dans cette enquête et sur lequel Mme LeDouarin invite les biologistes à se pencher, à la suite de la crise scientifique provoquée par la vache folle. D'abord, c'est un point capital que souligne Chapouthier, à savoir qu'"une place autonome [de la science] par rapport à la métaphysique, [...] ne signifie pas [une place] indépendante"[746]. Nous ne revenons pas sur ce que nous avons déjà mentionné sur l'impossibilité dans laquelle se trouve l'homme de se dépouiller de toute métaphysique, dès qu'il fait l'effort de penser. Quoique ce terme soit perçu par bien des scientifiques avec de nombreux préjugés, nous avons noté en introduction de cette enquête scientifique et philosophique, puis répété à plusieurs reprises que, comme le souligna le physicien Max Planck, *in fine*, "le monde réel de la métaphysique [...] est le but de toute entreprise scientifique, un phare qui nous montre le chemin"[747].

Ajoutons que dès lors qu'il s'agit de l'étude du vivant, une métaphysique sous-tend le travail du biologiste, dont il peut être conscient ou pas, qu'il peut accepter ou rejeter, reconnaitre ou nier, indépendamment de la méthodologie qui lui sert d'outil d'étude d'un objet complexe ne pouvant être analysé comme un objet a-historique. Dans le cadre de cette enquête, au-delà de ce que nous avons déjà mentionné sur *toute relation causale biologique* et *son devenir*, nous affirmons ici que dans le champ du vivant, les querelles déclenchées par le clivage entre les tenants du déterminisme et les tenants du hasard devraient peut-être s'estomper, si les biologistes retrouvent à travers l'analyse qui va suivre, la logique qui sous-tend l'*analogie* des *êtres* vivants, et la raison profonde pour laquelle, l'*analogie* n'a pu déboucher sur une inférence causale exacte en biologie des prions.

Mais, avant de présenter cette analyse, il nous faut revenir d'un mot sur les considérations de l'éminent Lewis Thomas. Après avoir expliquer comment l'unité résultant de l'interconnexion des organismes semblables, déclenche le mécanisme par lequel communiquent entre eux les animaux

---

[744] *Ibid.*, G. Chapouthier, (2008), p. 32 sq.
[745] N. LeDouarin, "Les Encéphalopathies Spongiformes Transmissibles", (2001), p. 2.
[746] *Ibid.*, G. Chapouthier, (2008), p. 30 sqq.
[747] M. Planck, *Autobiographie scientifique et derniers écrits*, (1960), p. 151.

sociaux dont l'*intelligence unie* devient observable dès cette interconnexion, il souligna que dans la société humaine, le système de *communication* utilisé en science devrait fournir un modèle permettant d'étudier l'élaboration de la communication pour faire émerger l'*intelligence unie* de l'*être*. Prenant appui sur les réflexions de John Michael Ziman (1925—2005), un brillant physicien néo zélandais d'origine britannique, grand humaniste intéressé par la communication et le rôle social des sciences, Lewis Thomas admit que l'invention du mécanisme de publication systématique de fragments de travaux scientifiques pourrait bien être l'évènement principal de l'histoire de la science moderne. Un carnet de notes d'un travail scientifique apporte à un autre chercheur diverses observations d'intérêt commun.

Un article scientifique typique n'est pas nécessairement significatif en lui-même. Il ne prétend pas être davantage qu'un petit morceau d'un vaste tableau. "La technique consistant à solliciter plusieurs contributions modestes pour l'accumulation de la connaissance humaine, fut le secret de la science Occidentale depuis le XVIIe siècle. Elle accomplit une entreprise d'une puissance collective si grande qu'aucun individu ne peut l'exercer"[748]. Nous pensons avec Thomas que le professeur Ziman a parfaitement raison.

Ajoutons cependant que, si en Occident "ce ne fut [...] qu'au seizième siècle qu'on commença à se livrer à l'observation de la nature, à étudier celle-ci d'une manière régulière et progressive"[749], comme le nota le savant britannique et éminent philosophe des sciences John F. W. Herschel (1792—1871), ailleurs dans le monde, l'homme se consacra avec soin à l'observation attentive de la nature, au moins 4000 ans avant notre ère. Dès lors, l'étude de la nature biologique lui apprit qu'"il est illusoire de séparer complètement les questions d'épistémologie des questions d'ontologie"[750].

De la sorte, même si certains liens qu'elle tisse avec son environnement immédiat intérieur ou extérieur ne sont ni visibles ni directement observables, cette nature ne pouvait pas être examinée comme un système clos, mais plutôt comme *liée* à l'Univers tout entier, dans "l'ancienne Égypte ... [où] une nouvelle science ... prit naissance, fondée sur l'observation et l'expérience"[751]. Par conséquent, pour s'appuyer sur l'*intelligence universelle* qui émerge des organismes physiquement séparés, — et pour le dire d'un mot —, qui émerge de l'*être* et proclame en somme l'*intelligence unie* de l'*être*, comme l'illustre si bien l'éminent Lewis Thomas, la philosophie des sciences doit être solidaire d'une histoire des sciences qui s'inscrit dans la longue durée. Elle ne doit pas s'enfermer dans la micro-sociologie des sciences actuellement en vogue. La science et la philosophie

---

[748] J. M. Ziman, "Information, Communication, Knowledge", (1969). Cité par L. Thomas, "On Societies as Organisms" in *The lives of a Cell*, (1978), p. 15.

[749] J. F.W. Herschel, (1830), *Discours sur l'étude de la philosophie naturelle*, (1834), p. 109.

[750] A. Fagot-Largeault, "Leçon Inaugurale", Chaire de Philosophie des Sciences biologique et médicale, Collège de France, Jeudi 1er mars, (2001), p. 8.

[751] H. E. Sigerist, *Introduction à la médecine*, (1932), p. 119 sq.

sont nées des hommes. Elles sont une invention de l'esprit humain face une nature parfois hostile et qui, en même temps, crée l'émerveillement. Depuis la nuit des temps, elles visent à trouver des réponses aux énigmes de la nature et des solutions pratiques aux problèmes qu'elle dresse face à l'Homme. C'est ainsi que la nature biologique inspira à l'Homme une métaphysique qui sous-tend le travail du biologiste. Elle est attachée au *principe fondateur* qui gouverne le cadre théorique tracé par la *conception ontologique* des sciences de la vie et de la santé que nous avons exposée au chapitre III du volume 1. Bien que perçu par Aristote, le père de la biologie en Occident, le fondement de cette *conception* fut négligé par les anciens Grecs, puis écarté de la biologie moderne dès le XVIIe siècle.

Mais, il se rappelle aux biologistes par la résistance de l'objet biologique à entrer dans le cadre parménidien d'un Univers où tout serait immobile. À présent, par l'analyse de la notion d'*analogie*, nous tâchons de l'exposer plus en détail, de montrer sa parfaite logique, ainsi que la solidarité entre la *causalité biologique* et "le *temps** [causal] à l'origine des relations fonctionnelles"[752] que l'on doit réintroduire en biologie, comme le préconise le biologiste et historien des sciences, Michel Morange.

1.2. Les règles logiques mobilisées dans la logique inductive

Après avoir examiné au chapitre X, la notion d'induction en tant que généralisation, nous pouvons déclarer ici que c'est un moyen de lâcher la bride à l'esprit, afin d'inventer ce que les faits, à eux seuls, ne suffisent pas à donner. D'une certaine manière, c'est par elle que s'énonce le *fait* et s'établit le droit de l'affirmer. Mais, si elle demeure légitime en science nous verrons, dans le cas qui nous occupe, qu'elle indique en quelque sorte des conditions de *possibilité*. Elle est attachée à la probabilité. Cependant, cette dernière qui est en soi un traitement mathématique des données empiriques à partir desquelles le raisonnement inductif s'appuie, ne supprime pas la *variabilité* du vivant attachée au *devenir*. De la sorte, elle ne garantit pas la certitude d'une inférence. Elle peut seulement au mieux, en préciser l'imprécision.

Parce que, grâce aux connaissances acquises, notre interprétation des *faits* s'élève au-delà de la conclusion proprement inductive, le raisonnement est nécessaire dans le travail inductif. Mais, les *faits* cliniques, pathologiques, épidémiologiques et épistémologiques attachés aux prions et que nous avons analysés avec scrupule, nous ont permis de constater que ce raisonnement peut s'égarer de la réalité, tout en restant logique. Il ne suffit donc pas, et doit être contrôlé par l'expérience. C'est peut-être la raison pour laquelle, en science moderne, un glissement sémantique s'est effectué, conduisant à désigner par le terme induction tout "raisonnement dont la conclusion n'est

---

[752] M. Morange, "Une Causalité éclatée en biologie", p. 161 sqq in *Enquête sur le concept de causalité*, (2003), p. 169. *Souligné par nous.

que probable par rapport à ses prémisses"[753]. Cependant, nombre de savants voient dans l'induction "l'invention d'un principe explicatif"[754]. Car, elle permet de passer du *fait* à la *loi* en les unifiant dans un principe. Pour d'autres, au contraire, elle est une opération quasi machinale, qui se laisse guider par des schémas tracés d'avance par le logicien, et qui serait différente de l'établissement d'un principe qui requiert un acte créateur de l'esprit. Avec le philosophe des mathématiques Robert Blanché (1898—1975) qui fut professeur de philosophie à l'Université de Toulouse, nous pensons que "le problème de la logique inductive est précisément de déterminer [...] les règles auxquelles l'induction doit se soumettre pour qu'on puisse la juger concluante"[755].

Sa visée est, en quelque sorte, d'aboutir à des énoncés vrais par un raisonnement rigoureux, de sorte que théoriquement, une fois le *mal raisonné* écarté par le savant, l'induction soit à mesure de mener nécessairement à un énoncé vrai par le chemin du raisonnement. Dans le sens du passage du fait à la loi, l'induction, simple élargissement de l'expérience serait opposée à la découverte de l'idée qui en est un approfondissement. Historiquement très chargé, le mot induction évoque aussi la *logique inductive*. Le terme logique ici prend la signification "science normative, [...] qui a pour objet la distinction du vrai et du faux, du bien raisonné et du mal raisonné"[756].

Dès lors, nous définissons la logique inductive comme une science qui vise à *bien raisonner* pour permettre, à travers l'induction, de conclure des lois générales à partir de l'analyse de séries d'événements donnés dans l'expérience et se reproduisant régulièrement. Une telle science est différente des sciences inductives qui, elles, s'identifient aux sciences expérimentales contemporaines dans leurs efforts de produire des énoncés hypothétiques au moyen de l'induction.

S'est illustré par la logique attachée à la définition même d'une position inductiviste, John Stuart Mill (1806—1873) visiblement influencé par Auguste Comte (1798—1857), et qui incarne à travers ses canons, les premières tentatives de fournir les *règles logiques* telles qu'en les posant, on transforme la vérification des hypothèses en raisonnement rigoureux. Dans la mesure où pour Mill, "la logique n'est pas la science de la Croyance, mais de la Preuve"[757], ces *règles* doivent alors permettre de sortir du problème que posent des prédictions hypothétiques qui résultent de l'interprétation de la nature selon Francis Bacon (1561—1626). Elles doivent ainsi "permettre à la

---

[753] R. Blanché, *L'Induction Scientifique et les lois naturelles*, (1975), p. 15.
[754] *Ibid.*, R. Blanché, (1975), p. 15.
[755] *Ibid.*, R. Blanché, (1975), p. 13.
[756] A. Lalande, *Les Théories de l'Induction et de l'Expérimentation*", (1929), p. 20.
[757] J. S. Mill, (1843), *A system of Logic*, tr. fr., *Système de Logique déductive et inductive*, (1866, reprod.), I, p. 9.

fois de faire un raisonnement correct et de vérifier la correction du raisonnement, la preuve ne faisant qu'un, dans le raisonnement correct, avec la construction même du raisonnement"[758]. De telles règles logiques doivent permettre à la *logique inductive* préconisée par Mill de guider la conduite du raisonnement inductif et de se distinguer des *sciences inductives.* Dans ces dernières, l'induction est simplement "le procédé par lequel se sont constituées et continuent de progresser ces sciences"[759].

Pour une question aussi grave que celle du risque de l'ESB pour la santé humaine, l'on ne saurait imaginer que les savants impliqués dans l'évaluation de ce risque n'aient pas eu à cœur d'appliquer des règles, quelles qu'elles soient, auxquelles l'induction doit se soumettre pour que l'on puisse la juger concluante. On est plutôt enclin à admettre que tous les savants concernés par le problème de l'ESB, au premier rang desquels David Taylor à travers sa rigueur scientifique, se sont vraisemblablement efforcés de les respecter. Dans la mesure où, sur la base des *faits* déjà disponibles, résultant d'études pertinentes de biologie moléculaire, de pathologie et d'épidémiologie et à partir desquelles des *faits* nouveaux et les raisonnements ont conduit aux inférences, "aucune preuve n'existe alors pour réviser la vue consensuelle selon laquelle les chances que l'ESB cause la maladie humaine sont extrêmement faibles"[760].

Ainsi, au-delà de l'espoir significatif soulevé en vue de traiter les problèmes plus fondamentaux tels que la nature des agents causals non encore caractérisés d'une gamme plus large de maladies animales et humaines peu courantes, partageant avec les maladies à prions des traits *semblables*, un consensus très large s'est dégagé de la rigueur et de la solidité des raisonnements mobilisés dans l'évaluation du risque de l'ESB, à l'intérieur de l'orthodoxie de la science. Car, de l'aveu même de David Taylor, "l'épidémie sévère d'ESB [...] a stimulé un considérable effort international de recherche orientée surtout vers la compréhension de l'étiologie et de la pathogénie de la maladie bovine"[761].

Nous soulignons ceci pour signifier qu'en raison de la très grande concentration des biologistes moléculaires, des médecins-vétérinaires, sur le problème de l'ESB au regard de la santé humaine, ce ne serait vraiment pas par distraction ou par inadvertance que la difficulté que pose l'*analogie* dans les sciences biologiques et biomédicales, n'a pu être résolue. Au contraire, l'on comprend parfaitement que la plus grande attention fut portée sur les règles à appliquer en vue de *bien raisonner*, dans l'évaluation de l'ESB pour la santé humaine. Quelles sont alors ces règles de la logique qui furent

---

758 *Ibid.*, R. Blanché, (1975), p. 13.
759 *Ibid.*, R. Blanché, (1975), p. 13.
760 J. G. Collee, "BSE : Stocktaking 1993", (1993), p. 792.
761 D. M. Taylor, "Bovine Spongiform Encephalopathy (BSE) : A Stimulus to wider research", (1992), p. 334.

utilisées en vue d'induire et d'inférer correctement sur l'innocuité de l'ESB ? En première approximation, dans le cas qui nous occupe, nous admettons que les règles ou formules de la logique inductive qui font consensus et sont censées "montrer la relation entre la preuve et la chose à prouver"[762], s'incarnent dans la mobilisation de plusieurs éléments mis en œuvre dans le raisonnement, à savoir :

a- Un argument causal reposant sur la *similitude* entre l'agent causal de l'ESB et l'agent causal de la tremblante,

b- Une *généralisation*, à partir de la tremblante, de l'innocuité de toutes neuropathologies animales, pour la santé humaine.

c- Un *transfert* d'information du passé *vers le futur*,

d - Un *transfert* d'information d'un lieu causal, le mouton, *vers un autre lieu causal*, l'homme *via* la vache.

En raison de l'effort considérable de toute la recherche internationale qui fut orientée vers la compréhension de l'étiologie et de la pathogénie de la maladie bovine, l'on comprend bien qu'à travers l'éminent neuropathologiste britannique David Taylor, c'est toutes les sciences biologiques et biomédicales contemporaines dans ce qu'elles ont de coopératif et d'intersubjectif qui reconnurent "que par analogie le risque de l'ESB pour la santé humaine semblait être faible"[763] puis admirent qu'à travers la rigueur de l'application des critères logiques de la logique inductive mentionnés ci-dessus, tous les éléments de *preuve* étaient apportés et garantissaient la résolution du problème posé, relativement au risque de l'ESB pour la santé humaine. Nourrie de *faits* d'observation sur lesquels on pouvait s'appuyer pour montrer que les ESST animales ne se transmettent pas facilement à l'homme par infection, la démonstration de David Taylor par *analogie* fut cohérente jusqu'au bout, comme nous l'avons signalé à plusieurs reprises.

De manière à examiner comment ils se composent les uns par rapport aux autres, c'est par un synopsis des *faits* relatifs à la non-transmission de la neuropathologie animale à l'homme, que sa démonstration tenta d'expliquer un risque quasi nul de l'ESB. Nous avons aussi signalé déjà qu'au fond, cette explication n'écarta pas la possibilité que l'ESB puisse passer à l'homme par infection. Elle en amoindrit la probabilité. Et l'expérience cruciale qui devait fournir le *fait* permettant de trancher a manqué. Elle consistait à injecter dans le cerveau d'un homme sain l'agent de l'ESB et à observer l'évolution de

---

[762] *Ibid.*, J. S. Mill, (1866, reprod.), I, p. 10.
[763] D. M.Taylor, "Bovine Spongiform Encephalopathy and Human Health", (1989), p. 414.

son état de santé. Celle-ci ne pouvait être réalisée. Or, lorsque dans les sciences expérimentales, l'investigateur ne peut reposer son jugement sur des *faits* directs, "nous estimons utile de permettre à l'esprit de s'essayer et de tenter l'œuvre positive de l'interprétation de la nature"[764]. Dans ce mouvement naturel de l'esprit, auquel Francis Bacon (1561—1626), attribue l'appellation de "permission de l'intelligence"[765], quelque risque, même minime, de l'ESB pour la santé humaine fut admis par le biologiste, dans le cas qui nous occupe. Car, s'appuyant sur les observations recueillies sur le mouton, il s'est appliqué "à déterminer si oui ou non la pathogénie de l'ESB était semblable à celle de la tremblante et des autres neuropathologies transmissibles humaines"[766].

Dès lors, il s'est aperçu que "la maladie clinique est caractérisée par des symptômes neurologiques et que des titres significatifs d'infectivité sont décelables dans le système lymphoréticulaire"[767]. "C'est à partir de cette connaissance que l'interdiction des abats bovins a été introduite pour écarter de l'alimentation tout risque putatif pour la santé humaine"[768]. Ainsi, nous voyons très bien que les partisans de la thèse de l'innocuité de l'ESB pour l'homme n'ont pas fermé les yeux sur le risque de l'ESB pour la santé humaine. Ils ont admis que ce risque existe.

Mais, grâce aux mesures alimentaires prises, ils pensèrent qu'il est désormais *logiquement* "écarté". Par conséquent, nous soulignons une fois encore qu'ils ont œuvré dans un cadre scientifique très stricte, d'un côté dans un effort de mathématisation des faits épidémiologiques à travers la quantité pour atteindre des axiomes à partir des *faits* et pouvoir déduire les énoncés les uns des autres en toute sécurité, de l'autre côté, pour interpréter la nature en s'appuyant sur les *faits* d'observation. Les uns ont tenté de prédire le pic de l'épizootie puis l'extinction de cette dernière et les autres, la non-transmissibilité zoonique de l'ESB en inférant sur la non-transmissibilité de l'ESB à l'homme en vertu de l'innocuité de la tremblante pour l'homme.

Nous avons vu au chapitre X que l'inférence causale est en quelque sorte une induction amplifiante, étendant ce qui est connu de la tremblante du mouton à l'ESB portée par la vache. C'est la raison pour laquelle avec Antoine-Augustin Cournot (1801—1877), l'on peut dire que "le jugement par analogie se rapproche à bien des égards du jugement par induction, et n'en peut pas toujours être nettement distingué"[769]. Toutefois, dans la mesure où une inférence est définie comme "toute opération par laquelle on admet

---

[764] F. Bacon, *Novo Organum*, Liv. II, Aphor. 20, (1857), p. 107.
[765] *Ibid.*, F. Bacon, Liv. II, Aphor. 20, (1857), p. 107.
[766] *Ibid.*, D. M. Taylor, "Bovine Spongiform Encephalopathy (BSE) : A Stimulus to wider research", (1992), p. 338.
[767] *Ibid.*, D. M. Taylor, (1992), p. 338.
[768] *Ibid.*, D. M. Taylor, (1992), p. 338.
[769] A-A. Cournot, *Essai sur les fondements de nos connaissances [...]*, t. II, (1975). § 49, p. 58.

une proposition dont la vérité n'est pas connue directement, en vertu de sa liaison avec d'autres propositions déjà tenues pour vraies"[770], c'est donc bien par inférence causale, que l'ESB fut *in fine* admise comme sans danger pour l'homme. Cette inférence repose d'abord sur la *similitude* de l'étiologie de la tremblante et de l'ESB, et de là sur une similitude entre les agents causals de l'une et l'autre pathologie, et enfin sur une similitude entre leurs hôtes (mouton et vache). Mais, surtout c'est sur la *similitude* des agents causals que la biologie des prions s'est fondée pour inférer.

De la sorte, nous pouvons saisir que dans l'évaluation du risque de l'ESB, c'est bien la *similitude* qui est mobilisée comme une "des opérations intellectuelles ayant servi à l'estimation de la preuve"[771] que le biologiste est en droit d'attendre précisément de la logique inductive. On voit alors clairement que la similitude est un critère logique primordial dans l'analogie. Mais, cette notion de *similitude* attachée à l'*analogie* est aussi une notion mathématique, précisément de la géométrie, où elle est mobilisée sur le mode logique, et ne saurait poser les mêmes problèmes que dans le vivant.

Ce n'est donc pas par curiosité spéculative qu'il nous faut interroger de manière approfondie la notion d'*analogie* dans la question de la causalité biologique qui nous occupe. Avec l'inexactitude de l'inférence causale sur l'ESB, incontestée et clairement démontrée par le jaillissement du *nv*MCJ, ne s'impose-t-il pas à tous que dans une analyse causale du vivant, l'usage de l'*analogie* peut poser de graves problèmes ? L'*analogie* est-elle alors un pourvoyeur d'idées erronées dans un cadre d'analyse causale du vivant ? Qu'est-ce que l'*analogie* ? Dans quelle mesure pose-t-elle problème dans un cadre théorique d'analyse causale en biologie ? Telles sont les questions qu'il nous faut aborder à présent.

2. L'analogie : Un raisonnement à manier avec précaution dans la logique inductive en biologie et en médecine

Plusieurs raisons font que l'*analogie* reste un raisonnement souvent incontournable dans une analyse causale dans le champ des sciences du vivant. Toutefois, elle doit être mobilisée avec beaucoup de précaution. Comme maints concepts aujourd'hui mobilisés en science, c'est une notion qui vient de loin. Elle est historiquement très chargée et recouvre une réalité complexe. Elle fut conceptualisée dans un effort visant à résoudre une grande variété de problèmes dont certains sont fermement attachés à la complexité, sans jamais prétendre réduire cette dernière. À présent, nous allons présenter les différents visages de la réalité que recouvre ce terme et à

---

770 A. Lalande, *Vocabulaire technique et critique de la philosophie*, (1926), p. 510.
771 J. S. Mill, (1866, reprod.), t. I, p. 12.

travers sa longue histoire, tenter de montrer sa richesse pour les sciences de la vie et de la santé d'une part, et d'autre part pour la philosophie.

2.1 La polysémie de la notion d'analogie et son importance en science

L'analogie est un terme "qui s'emploie [...] dans une grande une variété de sens"[772], comme le remarqua l'un des plus grands philosophes du XIXe siècle, John Stuart Mill (1806—1873). Dans son *Vocabulaire technique et critique de la philosophie*[773], André Lalande (1867—1963) illustre très bien cette variété de sens. Plutôt que de renvoyer le lecteur à son dictionnaire technique, nous présentons ici selon l'ordre dans lequel Lalande les a exposés, tous les sens de cette notion, pour permettre au lecteur de nous suivre dans nos développements ultérieurs sans la moindre gêne.

A. Sens primitif et propre : identité du rapport qui unit deux à deux les termes de deux ou plusieurs couples. Spécialement, et par excellence, proportion mathématique (appelée ἀναλογία dans Euclide). - Aristote analyse ce sens avec précision dans *l'Éthique à Nicomaque*, V, 6 ; 1131^{a}30 et suiv.

B. Même sens, mais entendu *in concreto* : ce qui présente une analogie au sens **A** : système de termes ayant entre eux même relation. Cf *Correspondance**.

C. Rapport de deux organes qui sont analogues, au sens donné à ce mot par Geoffroy-Saint Hilaire.

D. Rapport de deux organes qui sont analogues, au sens donné à ce mot par Cuvier

E. Sens courant et vague : ressemblance plus au moins lointaine, particulièrement entre choses qui se ne ressemblent pas dans leur aspect général, et qui peuvent être subsumés sous un même concept.

Puis, suivent des remarques, dont nous ne retenons que celle relative à Thomas d'Aquin (remarque numéro 3), à savoir "l'*analogie d'attribution*, distinguée par d'Aquin de l'*analogie de proportion* (celle qui est définie au sens **A**), consiste en un usage des termes qui ne serait ni l'usage univoque*, ni l'usage équivoque* : *Homme*, appliqué à Socrate et Platon, est univoque; *cause*, au sens judiciaire et au sens physique, est équivoque..."[774]. Plus loin, Lalande présente des critiques indiquant que "cette expression, en dehors du sens **A**, dont le type est le calcul de la « quatrième proportionnelle »

---

[772] J. S. Mill, (1866, reprod.), t. II, chap. XX, p. 83.
[773] A. Lalande, (1926, reprod.), Art. Analogie, p. 51 sq.
[774] *Ibid.*, A. Lalande, (2006, reprod.), p. 52. Italique de l'auteur.

représente une idée très vague, et qu'on a encore rendue plus confuse en essayant de la préciser en divers sens"[775]. Il présente alors un certain nombre de sens dont celui de Kant, et il conclut : "Il paraît impossible de donner à ce terme un sens précis, en dehors de l'acception **A**"[776]. Par ailleurs, nous remarquons que pour le mathématicien et philosophe écossais Dugald Stewart (1753—1828), "l'analogie désigne une correspondance ou une affinité quelconque entre deux choses, servant comme principe d'association ou de classification, à les unir l'une à l'autre dans l'esprit"[777].

Toutefois, nous laissons de côté un instant toutes les définitions mentionnées plus haut, et en particulier celles rapportées par Lalande et nous admettons avec Mill que dans le cadre des sciences expérimentales, ce mot "s'emploie dans l'acception primitive du terme, celle qui lui a été donnée par les mathématiciens, [à savoir], une ressemblance de relations"[778]. Au fond, on s'aperçoit vite que c'est une notion fort ancienne, dont le contenu résulte d'une longue maturation dialectique et sémantique. Elle apparaît avant tout comme une notion qui relève de la *logique*, dans la mesure où elle se présente comme l'un des critères de la logique qui mène à une *conclusion logique* dans un raisonnement mobilisant la logique inductive.

C'est cette conclusion logique qui établit, en quelque sorte, les *sens* analogiques, lorsque l'analyse est ancrée dans un contexte sémantique. Dans un tel contexte, l'exemple qui consiste à dire que 'la compréhension d'une question éclaire la difficulté que recèle cette question', est une bonne illustration ; dans la mesure où tout le monde, excepté les non-voyants, expérimente le fait que la lumière chasse les ténèbres.

La logique bien présente ici est d'une parfaite clarté. En présence de la lumière, logiquement, les ténèbres disparaissent et le lieu s'éclaire. De même, une fois que la compréhension s'est saisie d'un problème, ce dernier s'évanouit et se résout. Nous sommes dans un régime binaire du *vrai* ou *faux*, comme cela se conçoit précisément en logique. Le rapport de la compréhension à la question à comprendre est analogique au rapport de la lumière aux ténèbres à dissiper. *Les deux rapports se ressemblent.*

Toujours sur le mode logique, nous disons que les sucres lents sont le carburant des sportifs. Le sens analogique de cette affirmation repose sur le fait que les sucres lents fournissent à un sportif de l'énergie nécessaire pour mener à bien sa compétition, comme *logiquement* le carburant fournit à une locomotive de l'énergie pour sa locomotion. Ici aussi, le rapport des sucres lents au sportif est analogique au rapport du carburant à la locomotive. De telles analogies sont nombreuses en linguistique et nous donne de rendre intelligible par des métaphores ce qui est difficilement saisissable autrement.

---

[775] *Ibid.,* A. Lalande, (2006, reprod.), p. 52.
[776] *Ibid.,* A. Lalande, (2006, reprod.), p. 52.
[777] S. Dugald, *Éléments de Philosophie de l'Esprit Humain,* (1845), Tome 2, p. 271.
[778] *Ibid.*, J. S. Mill, (1866, reprod.), t. II, chap. XX, p. 83.

On pourrait dire, pour schématiser les choses que l'*analogie* ici est fonctionnelle. La fonction de chaque élément impliqué dans l'analogie est alors établie lorsque le vrai du mode binaire se manifeste. Mais, dans l'ensemble d'éléments rassemblés dans l'unité analogique, il y a une hétérogénéité tellement évidente qu'il vient difficilement à l'esprit de quiconque de les assimiler ou de les confondre.

La compréhension, cette qualité de l'esprit qui lui donne de tenter de saisir le réel, reste malgré tout, une catégorie de l'entendement qui ne peut se confondre avec la lumière naturelle qui, elle, est un phénomène physique, résultant de l'activité du soleil. De même, les sucres lents qui proviennent de l'accumulation d'énergie dans des molécules biologiques à partir de la photosynthèse qui se déroule chez des plantes chlorophylliennes ne peuvent se confondre avec l'essence, encore utilisée actuellement pour des véhicules comme carburant et, qui est une énergie fossile. Ainsi, bien qu'ils soient rassemblés dans une unité analogique, les éléments restent distincts.

Dans ces conditions, nul ne songe à les essentialiser, ni surtout à leur attribuer la même identité. D'emblée, le plus important, l'essentiel si l'on peut dire, demeure non pas dans les éléments rassemblés à l'intérieur de l'unité analogique, mais dans leurs rapports ou encore pour le signifier comme Mill, dans la *ressemblance de relations*. Ceci est un point capital qui permet de bien réaliser que toute *analogie* ne conduit pas aux mêmes difficultés. L'analogie en tant que critère de la logique qui mène vers une conclusion logique pose peu de problème dans une logique inductive.

Cependant en biologie contemporaine, elle soulève parfois d'énormes difficultés. C'est vraisemblablement la raison pour laquelle le biologiste moléculaire et historien des sciences, Michel Morange, préconise d'"écarter les explications par analogie qui séduisent de manière illusoire"[779]. Mais, pourquoi donc dans les sciences du vivant en général, et dans l'évaluation de l'ESB en particulier, l'*analogie* pose-t-elle problème, alors même qu'elle est également mobilisée comme un critère de la logique dans une logique inductive ?

La réponse est qu'il peut y avoir un glissement du mode logique au mode ontologique. Déjà, lorsqu'il n'y a plus une hétérogénéité évidente dans une unité analogique comme dans le cas des sucres lents d'un côté et de l'essence de l'autre, ou encore de la faculté d'entendement d'un côté et de la lumière naturelle de l'autre, et qu'au contraire il se trouve quelque homogénéité entre les éléments en présence, le problème n'est plus le même. Par la *ressemblance* possible des éléments rassemblés dans l'unité analogique il se fait un glissement sémantique.

Du mode logique l'on passe alors imperceptiblement au mode ontologique, en négligeant de respecter strictement la logique qui sous-tend ce dernier. C'est ce qui arrive souvent dans le champ du vivant. Dès lors, au

---

779 M. Morange, *Les secrets du vivant. Contre la pensée unique en biologie*, (2005), p. 29.

lieu que la *ressemblance des relations*, c'est-à-dire la ressemblance des rapports, continue à jouer son rôle comme moyen logique pour arriver à une conclusion, elle se trouve brouillée voire occultée par la *similitude de forme* des éléments qui constituent l'unité analogique. Quelles difficultés soulève alors ce glissement sémantique de l'analogie ?

À partir des considérations que nous venons de mentionner plus haut, conjuguées avec la complexité attachée au vivant, des difficultés commencent à apparaître en sciences biologiques dans l'application de la notion de *ressemblance* mobilisée dans l'*analogie*. Car, en elle-même, la *ressemblance* est une notion clef en biologie, mais qui n'est pourtant pas si simple. À titre d'illustration, nous rappelons très succinctement que c'est bien cette notion de ressemblance, au sens de *similitude formelle*, qui a consolidé le concept d'espèce, avec la nécessité dès le XVIIIe siècle de définir et de classer les types biologiques.

L'espèce, diront Linné et Buffon[780], (1707—1788) est un groupe d'individus (une population) semblable morphologiquement et structuralement, indépendamment de leur âge et de leur sexe, et capable de se reproduire. Toutefois, dans une perspective essentialiste et normative des siècles des Lumières, ils avaient alors considéré toutes variations comme étant des anomalies. Dans la mesure où une telle perspective écarte le *devenir*, cet essentialisme soulève des problèmes qui n'entrent pas dans cette étude. Au XIXe siècle, sur la base des faits d'observation qu'il recueillit, le naturaliste Charles Darwin (1802—1882), introduira la *variabilité* avec son ouvrage *De l'origine des espèces par voie de sélection naturelle*[781].

L'espèce évolue sous la pression de la sélection naturelle. Mais, cela ne résout pas tous les problèmes de l'espèce biologique. Au XXe siècle, pour accorder la notion de *ressemblance* avec la "barrière invisible qui sépare les espèces en communautés reproductives", le biologiste évolutionniste Ernst Mayr (1904—2005) proposa en 1942 la définition suivante : "Les espèces biologiques sont des groupes naturels de populations qui se croisent et sont reproductivement (génétiquement) isolés d'autres groupes semblables"[782].

Puis, sans doute, dans un souci d'intégrer le *devenir* qui s'impose de plus en plus aux sciences du vivant, la définition de Mayr sera complétée par le zoologiste Charles Devillers et le paléontologiste spécialiste de l'évolution des espèces, Jean Chaline, pour donner la définition suivante : "L'espèce est une unité homogène constituée de populations naturelles qui s'enchaînent dans le temps et qui, à chaque instant des temps géologiques sont

---

780 Linné et Buffon sont cités par J. Bardat du Museum d'histoire naturelle, secrétariat de la Faune et de la Flore, *in* "L'espèce : Histoire d'une notion fondamentale". Article repris par le *Courrier de l'environnement de l'INRA*, n°21, Janvier 1994.

781 C. Darwin, *On the Origin of Species by Means of Natural Selection or Preservation of Favoured Races in Struggle for Life*", (1859) ; tr. fr., *L'Origine des Espèces …*, (2008).

782 E. Mayr, *What makes Biology unique* ? 2004 ; tr. fr., *Après Darwin* : *La biologie, une science pas comme les autres*, (2006), p. 161.

interféconces et isolées des autres espèces"[783]. Le débat n'est pas clos pour autant, illustrant en cela les difficultés que soulève dans le champ de la biologie la notion de *ressemblance*. On remarque d'emblée que la dernière définition mentionne le *temps* qui, d'une certaine manière, se trouve introduit dans le concept d'espèce biologique, c'est-à-dire au fond dans le concept du vivant et dans les processus causals biologiques qui l'impliquent, dont la notion d'interfécondité. Ce *temps* perçu ici comme le temps géologique, n'est en réalité que le temps cosmique, c'est-à-dire le *temps* de l'Univers. On pourrait alors s'interroger sur le lien de ce *temps* avec l'*analogie* et le *devenir* de la causalité biologique.

Nous nous pencherons sur cette question plus loin. Mais, à présent, nous voyons très bien à partir des considérations qui précèdent, que la notion fondamentale de *ressemblance* dans le concept d'*analogie* est déjà, en elle-même, une notion délicate à manier, comme nous venons de l'illustrer. Avec les efforts accomplis grâce à la biologie moléculaire et la philosophie des sciences, pour sortir de l'essentialisme dans lequel la biologie s'était enfermée aux siècles des Lumières, quelques progrès semblent accomplis dans l'application de la notion de *ressemblance de forme* au regard des individus et de l'espèce. Mais, la difficulté n'a pour autant pas disparu. Lorsque nous descendons au niveau moléculaire dans une analyse causale mobilisant des entités biologiques moléculaires en tant que causes biologiques, nous retrouvons la même importance de la ressemblance de forme et une difficulté qui reste à résoudre.

Cette importance de la forme dans l'étiologie de certaines maladies et de la *similitude formelle* des agents causals impliqués dans ces maladies est à présent à l'origine d'une nouvelle catégorie nosologique désignée sous le terme de *maladies conformationnelles*, ainsi que nous l'avons exposé dans le volume 1 au chapitre IV de cette enquête sur les prions. Avec cette *similitude formelle*, le changement de forme d'une molécule biologique se révèle critique et capable de provoquer le basculement de tout un organisme de l'état physiologique à l'état pathologique. Elle révèle aussi que des formes *autres* que celles des molécules biologiques nobles telles que les acides nucléiques et les protéines auraient aussi une importance capitale dans l'équilibre que doit trouver un organisme pour se maintenir en santé.

C'est ce que suggère notamment une récente étude française. Les résultats de cette étude indiquent que "des changements conformationnels dans des protéines prions, dans celles de la maladie d'Alzheimer et celles du virus HIV-1 du SIDA, surviennent à l'intérieur des agents causals de ces maladies, dans les structures lipidiques particulières, désignées sous le terme

[783] C. Devillers, J. Chaline, *La théorie de l'évolution*, (1989). Cité par J. Bardat, "L'espèce : Histoire d'une notion fondamentale", (1994), p. 1.

de radeaux de lipide"[784]. La *ressemblance* de forme serait ainsi le point de contact entre des domaines nosologiques distincts tels que les maladies à prions, la maladie d'Alzheimer et même le SIDA. Nous voyons à quel point, au-delà de son implication dans la notion d'*analogie* en tant que critère logique, la *ressemblance* est un concept important en biologie. Cependant, son importance fait émerger des difficultés qui ne sont pas encore toutes résolues. Quelles sont ces difficultés ? Et surtout comment peut-on les résoudre dans le champ de la biologie moléculaire et de la biomédecine contemporaines ? Telles sont les questions que nous nous traitons à présent.

3. La notion d'analogie, une richesse de la science vieille de plusieurs millénaires

Dans le cas des prions qui nous occupe, nous avons remarqué tout au long de cette enquête que la notion de ressemblance a joué un rôle pivot. Car, la conclusion que tire la biologie des maladies à prions sur le risque de la maladie de la vache folle (l'ESB) pour la santé humaine repose sur un raisonnement par *analogie*. Mais, il s'agit d'une *analogie* entremêlant le mode logique et le mode ontologique.

Ayant déjà signalé que le mode ontologique est plus délicat à manier, devrait-on s'étonner qu'il puisse y avoir, dans ce cas, quelque difficulté voire une confusion dans sa mobilisation en biologie ? Tâchons de mettre de la clarté dans cette notion.

3.1 Le contenu conceptuel de la ressemblance dans l'analogie ontologique

Précisons d'abord que même sur le mode ontologique, c'est bien le principe de *ressemblance de relations* qui doit être mobilisé selon les préconisations de la métaphysique de l'ontologie de l'*être*, et que John Stuart Mill (1806—1873), sans en saisir pleinement toute la portée, suggère dans sa définition de l'*analogie* qui est, au fond, l'acception primitive de ce terme, selon Mill lui-même. Ainsi, dans l'*analogie ontologique*, c'est donc dans les *rapports* entre les éléments en présence que devrait également résider le plus important, et non pas dans les éléments eux-mêmes, rassemblés dans l'unité analogique. Dans le cas qui nous occupe, sachant que la tremblante n'a jamais été transmise à l'homme, la science dignement incarnée par le savant David Taylor suppose alors que l'ESB aura un rapport à l'homme qui *ressemble au rapport* de la tremblante à l'homme. Ce qui revient à dire que pour la biologie, la circonstance dans laquelle l'agent causal de la tremblante demeure inoffensif pour l'homme est "de nature à être reconnue comme la

---

[784] R. Mahfoud et al, "Identification of common sphingolipid-binding Domain in Alzheimer, prion, and HIV-1 proteins", (2002), p. 11292.

circonstance *essentielle**"[785] qui est la *cause* de la non-transmissibilité zoonique des ESST animales. Ainsi, pour que l'ESB soit admise comme étant non transmissible, il faut que la biologie ait considéré que l'*action causale* de l'agent de l'ESB dans l'homme *ressemble* à l'*action causale* de l'agent de la tremblante dans l'homme. Dans ces conditions de *ressemblance*, l'inférence causale attachée à la relation analogique devrait présenter un haut degré de probabilité, autrement dit, un haut "degré de confiance que nous pouvons avoir"[786] dans la survenue de l'inférence ou de l'*effet* prédit. Dès lors, "les conséquences dont il est nécessaire de tenir compte"[787] dans la question du risque de l'ESB pour la santé humaine, dépendent principalement de l'*action* de l'agent causal de tremblante, puisque la relation de l'ESB avec l'homme *ressemble* à la relation de la tremblante avec l'homme. Tel est au fond, le raisonnement par *analogie* qui a conduit à l'inférence causale effectuée par les partisans de la thèse de l'innocuité de l'ESB. Quittons un instant l'ESB et la tremblante. Concernant le vivant de façon générale, quel est le sens profond que recèle une telle ressemblance de relations ? Telle est la question que nous traitons à présent.

3.2 Contenu logique et sémantique de l'analogie sur le mode ontologique

Dans l'*analogie* impliquant le vivant, il y a une portée métaphysique qui échappe peut-être à bien des biologistes et qui pourtant devrait donner toute sa signification philosophique à cette sorte d'*analogie* mobilisant le mode ontologique parce que, précisément, elle investit le champ du vivant.

Cette portée métaphysique résulte au fond d'un point de contact entre les sciences philosophiques et les sciences théologiques. Originellement, dans le champ du vivant, c'est bien la *ressemblance de rapports* qui est à la base de l'analogie. Mais, cette ressemblance dans l'analogie réfère à une ressemblance des *étants* par rapport à l'*être*. Dès lors, l'analogie elle-même réfère à la sémantique de la participation. Elle signifie que dans la réalité, les *étants* partagent le même *être* qui leur est donné par l'*être premier*. Cependant, ce partage n'est pas égal. L'attribution de l'*être* aux *étants* se fait selon le degré de perfection de chaque *étant*. Il n'y a pas égalité, mais proportionnalité. Il s'agit donc d'une analogie de proportionnalité.

Dès les origines de la science, du temps où elle est produite par le clergé dans les sanctuaires Égypto-nubiens, où sciences philosophiques et sciences théologiques sont entremêlées, la métaphysique cachée derrière le terme de *ressemblance* signifie alors qu'il y a une analogie de l'*être*. Cette métaphysique signifie également que la distribution de l'*être* ne se fait ni au

---

[785] J. S. Mill, (1866, reprod.), t. II, Chap. XX "De l'analogie", (1866), p. 84.
*Italique de l'auteur.
[786] *Ibid.*, J. S. Mill, (1866, reprod.), t. II, Chap. XVIII, p. 60.
[787] *Ibid.*, J. S. Mill, (1866, reprod.), t. II, Chap. XX, p. 84.

hasard ni de façon arbitraire. Au contraire, la répartition de l'*être* aux *étants* se fait d'une manière juste et parfaite, selon le degré d'évolution dans l'ordre du vivant. Ainsi, nous voyons clairement que cette conception n'exclut pas la logique, puisque précisément, la distribution de l'*être* se trouve parfaitement réglée selon la perfection des *étants*. De sorte que les rapports à l'*être* sont *logiquement* réglés, et spécifiques à chaque *étant*. Mais le fait métaphysique qui prédomine, c'est l'attribution de l'*être*. L'analogie fondamentale est celle par référence à un *être premier*. L'*être* se retrouve aussi bien dans l'homme que dans l'ibis ou dans le singe, dans le lion ou dans l'aigle mais, selon une proportionnalité qui fournit à chacun sa spécificité. L'on comprend sans doute mieux le symbolisme Égypto-nubien caché derrière l'attention qui était portée à divers animaux aux attributs sacrés. Il y a analogie de l'*être* mais, dans la communauté il y a une distinction claire entre les composants de l'unité analogique.

L'ibis n'est pas identique au singe. L'aigle n'est pas l'égal du lion. Aucun de ces animaux n'est ni identique ni l'égal de l'homme. Pourtant, tous tiennent leur *être* de l'*être premier*. Surtout, nul ne saurait être l'égal de l'*être premier* dont tous dépendent. Il n'y a pas d'horizontalité mais une verticalité, une hiérarchie ontologique qui place au sommet de la pyramide, en un haut symbolique, l'*être premier*, et en un bas symbolique, les *étants* selon leur degré de perfection. Cette hiérarchie ontologique n'est pas un privilège. Elle n'est pas un droit dont il faut vite se réjouir. Elle est une responsabilité distributive. Elle oblige les *étants* qui se situent à un degré de perfection symboliquement plus élevé.

Quand nous comprenons toute la signification philosophique du terme analogie, en tant que *analogie ontologique*, alors notre culpabilité est bien grande d'avoir sacrifié par notre seule faute tant de vaches après les avoir rendu *folles*. L'analogie dont il est question dans le vivant doit être entendue comme un rapport à un principe unique dont dépend une communauté de composants. C'est un rapport *logiquement* déterminé relativement à ce principe. Il est spécifique et, d'une certaine manière, singulier.

C'est la raison pour laquelle, il ne saurait être égal à un autre rapport. Un fait majeur de cette logique c'est que même s'ils réfèrent au même principe, les rapports sont spécifiques, il ne peut y avoir égalité entre eux, ni identité. Les considérations logiques qui précèdent se renforcent si l'on aborde la question de l'attribution de l'*être*, d'un point de vue purement causal.

Primo, l'ordre causal est nécessairement respecté. Car, l'*être premier* précède les *étants*. D'un point de vue causal, ceci revient à dire que la cause précède l'effet. La causalité est alors la transition de la cause à l'effet. En d'autres termes, elle est l'engendrement des effets par leurs causes. Elle repose sur le *changement* de la cause qui amène l'effet. *Secundo*, si l'on admet que quelque chose de la cause passe à l'effet pendant le processus causal, alors on conçoit qu'il puisse y avoir quelque *ressemblance* entre la cause et l'effet. Mais, jamais une telle *ressemblance* ne peut se manifester avec une évidence entière, au point que l'on puisse confondre l'un et l'autre, ou que la cause soit désormais considérée comme identique à l'effet. L'un et l'autre restent distincts, quelle que soit leur proximité. Et, il n'y a guère identité ni égalité entre les deux, de même qu'il n'y en a ni entre les éléments qui composent une unité analogique ni entre les rapports dans lesquels ces éléments sont engagés.

Telles sont les caractéristiques d'une *analogie* sur le mode ontologique. Elle mobilise une *ressemblance* qui fait le lien entre la diversité et l'Un, entre les *étants* et l'*être*, entre les éléments d'une unité analogique et leur principe premier et surtout entre les rapports en présence. Mais, dans cette diversité chaque élément est singulier, distinct, et ne peut se confondre à l'autre. Il y a surtout une "ressemblance de relations", mais pas une égalité ni une identité des rapports. Le fondement métaphysique de l'*analogie* traduit la diversité et la multiplicité à l'intérieur de l'*être*.

Dès lors, par cette diversité et cette multiplicité, nous voyons bien comment la participation des *êtres* à l'unité de l'*être* réunit la similitude et la causalité à travers l'*analogie*. Un autre fait majeur de la métaphysique de l'analogie ontologique, est que bien que chaque rapport soit *logiquement* déterminé en termes d'attribution du principe premier qui lui donne d'exister, ce principe lui-même n'est guère figé. Car, l'*être premier* demeure dans une dialectique de la permanence et du changement, de l'Un et de la diversité. De sorte que *prima facie* et d'une façon qui peut sembler paradoxale, le principe premier est même et autre.

Par conséquent, sans qu'il y ait égalité entre eux, les *rapports* des éléments au principe, sont dynamiques. Ces *rapports* suivent, pour ainsi dire, la trace du *devenir* du principe premier. Transposé au plan causal moléculaire, cela donne des molécules biologiques causales qui, même quand elles *deviennent* pathologiques, *changent* tout en tâchant de rester elles-mêmes. Nous voyons ainsi comment s'opère une dialectique de la permanence et du changement de l'*être* dans l'analogie ontologique et dans la causalité biologique. Mais, quelle est la source de cette science et comment est-elle arrivée en Occident, puis y a tari ?

3.3 Entrée en Occident de la notion d'analogie et sa modification spécieuse pour les sciences du vivant

La source de la métaphysique de l'analogie ontologique est Égypto-nubienne. La portée de cette métaphysique y est de toute évidence présente et antérieure à sa mobilisation partout ailleurs dans le monde. Jusqu'au XVIe siècle on retrouvera en Occident cette métaphysique du rapport des *étants* à l'*être* exposée, à quelque chose près, dans les chapitres 4 et 5 du traité de jeunesse de Thomas d'Aquin (1225—1274) intitulé *De ente et essentia*[788],

---

[788] St Thomas d'Aquin, (Œuvre authentique 1254—1256), *L'être et l'essence*, tr. fr., (1965).

"même si, le terme *analogia* ne s'y trouve employé"[789] comme l'a remarqué Pierre Aubenque, professeur émérite d'histoire de la philosophie ancienne à l'Université Paris IV-Sorbonne et secrétaire général de l'Institut International de philosophie. Cet opuscule de métaphysique, rédigé entre 1254 et 1256, s'appuie sur Aristote (Métaphysique Z) et critique la thèse d'Averroès.

Traduit en français par Catherine Capelle, sous le titre *L'être et l'essence*, il fut publié en 1965 dans la collection Bibliothèque des Textes Philosophiques dirigée par Henri Gouhier, à partir du n° 30 des Opuscules édités à Rome en 1570—1571. Rappelons que le thomisme qui est la philosophie chrétienne catholique, s'est aussi élaboré exclusivement dans un cadre d'analyse causale à l'intérieur duquel des doctrines philosophiques et théologiques sont étroitement liées.

Pour Averroès (1126—1198) s'inspirant d'Avicenne (980—1037), "l'être et l'essence étant ce que l'intelligence conçoit en premier"[790], alors d'après Thomas d'Aquin, "il faut éviter toute ignorance à leur sujet, et pour cela, il faut primo analyser le sens des mots *essence* et *être*, secundo déterminer de quelle façon les concepts ainsi obtenus se trouvent dans les choses diverses par ailleurs, tertio de quelle manière ces concepts se réfèrent aux notions logiques de *genre*, *espèce*, *différence*"[791]. Ainsi, Thomas d'Aquin se livre à l'analyse des deux mots, en commençant par l'*être* pour terminer par l'*essence*. L'analogie thomiste est une analogie d'attribution de l'*être*. Elle ne confère pas une égalité des rapports, mais une proportionnalité. À première vue, sa doctrine de l'analogie de l'*être* reprend la même conception de la causalité, de la participation, de l'unité des *êtres* dans l'*être*, que la conception Égypto-nubienne et aurait le même fondement ontologique.

Elle nous paraît correspondre point par point, à quelques nuances près, à la conception de l'Égypte pharaonique africaine et nègre qui en est la source originelle. Entre le thomisme et la philosophie d'Aristote qui lui servit de base, existe-t-il une rupture ? Pourquoi les sciences biologiques contemporaines se sont-elles vidées de cette conception fondamentale de l'*analogie* qui s'articule parfaitement avec la *conception ontologique* du vivant, des maladies et des agents biologiques qui les causent ? Comment en est-on arrivé au tarissement de la source Égypto-nubienne de cette science ?

C'est Eudoxe de Cnide (409 av. J.-C.— vers 356 av. J.-C.), astronome grec qui ramena en Grèce le principe de *ressemblance des relations* dans une *analogie*, après avoir appris la géométrie et l'astronomie dans les sanctuaires Égypto-nubiens. Il séjourna en Égypte, pays reconnu par Aristote comme "le berceau des Mathématiques"[792]. Il fut accompagné de Platon (av. J.-C. 428—

[789] P. Aubenque, "Sur la naissance de la doctrine pseudo-aristotélicienne de l'analogie de l'être", *in* "L'analogie" in *Les études philosophiques* (1989), p. 292. Italique de l'auteur.

[790] Avicenne, *Metaphysicæ*, lib. I, c. 6. Cité par St Thomas d'Aquin in *L'être et essence*, (1965, reprod.), p. 14.

[791] *Ibid.*, St Thomas D'Aquin, (1965, reprod.), p. 14. Italique de l'auteur.

[792] Aristote, *Métaphysique*, A1, 981^{b} 20-24.

348 av. J.-C.). Ce dernier s'y est rendu pour s'initier à la théologie et à la géométrie. Eudoxe et Platon passèrent plus d'une décennie en Égypte. Leur long séjour en Égypte, est un *fait* attesté par l'historien et géographe grec, Strabon (env. 58 av. J.-C. — env. 21/25 apr. J.-C.) :

> "Nous y avons vu (à Héliopolis) les édifices consacrés jadis au logement des prêtes ; mais ce n'est pas tout : on nous montra aussi la demeure de Platon et d'Eudoxe car Eudoxe avait accompagné Platon jusqu'ici, arrivés à Héliopolis, ils s'y fixèrent et tous deux vécurent là treize ans dans la société des prêtres : le fait est affirmé par plusieurs auteurs. Ces prêtres si profondément versés dans la connaissance des phénomènes célestes, étaient en même temps des gens mystérieux, très peu communicatifs, et ce n'est qu'à force de temps et d'adroits ménagements qu'Eudoxe et Platon purent obtenir d'être initiés par eux à quelques-unes des spéculations théoriques. Mais ces Barbares en retinrent par dévers eux cachée la meilleure part. Et si le monde leur doit de savoir aujourd'hui combien de fractions de jour (de jour entier) il faut ajouter à 365 jours pleins pour avoir une année complète, les Grecs ont ignoré la durée vraie de l'année et bien d'autres faits de même nature jusqu'à ce que des traducteurs en langue grecque des mémoires des prêtes égyptiens aient répandu ces notions parmi les astronomes modernes, qui ont continué jusqu'à présent à puiser largement dans cette même source comme dans les écrits et observations des Chaldéens"[793].

Accompagné d'Eudoxe, Platon se rendit donc en Égypte vers 390 av. J.C pour s'instruire. Car, ainsi que le souligna l'égyptologue français Serge Sauneron (1927—1976) "les plus célèbres parmi les savants ou les philosophes hellènes ont franchi la mer pour chercher, auprès des prêtres (égyptiens), l'initiation à de nouvelles sciences"[794].

"Ces « nouvelles sciences » qui n'existaient pas encore en Grèce sont la philosophie, les mathématiques, l'enseignement de la vertu, la psychologie, la médecine, l'astronomie, la liturgie codifiée, ritualisée à travers de grands « Rituels » tenus secrets aux non-initiés"[795]. Dans le *Timée* où il est question d'une explication de l'Univers et de l'homme, Platon ne fait qu'une exposition de la philosophie Égypto-nubienne de l'Univers. Son démiurge dans cette œuvre est *Thot*, le dieu Égypto-nubien de la sagesse, gardien des livres sacrés, créateur de l'écriture, du langage et de toutes les sciences. Émile Amélineau (1850—1915) montre parfaitement dans ses *Prolégomènes à l'étude de la religion égyptienne*[796], l'influence Égypto-nubienne sur

[793] Strabon, *Géographie*, (1865), Liv. XVII, 1, 29.

[794] S. Sauneron, *Les prêtres de l'ancienne Égypte*, (1957), p. 111.

[795] T. Obenga, (1989), "L'Égypte pharaonique tutrice de la Grèce de Thalès à Aristote", p. 1.

[796] É. Amélineau *Prolégomènes à l'étude de la religion égyptienne,* t. II, (1916), p. 44 sq.

l'œuvre de Platon. Quant à Eudoxe, grâce aux connaissances qu'il ramena d'Égypte, il est à considérer comme le fondateur de l'astronomie scientifique chez les Grecs. L'*Encyclopædia Universalis* le présente comme le plus grand savant du IVe siècle avant notre ère. D'après Diogène Laërce (déb. du IIIe siècle apr. J.-C.), il était versé dans toutes les sciences.

Pour les prêtres Égypto-nubiens auprès de qui Platon et Eudoxe s'instruisirent, toutes les sciences visaient au perfectionnement et au bonheur de l'homme. De sorte qu'elles étaient entremêlées et entraient toutes dans l'étude de la sagesse, à travers les sciences philosophiques et théologiques. C'est pourquoi, l'avis de Diogène Laërce nous semble très éclairé et que nous n'avons aucune peine à y adhérer. Dans sa quête de cette sagesse, Eudoxe mourut dans un nouveau voyage en Égypte. Selon le témoignage de Pline le Naturaliste, (29 apr. J.-C.—79 apr. J.-C.), Eudoxe rapporta d'Égypte en Grèce, entre autres, une connaissance plus exacte de l'année, à laquelle il donna 365 jours ¼, valeur adoptée plus tard dans le calendrier julien.

L'*Encyclopædia Universalis* souligne ce transfert de connaissances en mentionnant qu'"Eudoxe rapporte d'Égypte des connaissances d'astronomie grâce auxquelles il propose une réforme du calendrier grec qui rencontre une grande faveur"[797]. Pour le lecteur qui s'étonnera que dans cette enquête, l'*Encyclopædia Universalis* soit citée sur la question qui nous occupe à présent, nous signalons que pour construire leur argument dans cet ouvrage, les contributeurs de l'article consacré à Eudoxe ont pris soin de consulter d'abord les *Fragments d'Eudoxe* dont le texte fut établi par François Lasserre. Ils ont consulté aussi *Les commentaires sur le premier livre d'Euclide* par Proclus de Lycie[798]. Signalons également que Proclus (vers 410—485), dernier grand représentant de l'École philosophique d'Athènes eut pour maître Plutarque d'Athènes (350—432).

Proclus prendra sa succession à la tête de l'Académie. Il se rendit à Alexandrie en Égypte pour suivre les cours d'un prête égyptien. Et il se fit initié aux doctrines religieuses de l'Égypte nègre. Il respectait scrupuleusement les prescriptions relatives aux jours fastes et néfastes, datant de la prime histoire pharaonique. Il fut sectateur du culte de la déesse noire Isis[799], qui fut honoré jusqu'au VIe s. après J.-C. à Philae, île de beauté de l'Égypte antique, du premier nome du Pays de Nubie qui abritait un temple d'Isis. À la suite des anciens Égyptiens auprès de qui il puisa ses connaissances scientifiques et philosophiques, Proclus se consacra à l'étude de l'Ontologie, de la Cosmologie et de la Théologie. Remarquable pour la profondeur et la diversité de son œuvre, il fut un mathématicien et un

---

797 C. Grégory (dir.), *Encyclopædia Universalis*, 1re éd., (1980), vol. 6, Art. Eudoxe, p. 737.

798 *Proclus de Lycie* : *Les Commentaires sur le premier livre des Éléments d'Euclide*, Bruges (1948) ; Blanchard, Paris, (1983) ; Éd. angl., Princeton Univ. Press, Princeton N. J., (1992).

799 L. J. Rosan, *The philosophy of Proclus* : *The final Phase of Ancient Thought*, New-York, "Cosmos", (1949).

commentateur d'Euclide. Enfin, les contributeurs de l'article sur Eudoxe présenté par l'*Encyclopædia Universalis* se sont appuyés sur des travaux modernes menés, dirigés ou publiés par des auteurs tels que Oscar Becker, Pierre Dedron et Jean Itard, Pierre Duhem, Sir Thomas Little Heath, Thomas-Henri Martin, Paul-Henri Michel, George Sarton, Giovanni Virginio Schiaparelli, René Taton, Bartel Leendert Van Der Waerden. Qui sont ces auteurs ? Pourquoi ont-ils été sollicités dans l'élaboration d'un article sur Eudoxe ? Tâchons de réprondre brièvement à ces questions.

Oscar Becker (1889—1964), philosophe, logicien allemand fut aussi mathématicien et historien des mathématiques. Après des études secondaires à Leipzig, il étudia la chimie, la physique et la psychologie à Oxford au *New College* de 1908 à 1909. Puis, de 1909 à 1914, il étudia les mathématiques, la physique et la philosophie à Leipzig. Il obtint un doctorat en philosophie en 1914 en soutenant sa thèse *Sur la décomposition de polygones en triangles exclusifs sur la base des axiomes de connexion et d'ordre*. Sous la direction d'Edmund Husserl (1859—1938), il présenta en 1922 une thèse d'habilitation sur une enquête philosophique menée sur les fondements phénoménologiques de la géométrie et de ses applications.

En 1928, il fut nommé professeur extraordinaire à l'Université de Fribourg, puis professeur ordinaire à l'Université de Bonn en 1931. À partir de la phénoménologie de Husserl, il s'intéressa aux fondements philosophiques des mathématiques, aux problèmes posés par la logique et la philosophie des mathématiques. Et il s'attacha au problème de la logique modale qui se consacre à l'examen de la *nécessité* et de la *possibilité* des phénomènes. Il apporta aussi une contribution importante à l'histoire des mathématiques de la Grèce antique. C'est à ce titre, qu'il s'intéressa à Eudoxe[800], à la géométrie d'Euclide et son influence. Comme philosophe, il s'intéressa à l'ontologie des phénomènes mathématiques.

Toutefois, on pense qu'il avait fini par faire allégeance aux valeurs de l'idéologie nationale-socialiste. Dans la mesure où, à la suite de Heinrich Schmidt (1874—1935), naturaliste et philosophe allemand qui déclara que la philosophie grecque est "une des créations spirituelles les plus importantes qui soient issues du sol, de la race et du peuple indogermanique, c'est-à-dire nordique"[801], Oscar Becker proclama à son tour ce qui suit : "La philosophie grecque est la philosophie d'un peuple qui nous est apparenté par la race"[802]. Dans cette citation, il est clair que le "nous" fait référence à un prétendu rameau du 'peuple aryen', à savoir le "peuple indogermanique" de Schmidt,

---

[800] O. Becker, "Eudoxos Studien", in *Quellen und Studien zur Geschichte der Mathematik, Astronomie und Physik*, t. III, (1933-1936).

[801] H. Schmidt, "Griechische Philosophie" in *Philosophisches Wörterbuch – Zehnte Auflage,völlig neu bearbeitet von Werner Schingnitz und Joachim Schondorff*, Stuttgart, (1943), p. 208. Le lecteur intéressé par ce point précis, peut également consulté le récent ouvrage de l'historien des sciences Johann Chapoulot, *Le nazisme et l'antiquité*, (2012).

[802] O. Becker, "Die griechische Philosophie", in O. Becker, K. Chudoba et al, (1944), p. 242.

disciple du naturaliste Ernst Haeckel (1834—1919). Ainsi, dans le prolongement de la transciption des œuvres posthumes de Hegel, aussi bien pour Schmidt que pour Becker, les productions de l'esprit, telle la philosophie, seraient sous la dépendance d'un déterminisme du sang et du sol.

Jean Itard (1902—1979), historien des mathématiques, fut professeur d'histoire des mathématiques grecques à l'École Pratique des Hautes Études. Il a publié un ouvrage d'histoire des mathématiques destiné à un large public cultivé, rédigé en collaboration avec Pierre Dedron (1887—1970), normalien, agrégé de mathématiques, professeur au Lycée Henri IV. Ils se sont efforcés de rédiger leur ouvrage[803] sans érudition ni technique trop précises qui seraient susceptibles de rebuter le lecteur. Dans sa première partie nommée "Tradition", l'ouvrage expose un panorama rapide de l'évolution d'ensemble des mathématiques depuis les civilisations babylonienne et égyptienne jusqu'à la fin du XVIIIe siècle. Une place centrale y est accordée à l'œuvre d'Euclide, entre autres auteurs anciens.

Pierre Duhem[804] (1861—1916), physico-chimiste français, fut historien et philosophe des sciences. Normalien, agrégé de physique en 1885, passionné de physique théorique, il fut nommé en 1895 professeur de physique théorique à la Faculté des Sciences de Bordeaux, et le resta pendant vingt ans. En 1900, il fut nommé membre correspondant de l'Académie des sciences, dans la section de Mécanique, puis membre non résident en 1913. Dans son œuvre monumentale *Le Système du monde. Histoire des doctrines cosmologiques, de Platon à Copernic (1913-1917)*, en réévaluant l'importance du moyen-âge avant l'émergence de la science moderne, il se fait historien des sciences et défend une interprétation continuiste du progrès scientifique. Il proclame que la science dont s'enorgueillisent à bon droit les temps modernes, découle au fond par une suite ininterrompue de perfectionnements à peine sensibles, des doctrines déjà professées dans le passé.

Sir Thomas Little Heath[805] (1861—1940), fut un mathématicien britannique, historien des mathématiques et de l'astronomie de la Grèce antique. En 1908, paraissent ses trois volumes sur *Euclide*. La deuxième édition de sa traduction d'*Euclide* sortie en 1926 est devenue la version standard anglaise des *Éléments* d'Euclide. Son œuvre la plus célèbre est *L'histoire des mathématiques grecques* publiée en 1921. D'abord parue en deux volumes, une version en un seul volume paraîtra en 1931 sous le titre *Un manuel de mathématiques grecques.* Il fut élu membre de la *Royal Society of London* en 1912. Il fut président de l'Association mathématique britannique de 1922 à 1923, avant d'être élu membre de la *British Academy* en 1932. C'est aussi en 1932 qu'il publia l'*Astronomie grecque.* Malgré une

[803] P. Dedron et J. Itard, *Mathématiques et mathématiciens*. Paris, Éditions Magnard, (1959) ; J. Itard, *Essais d'histoire des mathématiques*, A. Blanchard, (1984).
[804] P. Duhem, *Le Système du monde*, Tome 1, Paris, (1913).
[805] T. L. Heath, *A History of Greek Mathematics*, vol. I : *From Thales to Euclid*, (1921).

carrière dans la fonction publique britannique, Heath est à considérer comme un historien de premier plan dans le champ des mathématiques.

François Lasserre[806] (1919—), hélléniste, spécialiste de philologie classique[807] et biographe, obtint un doctorat ès lettres à Lausanne en Suisse, enseigna aux Universités de Lausanne et de Genève. Thomas-Henri Martin[808] (1813—1884), hélléniste, historien des sciences, très versé dans l'histoire des théories scientifiques chez les anciens, fut normalien, docteur ès lettres dès 1836, professeur de littérature ancienne à la Faculté des lettres de Rennes, puis doyen de cette même Faculté.

Il devint membre correspondant de l'Académie des sciences morales et politiques en 1850, puis en 1871 membre à part entière. En 1849, il publia son *Introduction à l'histoire des sciences physiques dans l'antiquité.* Annoncé dans sa préface en deux volumes, l'ouvrage ne fut finalement pas publié sous la forme d'un ensemble unique. Il resta donc inachevé. Mais, un grand nombre de ses travaux ont paru dans le *Bulletin de bibliographie et d'histoire des sciences Mathématiques et Physiques,* prolongement au XIXe siècle des *Mémoires de mathématique et de physique, présentées à l'Académie Royale des Sciences par divers Savants et lus dans ses Assemblées*, publiés jusqu'en 1786.

Paul-Henri Michel (1894—1964)[809] obtint à la Sorbonne une licence d'allemand et une licence d'italien, puis s'engagea dans la première guerre mondiale. En 1930, il devint docteur ès Lettres, manifesta dès 1934 sa préoccupation pour l'histoire des sciences à travers un article qu'il publia sous le titre *L'esthétique arithmétique du Quattrocento : une application des médiétés pythagoriciennes à l'esthétique architecturale*. En 1939, comme conservateur, il entra à la Bibliothèque Mazarine, la plus ancienne bibliothèque de France. Il y accomplit jusqu'à sa retraite une œuvre considérable.

En 1948, sa collaboration à la Revue d'histoire des sciences, commença par une analyse de l'ouvrage de Maurice Michaux sur *Le Commentaire de Marinus aux Data d'Euclide. Étude critique*, publié en 1947. Selon lui, l'opuscule de Marinus traduit et commenté par Michaux offre un grand intérêt pour l'histoire des sciences mathématiques et pour l'histoire de leur enseignement. En 1949 il publia une étude sur *Les médiétés.* L'année suivante, aux éditions Les Belles-Lettres, son ouvrage *De Pythagore à Euclide — Contribution à l'histoire des mathématiques préeuclidiennes* le fit connaître à un large public comme historien de la mathématique. De la sorte, il s'est penché sur la mathématique grecque, contribuant ainsi à l'expression d'une nouvelle vision de l'évolution des idées.

---

806 F. Lasserre, *Die Fragmente des Eudoxos von Knidos*, Hrsg., übers. U. Komm, (1966).

807 F. Lasserre, *The birth of mathematics in the Age of Plato*, Londres, (1964).

808 T. H. Martin, *Mémoire sur les hypothèses astronomiques chez les Grecs et les romains*, Paris, (1881).

809 P. H. Michel, *De Pythagore à Euclide. Contribution à l'histoire des mathématiques préeuclidiennes,* (1950).

George Alfred Léon Sarton[810] (1884—1956), belge d'origine et historien des sciences, obtint un doctorat en sciences physiques et mathématiques en 1911, en soutenant à l'Université de Gand une thèse sous le titre *Les principes de la mécanique de Newton*. Dès lors, sans doute parce que "les notions générales qui sous-tendent le détail des pensées de la civilisation occidentale modernes en Europe et en Amérique dérivent largement de l'expression des idées fondamentales que nous ont léguées le monde antique des Grecs, des Sémites et des Égyptiens"[811], Sarton considéra que le but de sa vie était d'expliquer le développement de la science à travers les âges, partout sur la Terre entière, d'une part et, d'autre part, d'expliquer la croissance de la connaissance de l'homme sur lui-même et sur la nature. Il quitta l'Europe en 1915, pendant la première guerre mondiale, pour les États-Unis d'Amérique où il acquit la nationalité américaine en 1922.

Il mena ses recherches en histoire des sciences, d'abord à Washington au *Carnegie Institution*, puis à l'Université de Harvard de 1940 à 1951, en tant que professeur d'histoire des sciences. La Société Américaine d'Histoire des Sciences fut créée aux États-Unis dans le but spécifique de promouvoir l'étude de l'histoire des sciences, mais aussi de soutenir le travail de Sarton et en particulier son journal *Isis*[812], une revue consacrée à l'histoire et à l'organisation de la science, qu'il créa en 1912, et qui fut publiée pendant 40 ans. En 1936, il fonda *Osiris*, une seconde revue qui publiait des articles plus longs sur l'histoire et la philosophie des sciences.

Fervent défenseur de la thèse selon laquelle l'activité scientifique constitue pour toute l'humanité un moyen d'améliorer les conditions de la vie humaine, il considérait que l'histoire des sciences doit être enseignée. Car elle peut donner une autre dimension à l'épistémologie et à la philosophie des sciences ou à un tout autre sujet en rapport avec les questions scientifiques. Son œuvre la plus connue est son *Introduction à l'histoire des sciences* en trois volumes (1927—1947).

Giovanni Virginio Schiaparelli[813] (1835—1910), fut astronome italien. Il obtint un diplôme d'ingénieur hydraulicien en 1854 à Turin et étudia les langues modernes et l'astronomie à l'Université de Turin. Dès 1857, il poursuivit ses études dans les Observatoires de Berlin en Alemagne puis de Pulkova à St Pétersbourg. En 1860 il œuvra à l'Observatoire de Breda à Milan et en devint directeur en 1862. On lui doit la découverte de l'astéroïde Hesperia. Il observa la grande comète de 1862. Les observations qu'il a

---

810 G. Sarton, *The History of Science and the New Humanism*, Transaction Publ., New Brunswick, N. J., (1987).

811 A. N. Whitehead, *Modes of Thoughs*, (1938), tr. fr., Paris Vrin, (2004), p. 30

812 *Isis*, vol. 6, (1924), pp. 4-8 ; *Isis* vol. 7, (1925), p. 371 ; *Isis*, vol. 16, (1931), p. 125 sq ; *Isis*, vol. 48, (1957), p. 308.

813 G. V. Schiaparelli, *Le Sfere omocentriche di Eudosso, di Calippo e di Aristotele*, Milan, 1877 ; voir aussi J. L. Gardies, *L'Héritage épistémologique d'Eudoxe de Cnide : un essai de reconstruction*, Paris J. Vrin, (1988).

recueillies l'ont conduit à formuler l'hypothèse selon laquelle les pluies des météorites seraient liées à la désintégration des comètes. Par la suite, son hypothèse fut corroborée par de nombreux faits d'observation. Dès 1877, muni d'un télescope plus puissant, il put observer Mars, mais aussi Saturne, Mercure, Venus, ainsi que des étoiles doubles. Les travaux de Schiaparelli dans l'histoire de l'astronomie sont remarquables. Par ailleurs, il contribua à la traduction en latin de l'*Opus Astronomicum*, le seul texte existant en arabe et rédigé par Al-Battani (850—929), mathématicien et astronome de l'Anatolie. Une comparaison entre ce texte arabe et l'*Almageste* de Claude Ptolémée (vers 100—vers 170), présentait des points de similitude. De la sorte, pour Schiaparelli, cela revêtait une importance particulière pour la compréhension de l'évolution de l'astronomie dans le monde arabe.

Dès lors, il eut l'intention de rassembler dans un grand ouvrage l'histoire de l'astronomie ancienne. Pour se préparer à cette tâche, il avait lu les textes originaux des Hébreux, des Assyriens, des Grecs et des Romains. Il publia plusieurs monographies sur le sujet. Mais, c'est son élève Luigi Gabba qui publia en trois volumes, entre 1925 et 1927, le grand ouvrage qu'il n'a pu terminer. Le premier volume traite de l'astronomie de Babylone, des terres de l'Ancien Testament, et de la Grèce.

Le second, traite de l'astronomie grecque tardive : les sphères homocentriques d'Eudoxe, de Callippe, et d'Aristote. Schiaparelli examine ensuite l'origine du système héliocentrique chez les Grecs. Il s'est alors aperçu que l'hypothèse proposée plusieurs siècles plus tard par le grand astronome danois Tycho Brahé (1546—1601), était connue des Grecs au temps du philosophe et astronome Héraclide le Pontique (IVe s. av. J.-C.). Cependant, bien longtemps avant les Grecs, "les [anciens] Égyptiens [qui nous ont légué] l'observation pratique"[814] scrutaient déjà le ciel pour observer la position ainsi que les mouvements des étoiles et des planètes.

Surtout "les anciens Égyptiens croyaient que les planètes tournaient directement autour du soleil"[815]. Au fond, cette déclaration selon laquelle *les anciens Égyptiens croyaient que les planètes tournaient directement autour du Soleil*, signifie que l'*hypothèse héliocentriste* de l'Univers introduite aujourd'hui en astronomie moderne est à attribuer à l'Égypte pharaonique africaine et nègre. Ce second volume se termine par des écrits mineurs sur les "parapegmata", à savoir les calendriers astronomiques et météorologiques des anciens. Le troisième contient des textes visant à intégrer dans l'histoire des sciences, l'histoire de l'astronomie ancienne et ses études sur le calendrier des anciens Égyptiens ; sur les observations et les éphémérides des Babyloniens, sur les phénomènes de Vénus, d'après les découvertes faites dans les ruines de Ninive ; sur la découverte de la précession des équinoxes, et sur l'astronomie d'Hipparque (190 av. J.-C.—120 av. J.-C.)

---

814 A. N. Whitehead, *Modes of Thoughs,* (1938), tr. fr., Paris Vrin, (2004), p. 30.

815 J. Jeans, "La science à Alexandrie" in *L'Évolution des sciences physiques*, (1950), p. 88.

astronome, géographe et mathématicien grec. Même si ces trois volumes ne contiennent pas tout ce que Schiaparelli avait voulu inclure dans son projet, ils fournissent néanmoins des données et des informations d'une valeur inestimable sur l'histoire de l'astronomie ancienne. Déjà présenté dans le chapitre III du volume 1, René Taton[816] ne nous est plus inconnu. Quant à Bartel Leendert Van Der Waerden[817] (1903—1996), il commença à étudier les mathématiques en 1919 à l'Université d'Amsterdam à l'âge de seize ans.

En 1926, il soutint sa thèse de doctorat dans cette Université sous le titre *De algebraiese Grondslagen der meetkunde van het aantal* (Les fondements algébriques de la géométrie des nombres). En 1931, il fut nommé professeur de mathématiques à l'Université de Leipzig, et publia dès 1932 *Die Methode gruppentheoretische Quantenmechanik*, puis toute une série d'articles sur la géométrie algébrique dans *Mathematische Annalen.* La deuxième guerre mondiale perturba la vie de sa famille. Il se rendit en Autriche, puis aux États-Unis où il obtint en 1947 un poste à l'Université Johns Hopkins, mais qu'il déclina. Il retourna aux Pays-Bas, et y occupa la chaire de mathématiques à l'Université d'Amsterdam de 1945 à 1951. Dès lors, il se rendit à Zurich où il œuvra dans le département de mathématiques de 1951 jusqu'à la fin de sa vie. Il travailla à la fois sur les mathématiques, la mécanique quantique, l'histoire des mathématiques, l'histoire de la physique moderne, l'histoire de l'astronomie et l'histoire de la science antique.

Par cette brève présentation du profil des auteurs qui furent sollicités par les contributeurs de l'article sur Eudoxe dans l'*Encyclopædia Universalis*, l'on comprend bien à présent, qu'après avoir examiné *Les fragments d'Eudoxe* traduit par Lasserre, puis *Les commentaires sur le premier livre d'Euclide par Proclus de Lycie*[818] traduits pour la première fois en français par l'historien des sciences Paul Ver Eecke (1867—1959), ces contributeurs ont nourri leurs réflexions avec des matériaux fournis par les savants consultés. Parmi ces savants, il s'en est même trouvé un qui prônait les valeurs de l'idéologie nationale-socialiste, selon laquelle les productions de l'esprit sont sous la dépendance d'un déterminisme du sang et du sol.

D'après lui ces productions qui avaient prétendument pour origine la Grèce, étaient censées traduire la supériorité du "peuple aryen". Malgré cela, les contributeurs de l'article qui nous occupe dans l'*Encyclopædia Universalis* soutiennent qu'"Eudoxe rapporte d'Égypte des connaissances d'astronomie". Au fond, cela signifie qu'Eudoxe reçut ses connaissances scientifiques de l'Égypte. Cependant, s'il garda intacte la connaissance de l'année, il prit des libertés vis-à-vis de la signification métaphysique de

[816] R. Taton dir., *Histoire générale des sciences*, t. I, 2e éd., Paris, (1969).

[817] B. L. Van Der Waerden, *Science Awakening*, vol. I : *Egyptian, Babylonian and Greek Mathematics*, Scholar's Bookshelf, Princeton Junction, N. J., (1988).

[818] *Proclus de Lycie. Les Commentaires sur le premier livre des Éléments d'Euclide*, Bruges (1948) ; Blanchard, Paris, (1983) ; Éd. angl., Princeton U. Press, Princeton N. J., (1992).

l'*analogie ontologique* recueillie en Égypte pharaonique africaine et nègre. Il lui donna le sens introduit en géométrie, dans la théorie des proportions dans le chapitre V des *Éléments*[819] d'Euclide. La vaste étude historique sur la science antique et médiévale, dirigée par le professeur René Taton (1915—2004) souligne que "nous nous trouvons dans le livre V devant un des sommets de la pensée mathématique"[820], même si les aspects métaphysiques, surtout le fondement ontologique de la théorie générale de l'analogie de l'*être* y sont négligés. Il n'y a pas longtemps, Bernard Vitrac, agrégé de mathématiques, auteur d'une thèse sur la *proportionnalité* dans les *Éléménts* d'Euclide[821], actuellement directeur de recherche au CNRS, réalisa la traduction des livres V à IX, à partir du texte grec établi par le danois Johan Ludvig Heiberg (1854—1928), philologue et historien des mathématiques. À cette occasion, Vitrac proclama que "cette théorie générale est sans conteste un des sommets des *Éléments* quant à la perfection formelle"[822].

Au fond, comme beaucoup d'historiens des mathématiques le savent, les *Éléments* d'Euclide constituent le texte mathématique fondamental le plus ancien conservé jusqu'à présent. Ayant d'abord circulé dans sa propre École, il ne fut édité que bien plus tard. Cependant, par rapport à l'importance de son œuvre, l'on sait très peu de chose sur Euclide lui-même. Christian Velpry, professeur de mathématiques à l'Université Denis-Diderot Paris 7, actuellement à la retraite, passionné d'histoire Égyptienne et Africaine, "recherchant la justice et la vérité [dans les sciences]"[823], déclare sans détour qu'Euclide était un "Africain [...] noir [c'est-à-dire] un km.t"[824], comme il le mentionne lui-même. À la suite d'Émile Amélineau (1850—1915) et de Martin Bernal dont nous avons déjà souligné la rigueur scientifique, l'honnêteté intellectuelle et la probité morale, Velpry précise ceci :

> "Le peuple égyptien antique était mélanoderme, faisant partie de l'ensemble des peuples constituant aujourd'hui encore l'Afrique noire. De l'antiquité jusqu'à la mort de J.-F. Champollion (1832 a.d.), tout le monde savait que les égyptiens anciens étaient des Noirs ; après cette date, un complot d'égyptologues a élaboré et répandu quelques mythes, créant de toutes pièces une question vaine, mais qui a, de par l'imbécilité qu'aiment à cultiver les Occidentaux, la vie dure. Un des noms que les Égyptiens anciens

---

819 T. L. Heath, *The Thirteen Books of Euclid's Elements*, (1956), Vol. 2, Chap. V, p. 120 sq ; Euclide, *Les Éléments*, Vol. II. Liv. à IX, trad. texte de Heiberg. tr. fr., B. Vitrac, (1994).

820 R. Taton (dir.), (1966), p. 323.

821 B. Vitrac, *De quelques questions touchant au traitement de la proportionnalité dans Les Éléments d'Euclide,* (1993).

822 *Ibid*, Euclide, *Les Éléments*, Vol. II. Liv. V à IX, (1994), p. 14.

823 C. Velpry, *Euclide l'Africain ou la Géométrie restituée. Enquête mathématique et Historique*, (2004), p. 4.

824 *Ibid.,* C. Velpry, (2004), pp. 1-5

> se donnaient attestaient de leur épiderme, dont ils étaient fiers : ils s'appelaient 'Km.t', c'est-à-dire 'Noirs'."[825]

Ainsi, comme conclusion à sa propre enquête, Velpry proclame ceci : "Euclide était un Kemet"[826]. Si cela peut être discuté, il faut bien garder présent à l'esprit que des recherches récentes menées par d'autres chercheurs sur les origines des travaux d'Euclide révèlent qu'il est né, a grandi et étudié en Afrique, qu'il n'est jamais sorti du continent Africain. Mort il y a 2300 ans en Afrique, il vécut à Alexandrie, où il fonda une École mathématique au IIIe siècle av. J-C. Pourtant, il existe un portrait de lui, fabriqué 2000 ans après sa mort. Dès lors, Christian Velpry s'étonne que "l'identité euclidienne [étant] problématique, [...] personne n'ait eu l'a-propos de poser la question qui vient naturellement à l'esprit : Euclide n'était-il pas Égyptien ?"[827].

Pour lui, "cette question est la grande absente de cinq siècles d'histoire des sciences"[828]. Quoi qu'il en soit, d'après le témoignage de Proclus de Lycie (412—485), ce sont les travaux d'Euclide qui furent rassemblés par Eudoxe pour constituer le contenu des *Éléments*. Mais, par la suite, outre les principaux résultats du livre XII qui, à en croire Archimède (287 av. J.-C.—212 av. J.-C.), devraient être attribués à Eudoxe, la paternité du livre V et de la théorie savante qui s'y trouve exposée devraient aussi être attribuées à Eudoxe, selon deux scholies anonymes attachées aux *Éléments*. Laissons de côté les scholies anonymes. Quelle valeur doit-on accorder au témoignage d'Archimède selon lequel c'est Eudoxe de Cnide qui est le découvreur des résultats mathématiques exposés dans le livre V ?

Pour répondre à cette question, *primo* il faut avoir présent à l'esprit qu'Archimède lui-même étudia en Égypte. *Secundo*, il faut savoir que l'érudition moderne lui a suffisamment reproché de n'avoir pas cité les sources Égypto-nubiennes de la théorie dont il s'est attribué la paternité. Dès lors, nous ne nous attarderons pas à lui reprocher ici d'attribuer à Eudoxe la paternité des connaissances mathématiques que ce dernier tient de l'Égypte nègre. Au sujet du prétendu théorème d'Archimède, ce qu'en dit l'égyptologue Struve Vasilií Vasil'evich (1889—1965) est parfaitement clair. Struve fut professeur à l'Université Petrograd-Leningrad dès les années 1916.

Avant cela, il fut l'élève de l'égyptologue russe Boris Alexandrowitsch Turajeff (1868—1920) devenu professeur d'égyptologie en 1911, puis membre de l'Académie des sciences dès 1918. Struve à son tour devint un égyptologue de très grande renommée. Il fut élu membre de l'Académie des sciences de l'ancienne URSS en 1935. Son centre d'intérêt fut l'histoire des mathématiques dans sa relation à l'Égypte ancienne. Sa principale œuvre

---

[825] *Ibid.*, C. Velpry, (2004), p. 4 sq.
[826] *Ibid.*, C. Velpry, (2004), p. 73.
[827] *Ibid.*, C. Velpry, (2004), p. 75.
[828] *Ibid.*, C. Velpry, (2004), p. 75 sq.

consacrée, pendant trois ans, à l'étude intensive du papyrus mathématique du musée national des Beaux-Arts à Moscou, avec l'aide d'une transcription hiéroglyphique réalisée par Turajeff, s'intitule "Mathematischer Papyrus des Staatlichen Museums der Schönen Künste in Moskau"[829]. Elle fut publiée en 1930. Un article relatant le mérite de Struve lui fut consacré en 1969 dans la revue *Archives Internationales d'Histoire des Sciences* dédiée à l'histoire des sciences et des mathématiques[830]. Sur le théorème d'Archimède, l'éminent Struve Vasilií Vasil'evich nota ceci :

> "Le papyrus de Moscou qui nous livre, parmi de nombreuses autres, la preuve qu'une célèbre découverte d'Archimède doit être inscrite au compte des Égyptiens, confirme de la manière la plus éclatante les dépositions des écrivains grecs sur les connaissances mathématiques des savants égyptiens. Nous n'avons donc plus aucune raison de rejeter les affirmations des écrivains grecs selon lesquelles les Égyptiens étaient les maîtres des Grecs en géométrie."[831]

La conclusion de Struve, à la suite des anciens Grecs eux-mêmes, sur les "Égyptiens, […] maîtres des Grecs en géométrie", est incontestablement la conclusion ferme à laquelle aboutit toute l'activité historiographique en mathématique. Elle sortira toujours renforcée par toute étude égyptologique sérieuse et par les études en nubiologie qui sont en cours. Pour revenir au concept d'*analogie* qui nous occupe, la théorie savante des *rapports* que l'on retrouve dans le chapitre V des *Éléments* d'Euclide grâce à Eudoxe n'est en réalité qu'une simplification de la métaphysique de l'*analogie ontologique* Égypto-nubienne. Dans les *Éléments,* cette théorie définie d'abord le rapport comme relation entre deux grandeurs homogènes quant à la mesure (Chap. V, Déf. 3)[832]. Ensuite, quatre grandeurs sont définies comme ayant deux à deux *même rapport*, quand n'importe quels communs multiples de la première et de la troisième sont en même temps plus grands, égaux ou plus petits que n'importe quels communs multiples respectivement de la deuxième et de la quatrième. Ceci conduit à définir l'égalité des rapports a/b = c/d.

Telle est la conséquence du formalisme eudoxéen. Dès lors, on voit très clairement comment on passe du semblable au même, c'est-à-dire de la *ressemblance* à l'*identité*. Dans sa récente traduction française des *Éléments*, après avoir noté que "la célèbre Df. V. 5 explique à quelles conditions quatre grandeurs sont en proportion, c'est-à-dire à quelles conditions le rapport de la première à la deuxième est identique à celui de la troisième à la

---

[829] V. V. Struve, *Mathematischer Papyrus des Staat lichen Museums der schonen Künste in Moskau*, (1930).

[830] I. M. Diakonov, A. P.Youschkevitch, "Vasely Vasilievich Struve", (1969).

[831] *Ibid.*, V. V. Struve, (1930), p. 183 sq.

[832] Euclide, *Les Éléments*, Vol. II. Liv. V à IX, (1994). Déf. 3 du Liv. V, p. 72 sqq.

quatrième"[833], Bernard Vitrac souligne que "la longueur et la complexité de l'énoncé témoignent d'un effort de clarté et de rigueur d'expression qui n'était pas si évident à formuler dans la langue naturelle"[834]. Il a parfaitement raison ; mais pas parce que le langage mathématique ne correspond guère au langage ordinaire. C'est plutôt parce que la langue dans laquelle la théorie générale de l'analogie de l'*être* fut initialement formulée n'est pas une langue grecque d'une part, mais une langue égypto-nubienne, et d'autre part, parce que "la complexité [mais nous préférons parler de subtilité] de l'énoncé" original est probablement telle qu'Eudoxe a dû le simplifier en croyant bien faire. C'est suite à cette simplification du contenu sémantique de l'*analogie* de l'*être* qu'en science, l'*analogie* devient l'identité des rapports.

Ainsi, dans son *Vocabulaire technique et critique de la philosophie*, Lalande présente le sens primitif et propre de l'analogie (Définition **A**) comme étant "cette identité du rapport qui unit deux à deux les termes de deux ou plusieurs couples". Puis, il mentionne que "spécialement et par excellence, [c'est une] proportion mathématique (appelée ἀναλογία dans Euclide)". Lalande ajoute qu'"Aristote analyse ce sens [primitif et propre du concept d'analogie] avec précision dans l'*Éthique à Nicomaque* V, 6; 1131ª 30 et suivantes"[835]. Dans la définition **E** de la notion d'analogie, Lalande écrit ceci : "Sens courant et vague : ressemblance plus ou moins lointaine, particulièrement entre choses qui ne se ressemblent pas dans leur aspect général et qui ne peuvent être subsumées sous un même concept"[836].

On voit ainsi clairement que Lalande présente le sens de *similitude* qui est réellement le sens primitif et propre, comme le "sens courant et vague". En revanche, il considère l'*identité des rapports* comme le sens primitif et propre du terme *analogie*. En réalité, c'est une méprise venant du fait qu'en science le sens primitif et vrai du terme *analogie* était presque perdu depuis Aristote, suite à la modification eudoxéenne du sens de l'*analogie ontologique*. Ce passage de la similitude à l'identité se présente en biologie comme une tentative de réduire la complexité de l'*être*. Or, il faut bien le souligner ici, la complexité de l'*être* ne se réduit pas.

Par cette vaine tentative, toute la métaphysique cachée derrière le terme *analogie* est désormais perdue, mais également sa signification philosophique, dont Mill nous rappelle qu'elle était encore présente dans l'acception primitive des anciens mathématiciens, à savoir une *ressemblance de relations*. Ce passage de la similitude à l'identité que nous venons d'exposer se présente au fond comme une pétition de principe en faveur de l'idée de nécessité que la tradition et la science moderne adoptèrent en Occident en

---

[833] *Ibid.*, Euclide, (1994), p. 41.
[834] *Ibid.*, Euclide, (1994), p. 41 sq.
[835] A. Lalande, *Vocabulaire technique et critique de la philosophie*, (1902—1923), Art. Analogie, p. 51.
[836] *Ibid.* A. Lalande, (1902—1923), p. 51 sq.

s'appuyant à la fois sur la modification eudoxéenne de l'*analogie* ontologique et sur la doctrine de Parménide d'Élée (541 av. J.-C.—vers 445 av. J.-C.), selon laquelle l'*être* est immuable. Dans les fragments de son poème qui nous est parvenu sous le titre classique *De la nature*, Parménide propose une théorie dogmatique de l'*être*, à laquelle nous avons fait allusion dans l'introduction de cette enquête dans le volume 1, en nous appuyant sur la traduction de Jean-Paul Dumont (1933—1993), agrégé de l'Université, docteur ès lettres et sciences humaines, qui fut professeur d'histoire de la philosophie à l'Université Lille III, de 1964 à 1993.

Plusieurs philosophes ont traduit cette théorie. La traduction du philosophe français Jean Beaufret (1907—1982), disciple et ami de Martin Heidegger (1889—1976), n'apporte pas un sens de la théorie de l'*être* chez Parménide (541 av. J.-C.—vers 445 av. J.-C.), fondamentalement différent du sens que Dumont rend à partir du texte grec :

> "Il (l'être) est en effet de membrure intacte, inébranlable et sans fin ; jamais il n'était ni ne sera, puisqu'il est maintenant, tout entier à la fois, un, d'un seul tenant ; quelle génération peut-on rechercher pour lui ? Comment, d'où serait-il venu à croître ?" [frag. 8][837].

Le mobilisme est écarté. L'*être* est là maintenant. Il ne peut ni croître ni diminuer. Il ne peut *changer*. Il ne peut pas ne pas être. Il *est* nécessairement, immuable, inébranlable. Si cette idée de nécessité est sans risque pour certains *êtres* mathématiques, elle est foncièrement inadaptée aux *êtres* vivants. De sorte qu'en science, si en mécanique newtonienne, cette idée ne pose pas de problème et s'est plutôt avérée féconde, elle est spécieuse en biologie, dès lors que le concept d'ontologie de l'*être* est dépouillé de sa métaphysique. Notons cependant que dans la période allant du XIXe au début du XXe siècle, même en science physique, un grand esprit comme Max Planck (1858—1947) réfuta cette théorie de l'immuabilité de l'*être*, puisqu'il admet "l'incertitude"[838] dans la *relation causale* à l'intérieur du monde réel de la physique, du fait de son *changement* non visible ni observable nécessairement. Mais, curieusement, cela ne semble pas être le cas actuellement en biologie moléculaire contemporaine.

Pourtant, dès les débuts de la philosophie naturelle qui devait établir la biologie en Occident, Aristote assimila bien l'acception primitive de l'*analogie* des anciens mathématiciens que nous rappelle Mill et qui est adossée à la métaphysique de l'*analogie ontologique* Égypto-nubienne. Il l'a parfaitement appliquée à sa biologie. Il l'utilise explicitement à plusieurs

---

[837] J. Beaufret, *Le Poème de Parménide*, (1955), p. 5.

[838] M. Planck, (1937), *Der Kausalbegriff in der Physik*, in *Autobiographie scientifique et derniers écrits*, (1960), p. 169.

reprises dans son œuvre. Par exemple dans son œuvre *Parties des animaux*, où il livre ses réflexions sur la distinction des animaux, Aristote note ceci :

> "Beaucoup de caractères communs sont présentés par un grand nombre d'animaux, tantôt absolument comme les pieds, les ailes, les écailles, et autres caractères de ce genre, tantôt suivant l'analogie. J'entends par analogie le fait que certains possèdent un poumon, les autres non, mais que ceux-ci, à la place du poumon que possèdent les premiers, présentent un autre organe, les uns ont du sang, les autres quelque chose d'analogue, c'est-à-dire qui joue le rôle que joue le sang chez les animaux sanguins."[839]

Cette illustration de l'*analogie* montre clairement son utilisation comme *moyen logique* dans un raisonnement causal. Nous sommes sur le mode logique et fonctionnel. Aucune confusion n'est possible entre les éléments de l'unité analogique. Livrant ses pensées sur les "principes de distinction [des animaux]"[840], Aristote souligne que "les poissons diffèrent des oiseaux suivant un rapport d'analogie (ce qui pour l'un est plume, pour l'autre est écaille)"[841]. Chez l'oiseau, le rapport de la plume à l'air *ressemble* au rapport de l'écaille à l'eau, chez le poisson. Mais, les deux éléments ne sont évidemment pas égaux. Par ailleurs, la plume n'est pas identique à l'écaille.

Rassemblant des éléments hétérogènes, dans une telle *analogie* l'on ne peut alors confondre les éléments de l'unité analogique, ni prétendre par exemple que le rapport de la plume à l'air, chez l'oiseau est *égal* au rapport de l'écaille à l'eau, chez le poisson. Mais, comme le nota Vuillemin, Aristote finit par adopter la simplification de l'*analogie* par Eudoxe.

Ainsi, il glissa vers la confusion évoquée plus haut. Jules Vuillemin (1920—2001) fut professeur titulaire de la Chaire de 'Philosophic de la Connaissance' au Collège de France de 1962 à 1990. Philosophe de la logique, des mathématiques et des sciences, mettant constamment à jour ses connaissances scientifiques, il "incarnait une grande idée de la philosophie"[842] souligna l'hommage que lui rendit Pierre Bourdieu (1930—2002), lui-aussi professeur titulaire de la Chaire de 'Sociologie' au Collège de France de 1982 à 2001. Vuillemin "donnait l'impression de philosopher à un autre niveau"[843] insista de son côté Jacques Bouveresse (1940—), professeur titulaire de la Chaire de 'Philosophie du Langage et de la Connaissance' au Collège de France depuis 1995. Puis, il proclama que "parmi les philosophes français contemporains, il (Vuillemin) est

[839] Aristote, *Parties des Animaux*, Liv. I, V, 645b.
[840] *Ibid.*, Aristote, Liv. I, Chap. IV.
[841] *Ibid.*, Aristote, Liv. I, Chap. IV, 644a.
[842] P. Bourdieu, *Science de la réflexivité*, Cours du Collège de France 2000-01, (2001), p. 9.
[843] J. Bouveresse, "Jules Vuillemin, 1920—2001", (2001), p. 1.

probablement l'un des plus complets"[844]. Même si dans le cadre de cette enquête scientifique et philosophique, nous ne nous sommes servi de ses lumières qu'à travers son ouvrage intitulé *De la logique à la théologie. Cinq études sur Aristote*[845] publié en 1967 chez Flammarion, en jetant un coup d'œil rapide sur sa production philosophique, traitant des questions morales, politiques, juridiques, esthétiques en passant par la logique, les mathématiques et bien évidemment la philosophie des sciences, nous pensons que nul n'aura la moindre peine à s'accorder au jugement de Bouveresse. Dès lors, on comprend pourquoi ce dernier admet que Vuillemin est véritablement à considérer comme "un philosophe au sens strict du terme"[846]. Sur la question qui nous occupe, Vuillemin relève que dans un texte de la *Poétique*, 21, 1457^b, 16-25, Aristote livre ses réflexions sur le *rapport d'analogie* en soulignant qu'"il y a le même rapport entre la vieillesse et la vie qu'entre le soir et le jour ; le poète dira donc du soir, avec Empédocle, que c'est « la vieillesse du jour », et de la vieillesse que c'est « le soir de la vie » ou « le couchant de la vie »"[847]. Il évoque aussi l'utilisation de la notion d'analogie par Aristote dans *Parties des animaux* ainsi que dans *Rhétorique*, **III**, 1407^a 15 et **III**, II, 1412^b 32.

Aristote use alors de l'analogie comme critère de la logique mobilisant la proportionnalité. Mais, Vuillemin remarque qu'il utilise également ce terme dans d'autres sens ; d'abord comme *égalité* des rapports entre quatre termes, dans *Catégories*, I, I, I^a, 1-5 ; dans *Ethique à Nicomaque*, V, 6, 1131a 18-20, ou encore dans *Métaphysique* Λ, 4, 1070^b, 18-22 où la proportion ne concerne plus quatre termes, mais trois termes dont deux sont subordonnés au troisième. Selon toute vraisemblance, Aristote finira par adopter le formalisme d'Eudoxe et avec celui-ci, l'identité des rapports qui est problématique en biologie, et que Lalande par méprise, présenta dans son *Vocabulaire technique et critique de la philosophie*, comme étant le sens primitif et vrai du mot analogie. Jules Vuillemin (1920—2001) souligne que "ce formalisme eudoxéen se retrouve curieusement dans un texte d'Aristote"[848].

Il précise alors ceci : "Voulant définir la justice particulière distributive, c'est-à-dire, celle qui correspond non pas à la vertu en général, mais à l'égalité proportionnelle dans la répartition entre les individus d'une communauté politique des honneurs, des richesses, et autres avantages et désavantages, le philosophe postule d'abord que le juste implique nécessairement au moins quatre termes : deux personnes, qui elles-mêmes sont égales ou inégales, et deux parts"[849]. Au sujet de la justice distributive

---

[844] *Ibid.*, J. Bouveresse, (2001), p. 1.
[845] J. Vuillemin, *De la logique à la théologie. Cinq études sur Aristote*, (1967).
[846] *Ibid.*, J. Bouveresse, (2001), p. 1.
[847] *Ibid.*, J. Vuillemin, (1967), p. 19.
[848] *Ibid.*, J. Vuillemin, (1967), p. 16.
[849] *Ibid.*, J. Vuillemin, (1967), p. 16.

pour laquelle il affirme que "l'égalité proportionnelle est la justice distributive"[850], Aristote mentionne, précisément, ce qui suit :

> "[…] Donc ce qui est juste, c'est quelque chose de proportionnel, (le proportionnel, en effet, constitue une propriété, non seulement du nombre, formé d'unités, mais globalement de la quantité dénombrable) dès lors que la proportion est une égalité de rapports et qu'elle implique quatre termes au moins."[851]

Dans cet énoncé, il faut noter une confusion chez Aristote (384 av. J.-C.—322 av. J.-C.), précisément, dans l'usage des termes *proportion* et *proportionnalité.* Cette confusion n'échappa probablement pas à Vuillemin qui par ailleurs note qu'"Aristote emploie d'abord l'analogie conçue comme égalité des rapports entre quatre termes pour caractériser la relation entre des êtres appartenant à des catégories différentes"[852]. Dès lors, si d'un côté dans le thomisme, *la ressemblance de rapports* attachée au mode logique de l'analogie de l'*être* a pu être conservée, d'un autre côté, depuis Aristote, le principe de proportion mathématique, au sens moderne du terme, c'est-à-dire de l'égalité de plusieurs rapports, a pu se substituer au principe de *ressemblance des relations* qui doit prévaloir dans le vivant.

Toutefois, ce dernier principe préconise que dans le champ du vivant, il y a bien ressemblance et non identité ou égalité dans une unité analogique des *êtres* dans l'*être*. Ceci nous conduit à affirmer à nouveau que le principe de *ressemblance* n'est pas simplement géométrique comme le laissa croire la simplification eudoxéenne. À l'origine il n'est d'ailleurs pas qu'un simple principe mathématique. Sa signification dans l'*analogie ontologique* est essentiellement métaphysique ainsi que nous l'avons déjà souligné.

C'est pourquoi à la suite de sa transcription par Eudoxe dans un contexte mathématique réducteur, la notion même de *grandeur* qui, elle aussi, est une notion abstraite et métaphysique, n'est pas définie dans le Livre V. Pourtant, ce livre se consacre, précisément, aux notions fondamentales de grandeur, de rapport et de proportionnalité. Bernard Vitrac remarque cette absence de définition de la notion de grandeur dans les *Éléments.* Il pose alors la question de savoir "pourquoi Euclide a fait l'économie de la définition de la grandeur"[853], puis tente d'y répondre en proposant plusieurs hypothèses :

> "Peut-être parce qu'il [Euclide], considérait que c'était une notion suffisamment claire pour ses lecteurs. Ou qu'il faut de toute façon des termes non définis et qu'il ne voyait très bien à partir de quel terme primitif définir cette notion. Ou parce que dans une

---

[850] Aristote, *Éthique à Nicodème*, V, 1131[a].
[851] *Ibid.*, Aristote, V, 1131[a].
[852] *Ibid.,* J. Vuillemin, (1967), p. 18.
[853] Euclide, *Les Éléments*, Vol. II. Liv. V à IX, (1994), p. 56.

> perspective Aristotélicienne, une telle Définition ne relevait pas du domaine des mathématiques mais de celui de l'étude des principes des sciences mathématiques, c'est-à-dire de la philosophie première. Ou enfin – et ces différentes possibilités ne sont évidemment pas exclusives l'une de l'autre – parce qu'il voulait laisser ouvert le champ des applications possibles de la théorie exposée au Livre V en ne précisant son objet que d'une manière très vague grâce à un concept « flou », celui de grandeur."[854]

À travers ses hypothèses, nous pensons que Bernard Vitrac n'est pas loin de la vérité ; excepté sur le fait qu'il n'a pas saisi qu'Euclide n'avait pas le choix. Nous prétendons que le silence d'Euclide sur cette définition lui est imposé par le fait que c'est surtout en tant que symboles *fluides* et *inépuisables* par des mots que de telles notions étaient mobilisées dans les sanctuaires Égypto-nubiens. Dès lors, il est fort possible qu'Eudoxe qui en a rassemblé les éléments de contenu n'ait pas saisi toute la profondeur métaphysique de cette théorie qui relève plutôt de la métamathématique.

C'est sans doute la raison pour laquelle on peut constater chez les Grecs une confusion dans l'usage des termes *proportion* et *proportionnalité*, l'un étant pris pour l'autre, depuis Eudoxe dans la théorie générale de l'analogie (V Def. 6), jusqu'à Aristote, en passant par Platon ou Archytas. N'est-ce pas pourquoi Eudoxe considère que "les grandeurs qui ont le même rapport sont dites en proportion ?"[855] On peut le craindre. Toujours est-il que pour Aristote, *proportion* et *proportionnalité* sont confondues. Nous l'avons déjà signalé à partir de la citation d'*Éthique à Nicomaque*, V, 1131[a] 20-32, mentionnée plus haut. Chez Platon, c'est dans *Phédon* que l'on trouve cette confusion, lorsque l'on s'aperçoit que *répartition* qui réfère à la proportionnalité et *proportion* qui réfère à l'égalité des rapports, sont mélangés :

> "Quant aux hommes de là-haut, ils se répartissent selon trois habitats possibles, certains habitent à l'intérieur, d'autres habitent au bord de l'air, d'autres enfin sur les îles baignées par l'air. La répartition n'est plus verticale [...]. Une proportion identique à celle qui gouverne les éléments permet de rendre compte de leurs sensations et de leur pensée."[856]

Chez Archytas de Tarente (~435 av. J.-C.—347 av. J.-C.), la définition de la proportionnalité est à la fois quelque chose de très clair et de très flou. C'est ce qui apparait dans l'un de ses fragments où la juxtaposition de la notion d'analogie et celle de proportion amène très vite à la *confusion*.

---

[854] *Ibid.*, Euclide, (1994), p. 56 sq.
[855] *Ibid.*, Euclide, (1994), p. 41.
[856] Platon *Phédon*, 110d.

> "Il y a dans la musique trois moyens : le premier est le moyen arithmétique, le second est le moyen géométrique, le troisième est le moyen subcontraire qu'on appelle harmonique. Le moyen est arithmétique lorsque les trois termes sont dans un rapport analogue d'excédent, c'est-à-dire tels que la quantité dont le premier surpasse le second soit précisément celle dont le second surpasse le troisième ; dans cette proportion, il se trouve que le rapport des plus grands termes est plus petit, le rapport des plus petits termes est plus grand [...]"[857]

La traduction mathématique du contenu de cet énoncé montre bien qu'il y a un rapport analogique entre les termes tels que définis par Archytas dans le moyen arithmétique. La proportionnalité fait le lien entre les éléments en présence. Par ailleurs, entre l'excès que possède le premier terme par rapport au deuxième et l'excès que possède le deuxième terme par rapport au troisième, il y a bien une proportion. Mais, il n'y pas d'égalité entre les trois termes en présence, comme pourrait le faire croire, du point de vue du contenu sémantique, le mélange entre proportion et analogie dans l'énoncé.

C'est un mélange qui prête à confusion. Celle-ci apparait plus nettement dans le même fragment d'Archytas "Traité de la musique" rapporté par Porphyre et exposé dans *Les écoles présocratiques*[858], où Archytas traite d'intervalle musical (médiété) analysé comme un rapport.

> "En musique, il existe trois médiétés : arithmétique, géométrique et subcontraire, encore appelée harmonique. On parle de moyenne arithmétique, quand trois termes entretiennent entre eux une proportion selon un excès donné et que l'excès du premier par rapport au deuxième est celui du deuxième par rapport au troisième. Dans cette proportion, l'intervalle des deux plus grands termes est plus petit tandis que celui des deux plus petits est plus grand [...]"[859]

L'énoncé est censé signifier la même chose que le précédent. Mais, il est plus flou. Peut-être parce que le terme intervalle ici se substitue à celui de rapport, quand bien même Archytas écrit à propos des médiétés. Dès lors, l'analogie qui était claire, dans la traduction d'Anthelme Chainet à travers les rapports, ne l'est plus. On y trouve une identité de rapports, à savoir une proportion mathématique qui associe trois termes a, b, c de telle façon que $a/b = b/c$; b est alors le moyen terme qui unit les extrêmes a et c. À côté de cette identité, il est en même temps question de proportionnalité,

---

[857] Archytas, Frag. 16, tiré de Porphyre, in *Ptolem*, Harm., p. 267. Voir A. É. Chainet, *Pythagore et la philosophie pythagoricienne, contenant les fragments de Philolaüs et d'Archytas*, t. I, (1873), p. 282 sq.

[858] Édition établie par J-P. Dumont, Paris, (1991), voir p. 291 sq.

[859] Archytas, Frag. B II, tiré de Porphyre, in *Commentaires sur les Harmoniques de Ptolémée*, Éd. Düring, p. 92 ou *Les écoles présocratiques*", Éd. J-P. Dumont, (1991), p. 291 sq.

dans le sens de l'analogie des rapports telle qu'elle ressort de cette enquête. Pourtant, les deux termes ne signifient pas la même chose. La *proportion* réfère à une égalité réelle des rapports, tandis que la *proportionnalité* signifie une répartition d'une réalité semblable. Dans ce dernier cas, l'on conçoit alors que cette réalité soit incarnée au départ dans l'*être* premier *avant* tout acte de répartition. Tout ne se fait donc pas simultanément mais, de manière séquentielle. En soulignant ici un déroulement séquentiel des évènements ontologiques, nous voyons clairement, à présent, comment la *temporalité* se trouve introduite dans la théorie. Il y a alors deux moments métaphysiques majeurs. Le premier moment est la prééminence de l'*être* premier *causa sui*.

C'est pour cela que l'*analogie* est par référence à un premier ontologiquement autonome. Le deuxième moment métaphysique est le *temps* dans la détermination des étants, c'est-à-dire dans l'acte d'attribution de l'*être*. Même s'il ne perçoit pas ces aspects métaphysiques, Bernard Vitrac a parfaitement raison de penser que la théorie générale du rapport de l'*Un* aux *diverses grandeurs* qui lui sont attachées ne se réduit pas qu'aux seuls *êtres* mathématiques ; dans la mesure où elle fut conçue dans les sanctuaires Égypto-nubiens où l'enseignement entremêlait les sciences philosophiques et les sciences théologiques, afin précisément de "laisser ouvert le champ des applications possibles [de la théorie]"[860], comme il le note.

De sorte que dans les sciences du vivant, ce n'est pas au sens étroit d'analogie de rapports s'établissant *simultanément* que nous devons entendre ce concept Égypto-nubien, mais bien au sens large d'analogie des relations dans lesquelles il y a implication de la *temporalité*. Par ailleurs, dans cette théorie générale de l'analogie ontologique, les *grandeurs diverses* qui sont en rapport avec l'*Un* ne sont pas que matérielles. Dans le vivant, elles mêlent des substances physico-chimiques avec des grandeurs probablement invisibles, non observables et incommensurables, comme la *durée réelle* de la manifestation du processus causal, telle que nous la livre après coup, l'émergence du *nv*MCJ dont la taille demeure difficile à évaluer, dans le cas qui nous occupe. Même s'il n'est pas biologiste, nous sommes obligé de souligner à nouveau avec le physicien Max Planck, qu'"il est absolument inexact, bien qu'on l'entende souvent dire, que la représentation du monde due à la physique contienne ou puisse contenir seulement des grandeurs directement observables"[861] ou nécessairement commensurables.

Si désormais, l'analogie passe pour être l'égalité de deux rapports entre au moins quatre termes, alors nous affirmons que c'est une erreur de penser avec Aristote que dans une unité analogique il y a égalité des rapports. Car, le *semblable* et l'*identique* sont deux catégories différentes, même lorsqu'ils dépendent tous deux d'un même principe premier. À partir des considérations que nous venons de mentionner, l'on peut être tenté de

[860] Euclide, *Les Éléments*, Vol. II. Livres V à IX, (1994), p. 57.
[861] M. Planck, *Autobiographie scientifique et derniers écrits*, (1960), p. 170.

déclarer avec Jean Tricot que "l'identique est selon la substance et le semblable selon la qualité"[862]. Aristote (384 av. J.-C.—322 av. J.-C.) fait de la *substance*, la réalité ou l'*être* par excellence. Le concept de substance selon lui, admet une *stabilité* des strates profondes et réelles de la matière. Seule la superficie peut fluctuer. Pour Aristote, "si la substance de chaque être est identique, et cela non par accident, de même elle est essentiellement une chose existante"[863]. En d'autres termes, la substance d'une chose qui existe est son *être*, identique à lui-même. Elle ne change pas. Mais, cela n'introduit-il pas une incohérence logique en biologie ?

La tradition Occidentale et la science moderne adoptèrent la métaphysique substantialiste considérant que l'objet *en soi* c'est sa substance, porteuse d'attributs. Cette substance ne peut alors elle-même être traitée comme un attribut d'une chose. Dans cette métaphysique, on n'a pas une relation réversible entre deux termes homogènes. On a plutôt une relation irréversible entre deux termes hétérogènes dont chacun est lié à sa fonction et à sa place particulière dans l'objet. La *substance* serait l'essence. Car, "l'essence appartient d'une manière absolue à la substance"[864] nous dit Aristote. La qualité serait alors accidentelle. Cette dernière seule changerait et aurait une fonction superficielle. Ainsi, selon la logique et l'ontologie d'Aristote, le *réel* est fait de substances en tant que supports d'attributs ou de qualités. La science doit alors s'attacher à établir l'*inaltérable substance* de l'*être* qui est essentielle, et à la distinguer de ses qualités qui sont des accidents, et qui seules peuvent être affectées par le *changement*, le *devenir*.

La difficulté que soulève le substantialisme en science moderne fut analysée, entre autres, par le philosophe des sciences Gaston Bachelard[865] (1884—1962), en 1938. Parce que la substance est admise comme l'essence d'un objet, "l'esprit scientifique ne peut se satisfaire en liant purement et simplement les éléments descriptifs d'un phénomène à une substance, sans aucun effort de hiérarchie, sans détermination précise et détaillée des relations des autres objets"[866]. Dès lors, Bachelard s'efforça de montrer "comment se constituent de fausses explications substantialistes"[867].

À présent, il ne s'agit pas de traîner la philosophie d'Aristote concernant la *substance* au tribunal de l'épistémologie de la biologie moléculaire contemporaine. Entre la biologie d'Aristote et la biologie moléculaire, l'on mesure bien tout l'écart provenant de la richesse des *faits* amoncelés depuis des lustres, grâce aux avancées technologiques. Néanmoins, quand on considère le contenu conceptuel des macromolécules biologiques telles que

---

[862] Note de J. Tricot in *Métaphysique*, t. 1, Liv. A–Z, Paris Vrin, (1991), Γ, 2, p. 113.
[863] Aristote, *Métaphysique* Γ, 2, 1003b.
[864] Aristote, *Métaphysique* Z, 4, 1030a.
[865] G. Bachelard, "L'obstacle substantialiste", p. 73 sqq. in *La formation de l'esprit scientifique*, (1938).
[866] *Ibid.*, G. Bachelard, (1938), p. 123.
[867] *Ibid.*, G. Bachelard, (1938), p. 123.

les protéines, l'on s'aperçoit que jusqu'à l'avènement des prions, pour le biologiste moléculaire, de manière consciente ou inconsciente, c'est bien la logique et l'ontologie d'Aristote qui avaient cours. Sur la base d'une telle ontologie, il paraît invraisemblable de prétendre que le prion pathogène, c'est-à-dire la forme PrP^{Sc} soit constitué d'autre chose que la substance que la biologie lui reconnaît, à savoir, ses acides aminés constitutifs. Cependant, le conformère PrP^{C} qui est la protéine prion physiologique présente aussi la même substance, à savoir les *mêmes* acides aminés constitutifs.

Or, la protéine pathogène PrP^{Sc} engendre la neurodégénérescence, tandis que la protéine cellulaire PrP^{C} maintient l'état physiologique du tissu neural. Par ces deux *effets différents* l'on devrait avoir d'un point de vue causal deux *substances différentes* agissant comme *cause* ; puisque selon Aristote, "si donc [l'être] c'est la substance, c'est des substances que la science devra appréhender le principe et les causes"[868]. Mais tel n'est pas le cas.

La substance de PrP^{Sc} et celle de PrP^{C} restent *identiques*. Ainsi, avec les prions attachés à un mécanisme de pathogénie par *changement* de conformation, si la métaphysique substantialiste était mobilisée, cela conduirait à une impossibilité logique. En ce sens qu'une *même* substance ne saurait produire des *causes différentes*. Mais, si PrP^{Sc} produit un *effet* autre que celui engendré par PrP^{C} alors cela signifie que la substance de PrP^{Sc} initialement identique à celle de PrP^{C} *n'est plus la même*.

Malgré les apparences, elle a changé. Par conséquent, dans ses apparences de stabilité, la substance n'est pas stable. Sur la base des faits relatifs à la causalité spécifique des prions, suite au jaillissement du *nv*MCJ, on ne peut concevoir la substance selon les vues aristotéliciennes. Elle n'est pas stable. Admettre le contraire est une erreur que nous nommons désormais erreur substantialiste aristotélicienne. Ainsi, prenant appui sur des *faits* recueillis en biologie et en épidémiologie des maladies à prions, nous prétendons que lorsque la substance nous semble la même, il n'y a pas identité. Ce qui est une autre manière de dire que même pour le même individu, la même molécule biologique, la même entité causale, la même substance, jamais *il n'y a identité*, quand nous considérons l'un ou l'autre à des *temps* différents. Car, une fois encore, la substance elle-même n'est pas stable.

Elle change dans le *temps* tout en restant paradoxalement la même, *prima facie*. C'est probablement l'une des leçons à tirer des prions sur la causalité biologique. Au fond, ceci n'a rien d'étrange, dès lors que nous avons parfaitement intégré l'idée d'évolution et, mieux encore le concept du *devenir de tout nœud causal biologique*. Si nous tirons les conséquences de ce qui est énoncé plus haut, alors nous convenons que même l'agent causal de la tremblante qui à ce jour est inoffensif pour l'homme peut *changer* dans le futur. Son rapport à l'homme dans le futur peut ne plus ressembler à son rapport à l'homme actuellement. Cependant, sur un plan très schématique

---

[868] *Ibid.*, Aristote, *Méta.* Z, 4, 1030a.

reposant sur la biologie et la génétique moléculaires, nous percevons les choses différemment. En biologie moléculaire, la substance s'étant substituée à l'essence des naturalistes des siècles des Lumières tels que Georges Buffon (1707—1788) ou Georges Cuvier (1769—1832), dans notre tentative de rechercher l'identité, nous disons actuellement, par exemple, que dans une fratrie de trois enfants dont deux sont de vrais jumeaux, les trois enfants pourraient se ressembler, mais aucun ne peut être identique à leurs parents. De même, les enfants ne pourraient être tous les trois identiques.

Cependant, en nous appuyant sur la génétique moléculaire, nous affirmerons que les vrais jumeaux sont identiques. Pourtant, même dans ce cas, il ne saurait y avoir qu'une identité factice. Il nous tâcher de comprendre pourquoi. Toutefois, cela paraît déjà un peu clair, dès que chez ces vrais jumeaux des différences aux plans psychologique et comportemental se révèlent, alors même qu'ils sont soumis aux mêmes facteurs épigénétiques.

Pour le neurobiologiste Jean-Pierre Changeux, "c'est alors la plasticité du cerveau qui rend les vrais jumeaux différents"[869]. Néanmoins, du point de vue de la génétique moléculaire, il y a identité. Car dans ce cas, la biologie contemporaine s'en tient dans ses grilles d'analyse à ce qui est observable, visualisable, mesurable, quantifiable, comme les molécules de protéines ou d'ADN. Ainsi, le patrimoine génétique des vrais jumeaux paraissant identique, ils sont déclarés identiques. Ceci voudrait dire que le rapport de l'un aux parents est identique au rapport de l'autre aux parents. Les rapports de chaque *étant* à l'*Étant premier* seraient alors identiques.

Mais, nous prétendons que c'est faux. Il n'y a pas égalité des rapports. Il n'y a pas identité entre les deux jumeaux, mais pour des raisons autres que celles évoquées par Jean Pierre Changeux. Certes, en ce qui concerne la notion d'*espèce biologique*, la ressemblance et l'identité se confondent, un peu comme lorsque l'on fait se superposer la frange centrale de deux courbes de Gauss assignées à la mesure de deux grandeurs hétérogènes comme, par exemple, la taille et le poids des individus. Les trois enfants et leurs parents sont évidemment une seule et même espèce. Mais, en réalité, en termes d'individus, chaque enfant est singulier, y compris les vrais jumeaux censés être identiques du point de vue de la génétique moléculaire. La vérité c'est que ces derniers se *ressemblent* à un point tel que l'on pourrait *croire* qu'ils sont identiques. Mais, à y regarder de près, la réalité est tout autre.

4. Du bon usage de l'analogie ontologique en biologie moléculaire et en biomédecine

Il ne s'agit pas de nier les *faits* positifs qui nous viennent de la génétique moléculaire. Il s'agit de souligner ici que l'essentialisme qui avait brouillé la

---

[869] J. P. Changeux, "L'individualité naît de la souplesse neuronale", (2007), p. 78 sqq.

vision, rejeté la variabilité, puis conduit à une hiérarchisation des *êtres* humains là où il n'y a que généalogie et une seule humanité, est le même qui nous amène à déclarer que les vrais jumeaux sont identiques. Transposé au niveau moléculaire de la science moderne, il prend le manteau du substantialisme. Mais, le présupposé métaphysique reste le même depuis Aristote. Pour nos vrais jumeaux, dès lors que la séquence de leurs gènes est établie comme étant identique, leurs *substances* sont considérées comme identiques. Par conséquent, deux individus singuliers sont déclarés identiques à leur tour. À présent, quittons nos deux jumeaux, pour revenir à l'échelle moléculaire où désormais se font les observations en biologie.

Nous verrons que c'est de la même façon que la biologie moléculaire procéda dans l'analyse causale des agents censés engendrer les maladies à prions. Il y a sûrement une *analogie* entre les entités moléculaires qui causent les troubles neurodégénératifs humains et animaux transmissibles. Mais, elle doit signifier que toutes ces macromolécules biologiques, malgré qu'elles réfèrent à des hôtes différents, ont quelque chose de commun, à savoir qu'elles se rapportent toutes à un principe de pathogénicité unique dont elles dépendent. Cependant, chaque agent diffère de chaque autre.

Dès lors, chaque agent causal se rapporte à ce principe premier d'une manière qui lui est spécifique et singulière. Mais, contrairement au cas de l'*analogie* sur le mode logique déjà évoqué, il y a ici une homogénéité factice des composants de l'unité analogique, qui fait que l'on a du mal à les distinguer. Ainsi, lorsqu'en biologie moléculaire, on passe au crible les entités moléculaires des prions en particulier, par l'analyse moléculaire de leurs protéines sur gel d'agarose ou par le séquençage des segments d'ADN censés représenter les gènes qui déterminent ces protéines, l'on observe une communauté de molécules qui paraissent très *semblables*. Dès lors, on conclut que cet air de famille suppose une *identité*.

Mais, il n'y a pas d'identité. En réalité, d'un point de vue "mathématique, nous nous trouvons devant un ensemble de rapports qui ont tous le même dénominateur, mais ont à chaque fois un numérateur différent"[870] ainsi que l'a remarqué Pierre Aubenque. De la sorte, si par exemple nous désignons par A_T l'agent de la tremblante, A_{ESB} l'agent de l'ESB, A_{MCJ} l'agent la maladie humaine dite maladie de Creutzfeldt-Jakob, dès lors que tous provoquent une histopathologie semblable, des signes cliniques semblables, alors ils sont tous reconnus pour causer des maladies neurologiques semblables.

Dans ce cas, nous concevons qu'ils ont une *ressemblance* du point de vue de leur pathogénicité. Par cette dernière, nous pouvons faire l'hypothèse métaphysique que chacun des agents causals a reçu un principe causal P^c *spécifique* à partir d'un principe de pathogénicité unique PPU, et à un degré qui rende possible l'attribution d'*une désignation particulière* à chaque

[870] P. Aubenque, "Sur la naissance de la doctrine pseudo-aristotélicienne de l'analogie de l'être", (1989), p. 293.

entité moléculaire causale dès le départ. Ainsi, ce que nous désignons agent de la tremblante et que nous pouvons noter A_T est $P^c{}_T$/PPU. Ce que nous désignons agent de l'ESB et que nous pouvons noter A_{ESB} est $P^c{}_{ESB}$/PPU. Enfin, ce que nous désignons agent de la MCJ et que nous pouvons noter A_{MJC} est $P^c{}_{MCJ}$/PPU. Le rapport de chaque agent causal (A_T, A_{ESB}, A_{MCJ}) à PPU est spécifique à travers un *principe causal* P^c lui-même spécifique.

Il y a donc une *analogie ontologique* entre ces différents agents, en ce sens que le rapport de A_T au principe premier PPU *ressemble* au rapport de A_{ESB} au même principe premier. Ce dernier rapport *ressemble* aussi au rapport de A_{MCJ} au principe premier PPU. Mais $P^c{}_T$/PPU est différent de $P^c{}_{ESB}$/PPU, qui lui-même est différent de $P^c{}_{MCJ}$/PPU. Il n'y a pas d'égalité des rapports. Ainsi, $A_T \neq A_{ESB} \neq A_{MCJ}$. L'analogie qui existe entre ces différents agents causals signifie que l'action causale de A_T dans le mouton *ressemble* à l'action causale de A_{ESB} dans la vache. Ce qui est une autre manière de dire que A_T, l'agent causal de la tremblante a un rapport au mouton, son organisme hôte, qui *ressemble* au rapport de A_{ESB}, l'agent causal de l'ESB à son organisme hôte, la vache.

Et chacun de ces rapports *ressemble* au rapport de A_{MCJ} l'agent causal de la MCJ à son organisme hôte, l'homme. Si maintenant, en vertu des considérations que nous avons exposées sur nos vrais jumeaux, nous tenons compte de ces organismes hôtes, alors nous dirons qu'ils sont *différents* même s'ils ont fondamentalement quelques ressemblances. De sorte que O_M étant l'organisme du mouton dans lequel agit l'agent causal A_T, Ov l'organisme de la vache dans lequel agit l'agent causal A_{ESB} et O_H l'organisme de l'homme dans lequel agit par exemple l'agent causal A_{MCJ}, on a : $A_T/O_M \neq A_{ESB}/O_v \neq A_{MCJ}/O_H$. Nous retrouvons ce que nous avons déjà noté plus haut, à savoir, $A_T \neq A_{ESB} \neq A_{MCJ}$. Que se passerait-il alors si A_T, l'agent du mouton rentrait dans un autre hôte tel que la vache (Ov) ?

C'était précisément tout le problème de la crise de la vache folle britannique, tel que les sciences biologiques et biomédicales l'ont posé et tenté de le résoudre à travers l'évaluation du risque de l'ESB pour la santé humaine. Le problème fut mal posé. Ce sont les *faits* attachés à l'émergence du *nv*MCJ qui prouvèrent que l'agent de la tremblante dans le mouton est différent de l'agent de la tremblante dans la vache. Nous saisissons clairement ici que tout comme l'ibis, l'aigle, le lion et l'homme, différents mais *semblables* dans leur rapport à l'*être premier*, le mouton, la vache et l'homme ne peuvent passer pour être identiques.

À présent, ce qu'il importe de souligner, c'est que l'*analogie* ne permet en aucun cas d'envisager l'égalité de plusieurs rapports. Dans le vivant, il ne saurait être question d'analogie au sens géométrique du terme, dont Aristote nous rappelle la définition, à savoir "l'analogie est l'égalité de deux rapports entre au moins quatre termes"[871]. Cette analogie géométrique adoptée par

---

[871] Aristote, *Ethique à Nicomaque,* V 6 1131ª 31-32.

Eudoxe s'accorde difficilement avec l'*analogie ontologique* du vivant. Une fois encore, le fait majeur que les sciences biologiques et biomédicales contemporaines doivent saisir désormais c'est que dans le vivant, il n'y a pas d'égalité de rapports des éléments d'une unité analogique.

Et quelles que soient la ressemblance et l'homogénéité apparentes de ces éléments, ils ne peuvent être *identiques*. Sur ces problèmes fondamentaux soulevés par la biologie des prions sur de la causalité biologique et sur les raisonnements qui y conduisent, il est souhaitable que l'émergence du nouveau phénotype de la MCJ serve de *pomme de Newton* aux sciences biologiques et biomédicales contemporaines. En ce sens qu'au regard du tournant physico-chimique de la biologie, cette émergence du *nv*MCJ est un indice qui semble peu important, mais à partir duquel peut pourtant se produire une révélation intellectuelle de grande envergure.

Tout comme le physicien et mathématicien britannique Sir Isaac Newton (1642—1727), aurait eu l'intuition des lois de l'attraction universelle, en voyant une pomme tomber à ses pieds. Dans le cas qui nous occupe, il s'agit désormais pour les sciences biologiques et biomédicales contemporaines de renouer tout simplement avec le *principe fondateur* qui gouverne le cadre théorique d'analyse tracé par la *conception ontologique* du vivant et des *êtres* biologiques qui causent les maladies, infectieuses ou non.

Il n'y a nul doute que le "questionnement profond pour les sciences du vivant"[872] qu'appelait de ses vœux le professeur Nicolle LeDouarin, et qui fut déclenché par l'émergence du *nv*MCJ n'amène ce retour. Dès lors, en accord avec le *principe fondateur* de ce cadre théorique d'analyse du vivant, tracé par la *conception ontologique* élaborée en Égypte nègre, les sciences biologiques et biomédicales admettront que c'est vraisemblablement *le devenir de tout nœud causal biologique* incarnée dans les prions autant que dans toute autre macromolécule biologique qui a conduit Rosalind Ridley à parler "d'imprévisibilité"[873] de ces entités biologiques.

De la même manière, la signification profonde de l'*analogie ontologique* commence à être désormais admise par les biologistes moléculaires, si nous en croyons Bradley qui a dû la proclamer sept ans après la déclaration officielle du nouveau variant de la MCJ par les autorités britanniques. Chirurgien vétérinaire, dont la compétence fut reconnue en 1959 par le *Royal Veterinary College of London*, Raymond Bradley nommé en 1991 coordonnateur du MAFF pour l'ESB, fut avec l'épidémiologiste John Wilesmith et le neuropathologiste Richard Kimberlin, l'un des acteurs scientifiques les plus impliqués dans l'évaluation du risque de l'ESB pour la santé humaine. À la suite de l'émergence de la forme humaine du trouble neurodégénératif bovin, dans une communication donnée au cours du colloque *Relever le défi des maladies à prions*, organisé en septembre 2003,

---

[872] N. LeDouarin, "Les Encéphalopathies Spongiformes Transmissibles", (2001), p. 2.

[873] R. Ridley, H. Baker, "The paradox of Prion disease", (1996), p. 1.

à Edmonton, capitale de la province de l'Alberta, dans l'ouest du Canada, Bradley déclara ce qui suit :

> "À présent, nous savons que les agents [causals] responsables de ces maladies sont distincts les uns des autres et sont naturellement spécifiques à une espèce."[874]

Cette affirmation de Raymond Bradley correspond exactement à une autre forme d'expression des formules traduisant le *sens profond* de l'analogie dans les sciences du vivant, formules que nous avons présentées plus haut. Elle proclame l'*analogie* sur le mode ontologique, avec son caractère parfaitement logique de l'attribution de l'*être*. En exprimant son propos Bradley, sans le savoir, proclame *in fine* la métaphysique qui sous-tend le travail du biologiste. Les agents causals qui constituent une unité analogique se ressemblent, mais ne sont pas identiques, tout comme ne le sont pas leurs hôtes. Nous sommes désormais bien loin de l'*analogie* stricte résultant de la modification eudoxéenne, introduite en biologie par Aristote, et admise en philosophie comme étant le sens primitif et vrai du terme *analogie*.

Par sa déclaration Bradley affirme aussi que l'agent causal de la tremblante entré dans vache a *changé* avec le *temps*, puisque cet agent dans la vache est *devenu* "spécifique" à son hôte, suite à son *changement* à l'intérieur de son nouvel hôte. Un tel énoncé qui découle de l'évidence pleine et entière des *faits* que Bradley et tous les biologistes ont eus sous les yeux grâce aux prions, n'est rien d'autre que l'affirmation du *principe fondateur* qui gouverne le cadre théorique d'analyse tracé par la conception ontologique du vivant. De sorte qu'en affinant un peu plus notre analyse, nous arrivons à un énoncé *prima facie* paradoxal, à savoir que même pour un agent causal quelconque que nous notons A_x, $A_x = A_x$ n'est vrai qu'à un instant t où l'observation est faite.

Dès que nous passons à l'instant $t_+\Delta t$, alors $A_{x\,(t)} \neq A_{x\,(t+\Delta t)}$. Car, en réalité il y a temporalité et *changement*, même si pour l'expérimentateur ce changement n'est pas observable. C'est peut-être ici que l'on voit beaucoup mieux que l'analogie ne peut signifier ni une égalité, ni une identité. Dès lors, si grâce aux apparences phénoménales, nous continuons à admettre $A_{x\,(t)} = A_{x\,(t+\Delta t)}$, c'est que nous négligeons la complexité de l'*être*, qui se résout dans la dialectique de la permanence et du changement et qui nous donne de percevoir le même, là où il y a *changement*. Prosaïquement, cette dernière formule $A_{x\,(t)} \neq A_{x\,(t+\Delta t)}$ signifie que, par exemple, l'agent causal de la tremblante qui aujourd'hui est inoffensif pour l'homme peut *devenir* un danger pour lui dans le futur, comme cela a été déjà souligné dans cette enquête. De la même manière que de nos jours, certaines bactéries pathogènes, jadis neutralisables par un certain nombre d'antibiotiques qui

---

[874] R. Bradley, "Emerging Animal Prion Diseases", (2003), p. 1.

existent actuellement, sont pourtant *devenues* résistantes à ces antibiotiques. Avec l'usage abusif des antibiotiques, ces bactéries ont fini par développer avec le *temps* une résistance. Leur pouvoir causal a *changé* dans ces circonstances. Les entités biologiques causales sont des objets historiques.

C'est pourquoi, une fois encore, nous soulignons que dans l'analyse de la causalité biologique, il importe désormais "de remettre le temps à l'origine des relations fonctionnelles"[875]. Dans ces conditions, la biologie peut-elle être définitivement à l'abri d'un phénomène surgissant à l'improviste et qui pourrait la dérouter ? La réponse est non. Mais, cette surprise serait moins grande, dès lors que dans la structure théorique de la biologie, l'acceptation de la *réalité du changement* se substitue à l'*illusion de la stabilité* de la substance. Dans une analyse causale en biologie, c'est la comparaison qui permet de procéder par analogie. Mais, le choix de la comparaison ne saurait relever du hasard. Il doit reposer sur une observation méticuleuse des faits.

En ce sens, l'*analogie* ne saurait se passer d'une observation soutenue. Cette dernière est toujours une richesse acquise pour l'interprétation de la nature. En biologie, un système analogique dépourvu de ce fondement empirique ou alors construit à partir d'observations rapides est un édifice fragile voué à s'effondrer. L'observateur doit surtout faire l'effort d'imaginer le *changement* dans les choses. Dans la conclusion de la première partie de cette enquête scientifique et philosophique sur les prions exposée dans le volume 1, ayant déjà signalé que le Chancelier Bacon (1561—1626) s'est parfaitement aperçu que "nous ne remarquons pas [...] dans les choses visibles, les changements d'état insensibles ... [car], l'esprit humain, [...] regarde comme stable ce qui est dans un continuel changement"[876], à présent, l'on comprend sans doute mieux pourquoi il se méfiait de l'*analogie*.

L'*hypothèse*, l'*analogie*, la *conjecture*, sont des outils intellectuels qui nous donnent d'approcher les phénomènes pour tenter de les rendre intelligibles. L'analogie permet d'anticiper les résultats d'une expérience ou d'un processus de la nature, en donnant le sentiment d'avoir une explication plausible. Toutefois, lorsque ce sentiment commence à prendre trop d'ampleur, alors l'analogie devient condamnable. L'explication plausible peut passer pour une évidence expérimentale, alors qu'elle n'en est pas une. Dès lors, il ne faudrait guère s'étonner qu'un processus anticipé conduise à découvrir des choses totalement neuves et *imprévisibles*.

L'expérience seule est la pierre de touche qui ramène au réel. De la sorte, tout comme l'hypothèse, l'analogie ne saurait être prise pour des faits. Il n'empêche qu'elle peut être féconde en science, dans la mesure où elle est le type même de raisonnement qui stimule l'inventivité du savant et, de ce fait peut mener au progrès de la science et de ses applications. Le savant est ainsi

---

[875] M. Morange, "Biologie : Une Causalités éclatée", pp. 161-177 in *Enquête sur le concept de causalité*, (2006), p. 169.

[876] F. Bacon, *Novum Organum*, Liv. I, Aphor. 50 & 51, (1857), p. 16 sq.

amené à s'appuyer souvent sur l'*analogie* pour formuler des hypothèses causales. Mais, il lui faut observer la nature avant de tirer les conséquences de son hypothèse. Le rapport sous lequel l'*analogie* est perçue est en réalité plus complexe qu'il n'y paraît. La plus grande circonspection est indispensable lorsqu'il s'agit de tirer une conclusion par *analogie*.

Une telle conclusion, si l'on n'y parvient, n'aura jamais toute l'évidence d'une vérité expérimentale. La logique inductive n'a véritablement de valeur sûre que pour les évidences démonstratives. Pour les évidences expérimentales, elle est fragile ainsi que les conclusions auxquelles elle aboutit. À travers une telle logique, la valeur de l'*analogie* se présente comme la base du raisonnement causal qui fonde la science, pousse à la généralisation et nous amène à tenter de prédire des évènements.

Mais, cette valeur est conjecturale. Elle relève plus d'un pronostic, dès lors que le *devenir de tout nœud causal biologique* entraîne des changements que l'on peut ignorer. Au fond, en termes moléculaires, une identité structurale stricte n'existe pas. Même si, au plan expérimental, la biologie capture à des *temps t*, des molécules dont les structures correspondent, et constituent non pas une analogie mais, une "homologie"[877], selon une distinction introduite par le biologiste britannique Sir Richard Owen (1804—1892), pionnier de l'anatomie comparative ; distinction que nous rappelle le prix Nobel de physiologie, François Jacob (1920—2013), dans *La logique du vivant*. Nous dirons qu'en biologie moléculaire, *une unité analogique* est une communauté de molécules qui renvoient à la même fonction, et pourraient référer à des substances semblables ou pas. L'analogie est alors une analogie de fonction. Dès lors, les *êtres* moléculaires d'une telle communauté *participent* à la même fonction.

Dans le vivant, les structures sont intimement différentes à l'intérieur d'une unité analogique, qu'il s'agisse de plumes et d'écailles dans le cas de l'unité analogique présentée par Aristote, ou des molécules biologiques causales telles que les agents causals des maladies à prions, malgré leur homogénéité apparente dans ce dernier cas. Il y a alors *in fine* une hétérogénéité réelle, masquée par les apparences et la ressemblance.

Ainsi, en dépit de la ressemblance moléculaire qui passe pour une identité, la *forme* n'est pas la même. "Mais les variations de forme ne sont pas distribuées au hasard"[878], comme l'a remarqué François Jacob. Même si la distribution de forme qu'il évoque concerne alors la position des organes et des fonctions au sein d'un organisme, le principe de cette distribution reste le même, lorsque l'analyse descend au niveau moléculaire. Dans ce cas aussi, la distribution de forme est *logiquement* réglée, selon le principe métaphysique de l'attribution de l'*être* déterminée en fonction du degré de perfection des *étants*. Ainsi, sur la base de l'hétérogénéité réelle déjà

---

[877] F. Jacob, *La logique du vivant, une histoire de l'hérédité*, (1970), p. 116.
[878] *Ibid.*, F. Jacob, (1970), p. 116.

évoquée, de même qu'il peut y avoir analogie entre une molécule de protéine A_T et une autre molécule de protéine A_{ESB}, de même il peut y avoir une analogie entre une molécule de protéine et une molécule de lipide, suggérant par-là que ce n'est pas la substance qui est première mais la forme.

C'est la *ressemblance* et non pas l'*identité* de formes qui est alors fonctionnelle. Par cette ressemblance de formes l'on peut passer à la ressemblance de relations. Mais, la ressemblance de relations ne signifie guère identité de formes. En tous les cas, il n'y a point identité mais ressemblance. L'*analogie* que peut établir la ressemblance de formes est fonctionnelle. En biomédecine, c'est cette ressemblance des formes qui donne à la chirurgie réparatrice, de remplacer une rotule usée ou cassée par une rotule artificielle mimant la forme de la rotule réelle défectueuse.

Nous dirons alors par exemple que le rapport de la rotule de M. Dupond à son articulation du genou en santé *ressemble* au rapport de sa prothèse dans l'articulation du genou en mauvais état et dont la rotule fut remplacée par la prothèse en question. Grâce aux technologies biomédicales de plus en plus fines, c'est une telle analogie formelle qui permettra demain à la biomédecine de disposer de poumons ou de reins artificiels, au service de patients dont les organes sont déficients. Pour le biologiste comme pour le grand public, il est évident que le *hasard* n'a pas de place dans l'expression d'une telle biofonctionnalité d'objets artificiels.

Cette dernière sera d'autant plus proche de la fonctionnalité biologique réelle que les objets artificiels *ressembleront*, fonctionnellement parlant, aux vrais objets biologiques, montrant ainsi qu'à travers la similitude formelle, c'est bien la *ressemblance de relations* qui reste essentielle dans une telle analogie et non pas l'identité ou l'égalité entre l'organe artificiel fonctionnel et l'organe biologique déficient.

5. La valeur philosophique de l'analogie

Pour revenir aux considérations théoriques et conclure, nous dirons que la valeur philosophique qu'il nous faut attacher à l'*analogie*, c'est qu'elle n'exprime que la ressemblance ; mais cette dernière peut être lointaine. Par conséquent, il ne s'agit guère d'une ressemblance nécessairement étroite et proche qui devrait conduire à l'idée d'identité. Il en résulte que les conclusions qui sont normalement tirées d'un raisonnement par analogie sont hasardeuses. D'autant que, comme dans le cas de l'évaluation de l'ESB, une telle ressemblance concerne des objets dont les différences portent à la fois sur le *temps* et sur *le lieu* de l'expression causale.

En science, l'*analogie* sera toujours féconde dans la mesure où, en tant que *ressemblance* entre deux choses, qui peut porter sur des circonstances ou sur des effets, elle nous fournit le moyen de signifier la *logique* qui se déploie à travers la manifestation des phénomènes. La première partie de cette enquête exposée dans le volume 1 nous a offert l'occasion de percevoir la fécondité de l'*analogie* en biologie moléculaire, à travers l'usage par l'histopathologiste Iain Pattison (1914—1991) et sa collaboratrice Katherine Jones, de la *ressemblance* entre les propriétés d'un facteur *dyalisable*, — car de nature protéique —, et les propriétés de l'agent de la tremblante.

C'est cette *ressemblance* des propriétés attachées aux macromolécules de protéines qui a conduit, précisément, à établir expérimentalement pour la première fois la nature "protéine"[879] de l'agent causal de la tremblante, longtemps présumé viral. La *ressemblance* entre la pathologie, la clinique, l'étiologie, l'épidémiologie de la tremblante et de la maladie du kuru orienta William Hadlow vers une *analogie* entre les deux pathologies. Elle le conduisit à suggérer les expériences la transmissibilité de la maladie du kuru aux animaux de laboratoire. Mais, il se garda de réduire à l'*identité* les deux pathologies. Au contraire, il mit en garde les expérimentateurs en soulignant qu'il "ne suggère pas que ces deux maladies sont identiques"[880] même si elles peuvent avoir des mécanismes pathologiques et surtout étiologiques *semblables* à rechercher à travers des tests de transmissibilité.

Ainsi, pour que la fécondité du raisonnement causal par *analogie* se manifeste pleinement, au-delà de la *ressemblance des rapports*, l'expérimentateur ne doit ni se laisser distraire ni se laisser séduire par quelque ressemblance possible entre les éléments de l'unité analogique. L'*analogie* est un guide de l'esprit pour mettre de l'ordre dans les choses qu'il tente de connaître. En clair, elle donne de l'intelligibilité à nos discours explicatifs. Toutefois, pour rendre intelligibles des processus qui se déroulent dans la nature, il importe que des *faits* illustratifs sur lesquels se fonde l'analogie soient simples et clairs, qu'ils soient parlants et jettent de la lumière sur le phénomène à *expliquer*[881].

Il n'y a d'ailleurs pas qu'en science que sa puissance est utile. Et, même s'il n'y a pas de ressemblance entre deux objets, il peut encore y avoir *analogie* à travers une ressemblance des rapports. C'est ainsi que l'on est fondé de parler de l'analogie entre l'aile de l'oiseau et la nageoire du poisson, l'aile étant avec l'air dans un rapport semblable à la nageoire avec

---

[879] I. H. Pattison, K. M. Jones, "The Possible Nature of The Transmissible Agent of Scrapie", (1967), p. 2 sqq.

[880] W. J. Hadlow, "Scrapie and kuru", (1959), p. 289 sq.

[881] E. Fox Keller aborde différemment cette question *in* "Métaphores : gène et récits du développement", (2004), pp. 131-218. Dans *Expliquer la vie, Modèles, métaphores et machines en biologie du développement*, Keller souligne que "parvenir à comprendre ce qui n'est pas encore connu constitue [...] nécessairement une activité changeante et temporaire, un tatônnement dans l'obscurité ; et, pour cela, l'imprécision et la souplesse du langage figuré est indispensable... [Dès lors], la métaphore [...] rempli[t] des fonctions positives importantes dans l'explication scientifique" p.136 sq. Cette fonction qui se nourrit de "l'imprécision référentielle ... [est comparée à] des modèles par analogie", p.137. De tels modèles offrent "une ambiguité ... [constituant] une ressource positive [pour le scientifique]", p.139.

l'eau. De même, on peut parler de l'*analogie* entre les sucres lents et le carburant, les sucres lents étant avec le sportif dans un rapport semblable au carburant avec la locomotive. Ainsi, on peut avoir des objets disparates, montrant à la comparaison un contraste réel et pourtant analogues entre eux par une *ressemblance de rapports*. L'*analogie* tire avantage d'une description exacte des faits. Elle commence avec un examen scrupuleux des faits recueillis. Elle tente de combiner les observations, de les généraliser et de les *lier* les unes aux autres. Elle se présente comme une catégorie de l'esprit qui nous fait saisir les *rapports* les plus éloignés qui *lient* les *faits* entre eux. Elle nous permet alors de les rassembler en un *fait* essentiel, après en avoir apprécié les vraisemblances et pesé les probabilités.

D'un point de vue théorique, elle nous aide à produire un corps d'idées raisonnées. C'est une méthode qui guide notre esprit lorsqu'il est à la recherche de l'ordre même des choses. Elle tente alors d'éclairer nos vues et de les étendre, de sorte que nous saisissions le plus important dans les choses. Afin que notre raison ne s'égare, elle s'appuie sur quelque *rapport* ou sur quelque *ressemblance* dans la forme, pour éviter l'arbitraire. Ce n'est donc pas à un effort d'assemblage gratuit et bizarre des faits qu'elle se livre. C'est dans un dessein de dégager l'essentiel que les faits soumis à l'analyse sont rapprochés dans une unité analogique.

En biologie, l'analogie reste une base fragile du raisonnement causal si on perd de vue le *devenir*. Elle nous conduit à penser que pour leur valeur, les choses ne sont rien en elles-mêmes, mais commencent à exister dans leur importance, lorsque nous leur donnons leurs *rapports* et qu'à travers ces derniers nous pouvons les rattacher à l'essentiel. C'est par ces rapports entre les *faits* que l'analogie est, en quelque sorte, la base du raisonnement causal. Elle structure, organise, généralise les savoirs. Elle trace la route des inférences inductives et causales, en prenant en compte des rapports éloignés des *faits* disparates. Mais, précisément, parce qu'elle engage à inférer, à transférer dans le futur une vérité observée dans le passé, sa valeur est conjecturale. En biologie, sa fragilité s'accentue, dès lors que le *devenir* qui entraine des *changements* dans les rapports n'est pas pris en compte.

Par conséquent, dans les sciences du vivant, toute analyse causale doit être nourrie par l'idée du changement continuel de toute macromolécule biologique causale et du *devenir du nœud causal biologique* qu'entraîne ce changement. Ceci permet à l'expérimentateur d'avoir de la distance vis-à-vis des faits d'observation immédiats qui le conduisent à énoncer l'*analogie*. C'est par une telle distance que l'on peut éviter de se laisser piéger par l'illusion de l'identité. Ainsi, il y a un grand avantage à se servir de l'*analogie* pour former des hypothèses dans un raisonnement causal, en gardant présent à l'esprit le *devenir de tout nœud causal biologique* et la complexité même de l'objet biologique. On est alors mieux averti que l'on doit se méfier de l'*analogie* pour tirer des conclusions. On peut ainsi se tenir prêt à "écarter les explications par analogie qui souvent séduisent de manière illusoire"[882]. Car, comme l'a précisément souligné Platon, "l'analogie met l'accent sur l'effort à faire pour sortir de l'illusion"[883]. En biologie, elle n'équivaut point à une évidence expérimentale. C'est une source d'encouragement pour mener des recherches expérimentales. Mobilisant l'argument épidémiologique, le savant David Taylor a inféré sur l'innocuité de l'ESB. Il a rassemblé un grand nombre de faits de la tremblante dans son rapport à l'homme. Tous ces faits réunis en un faisceau convergeaient vers la même conclusion *logique*, à savoir, la neuropathologie du mouton ne se transmet pas à l'homme et par analogie l'ESB ne saurait se transmettre à l'homme. Jusqu'au bout son raisonnement fut *logique*.

Mais, le surgissement du *nv*MCJ plus tard conduit à réfuter l'idée selon laquelle le raisonnement est le plus puissant outil de la découverte de la vérité. Taylor usant de l'argument épidémiologique apporta, en quelque sorte, la *preuve* par démonstration qu'il n'y a jamais eu une transmission zoonique d'aucun trouble neurodégénératif connu depuis deux siècles et demi d'existence de la tremblante. C'est une évidence démonstrative. Elle n'a véritablement de signification que pour une démonstration mathématique. Par conséquent, dans le cas qui nous occupe, en biologie moléculaire et en biomédecine, une telle évidence établit seulement une vérité théorique. Dans les sciences du vivant, l'évidence mathématique ne remplacera jamais l'évidence expérimentale. Comme cette dernière s'établit et engendre l'explication *a posteriori*, il en ressort que prouver par *analogie* n'est pas expliquer. Taylor ne fournit aucune explication sur le phénomène de la transmissibilité ou de la non-transmissibilité de l'ESB à l'homme.

Au moment où il mène son analyse, cette transmissibilité n'ayant jamais été observée, dans le fond, il n'a fait que déduire du mouton une solution à un problème posé par la vache, croyant ainsi l'expliquer. Prenant appui sur l'*analogie*, son discours a pourtant été logique. Si l'agent causal de l'ESB est semblable à celui de la tremblante, sachant que cette dernière ne se transmet pas de son hôte naturel à l'homme, alors on est conduit *logiquement* à admettre que celui de l'ESB ne saurait se transmettre à l'homme.

Cependant, expliquer *a posteriori* que la tremblante ne se transmet pas à l'homme, en s'appuyant sur des faits bien observés avec régularité depuis des siècles, ne suffit pas pour expliquer *a priori* que l'ESB ne se transmet pas à l'homme sur la base de faits non observés cette fois-ci. On arrive ainsi à cette conclusion que les évidences biologiques n'étant pas mathématiques, un modèle explicatif déductif ne colle pas en biologie. Le modèle explicatif déductif correspond parfaitement à l'*analogie* en tant que moyen logique dans un raisonnement causal. Il s'accorde bien aux démonstrations mathématiques. Cependant, pour les évidences biologiques, un tel modèle porte en lui-même les germes d'erreurs. Car, la rationalité en biologie se

---

[882] M. Morange, *Les secrets du vivant. Contre la pensée unique en biologie*, (2005), p. 29.
[883] Platon, *Phédon*, 111a-b.

renforce par des faits positifs. Elle se consolide *a posteriori*. Telle est, au fond, la voie qui conduit à dégager une évidence biologique. Utilisée comme moyen de preuve, l'*analogie* ne conduit guère à une évidence entière en biologie. Elle est une source d'instruction qui mène à une conjecture probable. Même s'il arrive que la probabilité découlant d'une conjonction d'analogies différentes soit suffisamment élevée pour conduire à une certitude morale, l'*analogie* doit être considérée par le biologiste comme un encouragement à mener des recherches plus poussées pouvant aboutir à une évidence expérimentale. La confiance que nous devons lui accorder doit reposer sur cette évidence *a posteriori*.

Au fond, en elle-même, l'*analogie* n'est ni une source de confusion ni une source de problème dans une analyse causale en biologie et en médecine. Mais, c'est l'usage que l'on en fait qui pose problème, dès lors que l'on substitue l'égalité des rapports à la *ressemblance des rapports*. Autrement dit, elle n'est source d'erreur que dans la mesure où l'on réduit des rapports de proportionnalité qui lui sont attachés à des rapports d'égalité. Elle ne signifie pas non plus qu'il y a identité des éléments de l'unité analogique. Ces éléments peuvent représenter des catégories différentes.

Au plan éthique, l'*analogie ontologique* confère à l'homme une lourde responsabilité face à l'animal. La portée métaphysique de l'analogie de l'attribution de l'*être*, lie l'homme aux animaux plus étroitement qu'on ne le croit. Elle permet à l'homme de comprendre sa responsabilité face aux animaux. Parce qu'il y a un lien analogique entre l'homme et l'animal, nous sommes conduit à affirmer que les tortures que l'homme inflige gratuitement aux animaux lui reviennent, pénètrent sa vie, le perturbent et lui créent des tourments qu'il ressent de manière diffuse, sans en cerner l'origine. Mais éviter de torturer et de massacrer l'animal pour cette raison uniquement, c'est traiter la question de la *relation* analogique entre l'homme et l'animal sous un angle anthropocentré. L'homme doit s'efforcer de penser désormais à la protection de l'animal pour lui-même. À présent, il nous faut conclure.

En guise de conclusion de cette troisième partie de notre enquête scientifique et philosophique sur les prions, rappelons que le *lien causal* nouvellement apparu entre l'ESB et le *nv*MCJ aussi bien que le raisonnement par *analogie* sur le mode ontologique, montrent clairement que les entités biologiques causales sont des objets historiques, qui ne peuvent être traités comme des objets atemporels. La dimension du *temps* ne saurait être ignorée. L'imprévisibilité des phénomènes qui se manifestent signifie au fond que la *relation causale* dans laquelle sont impliquées les entités causales biologiques est une relation qui *change* dans le *temps*. C'est ce que nous désignons sous le terme *devenir du nœud causal biologique*.

Les *faits* livrés par les prions indiquent donc que tout nœud causal biologique est inscrit dans le devenir. Cependant, malgré les faits massifs incontestés, attachés aux prions et qui furent examinés avec scrupule dans cette enquête, il est toujours possible de poser la question de savoir si ces faits apportent la *preuve* du devenir de tout nœud causal biologique. Rappelons que nous définissons le *devenir* comme étant la transformation perpétuelle de toute chose. Par ailleurs, prouver une vérité c'est la trouver et l'établir. C'est parcourir un chemin discursif par lequel, d'une proposition douteuse on atteint une proposition certaine.

Les *faits* attachés aux prions suggèrent que le *devenir* est à l'œuvre dans toute entité biologique causale, même s'il ne se voit pas. La preuve ontologique de ce *devenir*, peut désormais être affirmée par la réalité du changement qui s'est exprimée à travers l'émergence d'un *lien causal* entre l'ESB et le nouveau variant de la MCJ. Par preuve ontologique, il faut entendre le passage du concept à la chose, mais également le passage *de* la définition de l'objet *à* l'objet lui-même.

Même si certains faits relatifs à l'objet s'inscrivent dans le champ du non observable, du non mesurable ou des choses cachées *prima facie*, la preuve apportée, elle, doit être clairement exposée à autrui. Conscient de dépasser le champ de l'expérience ou de l'observation directe, nous avons ainsi invoqué le moindre *fait* fourni par la biologie moléculaire et surtout la biomédecine. Nous y avons pris appui, en nous efforçant d'éviter le piège des mots. C'est pourquoi, en tâchant d'être aussi concret que possible pour parvenir à la plus grande clarté, nous avons retenu deux *faits positifs* stigmatisant le *devenir du nœud causal biologique* constitué par les molécules du prion.

D'abord, suite aux modifications survenues sur les processus de fabrication des farines carnées, il y a le *changement* visible de l'agent de la tremblante alors *devenu* de manière incontestée l'agent ayant *causé* de l'encéphalopathie spongiforme bovine. Ensuite, dans la vache, il y a eu le *changement* de l'agent causal de l'ESB tout aussi visible en fin de compte, car ayant produit un *agent modifié* qui, finalement, a *causé* le *nv*MCJ.

Tels sont, dans le cas qui nous occupe, les deux *faits* positifs récents qui stigmatisent le *devenir du nœud causal biologique* constitué par les prions. Dans la mesure où ces *faits* marquent le *changement* de la relation gouvernant l'engendrement des effets par des causes biologiques. Outre ces deux faits récents, l'on pourrait en citer un troisième, en invoquant le cas historique rapporté en 1883 par M. Sarradet, vétérinaire français présentant le *changement* de l'agent de tremblante passé à cette époque du mouton à la vache. Toutes les considérations que nous avons développées nous conduisent à admettre que de toutes les lois que la Nature nous inspire, il n'y en a que deux qui soient vraies et toutes les deux découlent de l'*analogie ontologique*. La première c'est que *tout est en perpétuel changement.*

La deuxième c'est que, du fait de ce changement, la nature est en perpétuelle recherche d'un équilibre. Formulée dans le langage ordinaire, sous l'expression populaire d'effet boomerang, nous exprimons généralement cette deuxième loi dans les sciences expérimentales et en particulier en chimie ou en biochimie, en termes d'*action* et de *réaction* de la matière ou en termes de loi d'action de masse, avec sa constance d'équilibre jamais statique, mais dynamique ou stationnaire. C'est au fond une expression de la loi de causalité. En parfait accord avec la métaphysique cachée derrière l'*analogie* au sens d'analogie ontologique, s'il y a une liberté relative au niveau de la production des causes, notamment par l'homme, il n'y a pas de hasard au niveau de leur consécution. Autrement dit, les effets retournent à leurs causes par la complexité de l'analogie ontologique. Simplement, seuls la nature et le *moment* de l'effet nous échappent, constituant l'*imprévisibilité* de la manifestation de tout nœud causal biologique.

Ces deux lois se réduisent en une seule : le *changement* continuel de toute relation de causalité biologique que la biologie moléculaire perçoit mal actuellement. C'est pourquoi le débat sur la possible transmissibilité zoonique de l'ESB engendra des arguments *ad hominem*. Car, sur la question du *temps* des processus causals et de la signification de la *substance* biologique, la science n'est pas faite. Autant la biologie contemporaine rejette l'essentialisme des siècles des Lumières, autant les *faits* livrés par les prions invitent les biologistes à questionner le substantialisme aristotélicien selon lequel la substance est *stable* et représente l'essence des choses.

La philosophie qui se constitue au contact des prions proclame qu'à l'intérieur de l'antécédent, de la substance causale, se trouve quelque chose qui *change*, déforme la cause mais que la science ne voit pas ni ne peut mesurer. Est-ce alors le temps ? On ne saurait l'affirmer. Mais, à travers la maturation de chaque stigmate du *devenir de tout nœud causal biologique*, l'on aperçoit clairement une inscription permanente du *temps*. C'est dans le *temps* que le prion de l'ESB *est* devenu causal pour l'homme. "Être, c'est être dans le temps ; [...] rien, sans lui, ne pourrait ni être ni devenir"[884].

Déjà, l'on admet que la physique, dans sa pratique aussi bien que dans ses concepts, se heurte au *temps*, et que désormais, les physiciens, les astrophysiciens, les biologistes et les philosophes tentent de traiter ce problème[885]. À présent, l'analyse de la notion d'*analogie* menée dans cette enquête scientifique et philosophique sur les prions, montre aussi à quel point le *temps*, solidaire du *devenir*, doit être pris en compte dans les raisonnements causals en biologie moléculaire et biomédecine contemporaines.

---

[884] A. Comte-Sponville, "L'être-temps. Quelques réflexions sur le temps de la conscience", (1996), p. 241.

[885] É. Klein, M. Spiro, *Le temps et sa flèche*, (1996), p. 13 sqq.

CONCLUSION GÉNÉRALE

Nous arrivons au terme d'un parcours passionnant. Il nous a permis de visiter le nouveau champ des entités biologiques causales représentées par les prions. La singularité de ces molécules biologiques est telle qu'elles furent qualifiées de *chose la plus étrange de toute la biologie*, dès l'annonce de leur existence. Pour la biologie des prions, ces derniers se présentent comme l'invariant moléculaire de la neurodégénérescence dans les troubles neurologiques transmissibles humains et animaux. Toutefois, ce champ semble recouvrir les maladies neurodégénératives telles que la maladie de Creutzfeldt-Jakob tout aussi bien que les maladies du vieillissement comme la maladie d'Alzheimer, qui sont dues à un *changement* d'une entité moléculaire physiologique en un conformère pathogène.

Grâce aux avancées fulgurantes de la biomédecine, on observe un allongement de la vie, laissant présager à travers le monde, plus du doublement du nombre d'individus atteints de maladies neurodégénératives plus ou moins liées au vieillissement, à l'horizon 2050. Parce qu'il est difficile de prédire les progrès de la science et de la médecine qui découleront du nouveau champ ouvert par les prions, on ne sait pas jusqu'où il peut conduire la biologie moléculaire contemporaine.

Mais, les faits attachés aux prions, constatés avec grand soin et analysés avec scrupule dans cette enquête scientifique et philosophique, laissent penser que d'un point de vue pratique, les maladies à prions pourraient servir de modèles à d'autres maladies neuropsychiatriques, en ce qui concerne leurs approches diagnostiques et thérapeutiques. Par ailleurs, d'un point de vue théorique, les aperçus qu'offrent actuellement les prions pourraient être la matrice d'une nouvelle biologie moléculaire dépassant les concepts calqués sur la physique-mathématique et recherchant désormais des concepts *fluides* qui se modèlent sur l'objet biologique marqué par le *devenir*.

Le parcours effectué fut divisé en trois parties. La première, s'intéresse aux multiples termes désignatifs de la tremblante, un maladie neurologique du mouton apparue en Europe en 1732, qualifiée d'obscure jusqu'au début du XXe siècle, puis devenue le prototype de tous les troubles neurodégénératifs transmissibles humains et animaux. Elle analyse cette multiplicité de noms, montre comment ils furent engendrés par des contextes spécifiques de lecture privilégiant soit des symptômes neurologiques, soit des symptômes cutanés de la maladie. Elle montre comment l'ethnologie, l'anthropologie sociale, l'épidémiologie, la virologie, la génétique, l'immunologie, l'histologie, la neurologie, la médecine moléculaire et la biologie moléculaire se sont croisées sous l'impulsion d'une maladie humaine, la maladie kuru, survenue dès le premier quart du XXe siècle pour devenir épidémique à la fin des années 1950, chez un peuple primitif de la Nouvelle Guinée, les Forés, qui honoraient leurs parents défunts par un rite anthropophagique.

Elle montre enfin comment, grâce à l'œuvre de Daniel Carleton Gadjusek (1923—2008), cette maladie aujourd'hui disparue permit de définir l'*état spongieux* et la *transmissibilité*, deux critères neurologique pour l'un, étiologique pour l'autre, ayant rendu possible le regroupement de certaines maladies neurodégénératives humaines et animales sous le terme d'Encéphalopathies Spongiformes Subaiguës Transmissibles (ESST). Par ce regroupement, les ESST se trouvèrent *séparées* des autres maladies neuropsychiatriques comme la maladie de Parkinson, la maladie de Huntington, la sclérose latérale amyotrophique ou maladie de Charcot, la maladie d'Alzheimer, la maladie de Leigh, la maladie de Pick et de nombreuses autres maladies neurodégénératives fronto-temporales.

Cette première partie tente aussi d'éclairer la *signification* du terme 'maladies à prions' qui se substitua dans les années 1980 au terme 'ESST'. Elle présente la dynamique du concept de leur *cause*, en montrant comment les obstacles épistémologiques, notamment celui du 'dogme central' de la biologie moléculaire, furent surmontés pour aboutir à la reconnaissance des prions en tant qu'agents causals de ces maladies. Elle expose comment les avancées de la biologie moléculaire tendent à molécularisér la cause des maladies neuropsychiatriques, permettant ainsi à la biomédecine de tenter des approches thérapeutiques innovantes qui visent à piéger, neutraliser ou inhiber l'expression d'une molécule biologique causale impliquée dans un processus pathologique.

Par ailleurs, même si le souci fut de rester au plus près des *faits* historiques et scientifiques attachés aux prions, il nous a semblé important de rappeler que la biologie et la médecine contemporaines fonctionnent à l'intérieur d'un cadre théorique d'analyse tracé par la *conception ontologique* des entités biologiques. Nous avons dégagé la signification de cette conception, préconisant qu'au-delà des phénomènes biologiques observés, il y a à travers elle, une métaphysique attachée aux postulats admis implicitement par le biologiste et qui doivent guider sa perception des maladies, de leurs agents biologiques pathogènes et de tout ce qui a trait au vivant, dans le champ de la biologie moléculaire et de la biomédecine.

Prenant appui sur les analyses de Charles Nicolle (1866—1936) indiquant qu'il avait saisi cette métaphysique, nous avons explicité son origine et son sens profond. Cette conception est d'origine Égypto-nubienne. Elle admet que la maladie est un "être". Elle préconise que l'*être* est complexe et en *perpétuel devenir*, d'où l'*incertitude* qui affecte notre connaissance de la causalité biologique quelque soit le degré d'avancement des sciences biologiques expérimentales. Avant que l'histoire vraie des prions n'offre l'occasion d'illustrer et éprouver la métaphysique de cette *conception ontologique* dans le champ de la biologie moléculaire, nous l'avons sommairement exposé en invoquant les réflexions de l'éminent microbiologiste Charles Nicolle, notamment l'avertissement qu'il fit aux biologistes et aux médecins : "Le moindre phénomène vivant constitue un ensemble si complexe qu'aucun progrès ne saurait être réalisé, si on en abordait l'étude avec un esprit uniquement mécaniste [...]. Parce que la maladie est un complexe et qu'elle change sans cesse, nous devons nous méfier dans son étude des figurations du langage, ordinaires aux sciences exactes, de la conclusion, de l'expression même. [...] Jamais, nous ne devons oublier que les faits dont nous nous occupons sont mouvants, qu'aucune formule ne peut les fixer, définir, que nous n'en apercevons qu'un tronçon, que les commencements nous échappent, que le phénomène se modifie entre nos mains et, par conséquent, que ce que nous imprimons n'est qu'une traduction maladroite, incomplète d'un aspect momentané, d'une seconde au cadran illimité du temps [...]"[886].

Telle est, dans ses grandes lignes, la métaphysique à l'œuvre dans tout travail d'un biologiste. Elle nous éclaire sur la raison pour laquelle la nature biologique est difficile d'accès, comme l'illustre parfaitement l'accès à la causalité spécifique des prions ayant requis plus d'un siècle et demi de travaux empiriques, spéculatifs et expérimentaux. Elle nous éclaire aussi sur la raison pour laquelle les outils d'analyse avec lesquels on aborde l'étude de la nature biologique ne sont pas sûrs, quelle que soit leur finesse.

Dans un contexte où, à peine établie grâce aux travaux du microbiologiste Louis Pasteur (1822—1895) entre autres, la microbiologie prospérait, c'est à l'intérieur de cette conception ontologique que se déploya la recherche de la cause des ESST. Ainsi, le concept de la *cause* de ces maladies évolua grâce au progrès des techniques microbiques et aux avancées de la biologie moléculaire. On est passé tour à tour d'un concept microbien flou, par lequel la cause était perçue soit comme un parasite, soit comme une bactérie, soit alors comme un virus à un concept purement viral.

À travers ce dernier, l'acide nucléique (ADN ou ARN) est l'*infectum* de l'agent viral. Mais, ce passage d'un concept à un autre ne permit pas de découvrir l'agent qui cause les ESST. S'il fit progresser la médecine avec la prise de conscience de l'existence de maladies à infection lente et la découverte de nombreux virus lents comme par exemple le VIH qui cause le SIDA, il ne permit pas de résoudre l'énigme des ESST.

Cependant, au plan théorique, avec la clarification du concept de virus[887] en 1957 par André Lwoff (1902—1994), la *conception ontologique* de la transmission des infections s'accorda définitivement avec le dogme central de la biologie moléculaire, érigé en théorie-paradigme dans les années 1950 par Francis Crick (1916—2004). Le 'dogme central' postule qu'une fois que l'information séquentielle codée dans l'acide nucléique est passée dans une protéine, elle n'en sort plus. Les propriétés de l'agent de la tremblante semblaient renverser cette théorie. La découverte des prions fut confrontée à cette difficulté. Mais, *in fine* le prion fut élevé à la dignité d'agent qui *cause*

---

[886] C. Nicolle, *Naissance, vie et mort des maladies infectieuses*, (1930), p. 31 sqq.

[887] A. Lwoff, "The concept of virus", (1957).

les maladies à prions. Nous avons exposé la signification du terme prion, et montré à la suite de l'historienne des sciences Martha Keyes, que les prions charrient un nouveau paradigme, à savoir le transfert d'information conformationnelle s'articulant avec le paradigme de transfert d'information séquentielle de l'acide nucléique à la protéine. Ceci signifie clairement que plusieurs paradigmes peuvent coexister dans un champ disciplinaire, contrairement à la théorie épistémologique de Samuel Thomas Kuhn (1922—1996) sur l'introduction d'un nouveau paradigme par révolution et effondrement du paradigme préexistant.

Les faits exposés corroborent ainsi les vues d'Ernst Mayr (1904—2005) sur la coexistence possible de deux ou trois paradigmes. De plus, l'épistémologie de Karl R. Popper (1902—1994) sort triomphante dans cette enquête révélant dans le même temps toute la richesse de l'épistémologie préconisée par le logicien Imre Lakatos (1922—1974) qui met en avant des programmes de recherche progressifs remplaçant ceux qui sont dégénérés.

Avec l'élargissement des maladies à prions par l'Encéphalopathie spongiforme bovine (ESB), la deuxième partie de cette enquête s'est consacrée à l'évaluation du risque de l'ESB pour la santé humaine. Apparue au Royaume-Uni en 1985, cette maladie bovine désignée populairement sous le terme de 'maladie de la vache folle' divisa la communauté scientifique. Certains biologistes établirent un parallélisme entre la maladie bovine nouvelle et la tremblante du mouton qui n'est jamais passée à l'homme. Par *analogie* entre l'agent causal de la tremblante et celui de l'ESB, ils inférèrent de l'innocuité de la tremblante à l'innocuité de l'ESB pour l'homme. D'autres au contraire mirent en avant le caractère vacuolaire des connaissances sur la causalité spécifique des maladies à prions. Ils considérèrent qu'elles ne permettaient pas d'inférer sur l'ESB.

Puis, malheureusement, un nouveau phénotype de la MCJ émergea dans le milieu des années 1990. La quasi-totalité de la population britannique fut exposée à l'agent de l'ESB, à des degrés variables et à travers des produits divers et variés issus du bœuf contaminé. Les doses précises d'agent ingérées ne sont pas connues. C'est pourquoi, logiquement, l'expression de la *cause* ne peut pas être identique chez tous, même si le contact avec l'agent eut lieu dans la même période. Dix ans après la consommation des produits souillés par l'agent de l'ESB, des individus commencèrent à manifester le *nv*MCJ. Certains, encore asymptomatiques, pourraient manifester la maladie plus tard, dans les années à venir. D'autres ne manifesteront jamais la maladie de leur vivant. Ils seront sans doute morts avant.

Cette situation tient aux effets de doses signalés plus haut. Mais, elle tient aussi au fait que *chaque individu est singulier* et qu'il y a probablement une implication de *toutes les molécules* biologiques de son organisme dans la résistance au mal. Elle suggère le caractère systémique du processus causal. Elle montre clairement comment le *temps* de la manifestation du prion causal s'ajuste à l'histoire de chaque organisme pris dans sa totalité. Ainsi, lorsque le prion bovin s'introduit dans un organisme humain, il n'est plus à considérer comme des molécules que nous manipulons dans des éprouvettes, dans un contexte expérimental où tous les paramètres peuvent prétendre être rigoureusement contrôlés. Il est aux prises avec la Nature. Intervient alors le *temps réel* qui peut bouleverser nos prédictions. Nier la réalité du *temps* dans le processus causal dans le vivant, cela équivaut à fermer les yeux sur la difficulté devant laquelle se trouve actuellement l'épidémiologie du *nv*MCJ.

L'émergence de ce *nv*MCJ bien observée par les neuropathologistes, inattendue par l'orthodoxie de la biologie moléculaire, mais examinée avec soin dans cette enquête, révéla que la cause de l'ESB avait engendré une maladie dont les sujets étaient essentiellement de jeunes victimes succombant à la maladie en moins de 14 mois. Elle ruina l'inférence causale formulée dix ans plus tôt par les biologistes et les épidémiologistes.

Par ailleurs, puisque l'agent de l'ESB censé être *analogue* à l'agent de la tremblante est *devenu* la cause du *nv*MCJ contre toute attente, alors les faits attachés aux prions, constatés de façon incontestée, soulevaient deux séries questions. La première se pose en les termes suivants : Quelle est cette *cause* bien connue, mais qui au lieu de produire l'effet attendu selon les préconisations du Chancelier Francis Bacon (1561—1626), produit plutôt un effet inattendu ? Partant de là, que signifie la causalité biologique et comment doit-on définir une cause biologique ? La deuxième est la suivante : Que signifie la notion d'*analogie* à l'intérieur d'un cadre théorique d'analyse tracé par la conception ontologique des maladies et des agents pathogènes biologiques qui les causent ? Y a-t-il un lien entre l'*analogie*, le *temps* et la *causalité biologique* ?

La première série est traitée dans la deuxième partie de cette enquête sur les prions. Pour une maladie bovine devenue épizootique dans le contexte de l'ESB britannique, nous y avons suivi la mobilisation des médecins, des neurophysiologistes et des neuropathologistes, tous impliqués dans une enquête épidémiologique sur la MCJ, ré-instituée au Royaume-Uni dans les années 1990, pour discerner toute influence de l'ESB sur les maladies neuropsychiatriques transmissibles humaines. Avec l'émergence d'un nouveau phénotype de la MCJ, une forme humaine de la maladie bovine en "lien causal" avec l'agent de l'ESB, en cherchant à comprendre la signification de ce *lien*, nous y avons examiné la notion de causalité biologique et, dès lors, traité la première question. Parce qu'il y a lien causal, on s'attend à une nécessité causale et, partant de là, à un déterminisme.

Le principe de causalité signifie *in fine* que tout est *lié* dans l'Univers. Quoiqu'un tel énoncé d'observation soit discutable et en tout cas pas usuel en épistémologie, c'est lui que les problèmes écologiques actuels expriment. Dans la mesure où, à présent, on commence déjà à s'apercevoir que dans un écosystème à l'échelle de la Terre, des événements ont beau sembler circonscrits en un lieu, ils se manifestent en tant que *cause* affectant le système dans sa globalité. Ceci est un *fait* que les scientifiques tentent désormais de mieux cerner. Ce *fait* suggère clairement que tout est lié dans l'Univers, au-delà du principe de causalité qui, de son côté, proclame la rationalité de l'Univers. Seulement, une fois ce principe posé, il soulève une grande difficulté tant que ni la philosophie ni la science ne définissent pas ce qui fait le *lien* entre les parties du tout, dans l'Univers.

Cette difficulté transforme un énoncé vrai qui devrait être évident à tous en un énoncé nébuleux. Cependant la vérité d'un tel énoncé d'observation se renforcera à travers les problèmes écologiques d'aujourd'hui ; puisque les préoccupations écologiques de notre époque continueront à offrir aux scientifiques qui s'intéressent à la climatologie, la possibilité de se rendre compte à quel point les causes locales du dérèglement climatique, ont des *effets globaux*, *planétaires*, pour ne pas dire cosmiques.

Nous prétendons que ce qui est désormais de plus en plus apparent, avec les problèmes écologiques de l'activité humaine, reste vrai pour toute chose concernant le vivant dans son rapport à l'Univers ; même si cela demeure encore quelque peu incompris. Notre exposé de l'*analogie* sur le mode ontologique, élaborée en Égypte pharaonique africaine et nègre, a tenté de clarifier la métaphysique cachée derrière les manifestations de l'*être* dans l'Univers. Les effets devenus apparents, quels qu'ils soient, ne sont pas le fait du hasard. Ils ont bien leurs causes réelles. Mais le fil qui relie une cause à son effet est métaphysique, invisible, en tout cas difficile à percevoir.

C'est probablement cette difficulté qui conduit des philosophes, depuis Hume[888], à considérer que "le principe de causalité [...] en vertu duquel nous tirons des conclusions de l'expérience, inférons l'avenir du passé, faisons des prédictions, n'est ni une vérité immédiate ni le résultat d'une inférence. [...] Ce n'est pas vraiment un principe, c'est à dire une proposition à la vérité de laquelle nous adhérons ; c'est simplement une habitude, qui se noue dans notre esprit par l'association des idées, cette grande loi de la nature mentale"[889]. Car, les manifestations physiques de la loi de la causalité peuvent être déroutantes pour l'observateur. Toutefois, les *faits* livrés par les prions suggèrent que l'expression de la loi de la causalité dans l'objet biologique est déroutante parce que la cause *change* perpétuellement.

Dès lors, la loi de causalité biologique dans son expression physique est elle-même une loi qui change en biologie. Ce qui est une autre manière de dire que le rapport de l'antécédent au conséquent change. Cette relation est transformée en permanence, dans le *temps*, en vue des ajustements de l'effet à sa cause qui change, en tenant compte de toutes les circonstances de la réalité du moment, y compris celles qui échappent à l'observateur. La nécessité dont la manifestation est attendue au niveau de l'objet parait décalée, lorsqu'elle se présente, car elle est soumise au *temps*. Si bien que les

---

[888] D. Hume, "De l'idée de la connexion nécessaire" in *Enquête sur l'entendement humain*, (1748).

[889] R. Blanché, *Induction scientifique et les lois naturelles*, (1975), p. 98.

phénomènes que nous livre l'objet biologique étudié peuvent même sembler inexplicables, dans la mesure où le *temps* dépasse le champ d'expérimentation directe de l'homme. D'une certaine manière, dans le champ du vivant, cette nécessité qu'un observateur attend de l'objet est l'expression du retentissement de nos actions dans l'Univers. C'est par elle qu'une compensation des actes posés par l'homme est toujours à l'œuvre à travers la transformation de la causalité biologique, en vue de l'engendrement ou de l'*ajustement de l'effet à sa cause, dans le temps.*

C'est précisément ce qui arriva dans la crise de la vache folle. Elle fut déclenchée par la main de l'homme. Cette dernière changea le cours du processus causal de l'agent de la tremblante. Ainsi, un agent initialement inoffensif pour les bovins *devint* pathogène pour ces derniers, suite à la modification du procédé de transformation des carcasses d'os en farines carnées, supplémentant l'alimentation des vaches. Ce changement par la main de l'homme du pouvoir causal de l'agent de la tremblante marque le début de l'histoire de l'agent de l'ESB. Si l'analyse du procédé de fabrication des farines carnées n'avait pas révélé des modifications à l'origine du changement du pouvoir causal de l'agent de la tremblante vis à vis des bovins, alors sans doute la biologie moléculaire aurait cru à une mutation au *hasard* de cet agent avant son introduction dans la vache.

Le monde des macromolécules biologiques causales est indissociablement lié à une histoire que l'on peut ne pas connaitre dans le détail. L'enquête scientifique et philosophique menée sur les prions montre que l'agent de la tremblante introduit dans la vache a *changé* à son tour. C'est suite à ce changement qu'il *devint* transmissible à l'homme. Ainsi, tous les *faits* attachés aux prions, constatés avec soin et examinés avec scrupule suggèrent un *changement* de toute cause biologique préalablement établie, et par conséquent un changement de la relation de la cause à son effet.

Dès lors, la philosophie qui se constitue au contact des faits incontestés, proclame le *devenir de tout nœud causal biologique.* Elle s'accorde avec le constat du philosophe écossais David Hume (1711—1776) selon lequel, il y a "un certain degré d'uniformité et de régularité"[890] dans l'expression des entités biologiques causales, mais l'on ne saurait prétendre à une nécessité absolue. Elle suggère que l'imprévisibilité des manifestations biologiques ne signifie pas que les objets biologiques sont soumis à des forces aveugles ou au caprice de la nature, mais sont sous l'emprise d'une transformation perpétuelle de la relation de cause à effet.

Si donc la cause biologique se déforme perpétuellement, entraînant ainsi le changement de la relation de cause à effet, alors on arrive à cette conclusion qu'il y a un *déterminisme fluide.* Ce dernier s'articule avec une liberté métaphysique, dans la mesure où, dans bien des circonstances, l'Homme peut agir consciemment ou inconsciemment pour modifier le cours

---

[890] D. Hume, (1748), *Enquête sur l'entendement humain*, Paris, (2002), p. 171.

d'un processus causal dans la durée. La crise de la vache folle illustre parfaitement cette liberté, en ce sens que c'est aussi par la volonté humaine que la contamination de l'homme par les bovins asymptomatiques cessa avec, hélas, l'abattage des troupeaux dans lesquels apparaissait un seul animal malade. Par conséquent, il y a une nécessité causale qui n'exclut pas une liberté métaphysique. Cette nécessité causale solidaire du *devenir de tout nœud causal biologique* s'accorde donc avec un déterminisme fluide, comme cela est mentionné plus haut.

Depuis le XVIIe siècle la tradition Occidentale admit que "si les phénomènes ne sont pas enchaînés les uns aux autres, il n'y a pas de philosophie"[891]. C'est pourquoi elle considéra que "si la nature est à l'ouvrage ; malgré la chaîne qui lie les phénomènes, il n'y a point de philosophie"[892]. Mais, les *faits* attachés aux prions montrent que c'est une erreur de penser qu'il n'y a pas de philosophie et donc pas de science, "si la nature est à l'ouvrage", c'est-à-dire engendre des créations nouvelles. Surtout, ils montrent que des *créations* dues au *changement* étendent la diversité de l'*être*. En laboratoire, c'est ce qui arrive assez couramment en génétique moléculaire avec la construction de transgènes ou d'hybrides. C'est ce qui arriva aussi dans un contexte pathologique, avec l'émergence d'un nouveau phénotype de la MCJ en lien causal avec l'agent de l'ESB.

Avec ce *nv*MCJ et la confirmation de l'existence de conformères divers issus du changement de forme de la protéine PrP physiologique en de nombreuses molécules pathogènes, la philosophie naturelle des prions ne nie pas le principe d'unité de la nature et de la liaison de toute chose, qui est le postulat nécessaire de toute science. Elle affirme le statut des sciences biologiques et biomédicales en tant que sciences autonomes qui doivent se distinguer de la physique-mathématique. Elle proclame que la philosophie de la biologie doit tâcher de former des concepts fluides comme celui du *devenir de tout nœud causal biologique* qui s'accorde à l'objet biologique inscrit dans l'histoire.

La philosophie de la biologie doit se détacher des symboles tout faits, pour se plier à la langue commune, à des représentations simples et fluides comme le réel biologique qui s'illustre parfaitement à travers les prions. De ce point de vue, plus que toute autre macromolécule biologique, les prions s'avèrent particulièrement féconds pour la biologie moléculaire et la biomédecine contemporaines. Ils leur donnent la possibilité de saisir pleinement toute l'importante d'articuler différentes sortes d'explications et de paradigmes, les placent face à la réalité du *devenir de tout nœud causal biologique*, à travers le *changement* de quelque entité biologique moléculaire engagée dans une relation de causalité. Ainsi, *in fine*, les prions amènent la biologie moléculaire et la biomédecine contemporaines à mieux cerner leur

---

[891] D. Diderot, (1753), *Pensée sur l'interprétation de la nature*, (2005), p. 113.
[892] *Ibid.*, D. Diderot, (2005), p. 114.

distinction et leur singularité au regard de la physique, mais aussi de la mathématique. Si cette dernière sert de propédeutique à l'étude de la biologie, elle est loin d'être suffisante pour venir à bout de la *complexité* de l'objet biologique. La philosophie naturelle qui se dégage des prions proclame l'exigence d'une biologie qui ne doit s'enfermer ni dans la logique ni dans la mathématique, mais qui tienne compte de la réalité spécifique de l'objet biologique. Car, "l'histoire de la Nature n'est que l'histoire incomplète d'un instant"[893]. Elle évolue et engendre la *variabilité* comme le nota jadis le naturaliste Charles Darwin (1809—1882). Mais, cette évolution n'est ni apparente à tout moment ni nécessairement manifeste dans un espace de *temps* court. Elle résulte d'un *changement* perpétuel dont les effets peuvent ne pas être visibles ou observables pendant un *temps* difficile à mesurer par l'expérimentateur. C'est seulement dans certains de ses états de seuil, que le changement souvent invisible *devient* observable.

Avec la philosophie qui se constitue au contact des prions, désormais la biologie et la médecine n'ont plus besoin d'attendre que ce changement *devienne* observable, pour prendre conscience de sa réalité. Dans le champ du vivant, la Nature demeure à l'ouvrage, en particulier à travers la cause biologique se transformant perpétuellement, s'exprimant à travers la variabilité ou alors le polymorphisme génétique. Il y a bien une chaîne qui *lie* les phénomènes. Il y a donc une philosophie qui peut s'en dégager. Simplement, les enchaînements ne sont guère statiques, mais dans un procès permanent. La réalité attachée à ce procès, est le *devenir de tout nœud causal biologique* suite au changement continuel des entités biologiques causales.

Autrement dit, la *cause biologique* est un processus plus ou moins long, impliquant la totalité de l'organisme, même si à un moment donné, certaines entités moléculaires peuvent y prendre unc part plus prépondérante que d'autres. Ce processus produit des effets selon un *temps* qui nous échappe, car adossé au *temps* de l'Univers que nous sommes incapables de mesurer. Par conséquent, la philosophie de la biologie doit intégrer la complexité de la nature biologique pénétrée du *temps* qui s'écoule sans arrêt, et demeure le témoin, le marqueur du changement, à moins qu'il n'en soit le moteur.

Sans cela, on arrivera toujours à un paradoxe, lorsque l'on cherchera à juxtaposer le déterminisme scientifique tissé dans la toile de notre rationalité ordinaire avec le déterminisme de la Nature hors de notre logique, et pour lequel le *temps* est *a priori* incommensurable. Là réside l'imprévisibilité des évènements quand nous croyons connaitre la cause. L'imprévisibilité ici n'est pas l'absence d'une cause. Elle est le résultat de la déformation de la cause, le fruit de la plasticité du nœud causal solidaire du flux du temps.

Le but de la science est de décrire et d'expliquer de vastes secteurs de la réalité. Quand nous considérons que les phénomènes se produisent au hasard, en ce qui concerne le vivant, il se pourrait bien que cela soit

[893] D. Diderot, (1753), *Pensée sur l'interprétation de la nature*, (2005), p. 114.

l'expression de notre ignorance de cette plasticité du nœud causal. Dans un système d'analyse qui admet que dans l'Univers tout est lié, même si nous ne savons pas ce qui fait le lien entre les parties, admettre dans le même temps que les choses arrivent sans raison, c'est admettre une chose et son contraire. À présent, si nous acceptons le fait du *devenir de tout nœud causal biologique* tel que nous le présente l'histoire vraie des prions, alors nous convenons que la cause biologique change à notre insu.

Car, elle se transforme perpétuellement. Dès lors, comme le pensa le savant d'origine allemande et d'expression française, Paul-Henri Thiry, baron d'Holbach (1723—1789), il se pourrait que "nous attribuons au hasard tous les effets dont nous ne voyons point la liaison avec leurs causes. De la sorte, nous nous servons du mot hasard pour couvrir notre ignorance de la cause naturelle qui produit les effets que nous voyons par des moyens dont nous n'avons point d'idées, ou qui agit d'une manière dans laquelle nous ne voyons point d'ordre ou de système suivi d'actions semblables aux nôtres"[894]. On peut supposer que c'est aussi notre ignorance de la plasticité du nœud causal dans le *temps* qui amena le mathématicien Pierre-Simon, marquis de Laplace (1749—1827), à considérer que "le hasard n'a [...] aucune réalité en lui-même : ce n'est qu'un terme propre à désigner notre ignorance sur la manière dont les différentes parties d'un phénomène se coordonnent entre elles et avec le reste de la Nature"[895].

Dans la plasticité du nœud causal biologique réside la difficulté des inférences causales en sciences biologiques et médicales. Mais, cette difficulté ne signifie guère que la causalité biologique est à rejeter. Supprimer le principe de causalité, c'est nier la science. Admettre que tout phénomène a sa raison d'être, conduit à se demander *pourquoi* tel phénomène se produit, même si l'engendrement du phénomène attendu se fait de manière décalée. Ainsi, la difficulté des inférences causales ne nie pas non plus la causalité biologique. Elle affirme la déformation des causes biologiques dans le temps. Elle signifie qu'en raison du *devenir de tout nœud causal biologique*, "les effets ne peuvent être déduits simplement de leur cause, ni les prédictions logiquement démontrées sur la base des observations effectivement recueillies dans l'expérience du passé"[896], ainsi que l'a admis Israel Scheffler, professeur honoraire de philosophie, directeur du Centre de Recherche de Philosophie de l'Éducation à l'Université d'Harvard et directeur de la publication de *Philosophy and Education*.

---

894 Holbach (P.-H. d'), (1770), *Système de la nature, ou des lois du monde physique et du monde moral*, (1990), t. I, p. 98.

895 P.S. Laplace, (1776), "Recherches sur l'intégration des équations différentielles aux différences finies, et sur leur usage dans la théorie des hasards" in *Mémoires de mathématique et de physique* ... (1986), t. VIII, p. 222.

896 I. Scheffler, *Anatomie de la science, Études philosophiques de l'explication et de la confirmation*, (1963), p. 151.

En biologie et en médecine, la justification rationnelle de nos prédictions, c'est qu'elles "sont faites conformément aux théories générales qui ont été mises en œuvre dans le passé. Cela n'implique aucunement que le succès passé garantit le succès futur, mais suggère seulement que le succès passé des théories fournit un critère pour distinguer les prédictions qui sont considérées comme justifiées à un moment donné"[897]. Dans ce dernier énoncé, l'on voit à quel point le *temps* s'impose aux raisonnements causals.

Dans la troisième partie de notre enquête, consacrée précisément à l'examen des raisonnements causals mobilisés par les biologistes moléculaires, dans le champ de la biologie des prions, nous traitons la question du contenu conceptuel et sémantique de la notion d'*analogie*, à l'intérieur d'un cadre théorique d'analyse tracé par la *conception ontologique* du vivant et des agents pathogènes biologiques qui les causent les maladies.

Mais, d'abord, en exposant le principe de connexion et d'unité des *faits*, découvert au XIXe siècle, par le philosophe et historien des sciences, William Whewhell (1794—1866), cette troisième partie montre comment l'esprit tend à suppléer des idées aux faits. À partir des *faits* épidémiologiques relatifs à la tremblante jamais passée à l'homme, nous y exposons comment, au cours de l'évaluation du risque de cette maladie bovine pour la santé humaine, l'erreur est apparue dans la biologie de l'ESB.

Ensuite, nous analysons la notion d'*analogie* et présentons la confusion qui existe dans le sens qui lui est accordé en biologie moléculaire et en biomédecine contemporaines. Montrant l'entrée de cette notion en Grèce, les modifications qui lui furent apportées par Eudoxe de Cnide, leur adoption par Aristote (384 av. J.-C—322 av. J.-C.), avant leur introduction en biologie contemporaine, nous exposons la tentative d'Eudoxe de réduire la notion d'*analogie* à sa seule application aux *êtres* mathématiques immuables. Or, nous avons préalablement mentionné que la conception ontologique préconise que l'*être* biologique est complexe et en perpétuel *devenir*.

Dès lors, dans un cadre d'analyse ontologique attachée au vivant, l'enquête scientifique et philosophique que nous avons menée sur les raisonnements mobilisés par les biologistes, souligne toute la contradiction qu'il y a actuellement en biologie moléculaire et en biomédecine, consistant en une tentative d'appliquer aux entités biologiques la notion d'*analogie* réduite par Eudoxe (409 av. J.-C.— vers 356 av. J.-C.), à une application aux *êtres* mathématiques qui passent pour *immuables*. Elle révèle une confusion entre les notions d'*identité* et de *ressemblance*, entre la notion de *proportion* attachée à l'égalité et celle de *proportionnalité* attachée à l'analogie.

Établi de juillet 1902 à juillet 1923, dans un contexte international, à l'initiative d'André Lalande (1867—1963), par la Société Française de Philosophie fondée en 1901, le *Vocabulaire technique et critique de la philosophie* hérita de cette confusion et opta pour un mauvais usage de la

---

[897] *Ibid*, I. Scheffler, (1963), p. 158.

notion d'analogie. L'analyse que nous avons menée clarifie le sens scientifique et philosophique de cette notion. L'*analogie* signifie une ressemblance des rapports, comme les anciens mathématiciens l'admirent, ainsi que nous le rappelle John Stuart Mill (1806—1873), l'un des philosophes de langue anglaise les plus influents du XIXe siècle. Les *faits* livrés par l'histoire vraie des prions réfutent la conception moderne de l'analogie en biologie. Elle ne signifie pas une égalité de rapports ni une identité. Ces *faits* confirment l'acception ancienne qui nous vient du fond des âges, s'accorde avec la complexité du vivant et est solidaire du *devenir de tout nœud causal biologique* exposé dans cette enquête sur les prions, à travers le changement de l'agent biologique qui cause le trouble neurodégénératif bovin puis est *devenu* avec le *temps* l'agent causal du *nv*MCJ.

L'analyse que nous avons menée présente aussi toute la logique qui gouverne le raisonnement par *analogie* des *êtres* biologiques, à l'intérieur de la *conception ontologique* les maladies et des agents biologiques qui les causent. Elle souligne la singularité de l'objet biologique, montre le lien entre l'*analogie* des *êtres* biologiques, le *temps* d'un processus causal, et le principe de *causalité* biologique adossé au *devenir*. Elle explique pourquoi il est indispensable d'introduire le *temps* dans les analyses causales, et pourquoi le biologiste doit accepter définitivement l'idée qu'en biologie, l'on ne peut pas avoir la pleine et entière maîtrise de la connaissance causale.

Par ailleurs, l'analyse de la notion d'analogie ontologique montre que le biologiste qui voudra anticiper et prédire des faits biologiques doit faire un effort d'imagination et adopter le *changement* dans son mode de raisonnement. Le biologiste ne doit pas non plus croire qu'il y a une étanchéité entre les questions épistémologiques et les questions ontologiques. À travers l'histoire épistémologique de l'objet biologique, relatant à quel point il résiste à entrer dans des schémas prédits, le biologiste doit percevoir toute la singularité et la complexité du vivant. Il doit raisonner en intégrant l'idée que, quelle que soit la vérité des faits, le *nœud causal* ne se forme pas définitivement tel qu'on le croit.

À peine s'est-il formé qu'il se *transforme* avec le temps, *devient* autre chose, en vue d'un équilibre ou d'une harmonie du vivant avec le Tout, c'est-à-dire avec l'organisme entier d'abord, puis avec l'Univers à travers l'environnement extérieur de cet organisme. Dès lors, c'est une décision arbitraire de la biologie de se prononcer de manière tranchée en faveur d'une stabilité causale. Celle-ci n'est qu'une apparence. Ce présupposé d'une stabilité causale est une pétition de principe, une affirmation gratuite et dogmatique. Par dogme, il faut entendre ici l'assentiment à une chose déterminée parmi les choses qui sont des objets de recherche pour les sciences.

En se positionnant depuis la fin du XVIIe siècle en faveur de la *stabilité* de la substance et de la métaphysique aristotélicienne qui la sous-tend, les sciences biologiques et biomédicales contemporaines ont accordé leur assentiment à quelque chose de douteux, ouvrant ainsi la possibilité d'une recherche dont le discours mène à la fois à l'espoir et au désespoir du grand public. Les changements de la substance causale révélés par les prions constituent une difficulté que l'on retrouve en biomédecine, à travers la *thérapie génique* dont l'efficacité n'est pas encore pleinement démontrée.

Au moment du triomphe de la pensée réductionniste, suite à la découverte de la structure de l'ADN, la transformation de la pensée du biologiste, les nouvelles attitudes qui en ont découlé et qui étaient repérables au niveau des orientations scientifiques, y compris dans les programmes universitaires de la biologie, conduisirent le biophysicien Robert Sinsheimer (1920—) à introduire dans le vocabulaire de la biologie moderne l'expression "thérapie génique"[898]. Ancien chancelier de l'Université de Californie de 1977 à 1987, professeur honoraire de biologie moléculaire, il est membre de l'Académie des sciences et membre de l'Académie de médecine des États-Unis.

En 1985, il réunit des savants pour examiner la faisabilité du projet de séquençage du génome humain. De ce point de vue, l'on peut dire qu'il fait partie des initiateurs de ce projet. Lorsqu'il inventa l'expression *thérapie génique*, c'était alors l'époque d'euphorie. À travers cette expression, il signifiait l'espoir que "pour les maladies comme le cancer et les diabètes, la phénylcétonurie, il y aura une thérapie génique. L'ADN approprié sera fourni dans la dose appropriée"[899]. Mais, actuellement cet espoir est affaibli par la réalité de la *complexité* du fonctionnement du vivant.

L'efficacité de la thérapie génique toujours repoussée, est sans doute révélatrice de cette complexité du vivant. L'histoire *vraie* des prions achève de l'illustrer. Elle nous apprend que dans la substance même des macromolécules biologiques causales, il y a sans doute quelque chose qui *change*, parfois à l'insu de l'observateur. De la sorte, "c'est un non-sens de concevoir la nature comme statique, même un instant dépourvu de durée"[900], ainsi que le souligna le philosophe, logicien et mathématicien britannique Alfred North Whitehead (1861—1947).

La présence des "introns, ces morceaux d'ADN venus d'ailleurs (!) [qui] demeurent pour l'essentiel les inconnues les plus provocantes de la génétique moderne, à la fois quant à leur origine et à leur fonction"[901] ; le métabolisme des gènes, à travers leur duplication, leur réplication ; le phénomène d'"épissage *alternatif*, processus à la faveur duquel un gène peut engendrer plusieurs ARN messagers distincts et coder de ce fait pour plusieurs protéines"[902], assurant ainsi la *diversité* de formes au sein des protéines ; la transposition ; le *changement* de formes dans les processus post-traductionnels des produits de gènes, à savoir les protéines ; le

---

[898] R. Sinsheimer, "The End of The Beginning", (1967), p. 10.
[899] *Ibid.*, R. Sinsheimer, (1967), p. 10.
[900] A. N. Whitehead, *Modes of Thought*, (1968). tr. fr., *Modes de pensée*, (2004), p. 170.
[901] F. Gros, *Les secrets du gène*, (1986), p. 234.
[902] *Ibid.*, F. Gros, (1986), p. 239. Italique de l'auteur.

catabolisme de ces dernières, leur renouvellement dans la cellule ; tous ces phénomènes biologiques aujourd'hui connus, représentent un formidable arsenal dont dispose la cellule, pour que l'*être* vivant garde son plus grand équilibre avec son milieu intérieur et extérieur, en vue de sa perpétuation.

C'est pourquoi *dans le vivant, le changement est perpétuel.* Dès lors, selon toute vraisemblance, même "le pouvoir des séquences d'ADN d'informer ces processus biologiques est plus riche et, sans doute, de loin plus grand que ne permet la compréhension conventionnelle de l'information génétique"[903], ainsi que l'a noté Evelyn Fox Keller, physicienne et professeur émérite d'Histoire et de Philosophie des Sciences au *Massachusetts Institute of Technology*. Dans la gamme de manifestations biologiques variables qui, dans le *temps,* surgissent de l'*être* vivant, il arrive parfois que la probabilité nous serve de guide dans nos anticipations et nos calculs. Mais, même si dans certaines circonstances ces probabilités nous donnent le sentiment d'une parfaite maîtrise, ce n'est qu'une illusion. Car, à travers le *temps*, la cause biologique change à notre insu, entrainant un *changement* dans l'effet.

Cependant, dès la fin du XVIIe siècle, sans doute encouragées par l'immense succès newtonien, la tradition Occidentale et la science moderne, semblent n'avoir retenu que la doctrine de Parménide. La biologie a ainsi suivi l'erreur substantialiste aristotélicienne découlant de la modification par Eudoxe de la notion d'*analogie ontologique* d'origine Égypto-nubienne qui fonde le raisonnement causal dans les sciences de la vie et de la santé.

En philosophie grecque, Parménide met en avant la permanence de l'*être,* suggérant l'idée de nécessité et d'identité des *êtres* biologiques causals qui se ressemblent. Pour lui, l'*être*, c'est ce qui est *immobile*, et se trouve en quelque sorte hors des contingences temporelles. Tandis que pour Héraclite *tout est mobile*. "À ces yeux c'est le devenir qui est premier, et l'identité une illusion"[904]. Pourtant, l'un et l'autre ont exprimé deux aspects d'une même réalité complexe. La source à partir de laquelle l'un et l'autre ont puisé leur science distingue ces deux aspects, mais ne les dissocie pas. C'est en articulant la doctrine de Parménide avec celle d'Héraclite que la biologie et la médecine saisiront pleinement la réalité biologique. C'est par une telle articulation que seront levées les apories face auxquelles l'idée de la nécessité mène actuellement les sciences biologiques et biomédicales.

L'énigme de la causalité biologique à travers la permanence de l'*être* et la réalité du *changement* se résout dans la métaphysique Égypto-nubienne de l'ontologie de l'*être* que nous avons exposée puis explicitée dans cette enquête en analysant la notion d'*analogie* de l'*être*. Pour la rectitude de son jugement, la biologie doit renouer avec cette métaphysique. Dès qu'un savant s'autorise à penser en profondeur, il entre dans la métaphysique. C'est le cas du physicien et philosophe de la nature Max Planck (1858—1947).

---

[903] E. Fox Keller, "Rethinking the Meaning of biological information", (2006), p. 1.
[904] É. Klein, *Le facteur temps ne sonne jamais deux fois*, (2007), p. 104.

C'est aussi le cas de Francis Crick (1916—2004), qui articula tous les fragments de savoirs épars, issus du tournant moléculaire, pour formuler la théorie-paradigme qui continue de guider la biologie. Au-delà de sa théorie, il a probablement perçu les possibilités que le *changement* offre au vivant, en vue de sa perpétuation. C'est sans doute pourquoi, il déclara en 1958 que "la chose la plus significative concernant les protéines c'est qu'elles peuvent presque tout faire"[905], même si les faits disponibles à cette époque ne laissaient imaginer que c'est précisément par *changement* de forme, qu'une protéine aura plus tard le statut de *cause* de la neurodégénérescence dans les troubles neurodégénératifs humains et animaux.

Ainsi, à l'exclusion des troubles du métabolisme des protéines dont le mauvais repliement entraine *via* des conformères pathogènes des maladies neurologiques, y compris non-dégénératives, que seules les dernières avancées technologiques permettent de déceler, Francis Crick a parfaitement perçu que "dans la molécule de protéine, la Nature a inventé un instrument unique dans lequel une simplicité sous-jacente est utilisée pour exprimer une grande subtilité et l'Universalité"[906]. Mesurant toute l'importance et la portée des protéines que le biologiste moléculaire ne trouve dans aucune autre classe de macromolécules biologiques, il souligna qu'"il est impossible de voir la biologie moléculaire dans sa juste perspective tant que cette combinaison singulière de vertus [à savoir grande subtilité et Universalité des protéines] n'a pas été clairement appréhendée"[907].

Thomas Lewis (1913—1993) qui fut aussi un molécularistе et qualifia les prions de chose la plus étrange de toute la biologie, a également fait l'effort de penser profondément le vivant. C'est pourquoi, tout en étant un réductionniste, il avait une vision systémique qui tend vers l'universel. C'est aussi pourquoi, percevant clairement le lien entre l'*être* vivant et l'Univers, ainsi que l'*intelligence étendue* émergeant de l'interconnexion des *êtres* biologiquement séparés, il accorda de la considération à des grandeurs non observables. Bien qu'ils soient biologistes, nous pouvons dire que Francis Crick et Lewis Thomas sont aussi des métaphysiciens. C'est ce qui leur permit d'avoir une vue large et plus profonde du *réel* biologique. On ne peut faire l'effort de penser sans entrer dans la métaphysique.

En adoptant la conception aristotélicienne de la substance, tout biologiste fait de la métaphysique, souvent sans le savoir, surtout sans savoir qu'il fait fausse route, dès le départ, compte tenu de son objet d'étude. La clarification de la notion d'*analogie* dans cette enquête montre que dans les sciences de la vie et de la santé, l'analyse causale des *êtres* biologiques, doit s'inscrire dans le cadre de la *conception ontologique* gouverné par son vrai *principe fondateur*. Cette conception élaborée en Égypte pharaonique africaine nègre

[905] F. Crick, "On Protein Synthesis", (1958), p. 138.
[906] *Ibid.*, F. Crick, (1958), p. 139.
[907] *Ibid.*, F. Crick, (1958), p. 139.

charrie une métaphysique indiquant que l'objet biologique présente une spécificité propre. Il *change* et peut échapper à notre contrôle. Il ne peut être réduit aux objets mus par un mécanisme. Il y a plus de 4000 ans avant notre ère, des savants se livrèrent à l'étude de tels objets. Ils observèrent patiemment, scrupuleusement les *êtres* biologiques et se trouvèrent ainsi face au problème de la complexité du vivant. Ils ont alors élaboré la *conception ontologique* dans un contexte où ils faisaient appel à tous les savoirs spécialisés et à toutes les connaissances générales sans exclusive.

Les *faits* livrés par les prions prouvent la *justesse* et l'*exactitude* de cette conception, indispensable à tout raisonnement causal en biologie et en médecine. C'est une conception qui souligne l'exigence d'un 'esprit biologique' capable de percevoir le *changement* des entités biologiques causales, même à travers leur apparence immuable et trompeuse. Le problème actuel des sciences biologiques et biomédicales, c'est que la spécialisation a émietté le savoir scientifique et, dilué les connaissances générales qui, cependant, sont nécessaires pour s'élever d'une science spéciale aux fins d'atteindre les principes.

C'est pourquoi il y a 4000 ans avant notre ère, il était presque plus facile aux premiers savants ayant édifié le principe qui gouverne la conception ontologique des maladies et des agents qui les causent, d'atteindre de tels principes. Rappelons que le principe qui gouverne la conception ontologique des *êtres* biologiques postule que l'*être* est complexe et en perpétuel *devenir.* C'est un *principe fondateur* de la biologie et de la médecine reposant sur une métaphysique qui conçoit une dialectique de la permanence et du changement. À l'intérieur de cette métaphysique Égypto-nubienne se trouve l'articulation des doctrines des philosophes grecs Parménide d'Élée (544—450 av. J.-C.) et Héraclite d'Ephèse (541—480 av. J.-C.).

"Changer ce n'est pas être remplacé, ce n'est pas cesser d'être soi, c'est être soi autrement"[908]. C'est pourquoi, contrairement à la conception aristotélicienne, "la substance n'est pas seulement ce qui est sous les accidents […], c'est ce qui demeure, ce qui subsiste de façon permanente sous le flux des accidents"[909]. "La modification de la substance n'est que la substance même de telle ou telle façon"[910] dira le philosophe français Nicolas Malebranche (1638—1715).

Le *principe* qui gouverne la conception ontologique des *êtres* biologiques charrie toutes ces considérations dans une analyse causale. En biologie moléculaire et en biomédecine contemporaines, tant que ce *principe fondateur* des sciences de la vie et de la santé n'aura pas reçu toute l'attention qu'il mérite, le biologiste ne sera qu'un collectionneur des *faits*,

---

[908] E. Klein, *Le facteur temps ne sonne jamais deux fois*, (2007), p. 103.

[909] R. Blanché, *Induction scientifique et les lois scientifiques*, (1975), p. 24.

[910] N. Malebranche, *Entretiens sur la Métaphysique et sur la Religion*, (1712), p. 64 ; ou *Entretiens sur la métaphysique et sur la religion et Entretien sur la mort,* (1991), p. 34.

incapable de les *relier* par des explications articulées en vue d'une science renouvelée, forgeant des outils conceptuels neufs et des méthodes nouvelles. Une fois encore, le vivant est un objet d'étude singulier. Le biologiste qui voudrait l'aborder en s'efforçant de ne pas être superficiel, doit se persuader que les questions épistémologiques ne sont pas coupées des questions ontologiques. S'il découvre des faits et, au plan épistémologique, les isole de leur vivier, à savoir la conception ontologique des *êtres* vivants, alors ils perdent toute leur vitalité, n'expriment rien de vrai, et paraîtront parfois totalement imprévisibles ou mus par le caprice de la nature, dans un Univers où l'on sait pourtant que les choses sont liées.

Avec l'histoire vraie des prions et les faits livrés à la biologie par les *êtres* moléculaires à l'origine de la neurodégénérescence, tous les nobles et sincères amis de la vérité savent actuellement avec certitude que l'*être* est passible d'un "devenir qui ne connait de repos ni d'arrêt"[911]. À la suite d'Héraclite pour qui le mobilisme s'apparente à un fleuve dans lequel on ne peut entrer deux fois, la philosophie qui se constitue au contact des prions s'accorde avec le fait que dans la durée, "rien n'est jamais, tout devient toujours"[912]. C'est sans doute pourquoi, Anne Fagot-Largeault, la forme la plus aboutie de la philosophie de la biologie et de la médecine en France, consacra à la question de l'"ontologie du devenir" de nombreux cours, pendant plusieurs années consécutives, dans la décennie 2000/2010 ayant succédé au *changement* de l'agent de l'ESB et surtout à l'émergence d'un nouveau phénotype de la MCJ causalement lié à l'ESB.

En dernière analyse, au-delà du bilan historique et de l'examen épistémologique exposant le long cheminement de la biologie, d'abord empirique puis expérimentale, pour *définir* et *établir la désignation* des maladies neurodégénératives transmissibles, ensuite la lente montée de la biologie moléculaire vers le concept d'une protéine causale et la théorie du prion, le véritable point de départ philosophique de cette enquête est l'introduction de la forme humaine de la maladie bovine dans le champ de la médecine moléculaire.

Placée sous le signe de la menace de la transmissibilité de l'ESB à l'homme, la rencontre de la science, de la politique et du grand public a permis à tout le monde de se rendre parfaitement compte que l'occurrence de l'encéphalopathie spongiforme bovine, le massacre de milliers de bovins, enfin l'émergence de la forme humaine de la maladie bovine, ont été provoqués par la main de l'homme. Cette situation découle de l'entrecroisement d'une techno-science, la biologie, et de l'économie de marché. Elle s'explique aussi, selon toute vraisemblance, par la poursuite de l'idée du progrès à travers les avancées technologiques. Dans la mesure où depuis la fin du XVIe siècle, deux moments majeurs semblent avoir marqué

---

[911] Plutarque, "Sur l'E Delphes", 392a-c.

[912] Platon, *Théétète*, 152d.

l'entrée de l'Occident moderne dans la pensée du pouvoir de l'homme sur la nature, grâce à la science. L'un de ces moments est cartésien, avec le précepte de René Descartes (1596—1650) selon lequel l'homme doit "se rendre comme maître et possesseur de la nature"[913].

Mais, le plus marquant et aussi le premier, est le moment baconien, avec la nouvelle méthode que propose Sir Francis Bacon (1561—1626) pour "ouvrir à l'esprit humain une route sûre, partant de l'observation et d'une expérience réglée et bien fondée"[914]. Ainsi, afin de conduire les hommes par la main et de leur plein gré, les sortir de l'obscurité de la nature et leur donner plus d'espérance par la science, Bacon les invite à se tourner vers l'expérience et les faits. Car, "la science de l'homme est la mesure de sa puissance, parce qu'ignorer la cause, c'est ne pouvoir produire l'effet"[915].

Toutefois, peut-être parce que le cadre de la philosophie naturelle dans lequel s'inscrivent leurs préconisations, référait à la physique bien plus qu'à la biologie telle qu'elle prendra forme dans la deuxième moitié du XXe siècle avec le tournant moléculaire, vraisemblablement, ni Bacon ni Descartes n'ont perçu toute la complexité de la nature biologique ni anticiper la difficulté devant laquelle celle-ci placerait les sciences du vivant. Avec l'apparition du *nv*MCJ, suite au *changement* du mode de transformation des carcasses des ruminants en vue de la fabrication de farines supplémentant l'alimentation de la vache, pour l'amener à produire plus de lait et à développer une masse musculaire plus importante, la science et la politique devraient désormais prendre conscience que toutes les transformations provoquées par l'homme et rendues possibles par l'accroissement des connaissances scientifiques, ne conduisent pas vers le mieux.

Tout changement technique appliqué au vivant ne sera donc pas nécessairement un progrès. Certes, c'est une évidence pour tous, que les progrès techniques ont engendré de nombreux bienfaits rendant la vie plus facile. C'est aussi une évidence que dès la deuxième moitié du XIXe siècle, d'immenses progrès ont été accomplis par les sciences biologiques et biomédicales. L'allongement de la durée de vie en est le résultat.

Les promesses annoncées par la thérapie génique, les nano-médicaments, les cellules souches, le clonage thérapeutique, les neurosciences, suggèrent que d'autres bienfaits sont en droit d'être attendus. Il y aura certainement des conquêtes nouvelles, des victoires de la science sur la nature. Cependant, la philosophie naturelle qui se constitue au contact des prions révèle que l'objet biologique n'est pas figé. Il est complexe et peut *changer* à notre insu, tranquillement, sans bruit et sans éclat, en raison même de sa nature profonde. Qu'il s'agisse des introns qui n'ont pas encore dévoilé tout leur secret au biologiste, de l'épissage, des enjambements de gènes, de la

---

913 R. Descartes, (1637), *Discours de la méthode*, (1997), p. 67.
914 F. Bacon, (1620), *Novum Organum*, Liv. I, Aphor. 82, (1857), p. 33.
915 *Ibid.*, F. Bacon, (1620), Liv. I, Aphor. 3, (1857), p. 7.

transposition, des changements de conformation des protéines, de leur renouvellement, de l'allostérie, tous les mécanismes connus de la biologie des gènes et des protéines témoignent de l'effort de la nature biologique pour tâcher de garder son équilibre et durer dans le *temps*, par le *changement*.

De la sorte, au regard du vivant, une difficulté semble donc se profiler en ce qui concerne la pleine et entière *possession de la nature* biologique par l'homme. La difficulté dans laquelle la biomédecine se trouve avec la thérapie génique est sans doute un indice de la complexité du vivant qui change perpétuellement. Le succès toujours repoussé de cette thérapie génique est probablement une illustration de l'instabilité de la substance causale en raison du devenir des entités biologiques causales.

Face à la complexité de la réalité biologique, *science* et *puissance* de l'homme semblent donc ne pas signifier exactement la même chose que face à la nature inorganique. Ainsi, dans l'action de l'homme sur la *cause* pour produire un *effet* voulu, les sciences biologiques et biomédicales se doivent d'intégrer cette complexité de la réalité biologique, susceptible d'*imprévisibilité* due à la plasticité des nœuds causals biologiques, qui risque de conduire vers une désillusion prométhéenne.

C'est pourquoi les tenants de la vision prométhéenne du progrès scientifique, actuellement véhiculée en biologie, par exemple, à travers des "organismes génétiquement modifiés dont la prédiction des effets soulève plus de questions qu'elle n'apporte de réponses"[916], doivent réexaminer le contenu sémantique du mot progrès, à la lumière des *faits relatifs aux prions*, dans la mesure où ils posent la question de la possibilité de la pleine maîtrise de la causalité biologique par les sciences biologiques et biomédicales.

À la fin des années 1960, s'interrogeant sur la capacité du biologiste à *prédire* les manipulations du vivant, en étant averti des conséquences des avancées de la biologie moléculaire, l'éminent biophysicien Robert Sinsheimer (1920—) ne soupçonnant pas la vertigineuse complexité des réseaux du vivant et redoutant que la découverte du code génétique ne mène à des dérives, préconisait la prudence et la responsabilité au scientifique :

> "À notre époque, d'un monde que jamais nous n'avons fait, auxquels nous sommes plus ou moins adaptés biologiquement, nous nous dirigeons pour le meilleur ou pour le pire vers un monde de notre propre création, un monde plus ou moins façonné par les motivations et les limites de l'homme seul. Nous pouvons, nous devons orienter la forme de ce monde, et notre réussite dépendra de plus en plus de notre capacité à anticiper les conséquences de nos actes. Dans un sens comme dans bien d'autres, la mission même de la prophétie, [à savoir la nécessité morale d'anticipation, reposant sur notre croyance en la causalité] change le rôle

---

916 S. Mayer, "Predicting the effects of genetically modified organims–more questions than answers", (1999), p. 6.

> d'indépendance du joueur, d'un caprice presque frivole en une profonde responsabilité morale."[917]

Selon lui, "comme nous comprenons la vie, alors nous pouvons contrôler la vie. Ce fut, [dans le passé], le modèle historique des sciences physiques, et aujourd'hui nous avons un large contrôle de notre environnement physique. Bientôt, nous aurons un contrôle semblable du monde biologique"[918].

Mais, en attendant ce *contrôle* putatif du monde biologique par l'homme, qui serait *identique* à celui du monde inanimé, l'émergence du *nv*MCJ, à savoir la forme humaine de la maladie de la vache folle, suggère que les molécules biologiques causales sont dans un processus dans lequel leur interaction avec toutes les autres molécules de l'organisme, produit des phénomènes *imprévisibles* attachés au *devenir de tout nœud causal biologique*. Ainsi, à la recherche des entités moléculaires causales, très féconde jusqu'ici, dans le cadre du réductionnisme moléculaire, doit succéder la recherche des relations systémiques dans des réseaux d'interactions de toutes les macromolécules d'un organisme. La pensée réductionniste et la pensée systémique interrogent l'événement causal de manière différente.

Cependant, toutes les deux sont désormais étroitement solidaires pour l'intelligibilité de l'objet biologique. Avec les prions, la biologie est conduite vers une perspective intégrative où la *cause* ne s'exprime qu'en tenant compte de l'histoire singulière de chaque individu et des processus de la nature complexe et active de chaque vie, à l'œuvre dans le *temps*.

Cela invite l'épistémologie de la biologie à réserver une place plus importante à la conception systémique ou holistique, tout en y introduisant le *temps* qui vraisemblablement est la clef de voûte de la complexité des entités biologiques causales. La pensée systémique doit s'élever petit à petit des chaînons réductionnistes, nombreux et significatifs qui, seuls, ne rendent pas intelligibles le fonctionnement du vivant. Elle doit mettre bout à bout tous ces chaînons, pour tenter de créer de vastes enchaînements dynamiques, permettant de construire des schémas de fonctionnement, plus proches du *réel* biologique et de sa complexité.

François Gros, l'un des grands acteurs de la révolution moléculaire en biologie, note qu'"une véritable biologie de système se dessine et commence à rencontrer l'adhésion de nombreux scientifiques. Ce type de biologie des réseaux hypercomplexes fait appel à des variables qui ne sont, et ne seront, principalement accessibles qu'aux ordinateurs ! Ces variables ne devraient pas concerner que les interactions biomoléculaires au plan descriptif, mais également cinétique, comme la vitesse de réaction […]"[919]. La philosophie qui se constitue au contact des prions soutient cette vue. Elle nous place dans

---

[917] R. Sinsheimer, "The End of The Beginning", (1967), p. 9.
[918] *Ibid.*, R. Sinsheimer, (1967), p. 10.
[919] F. Gros, "La génétique en pleine mutation" in *L'empire des gènes*, (2003), p. 11.

la perspective d'une biologie moléculaire du futur. La thermodynamique, les mathématiques, l'informatique, permettraient d'approcher les processus biologiques sous un angle nouveau, préparant de nouvelles disciplines, telles la physique génétique ou la thermodynamique des protéines, ou encore la bio-informatique des réseaux moléculaires. Les processus biologiques seraient alors approchés par le mathématicien par une étude de la 'géométrie' moléculaire et l'analyse topologique des biomolécules ; par l'informaticien en termes d'analyse logique de fonctions élémentaires œuvrant en réseau au sein d'un vaste système biologique ; par le physicien sous la forme de trajectoires spatio-temporelles d'interactions moléculaires au sein d'un système dynamique, en vue d'en modéliser la dynamique.

Dès lors, des outils plus appropriés offriraient de mieux saisir l'extrême complexité du vivant, de tenter de réintroduire dans l'analyse des causes biologiques, le *temps réel* qui est un marqueur essentiel de cette complexité dans les processus causals. Car une fois établi, aucun *nœud causal biologique* ne reste jamais figé. Bien au contraire, selon une dynamique qui, vraisemblablement, recèle des structures en réseau d'une grande complexité, tout *nœud causal biologique* change continuellement avec *le temps*. Présent dans la *conception ontologique* Égypto-nubienne du vivant, exposée dans cette enquête scientifique et philosophique sur les prions, la suppression du *temps* par la philosophie grecque engendra "une conception du réel et de la science condamnée à des difficultés insolubles"[920] ainsi que le souligna au siècle dernier l'éminent philosophe français Henri Bergson (1859—1941).

Et Bergson, dont toute la richesse et la profondeur de la pensée n'ont pas encore, selon toute vraisemblance, été pleinement perçues par l'Occident, de déplorer que "toute la philosophie moderne [...]", ait suivi cette "orientation primitive de la philosophie grecque" qui spatialise le *temps*, le dépouille de son pouvoir créateur, et mène la biologie vers "des difficultés insolubles" au sujet de la causalité biologique et des inférences causales. Se réglant lui-même dans le vivant pour sa perpétuation, et dans la visée de son équilibre avec l'Univers *via* son environnement interne et externe, non pas par hasard ni par le caprice de la nature, mais en fonction des *circonstances réelles* dans lesquelles se trouve l'organisme, y compris celles qui ne sont pas directement observables par l'expérimentateur, le *temps réel* des processus biologiques pourrait encore échapper aux mathématiques, aux modèles dynamiques.

Ainsi, toujours en *devenir*, la nature biologique entraînée sans arrêt vers le futur par le flux du *temps* qui s'écoule, gardera sa capacité à surprendre. Mais, il y aura des avancées dans les tentatives de la biologie et de la médecine pour démêler l'extrême complexité des réseaux de *nœuds causals biologiques*, grâce au rapprochement de plusieurs disciplines et à une plus grande intégration des cultures scientifiques et techniques.

---

[920] H. Bergson, "Cours du Collège de France 1902-1903", in *Mélanges*, (1972 posth.), p. 573.

BIBLIOGRAPHIE

Anonymous, (1970), "Central Dogma Reversed", *Nature*, 226, (N°27), pp. 1198-1199.

Anonymous, (1988), "BSE and Scrapie : Agents for Change", *The Lancet*, 10, pp. 607-608.

Anonymous, (1989), "Comment : Unravelling the problem of BSE", *Vet. Rec.*, 125, (N°16), p. 412.

Anonymous, (1998), "Comment : Pointers to the cause of BSE", *Vet Rec*, 123, (N° 25), p. 637.

Alter M., Frank Y., Doyne H., Webster D.D., (1975), "Creutzfeldt-Jakob Disease after eating ovine brains ?" *N Engl J Med.*, 292, p. 927.

Alter M., Hoening E., Pratzon G., (1977), "Creutzfeldt - Jakob disease : Possible association with eating brains", *N Engl J Med.*, 296, pp. 820-21.

Andler D., Fagot-Largeault A., Saint Sernin B., (2002), *Philosophie des sciences*" t.1, Gallimard.

Archytas, Frag. B II, tiré de Porphyre, in *Commentaires sur les Harmoniques de Ptolémée*, Éd. Düring, p. 92. Voir *Les écoles présocratiques*, Éd. J-P. Dumont, Paris, Gallimard, (1991).

Archytas, *Sur la Sagesse*, in *Pythagore et la philosophie pythagoricienne. Contenant les fragments de Philolaüs et d'Archytas*, tr. fr. A. É. Chainet, t. I, Paris 1873, Réédition Elibron Classics, 2005.

Aristote, *Métaphysique A*, tr. fr., J. Tricot, t. 1 Liv. A-Z, Paris Vrin, 1981.

Aristote, *Parties des Animaux.*

Aristote, *Premiers Analytiques.*

Aristote, *Éthique à Nicodème.*

Artigue M., Parzysz B., (2003), "Causalités et dépendances : Quelle place dans les recherches en didactique des mathématiques" pp. 115-143 in *Enquête sur le concept de causalité,* Viennot L., Debru C. (dir.), Paris, PUF.

Aubenque P., (1989), "Sur la naissance de la doctrine pseudo-aristotélicienne de l'analogie de l'être", pp 291-304 *in* "L'analogie" in *Les études philosophiques* Paris, PUF.

Avicenne Abu Ali Ibn Sina (1495), *Metaphysicæ*, 1re Éd. de Venise. Voir aussi l'édition critique de la traduction latine médiévale par Simone Van Riet, avec une introduction doctrinale par Gérard Verbeke : *Avicenna Latinus, Liber philosophia prima sive scientia divina*, Édition S. Van Riet, Louvain-Leiden, E. Peeters/E. J. Brill. 3 Vol : t. 1, (1977) ; t. 2, (1980) ; t. 3, (1983).

Bachelard G., (1938), *La formation de l'esprit du scientifique*, Paris, Vrin.

Bacon F., (1620), *Novum Organum*, Nouv. Trad. en français, publiée avec une introd. et notes par A. Lorquet (1815—1883), Paris, Librairie de L. Hachette et Cie, 1857.

Bacon F., (1623), *De Dignitate et Augmentis Scientiarum* tr. angl. *Of the Proficience and Advancement of learning*, (1605) ; tr. fr. avec intro. et notes M. Mauxion, 3e éd., Delagrave, 1928.

Barberousse A., Kistler M., Ludwig P., (2000), *La philosophie des sciences au XXe siècle*, Collection Champs Essais, Paris, Flammarion.

Bardat J., (1994), "L'espèce : Histoire d'une notion fondamentale". Article repris du *Courrier de l'environnement de l'INRA*, n°21, Janvier 1994. Disponible sur www.inra.fr/dpenv/bardas10.htm

Barret A., (2004), *Maladies à Prions, Recherche de nouvelles molécules et cibles thérapeutiques*, Thèse N°312004, soutenue le 22 Nov. 2004. Prof. J. Raymond et Dr J-P. Deslys (dir.) École Doctorale 'Sciences-Technologie-Santé' de la Faculté des Sciences de l'Université de Limoges.

Bateman D., Hilton, D., Love S., Zeidler, M., Beck, J., Collinge J., (1995), "Sporadic Creutzfeldt-Jakob Disease in a 18-year-old in the UK", *The Lancet*, 346, pp. 1155–1156

Beaufret J., (1955), *Le Poème de Parménide*, Paris PUF, coll., « Epiméthée ».

Becker O., (1944), "Die griechische Philosophie" p. 241-267, in O. Becker, K. Chudoba, *et alii*, *Griechenland*, Bonn, Kriegsvorträge der Rheinischen Friedrich-Wilhelm-Universität –Wissenschaft im Kampf für Deutschland, 522p.

Belay E.D., et coll., (2001), "Creutzfeldt-Jakob disease in Unusual Young Patients Who Consumed Venison", *Archives of Neurology*, 58, pp. 1673-1678.

Bell J.F., (1977), "Creutzfeldt-Jakob Disease and Sheeps brain", *N Engl J Med.*, 296, 1415.

Bellinger-Kawahara C.G., Kempner E., Groth D.F., Gabizon R., Prusiner S.B., (1988), "Scrapie prion liposomes and rods exhibit target sizes of 55,000 Da", *Virology*, 164, pp. 537–541

Bergson H., (1904), "Cours du Collège de France", (1902—1903), *Revue de Philosophie,* IV, N°1.

Bergson H., (1919), *L'énergie spirituelle*, *in* Œuvres, Paris, PUF, 1959.

Bergson H., (1927), *Essai sur les données immédiates de la conscience,* Paris, PUF, 2005.

Bergson H., (1938), *La pensée et le mouvant*, Paris, PUF, 2003.

Bernard C., (1855), *Leçons de Physiologie Appliquée à la médecine, faites au Collège de France*, I., (Hiver 1854—855), Paris, J.-B. Baillière, Librairie de l'Académie Impériale de médecine.

Bernard C., (1865), *Introduction à l'étude de la médecine expérimentale,* Paris, J-B., Baillière.

Berndt, R.M., (1959), "A 'devastating disease syndrome' : kuru sorcery in the eastern central highlands of New Guinea", *Sociologus,* 8, 4-28.

Blanché R., (1975), *L'Induction scientifique et les lois naturelles*, Paris, PUF.

Boudon R., (1991), *L'art de se persuader des idées douteuses, fragiles ou fausses*, Pais, Éditions Fayard.

Bourdieu P. (2001), *Science de la réflexivité*, Collège de France 2000-2001, Paris, Raisons d'agir.

Braudel F., (1966), *Écrits sur l'Histoire*, Paris, Flammarion, Coll. Science.

British Veterinary Association, (1997), "Comment : Lessons of 'an exceptionally difficult year", *The Veterinary Record*, p. 133-134.

Britton, T.C., al-Sarraj, S., Shaw, C., Campbell, T. and Collinge, J. (1995), "Sporadic Creutzfeldt-Jakob Disease in a 16-year old in the UK", *The Lancet,* 346, p. 1155.

Brown P., (1996), "Bovine Spongiform Encephalopathy and Creutzfeldt-Jakob Disease", *British Medical Journal*, 312, pp. 790-791.

Brown P., (1996), "Environmental Causes of Bovine Spongiform Encephalopathy", in *Methods in Molecular Medicine : Prion Diseases*. Edited by H. Baker and Ridley R. M., with a Foreword by Prusiner S.B., Humana Press Inc., Totowa, NJ.

Canguilhem G., (1968), *Études d'histoire et de philosophie des sciences concernant les vivants et la vie*, Paris Vrin.

Canguilhem G., (1952), "Aspect du Vitalisme" in *La Connaissance de la Vie,* Chap. I, pp. 105-127.

Carnap R., (1952), *The Continuum of Inductive Methods*, Chicago, University of Chicago Press.

Carnap R., (1966), *Philosophical Foundations of Physics* ; tr. fr., J.-M. Luccioni et A. Soulez *Les fondements philosophiques de la physique*, Paris, Collection Armand Colin, 1973.

Chandler R.L., (1963), "Experimental Scrapie in The Mouse", *Res. Vet. Sci.,* 4, pp. 276-285.

Changeux J.-P., (Juil.-Août, 2007), "L'individualité naît de la souplesse neuronale" *in* "Spécial Cerveau" in *La Recherche*, N°410. pp. 78-81

Chapoulot J., *Le nazisme et l'antiquité*, Paris PUF, 2012.

Chapouthier G., (2008), "Qu'est-ce qu'un biologiste aujourd'hui ?", *Pour la Science*, pp. 30-33.

Chartier E., dit Alain, (1958), "Définitions" (1928—1934) in *Les Arts et les Dieux*, La Pléiade, Paris, Gallimard, pp. 1046-1049.

Chedd G., (26 September 1974), "Scientist as best-selling author. Professor Lewis Thomas, head of the Memorial Sloan-Kettering Cancer Center in the US", *New scientist*, 63, (916), pp. 806-808.

Chernoff Y.O., Lindquist S.L. et coll., (1995), "Role of the chaperone protein Hsp104 in propagation of the yeast prion-like factor [psi+]", *Science* , 268, pp. 880-884.

Chesebro B., (1999), "Minireview : Prion Protein and the Transmissible Spongiform Encephalopathy Diseases", *Neuron*, 24, pp. 503-506.

Chirac J., Mai (2001), Président de la République Française : Extrait de la déclaration du 7 novembre 2000. Placé en épigraphe dans l'introduction du Rapport de la commission d'enquête du Sénat français sur "les conditions d'utilisation des farines animales dans l'alimentation des animaux d'élevage et les conséquences qui en résultent pour la santé des consommateurs", N° 321, t. I.

Clarke P., Ghani A.C., (March 2005), "Projections of the future course of the primary vCJD epidemic in the UK : inclusion of subclinical infection and the possibility of wider genetic susceptibility", *Journal of The Royal Society*, 2 (2), pp.19-31.

Cohen F.E. et coll., (1994),"Structural clues to prion replication", *Science*, 264, pp. 530-531.

Collee J.G., (1990), "Bovine Spongiform Encephalopathy", *The Lancet*, 336, pp. 1300-1303.

Collee J.G., (1991), "Bovine Spongiform Encephalopathy", *Med. Lab. Sci.*, 48, pp. 296-302.

Collee J.G., (1991), "Bovine Spongiform Encephalopathy", *The Lancet*, 337, pp. 173-174.

Collee J.G., (1993), "BSE : Stocktaking 1993", *The Lancet*, 342, pp. 790-793.

Collee J.G., Bradley R., (1997), "BSE : A Decade on – Part I", *The Lancet*, 349, pp. 636-641.

Collee J.G., "BSE Inquiry/Statement N°423", pp.1-60.

Collinge J., Owen F, Poulter M, Leach M, Crow T. J, Rossor M. N, Hardy J, Mullan M.J, Janota I, Lantos P. L, (1990), "Prion Dementia without Characteristic Pathology", *Lancet*, 336, pp. 7-9.

Collinge J., Owen F., Poulter M., Leach M., Crow T.J., Rossor M.N, Hardy J., Mullan M.J., Janota I., Collinge J., Prusiner S.B., (1992), "Prions and neurodegenerative disease", in *Prion Diseases of Humans and Animals*, Coll. Ellis Horwood Series in Neuroscience, pp. 568-569.

Collinge J. et coll., (1993), "Prion Dementia", *The Lancet*, 341, p. 627.

Collinge J., Rossor N.M., (1996), "A new variant of prion disease", *The Lancet*, 347, pp. 916-917.

Collinge J., et coll., (2008), "A clinical study of Kuru patients with long incubation periods at the end of the epidemic in Papua New Guinea", *Phil. Trans. R. Soc. B,* 363, pp. 3727-3739.

Colonna F., (2007), *RUYER*, Paris, Les Belles Lettres.

Comte A., (1996), *Philosophie des Sciences*, Textes choisis et présentés par J. Grange, Paris Gallimard. Première Leçon pp. 53-59.

Comte Sponville A., (1996), "L'Être-Temps", in *Le temps et sa flèche*, É. Klein et M.Spiro (dir.). Paris, Flammarion.

Cournot A-A., (1851), *Essai sur les fondements de nos connaissances, et sur les caractères de la critique philosophique*, Edité par J.-C. Pariente. Paris, Hachette, 1975.

Crick F., (1958), "On Protein Synthesis", *Symp. Soc. Exp. Biol., The Biological replication of Macromolecules*, XII, pp. 138-163.

Cruveilhier J., (1816), *Essai sur l'anatomie pathologique en général et sur les transformations et productions organiques en particulier*, 2 vol. Paris, Crochard, t. II.

Dab W., (1980), *La mesure de la santé d'une population, étude critique à partir d'une typologie des indicateurs de santé*, Thèse pour le Doctorat en médecine, Paris V. 138p., 27 p. ann., 102 réf. bibl., FRA., ou Éditeur Méd.—Paris 5—Necker—Enfants malades, 1980, 342p.

Darwin C., (1859), *On the Origin of Species by Means of Natural Selection or Preservation of Favoured Races in Struggle for Life* ; tr. fr., E. Barbier, Présentation, chronologie et bibliographie par J.-M. Drouin, *L'Origine des Espèces au moyen de la sélection naturelle ou La préservation des races favorisées dans la lutte pour la vie*, Texte établi par Daniel Becquement à partir de la traduction de l'anglais d'Edmond Barbier, Paris, GF Flammarion, (2008).

Davies P.T.G., Jahfar S., Ferguson I. T., and Wildl, O, (1993), "Creutzfeldt-Jakob Disease, in Individual Occupational exposed to BSE", *The Lancet*, 342, p. 680.

Dealler S., Lacey R.W., (1990), "Transmissible Spongiform Encephalopathies : The Threat of BSE to man", *Food Microbiology*, 7, pp. 253-279.

Dealler S., Lacey R.W., (1991), "Letter to The Editor : Bovine Spongiform Encephalopathy and Man", *The Lancet*, 337, p.173.

Dealler S., (Wednesday, September 5, 2001), "At long last, signs of a BSE breakthrough, We may soon know the size of the CJD epidemic and how to treat it", *The Guardian*.

Dedron P. et Itard J., (1959), *Mathématiques et mathématiciens*, Paris, Éditions Magnard, Paris, Magnard, 433p ; trad., angl. en 2 vol., par J. V. Field, Open University, Set Book, (1973), (1975). voir aussi J. Itard, (1984), *Essais d'histoire des mathématiques*, A. Blanchard.

Delsol M., (1989), *Cause, Loi, Hasard en biologie*, Préf. du Pr. P.-P. Grassé. Postface du Pr. F. Dagognet, Paris, Vrin.

Descartes R., (1637), *Discours de la méthode*, Sixième partie, Texte intégral avec notes explicatives, questionnaires, documents et parcours philosophique établis par F. Guéry. Paris, Classiques Hachette φ, 1997.

Devillers C., Chaline J., (1989), *La théorie de l'évolution*, Paris, Dunod.

Diakonov I.M., Youschkevitch, A.P., (1969), "Vasely Vasilievich Struve", *Arch. int. Hist. Sci*, 19, pp. 141-142.

Diderot D., (1753), *Pensée sur l'interprétation de la nature*, Présentation, notes, bibliographie et chronologie par Colas Duflo, Paris GF Flammarion, 2005.

Dillner L., (1996), "BSE linked to new variant of CJD in Humans", *British Med. J*, 312, p. 795.

Dorrell S., Extraits de la déclaration du 20 Mars 1996 à la *House of Commons* publiés dans de nombreux ouvrages : Howard F. Lyman with Glen Merzer, (1998), *Mad Cowboy* : *Plain Truth from the Cattle Rancher Who Won't Eat Meat*, N-Y Scriber, pp. 93-94.

Dugald S., (1845), *Éléments de Philosophie de l'Esprit Humain* ; tr. fr., revue, corrigée et complétée par L. Peisse. t. II, Paris, Charpenthier, Éditeur.

Duhem P., *Le Système du monde* : *Histoire des dictrines cosmologiques de Platon à Copernic*, tome I, 1re édition, 1913 ; nouv. éd. Hermann, 1988.

Euclide, (1994), *Les Éléments*, Vol. II. Livres V à IX, trad. du texte de Heiberg. traduction française et commentaire par Bernard Vitrac, Paris, PUF.

Fagot-Largeault A., (1er mars 2001), "Leçon inaugurale", Chaire de Philosophie des Sciences Biologiques et Médicales, Collège de France.

Fox Keller E., (1983), *A Feeling for the organism. The life and Work of Barbara McClintock*, Tenth anniversary edition (New York : W. H. Freeman and Company) ; tr. fr., *La Passion du Vivant. La vie et l'œuvre de Barbara McClintock, prix Nobel de médecine*, Paris, Tierce, 1988 ;

Éd. Payot & Rivages, 1993 ; Repr. Institut d'édition Sanofi - Synthélabo, 1999.

Fox Keller E., (2002), *Making sense of Life. Explaining Biological Development with Models, Metaphors and Machines*, Harvard University Press, tr. fr., S. Schmitt : *Expliquer la vie. Modèles, métaphores et machines en biologie du développement*, Paris, Gallimard, 2004.

Fox Keller E., (2006), "Rethinking the Meaning of biological information", Conférence donnée dans le cadre des séminaires de *philbio* de l'IHPST, au *Paris Interdisciplinary College* (PIC), Faculty of Medicine at Cochin/Port Royal, René Descartes-Paris-V University, le jeudi 19 octobre 2006. Un polycopié exposant le contenu de cette conférence fut édité à cette occasion. Il prit la forme d'un article publié plus tard dans la revue *Biological Theory*, (Spring 2009), Vol. 4, (No 2), p. 159-166.

Gadjusek D.C., Gibbs C.J., Alpers M.P, (1966), "Experimental transmission of Kuru-like syndrome to chimpanzees", *Nature* (London), 209, pp. 794-796.

Gardies J.L., *L'Héritage épistémologique d'Eudoxe de Cnide* : *Un essai de reconstruction*, Paris Vrin, 1988.

Gayon J., (2006), "Les Organismes modèles en biologie et en médecine", pp. 9-43 in *Les organismes modèles dans la recherche médicale*, Gabriel Gachelin, Préf. par Michel Meulders, Ed. G. Gachelin, Paris, PUF, 304p.

Ghani A., Ferguson N.M., Donnelly C.A., Hagenaars T.J., Anderson R.M., (1998), "Epidemiological determinants of the pattern and magnitude of the vCJD epidemic in Great Britain", *Proc Biol Sci.,* 265 (1413), pp. 2443-2452.

Ghani A., Donnelly C.A., Ferguson N.M., Anderson R.M., (Jan 2000), "Assessment of the prevalence of vCDJ through testing tonsils and appendices for abnormal prion protein", *Proc Biol Sci.,* 267 (1438), pp. 23-9.

Ghani A., Ferguson N., Donnelly C.A., Anderson R.M., (2003), "Factors determining the pattern of the variant Creutzfeldt-Jakob disease epidemic in UK", *Proc. R. Soc. Lond. B,* 270, pp. 689-398.

Glavany J., (2001) Ancien Ministre français de l'Agriculture *in* Rapport de la Commission d'enquête du Sénat français, "*Sur les conditions d'utilisation des farines animales dans l'alimentation des animaux d'élevage et les conséquences qui en résultent pour la santé des consommateurs*", N° 321, t. I. Commission d'enquête créée en vertu d'une résolution adoptée par le Sénat français le 21 nov. 2000. Le rapport fut remis au Président du Sénat le 10 mai 2001.

Glenn C.T., et coll., (1996), "Evidence for Conformation of the Pathogenic Isoform of the Prion Protein Encephering and Propagating Prion Diversity", *Science*, 274, pp. 2079-2082.

Gould S.J., (1981), *The Mismeasure of Man* ; tr. fr. J. Chalbert et M. Blanc: *La Mal-Mesure de l'homme*, Nouvelle édition augmentée, Paris, Odile Jacob, 1997.

Gould S.J., (2002), *The structure of Evolution Theory*, New-York, Harvard University Press. Trad. fr. Marcel Blanc, *La Structure de la théorie de l'évolution*, 1re édition, Paris Gallimard, Collection « NRF Essais », 2006, 2048p. Dans cette ouvrage monumental, est exposée aux chapitres 1 et 9, la théorie de l'*Équilibre ponctuée*, séparément publiée en français chez Gallimard, dans la collection folioessais en 2012, 899p.

Grant H., (1989), Interview donnée à 9 Heures à la BBC le 27 Février 1989, en qualité de médecin Neurologue au *Charing Cross Hospital* de Londres.

Gros F., (1986), *Les secrets du gène*, Paris Seuil, Odile Jacob, 1986.

Gros F., (Oct—Nov. 2003), "La génétique en pleine mutation", *Science et Avenir*, N° 136, pp. 6-11.

Guéroult M., (Jan—mars 1953), "La transformation des idées en choses dans la philosophie de George Berkeley", *Rev. Internationale de Philosophie.* pp. 28-71.

Guéroult M., (Avril—Juin 1953), "Perception, idée, objet, chose chez G. Berkeley", *Extrait de la Rev. Phil.*, Paris, PUF, pp. 181-200.

Hadlow W.J., (1959), "Scrapie and Kuru", *Lancet ii*, 289-290.

Harrison P.J., Roberts G.W., (1992), "How now Mad Cow ?", *British Medical J*, 304, pp. 929-930.

Henle F.G.J., (1840), *Von den Miasmen und Contagien*, Berlin. tr. fr. *Mémoire sur les maladies contagieuses*, publié séparément, Leipzig, F. Marchand, 1910. tr. Angl. G. Rosen, *On Miasmata and Contagia*, Baltimore, MD, Johns Hopkins University Press, 1938.

Herschel J.F.W., (1830), A *Preliminary Discourse on the Study of Natural Philosophy*, London Longman Press. Facsimile reprod. Chicago, University of Chicago Press, 1987. tr. fr. par B***, *Discours sur l'étude de la philosophie naturelle*, Paris, Paulin, 1834.

Holbach (P.-H. d'), (1770), *Système de la nature, ou des lois du monde physique et du monde moral*, Londres, 1770, Rééd, J. Boulad-Ayoub dans la collection Corpus des œuvres de philosophie en langue française, Paris, Fayard, 2 vol, t. I, 1990.

Holt T.A., Phillips J., (1988), "Bovine spongiform encephalopathy", *British Med J*, 296, pp. 1581-2.

Hope J., (1988), "BSE : A Scrapie-like Disease of British Cattle" *in First International Conference on Alzheimer Disease and Related Disorders*,

Las Vegas, Nevada, USA, September 6-9, 1988. Edited by Lawrence Kan, published by Western Geriatric Research Institute.

Hume D., (1748), *Enquête sur l'entendement humain*, traduction revue et corrigée, présentation et commentaires par Didier Deleuze, Paris, Coll. Le Livre de Poche, 2002.

Hunter D.G., (1972), "Scrapie : A Prototype Slow Infection", *The Journal of Infectious Diseases*, 125, (4), pp. 427-440.

Jackson M., Lennox G., Mayer J., (1993), Letters to the Editor, "Prion Dementia", *The Lancet*, 341, p. 626.

Jacob F., (1970), *La logique du vivant, une histoire de l'hérédité*, Paris Gallimard.

Jeans (Sir) J., "La science à Alexandrie" in *L'Évolution des sciences physiques*, Paris Payot, 1950.

James T.L., et coll., (1997), "Solution structure of a 142-residue recombinant prion protein corresponding to the infectious fragment of the scrapie isoform", *P.N.A.S.*, *94*, pp. 10086–91.

Jeffrey M., et coll., (2000), "Sites of prion protein accumulation in scrapie-infected mouse spleen revealed by immuno-electron microscopy", *J. Pathol*, 191, pp. 323-332.

Jonas H., (1979), *Das Prinzip Verantwortung* : *Versuch einer Ethik für die technologische Zivilisation*, Francfort s.M., Insel. tr. fr., par J. Greisch, *Le principe de responsabilité. Une éthique pour la civilisation technologique*, Cerf, Paris, 1990. Champs / Flammarion, Paris, 1998.

Kaneko K., et coll., (1997), "Evidence for protein X binding to a discontinuous epitope on the cellular prion protein during scrapie prion propagation", *P.N.A.S. USA*, 94, pp. 10069–10074.

Kant, (1781) *Critique de la Raison pure* ; 1787, seconde édition remaniée, traduction française par Jules Barni, Édition G. Baillière, Paris, 1869.

Keh-Ming Pan et coll., (1993), "Contributed by Prusiner, S. B., Conversion of α-helices into β-sheets features in the formation of the Scrapie prion proteins", *P.N.A.S*, 90, pp. 10962-10966.

Klein É., Spiro M., (dir.), (1996), "L'esprit du temps", avant-propos in *Le temps et sa flèche*, Paris, Flammarion.

Klein É., (2007), *Le facteur temps ne sonne jamais deux fois*, Paris, Flammarion.

Kimberlin R.H., (1990), "Unconventional 'slow' viruses", *in Topley & Wilson's Principles of Bacteriology, Virology and Immunology*, Eighth Edition, Vol IV. London. Eds : M. Tom Parker, Leslie H. Collier. Vol. 4, Virology. Ed. by Leslie H. Collier and Morag C. Timbury, pp. 672-690.

Lacey W.R., (1993), "BSE-The Gathering Crisis", *British Food Journal*, 95, (4), pp. 17-27.

Lacey W.R., (1994), *Hard to swallow : A brief history of food*, Cambridge University Press.

Lalande A., (1926), *Vocabulaire technique et critique de la philosophie*, Texte reçu par les membres et correspondants de la Société Française de Philosophie et publié avec leurs corrections et observations. Avant propos de René Poirier. Édition originale en fascicules dans le *Bulletin de la société française de philosophie* de 1902 à 1922 ; 2e édition Paris, Quadrige/PUF, Juin 2006.

Lalande A., (1929), *Les théories de l'induction et de l'expérimentation*, Paris, Boivin.

Lancet, (The), Editor, (1993), "Prion Dementia", 341, p. 627.

Laplace P-S., (1776), "Recherches sur l'intégration des équations différentielles aux différences finies, et sur leur usage dans la théorie des hasards" in *Mémoires de mathématique et de physique présentés à l'Académie royale des sciences par divers savants*, t. VII, p. 37–232/*Œuvres complètes,* 14 vol., 1878—1912, Paris, Gauthier-Villars, 1986, t.VIII.

Lasserre F., (1966), *Die Fragmente des Eudoxos von Knidos*, Hrsg., übers. U. Komm. Berlin, Walter de Gruyter (Texte und Kommentare. Band 4.), VIII + 299 p.

Laurent M., (1997), "Autocatalytic processes in cooperative mechanisms of prion diseases", *FEBS Lett*,. 407, pp. 1-6.

Le Dœuff M., (1991), *Francis Bacon, Du progrès et de la promotion des savoirs (1605)*, Paris, Éditions Gallimard, Collection Tel.

LeDouarin N., (2001), "Les Encéphalopathies Spongiformes Transmissibles", *La Lettre de l'Académie des Sciences*, n°1, pp. 1-13.

Lee H.S., Brown P., Cervenáková L., (2001), "Increased susceptibility to Kuru of carriers of the PRNP 129 methionine/methionine genotype", *J Infect Dis*, Vol. 183, pp.192–196.

Little Heath T., (1921), *A History of Greek Mathematics*, vol. I : *From Thales to Euclid*, Clarendon Press, Oxford, repr. Dover Publ., New York, (1981).

Little Heath T., (1956), *The Thirteen Books of Euclid's Elements*. 2nd ed. revised with additions, N-Y, Dover Publications, 3 Vol. Vol.1 : x-432 ; Vol.2 : 1-436 ; Vol.3 : 1-546. Cf. Chap. V dans Vol.2 pp. 120-121.

Lledo P.-M., (2001), *Histoire de la vache folle*, Préface de Daniel Carleton Gadjusek, Collection dirigée par Dominique Lecourt. Science, Histoire et Science. Paris, PUF.

Lloyd S., Onwuazor O.N., Beck J., (2001), "Identification of multiple quantitative trait loci linked to prion disease incubation period in mice", *Proc Natl Acad Sci USA*, Vol. 98, pp. 6279–6283.

Lloyd S., Uphill J.B., Targonski P.V., Fisher E., Collinge J., (2002), "Identification of genetic loci affecting mouseadapted bovine spongiform encephalopathy incubation time in mice", *Neurogenetics*, Vol. 4, pp. 77-81.

Lwoff A., (1957), "The Concept of Virus", *J. gen. Microbiol.*, 17, pp. 239-253.

Lwoff A., (1969), *L'ordre biologique*, Paris, Collection "Jeune Science", Robert Laffont, 179p.

Mahfoud R., et coll., "Identification of a common Sphingolipid-binding Domain in Alzheimer, Prion, and HIV-1 Proteins", (2002), *The J. of Biological Chemistry*, 277, (13), pp. 11292-11296.

Malebranche N., (1712), *Entretiens sur la Métaphysique et sur la Religion*, 1, Ed. Armand Cuvillier. Reprod. Œuvres Complètes. t. XII-XIII, par A. Robinet, 4e éd. Paris, CNRS et Vrin, 1991.

Malherbe M., (1994), *Qu'est-ce que la causalité ? Kant et Hume*, Vrin.

Mallucci G.R. et coll., (1999), "Inherited prion disease with alanine to valine mutation at codon 117 in the prion gene", *Brain*, 122, pp. 1823-1837.

Martin T. H., (1881), *Mémoire sur les hypothèses astronomiques chez les Grecs et les romains*, Paris, Impr Nationale.

Mathews J.D., (2008), "The changing face of Kuru: a personal perspective", *Phil. Trans. R. Soc. B*, 363, pp. 3679-3684.

Mattei J.-F., (2001), "Enquête sur le recours aux farines animales dans l'alimentation des animaux d'élevage, la lutte contre l'ESB et les enseignements de la crise en termes [...] de santé publique", (n° 3291). Procès verbal, séance du 16 Jan 2001 : Rapport n° 3138 t. II Auditions vol.1.

Mayer Sue, (1999), "Predicting the effects of genetically modified organims – more questions than answers", *Microbiology Today*, 26, pp. 6-7.

Mayr Ernst, (2004), *What makes Biology unique* ? Cambridge University Press ; tr. fr., A. Partaix et N. Chevassus-au-Louis. Préface M. Morange, *Après Darwin : La biologie, une science pas comme les autres*, Paris, Dunod, 2006.

McClintock B., (1956), "Controlling elements and the gene", *Cold Spring Harbor Symp. Quant. Biol.* Vol. 21, pp. 197-217.

McLean C.C., (2008), "The neuropathology of Kuru and variant Creutzfeldt-Jakob disease", *Phil. Trans. R. Sci. B,* 363, pp. 3685-3687.

Mead S., Mahal S.P., Beck J., (2001), "Sporadic — but not variant — Creutzfeldt–Jakob disease is associated with polymorphisms upstream of PRNP exon 1". *Am J Hum Genet*, Vol. 69, pp. 1225–1235.

Mead S., Poulter M., Uphill J.B., Beck J., Whitfield J., Webb T.E.F., Campbell T., Adamson G, Deriziotis P, Tabrizi S.J., Hummerich H., Verzilli C., Alpers M.P., Whittaker J.C., and Collinge J., "Genetic risk factors for variant Creutzfeldt–Jakob disease : a genome-wide association study", *The Lancet Neurology* Vol. 8, Issue 1, January 2009, pp. 57-66.

Michel P.H., (1950), *De Pythagore à Euclide. Contribution à l'histoire des mathématiques préeuclidiennes*, publié avec le concours du CNRS, Paris, Les Belles Lettres, 699 p.

Mill J.S., (1843), *A system of Logic*. Collected Works Vol. VII/VIII. Ed. J. M. Robson, Toronto 1973/4 ; tr. fr. L. Peisse modifiée, *Système de Logique déductive et inductive,* 2e édition (1880), Paris, Ladrange, 1866, reprod. Liège, Pierre Mardaga, 1988.

Mill J.S., (1843), "De la Loi de Causalité Universelle", in *Système de Logique déductive et inductive*, Éd. Pierre Mardaga, 1988, t. I, Chap. V, §1 et §3 pp. 370-375. Voir aussi la traduction de Germer Baillière in *Système de Logique Inductive et déductive,* 2e éd. (1880), t. I, p. 380-376.

Mill J.S., (1843), "Des limites à l'explication des lois de la nature, et des hypothèses" in *Système de Logique Inductive et déductive* ; tr. fr., L. Peisse, Éd. Pierre Mardaga, 1988, t. II, Liv. III, Chap. XIV, pp.1-27.

Mill J.S., (1843), "Du Calcul des hasards", in *Système de Logique Inductive et déductive* ; tr. fr., L. Peisse, Éd. Pierre Mardaga, 1988, t. II, Chap. XVIII, pp. 58-75.

Mill J.S., (1843), "De l'analogie", *in Système de Logique Inductive et déductive* ; tr. fr., L. Peisse, Éd. Pierre Mardaga, 1988, Chap. XX, pp. 83-92.

Morange M., (2005), *Les secrets du vivant. Contre la pensée unique en biologie*, Coll. Science et Société ; Paris, Éd. La Découverte.

Morange M., (2003), "Une Causalité éclatée en biologie" in *Enquête sur le concept de causalité*, Viennot L., et Debru C. (dir.), Coll. Science, histoire et société, Paris, PUF, pp. 161-177.

National Veterinary Medical Association of Great Britain and Ireland, (1946), "Annual Congress", *The Veterinary Record*, 58, 516.

Nicolle C., (1930), *Naissance, vie et mort des maladies infectieuses*, Paris, Félix Alcan.

Owen F., Poulter M., Collinge J., Crow T.J., (1990), "Codon 129 changes in the prion protein gene in Caucasians", *Am J Hum Genet*, Vol. 46, pp. 1215–1216.

Palmer M.S., Dryden A.J., Hughes J.T., Collinge J., "Homozygous prion protein genotype predisposes to sporadic Creutzfeldt–Jakob diseas", (1991), *Nature*, 352, pp. 340-342.

Paolaggi J.B., Coste J., (2001), *Le raisonnement médical, de la science à la pratique clinique*, Préf. de L. Auquier, Secrétaire perpétuel de l'Acad. Natle de Médecine. Paris, Editions. Estem.

Pattison I.H, Katherine J., (1967), "The Possible Nature of The Transmissible Agent of Scrapie", *The Veterinary Record*, 80, pp. 2-9.

Pattison I.H., (1988), "Fifty years with scrapie : A personal reminiscence", *Vet. Rec*, 123, pp. 661-666.

Pattison J., (1999), "The big issues", *Microbiology Today,* 26, pp. 8-9.

Parménide, Frag. B VIII, in *Les Écoles présocratiques*, Éd. J.-P. Dumont, Paris, Gallimard, 1991.

Parry H.B, (1962), "Scrapie : A Transmissible and Hereditary Disease of Sheep", *Hereditary*, 17, pp. 75-105.

Planck M., (1932), *Der Kausalbegriff in der Physik,* Published by Johann Ambrosius Barth, Leipzig, 26p. Cet ouvrage de Planck sur le déterminisme en Physique fut réédité sans changement, en 1937, puis en 1948 pour la 4e édition dans laquelle il présente 22 pages. Celles-ci sont rapportées dans la traduction française, avec préface et notes par André George.

Planck M., (1960), *Autobiographie scientifique et derniers écrits*, Trad., Préface et Notes par A. George, Paris, Albin Michel.

Platon, *Phédon*, Traduction nouvelle, introduction et notes par M. Dixsaut, Paris, Flammarion, 1991.

Platon, *La République*, Livre VII, Les Intégrales de Philo/nathan, Préface de P. Aubenque, 1981.

Platon, *Théétète*, Trad., Notices et Notes par Émile Chambry, Paris, Garnier Flammarion, 1967.

Plummer P.J.G., (1946), "Scrapie – A Disease of Sheep – A review of literature", *Canad. Journ. Of Comparative Medicine*, X, (2), pp. 49-54.

Plutarque, *Dialogues Pythiques*, in *Œuvres Morales*, t. VI, Texte établi et traduit par Robert Flacelière, Paris Les Belles Lettres, 1974.

Popper R.K., (1959), *The logic of scientific discovery*", tr. fr., N. Thyssen-Rutten et P. Devaux : *La logique de la découverte scientifique,* Paris, Payot, 1973.

Procli Diadochi in *primum Euclidis Elementorum librum Commentarii*, ed. G. Friedlein, Leipzig, in aed. B. G. Teubner, (1873). Réimpr. Hildesheim, (1967) ; Proclus de Lycie, *Les Commentaires sur le premier livre des Éléments d'Euclide*, traduits pour la première fois du grec en français, avec une introduction et des notes, par Paul Ver Eecke. Collection des travaux de l'Académie Internationale d'Histoire des Sciences, xxiv + 372p., Bruges, Desclée de Brouwer, (1948) ; Réimpr. A. Blanchard, Paris, (1983) ; Proclus, *A Commentary on the first Book of Euclid's Elements*. Trad. angl. G. R. Morrow. Princeton University Press, (1970) ; Réimpr. Princeton Univ. Press, (N. J.), (1992).

Prusiner S.B., (1982), "Novel proteinaceous infectious particules cause scrapie", *Science*, 216, pp. 136-144.

Rampton Sheldon, Stauber J., (1997), *Mad Cow U.S.A. Could the nightmare happen here* ?, Common Courage Press, Monroe, Maine, USA.

Report of Meeting of Physicians and Scientists, St Thomas' Hospital, London, (1996), "Creutzfeldt-Jakob Disease in a Young Woman", *The Lancet*, 347, pp. 945-948.

Ridley R.M., Baker H., (1993), "Occupational risk of Creutzfeldt-Jakob Disease", *The Lancet*, 341, pp. 641-642.

Ridley R.M., Baker H., (1996), "The paradox of Prion disease", pp. 1-14 in *Prion Diseases*, with a Foreward by Prusiner S.B. Ed. By Baker, Ridley, Human Press.

Ridley R.M., Baker F.H., (1998), *Fatal protein* : *the story of CJD, BSE, and other prion diseases*, Oxford University Press.

Ridley R.M., (2001), "What Would Thomas Henry Huxley have made of Prion diseases ?", Methods in Molecular Medecine, vol. 59 : *Molecular Pathology of the Prions*, Edited by Baker H. F., Humana Press Inc., Totowa, NJ.

Rohwer R.G., (1984), "Scrapie infectious agent is a virus-like in size and susceptibility to inactivation", *Nature*, 308, pp. 658-662.

Rosan L. J., *The philosophy of Proclus* : *The final Phase of Ancient Thought*, New-York, "Cosmos", 1949, x-271. Une présentation de l'ouvrage de Laurence Jay Rosan par Aristide Théodoridès (1911—1994) fut publiée en 1951 dans la Revue belge de philologie et d'histoire, vol. 29, No 4, p. 1326-1330. L'article de Théodoridès est en ligne sur http://www.persée

Rosenberg A., (2001), "Reductionism in a Historical Science", *Phi. of science*, Vol. 68, pp.135-168.

Rumeau-Rouquette C. et coll., (1970), *Méthodes en épidémiologie*, Paris, Flammarion.

Russell B., (1948), *Human Knowledge, its scope and limits ;* tr. fr., N. Lavand : *La Connaissance Humaine, sa portée et ses limites,* Paris, Vrin, 2002.

Russell B., (1992), "The logical Collected papers of Bertrand Russell", in *Vol. 6, Logical and Philosophical Papers 1909—13*, John G. Slater (éd.), Londond, New York, Rouledge, pp.193-210. Voir aussi *Proceedings of*

Aristotelian Society, 13, (1912—13) et *Scientia* (Bologna) 13 (1913) ; tr. fr. "Sur la notion de la causalité", par Georges Bourgin, revue par Max Kristler et Jérôme Sackur, *in* "Causalité", *PHILOSOPHIE*, Les Éditions de Minuits, Paris, N° 89, 1er mars, 2006, pp. 1-20.

Rybner C., Hillion J., Sahraoui T., Lanotte M., Botti J., (2002), "All-trans retinoic acid down-regulates prion protein expression independently of granulocyte maturation", *Leukemia*, Vol. 16, pp. 940–948.

St Thomas d'Aquin, (Œuvre authentique, 1254—1256), *De ente et essentia*, trad. et notes Catherine Capelle, *L'être et l'essence*, 3e éd., Paris, Vrin, 1965.

Sarradet, M., (1883), "Un cas de Tremblante sur un bœuf", *Revue de Médecine Vétérinaire*, t. III, pp. 310-312.

Sarton G., (1987), *The History of Science and the New Humanism*, Transaction Publ., New Brunswick, N. J.

Sauneron S., (1957), *Les prêtres de l'ancienne Égypte*, Paris, Éditions du Seuil.

Sawcer S.J., et coll., (1993), "Creutzfeldt-Jakob disease in Individual Occupationnally exposed to BSE", *Lancet,* 341, p. 642.

Scheffler I., (1963), *Anatomie de la science, Études philosophiques de l'explication et de la confirmation*" ; tr. fr. P. Thuillier, Coll. Science ouverte dirigée par M. de Ceccaty, Paris, Seuil.

Schiaparelli G.V., (1877), *Le Sfere omocentriche di Eudosso, di Calippo e di Aristotele*, Milan.

Schmidt H., (1943), "Griechische Philosophie" in *Philosophisches Wörterbuch–Zehnte Auflage,völlig neu bearbeitet von Werner Schingnitz und Joachim Schondorff*, Stuttgart, Alfred Kröner Verlag, 653p.

Schonberger B.L., (1998), "New-Variant Creutzfeldt-Jakob Disease and Bovine Spongiform Encephalopathy : the Strenthening Etiology Link between Two Emerging Diseases", in *Emerging Infections*, ASM Press, Washington. Vol. 2, Chap. 1, pp. 1-15.

Schopenhauer A., (1844), *Le Monde comme volonté et comme représentation*, tr. fr., par A. Burdeau. Nouvelle édition revue et corrigée par Richard Roos, 1re édition, Paris, PUF, 1966.

Sigerist H.E., (1932), *Introduction à la médecine*, tr. fr., M. Ténine, Préface du Dr. F. Gidon. Paris, Payot.

Silveira J.R. et coll., (2004), "Prion Protein and the Molecular Features of Transmissible Spongiform Encephalopathy Agents, in Mad Cow Disease and related Spongiform Encephalopathies", D. Harris (Ed.), *Current topics in Microbiology and Immunology*, 284, pp. 1-50.

Sinsheimer R., (1966), "The End of The Beginning", *Engineering and Science*, XXX, (3), pp. 7-10.

Sinsheimer R., (1967), "The End of The Beginning", *Bull. of the Atomic Scientists*, 23, (2), pp. 9-16.

Smith F., (1991), "Bovine Spongiform Encephalopathy and Man", *The Lancet*, 337, p. 173.

Southwood Party, (Feb. 1989), *Report of the Southwood Working Party on Bovine Spongiform Encephalopathy*, Oxford, pp. 1- 35.

Steadman B.L., Merbs F.C., (1981), *Kuru and Cannibalism ? Kuru : Early Letters an Field-Notes from the Collection of D.C. Gadjusek*, Judith Farquhar and D.C. Gadjusek, Eds, New-York, Raven Press, xiii + 338p.

Steadman B.L., Merbs F.C., (1982), "Kuru and Cannibalism ?" *American Anthropologist*, 84, (3), pp. 611-627.

Stephenson D.A., Chiotti K., Ebeling C., (2000), "Quantitative trait loci affecting prion incubation time in mice", *Genomics*, Vol. 69, pp. 47-53.

Strabon, *Geography*, Book XVII, Translated by Horace Leonard Jones Harvard University Press, Cambridge, Massachussets, London, England, 1932, Revised, reprinted 1935, 1949 by Loeb Classical Library. Edited by Jeffrey Henderson, pp 1-510 + 4 maps : Ancient city of Alexandria, Æthiopie, Ægypte and Lybia (510p. + cartes de l'ancienne cité d'Alexandrie, de l'Éthiopie, de l'Égypte et de la Lybie).

Struve V.V., (1930), *Mathematischer Papyrus des Staat lichen Museums der schonen Künste in Moskau*, Un ter Benutzung einer hieroglyphischen Transkription von B. A. Turajeff. Quellen und Studiën zur Geschichte der Mathematik, Abteilung A : Quellen 1. Berlin, Julius Springer.

Tabrizi J.S., (1996), "Creutzfeldt-Jakob disease in a young woman", *The Lancet*, 347, pp. 945-948.

Taton R., (dir.), (1957), *Histoire générale des sciences. La science antique et médiévale, (des origines à 1450)*, Préface générale par René Taton, Paris, PUF, tome 1.

Taylor D.M., (1987), "Autoclaving Standards for Creutzfeldt-Jakob Disease Agent", *Annals of Neurology*, Vol. 22, (4), pp. 557-558.

Taylor D.M., (1989), "Bovine Spongiform Encephalopathy and Human Health", *Vet Rec*, 125, pp. 413-415.

Taylor D.M., (1992), "Bovine Spongiform Encephalopathy (BSE) : A Stimulus to wider research", *Med. Lab. Sci.*, 49, pp. 334-339.

Taylor D.M., (2003), "Preventing accidental transmission of human transmissible spongiform encephalopathies", *British Medical Bulletin*, 66, pp. 293-303.

Telling G.C., et coll., (1995), "Prion propagation in mice expressing human and chimeric PrP transgenes implicates the interaction of cellular PrP with another protein", *Cell*, 83, pp. 79-90.

Telling G.C., et coll., (1996), "Evidence for the conformation of the pathologic isoform of the prion protein enciphering and propagating prion diversity", *Science*, 274, pp. 2079-2082.

Temin H.M., Mizutani S., (1970), "RNA-dependent DNA polymerase in virions of Rous sarcoma virus", *Nature*, 226, (5252), pp. 1211-1213.

Temin H.M., (1975), "The DNA Provirus Hypothesis : The Establishment and Implications of RNA-directed DNA Synthesis", *in* Nobel Lectures in Molecular Biology, 1933-1975, New York, pp. 509-529. ou encore dans *Physiology or Medicine*, pp. 245-263.

The Guardian, (July 3th 1993), "Microbiologist raises concerns on liver consumption Mad cow disease 'still poses threat'", disponible dans les archives gouvernementales sous la référence 93/07.03/3.1.

The National CDJ Surveillance Unit, and the Department of Epidemiology and Population Science, London School of Hygiene and Tropical Medecine, (1995), "*Creutzfedlt-Jakob Disease Surveillance in The United Kingdom*", Fourth Annual Report.

Thomas L., (1974), "On Societies as Organisms" in *The lives of a Cell*, New-York, Viking Press. New-York, Penguin Books, 1978.

Van Der Waerden B.L., (1988), *Science Awakening*, vol. I : *Egyptian, Babylonian and Greek Mathematics*, Scholar's Bookshelf, Princeton Junction (N. J.).

Velpry C., (2004), *Euclide l'Africain ou la Géométrie restituée. Enquête mathématique et Historique*, Paris, Éditions Menaibuc.

Vitrac B., (1993), *De quelques questions touchant au traitement de la proportionnalité dans Les Éléments d'Euclide,* Thèse de doctorat sous la direction de M. le Professeur Jean Dhombres, soutenue le 17 décembre 1993, à l'École des Hautes Études en Sciences Sociales, en Histoire et Épistemologie des sciences.

Virchow R., Reinhardt B., (1847), *Archiv für Anatomie und Physiologie und für Klinische Medecin, Herausgegebea*, Berlin, Druck und Verlag von Georg Reimer, t. I, n°2.

Vollmert C., Windl O., Xiang W., (2006), "Significant association of a M129V independent polymorphism in the 5′ UTR of the PRNP gene with sporadic Creutzfeldt–Jakob disease in a large German case-control study", *J Med Genet*, Vol. 43, e53.

Vuillemin J., (1967), *De la logique à la théologie. Cinq études sur Aristote*, Paris, Flammarion.

Warwick A.H., (2008), "Early perception of an epidemic", *Phil. Trans. R. Soc. B.*, 363, pp. 3675-78.

Weber T., et coll., (1993), "Transmission of Creutzfeldt-Jakob disease by handling of Dura mater", *The Lancet*, 341, pp. 123-124.

Wells G.A.H., et coll., (1987), "A novel Progressive Spongiform Encephalopathy in cattle", *Vet Rec,* 121, pp. 419-420.

Westaway D., Carlson A.G., Prusiner B.S., (1989), "Unravelling prion diseases through molecular genetics", *Trends in Neurosciences*, 12, (6), pp. 221-227.

Whewhell W., (1840), *The philosophy of inductive sciences founded on upon their history*, vol. 2, tr. fr., R. Blanché, *Novum Organum Renovatum* II. *De la construction de la Science*, Paris, Vrin, 1938.

Whitehead A.N, (1935), "The aim of philosophy", *Harvard Alumni Bulletin,* Vol. 38, pp. 234-235. Republié dans *Modes of Thought* sans le premier paragraphe d'origine et avec l'addition d'un paragraphe final. Voir dans la traduction française *Modes de pensée*, Paris Vrin, (2004), "Le but de la philosophie" *in* La neuvième conférence, pp. 189-190.

Whitehead A.N, (1968), *Modes of Thought*, The Free Press. Part III "Nature and Live", Lecture seven and Lecture Eight, pp. 127-169. Tr. fr., Henri Vaillant, *Modes de Pensée*, Introd. G. Durant, Paris Vrin, 2004. IIIe Partie : Septième et Huitième conférence : "Nature et Vie", pp. 147-167.

Wilesmith J.W., Wells G.A.H., Cranwell M.P., Ryan N.B.J., (1988), "Bovine Spongiform Encephalopathy : Epidemiological Studies" *Vet Rec,* 123, pp. 638-664.

Wilesmith J.W., Ryan N.B.J., Atkison J.M., (1991), "Bovine Spongiforme Encephalopathy : Epidemiological Studies on the Origin" *Vet. Rec.,* 128, pp. 199-203.

Will R.G., (1991), "The Spongiform Encephalopathies", *J. Neuro, Neurosurg, Psychiatry*, 54, pp. 761-763.

Will R.G., Ironside J.W. et coll., (1996), "A New Variant of Creutzfeldt-Jakob disease in the UK", *The Lancet*, 347, pp. 921-925.

Will R.G., Stewart G.E., Zeidler M., MacLeod M., Knight R., (1999), "Psychiatric Features of New Variant Creutzfeldt-Jakob Disease", *Psychiatric Bulletin*, 23, pp. 264-267.

Wood L.J.N., McGill I.S., Done S.H., Bradley R., (1991), "Heretical Model of Scrapie" *The Vet Rec*, 128, pp. 368-369.

Yam P., (2003), *The pathological protein : mad cow, chronic wasting, and other deadly prion diseases*, Copernicus Books, New York, Springer.

Zeidler M., et coll., (1997), "New Variant Creutzfeldt-Jakob Disease : Neurological Features and Diagnostic Tests", *The Lancet*, 350, pp. 903-907.

Ziman J. M., (1969), "Information, Communication, Knowledge", *Nature*, 224, pp. 318-324.

SOURCES INTERNET DES DEUX VOLUMES

ADELF (Association des Épidémiologistes de France), (2002), *Déontologie et bonnes pratiques en épidémiologie*. Disponible sur www.sfmu.org/documents/consensus/rbpc_epidemio.pdf

Anderson H.G., (1999), "British nvCJD cases : Summary to 9 Sept 97". Disponible sur le site *Mad cow home* à l'adresse http://www.mad-cow.org/~tom/sept_news.html dont la dernière mise à jour, au moment de la rédaction de ce manuscrit, datait du 3 décembre 1999.

Animal Health and Veterinary Group, (1991), "Transmissible Spongiform Encephalopathies: The threat of BSE to man by S.F. Dealler and R.W. Lacey, Department of Microbiology, University of Leeds. Published in '*Food Microbiology*' (1990), 7, 253-279, CVO BSE 1 18. Initialement sur http://www.bse/inquiry.gov.uk Une analyse critique de l'article de Dealler et Lacey par Hilary Pickles se trouve dans le même dossier Ce dossier est référencé CVO BSE 1 18. Actuellement il disponible sur http://collections.europarchive.org/tna/20090505194948/http:/bseinquiry.gov.uk/report/index.htm

Anonyme, (1964), "Joseph E. Smadel (1907-1963)", disponible sur http://wrair-www.army.mil/images/Dr-Joseph-E-Smadel.pdf

Answers.com, "James Parkinson", Disponible sur http://www.answers.com/topic/ james-parkinson

Archives de l'Institut Pasteur, "Biographie d'André Lwoff (1902-1994)", Disponible sur htpp://www.pasteur.fr/inforsci/archives/lwf0.html

Archives nationales britanniques sur l'enquête ouverte le 9 mars 1998 sur l'ESB à la suite à l'émergence du *nv*MCJ, le nouveau phénotype de la maladie de Creutzfeldt-Jakob, c'est-à-dire la forme humaine de la maladie de la vache folle. D'abord disponibles sur http:\\www.bse.org.uk E-Mail inquiry@bse.org.uk depuis le 5 Mai 2009 elles sont désormais sur *The European Archive/UK Government* à l'adresse suivante : http://collections.europarchive.org/tna/20090505194948/http:/bseinquiry.gov.uk/report/index.htm Elles contiennent les *faits* et les *analyses* des savants britanniques, soumis à un examen philosophique dans cet ouvrage. Les références comme YB93/3.10/2.1 ou S61D Will. para. 10, apparaissant parfois dans la IIIe partie de cette enquête, sont sur http://collections.europarchive.org/tna/20090505194948/http://bseinquiry.gov.uk/pdf/volume8/Chapter5.pdf

Arens W., Department of Anthropology, Stony Brook State University of New York, "Research Interests" : Information sur les objectifs et sur les éléments de contenu des recherches menées. Mise à jour : 27 oct. 2010. Disponible sur : http://www.stonybrook.edu/anthro/staff/warens.shtml

Assemblée Nationale, (2001), "Enquête sur le recours aux farines animales dans l'alimentation des animaux d'élevage, la lutte contre l'ESB et les enseignements de la crise en termes de pratiques agricoles et de santé publique" (n° 3291). Procès verbal de la séance du 16 Jan 2001 : Rapport n° 3138, Tome II Auditions–vol. 1. Sur http://www.assemblee-nationale.fr/rap-enq/r3138-a0.asp

Bardat J., (1994), "L'espèce : Histoire d'une notion fondamentale". Article disponible sur www.inra.fr/dpenv/bardas10.htm

Barret A., (2004), *Maladies à Prions, Recherche de nouvelles molécules et cibles thérapeutiques*, Thèse N°312004, soutenue le 22 Nov. 2004. Prof. J. Raymond et Dr J-P. Deslys (dir.) École Doctorale 'Sciences-Technologie-Santé' de la Faculté des Sciences de l'Université de Limoges. Disponible sur http://epublications.unilim.fr/theses/2004/barret-agnes/barret-agnes.pdf

Barrett M.A., "Pick Disease", *in e*medicinehealth, Medical Editors Nestor Galvez-Jimenez, MD ; Franscisco Talavera, PharmD, PhD; Helmi L. Lutsep, MD. Vue d'ensemble, cause, symptômes traitement médical. Sur http://www.emedicinehealth.com/pick_disease/article_em.htm

Berche P., (2010), "Carleton Gadjusek et la transmission de la maladie de Creutzfeldt-Jakob", *in* Les carnets de l'Université Paris-Descartes. Document sur http://blogs.univ-paris5.fr/berchep/weblog/4954.html

Blakeslee S., (2001), "Joe Gibbs, a Top Neurological Researcher, Is Dead at 76", *New York Times*, March 10, 2001. Disponible sur http://www.nytimes.com/2001/03/10/us/joe-gibbs-a-top-neurological-researcher-is-dead-at-76.html

Bouveresse J., (2001), "Hommage à Vuillemin". Disponible sur le site du Collège de France à l'adresse http://www.college-de france.fr/media/ins_dis/UPL53971_necrovuill.pdf

Bradley R., (23-27 September 2003), "Emerging Animal Prion Diseases" *in* "Meeting: The Challenge of Prions Diseases", Edmonton (Alberta) Canada. Disponible sur http://www.cihr-irsc.gc.ca/f/25519.html#Bradley. Actes du colloque disponible sur www.irsc-cihr.gc.ca/f/25283.html

Brown P., (23-27 sept. 2003), Biographie. Sur http://www.cihr-irsc.gc.ca/f/25519.html#Brown.

Brugère-Picoux J., Kodjo A., (10 mai 2007), "Zoonoses émergentes et résurgentes 1996-2006 in *Actualités sur les zoonoses émergentes.* Disponible sur http://academieveterinaire.free.fr/academie/brugere.pdf

Buton F., (2006), *De l'expertise à l'intelligence épidémiologique, l'activité de la veille sanitaire*, *Genèses*, 4, (65), pp. 71-91. Disponible sur http://www.cairn.info/article.php?ID_REVUE=GEN&ID_NUMPUBLIE=GEN_065&ID_ARTICLE=GEN_065_0071

Callaghan Maurice est décédé en novembre 1995 à l'âge de 30 ans du nouveau variant de la MCJ. Récit disponible jusqu'à un certain temps sur http://www.mad-cow.org/~tom/60_suspected.html

Il fut aussi rapporté par le quotidien *The Independant* du 29 octobre 1996, sous le titre "Infected meat linked to death of CJD victim" sur http://www.independent.co.uk/news/infected-meat-linked-to-death-of-cjd-victim-1360737.html

Le nom de Maurice Callighan apparaît aussi sur une liste de 80 personnes mortes du *nv*MCJ, publiée le vendredi 27 Oct. 2000 dans le quotidien *The Guardian*, dans un article présenté comme "un rapport spécial sur la crise de l'ESB", rédigé par James Meikle et intitulé, "Sad and painful decline of a daughter, Couple forced to watch helplessly as bright young woman became moody and afraid". Disponible sur http://www.guardian.co.uk/uk/2000/oct/27/bse.jamesmeikle

Chamberland C.E., (1878), *Recherches sur l'origine et le développement des organismes microscopiques*, Annales scientifiques de l'École Normale Sup., Parutions série 2, t.7. 3-94. Disponible en format PDF sur http://smf4.emath.fr/Publications/AnnalesENS/2_7/html/

Également sur *archive.numdam.org/article/ASENS_1878_2_7__S3_0.pdf*

CNN, (Wednesday, december 24, 2003) "First apparent U.S. case of mad cow disease discovered", Washington. Disponible sur http://www.cnn.com/2003/US/12/23/mad.cow/

Dalyell T., (Friday 13 december 1996), "Obituary : John Stamp" *The Independant*. Disponible sur http://www.independent.co.uk/news/obituaries/obituary--john-stamp-1314315.html

Damier P., (2008), "Les pesticides sont-il responsables ?", in Fondation pour la Recherche Médicale, in "Dossier Maladie de Parkinson : Une maladie aux multiples visages", *Recherche & Santé* N° 133, pp. 13-20. Sur www.frm.org/images/stories/Aidez/pdfrs/n113.pdf

Dealler S., *Editor*, bse.airtime.co.uk./deal.htm

EFSA Panel on Biological Hazards (BIOHAZ), (2011), "Joint Scientific Opinion on any epidemiological or molecular association between TSEs in animals and humain", *EFSA Journal*, vol. 9, N° 1, pp. 111. Disponible sur www.efsa.europa.eu/efsajournal ; doi:10.2903/j.efsa.2011.1945.

*e*medicinehealth, "Pick disease overiview", p. 1. Disponible sur http://www.emedicinehealth.com/pick_disease/article_em.htm

Encyclopédie Orphanet Grand Public, "Les démences fronto-temporales". Disponible sur www.orpha.net/data/patho/Pub/fr/DemencesFrontoTemporales-FRfrPub3338v01.pdf

Enersen Ole D., Whonamedit, A dictionary of medical eponyms, "Arnold Pick" : Une information pertinence sur la maladie de Pick, une biographie et une bibliographie de Pick sont disponibles sur http://www.whonamedit.com/doctor.cfm/110.html

Epstein M.A., "Lettre du 16 Nov. 1989" adressée à Sir R. Southwood alors président du SEAC. Disponible sous la référence 89/11.16/1.1 sur http://www.bse/inquiry.gov.uk devenu http://collections.europarchive.org/tna/20090505194948/http:/bseinquiry.gov.uk/report/index.htm

*e*medicinehealth, "Pick disease overiview", p. 1. Disponible sur http://www.emedicinehealth.com/pick_disease/article_em.htm

Encyclopédie Orphanet Grand Public, "Les démences fronto-temporales". Disponible sur www.orpha.net/data/patho/Pub/fr/DemencesFrontoTemporales-FRfrPub3338v01.pdf

Enersen Ole D., Whonamedit, A dictionary of medical eponyms, "Arnold Pick" : Une information pertinence sur la maladie de Pick, une biographie et une bibliographie de Pick sont disponibles sur http://www.whonamedit.com/doctor.cfm/110.html

faqs.org, (2013), "James Parkinson Biography (1755—1824)", courte biographie de Parkinson sur http://www.faqs.org/health/bios/82/James-Parkinson.html

Gadjusek D.C., "Autobiographie", édité par W. Odelberg, Nobel Foundation, Stockholm, 1977. Disponible sur http://nobelprize.org/nobel_prizes/medicine/laureates/1976/gajdusek-autobio.html

Hahn A., "Henry E. Sigerist. On history of medicine *155" in *Bulletin des Bibliothèque de France*. Disponible sur http://bbf.enssib.fr/consulter/bbf-1961-03-0122-001.pdf

Hierons R., (le 6 mai 1998) Biographie de Leigh, *The Times,* Vol. XI, p. 330. Disponible sur http://munksroll.rcplondon.ac.uk/Biography/Details/5003

Hunt M., Hunt R., (2006), "Slow Virus Diseases of The Nervous System" *in* Chapter Twenty Three : Virology, *in Introduction to Subacute/chronic diseases of the central nervous system : Bacteriology, Immunology, Mycology, Parasitology*. University of South Carolina, School Medecine, Edited and illustrated by Dr Richard Hunt. Disponible sur http://pathmicro.med.sc.edu/mhunt/slow-vir.htm

INSERM, (2007), *Maladie d'Alzheimer : Enjeux scientifiques, médicaux et sociétaux* ; Expertise collective, Synthèse et recommandations. I Connaissances fondamentales, pp. 1-189. Disponible sur lara.inist.fr/bitstream/handle/2332/.../INSERM_alzheimer_analyse-I.pdf?...2

INSERM, (2010), "Une nouvelle piste de recherche dans la lutte contre la maladie d'Alzheimer et les démences". Communiqué de Presse publié le 26 janvier 2010. Disponible sur http://www.inserm.fr/layout/set/print/espace-journalistes/une-nouvelle-piste-de-recherche-dans-la-lutte-contre-la-maladie-d-alzheimer-et-les-demences

Jacobs G.E., Nygaard H.A., Biographie d'Alois Alzheimer, et *sur* Alzheimer en particulier, et *sur* la démence en général. Disponibles sur le site hppt://www.whonamedit.com/doctor.cfm/177.html

Kleinert R., Reichenhall B., "Bibliographie" d'Alois Alzheimer. Disponible sur le site hppt://www.whonamedit.com/doctor.cfm/177.html

Koestler A. (1905-1983), physicien et essayiste anglais d'origine hongroise : Biographie par *evene.fr Toute la culture*. Disponible sur http://www.evene.fr/celebre/biographie/arthur-koestler-9.php

Lacey W.R., (1990), Lettre de transmission aux autorités britanniques (MAFF) de l'article corédigé en 1990 avec S. Dealler : BSE/25, ref. BSE25/1 0210. Note d'archives constituées suite à la survenue du *nv*MCJ. Dossier BSE/25 référencé BSE25/1 0210. Note initialement disponible sur le site http://www.bse.gov.uk avant de l'être sur http://collections.europarchive.org/tna/20090505194948/http:/bseinquiry.gov.uk/report/index.htm

Lambert B., (Jan. 6, 1993), "Robert Glasse, 63, An Anthropologist in New Guinea, Dies" *in* New York Time.com. Disponible sur http://www.nytimes.com/1993/01/06/nyregion/robert-glasse-63-an-anthropologist-in-new-guinea-dies.html?pagewanted=1

Leigh (Maladie de) : Information pertinente. Disponible sur les sites suivants : http://medical-dictionary.thefreedictionary.com/Leigh+disease http://mitochondriale.over-blog.com/pages/Syndrome_de_Leigh-2119181.html

Lindquist S., "Prions and phenotypic change in natural environments", (2010), p. 1. Disponible dans la section 'Directory' du site du Département de Biologie du Massachussetts Institute of Technology, sur https://biology.mit.edu/people/susan_lindquist

Martin W. B., (non daté), "John Trevor Stamp, CBE, BSc, DSc (Edin),FRCVS" : Biographie de Stamp. Disponible sur *www.rse.org.uk/fellowship/obits/obits.../stamp_john.pdf*

McGill I.S., (1998), "BSE/Inquiry/No 67, Oral evidence 08 June 98". Disponible avant sur http://www.bseinquiry.gov.uk/files/ws/s067.pdf Disponible dans les Archives Européennes sur http://collections.europarchive.org/tna/20090505194948/http:/bseinquiry.gov.uk/report/index.htm

Meldrum K., (1991), "BSE : Correspondence In "Food Microbiology" Following Publication Of Article by Dealler and Lacey" Document CVO BSE 1/26 (1991). Disponible sur http://www.bse/inquiry.gov.uk http://collections.europarchive.org/tna/20090505194948/http:/bseinquiry.gov.uk/report/index.htm

Morange M., (2002), "Niveau de preuve : Histoire du prion". Conférence au Collège de France. Paris, le 16 Jan. 2002, en réponse à une invitation du professeur Anne Fagot-Largeault, Chaire de philosophie des sciences biologique et médicale, Disponible sur http://www.college-de-france.fr/media/bio_med/UPL8928_AFL_res_0102.pdf

Murray Max and Professor Ian Aiken, (2004), "William Barr Martin" : Une Biographie de Bill Martin Disponible sur http://www.rse.org.uk/fellowship/obits/obits_alpha/martin_wb.pdf

Nestle M., (Blog constamment mis à jour), *Food politics*. Disponible sur www.foodpolitics.com.

Nicolle C. (1930), *Naissance, vie et mort des maladies infectieuses*, Paris, Félix Alcan. Sur http://web2.bium.univ-paris5.fr/livanc/p=2&cote=84184

Noble P., (1998), "Obituries, Leigh Archibald, formely Consultant Psychiatrist, Maudsley Hospital, Denmark Hill, London", *Psych. Bull.*, Vol. 22, pp. 648-651. Sur http//pb.rcpsych.org/cgi/reprint/22/10/648.pdf

Obenga T., (1989), "L'Égypte pharaonique tutrice de la Grèce de Thalès à Aristote", *Éthiopiques* n°52, revue trimestrielle de culture négro-africaine 1er semestre 1989, Volume 6 numéro 1. Disponible sur http://ethiopiques.refer.sn/spip.php?article1128 ; disponible également sur http://www.egyptologie.be/Obenga_2006.htm

OMS, (1997), "Nouvelle variante de la maladie de Creutzfeldt-Jakob, nv-MCJ", Aide-Mémoire N° 180. Disponible sur http://www.who.int/mediacentre/factsheets/fs180/fr/

OMS, (2003), *Rapport sur la santé dans le monde* : *Façonner l'avenir*. 193p. Disponible sur www.who.int/entity/whr/2003/en/whr03_fr.pdf

OMS, (2010), "Global Alert and Response : Pandemic (H1N1) 2009 – update 112" —Wekkly update— 6 August 2010. Disponible sur http://www.who.int/csr/don/2010_08_06/en/index.html

Parkinson's Disease Society (2002—2012), "Dr James Parkinson". Information Sheet, pdf. Disponible sur htpp:// www.parkinsons.org.uk Disponible également en version word sur le même site.

Penrose R., Hameroff S., (2012), "Consciousness in the Universe : Neuroscience, Quantum Space-Time Geometry and Orch OR Theory". Disponible sur http://www.quantum-mind.org/Cosmology160.html ou sur le site www.leecharleskelley.com/.../Consciousness_in_t...;

Phillips (Lord) N., Ferguson-Smith, M. A, Bridgeman, J., (2000), *Report of The BSE Inquiry Volume 6 : Human health, 1989-96. The BSE inquiry : return to an order of the Honourable the House of Commons dated October 2000 for the report, evidence and supporting papers of the inquiry into the emergence and identification of bovine spongiform encephalopathy (BSE) and variant Creutzfeldt-Jakob disease (vCJD) and the action taken in response to it up to 20 March 1996*. Lord Phillips of Worth Matravers, J. Bridgeman, M. Ferguson-Smith, Published by The Stationery Office, London, UK, 2000. *Rpt.*306. ISBN 0105569771. Sur http://collections.europarchive.org/tna/20090505194948/http://bseinquiry.gov.uk/report/volume6/toc.htm

Phillips (Lord) N., Ferguson-Smith M. A., Bridgeman, J., (2000), *Report of The BSE Inquiry Volume 11 : Scientists after Southwood. The BSE inquiry : return to an order of the Honourable the House of Commons dated October 2000 for the report, evidence and supporting papers of the inquiry into the emergence and identification of bovine spongiform encephalopathy (BSE) and variant Creutzfeldt-Jakob disease (vCJD) and the action taken in response to it up to 20 March 1996.* Lord Phillips of Worth Matravers, June Bridgeman, Malcolm Ferguson-Smith. Published by The The Stationery Office, London, UK, 2000. *Rpt.* 311. Sur http://collections.europarchive.org/tna/20090505194948/http://bseinquiry.gov.uk/report/volume6/toc.htm

Portraits de Médecins, (dernière mise à jour le 2 juin 2012), "James Parkinson (1755-1828)", Médecin anglais et paléontologue amateur. Sur hppt://www.medarus.org/medecins/MedecinsTextes/parkinson.htm

Portraits de Médecins, (dernière mise à jour 31 mars 2013) "Les médecins dans les pays d'islam". Al-Razi ; Ibn Abbas Al-Majusi ; Ibn Sina. Sur http://www.medarus.org/Medecins/MedecinsTextes/medislam.html#medis0014

Rapport de la commission d'enquête du Sénat "Sur les conditions d'utilisation des farines animales dans l'alimentation des animaux d'élevage et les conséquences qui en résultent pour la santé des consommateurs", (mai 2001), N° 321, tome 1. Cette Commission d'enquête fut créée en vertu d'une résolution adoptée par le Sénat français le 21 novembre 2000. Son rapport fut remis au Président du Sénat le 10 mai 2001. Rapport disponible sur http://www.senat.fr/rap/r00-321-1/r00-321-1.html

Service des archives de l'Institut Pasteur, "André Lwoff (1902-1994)" (2012), p.1. Sur htpp://www.pasteur.fr/inforsci/archives/lwf0.html

Singeltary S.T. Sr., (2005), "The Manipulation of BSE/TSE Science In Peer Review Journals ?" Disponible sur http://www.vegsource.com/talk/madcow/messages/999884.html

Stanton King Jr, (1974) on *The Lives of a Cell-Notes of a Biology Watcher*, Thomas L., Viking, New-York, *clinical chemistry*, Vol. 20, No 11, p. 1482. Sur http://www.clinchem.org/cgi/reprint/20/11/1482.pdf

Strabon, *Géography*, Book XVII, Harvard University Press, Cambridge, Massachussets, London, England, 1932, Revised, reprinted 1935, 1949 by Loeb Classical Library. La trad. fr. du livre XVII par Amédée Tardieu publiée dans un ouvrage bilingue éditée à Paris par Hachette en 1887, est disponible sur http://remacle.org/bloodwolf/erudits/strabon/livre171.htm

Tavares P.F., (1996), "Le jeune Hegel, lecteur de l'abbé Raynal", Conférence au Collège de France. Disponible sur http://pftavares.fr/hegel-philosophe-anti-esclavagiste-le-jeune-hegel-lecteur-de-labbe-raynal/

Taylor D.M., (2003), "The Challenge of Prions Diseases", 23-27 Sept. 2003, Edmonton (Alberta) Canada. Actes du colloque. Disponible sur http://www.cihr-irsc.gc.ca/f/25519.html#Taylor.

The Guardian (July 3th 1993), "Microbiologist raises concerns on liver consumption Mad cow disease 'still poses threat'". Disponible sur http://collections.europarchive.org/tna/20090505194948/http:/bseinquiry.gov.uk/report/index.htm Sous la référence 93/07.03/3.1.

The *Independant* (Tuesday oct. 29th 1996), "Infected meat linked to death of CJD victim", p. 1. Cas de Maurice Callagan rapporté sur http://www.independent.co.uk/news/infected-meat-linked-to-death-of-cjd-victim-1360737.html Il fut aussi disponible un temps sur http://www.mad-cow.org/~tom/60_suspected.html

The Time online Obitury, (Nov. 1, 2005), "Professor Sir Richard Southwood: Leading zoologist whose impact through research and as an administrator was felt at both university and goverment level". Disponible sur http://www.timesonline.co.uk/tol/comment/obituaries/article585009.ece

Tyler R., (20 July 2000), "Britain : Deaths from Human BSE reveal 'statistically significant rising trend'". Disponible sur http://www.wsws.org/articles/2000/jul2000/bse-j20.shtml

Vayre P., (2008), *Jean Cruveilhier (1791—1874), Chirurgien promoteur de la preuve par les faits à la médecine fondée sur la preuve*, e-mémoires de l'Académie Nationale de Chirurgie, 2008, 7 (2) : 01-12. http://www.bium.univ-paris5.fr/acad chirurgie/ememoires/005_2008_7_2_001x012.pdf

Warlow C., (2001), "Professor W. B. Matthews", The INDEPENDENT, Obituarie. Sur http://www.independent.co.uk/news/obituaries/professor--w-b-matthews-755365.html

Wilesmith J.W., (1993), "Professor Lacey's Article : 'BSE – The Gathering Crisis'", *CVO BSE 1 46*, 1993, pp. 93/05.18/4.1 - 93/05.18/4.4. section 20. Disponible sur le site http://www.bse/inquiry.gov.uk devenu plus tard http://collections.europarchive.org/tna/20090505194948/http:/bseinquiry.gov.uk/report/index.htm

Woodlief A., (2003), "Thomas Lewis (25 november 1913 to 3 december 1993)", Dictionary of literary, Volume 275, Twentieth-Century American Nature Writers: Prose. Virginia Commonwealth University. Disponible sur http://www.vcu.edu/engweb/LewisThomas.htm

Working Group of the EU's Scientific Steering Committee, (2001), "Review of the Origin of BSE" Disponible sur http://www.defra.gov.uk/animalh/bse/publications/bseorigin.pdf 1-66.

INDEX NOMINUM DES DEUX VOLUMES

VOLUME 1

Acheson D., 127.
Achong G.B., 126, 295.
Ackerknecht E., 67, 287.
Adam C., 27.
Adams D.H., 214, 287.
ADELF, 313.
Adrian E.D., 12.
AESA (EFSA), 315.
Aguzzi A., 264, 265, 287.
Aiken I., 127.
Alcméon, 13.
Alper T., 205, 206, 207, 208, 209, 210, 211, 212, 213, 219, 225, 276, 287, 301.
Alpers M.P., 85, 93, 95, 97, 101, 102, 110, 111, 112, 113, 114, 176, 235, 238, 287, 295, 296, 299.
Alzheimer (maladie d'), 57, 62, 71, 72, 73, 75, 76, 77, 81, 88, 103, 108, 115, 116, 117, 128, 129, 131, 132, 134, 136, 138, 139, 140, 141, 144, 234, 239, 247, 254, 266, 269, 280, 284, 288, 294, 297.
Alzheimer P.A., 70, 73, 74, 75, 85, 140, 287, 317.
Amann J-P., 16.
Amélineau É., 13, 150, 151, 152, 157, 287, 288.
Amieva H., 76, 288.
Anderson H. G., 313.
Anderson R., 56, 183, 198.
Arens W.E., 99, 101, 288, 313.
Aristote, 13, 279, 288, 318.
Asakura S., 288.
Assemblée Nationale, 313.
Aucouturier E., 15, 235, 288.
Aucouturier P., 15.
Aurèle M., 60.
Avicenne (Abu Ali Ibn Sina), 13.

Bachelard G., 278, 288.
Bacon F., 29, 154, 276, 285, 288.
Bacote A., 110.
Baker A.B., 103, 288.
Baker H.F., 29, 308.
Balter M., 260, 288.
Baltimore D., 278, 287, 288.
Bang F., 111.
Barberousse A., 38, 288.
Bardat J., 314.
Bardinet T., 13, 288.
Baron T., 288.
Barr Y., 126.
Barret A., 263, 264, 289, 314.
Barrett M.A., 314.
Barry R.A., 142.
Baskakov I.V., 261, 288.
Basler K., 244, 288.
Bauer P, 64, 289.
Baulieu É-É., 76, 77.
Beck E., 111, 112, 113.
Beijerinck M.W., 178, 190, 191, 289.
Belay E.D., 232, 289.
Bendheim P.E., 142, 235, 241, 242, 247, 289, 290.
Bennett J.H., 100, 289.
Benoist C., 83, 117, 119, 176.
Berche P., 91, 92, 93, 159, 289, 314.
Bergmann A.M., 168, 289.
Bergson H., 16, 29, 30, 289.
Bernal M., 17, 32, 153, 289.
Bernard C., 32, 65, 66, 157, 163, 170, 171, 185, 186, 209, 231, 271, 273, 290.

Berndt H.C., 84, 90.
Berndt R.M., 84, 90, 290.
Berta E., 85.
Bertram A., 168, 290.
Bertrand I., 43, 48, 55, 171, 179, 180, 181, 290.
Besnoit C., 46, 47, 48, 52, 53, 54, 55, 56, 81, 108, 116, 162, 163, 177, 185, 290.
Bettany G.T., 57, 290.
Bichat F-X., 66, 67, 290.
Biglan K., 64, 290.
Bigotteau, 48.
Birago-Diop, 45, 48, 51, 290.
Bissauge, 48.
Björklund A., 63, 290.
Björklund T., 290.
Blakeslee S., 109, 314.
Bolton D.C., 235, 240, 241, 242, 247, 290.
Bonduelle M., 65, 291.
Bordet J., 161.
Bouveresse J., 314.
Boyouzslavsky J., 295.
Bradley R., 29, 314.
Brain R., Lord, 126, 291.
Brian V.A., 57, 291.
Bridgeman J., 29, 319.
Broca P., 12.
Brown P., 46, 81, 82, 117, 133, 134, 291, 301, 309, 314.
Brownlee A., 51, 55, 291.
Brown-Séquard C.E., 70.
Bruce D., 160, 161.
Brückmüller, 46.
Brugère-Picoux J., 314.
Büeler H., 269, 274, 275, 291.
Burchett D.R., 309.
Burkitt D.P., 292.
Bursaux E., 82, 291.
Butler P.J., 306.
Buton F., 314.

Cajal S.R., 12.
Callaghan M., 315.
Calligé F.L.M., 43, 52, 291.
Canguilhem G., 154, 291.
Carlson A.G., 124, 125.
Carmichael E.A., 111.
Carp R.I., 215, 291.
Carré H., 48, 55, 179, 180.
Carroy J., 65, 291.
Carter V., 44, 45, 291.
Caspary E.A., 215, 291.
Castel P.-H., 65, 292.
Caughey B., 141, 142, 243, 248, 249, 265, 292, 298, 300.
Cauvet, 46.
Cerletti U., 74.
Chaline J., 294.
Chamberland (bougie de), 178.
Chamberland C.É., 177, 178, 292, 315.
Chambraud B., 77, 292.
Chandler R.L., 108, 116, 184, 185, 186, 187, 201, 202, 216, 292.
Chapouthier G., 15.
Charcot (maladie de), 57, 65, 69, 117, 254.
Charcot J-M., 60, 65, 66, 67, 68, 69, 70, 140, 291, 295, 304.
Chartier E. (Alain), 271, 292.
Chelle P-L., 176, 177, 178, 179, 180, 181, 182, 183, 184, 193, 194, 197, 238, 293.
Chesebro B., 244, 292.
Chiotti K., 309.
Cho H.J., 215, 216, 292, 298.
Cillensen J.P.M., 80.
Clarac F., 11, 14, 60, 292, 311.
Clarke M.C., 211, 212, 218, 219, 225, 287.
Coakley D., 292.
Cohen F.E., 250, 251, 292, 311
Collee J.G., 82, 129, 142, 232, 292.

Collinge J., 115, 128, 129, 130, 131, 132, 137, 139, 140, 141, 142, 144, 292, 293, 296.
Comber T., 42, 43, 293.
Come J.H., 300.
Corp R.C., 218, 293.
Corsellis J.A.N., 293.
Cortelli P., 252.
Cramp W.A., 219.
Cras P., 310.
Creutzfeldt H.G., 74, 81, 82, 85, 88.
Creutzfeldt-Jakob (maladie de), 23, 31, 38, 81, 82, 83, 84, 88, 103, 108, 115, 117, 118, 119, 120, 121, 123, 124, 125, 127, 128, 129, 130, 131, 132, 134, 137, 138, 139, 140, 141, 142, 143, 144, 145, 196, 197, 207, 223, 232, 233, 234, 239, 242, 244, 247, 258, 315.
Creutzfeldt-Jakob (nouveau variant de la maladie de), 19, 36, 37, 118, 120, 284.
Crick F., 191, 203, 204, 205, 212, 219, 225, 271, 279, 281, 282, 285, 293.
Crimmins D.S., 141, 144, 145, 299.
Crow T.J., 128.
Cruveilhier J., 66, 67, 293, 321
Cuillé J., 176, 177, 178, 179, 180, 181, 182, 183, 184, 193, 194, 197, 238, 293.
Cullen W., 66.
Cunningham, A.L., 299.
Currier R.D., 57, 58, 293.
Cushing H., 70.

Daisey, 109.
Dalling T., 163, 293.
Dalyell T., 183, 315.
Damier P., 61.
Dammann, 179, 293.
Daniel P., 113.
Darwin C., 213, 279, 283, 284, 303.
Davanipour Z., 197, 293.
Dealler S.F., 29, 313, 315, 318.
DeArmond S.J., 142, 242.
Debru C., 174, 175, 187, 304.
Delacourte A., 72, 294.
Descartes (Université Paris), 91.
Descartes R., 11, 27, 30, 175, 209, 294, 314.
Deter A., 75.
Devillers C., 294.
Devoret R., 207, 294.
Dickinson A.G., 216, 217, 239, 240, 266, 275, 294.
Diop C.A., 150, 294.
Dobzhansky T.G., 101, 295.
Doesburg W.H., 80.
Donagly M., 126.
Donald G.I., 215, 292.
Donné A., 159.
Dormont D., 37, 247, 288, 295, 306.
Dubucs J., 15.
Duclaux É., 177.
Dumont J-P., 305.
Dupont J-C., 66, 68, 69, 70, 295
Dupuytren G., 66.
Durr A., 64.
Dutton J., 161.
Duyckaerst C., 71, 295.

Ebeling C., 309.
Ebers (le papyrus médical), 13, 161.
Ebers G.M., 161.
Eberth J.K., 160.
Eccles J.C., 12.
Eekoff E.M.W., 80.
Égine (d') P., 13.
Elizan T., 111.
emedicinehealth, 71, 314, 315, 316.

Enersen O.D., 316.
Enersen Ole D., 70.
Engel U., 64.
Epstein M.A., 126, 295, 316.
Erasistrate, 13.
Escherich T., 160.
Eudoxe, 297.
Eyles J.M., 57, 295.

Fagot-Largeault A., 15, 16, 36, 76, 170, 273, 318.
faqs.org, 57, 316.
Ferguson-Smith M.A., 29, 319.
Fersht A.R., 306.
Field E.J., 100, 210, 214, 215, 216, 287, 291, 304, 309.
Fischer M., 252, 295.
Fondation pour la Recherche Médicale, 60, 61, 62, 63, 310, 315.
Forde R., 161.
Forest D., 15.
Foucault M., 66, 295.
Fraenkel A., 160.
Francis W.O., 63, 295.
Fraser H., 217.
Freeman S.J., 306.
Frege G., 45, 295.
Friedrich P., 266.

Gabizon R., 217, 242, 252, 295.
Gabreëls F.J.M., 80.
Gabriel J.M., 263, 295.
Gadjusek D.C., 46, 85, 86, 87, 88, 89, 90, 91, 92, 93, 93, 94, 95, 96, 97, 100, 102, 103, 104, 105, 106, 107, 108, 109, 110, 111, 112, 113, 114, 115, 116, 117, 119, 120, 133, 176, 197, 202, 207, 223, 224, 231, 235, 283, 295, 296, 299, 300, 301, 302, 309, 314, 316.
Gaffky G., 160.
Galien C., 13, 60.
Galvani L., 11.
Gambetti P., 264, 311.
Gandrillon O., 29.
Gardiner A.C., 199, 296.
Gasser H.S., 12.
Gaudillière J-P., 231, 296.
Gaupp R.E., 74.
Gauvreau D., 72, 294.
Gayon J., 15, 16, 76, 235.
Gelfand T., 65, 291.
Genjou O., 161.
George, 110.
George (A-4), 110.
George III, King, 58.
Georgette, 110.
Gerstmann (syndrome de), 83.
Gerstmann I.J., 82, 83, 115, 296.
Gerstmann-Sträussler-Scheinker (syndrome de), 81, 83, 115, 118, 119, 129, 130, 131, 239, 244.
Gibbons R.A., 198, 206, 208, 209, 210, 211, 212, 213, 214, 215, 296, 297.
Gibbs C.J., 46, 97, 109, 110, 111, 112, 113, 114, 115, 116, 117, 176, 207, 223, 296, 300, 302, 314.
Giovanni B.M., 66.
Glasse R.M., 89, 90, 91, 94, 97, 98, 99, 100, 101, 102, 297, 302, 317.
Glasse S., 97, 102.
Gluge G., 68, 297.
Goedert M., 71, 76, 77, 309.
Goeltz C.G., 65, 291.
Goizet C., 64, 297.
Golgi C., 12.
Gordon W.S., 51, 103, 104, 181, 182, 183, 184, 187, 188, 194, 216, 237, 297, 298.
Goudsmit J., 86, 297.
Grégory C., 297.
Greig A.S., 215, 292.

Greig R.J., 162, 297.
Griffin E.B., 26, 297.
Griffith J.S., 219, 220, 221, 222, 223, 225, 226, 230, 239, 276, 281, 297, 300.
Grimal N., 303.
Guardian (The), 320.
Guilaine J., 303.
Guillain G., 68.
Gunther J., 85.
Gzil F., 76, 297.

Hadlow J.W., 55, 56, 103, 104, 105, 106, 107, 108, 109, 114, 119, 176, 202, 237, 294, 297.
Haeckel E., 123.
Hahn A., 316.
Haig D.A., 211, 212, 219, 225, 287, 301.
Halfmann R.A., 272, 297.
Halioua B., 150, 297.
Haly Abbas (Ali Ibn Abbas al-Majusi), 13.
Hameroff S., 222, 306, 319.
Han Hee Jin, 16.
Hanson R.P., 302.
Hardy J., 128, 129, 132, 134, 135, 136, 137, 297.
Harrison P.J., 128, 131, 136, 137, 138, 140, 298.
Hartl F.U., 257, 298.
Hartry A.L., 99, 298.
Hegel G.W.F., 16, 279, 309.
Helson C., 76, 298.
Henle F.G.J., 170.
Hensen G.A., 161.
Hérophile, 13.
Herschel J.F.W., 21, 31, 32, 298.
Herzberg L., 57, 298.
Hierons R., 78, 316.
Hippocrate, 13, 150.
Hodgkin A.L., 12.
Holinski-Feder U., 64.
Holman H.H., 56, 298.
Hope J., 244, 298.
Horiuchi M., 263, 265, 298.
Hörnlimann B., 21, 84, 86, 87, 88, 89, 298.
Horus, 11.
Hossmann K-A, 298.
Hossmann K-A., 87.
Hsiao K.K., 252, 309.
Huang Z., 250, 251, 311.
Hume D., 205.
Hunt M., 224, 316.
Hunt R., 224, 316.
Hunter G.D., 187, 195, 196, 198, 206, 208, 209, 210, 211, 212, 213, 214, 215, 216, 218, 296, 297, 298.
Hunter J., 58, 57, 66, 118, 293.
Huntington (Chorée de), 63.
Huntington (maladie de), 57, 65, 116, 117.
Huntington G., 63, 140.
Huxley A., 12.
Huxley T.H., 283.

Imbert M., 11, 298.
Ingram D.G., 298.
Innes J.R.M., 111.
Inoue S., 263, 298.
INSERM, 76, 288, 317.
Ironside J.W., 196.
Irving W.L., 81, 82, 83, 125, 137, 141, 142, 144, 145, 299.
Ishiguro N., 263.
Isis, 152.
Itano H., 272.
Ivanovski D., 178.

Jacob F., 189, 220.
Jacob J., 72, 299.
Jacobs G.E., 74, 317.
Jakob A.M., 74, 81, 88.
Janota I., 128, 129.
Jarraya B., 299.
Jeans (Sir) J., 7, 299.

Jefferson M., 57, 299.
Jellison W., 104.
Jéquier G., 7, 299.
Johannitus (Hunayn Ibn Ishaq), 13.
Johannsen W.L., 123.
Johnson R.T., 111.
Jones K.M., 119, 198, 202, 203, 205, 206, 207, 209, 213, 221, 224, 237, 238, 239, 240, 267, 276, 305.
Jouan S., 16.
Joynt R.J., 103, 299.

Kanisi, 93.
Kant E., 205.
Keith-Lee P., 99, 298.
Keyes M.E., 27, 28, 207, 208, 211, 282, 299.
Kiheung K., 216.
Kil Sun Lee, 263.
Kimberlin R.H., 195, 196, 218, 223, 239, 275, 293, 299, 300, 301, 302.
King S. Jr, 320.
Kirik D., 290.
Kistler M., 38, 288.
Kitasato Shibasaburo, 160.
Kiyoshi S., 161.
Klatzo I., 87, 88, 102, 103, 104, 115, 299.
Klauder J.V., 119.
Klebs T.A.E., 159, 160.
Kleinert R., 74, 317.
Klitzman R.L., 93, 93, 94, 95, 96, 299.
Koch R., 160, 170.
Kocisko D.A., 249, 250, 300.
Kodjo A., 314.
Koestler A., 317.
Korth C., 142, 300.
Kraepelin E., 74.
Kretzschmar H., 86, 87, 89.
Kuhn S.T., 235, 270, 272, 277, 278, 279, 280, 281, 282, 300.
Kupiec J-J., 29.
Kuru (maladie du), 84, 85, 86, 87, 88, 89, 90, 91, 92, 93, 93, 94, 95, 96, 97, 98, 99, 100, 101, 102, 103, 104, 105, 106, 107, 108, 109, 110, 111, 112, 113, 114, 115, 118, 119, 120, 121, 176, 197, 207, 223, 224, 232, 233, 234, 235, 239, 244, 247, 284, 334, 345.

Laccone F, 64, 289.
Lacey R.W., 29, 313, 317, 318, 321.
Lacroute F., 257, 300.
Laennec R.T.H., 66.
Lagnado J., 219, 300.
Lakatos I., 32, 280, 282, 300.
Lalande A., 143, 144, 300.
Lamarck J-B., 283.
Lambert B., 317.
Lampert P.W., 46, 300.
Lancaster W.D., 302.
Lankester E.R., 165.
Lansbury P.T., 300.
Lantos P.L., 128, 132, 145, 301
Latarjet R., 206, 207, 223, 276, 294, 301.
Laurent M., 301.
Laveran C.L.A., 160, 161, 301.
Lawrence A., 127.
Lax A.J., 218, 301, 302.
Leach M., 128.
Lederberg J., 229, 301.
Lee Kin Sun, 262, 299, 301.
Lee V-M., 71.
Léger J.-M., 295.
Leigh (maladie de), 57, 77, 79, 116, 117, 284.
Leigh D.A., 77, 78, 79, 80, 140, 301, 310, 316, 317, 318.
Lennox G., 134, 141, 302.

Lesca G., 64, 297, 301.
Lespinay C. (de), 151, 303.
Lewin P., 225, 301.
Lewy F.H., 74.
LI Liming, 260.
Liautard J-P., 257, 301.
Liberski P.P., 46, 91, 93, 93, 94, 96, 113, 120, 231, 301.
Lindenbaum S., 89, 90, 91, 97, 98, 99, 100, 101, 102, 297, 302.
Lindquist S.L., 260, 272, 283, 301, 308, 317.
Linnea von C., 74.
Lloyd J.T., 118, 302.
Lloyds M.K., 45, 302.
Loftus B., 263, 302.
Loir A., 36.
Lorne M-C., 15.
Lotmar F., 74.
Lucam F., 48, 55, 179, 180.
Lucet A., 165, 308.
Ludwig (Institut), 263.
Ludwig P., 38, 288.
Lwoff A.M., 189, 190, 191, 192, 193, 302, 313.

M'Fadyean J., 43, 44, 45, 46, 47, 49, 50, 51, 53, 162, 164, 165, 167, 170, 171, 172, 173, 174, 175, 176, 177, 179, 188, 303.
M'Gowan J.P., 42, 163, 164, 165, 166, 167, 168, 169, 170, 171, 172, 173, 174, 175, 177, 303.
Macfarlane F.B., 97, 101, 102, 193, 302.
Mach E., 70.
Mac-Leod J., 51.
Magendie F., 66.
Mahler G., 26.
Malone T.G., 216, 217, 302.
Manning J.E., 218, 301, 302.
Mantell G., 59.
Marczinek K., 64.
Marie P., 70.
Marsh R.F., 216, 217, 302.
Martin B., 17, 32, 60, 65, 67, 69, 70, 153, 278, 295, 310, 318.
Martin J.J., 310.
Martin W.B., 42, 126, 127, 318.
Mas J.-L., 295.
Maspero G., 152.
Masselin E.J., 160, 161, 178, 182, 310.
Masters C.L., 115, 299, 302.
Mathews J.D., 97, 98, 102, 302.
Matthew J., 134, 141, 302.
Matthews W.B., 114, 196, 302, 321.
Mayer J., 134, 141, 302.
Mayr E., 279, 302.
McGill I.S., 318.
McHenry L.C., 57, 58, 303.
Mckinley M.P., 240, 245, 290, 303.
medarus.org, 58, 319.
Medawar P., 97.
Meikle V.M.H., 217.
Meldrum K., 41, 318.
Mendel J.G., 123.
Menu B., 151, 303.
Merbs C.F., 100, 309.
Merz P.A, 205.
Merz P.A., 205, 223, 303.
Métaillé A-M., 65.
Meyer A., 78.
Meyer E., 160, 279.
Meynert T.H., 70.
Midant-Reynes B., 151, 152, 303.
Miescher J.F., 165.
Millson G.C., 187.
Mizutani S., 278.
Monod J., 190, 220, 270, 303.
Montagna P., 252.
Moore R.C., 240, 303.
Morange M., 16, 273, 274, 303, 304, 318.

Morel C., 46, 47, 48, 52, 53, 54, 55, 56, 81, 83, 108, 116, 117, 119, 162, 163, 176, 177, 185, 290.
Morris A.D., 57, 304.
Morris T., 109.
Morris V., 111.
Morton W.D., 99, 298.
Muel B., 301.
Mulhearn R.J., 57, 304.
Mullan M.J., 128.
Murray M., 127.

Narang H.K., 216, 304.
Nègre L., 168, 304.
Neisser A., 159.
Nelson J.N., 57, 304.
Nelson K., 111.
Nestle M., 35, 318.
Newman M., 115.
Nicolle C., 35, 36, 155, 156, 157, 304, 318.
Nietzsche F., 186, 304.
Nissl F., 74.
Noble P., 78.
Nocard E., 160.
Nolte D., 64.
Nuttall G., 160.
Nygaard H.A., 74, 317.

Obenga T., 318.
Obermeier O-H-F., 159.
Oesch B., 240, 244, 304.
Ogston A., 160.
Old Hubert (speudonyme de Parkinson), 57, 59.
OMS, 23, 76, 82, 155, 166, 304, 318, 319.
Opaba, 93.
Oribase, 13.
Osiris, 152.
Osler W., 118, 304.
Otto Westphal A.K., 70.
Outram G.W., 217.
Owen A.R.G., 65, 304.
Owen F., 128.

Palfi S., 299.
Palmer A.C., 51, 56, 83, 108, 116, 172, 188, 304.
Palmer M.S., 129, 293.
Pals P., 310.
Pan K.M., 248, 249, 304.
Parkinson (maladie de), 57, 57, 58, 59, 60, 61, 62, 63, 116, 117, 118, 126, 132, 254, 280, 299, 307, 310, 315, 319.
Parkinson J., 57, 58, 57, 58, 59, 60, 63, 140, 291, 293, 295, 298, 299, 303, 304, 305, 308, 310, 311, 313, 316, 319.
Parménide, 28, 305.
Parry 'James' H.B., 42, 236, 305.
Pasquier F., 295.
Pasteur (Institut), 35, 36, 160, 190, 308, 313, 320.
Pasteur (Système), 178.
Pasteur L., 36, 65, 154, 159, 174, 177, 178, 190, 231, 305.
Pattison I.H., 44, 45, 54, 55, 56, 105, 108, 109, 114, 116, 119, 181, 183, 198, 202, 203, 205, 206, 207, 209, 213, 224, 225, 226, 236, 237, 238, 239, 267, 276, 298, 305.
Pattison J., 29, 305.
Pauling L.C., 272, 305.
Penrose R., 222, 305, 306, 319.
Perret S., 266, 306.
Perrier V., 306.
Perusini G., 74.
Petrie W.M.F., 151.
Pfeiffer R., 161.
Phillips N., Lord, 29, 319.
Picard P., 306.
Pichot A., 123, 306.
Pick (corps de), 71, 72.

Pick (maladie de), 57, 65, 70, 71, 72, 73, 116, 117, 294, 299, 314
Pick A., 70, 140, 306, 316.
Pickles H., 127.
Pinel P., 11.
Pitt W., 58.
Planck M., 19, 20, 29, 156, 157, 306.
Platon, 13, 19, 306.
Plummer P.J.G., 41, 45, 179, 307.
Pollak P., 62, 307.
Polymenidou M., 264, 265.
Popper K.R., 32, 280.
Poulter M., 128.
Priola S.A., 143, 300, 307.
Prusiner S.B., 21, 124, 125, 140, 142, 203, 205, 217, 229, 231, 233, 234, 235, 236, 237, 238, 239, 240, 241, 242, 243, 244, 245, 246, 247, 248, 250, 251, 254, 255, 257, 258, 259, 260, 261, 267, 268, 269, 270, 273, 274, 275, 276, 277, 278, 280, 281, 282, 283, 287, 290, 293, 294, 295, 296, 307, 308, 309, 311.
Purkinje J., 12.
Pütz, 46.

Railliet A.L-J., 165, 308.
Raymond F., 70.
Raymond G.J., 300.
Raynal G-T.F. (l'abbé), 16, 320.
Reichenhall B., 317.
Reinhardt B., 68, 310.
Remak R., 12.
Revesz T., 72, 299.
Rhazès (Abu Bakr Muhammad Ibn Zakaria al-Razi), 13.
Rhodes A.F., 100, 289.
Ridley R.M., 29, 145, 283, 284, 308.
Riesner D., 86, 87, 89.
Roberts G.W., 128, 131, 136, 137, 138, 140.
Robitaille Y., 72, 294.
Robson H.N., 100, 289.
Roche-Lubin, 49, 181, 308.
Rogers M., 263, 302.
Rohwer R.G., 223.
Röll, 46.
Roloff, 46.
Rona K.G., 65, 308.
Rossor M.N., 72, 128, 129, 292, 293, 299.
Roux É., 160, 308.

Saint-Guy (la danse de), 63.
Sakula A., 57, 308.
Schalchli L., 123, 308.
Schaudinn F., 161.
Scheinker I., 83, 296.
Scheraga H.A., 266, 311.
Schilder (maladie de), 116.
Schleiden M., 12.
Schneider E., 35.
Schopenhauer A., 16.
Schwann T., 12.
Schwartz M., 35, 42, 43, 47, 48, 49, 52, 107, 162, 308.
Schweers O., 266, 308.
Scott J.W., 167, 168, 169, 170, 252, 308.
Scragg R., 85.
Sédillot C.E., 231.
Semancik J.S., 302.
Sénèque, 25, 28, 308.
Serban D., 309.
Sergeant N., 72, 294.
Serres M., 16.
Sherrington C.S., 12.
Shinagawa M., 263.
Shofield F., 110, 112.
Shope R.E., 194.
Shoulson I., 64.
Sigerist E.H., 149, 153, 157, 308, 316.

Sigurdsson B., 194, 195, 196.
Silbestein M., 29, 308.
Simon I., 266.
Singeltary S.T, 320.
Singer S.J., 272.
Sioli E., 74.
Smadel J., 85, 87, 109.
Smith (le papyrus chirurgical), 13.
Smith K., 202, 305.
Smith W., 56, 183, 198.
Sondheimer N., 283, 308.
Sorgenson D., 110.
Soulié D., 150, 297.
Southwood (comité), 126, 127.
Southwood (Party), 23, 125, 126, 127, 308.
Southwood T.R.E., 125, 127, 316, 320.
Spatz M., 87, 298.
Spencer H., 284.
Spillantini M.G., 71, 309.
Spinoza B., 16.
Stahl N., 245, 309.
Stamp J.T., 39, 42, 43, 183, 189, 193, 194, 198, 199, 200, 201, 202, 309, 315.
Steadman L.B., 100, 309.
Stephenson D.A., 309.
Stites D.P., 142.
Stockman S., 41, 50, 51, 55, 171, 172, 173, 174, 309.
Strabon, 320.
Sträussler E., 83, 115, 296.
Sulima M., 109, 110.
Sydenham T., 66.

Tanaka M., 263.
Tannery P., 27.
Taraboulos A., 245, 309.
Tateishi J., 115, 309.
Taton R., 150, 309.
Taubes G., 235, 309.
Tavares P.F., 16, 309, 320.
Taylor D.M., 320.
Telling G.C., 252, 310.
Temin H.M., 278, 281.
Ternaux J.-P., 11, 14, 60, 292.
Thoinot L.H., 160, 161, 178, 182, 310.
Thom M., 72, 299.
Thomas L., 26, 310, 320, 321.
Thuillier L., 160.
Tichy Fae, 103.
Tommasi-Crudeli Corrado, 159.
Tompa P., 260, 266, 310.
Tourette (syndrome de Gilles de la), 65.
Trojanowski J.Q., 71.
Tusnady G.E., 266.
Tyler K.L., 57, 59, 310.
Tyler R.H., 57, 59, 310, 321.

Van Ermengem E.P.M., 161.
Van Erven P.M.M., 80, 310.
Van Everbroeck B., 264, 265, 310.
Van Leeuwenhoek A., 11.
Van Wesel A., 11.
Vayre P., 67, 321.
Verdier O., 49, 310.
Verdier R., 151, 303.
Verus L., 60.
Vial de Saint Bel C.B., 44.
Vidailhet M., 61, 310.
Virchow R.L.K., 68, 118, 310.
Vuillemin J., 314.
Vulpian E-F-A., 68.

Walchi M., 244.
Waldeyer H.W., 12.
Walker O.F., 310.
Walter et Eliza Hall (Institut), 97.
Walton J.N., Lord, 126, 127, 291.
Wanda B., 65.
Warlow C., 196, 321.
Warwick A.H., 84, 310.
Watson J.D., 191, 203, 204, 271.
Wattez A., 72, 294.

Weber, 46.
Wedemeyer W.J., 266, 311.
Weichselbaum A., 160.
Weissmann C., 240, 241, 243, 244, 245, 246, 247, 267, 311.
Welch W.J., 160, 264, 311.
Welker E., 266, 311.
Wells I.C., 272.
Wendell M.S., 194.
Wernicke K., 70.
Westaway D., 124, 142, 240, 244, 263, 311.
Westphal A., 78.
Whewhell W., 32.
Whitehead A.N., 20, 260, 311.
Wickner R.B., 257, 311.
Wiegell-Weber M., 64.
Wilesmith J.W., 127, 321.
Wilkins M.H.F., 203.
Will R.G., 196, 313.
Willis T., 11.
Wilson D.R., 51, 56, 183, 194, 198, 311.
Wolton D., 11, 14, 292, 311.
Woodlief A., 321.

Yahr M.D., 57, 311.
Yersin C.L.A., 160, 161, 308.
Young A., 42.

Zigas V., 84, 85, 86, 88, 93, 102, 104, 110, 112, 295, 299.

VOLUME 2

Acheson D., 111.
Adamson G., 207, 209, 368.
ADELF, 30, 377.
AESA (EFSA), 13, 14, 379.
Al-Battani, 306.
Alpers M.P., 42, 207, 209, 363, 368.
Alter M., 94, 357.
Alzheimer (maladie d'), 24, 34, 182, 183, 201, 294, 295, 335, 336, 364.
Alzheimer P.A., 381.
Amélineau É., 300, 308.
Anderson H. G., 153, 377.
Anderson R.M., 194, 195, 196, 197, 215, 363.
Andler D., 37, 357.
Archimède, 309, 310.
Archytas de Tarente, 223, 225, 316, 317, 357.
Arens W.E., 66, 377.
Aristote, 203, 238, 248, 249, 267, 284, 290, 299, 300, 306, 311, 312, 313, 314, 315, 316, 318, 319, 320, 322, 323, 325, 327, 345, 357, 373, 382.
Artigue M., 267, 357.
Assemblée Nationale, 378.
Aubenque P., 299, 322, 357.
Averroès (Abú al-Walìd ibn Ruchd), 299.
Avicenne (Abu Ali Ibn Sina), 299, 357.

Bachelard G., 240, 319, 358.
Bacon F., 36, 37, 67, 68, 116, 120, 200, 203, 236, 243, 249, 250, 268, 273, 285, 288, 326, 339, 352, 358, 366.
Baker B., 153.
Baker H.F., 24, 144, 145, 197, 198, 199, 202, 324, 359, 370.
Baldwin (dictionnaire), 211.
Baltimore D., 364.
Barberousse A., 271, 358.
Barbier E., 361.
Bardat J., 293, 358, 378.
Barlow R., 121.
Barret A., 358, 378.
Barrett M.A., 378.
Bateman D., 150, 358.
Bayless P., 184.
Beaufret J., 312, 358.
Beck J., 207, 208, 209, 358, 367, 368.
Becker O., 302, 303, 358.
Belay E.D., 192, 193, 199, 358.
Bell J.F., 94, 358.
Bellinger-Kawahara C.G., 358.
Berche P., 378.
Bergson H., 220, 228, 275, 276, 277, 355, 358.
Berkeley G., 238, 364.
Bernal M., 11, 308.
Bernard C., 18, 85, 102, 124, 236, 241, 242, 243, 244, 247, 256, 260, 264, 265, 266, 268, 269, 270, 311, 359.
Berndt R.M., 359.
Blakeslee S., 378.
Blanc M., 364.
Blanchard A., 301, 303, 307, 362, 370.
Blanché R., 249, 250, 252, 257, 264, 267, 271, 272, 285, 286, 340, 350, 359, 374.
Botti J., 209, 371.
Boudon R., 12, 359.
Bourdieu P., 313, 359.
Bourne J., 34.

Bouveresse J., 313, 314, 378.
Bowen M., 153.
Bradley R., 72, 73, 79, 107, 118, 123, 129, 324, 325, 360, 374, 378.
Braudel F., 11, 359.
Bridgeman J., 178, 383.
British Veterinary Association, 359.
Britton T.C., 149, 150, 152, 359.
Brown P., 54, 193, 208, 359, 366, 378.
Brugère-Picoux J., 192, 378.
Buffon G. (comte de), 293, 321.
Buton F., 26, 29, 378.

Callaghan M., 156, 157, 184, 379.
Callippe, 306.
Campbell T., 207, 209, 368.
Canguilhem G., 225, 226, 228, 359.
Capelle C., 299, 371.
Carlson A.G., 200, 213.
Carnap R., 202, 214, 220, 248, 359.
Cathala F., 53, 54.
CEPCM (ECDC), 13.
Cervenáková L., 208, 366.
Chainet A.É., 317.
Chaline J., 293, 362.
Chamberland C.É., 379.
Champollion J.-F., 308.
Chandler R.L., 42, 43, 46, 61, 359.
Changeux J-P., 321, 359.
Chapoulot J., 302, 359.
Chapouthier G., 275, 277, 278, 279, 281, 282, 360.
Charcot (maladie de), 336.
Chartier E. (Alain), 360.
Chedd G., 224, 225, 227, 279, 360.
Chelle P-L., 48.
Chernoff Y.O., 360.
Chesebro B., 73, 360.
Chiotti K., 210, 372.
Chirac J., 133, 360.
Chudoba K., 302, 358.
Churchill S., 150, 151, 152, 157.
Clarke P., 195, 360.
Cohen F.E., 360.
Collee J.G., 29, 63, 71, 72, 73, 74, 75, 76, 77, 78, 79, 80, 81, 82, 83, 84, 85, 86, 87, 88, 89, 90, 99, 101, 117, 119, 122, 145, 147, 194, 219, 259, 286, 360.
Collinge J., 60, 61, 64, 149, 150, 154, 155, 162, 168, 178, 183, 194, 201, 207, 208, 209, 210, 358, 359, 360, 361, 367, 368, 369.
Colonna F., 227, 361.
Comte A., 263, 264, 285, 361.
Comte Sponville A., 334, 361.
Copernic, 303.
Coste J., 266, 267, 268, 270, 369.
Cournot A-A., 248, 249, 288, 361.
Creutzfeldt H.G., 148.
Creutzfeldt-Jakob (maladie de), 17, 18, 20, 21, 25, 32, 42, 43, 50, 51, 52, 53, 54, 55, 56, 60, 61, 63, 64, 66, 67, 74, 75, 94, 98, 105, 107, 110, 111, 112, 113, 114, 116, 117, 126, 137, 139, 140, 141, 142, 143, 144, 145, 146, 147, 148, 149, 150, 151, 152, 153, 154, 155, 156, 157, 158, 159, 160, 161, 162, 163, 164, 165, 166, 167, 168, 169, 170, 171, 172, 173, 174, 175, 176, 177, 178, 179, 180, 182, 183, 184, 186, 187, 188, 189, 190, 191, 192, 193, 202, 213, 216, 217, 226, 227, 231, 234, 254, 275, 322, 323, 339, 342, 379.
Creutzfeldt-Jakob (nouveau variant de la maladie de), 38,

67, 122, 138, 139, 171, 172, 173, 174, 175, 178, 179, 180, 181, 183, 184, 185, 186, 187, 188, 189, 191, 192, 193, 194, 195, 196, 198, 199, 200, 202, 203, 214, 215, 216, 217, 218, 219, 220, 226, 227, 231, 233, 320, 323, 324, 333, 338, 339, 342, 346, 351, 352, 354.
Crick F., 337, 349, 361.
Crow T.J., 208, 368.
Cruveilhier J., 361, 385.
Cuillé J., 48.
Cuvier G., 321.

Dab W., 30, 361.
Dagognet F., 362.
Dalyell T., 379.
Danchin A., 281.
Darwin C., 227, 235, 241, 293, 343, 361, 367.
Davies P.T.G., 145, 146, 147, 361.
Dawson (maladie de), 158.
Dawson J.R., 158.
Dealler S.F., 93, 96, 97, 98, 99, 100, 101, 102, 103, 104, 105, 106, 107, 108, 109, 110, 111, 113, 114, 115, 116, 117, 121, 122, 125, 128, 169, 361, 362, 377, 379, 382.
Debru C., 357, 368.
Dedron P., 302, 303, 362.
Delsol M., 47, 48, 201, 206, 210, 214, 220, 237, 362.
Deriziotis P., 207, 209, 368.
Descartes (Université Paris), 363.
Descartes R., 24, 110, 268, 352, 362, 378.
Devillers C., 293, 294, 362.
Diakonov I.M., 310, 362.
Diderot D., 342, 343.
Dillner L., 197, 362.
Diogène Laërce, 301.
Done S.H., 123.
Donnelly C.A., 195, 196, 197, 363.
Dorrell S., 137, 179, 362.
Doyne H., 94.
Dryden A.J., 208, 369.
Dugald S., 291, 362.
Dugdale S., 107.
Duhem P., 302, 303.
Dumont J-P., 312, 317, 357, 369.
Dupond, 328.

Ebeling C., 210, 372.
Elizabeth (Reine d'Angleterre), 50.
emedicinehealth, 378, 379, 380.
Enersen O.D., 380.
Epstein M.A., 131, 132, 380.
Esmonde T., 156.
Euclide, 290, 301, 302, 303, 304, 307, 308, 309, 310, 311, 315, 316, 318, 362, 373.
Eudoxe, 12, 299, 300, 301, 302, 305, 306, 307, 309, 310, 311, 313, 314, 315, 316, 324, 345, 348, 363.

Fagot-Largeault A., 31, 37, 219, 283, 351, 357, 362, 382.
faqs.org, 380.
Faraday M., 235.
Ferguson I.T., 361.
Ferguson N.M., 195, 197, 363.
Ferguson-Smith M.A., 178, 383.
Field E.J., 372.
Fisher E., 210, 367.
Fondation pour la Recherche Médicale, 379.
Fox Keller E., 106, 118, 261, 262, 329, 348, 362, 363.
Frank Y., 94.

Gabba L., 306.
Gabizon R., 358.

Gachelin G., 363.
Gadjusek D.C., 42, 53, 55, 56, 57, 58, 60, 61, 64, 336, 363, 366, 372, 378, 380.
Gardies J.L., 305, 363.
Gareth. W.G., 213.
Gayon J., 48, 49, 275, 363.
Gerstmann-Sträussler-Scheinker (syndrome de), 165.
Ghani A., 195, 196, 197, 363.
Gibbs C.J., 378.
Glasse R.M., 55, 64, 381.
Glavany J., 130, 363.
Glenn, C.T., 363.
Gordon W.S., 365.
Gouhier H., 299.
Gould S.J., 62, 63, 364.
Grant H., 98, 364.
Grassé P.-P., 362.
Greisch J., 365.
Gros F., 106, 347, 354, 364.
Groth D.F., 358.
Guardian (The), 121, 124, 362, 373, 384.
Guéroult M., 238, 364.

Haddon M., 107.
Hadlow J.W., 329, 364.
Haeckel E., 303.
Hagenaars T.J., 195, 363.
Hahn A., 380.
Haig A., 153.
Hall F., 185.
Hall P., 153.
Hameroff S., 383.
Harrison P.J., 24, 42, 43, 213, 364.
Hegel G.W.F., 303.
Heiberg J.L., 308, 362.
Heidegger M., 312.
Henle F.G.J., 364.
Héraclide le Pontique, 306.
Héraclite (d'Éphèse), 17, 276, 348, 350, 351.
Herschel J.F.W., 62, 116, 235, 245, 246, 273, 283, 364.
Hierons R., 380.
Hillion J., 209, 371.
Hipparque, 307.
Hoening E., 94.
Hofman A., 161.
Holbach (P.-H. d'), 344, 364.
Holt T.A., 93, 94, 95, 106, 115, 364.
Hope J., 34, 364.
Howard R.S., 154.
Howard W., 96.
Hughes J.T., 208, 369.
Hume D., 215, 277, 340, 341, 365, 367.
Hummerich H., 207, 209, 368.
Hunt M., 380.
Hunt R., 380.
Hunter G.D., 47, 365.
Huntington (maladie de), 336.
Husserl E., 302.
Huxley T.H., 198, 215.

Ingelfinger F., 224.
INSERM, 23, 54, 381.
Ironside J.W., 149, 151, 159, 161, 162, 163, 164, 165, 174, 175, 176, 179, 189, 191, 374.
Isis, 301, 305.
Itard J., 302, 303, 362.

Jackson M., 365.
Jacob F., 327, 365.
Jacobs G.E., 381.
Jahfar S., 361.
James T.L., 365.
Jeans (Sir) J., 306, 365.
Jeffrey M., 365.
Johns Hopkins (École de médecine), 54.
Jonas H., 129, 365.
Jones K.M., 329, 369.
Jouan S., 275.

Kaneko K., 365.
Kant E., 215, 216, 236, 249, 291, 365, 367.
Keh-Ming Pan, 365.
Kempner E., 358.
Keyes M.E., 338.
Kimberlin R.H., 44, 49, 63, 64, 71, 107, 109, 118, 169, 324, 365.
King S. Jr, 224, 384.
Kistler M., 271, 358.
Klein É., 334, 348, 350, 361, 365.
Kleinert R., 381.
Klitzman R.L., 55, 63, 64.
Kodjo A., 192, 378.
Koestler A., 227, 381.
Kuhn S.T., 115, 116, 338.
Kuru (maladie du), 25, 42, 54, 55, 56, 57, 58, 60, 63, 64, 65, 66, 67, 74, 75, 77, 93, 94, 103, 142, 190, 218, 329, 407.

Lacey R.W., 93, 96, 97, 98, 99, 100, 101, 102, 103, 104, 105, 106, 107, 108, 109, 110, 111, 113, 114, 115, 116, 117, 118, 119, 120, 121, 122, 123, 124, 125, 126, 127, 128, 129, 134, 142, 143, 144, 155, 183, 193, 213, 220, 241, 244, 246, 259, 361, 366, 377, 381, 382, 385.
Lakatos I., 338.
Lalande A., 36, 37, 200, 236, 240, 241, 245, 246, 256, 257, 258, 270, 271, 285, 289, 290, 291, 311, 314, 345, 366.
Lambert B., 381.
Lanotte M., 209, 371.
Laplace P-S. (marquis de), 344, 366.
Lasserre F., 301, 304, 307, 366.
Laurent M., 366.
Lawrence A., 96.
Le Dœuff M., 36, 366.
LeDouarin N., 226, 282, 324, 366.
Lee H.S., 208, 366.
Leigh (maladie de), 336.
Leigh D.A., 380, 381, 382.
Lennox G., 365.
Lindenbaum S., 55, 64.
Lindquist S.L., 360, 381.
Linnea von C., 293.
Little Heath T., 302, 303, 308, 366.
Lledo P.-M., 24, 366.
Lloyd S., 208, 210, 367.
Love S., 358.
Lowson R., 96, 107.
Ludwig P., 271, 358.
Lwoff A.M., 219, 337, 367, 377.
Lyell C., 235.
Lyman H.F., 138.

M'Fadyean J., 17.
Macfarlane F.B., 224.
Mahal S.P., 208, 368.
Mahfoud R., 295, 367.
Maldum K., 109.
Malebranche N., 350, 367.
Malherbe M., 215, 219, 367.
Mallucci G.R., 61, 367.
Martin B., 155, 157, 162, 180, 181, 183, 194, 312, 367, 382.
Martin T.H., 302, 304.
Martin W.B., 78, 382.
Maslin J., 96, 97, 118.
Mathews J.D., 64, 367.
Mattei J.-F., 199, 200, 367.
Matthews D., 96, 107.
Matthews W.B., 139, 385.
Mayer J., 365.
Mayer S., 353, 367.
Mayr E., 227, 293, 338, 367.
McClintock B., 106, 118, 362, 367.
McGill I.S., 121, 122, 123, 374, 382.

McLean C.C., 65, 367.
Mead S., 207, 208, 209, 210, 368.
medarus.org, 383.
Meldrum K., 96, 107, 382.
Merbs C.F., 58, 372.
Meulders M., 363.
Michaux M., 304.
Michel P.-H., 302, 304, 368.
Middleton J., 184.
Mill J.S., 44, 45, 203, 204, 205, 206, 213, 239, 248, 285, 286, 287, 289, 290, 291, 292, 295, 296, 311, 312, 346, 368.
Monod J., 281.
Morange M., 99, 126, 284, 292, 326, 331, 367, 368, 382.
Murray T., 96.

National CDJ Surveillance Unit (The), 373.
Nestle M., 382.
Newton I., 324.
Nicolle C., 183, 336, 337, 368, 369, 382.
Nygaard H.A., 381.

O'Neill M., 113.
Obenga T., 300, 382.
OMS, 169, 382, 383.
Onwuazor O.N., 208, 367.
Osiris, 305.
Owen F., 208, 368.
Owen R., 327.

Palmer M.S., 208, 369.
Paolaggi J-B., 266, 267, 268, 270, 369.
Parker M., 184.
Parkinson (maladie de), 187, 379, 383.
Parkinson J., 377, 380, 383.
Parménide, 212, 312, 348, 350, 358, 369.
Parry 'James' H.B., 369.
Parzysz B., 267, 357.
Pasteur (Institut), 11, 23, 377, 384.
Pasteur L., 337.
Pattison I.H., 56, 57, 58, 60, 65, 168, 169, 329, 369.
Pattison J., 166, 176, 191, 193, 369.
Pearson A., 153, 154.
Penrose R., 383.
Phillips J., 93, 94, 95, 96, 106, 115, 364.
Phillips N., Lord, 178, 383.
Pick (maladie de), 182, 183, 336, 378.
Pick A., 380.
Pickles H., 96, 109, 110, 111, 112, 113, 114, 115, 116, 117, 139.
Planck M., 38, 126, 196, 201, 202, 218, 226, 282, 312, 318, 348, 369.
Platon, 290, 299, 300, 301, 303, 316, 331, 351, 362, 369.
Pline (le Naturaliste), 301.
Plummer P.J.G., 369.
Plutarque (d'Athènes), 301.
Plutarque (de Chéronée), 17, 351, 369.
Popper K.R., 31, 227, 248, 269, 271, 272, 277, 338, 369.
Porphyre, 317.
Poulter M., 207, 208, 209, 368.
Pratzon G., 94.
Proclus, 301, 307, 309, 369, 370.
Prusiner S.B., 17, 34, 55, 200, 213, 223, 224, 358, 359, 360, 365, 370, 374.
Ptolémée C., 306, 317, 357.
Pythagore, 223, 304, 317, 357.

Rampton S., 147, 370.
Raynal G-T.F. (l'abbé), 384.
Reichenhall B., 381.

Reinhardt B., 373.
Richardson A., 153.
Ridley R.M., 24, 144, 145, 197, 198, 199, 202, 215, 324, 359, 370.
Rimmer V., 147, 148, 152.
Roberts G.W., 24, 42, 43, 213, 364.
Robinson S., 184.
Rohwer R.G., 370.
Rosan L. J., 301, 370.
Rosenberg A., 227, 370.
Rossor M.N., 155, 181, 182, 183, 194, 360, 361.
Rudolf C., 201.
Rumeau-Rouquette C., 26, 370.
Russell B., 203, 210, 211, 212, 213, 214, 215, 251, 252, 370.
Ruyer R., 227, 361.
Rybner C., 209, 371.

Sahraoui T., 209, 371.
Saint Sernin B., 37, 357.
Sarradet M., 21, 116, 220, 333, 371.
Sarton G., 302, 305.
Sauneron S., 300, 371.
Sawcer S.J., 140, 141, 142, 143, 146, 147, 371.
Scheffler I., 205, 344, 345, 371.
Schiaparelli G.V., 302, 305, 306, 371.
Schmidt H., 302, 303, 371.
Schonberger B.L., 371.
Schopenhauer A., 216, 217, 371.
Schwartz M., 24.
Sigerist E.H., 283, 371, 380.
Silveira J.R., 371.
Singeltary S.T, 384.
Sinsheimer R., 347, 353, 354, 372.
Skinner M., 168, 169.
Smith F., 372.
Socrate, 290.
Southwood (comité), 27, 33, 35, 36, 41, 44, 45, 46, 79, 80, 87, 91, 96, 110, 131, 132, 133, 226.
Southwood (Party), 131, 372.
Southwood (rapport), 78, 81.
Southwood T.R.E., 27, 33, 35, 41, 44, 45, 66, 76, 77, 88, 117, 131, 166, 380, 384.
Spiro M., 334, 365.
St Thomas d'Aquin, 290, 298, 299, 371.
Stamp J.T., 379.
Stauber J., 147, 370.
Steadman L.B., 58, 372.
Stephenson D.A., 210, 372.
Strabon, 300, 372, 384.
Struve V.V., 309, 310, 362, 372.

Tabrizi S.J., 154, 155, 207, 209, 368, 372.
Targonski P.V., 210, 367.
Taton R., 302, 307, 308, 372.
Tavares P.F., 384.
Taylor D.M., 21, 50, 51, 52, 53, 54, 55, 56, 57, 58, 61, 63, 64, 65, 66, 67, 71, 73, 74, 75, 76, 77, 79, 85, 87, 88, 145, 197, 198, 219, 233, 234, 238, 245, 258, 265, 273, 286, 287, 288, 295, 331, 372, 384.
Taylor K.C., 96, 107, 109, 118.
Telling G.C., 373.
Temin H.M., 373.
Thomas L., 223, 224, 225, 227, 279, 280, 281, 282, 283, 349, 360, 373, 384, 385.
Timperley W., 139.
Tricot J., 319.
Turajeff B.A., 309, 310.
Tycho Brahé, 306.
Tyler R.H., 184, 185, 194, 195, 385.
Tyrrell (comité), 96, 132.

Tyrrell D., 131, 166.

Uphill J.B., 207, 209, 210, 367, 368.

Vaillant H., 374.
Van Der Waerden B.L., 302, 307, 373.
Van Driver G., 184.
Van Riet S., 357.
Vayre P., 385.
Velpry C., 308, 309, 373.
Ver Eecke P., 307, 369.
Verzilli C., 207, 209, 368.
Virchow R.L.K., 373.
Vitrac B., 308, 311, 315, 316, 318, 362, 373.
Vollmert C., 208, 373.
Vuillemin J., 313, 314, 315, 373, 378.

Ward J., 211.
Warlow C., 385.
Warwick A.H., 374.
Webb T.E.F., 207, 209, 368.
Weber T., 143, 144, 374.
Webster D. D., 94.
Wells G.A.H., 23, 24, 25, 374.
Westaway D., 200, 213, 374.
Whewhell W., 31, 38, 219, 235, 236, 237, 239, 240, 241, 242, 243, 244, 268, 345, 374.
Whitehead A.N., 305, 306, 347, 374.
Whitfield J., 207, 209, 368.
Whittaker J.C., 207, 209, 368.
Wight A., 139, 145, 148.
Wildl O., 361.
Wilesmith J.W., 27, 28, 29, 30, 32, 33, 35, 36, 37, 39, 41, 45, 46, 51, 79, 80, 117, 118, 119, 120, 121, 122, 126, 127, 129, 141, 145, 196, 258, 259, 265, 324, 374, 385.
Will R.G., 13, 14, 107, 139, 140, 145, 147, 148, 149, 151, 152, 153, 157, 158, 159, 160, 161, 162, 163, 164, 165, 166, 167, 168, 169, 170, 171, 172, 173, 174, 175, 176, 177, 178, 179, 180, 181, 183, 184, 185, 187, 188, 189, 190, 191, 192, 193, 199, 202, 215, 216, 374, 377.
Windl O., 208, 373.
Wood L.J.N., 123, 374.
Woodlief A., 224, 385.

Xiang W., 208, 373.

Yam P., 24, 374.
Young J., 142.
Youschkevitch A.P., 310, 362.

Zeidler M., 157, 162, 180, 186, 187, 188, 202, 358, 374, 375.
Ziman J.M., 283, 375.

LISTE DES FIGURES DES DEUX VOLUMES

VOLUME 1

Figure 1.	Courbe de décroissance des victimes de la maladie du kuru (D'après P. Berche, 2010)..	92
Figure 2.	Courbe de décroissance des victimes de la maladie du kuru (D'après P. Liberski, 2009)......................................	92
Figure 3.	Modèle de propagation du prion (D'après C. Weissman, 1991).	246
Figure 4.	Modèles plausibles de structures tertiaires des PrP^{Sc} et PrP^{c} (D'après Ziwei Huang, S.B. Prusiner et F.E Cohen, 1996)..	251
Figure 5.	Des structures des protéines prion (D'après Prusiner et coll, 1998)	256
Figure 6.	Diagramme schématique d'une formation de PrP^{Sc} assistée par une matrice (D'après S.B. Prusiner, 1998).................	257
Figure 7.	Variations d'espèces et Mutations du gène de la protéine Prion (D'après S.B. Prusiner et coll. 1998).....................	259
Figure 8.	Structures des Isoformes de la protéine Prion (PrP) (D'après S.B. Prusiner, 2001)...	261
Figure 9.	Représentation de la structure du gène PRPN humain de l'ARN messager, des structures primaires et secondaires de la proteine Prion humaine (D'après Kil Sun Lee et coll., 2003)...	263
Figure 10.	Modèle de la conversion conformationnelle par formation d'hétérodimères (D'après A. Aguzzi, 2004)...................	264

Figure 11. Modèle de la conversion par polymérisation autocatalytique (D'après Van Evenbroeck, 2002)............... 265

Figure 12. Modèle de conversion par la formation d'un noyau de nucléation (D'après A. Aguzzi, 2004) 265

Figure 13. Modèle de réplication basé sur la formation de dimère et du réarrangement des ponts disulfures (D'après P. Tompa et coll, 2002) 266

VOLUME 2

Figure 1. Caricature de l'anthropophagie, sur la base du cannibalisme attribué par Iain H. Pattison aux moutons, dans la propagation de la tremblante (D'après *The Shepherd*, 1965) 59

Figure 2. Génétique moléculaire du Prion Humain et des démences connexes (D'après *The Medical Research Council Prion Unit Human Genetics Group*, 2009)........................... 207
Disponible sur http://www.prion.ucl.ac.uk/research/mrc-research-groups/human-genetics/

TABLE DE MATIÈRES DES DEUX VOLUMES

VOLUME 1

Sommaire... 9
Préface... 11
Remerciements... 15
Avertissement... 19
Abréviations... 23
Introduction générale... 25

PREMIÈRE PARTIE : DIFFICULTÉ À NOMMER ET À DÉFINIR LES MALADIES À PRIONS... 33

Introduction de la première partie... 35

Chap. 1 Comment nommer "une obscure maladie de mouton" ?... 39

1. Une obscure maladie de mouton aux noms multiples... 41
2. Un critère d'analyse pour diagnostiquer la tremblante et étendre sa frontière... 52
3. Nommer et décrire des maladies humaines apparentées à la tremblante... 57
   - 3.1 La maladie de Parkinson... 57
   - 3.2 La maladie de Huntington... 63
   - 3.3 La maladie de Charcot... 65
   - 3.4 La maladie de Pick... 70
   - 3.5 La maladie d'Alzheimer... 73
   - 3.6 La maladie de Leigh... 77
   - 3.7 Encéphalopathies spongiformes de la MCJ et syndrome de GSS... 81
4. La "preuve cytologique" de la tremblante, un *pont* entre l'animal et l'homme ?... 84

Chap. 2 Que signifie le terme "maladies à prions" ?...... 123

1. Le camp du prion vs le camp de l'encéphalopathie spongiforme... 125
2. Les maladies à prions, un exemple de déplacement nosologique vers une classification des maladies neuropsychiatriques selon leur agent causal... 136
3. La protéine prion, une vérité empirique et un moyen de preuve ?... 140

Chap. 3 **Des "sarcocystes" à une "protéine seule" en passant par des "virus lents" : Évolution de la conceptualisation de la cause des troubles neurodégénératifs transmissibles**.................... 147
1. Origine et valeur du cadre ontologique de la recherche causale de la tremblante.................... 149
2. Quelle est la cause de la tremblante et des maladies apparentées ?.. 159
2.1 Contexte historique et scientifique de la recherche causale de la tremblante................................ 159
2.2 Le contenu de la théorie sarcocyste et sa réfutation.. 164
3. Le concept de "virus lent"............................ 176
3.1 L'introduction de l'hypothèse virale.................. 177
3.2 Le poids de l'hypothèse virale.......................... 180
3.3 Le statut paradigmatique de l'hypothèse virale....... 183
3.4 Le virus de la tremblante est-il un virus orthodoxe ? 189
3.4.1 Le contenu conceptuel d'un virus orthodoxe......... 189
3.4.2 Contenu sémantique et définition d'un virus orthodoxe.. 191
3.5 "Quelque chose de nouveau en microbiologie" ?...... 194
4. Du concept du "virus lent" au concept d'une "protéine causale"... 197
4.1 Un tournant épistémologique dans la recherche causale selon l'axe viral................................. 199
4.2 Hypothèse d'une protéine causale : Franchissement du concept viral... 202
5. L'agent de la tremblante se réplique-t-il sans acide nucléique ?.. 205
5.1 Le poids du 'dogme central de la biologie moléculaire'... 207
5.2 L'hypothèse "polysaccharide"........................ 210
5.3 L'hypothèse "membrane", une autre explication non virale.. 211
5.4 L'hypothèse du '*virino*', au-delà de quelques fausses pistes... 214
5.5 Introduction formelle du concept d'une protéine causale en biologie moléculaire........................ 219
5.5.1 Trois mécanismes physico-chimiques en faveur du concept d'une protéine seule.............................. 220
5.5.2 Le concept d'une protéine seule prépare l'esprit du biologiste à l'accueil des prions........................ 221
5.5.3 Une protéine peut-elle être infectieuse par elle-même ?.. 224

Chap. 4	**Du concept de "la protéine seule" à la théorie du prion : Renversement de paradigme ?**	229
1.	Le contexte scientifique d'introduction de la théorie du prion	231
2.	Arguments d'une théorie causale récompensée par le prix Nobel en 1997	233
3.	La lente et progressive montée de la biologie contemporaine vers la théorie du prion	267
4.	La théorie du prion ou l'articulation de plusieurs paradigmes en biologie	277
CONCLUSION DE LA PREMIÈRE PARTIE		282
BIBLIOGRAPHIE		287
SOURCES INTERNET		313
INDEX NOMINUM		323
LISTE DES FIGURES		343

VOLUME 2

VACHE FOLLE ET RAISONNEMENTS CAUSALS

	Sommaire	9
	Préface et remerciements	11
DEUXIÈME PARTIE	**ÉVALUATION DU RISQUE DE L'ESB POUR LA SANTÉ HUMAINE : PROBLÈME D'INFÉRENCES SUR L'ESB**	15
	Introduction de la deuxième partie	17
Chap. 5	**Soubassement empirique des inférences sur l'ESB**	21
1.	Quantifier l'épizootie et inférer le développement de la maladie	23
1.1	La collecte des faits épidémiologiques	24
2.	Les faits épidémiologiques, un soubassament empirique des inférences	27

Chap. 6	**De la prémisse d'un parallélisme entre la tremblante et l'ESB à l'inférence causale sur l'innocuité de l'ESB pour l'homme**.................	39
1.	Le modèle de "l'hôte final" pour tenter d'inférer de l'innocuité de la tremblante à l'innocuité de l'ESB pour l'homme..	41
2.	Argument épidémiologique en faveur d'un parallélisme entre la tremblante et l'ESB.............	50
Chap. 7	**Tentatives pour accorder l'inférence inductive et la réalité de l'épizootie de l'ESB**....................	69
1.	Tension entre l'évolution prédite et l'évolution réelle de l'épizootie de l'ESB..........................	71
2.	Une absence de preuve du devenir signifie-t-elle une absence du devenir ?......................................	81
3.	Réajustement de l'inférence inductive : Une mise en lumière d'une conception problématique de l'agent causal de l'ESB..	86
Chap. 8	**Introduction de l'idée du changement de l'agent de l'ESB**..	91
1.	L'idée de l'imprévisibilité de l'agent causal de l'ESB..	93
2.	L'ignorance de toute science face au devenir.........	98
3.	La dilatation du champ des possibles.................	101
4.	La résistance des biologistes à l'idée d'une *modification* de l'agent causal de l'ESB...............	104
4.1	La vérité est-elle fonction du nombre de personnes qui la perçoivent ?..	105
4.2	Le comportement des tenants d'un paradigme........	105
4.3	Une approche philosophique du changement de l'agent causal de l'ESB ?..	115
4.4	Jugements *ad hominem*..................................	116
5.	Le fruit de la liberté de penser pour le progrès des connaissances scientifiques..........................	121
6.	Risque de l'ESB pour la santé humaine...............	128
6.1	Le principe de précaution face à un danger biologique potentiel......................................	128
6.2	Évaluation du risque et gestion du risque de santé publique..	130
6.3	Altération des canons de l'objectivité et de la vérité scientifique par la poursuite d'objectifs politiques...	132

Chap. 9	**L'émergence du *nv*MCJ, la forme humaine de la maladie bovine : la ruine de l'inférence causale...**	137
1.	Les faits cliniques et pathologiques du *nv*MCJ.......	139
2.	Une "preuve solide" du lien causal entre le *nv*MCJ et l'ESB..	188
2.1	L'avenir du "lien causal" entre le *nv*MCJ et l'ESB est incertain..	193
2.2	Que signifie le "lien causal" entre le *nv*MCJ et l'ESB ?..	200
TROISIÈME PARTIE	**ANALOGIE ET RAISONNEMENTS CAUSALS EN BIOLOGIE ET EN MÉDECINE**..............	221
	Introduction de la troisième partie.....................	223
Chap. 10	**Accumulation des faits et origines de l'idée erronée de la non-transmissibilité zoonique des ESST**..	231
1.	L'engendrement de l'idée erronée de la non-transmissibilité zoonique des ESST par le principe de connexion des faits..................................	233
2.	Glissement de l'idée à la chose par colligation et par tendance de la ressemblance à l'identité..............	239
3.	Du fruit réel et vrai des erreurs de la science pour le progrès des connaissances.............................	242
4.	Induction et tentative d'une montée vers l'universel et l'intemporel en biologie..............................	247
5.	Induire et déduire : Un entrelacement de raisonnements en biologie et en médecine...........	252
Chap. 11	**De la fragilité de la logique inductive et de la valeur de l'*analogie* pour les inférences à l'intérieur d'une analyse causale du vivant**........	273
1.	Le problème de la logique inductive dans le raisonnement causal en biologie et médecine.........	275
1.1	Liminaire..	275
1.2	Les règles logiques mobilisées dans la logique inductive..	284
2.	L'analogie : Un raisonnement à manier avec précaution dans la logique inductive..................	289
2.1	La polysémie de la notion d'analogie et son importance en science..	290

3.	La notion d'analogie, une richesse de la science vieille de plusieurs millénaires……………………..	295
3.1	Le contenu conceptuel de la ressemblance dans l'analogie ontologique…………………………...	295
3.2	Contenu logique et sémantique de l'analogie sur le mode ontologique………………………………..	296
3.3	Entrée en Occident de la notion d'analogie et sa modification spécieuse pour les sciences du vivant………………………………………………	298
4.	Du bon usage de l'analogie ontologique en biologie moléculaire et en biomédecine……………………..	321
5.	La valeur philosophique de l'analogie…………….	328

CONCLUSION GÉNÉRALE.. 335

BIBLIOGRAPHIE…………………………….. 357

SOURCES INTERNET... 377

INDEX NOMINUM………………………….. 387

LISTE DES FIGURES ……………………………..................................... 407

diagnostique indispensable mais d'un usage dont la banalisation risque d'en négliger la réflexion. Le corps devenu mathématisable à la culture numérique appliquée aux images ne doit pas nous faire oublier la dimension humaine.
(Coll. Sciences et Société, 17.00 euros, 172 p.)
ISBN : 978-2-336-29284-7, ISBN EBOOK : 978-2-296-53222-9

À TOI QUI VA NAÎTRE
Ladjointe Xavier
Ils vivent ensemble et filent le parfait amour. Elle tombe enceinte. Il est tellement heureux qu'il commence à filmer leur vie pour leur futur enfant. Et puis il tombe sur ce concours de films. C'est alors qu'une autre grossesse inattendue d'un tout autre genre se déclare... Une grossesse cinématographique filmée ! Ce film est le premier docu-ciné prénatal de l'histoire du cinéma !
(20.00 euros)
ISBN : 978-2-336-00807-3

CURRICULUM MORTIS
Monier Lionel
Le temps d'un soin dit « de conservation ». Nous suivons les gestes d'un thanatopracteur au cours de son travail. À chaque étape, une question. Autant de chapitres au cours desquels nous partons à la rencontre d'interlocuteurs qui tentent d'y répondre. Un voyage au pays de la mort, afin de cerner la place que notre société accorde à ses morts, mesurer l'évolution des rapports que les vivants entretiennent avec eux, éclairer les liens fondamentaux qui unissent le vivre au mourir.
(20.00 euros)
ISBN : 978-2-336-00781-6

QUESTION (LA) DE L'EUTHANASIE – La loi Léonetti et ses perspectives
Hacpille Lucie - Préface de Jacques Ricot
L'émergence de la question de l'euthanasie est née dans le contexte de la bioéthique et des droits des patients. Dans cet ouvrage l'auteur choisit une approche herméneutique à partir des témoignages de personnes faisant l'expérience de situations existentielles extrêmes que sont la maladie grave, les handicaps lourds, mais aussi les expériences d'otages ou de rescapés des camps de concentration.
(21.00 euros, 214 p.)
ISBN : 978-2-336-29082-9, ISBN EBOOK : 978-2-296-51545-1

ASSISTANCE (L') MÉDICALISÉE POUR MOURIR
Les soignants face à l'humanisation de la mort
Nkulu Kabamba Olivier
Depuis quelques années, les médecins sont confrontés à une demande croissante des patients en fin de vie réclamant que leur mort soit hâtée. Chaque sollicitation de l'aide médicale pour mourir place les soignants devant la problématique de l'humanisation de la mort qui, elle, engage de leur part la question fondamentale du «comment faire pour bien faire ?».
(Coll. Sciences et Société, 28.00 euros, 278 p.)
ISBN : 978-2-343-00065-7, ISBN EBOOK : 978-2-296-52986-1

UNE ÉTHIQUE POUR LE MALADE
Pour dépasser les concepts d'autonomie et de vulnérabilité
Benezech Jean-Pierre
L'éthique traditionnelle se fonde sur l'»autonomie» du sujet. Notre époque, elle, plébiscite la dimension de «vulnérabilité». Les soignants articulent souvent leur discours éthique sur ces thèmes. Mais pour une personne malade, ces deux concepts ne peuvent convenir pour construire une vie qui fait sens. Aussi, l'auteur propose le concept de la «personne étayée». Cette éthique originale constitue un nouveau paradigme, à rebours des valeurs antérieures, pour que chacun tente de tracer une vie « la moins mauvaise possible».
(Coll. Sciences et Société, 17.50 euros, 182 p.)
ISBN : 978-2-336-00857-8, ISBN EBOOK : 978-2-296-51645-8

LAZZARO SPALLANZANI (1729-1799)
Le père de la biologie médicale expérimentale
Lamendin Henri - Préface de Jean-Guy Ferrand. Préface du Docteur Robert Sire
Henri Lamendin retrace le parcours de Lazzaro Spallanzani, peu connu de la médecine contemporaine, pourtant considéré comme l'un des pères de la biologie expérimentale. En effet, il fut l'un des premiers à avoir démontré ses dires après les avoir éprouvés dans une série d'expériences. Voici dressé un portrait juste et équitable d'un chercheur hors normes, qui a légué à la médecine une oeuvre dont la valeur n'a d'égale que la rigueur.
(Coll. Médecine à travers les siècles, 14.00 euros, 140 p.)
ISBN : 978-2-343-00129-6, ISBN EBOOK : 978-2-296-51591-8

ECLAIR CARMIN
Batteault Rémy
«J'ai connu Isabelle à la maternelle. Atteinte d'une maladie rare, elle devient peu à peu aveugle. En effet, un stress trop grand ou un effort physique trop intense provoque une hémorragie oculaire, qui se traduit visuellement par un éclair carmin qui brouille sa vision. À chaque nouvelle attaque, sa vue baisse de manière irrémédiable. (...) Comment vivre la «malvoyance» lorsqu'on a 36 ans, comment le parcours de vie est-il modifié ? Quel est le regard du monde extérieur ?» (Rémy Batteault).
(20.00 euros)
ISBN : 978-2-336-00776-2

HANDICAP ET CITOYENNETÉ
Quand le handicap interroge le politique
Bruchon Yves
«Et si le handicap nous aidait à réinventer le lien social ?» La question du handicap est celle de la démocratie ; la question du handicap est, centralement, politique comme en témoigne le fonctionnement de la dialectique droits de l'homme – droits du citoyen dans la problématique du handicap. Sans faire une histoire du handicap et sans prétendre donner des indications pour une politique du handicap, cet ouvrage donne quelques outils pour comprendre.
(18.00 euros, 172 p.)
ISBN : 978-2-296-99831-5, ISBN EBOOK : 978-2-296-51533-8

RECHERCHE (LA) SUR LES CELLULES SOUCHES
Quels enjeux pour l'Europe ?
Altavilla Annagrazia - Préface de Jean-François Mattei ; postface de Adriana Ceci
Les enjeux liés à l'utilisation des cellules souches sur un plan scientifique, éthique, juridique, économique et de société sont nombreux. Ce livre présente l'état le plus actuel des connaissances et des débats éthiques à ce sujet et nous livre l'étendue des évolutions scientifiques et des changements juridiques déterminés par les espoirs placés dans la médecine régénératrice.
(Coll. Ethique et pratique médicale, 57.00 euros, 682 p.)
ISBN : 978-2-336-29022-5, ISBN EBOOK : 978-2-296-51469-0

CLOU (LE) DE GIROFLE EN MÉDECINE BUCCO-DENTAIRE
Gros Gilles - Préface du Docteur Xavier Riaud
Partant du clou de girofle et de ses dérivés, Gilles Gros nous propose un parcours original au sein de l'histoire de l'art dentaire. Par ses réflexions philosophiques, il parvient avec brio à montrer comment les chirurgiens-dentistes se sont de plus en plus éloignés de la magie, de l'empirisme et de la contingence pour s'ancrer définitivement, au XXe siècle, dans l'univers de la rationalité.
(Coll. Médecine à travers les siècles, 13.00 euros, 116 p.)
ISBN : 978-2-343-00068-8, ISBN EBOOK : 978-2-296-51499-7

DENTS, DENTISTES ET ART DENTAIRE
Histoire, pratiques et représentations – Antiquité, Moyen Age, Ancien Régime
Sous la direction de Frank Collard et Evelyne Samama
Cet ouvrage reprend les actes du sixième colloque qui s'est tenu sur l'histoire de la médecine, des pratiques et des représentations médicales dans les sociétés anciennes. Les contributions

présentées ici donnent un éclairage sur les représentations, mentales et iconographiques, de la bouche et des dents tout autant que les techniques, médicales ou non, mises en oeuvre, durant l'Antiquité, le Moyen-Age et sous l'Ancien Régime.
(37.50 euros, 370 p., Illustré en noir et blanc)
ISBN : 978-2-336-29012-6, ISBN EBOOK : 978-2-296-51371-6

RENFORCEMENT DES SYSTÈMES DE SANTÉ
Capitalisation des interventions de la Coopération belge au Burundi, en République Démocratique du Congo et au Rwanda
Dujardin Bruno, Fromont Anne, Gyselinck Karel, Meloni Remo, Lyeti Alain, Kalisa Ina
Cet ouvrage réunit les contributions de différents acteurs en santé de la sous-région des Grands Lacs africains, autour du thème du renforcement des systèmes de soins de santé. Six grands thèmes sont abordés : les soins de santé primaires ; la coopération bilatérale, les ONG et les appuis spécifiques ; la motivation du personnel ; l'accessibilité financière ; les acteurs et leurs interactions ; les réseaux de santé internationale en Belgique.
(Coll. Études africaines, 38.00 euros, 380 p.)
ISBN : 978-2-336-29025-6, ISBN EBOOK : 978-2-296-51465-2

ÉCRIRE L'HISTOIRE DE L'ÉPILEPSIE
Questions préliminaires
Polard André
Cette recherche a pour origine un travail sur la question du sujet dans l'épilepsie : une partie de cette recherche nous a conduits à la nécessité de séparer chronologie et histoire, tant la question de l'écriture d'une histoire de l'épilepsie nous semblait comporter des questions qui touchent à la nature même de l'épilepsie, dans la difficulté de sa définition.
(Coll. Historiques, série Travaux, 17.50 euros, 174 p.)
ISBN : 978-2-296-99760-8, ISBN EBOOK : 978-2-296-51417-1

MES DEUX SEINS
Journal d'une guérison
La réalisatrice apprend qu'elle a un cancer du sein. Cinéaste, elle entreprend alors de suivre au plus près ce mal qui la ronge, seule façon d'échapper au naufrage. D'où vient ce cancer et jusqu'où ira-t-il ? Que peut le cinéma en pareille circonstance ? A la première personne, le récit noue un dialogue entre médecine classique et médecines complémentaires. À la recherche d'une guérison autant intérieure que physique, il explore le sens de cette maladie qui touche une femme sur neuf...
(20.00 euros)
ISBN : 978-2-296-13527-7

QUESTION DE SOIN
Resweber Jean-Paul
L'auteur de ce livre met en perspective la double visée qui caractérise tout geste de soin : celle qui fait appel à l'art, au sens antique du terme (*tekhnè*) et celle qui mobilise une bienveillance attentionnée envers autrui (*care*). On découvrira ici les éléments fondamentaux d'une éthique du soin. on se demandera si le geste de soin, enraciné dans le souci de soi et le souci pour l'autre, n'est pas constitutif du lien social.
(25.00 euros, 252 p.)
ISBN : 978-2-336-00485-3, ISBN EBOOK : 978-2-296-51141-5

L'HARMATTAN ITALIA
Via Degli Artisti 15; 10124 Torino

L'HARMATTAN HONGRIE
Könyvesbolt ; Kossuth L. u. 14-16
1053 Budapest

L'HARMATTAN KINSHASA
185, avenue Nyangwe
Commune de Lingwala
Kinshasa, R.D. Congo
(00243) 998697603 ou (00243) 999229662

L'HARMATTAN CONGO
67, av. E. P. Lumumba
Bât. – Congo Pharmacie (Bib. Nat.)
BP2874 Brazzaville
harmattan.congo@yahoo.fr

L'HARMATTAN GUINÉE
Almamya Rue KA 028, en face du restaurant Le Cèdre
OKB agency BP 3470 Conakry
(00224) 60 20 85 08
harmattanguinee@yahoo.fr

L'HARMATTAN CAMEROUN
BP 11486
Face à la SNI, immeuble Don Bosco
Yaoundé
(00237) 99 76 61 66
harmattancam@yahoo.fr

L'HARMATTAN CÔTE D'IVOIRE
Résidence Karl / cité des arts
Abidjan-Cocody 03 BP 1588 Abidjan 03
(00225) 05 77 87 31
etien_nda@yahoo.fr

L'HARMATTAN MAURITANIE
Espace El Kettab du livre francophone
N° 472 avenue du Palais des Congrès
BP 316 Nouakchott
(00222) 63 25 980

L'HARMATTAN SÉNÉGAL
« Villa Rose », rue de Diourbel X G, Point E
BP 45034 Dakar FANN
(00221) 33 825 98 58 / 77 242 25 08
senharmattan@gmail.com

L'HARMATTAN TOGO
1771, Bd du 13 janvier
BP 414 Lomé
Tél : 00 228 2201792
gerry@taama.net

Achevé d'imprimer par Corlet Numérique - 14110 Condé-sur-Noireau
N° d'Imprimeur : 101088 - Dépôt légal : septembre 2013 - *Imprimé en France*

www.ingramcontent.com/pod-product-compliance
Lightning Source LLC
LaVergne TN
LVHW011132061026
849535LV00003B/467